土木工程系列丛书

结构力学

上册(第三版)

朱伯钦　周竞欧　许哲明　编著

·上海·

内 容 提 要

本书根据国家教育部批准试行的《高等工业学校结构力学教学基本要求》和同济大学土木工程学院的教材规划，考虑2004年出版的第二版使用至今的教学实践经验以及当前建设实际需要而修订的。

本书分上、下两册出版。上册共8章，主要内容为静定结构的内力及位移计算，静定结构的影响线及其应用，计算超静定结构内力的力法和超静定结构的位移计算等。下册共7章，主要内容为结构内力分析的位移法和矩阵位移法等，超静定结构的影响线，结构动力学，结构弹性稳定，结构的极限荷载等，并附有平面刚架静力分析的源程序及说明。

本书可作为高等学校土木、交通、水利和力学等各专业的结构力学教材，也可作为上述相关专业工程技术人员及其他非结构类专业相关工程技术人员的参考书。

第三版第二次重印说明：本次印刷更正了书稿中发现的文字和图形错误。

图书在版编目(CIP)数据

结构力学. 上册/朱伯钦，周竞欧，许哲明编著. --3 版. --上海：同济大学出版社，2014.8(2023.1 重印)

ISBN 978-7-5608-5500-4

Ⅰ.①结… Ⅱ.①朱… ②周…③许… Ⅲ.①结构力学 Ⅳ.①O342

中国版本图书馆 CIP 数据核字(2014)第 094444 号

土木工程系列丛书

结构力学 上册(第三版)

朱伯钦 周竞欧 许哲明 **编著**

责任编辑 马继兰 **责任校对** 徐春莲 **封面设计** 陈益平

出版发行 同济大学出版社 www.tongjipress.com.cn

(地址：上海市四平路1239号 邮编：200092 电话：021-65985622)

经　销 全国各地新华书店

印　刷 启东市人民印刷有限公司

开　本 787mm×1092mm 1/16

印　张 19.75

印　数 14 501—15 600

字　数 492 000

版　次 2014年8月第3版

印　次 2023年1月第6次印刷

书　号 ISBN 978-7-5608-5500-4

定　价 42.00 元

前　言

本书是20世纪80年代末为同济大学土木工程专业系列教材建设、总结同济大学结构力学数十年教学经验和课程特色编写的，1993年完成初稿，1994年正式出版，被同济大学和各兄弟院校的土木、水利、交通工程等专业采用，相关专业工程技术人员纳作参考，2004年有过第一次修订。今根据各校新的教学要求，使用意见和专业工程设计规范的变化，进行第二次修订。一方面保持原有特色和章序，另一方面注意突出力学原理、概念分析和解题思路，注重结合工程实际，便于学生自学，尽可能地删减一些次要内容（上下册共删去4个节）和重复性的文字叙述，对各章本具代表性的例题在展开式样上做了部分精简。在内容的调整方面，静定结构影响线的应用中关于公路、城市道路的设计荷载，根据部颁新设计规范而改变，工业厂房桥式吊车荷载也采用新的规制，因此修改了算例。平面刚架的稳定计算删去了实用性较受局限的传统压杆转角位移法方程及含有轴力参数 u 的若干函数的应用，只介绍有限元法。同时，在各章的图、文中纠正了一些错误，在原有较丰富的习题中替换进了一些概念思考类和容易入手的小型题，并在部分答案中加了少量提示。

在具体教学的实施中，可对冠有*号的节次及其他内容的干枝进行取舍；影响线的静定章和超静定章可以合在一起教学；“弹性稳定”和“极限荷载”两章属于专题，可另列课程。

本次修订由原三位主编、原参编的年轻老师和邀请的第一线教师详细地讨论了修订原则和办法，决定暂不加编演示课件出版，并由周竞欧、冯虹为主要执笔。欢迎各读者继续批评指正。

编者语

2014年5月

第二版前言

本书是同济大学土木工程专业系列教材之一，第一版出版至今已九年有余。现在的第二版是根据原国家教委批准试行的《高等工业学校结构力学教学基本要求》、同济大学土木工程学院制订的《结构力学》课程教学大纲和同济大学土木工程学院的系列教材规划修订的。它可作为土木工程、水利工程、交通工程等专业的结构力学教材，也可供其他非结构类专业的师生和工程技术人员参考。

本书分上、下两册出版。上册包括绪论、平面体系的几何组成分析、静定结构的内力分析及位移计算、静定结构影响线、力法等；下册包括位移法、矩阵位移法、结构静力分析的电算程序、弯矩分配法和剪力分配法，超静定结构影响线、结构动力学、结构弹性稳定、结构的极限荷载等。书中冠有*号的内容可根据不同专业的需要和不同层次学生的要求选用。每章后附有较丰富的习题和部分习题答案。

本书在第一版的使用过程中，得到广大读者的支持、肯定和鼓励，提供了不少宝贵的意见和建议，值此再版之际，编者深表谢意。在本版修订过程中，我们认真、全面地考虑了读者的意见和建议，继续保持第一版的特色，紧扣《课程教学基本要求》和《课程教学大纲》的要求，体现学科上的科学性、系统性和内容上的先进性，恰当掌握内容的深、广度，注意培养学生分析问题、解决问题的能力及便于教学等。在具体内容上，重新编写了矩阵位移法并改用C语言编写了结构静力分析电算程序代替第一版中的FORTRAN电算程序，在力法和位移法中增加了子结构应用的概念，调整和修改了有些章节的一些例题和习题，并对有些习题的答案作了校正，对超静定拱的内力计算和超静定结构影响线作了适当精简；删去了一些相对次要的内容，如三铰拱的内力图解法，用位移法分析变截面结构，多层刚架内力计算的迭代法和D值法等。力求使教材质量更符合当前高等学校本科教学的要求。

本版教材由朱伯钦、周竞欧、许哲明、郑有畛、冯虹参加修订，由朱伯钦、周竞欧、许哲明主编。恳请读者继续对书中不足之处提出批评指正。

编　者

2002年10月于同济大学

目　　录

1.1.4 壳体结构

壳体的结构的几何特征是曲面形的，其厚度也比长、宽两个方向的尺寸要小得多。由于大多数壳体的厚度比较小，故也称为薄壳结构。当壳体的厚度比较大时，则称为厚壳结构。

1.1.5 块体结构

块体结构的几何特征是呈块状的，长、宽、高三个方向的尺寸大体相近，且内部大多为实体，故也称为实体结构。如大型发电机和钢铁冶炼高炉的底座或基础，都是块体结构。此外，如重力式堤坝和港口码头边坡等处修筑的挡土墙等，就其几何特征看，有时也形似杆件，比较长，但其横截面的尺寸相当大，它的受力特性与块体结构基本相同，所以也把它作为块体结构。

1.1.6 薄膜充气结构

众所周知，薄膜是只能承受张拉力的面片材料。如果薄膜两侧受到的气体压力不同，即产生压差，它将朝着气体密度小的方向鼓出，而呈现出充气状态，直到它的位置和形状都稳定时为止。凡是充气的薄膜都能承受一定的外力，人们利用这种规律，可使薄膜和加压的气体介质变成能承受荷载的结构物件。用这样的方法做成的结构，就称为薄膜充气结构，或简称为充气结构。

按几何特征区分，若外形是敞开式的，如风筝、扬帆和降落伞等，称为敞开式充气结构。如果外形是封闭的，则称为封闭式充气结构。封闭式充气结构又有两种形式：一种是用单层薄膜做成的气承式充气结构，即除了为人、货出入和供气换气而开的孔洞外，由加压充气薄膜与地面形成封闭空间体。另一种是用双层薄膜做成的气垫式充气结构，除了为调节内部压力而开的小孔外，全部是由充气气垫形成密封空间体。例如，日本东京市内的体育竞技馆，其顶盖曾是一气垫式充气结构，四边长各为 180 m，顶高 60 m，可同时容纳 5 万人。

人类利用充气加压稳定薄膜的原理，已有几千年的历史，但它被运用到建筑技术中，却还只有几十年的时间。据目前所知，充气建筑是最为轻巧的一种建筑物，例如，重量仅 10～20 N/m^2 的大面积覆盖材料，覆盖跨度却可达到 100 m。例如，1963—1974 年在美国纽约和 1970 年在日本大阪举行的世界博览会上，都大量地采用了各种形式的充气建筑。在其他场所，如展览馆、会议厅、剧场、餐厅、仓库、暖房等的顶盖，又如高空探测气球、充气帐篷、充气扶梯、充气桥梁、气垫船艇等，也都相当普遍地采用充气技术。国内也已开始从事这方面的试验研究和实际应用。

以上分别介绍了六种形式的结构。但实际的建筑物，则往往是由多种结构形式组合而成的。

根据目前国内学科的划分方法，本门课程的主要研究对象是杆件结构。因而通常所说的结构力学，指的就是杆件结构力学，或称杆件体系结构力学。

在土木工程领域内，杆件结构是应用最多、使用最为广泛的一种结构形式。在所有工程的结构设计中，几乎都包含杆件结构设计。结构力学的主要任务是：

(1) 研究杆件结构的组成规律，使结构具有可靠的几何组成和合理的组成方式；

(2) 研究杆件结构在静力荷载作用下，结构内力和位移的计算原理与方法；

(3) 研究杆件结构在动力荷载作用下,结构的动力性态和动力响应的计算原理与方法;

(4) 研究杆件结构在静力荷载作用下,结构稳定性的计算原理与方法;

(5) 研究杆件结构在静力荷载作用下,结构极限承载能力的计算原理与方法。

理论力学主要研究物体机械运动的基本规律和力学一般原理。材料力学主要研究单个杆件的强度、刚度和稳定性。结构力学则以理论力学和材料力学的知识为基础,主要研究杆件结构的强度、刚度和稳定性,从而为钢、木结构和钢筋混凝土结构等后续专业课程及以后的结构设计提供一般的计算原理与分析方法。因此,结构力学是介于基础课与专业课之间的专业基础课,或者叫作技术基础课。

结构分析是结构设计中非常关键的一个重要环节。学好结构力学,掌握杆件结构的计算原理与方法,是学好工程结构课的重要条件,同时也是作为一个结构工程师所必须具备的基础知识。因而,读者务必充分重视、加倍努力、树立信心,打好这个基础。

结构力学课程的特点是,理论概念性比较强,逻辑明确,要求一定的方法技巧。这都需要通过练习来理解、掌握和提高,概念和原理清楚了,求解问题的思路自然会直接,同时在练习中培养运算能力。

实际结构的分析要涉及大量的数学计算,在计算手段不够发达的 20 世纪前叶,工程师和学者们为了在超静定问题中避免解繁琐的联立方程,在经典方法之外引入各种力学概念和公式,发展了实用的、便于手算的计算方法。自从电子计算机问世并推广后,结构分析进入了一个崭新的时代,各种计算程序日趋完善。如今学习结构力学为能更好地了解各种结构的特性,具备对于一般结构受了外作用后的反应有一定的判断能力和对于电算程序的理解力,并准备开拓新领域、研究新问题、探求新的机理。

结构力学原本是作为验算结构设计方案的工具而起作用的,计算对象是某一已被选定的结构。随着科学技术的发展,结构力学所面对的问题,也在不断地充实和更新。例如,自从创立了优化设计方法,结构计算和结构设计方案的优选融合为一个整体,浑然难分。又如,历来的结构力学所面对的问题,通常是已知结构本身的几何与物理参数,以及结构所受的外部作用,待求的是结构的反应。而现在提出了相反的问题,这就是:根据外因和反应,寻求结构自身的几何与物理性质。除此之外,还有其他许多新的问题。因此,要求人们用发展的观点来学习结构力学。

1.2 结构计算简图的概念

实际的结构一般都很复杂,想要完全按照原结构的真实情况去进行力学分析,往往很难办到,对于少数问题也许有可能,从实用观点看太复杂的分析是没有必要的。因此,对实际结构进行力学分析时,总是需要做出一些简化和假设,略去某些次要因素,保留其主要受力特性,从而使计算切实可行。这种把实际结构作适当简化,用作力学分析的结构图形,就称为结构计算简图,或称为结构计算模型。

对实际结构作力学分析,是通过结构计算简图来进行的,而结构计算简图的力学分析结果,则又是实际结构杆件截面的设计依据。因此,合理选取结构计算简图,是结构设计中非常重要的一项工作,同时也是力学分析时必须首先解决的一个问题。一般说来,选取结构计

算简图时,应当符合以下两点原则:

(1) 结构计算简图必须能够反映实际结构的主要受力特性,确保计算结果可靠。

(2) 在满足计算精度要求的条件下,结构计算简图应当尽量简单,使得计算方便可行。

由于选取结构计算简图,不但需要有比较丰富的专业知识,而且还要具有一定的结构设计实践经验,因此,这里不准备作深入详细的讨论,而只就一般性的问题,初步作一些介绍。

在杆件结构中,根据杆件轴线和荷载作用线在空间所处的位置,可划分为平面结构和空间结构。当结构所有杆件的轴线和荷载作用线都处在同一平面内时,称为平面结构;否则,就称为空间结构。严格说来,实际的结构都是空间结构。然而,对于绝大多数的空间结构来说,它的主要承重结构和力的传递路线,是由若干平面组合形成的。由于平面力系的计算要比空间力系简单得多,所以,通常总是尽可能地把它简化为平面结构来计算。

对于杆件结构来说,选取结构计算简图所要涉及的内容,主要有五个方面:①结构各部分联系的简化;②支座的简化;③结点的简化;④杆件的简化;⑤荷载的简化。为了具体说明结构计算简图选取的方法,下面以一单层工业厂房为例。

图 1-5 是装配式的钢筋混凝土单跨单层厂房,它的主要承重结构的简化方式如下:

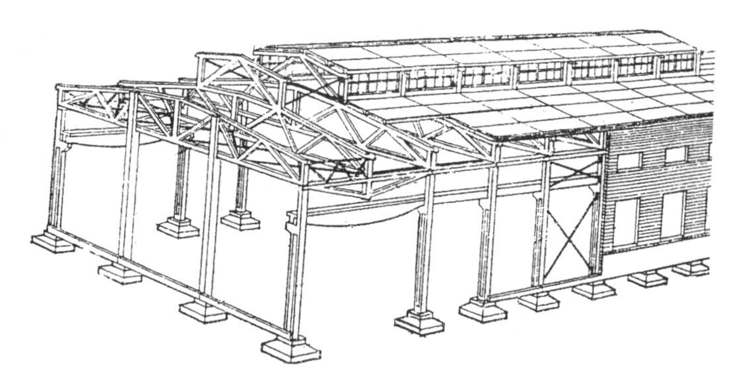

图 1-5

1. 结构各部分的联系及支座的简化

从整体上看,该厂房是一个纵、横向的空间结构,主要承重构件是(从上而下)天窗架、屋面板、梯形屋架、吊车梁、柱子和基础。沿厂房纵向按一定柱距的若干阶形变截面柱组成两条轴线上的柱列,其间有纵向的支撑和连系梁,有大型屋面板和吊车梁的联系,形成纵向平面排架,可承受纵向的风荷载、吊车运行中的纵向制动力等。我们主要分析的是每榀屋架所在的横向平面结构,如图 1-6 所示,天窗架(有的厂房不设置)通过预埋铁焊接在屋架上弦节点处,混凝土或预应力混凝土屋架两端与柱顶焊接或用螺栓连接,大型屋面板两端跨搁在前后两榀屋架上弦(焊牢),柱子下端插入基础杯口内被固定。这一横向平面结构承担了前后一定间距内自上而下各种构件自重恒载和人员、风、雪活荷载及吊车起重活荷载,其中屋架起着双重作用,一方面把屋面板传来的荷载传递到两边柱顶,另一方面它是把左右两柱联结起来的强大构件,从而形成横向排架协同工作,并将柱顶和柱中所受荷载传递到基础上去。为计算方便常把屋架和排架分开,其计算简图如图 1-7 所示。在图 1-7(a)中屋架两端作为铰支座,在图 1-7(b)中代替屋架作用的刚性链杆与两柱顶作铰接处理,柱子下端在基础杯口内的缝隙用细石混凝土填充捣实,被嵌固在基础上,作为固定支座。

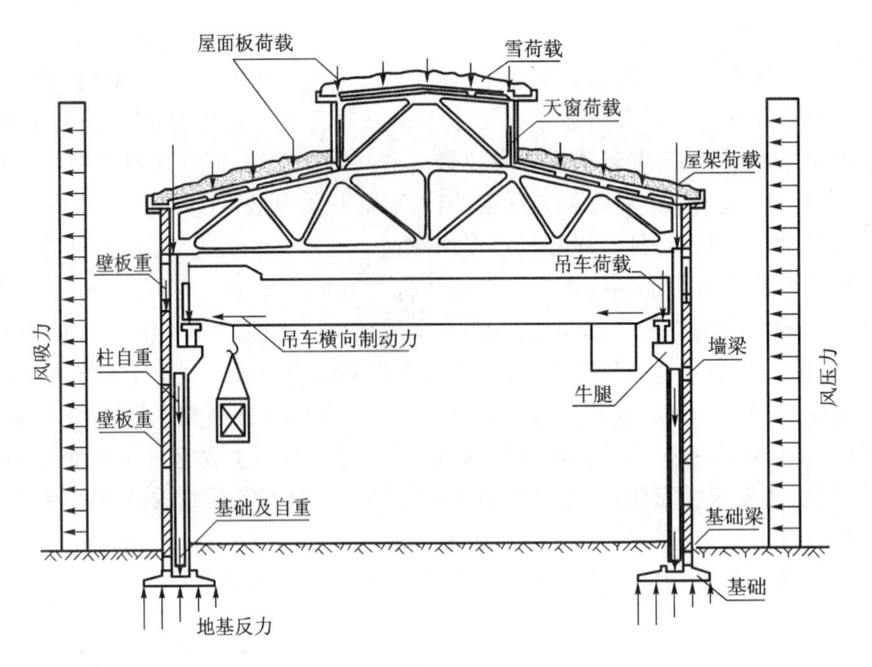

图 1-6

2. 结点形式简化

该屋架为梯形桁架，用钢筋混凝土预制时各杆交集的结点通常具有相当大的刚性，但因杆件比较细长，由结点带来的弯曲应力比它承受的主要轴向应力小许多，故可将结点当作铰接，尤其是下弦的结点；若因屋架上弦需做成较大截面而且浇制成连续的整体，抗弯刚度较大，则腹杆与它的联结处就宜当作半铰接。

3. 杆件的简化

屋架中每根杆件均用其轴线表示，若上弦杆抗弯刚度较大就将它看作连续的折线形梁式杆，否则就和其他各杆一样均作为两端铰接的链杆。

4. 荷载的简化

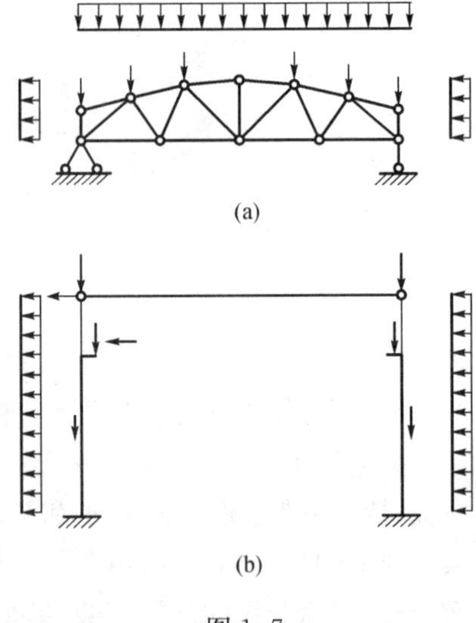

图 1-7

屋架所承受的荷载应当包括该榀屋架前后两个柱距间平分线所划出的范围内全部屋面荷载（竖向的、水平的）和屋架荷载，先按均匀地分布荷载考虑，然后对于全铰接的桁架，可将分布荷载或节间杆上的集中荷载转化为结点上的集中荷载。两柱承受除屋架传递下来的荷载外，还有吊车及起重量、吊车梁的竖向荷载，吊车横向制动力，风荷载，柱自重等。实际的设计计算中将荷载分为恒载和活载两类。

上面所举的两个例子是可以分解为平面结构的空间结构。但是应当注意，并不是所有的空间结构都是可以分解为平面结构来计算的。例如，在大会议厅和体育场馆建筑中采用较多的屋顶空间网架结构、输电线路上的铁塔、电视塔、悬吊屋顶、起重机塔架等各种结构，它们或者根本不是由平面结构组成的；或者虽是由平面结构组成，但它的工作状况主要是空间性质的，故对这样的一类结构，必须按空间结构的特点进行计算。

由此可见，在选取结构计算简图时，必须从实际情况出发，并以实践经验为基础，做出合理的假定。在选取一个新型结构的计算简图时，必须通过实验来验证，而决不容许单凭自己的主观臆断轻易做出决定。否则，若与结构的实际工作情况不符，将会导致严重后果。

最后，应当指出，一个结构的计算简图并非是永远不变的。一方面，它将随着人们认识的发展和计算技术的进步，可以不断放宽对简化的要求，从而使计算简图更趋近于结构的实际工作情况。例如，自从电子计算机出现之后，对结构的简化要求就可大为放宽，计算结果更为精确。另一方面，也可因需要不同而异。例如，在结构初步设计中，为了粗略估算杆件的截面，可选用比较简单的计算简图，而在正式设计时，则又采用比较复杂的计算简图作精确计算。此外，有时也因荷载情况不同而选取不同的计算简图。例如，在多层和高层刚架计算中，在竖直荷载作用下，一般假定刚架没有侧移，而只有在水平荷载作用下，才考虑刚架侧移的影响，两种情况的计算简图差别很大。

1.3　支座的形式与分类

有关支座问题，在理论力学和材料力学课程中已讨论过一些，这里将进一步介绍平面结构的支座形式及其计算简图的分类。

众所周知，支座是支承结构物的各种装置，它的作用是限制结构沿某一个或几个方向的运动，并因此产生相应的反作用力，所以，支座是限制结构运动的外部约束。按约束效用区分，平面结构的支座主要有以下六种类型：

1.3.1　活动铰支座

这类支座仅能限制结构沿某一个方向移动，比较理想的构造形式如图 1-8(a)所示。其中，上摆与结构连成一体，圆柱嵌于上、下摆之间的弧形槽内，结构可绕圆柱中心轴自由转动；而在下摆与底板之间，则又安置若干与圆柱平行的辊轴，结构可以沿垂直于圆柱轴线且与底板平面平行的(x 轴)方向自由移动。因此，它只能产生通过圆柱中心轴而垂直于底板平面的一个反力(R_y)，其计算简图可用一根支杆表示，如图 1-8(b)所示。另一种构造较为简单的辊轴支座，如图 1-8(c)所示，它的约束效用与上述支座是相同的，因而也只能产

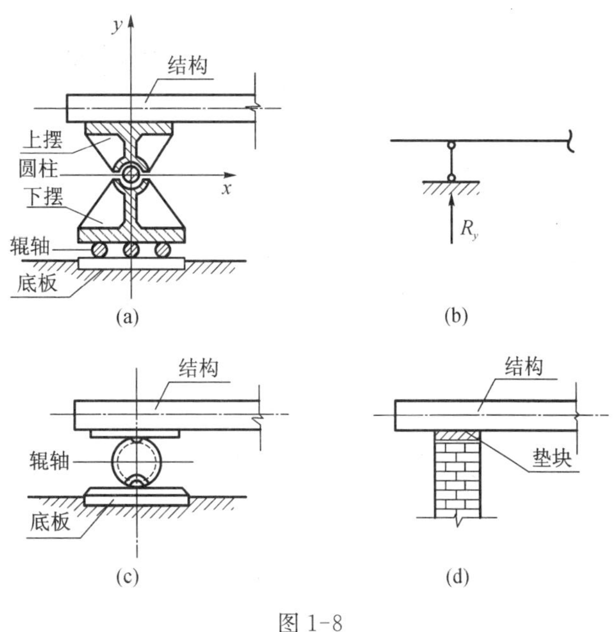

图 1-8

生一个竖向反力。以上两种形式的支座，在大型钢桥中应用比较普遍。在中、小型结构中，大都采用比较简便的垫块式支座(图1-8(d))，这种形式的支座与结构的接触面积，虽比以上两种情形要大一些，但与整个结构相比仍然是很小的，故在计算时可将其简化为点支座。由于结构可绕该支座转动，并在水平方向沿垫块接触面滑移，所以也只能产生一个垂直于垫块接触面的竖向反力。

1.3.2 固定铰支座

这类支座能限制结构沿两个方向的运动，比较理想的构造形式如图1-9(a)所示。其中，下摆完全固定在基础上，结构只能绕圆柱中心轴转动，但不能(沿 x 轴或 y 轴方向)有任何移动。因此，它能产生通过并垂直于圆柱中心轴的两个反力(R_x 和 R_y)，其计算简图可用两根支杆表示，如图1-9(b)所示。在垫块式支座中，若用螺栓把结构锚在支座上(图1-9(c))，则结构除可绕支座转动外，也不能有任何移动，所以，这种支座也能产生(水平和竖向)两个反力。在钢筋混凝土结构中，如果地基土壤较为松软，在柱子与基础的连接处，常采用交叉布筋的方法做成固定铰支座，如图1-9(d)所示。在这种情况下，由于柱子下端不能移动而只可转动，故亦只能产生两个反力(图1-9(e))。

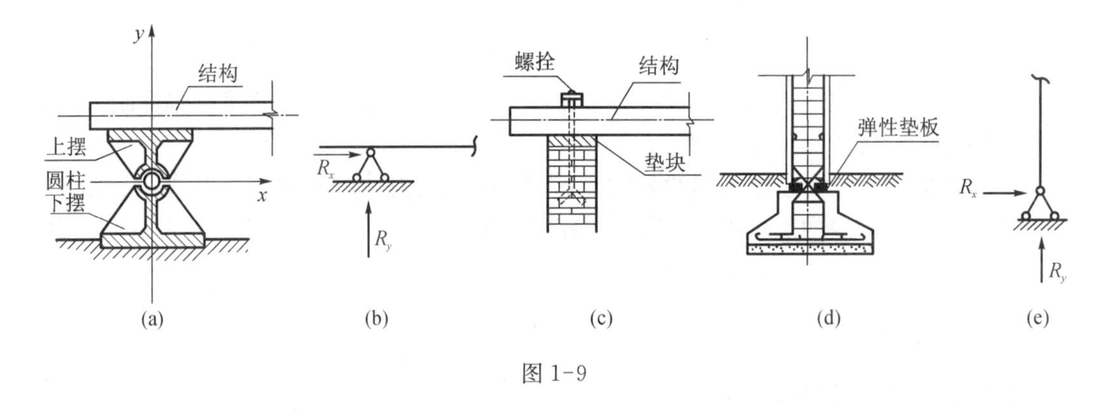

图1-9

1.3.3 固定支座

这类支座不容许结构发生任何的移动或转动，如图1-10(a)所示。因此，它可能产生三个反力(R_x、R_y、M)，其计算简图可用固定端(图1-10(b))或不交于一点的三根支杆表示(图1-10(c))。在钢筋混凝土结构中，柱子与基础的连接常采用固定支座，习惯的做法有两种：一种是现场浇捣一次完成；另一种是柱子和基础先分别预制，然后装配，将预制柱插入基础预留的杯口内，并在缝隙中灌以细石混凝土充实(图1-10(d))。其计算简图如图1-10(e)或图1-10(f)所示。

1.3.4 定向支座

这类支座只能限制结构转动和沿一个(y 轴)方向移动，但可沿另一个(x 轴)方向自由移动，如图1-11(a)所示。因此，它可产生两个反力(R_y、M)，其计算简图如图1-11(b)所示。

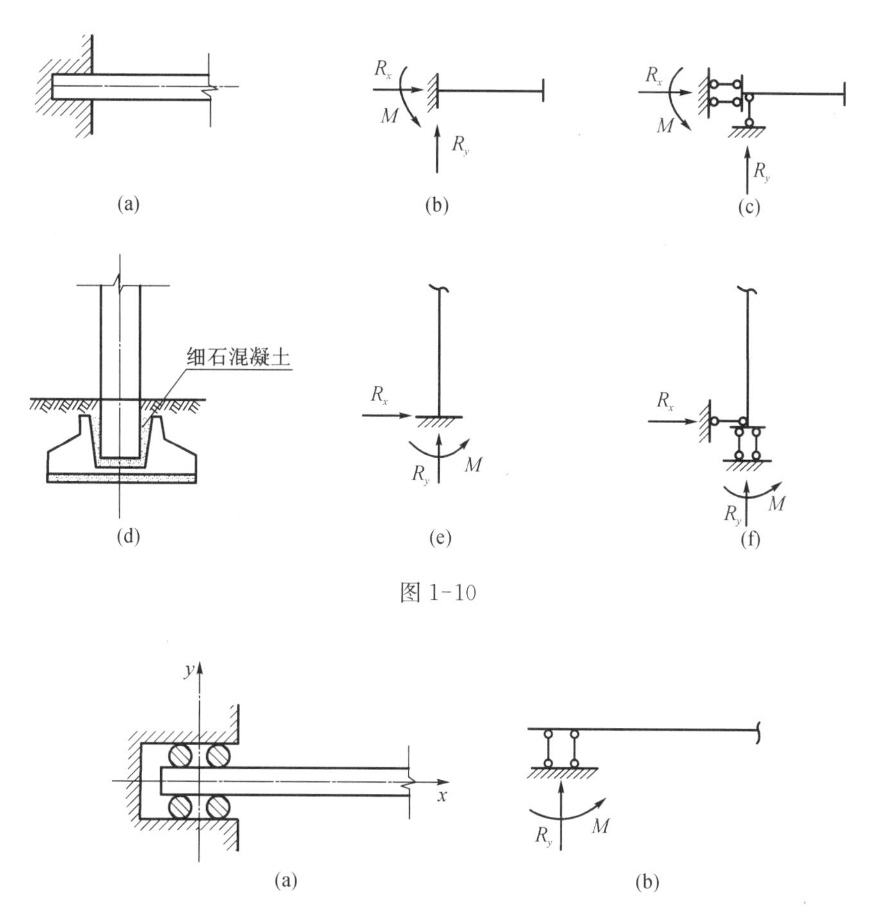

图 1-10

图 1-11

1.3.5 伸缩弹性支座

这类支座在承受(拉力或压力)荷载的同时,它本身将产生一定的(拉伸或压缩)弹性变形。例如图1-12(a)所示的桥梁结构,它是由纵梁、横梁、主梁和桥墩等组成的,桥面板上的荷载通过纵梁依次传递给横梁、主梁和桥墩。对于纵梁来说,其以下部分是支座,这种支座在承受荷载的同时,它本身将产生一定的竖向位移,而且各支承点的反力与其位移是相关的。因此,在计算纵梁内力时,可将各个支承点简化为具有一定刚度的伸缩弹性支

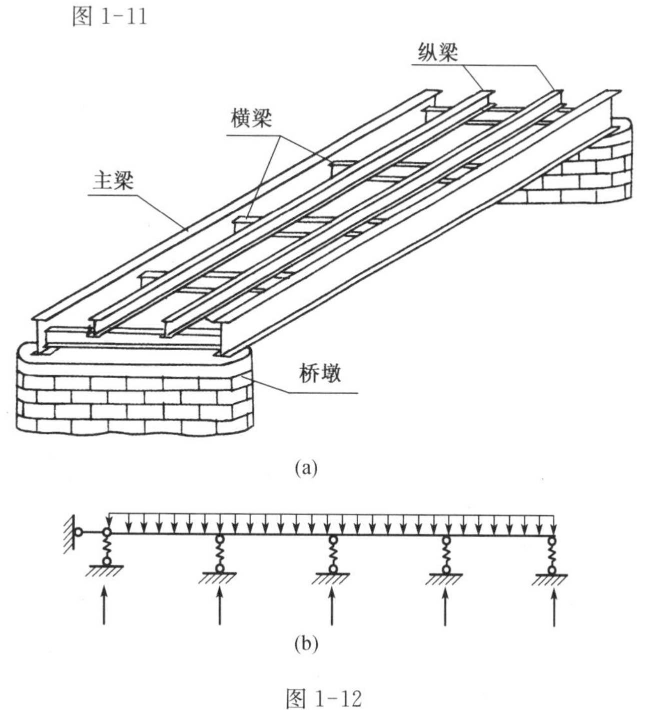

图 1-12

座，如图 1-12(b)所示。

1.3.6 旋转弹性支座

这类支座在承受力矩荷载的同时，它本身将产生一定的转角弹性变形。例如图 1-13(a)所示的梁，当荷载作用在伸臂部分时，截面 B 在承受力矩荷载（$M = Pa$）的同时，由于左边梁的变形，还将发生一个转角位移。这就是说，左边梁对于右边伸臂部分所起的作用，实际上就等同于一个旋转弹性支座（弹簧铰支座）。因此，可以把它简化为旋转弹性支座，如图 1-13(b)或图 1-13(c)所示。另外，在某些高耸建筑中，例如图 1-13(d)所示的烟囱，当遇到地基土壤比较松软的情况时，为了考虑地基不均匀变形的影响，有时也需要把基础简化成旋转弹性支座，如图 1-13(e)或图 1-13(f)所示。这种弹性支座具有 3 个反力分量。

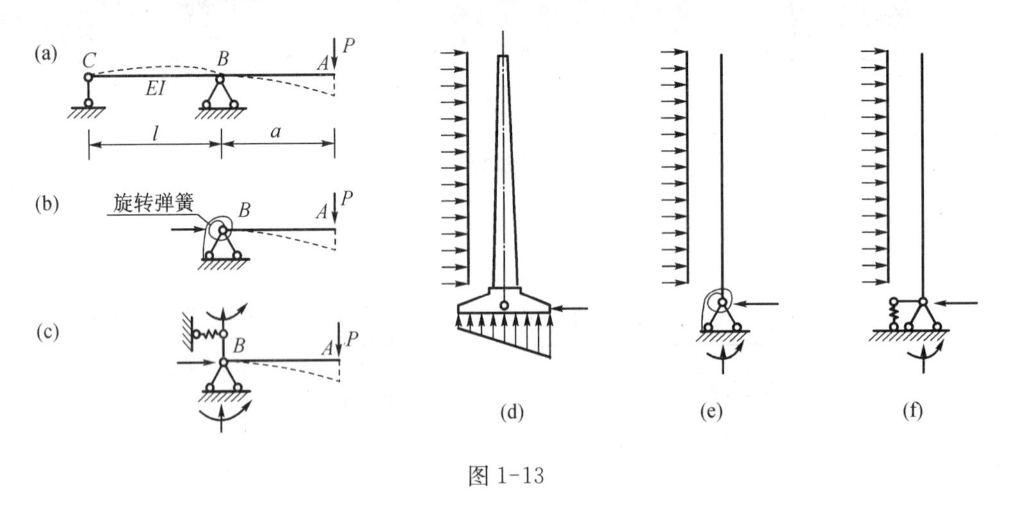

图 1-13

1.4 结点的形式与分类

在杆件结构中，除某些比较简单的情形以外，一般都包含着若干杆件。为了把这些个别的杆件组成一个结构，就需要用适当的方式把它们相互连接起来。按各种连接的约束效用及其力学特性区分，平面杆件结构的结点一般可划分为以下 5 种类型：

1.4.1 铰结点

各杆连接起来，相互之间可以自由转动而不产生摩擦阻力的连接点，称为铰结点。图 1-14(a)所示为一装配式钢筋混凝土门式三铰刚架的顶铰结点构造图，这是一种较为典型的铰结点，其计算简图如图 1-14(b)所示，两杆可绕结点作相对自由转动，夹角 α 是可以改变的。这种仅连接两根杆件的铰结点，称为单铰结点。如图 1-14(c)所示为一木屋架的结点构造图，由于木材承受拉力时，结点连接较为困难，所以常采用圆钢作为拉杆。此种结点，一般也可看作铰结点，其计算简图如图 1-14(d)所示。这种连接两根以上杆件的铰结点，称为复铰结点。如图 1-14(e)所示为一钢屋架的结点构造图，其各杆借助于结点板用电焊（或铆钉、螺栓等）连接起来，这种连接方式刚性较大，各杆之间不能相互转动。但因钢屋架的杆件一般都比较细长,它主要是承受轴向力,由于结点连接刚性引起杆件弯曲变形所产生的弯曲应力,一般来说是不大的,所以,通常计算时,仍可把这种结点当作铰结点来处理,其计算简图亦可取如图 1-14(d)所示。

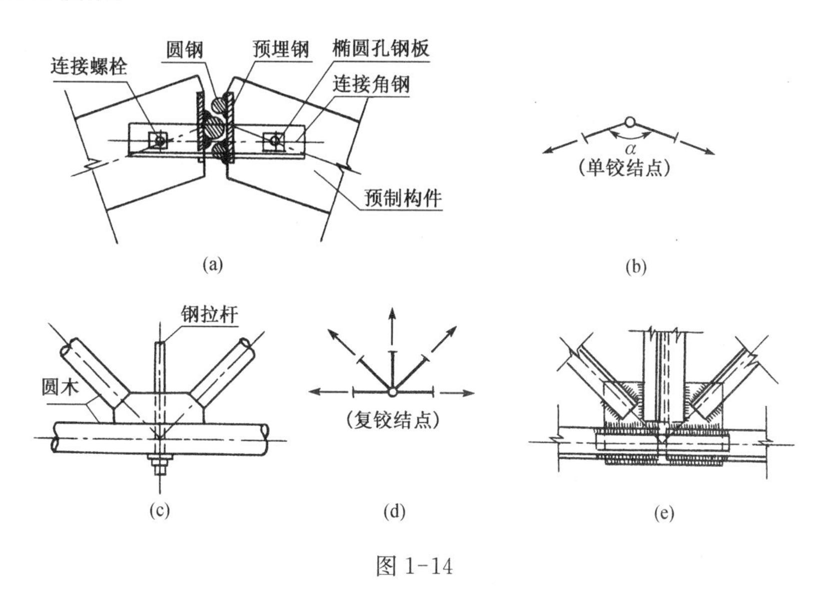

图 1-14

1.4.2 刚结点

各杆连接起来,相互之间不可能发生任何相对的移动或转动的结点,称为刚结点。如图 1-15(a)所示为一钢筋混凝土结构两斜梁间的刚结点构造图,其计算简图如图 1-15(b)所示。由于两杆牢固地连接成一个整体,夹角 α 是不能改变的。图 1-15(c)所示亦为钢筋混凝土结构梁柱连接处的刚结点构造图,其计算简图如图 1-15(d)所示。图 1-15(e)所示为钢结构的刚结点构造图,柱子和横梁用电焊和螺钉牢固地连接起来,并有加劲板,各杆之间也不能发生任何相对的移动或转动,其计算简图亦可取如图 1-15(d)所示。

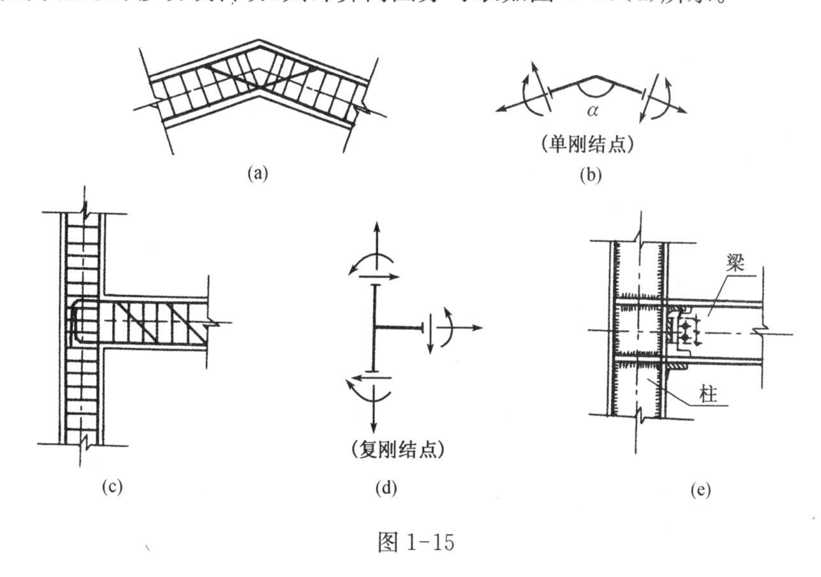

图 1-15

1.4.3 混合结点

如果在同一个结点上同时出现上述两种连接方式时,则称这种结点为混合结点或不完全铰结点。如图 1-16(a)所示为钢筋混凝土折线形屋架的上弦结点构造图,由于上弦杆不但要承受很大的压力,而且还要承受弯矩,所以通常做成刚性较大的偏心受压杆件,而腹杆和下弦杆则主要是承受轴向力,故做成比较细长的杆件。因此,在上述结点上,上弦杆应当看成是连续或者是刚性连接的,而腹杆则看成是铰接的,其计算简图如图 1-16(b)所示。其中,上弦杆与竖腹杆之间的夹角 α 是可以改变的。如图 1-16(c)所示为某钢桁架式吊车梁的上弦结点构造图,由于吊车轨道直接安置在上弦杆上,所以,上弦杆通常做成刚性杆件,而腹杆和下弦杆则主要是承受轴向力,故也做成比较细长的杆件,其计算简图如图 1-16(d)所示。这里,结点中心是在上弦杆的下边缘处,离开上弦杆的中心线有一偏心距,这样,对于减小上弦杆所承受的正弯矩是有利的,因而是合理的。

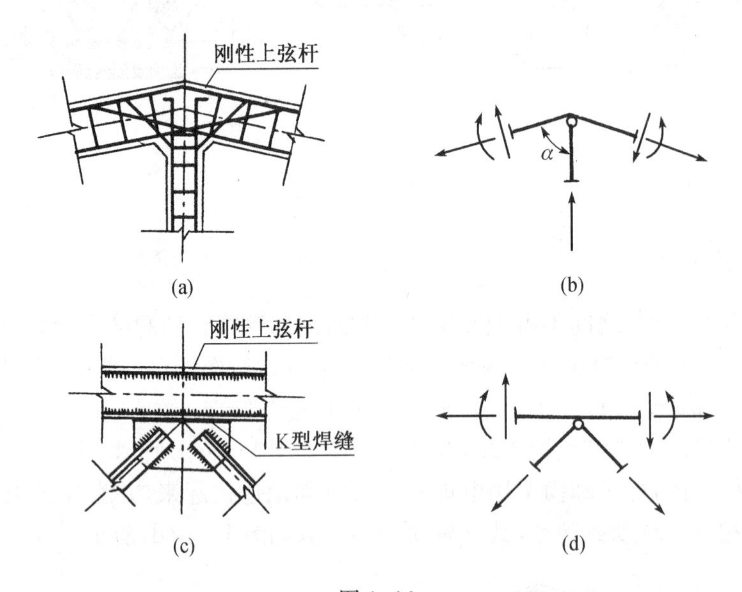

图 1-16

1.4.4 定向结点

两杆连接起来,相互之间不能发生相对转动而只能沿某一方向发生相对平移的结点,称为定向结点。如图 1-17(a)所示为允许剪切平移的定向结点,可简称为剪移定向结点。如图1-17(b)所示为允许轴向平移的定向结点,可简称为轴移定向结点。此类结点的实例虽然少见,但在结构计算中却会用到。

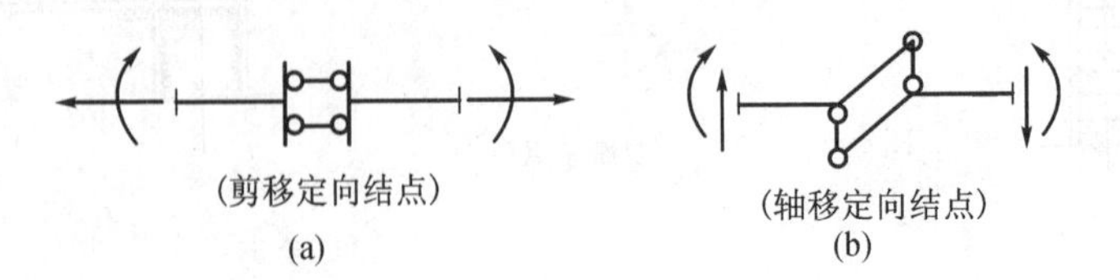

图 1-17

1.4.5 旋转弹性结点

前面介绍刚结点时，曾假定结构在变形前后，结点上各杆之间的夹角是保持不变的。然而，这对于装配式或装配整体式刚架的结点来说，由于钢筋焊接、锚固及接缝处混凝土不密实等因素的影响，却往往很难做到这一点。因此，在杆端弯矩作用下，结点上各杆之间的夹角多少会产生一些相对转角变形。这种在杆端力矩作用下，各杆之间可能产生相对转角弹性变形的结点，就称为旋转弹性结点（弹簧铰结点）。图 1-18(a)或图 1-18(b)所示为具有两根杆件的旋转弹性结点，在杆端力矩 M 作用下，两杆之间产生相对转角弹性变形 ϕ。在工程计算中，通常用 M 和 ϕ 的比值，即

$$k_{\phi}=\frac{M}{\phi}$$

来表示结点的旋转刚性，k_{ϕ}（或 k_M）称为结点旋转刚度系数。

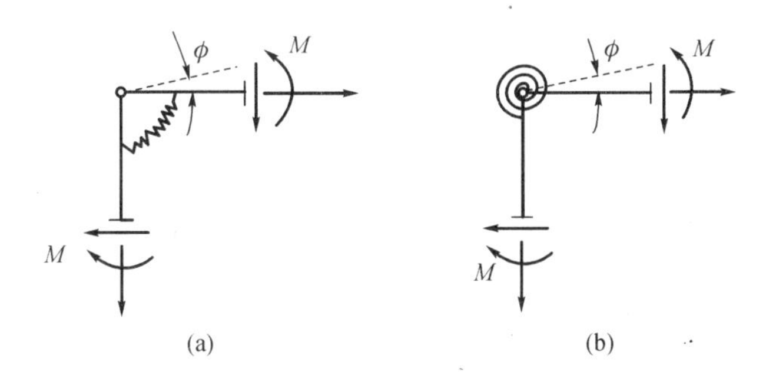

图 1-18

不难看出，在这类结点中，当 $k_{\phi}=0$ 时，$M=0$，实际上就是属于上述第一类的铰结点；当 $k_{\phi}=\infty$ 时，$\phi=0$，实际上就是属于上述第二类的刚结点。

1.5 杆件结构的形式与分类

在结构力学中，通常以结构计算简图来代替实际结构，为简略起见，今后把它简称为结构。

杆件结构是应用最多、使用最广的一种结构形式，因此种类甚多。根据不同的观点，杆件结构有不同的分类方法。这里，我们将介绍几种较为重要的分类方法。

1.5.1 按计算特点划分

1. 静定结构

结构在任意荷载作用下，其反力和内力单由静力平衡条件就能确定的，称为静定结构。例如，如图 1-19(a)所示的悬臂梁，其反力和任一截面的内力均可由平衡条件求得，故它是静定结构。

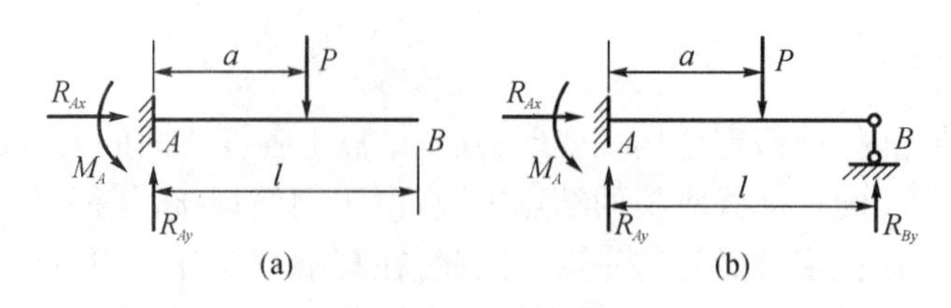

(a) (b)

图 1-19

2. 超静定结构

结构在任意荷载作用下，除应用静力平衡条件外，还必须考虑结构的变形协调条件，才能求得其全部反力和内力的，则称为超静定结构。例如，如图 1-19(b)所示的梁，它具有 4 个未知反力，可是从该梁的整体平衡条件考虑，却只能建立 3 个独立的平衡方程。因此，若要求出全部反力，则还必须根据梁的实际变形情况，例如 A 或 B 点的竖向位移为零，补充建立一个变形协调方程，因而它是超静定的。

1.5.2 按结构形式划分

1. 梁

梁是一种受弯杆件，其轴线通常为直线。有静定的，也有超静定的。可以是单跨的(图 1-19)，也可以是多跨的(图 1-20)。其中，静定的多跨梁，称为多跨静定梁(图 1-20(a))；超静定的多跨梁，称为连续梁(图 1-20(b))。

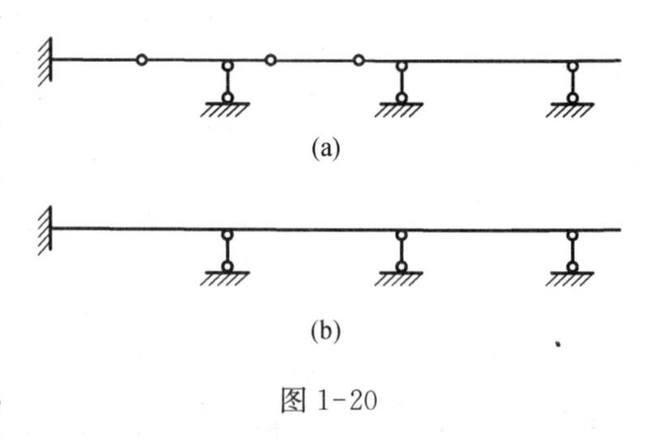
(a)

(b)

图 1-20

2. 拱

拱的轴线通常为曲线，它的特点是：在竖向荷载作用下能产生水平反力，从而可以大大减小拱截面内的弯矩，所以能做成较大的跨度。在工程中常用的有三铰拱、二铰拱和无铰拱(图 1-21)，其中三铰拱是静定的，而后两者则是超静定的。在一般情况下，拱截面内有弯矩、剪力和轴向力等三种内力，且轴向力往往是主要的。

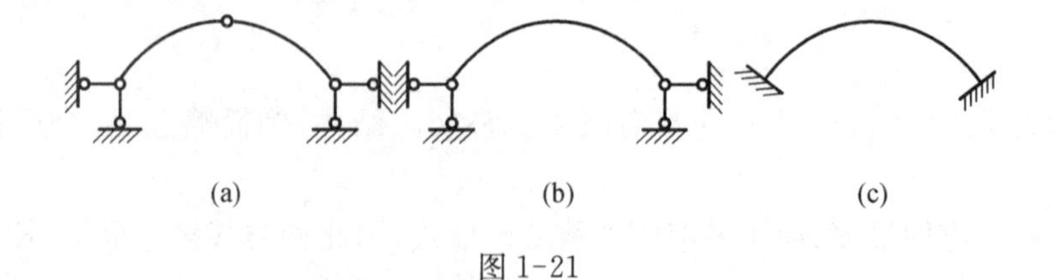
(a) (b) (c)

图 1-21

3. 桁架

仅在两端与铰结点相连的直杆，称为链杆。全部由链杆和铰结点组成的结构，称为桁架。当其支座性质与梁的支座相同时，称它为梁式桁架(图 1-22(a))；与拱的支座相同时，称它为拱式桁架。图 1-22(b)所示的桁架与三铰拱是相似的，不同的仅是把两边曲杆分别改换成桁架，所以常称它为三铰拱式桁架。上述桁架都是静定的，而图 1-22(c)所示则为超静定桁架。若荷载仅作用在桁架的结点上，则其每根杆件将只承受轴向内力。

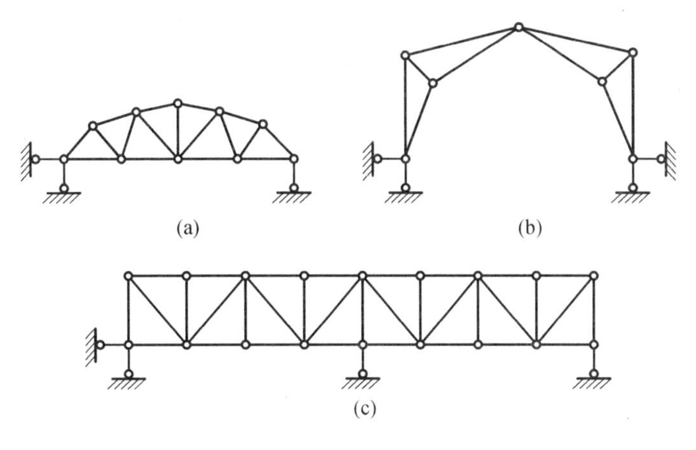

图 1-22

4. 刚架

由梁和柱等直杆全部或部分采用刚性连接组合而成的结构，称为刚架（或框架）。刚架的形式很多，可以因需要不同而异，有单跨单层的（图 1-23(a)）、多跨单层的（图 1-23(b)）、单跨多层的（图 1-23(c)）、多跨多层的（图 1-23(d)）等。在实用上，静定的刚架很少，大多数的刚架是超静定的。在刚架杆件中，通常有弯矩、剪力和轴向力等三种内力，以受弯为主。工业厂房中支承吊车梁的柱子和高层房屋中的下层柱承受较大轴向压力并受弯。

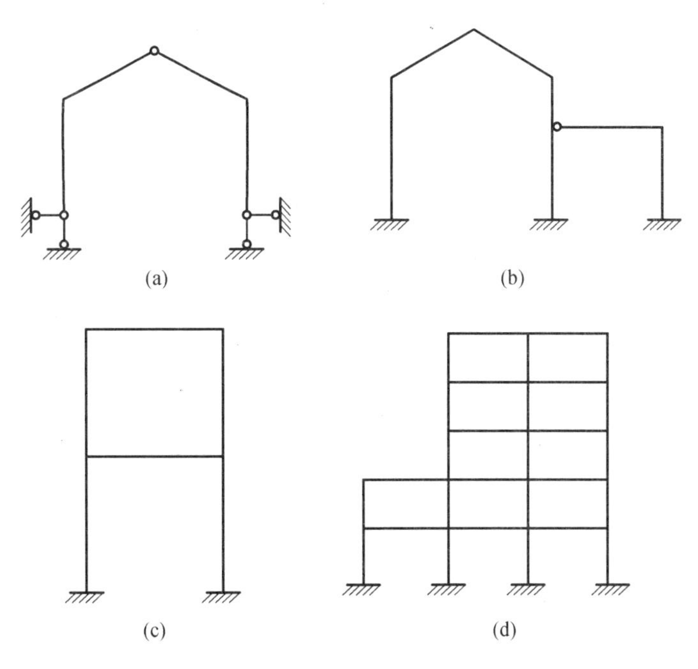

图 1-23

5. 组合结构

由只承受轴向力的链杆和主要承受弯矩的梁或刚架杆件组合形成的结构，称为组合结构。如具有强劲上弦的屋架为组合结构，其中上弦杆为受弯杆件，其余各杆均为链杆。在工业厂房中，当吊车梁的跨度较大（如 12 m）时，亦常采用组合结构，工程界称为桁架式吊车梁

(图 1-24)。此外,起重量较大的桥式起重机的行车大梁和塔式起重机变幅的水平吊臂等,也经常采用组合结构。常见的组合结构,多数是超静定的。

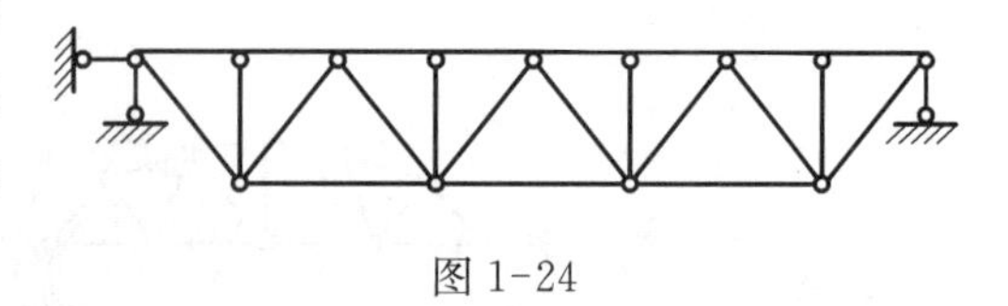

图 1-24

6. 悬吊结构

此类结构的特点是,通常以仅能承受拉力的柔性缆索作为主要受力构件。在桥梁工程中,常用的悬吊结构有:柔式(无加劲梁或加劲桁架的)人行悬索桥(图 1-25(a))、劲式(有加劲梁成加劲桁架的)悬索桥(图 1-25(b))、缆索倾斜设置的斜拉桥(图 1-25(c)、(d))等。在房屋顶盖结构中,有单曲悬索结构,其屋顶形成一个柱面;也有双曲悬索结构,其屋顶则形成一个(凹进、凸出或鞍形的)曲面。图 1-26 所示为北京工人体育馆钢索沿径向设置的圆形双层悬索结构顶盖,它由圆筒形钢制内环、钢筋混凝土外环以及张拉于内、外环之间的双层钢索所组成,上、下两层钢索是错开布置的,整个屋盖的形状就像一只水平放置的自行车轮子。

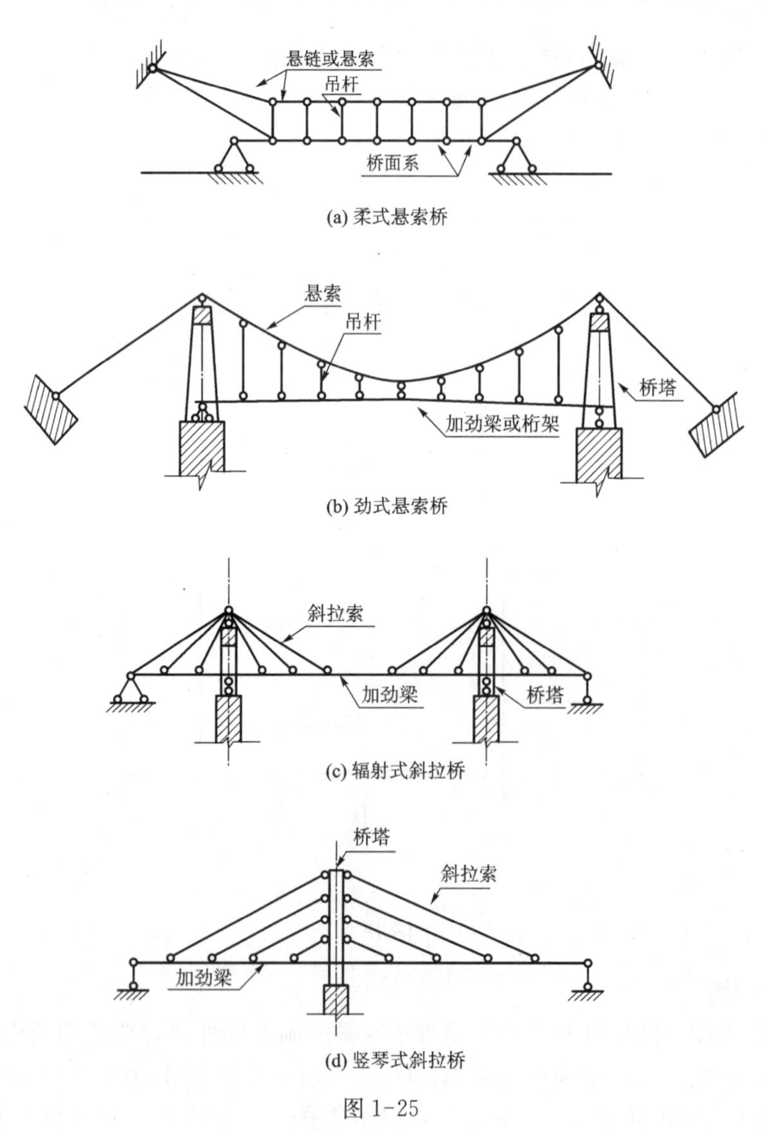

图 1-25

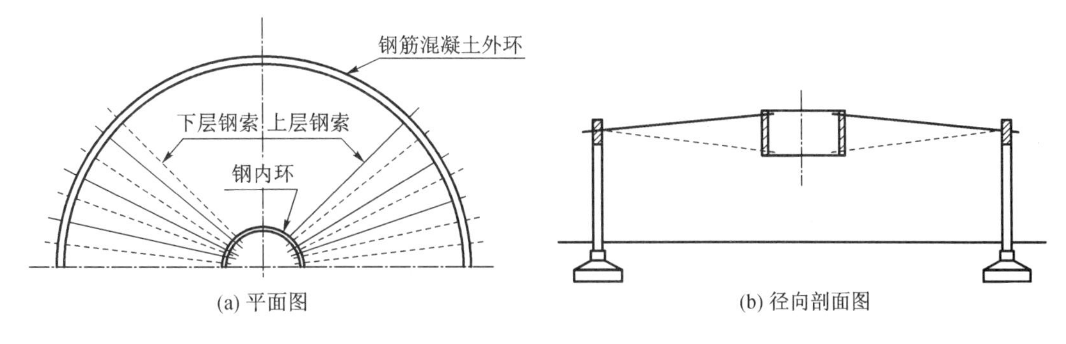

(a) 平面图

(b) 径向剖面图

图 1-26

除以上两种分类方法外，按照杆件轴线及荷载作用线在空间所处的位置，亦可把杆件结构划分为平面结构和空间结构。

1.6 荷载的性质与分类

荷载通常是指作用在结构上的外力。按其作用在结构上所延续的时间长短区分，可划分为恒(荷)载与活荷载。恒载是指长期或较长时间作用在结构上不变动的荷载，如结构物的自重、固定设备的重量、回填土压力和地下水压力等。活荷载是指短期或临时作用在结构上可变动的荷载，如一般楼面上正常的使用荷载、屋面上的积灰荷载、楼面或屋面上施工或检修时人和小工具的重量、吊车梁上的吊车荷载、桥梁上的车辆荷载以及风荷载、雪荷载、地震力，等等。

在活荷载中，根据其作用在结构上的位置是否可变更来区分，又可划分为定位活荷载和移动活荷载。定位活荷载是指位置固定但大小或方向可以改变的活荷载，如水塔内水的重量、楼面上车间内机器设备运转时所产生的动力荷载以及风荷载、雪荷载等。移动活荷载是指位置可变动的荷载，如一般民用建筑楼面上人和货物的重量、工业建筑楼面上车间内操作人员和原料或成品的重量、吊车梁上的吊车荷载、桥梁上的人群和车辆荷载等。

在施加荷载的过程中，按是否会引起结构振动或是否考虑动力效应来区分，可划分为静力荷载和动力荷载。如果施加荷载的速度非常缓慢，不引起结构振动，或者仅引起微小振动而惯性力可忽略不计的，称为静力荷载，如结构物的自重和大部分的活荷载等。若荷载的大小、方向或位置随时间迅速变化，结构因此发生振动，而必须考虑惯性力影响的，则称为动力荷载。例如，动力设备运转时所产生的偏心力、汽锤冲击力、地震力、炸药爆破时所产生的气浪冲击力、海浪对于海洋工程结构的冲击力、高耸建筑物上的风力等，都是动力荷载。但在结构设计中，为了实用方便，常把动力荷载的峰值乘上一个大于 1 的所谓动力系数，以考虑动力效应，然后当作静力荷载来计算。仅当遇到特殊情况时，才按动力荷载计算。

在结构设计中所要考虑的各种荷载，国家都有具体规定，设计时，可以查阅《建筑结构荷载规范》(GB 50009—2012)和《建筑抗震设计规范》(GB 50011—2010)等。

使结构产生内力和变形(或位移)的外部因素，除外力之外，还有温度变化、地基沉陷、构件制造误差、材料收缩等。从广义上说，这些因素也是荷载。

2 平面体系的几何组成分析

2.1 几何组成分析的目的

按照机械运动及几何学的观点，对结构或体系的组成形式进行分析，称为几何组成分析。

结构都是用材料做成的，而材料受力之后，必将产生一定的（弹性或弹塑性的）应变。因此，结构承受荷载以后，都会有一定的变形产生。这种由于材料应变引起的结构形状的改变量，与结构的原来尺寸相比，一般说来是很微小的，在符合设计规范要求的条件下，并不影响结构的正常使用。因此，在几何组成分析时，将不考虑这种微小变形的影响，而把每根杆件都当作是刚性的。

杆件结构是由杆件组成的体系，在不计材料应变的条件下，若体系的形状或各杆的相对位置能保持不变的（图 2-1(a)），称为几何不变体系或简称为不变体系。如果体系的形状或各杆的相对位置可以改变的（图 2-1(b)），则称为几何可变体系或简称为可变体系。

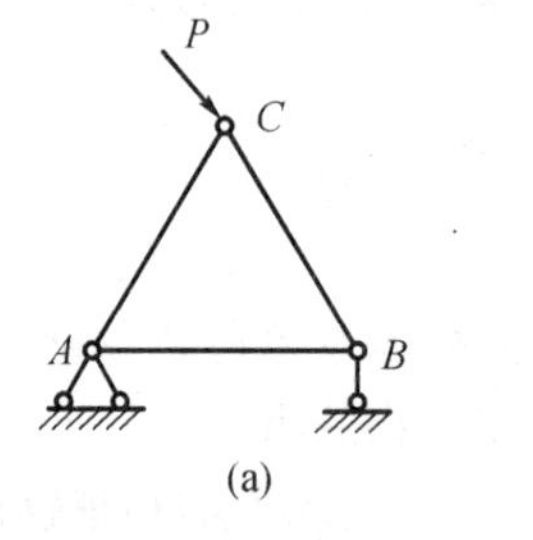

(a)

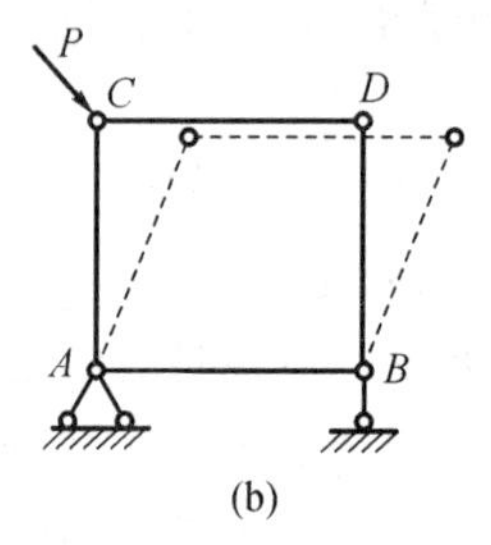

(b)

图 2-1

在实际工程中，各种结构都要承受一定的荷载，但可变体系不能担负这样的工作，所以结构必须采用几何不变体系。因此，每个结构设计者都应当具备几何组成分析的知识，掌握结构的组成规律，从而避免在实际结构中出现几何可变的体系，这就是进行几何组成分析的主要目的。其次，通过几何组成分析，也可以了解体系中各个部分的相互关系，从而改善和提高结构的受力性能，以及可以有条不紊地计算结构的内力。本章的主要任务是研究结构的组成规律。

组成几何不变体系的条件，应当包括两个方面：①具有必要的约束数量；②约束布置方式要合理。

例如，在图 2-2 中，图(a)和图(d)所示的体系，由于它们都不具备必要的约束数量，所以都是可变体系；图(b)和图(e)所示的体系，由于它们都具备了必要的约束数量，并且约束的布置方式也都是合理的，所以都是不变体系；图(c)和图(f)所示的体系，虽然也都具备了必要的约束数量,但它们的约束布置方式都是不恰当的,因而也都是可变体系。其中,图(c)所示的体系,由于它仅在开始施加荷载的一瞬间发生有限的小变形,过后它就不能再变了,故又称它为瞬变体系。而图(a)、(d)和(f)所示的可变体系,由于它们可以产生很大的变形,故有时也称它们为常变体系。

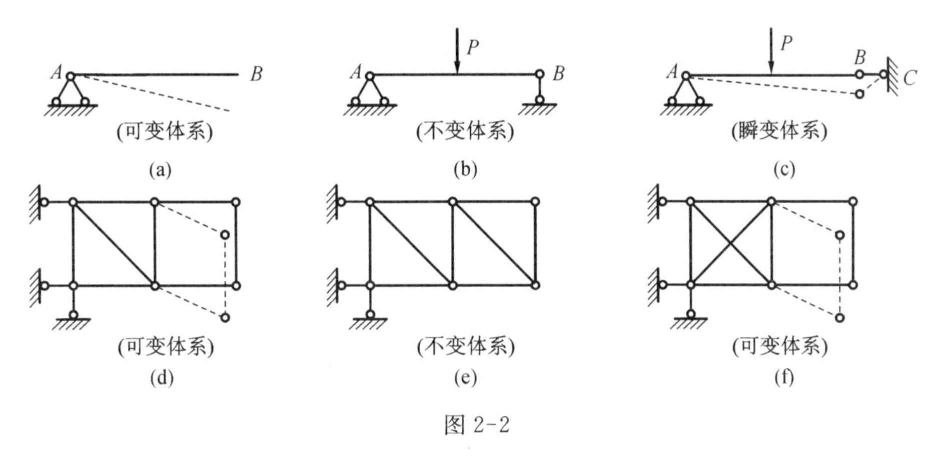

图 2-2

由此可见,要鉴别一个结构或体系是否几何不变,应当从以上两个方面去作具体分析或检查。

2.2 平面体系的自由度和约束

2.2.1 刚片

在几何组成分析中,可能遇到各种各样的平面物体,不论其具体形状如何,凡本身为几何形状不变者,则均可把它看作为刚片。例如图 2-3 所示的体系中,用虚线画出的各个部分 1、2、3、4、5、6 等,都可分别看作为刚片。

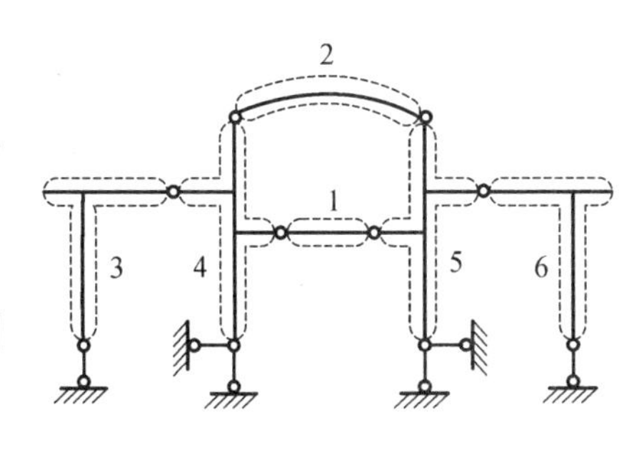

图 2-3

2.2.2 自由度

物体或体系运动时,彼此可以独立改变的几何参数的个数,称为该物体或体系的自由度。如图 2-4(a)所示,实线轮廓代表一个刚片,在此刚片上任意选定一点 A,并通过该点作任意直线 AB。这样,此刚片在其平面内的位置,可由 A 点的坐标 x 和 y 及直线 AB 的倾角 θ 来表示。当此刚片在其平面内运动时,则 x、y 和 θ 将发生变化。若分别给出 x、y 和 θ 以肯定的数值 x'、y' 和 θ'(如图中虚线所示位置),则此刚片在其平面内的位置便被完全确定。因此可以说,x、y 和 θ 是此刚片在其平面内运动的三个独立几何参数。所以,一个刚片在其平面内具有三个自由度。

如图 2-4(b)所示,一点 A 在 $x-y$ 平画内的位置,可由其坐标 x 和 y 来表示。若分别给出 x 和 y 以确定的数值,则此点在该平面内的位置便被完全确定。所以,一个点在平面内可有两个运动的独立几何参数，即具有两个自由度。

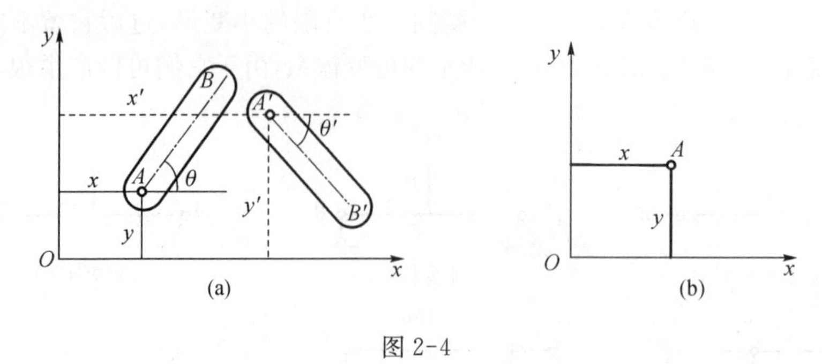

图 2-4

2.2.3 约束

约束是指限制物体或体系运动的各种装置。它可分为外部约束和内部约束两种，外部约束是指体系与基础之间的联系，也就是支座；而内部约束则是指体系内部各杆之间或结点之间的联系，如铰结点、刚结点和链杆等。有关各类支座的约束效用问题，在第一章第三节中已经作了比较详细的介绍，这里就不再重复。下面将侧重讨论铰结点、刚结点和链杆的约束效用问题。

1. 支杆

一个刚片在其平面内可有三个自由度，若用一根支杆把刚片上的点 A 与基础相联系（即固定坐标 y），如图 2-5(a)所示，则此刚片还剩下两个运动独立几何参数(x 和 θ)，故此刚片的自由度由 3 个减少为 2 个，即丧失一个自由度。由此可知，一根支杆可抵消一个自由度，即相当于一个约束。

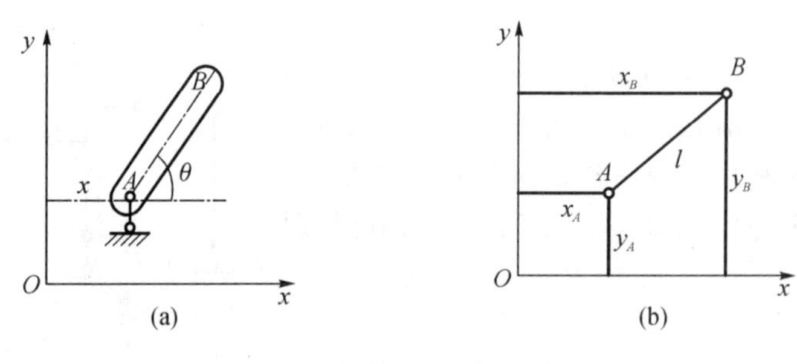

图 2-5

2. 链杆

平面内互不相连的两个点 A、B，共有 4 个自由度。若用长为 l 的一根链杆把 A、B 两点连接起来，如图 2-5(b)所示，则它们便变成同一刚片上的两个点。而一个刚片在平面内只有 3 个自由度，故丧失一个自由度。从内在关系看，A、B 两点的四个坐标参数受到下列条件的限制：

$$(x_B - x_A)^2 + (y_B - y_A)^2 = l^2$$

只有 3 个独立参数。于是，一根链杆相当于一个约束。

3. 铰接

互不相连的两个刚片，在其平面内共有 6 个自由度。若用铰 A 把 1，2 两个刚片连接起来，如图 2-6(a)所示，则还剩下 4 个运动独立几何参数(x，y，θ_1 和 θ_2)，故此体系的自由度由 6 个减少为 4 个，即丧失 2 个自由度。该铰仅连接两个刚片，可称它为单铰。由此可知，一个单铰相当于两个约束。

互不相连的三个刚片，在其平面内共有 9 个自由度。若用铰 A 把 1，2，3 三个刚片连接起来，如图 2-6(b)所示，则还剩下 5 个运动独立几何参数(x，y，θ_1，θ_2 和 θ_3)，即丧失 4 个自由度。该铰相当于 2 个单铰(或 4 个约束)，故称它为复铰。

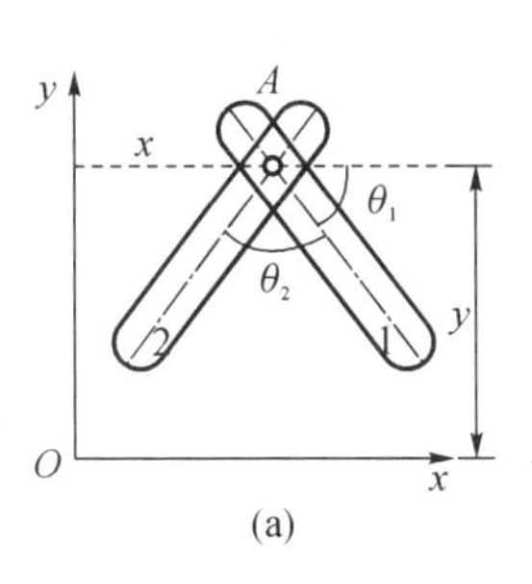

(a)

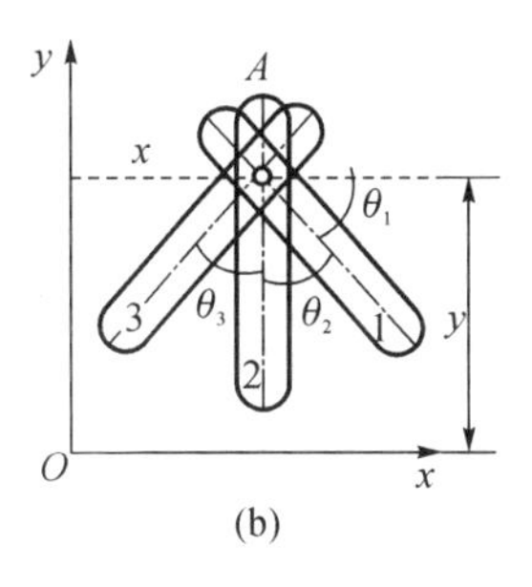

(b)

图 2-6

由此类推，连接 n 个刚片的复铰，它就相当于 $n-1$ 个单铰或 $2(n-1)$个约束。例如图 2-7 所示，结点 A 上有 3 个刚片，故相当于 2 个单铰；结点 B 和结点 C 上，则各有 2 个刚片，所以各有一个单铰。因为前者为完全铰结点，而后两者则为不完全铰结点。

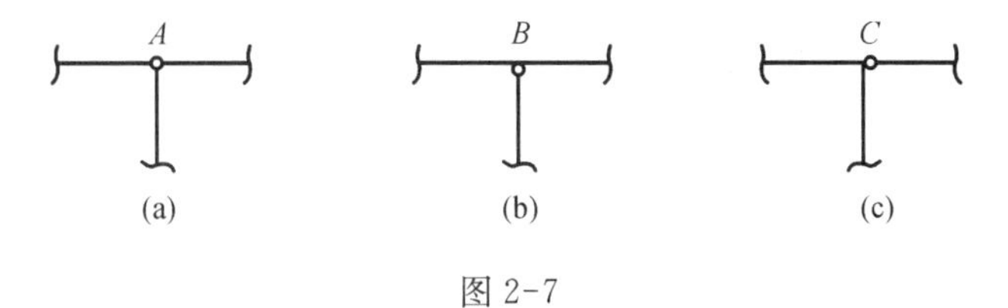

(a) (b) (c)

图 2-7

4. 刚接

互不相连的两个刚片，在其平面内若用刚结把它们连接起来，如图 2-8(a)所示，两者便成为一个刚片，其自由度从 6 个减为 3 个，丧失 3 个自由度。这种刚性联结的作用如图 2-8(b)所示，两个截面间用三根链杆连接，合为一个截面，两刚片就合二为一。如再有刚片刚接于此结点，还是合成一个刚片。

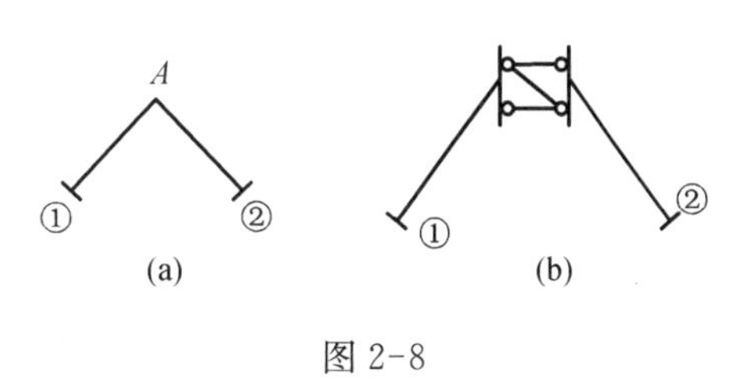

(a) (b)

图 2-8

2.2.4 平面刚片系的自由度和约束

如前所述，在平面内每个刚片具有 3 个自由度，每个单铰结点具有 2 个约束，一根支杆则相当于 1 个约束。一般的杆件体系都包含若干杆件(刚片)，它们之间相互用铰连接起来，体系外部则有支座与基础相连。因此，在任一平面体系中，若刚片总数为 M，单铰结点的总数为 H，支杆总数为 S，则体系刚片的自由度总数为 $3M$，约束总数为 $2H+S$，故体系的自由

度数为

$$W = 3M - 2H - S \tag{2-1}$$

有时只讨论不设置支承约束的体系内部关系，体系内各个刚片相互之间的运动自由度，称为体系的内部可变度；而整个体系对于外部某参考坐标系的运动自由度，则称为体系的外部自由度。因为在平面中，不与基础相联系 ($S = 0$) 的每个刚片系，具有 3 个外部自由度。所以，任一平面刚片系的内部可变度 V 等于体系的自由度数 W 减去 3，即 $V = W - 3$ 或

$$V = 3M - 2H - 3 \tag{2-2}$$

以上两式中，H 应是体系中单铰结点总数，如果体系中存在复铰结点，则须将其换算成单铰结点数。

用以上两式计算平面体系的自由度或可变度时，若得出的结果为负值，则表明体系具有多余约束。

在计算体系的刚片数时，须注意每个刚片应当无内部多余约束的。图 2-9(a)为一外形封闭的框(刚)架，它本身是几何形状不改变的刚片，但具有 3 个多余约束，这可与图 2-9(b)所示开了口的刚架对比，图 2-9(b)是一根连续杆。

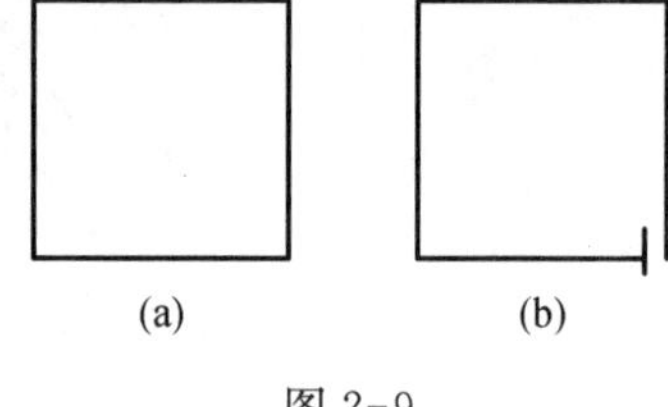

图 2-9

【例 2-1】 试计算图 2-10(a)所示体系的自由度。

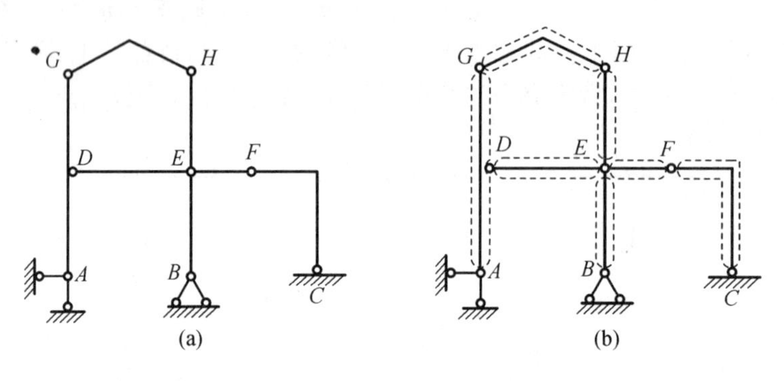

图 2-10

【解】 如图 2-10(b)所示，体系的刚片数计为 $M = 7$，7 个刚片之间全部都是铰接相连，除结点 E 为复铰外，其余结点 D，F，G 和 H 都是单铰，$H = 7$。3 个固定铰支座，$S = 6$。因此，由式(2-1)可得

$$W = 3 \times 7 - 2 \times 7 - 6 = 1$$

表明此体系具有一个自由度。

【例 2-2】 试计算如图 2-11 所示体系的内部可变度。

【解】 在该体系中，若把两边斜杆 AC 和 BC 分别看作为刚片，则 $M = 7$。结点 F、G 是复铰，其余都是单铰，$H = 9$。由式(2-2)得

$$V = 3 \times 7 - 2 \times 9 - 3 = 0$$

此体系的内部可变度为零，表明不缺少约束，也无多余约束。

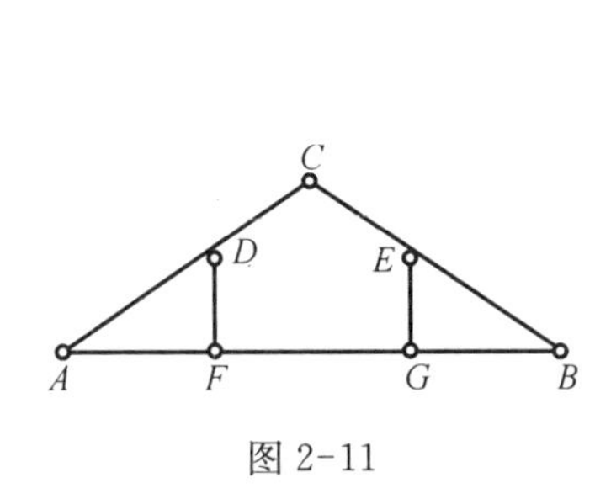

图 2-11

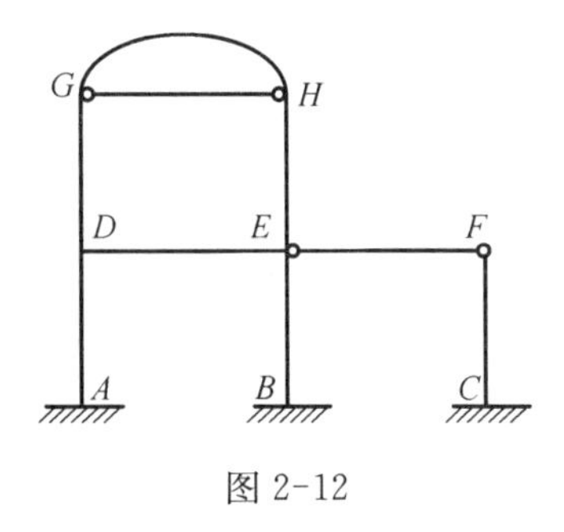

图 2-12

【例 2-3】 试计算图 2-12 所示体系的自由度。

【解】 首先将 3 个固定端支座计为外部约束 $S=9$，继而将右柱 CF 和左部大刚架作为两刚片 $M=2$，而左刚架上部带弧顶的闭合框具有 3 个多余约束，再加 GH、EF 两链杆，增加 2 个约束，故由式(2-1)得

$$W=3\times2-9-3-2=-8$$

又若将 GH、EF 两杆计入刚片，则 $M=4$，单铰 $H=4$，支杆数 $S=9$，内部多余约束 3 个，可得

$$W=3\times4-2\times4-9-3=-8$$

表明体系具有 8 个多余约束。

2.2.5 平面链杆系的自由度和约束

链杆是仅在杆件的两端与铰结点相连的直杆，因而它是特殊形式的刚片，链杆系是特殊形式的刚片系。所以，前面导出的计算公式，自然亦能用于平面链杆系。但为了计算方便，可以根据链杆系的特点，另外推导计算公式。

设一平面链杆系的结点总数为 J，链杆总数为 B，支杆总数为 S。因为每个结点在平面内可有 2 个自由度，每根链杆或支杆相当于 1 个约束，所以，体系结点的自由度总数为 $2J$，约束总数为 $B+S$。故体系的自由度为

$$W=2J-B-S \tag{2-3}$$

与平面刚片系的情况相似，如果体系不与基础相连 ($S=0$)，则体系的内部可变度为

$$V=2J-B-3 \tag{2-4}$$

这里需要注意的是：在计算链杆系的结点数时，凡是链杆的端点，都应当算作结点。例如图 2-13(a)所示体系，若将 DC、EC 杆作为链杆，$B=4$，则结点数 $J=5$，支座上 D、E 点

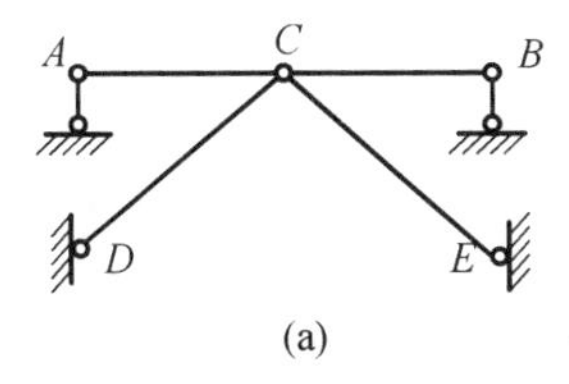

(a)

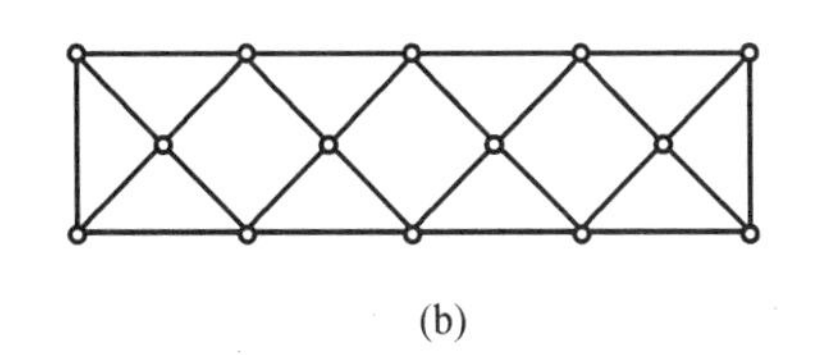
(b)

图 2-13

就是固定铰，计入支杆数共有 $S=6$；若将 DC、EC 杆作为支杆(外部约束)，则 $S=4$，$B=2$，结点数就成 $J=3$。两种方式计算均得自由度 $W=0$。

【例 2-4】 试计算图 2-13(b)所示体系的内部可变度。

【解】 由图可知：$J=14$，$B=26$，故由式(2-4)可得

$$V=2\times14-26-3=-1$$

表明此体系具有一个多余约束。

2.3 几何不变体系的组成规则

根据上节公式计算得到的结果，可能遇到以下三种情形：

① $W>0$ 或 $V>0$；

② $W=0$ 或 $V=0$；

③ $W<0$ 或 $V<0$。

如果是属于第一种情形，则表明体系具有运动自由度，因而体系是可变的。若为第二种或第三种情形，则表明体系的约束数正好与自由度数持平或者有多余约束，这只能说明组成几何不变体系的必要条件已经具备，但还不能排除体系几何可变的可能性。因为假如约束布置不合理，体系几何可变的可能性仍然是存在的。所以，还必须进一步对体系的几何组成作具体分析或检查，然后才能做出结论。

在具体分析或检查体系的几何组成之前，先必须了解几何不变体系的组成规则。在平面体系中，组成几何不变体系的基本规则，主要有以下三种：

2.3.1 点和刚片的组成规则

由前可知，一点在平面内具有 2 个自由度。如果用一根链杆把一点 P 与基础上的点 A 相连，如图 2-14(a)所示，则此点仍有可能在以 A 为圆心、以链杆长度 AP 为半径的圆弧上运动。若再用一根链杆将其与基础上的点 B 相连，如图 2-14(b)所示，则 P 点的位置就被完全固定，而不能再作任何运动了。

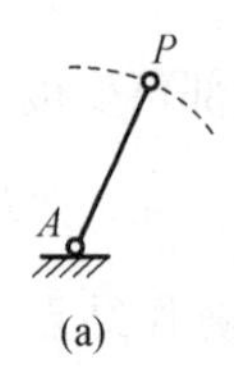

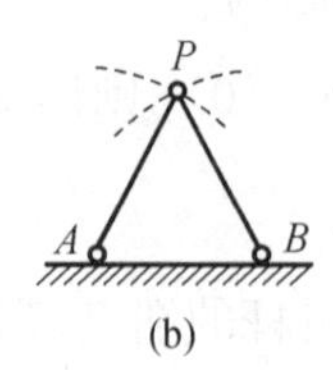

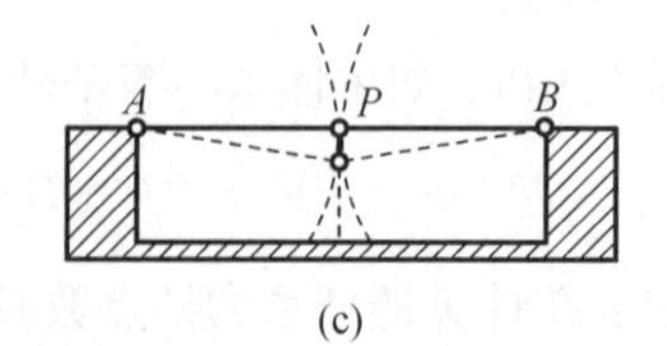

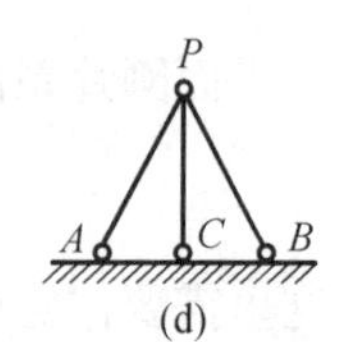

图 2-14

但是，假如两根链杆排列成一条直线，即 P 点落在两个连接铰 A、B 的连线上，如图 2-14(c)所示，P 点仍有可能在垂直于 AB 方向作微小的移动。这种微小的移动，仅是在开始施加干扰的一瞬间发生，过后，当两根链杆或 3 个铰不再处在一直线上(如图中虚线所示)时，它就不变了，因而称它为瞬变体系。

倘若用 3 根链杆把 1 点 P 分别与基础上的 3 个点 A、B 和 C 相连，如图 2-14(d)所示，

其中有 1 根链杆是多余的，即有 1 个多余约束。

因此，假定把基础看成是刚片的话，那么就可以说：平面内的一点和一个刚片，若用不在一直线上的两根链杆相连，则两者可组成一个几何不变的整体，而且无多余约束。这种组成法则，有时也称它为二元片的组成规则，其中两根链杆称为二元片。

2.3.2 两刚片的组成规则

如前所述，1 个刚片在平面内具有 3 个自由度。若用①、②两根链杆（即 2 个约束）把 1 个刚片Ⅰ与基础相连，如图 2-15(a)所示，则刚片Ⅰ还能绕着①、②两根链杆的交点 O 转动。如果再增加 1 根链杆③，如图 2-15(b)所示，则此 3 根链杆可有 O、P、R 等 3 个交点。此时，若刚片Ⅰ要运动，则它必须同时绕 3 个点运动，然而这是不可能的。所以，实际上，刚片Ⅰ不能再作任何运动，因而它的位置被完全固定。

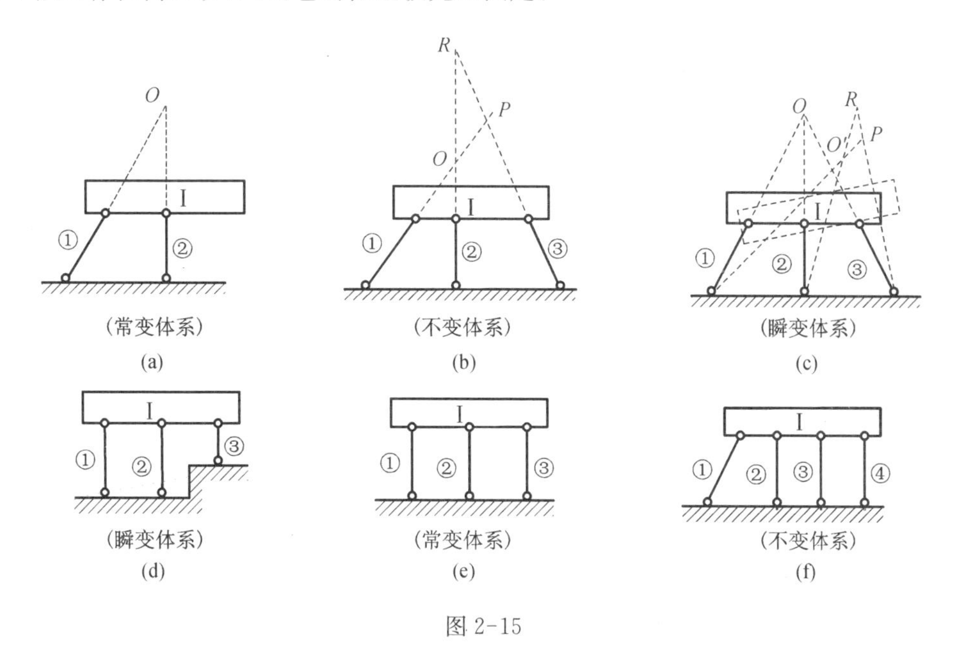

图 2-15

但是，假如 3 根链杆都交于一点 O，如图 2-15(c)所示，则刚片Ⅰ仍有可能绕点 O 作微小的转动。这种微小的运动，也仅是在开始施加干扰的一瞬间发生，过后，当 3 根链杆不再交于一点（即变为图中虚线所示的 3 个交点 O'、P 和 R 的位置）时，它就不变了，所以，它是瞬变体系。若用 3 根不等长的平行链杆将刚片Ⅰ与基础相连，如图 2-15(d)所示，则可认为 3 根平行链杆交于无限远处的一点，故刚片Ⅰ也可作微小的转动，这时 3 根链杆不再平行，它就不可变，因而也是瞬变体系。如果改用 3 根等长的平行链杆，将刚片Ⅰ与基础相连，如图 2-15(e)所示，则此三链杆将始终保持平行，故刚片Ⅰ可以作很大的平移运动，所以，它是常变体系。

倘若用 4 根链杆把 1 个刚片Ⅰ与基础相连，如图 2-15(f)所示，显然有 1 根链杆（即 1 个约束）是多余的。但须注意，链杆①不能作为多余约束，它是体系保持几何不变所需的必要约束，因为如果没有它，则体系将变成是可变的。所以只有其余的 3 根竖向链杆，可以任选其中 1 根作为多余约束。

基础就是1个刚片，因此可以说，平面内的两个刚片用不交于同一点的3根链杆(支杆)相连，或者两刚片用1个铰和不通过该铰的1根链杆相连(图2-16)，两者可组成一个几何不变的整体，且无多余约束。这就是两刚片规则。

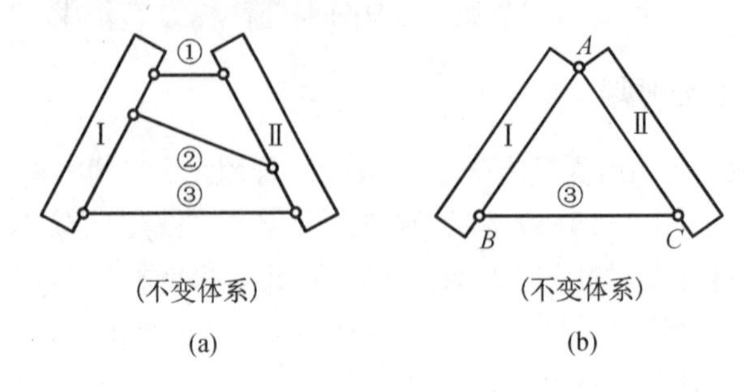

图2-16

把连接相同两个刚片的两链杆看作一个单铰，铰的位置就在该两链杆交点处或是两链杆延伸线交点处(图2-16(a))，把这种铰称为虚铰，而把普通的铰称为实铰(图2-16(b))。虚铰和实铰的约束效用是相同的，在组成分析中等同看待。

2.3.3 三刚片的组成规则

若把图2-16(b)所示体系中的链杆BC看作为刚片Ⅲ，则得到由3个刚片用3个铰相连的体系，如图2-17(a)所示。这样，虽在看法上与前有所不同，但实质并未改变。因此，原体系和现体系均为几何不变。同样，若把图2-14(c)所示体系中的链杆AP和BP及基础分别看作刚片，如图2-17(b)所示，现体系仍为瞬变。

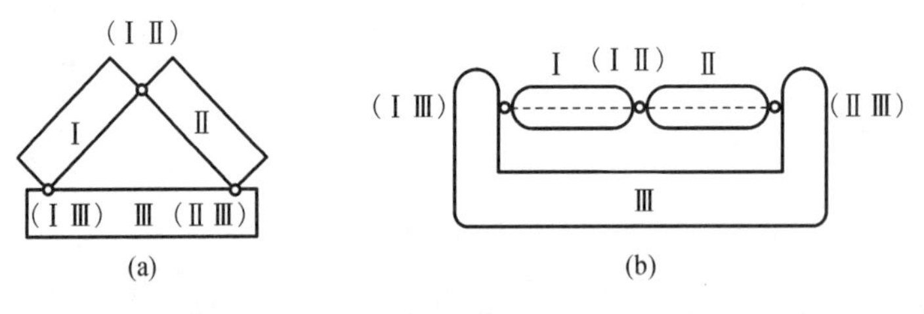

图2-17

因此，可以说：平面内的3个刚片，若两两之间用不在一直线上的3个铰相连，则三者可组成为一个几何不变的整体，而且无多余约束。

在3个铰中，也可以有部分或全部是虚铰的情形。例如在图2-18中，图(a)和图(b)所示都是由一个虚铰和两个实铰所组成的体系。其中前者三铰不在一直线上，故为不变体系，而后者则为瞬变体系。因为后者，连接刚片Ⅰ和Ⅱ的两根平行链杆，与其余两个铰(ⅠⅢ)和(ⅡⅢ)的连线相互平行，有一个无穷远处的虚铰(ⅠⅡ)是在其余两个铰(ⅠⅢ)和(ⅡⅢ)连线的延长线上，即三个铰在一直线上，所以体系是瞬变的。

图2-18(c)所示是由一个实铰和两个虚铰所组成的不变体系。图2-18(d)所示是由3个虚铰所组成的不变体系，图2-18(e)所示为由3对(组)平行链杆所连接的体系。根据几何学上的定义：各组平行线的相交点都在无限远处，由3对平行链杆所形成的3个虚铰，可在无限远处的一直线上，因而是瞬变体系。

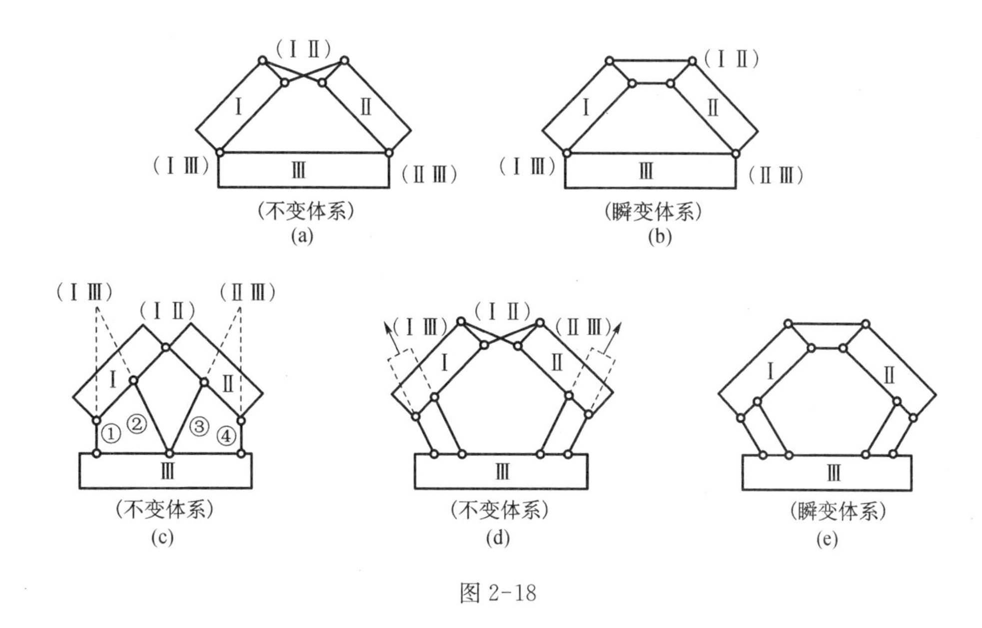

图 2-18

但是应当注意,并非任意两根链杆就可作为虚铰来看待的,而必须是连接相同两个刚片的两根链杆,才能形成一个虚铰。例如,在图 2-18(c)所示的体系中,链杆②是连接Ⅰ和Ⅲ两个刚片的,而链杆③则是连接Ⅱ和Ⅲ两个刚片的,它们连接的并不是两个相同的刚片,故链杆②和③的交点,不能作为 1 个虚铰来看待。

另外还应指出,在计算体系的自由度或内部可变度时,链杆和刚片都是根据杆件本身的形式来确定的,而在几何组成分析中所称的链杆,着眼于它的约束效用,而并不拘泥于它的具体形式。凡是其约束效用与链杆作用相当的,如支杆、曲杆、折杆或刚片,只要仅在其两端用铰连接别杆,均可当作链杆来使用。例如,图 2-19 所示的体系中,由于折杆 ab 和 cd 本身是几何不变的,故 a 和 b 及 c 和 d 之间的距离也不能改变,它们对于刚片Ⅰ和基础所起的作用,实际上与图中虚线所示的两根链杆相当。此外,支杆 e 也是链杆。此图中基础属几何不变的整体,故可看作为 1 个刚片。所以,刚片Ⅰ与基础刚片之间,有不交于一点的 3 根链杆相连,符合组成规则二,故体系不变,且无多余约束。

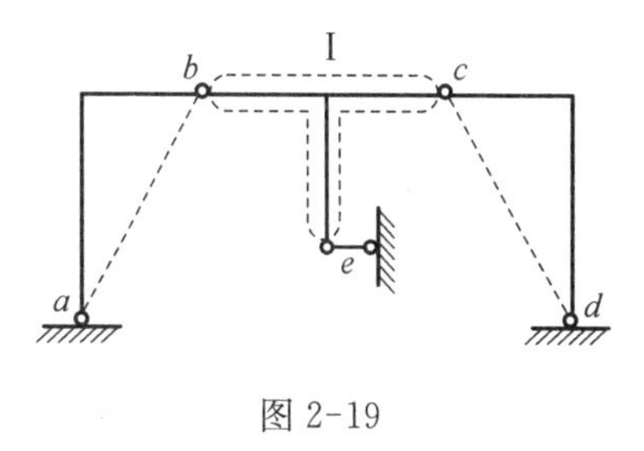

图 2-19

2.4 体系的几何组成分析举例

运用前述知识分析某体系的几何组成一般先是选用适当公式计算体系自由度,若 $W>0$ 或 $V>0$ 即可肯定为可变体系,对于 $W\leqslant 0$ 或 $V\leqslant 0$ 者依据三条规则试着找到其中的刚片及相互的联系(约束),判断是几何不变体、常变体系或瞬变体系。但亦可直接进行刚片关系的组成分析,从中也能看到约束数量是不足或多余。

【例 2-5】 试对图 2-20(a)所示体系作几何组成分析。

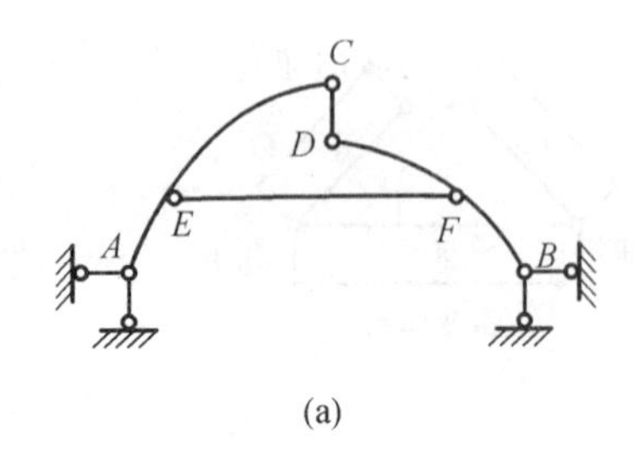

(a)

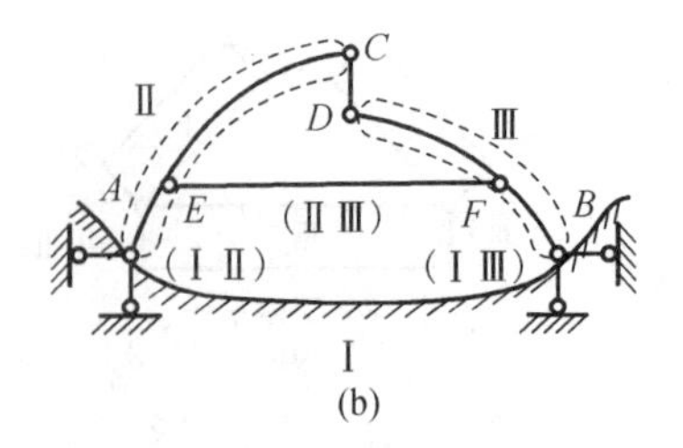

(b)

图 2-20

【解】 此体系属刚片系且与基础相连，按式(2-1)计算自由度：上部各种形式的大小杆件都作为刚片，$M=4$，其间单铰数 $H=4$，支杆 $S=4$，则有

$$W=3\times4-2\times4-4=0$$

表明具备了几何不变体的必要条件，须进一步分析组成。本例有 4 根枝杆，比一个不变体最少的 3 个外部约束多，说明内部缺少约束需由外部补偿，此类情况应当连同基础一起分析。

先设基础为刚片Ⅰ，两曲杆上各有 3 个铰接点，应当看作刚片Ⅱ和刚片Ⅲ，链杆 CD、EF 连接同两个刚片而形成一虚铰称为(ⅡⅢ)，固定铰支座 A、B 成为实铰(ⅠⅡ)和(ⅠⅢ)，显然 3 个铰不在一直线上，所以该体系符合 3 刚片规则为几何不变体，且无多余约束。

本例中基础与上部只有两个连接铰 A 和 B，故亦可把它看作左右两刚片间的 1 根链杆，这样，两刚片间用不交于同一点的 3 根链杆 AB、CD、EF 相连，符合两刚片规则为不变体。这说明分析的角度可以不同，但正确的结论只有 1 个。

【例 2-6】 试对图 2-21(a)所示体系作几何组成分析。

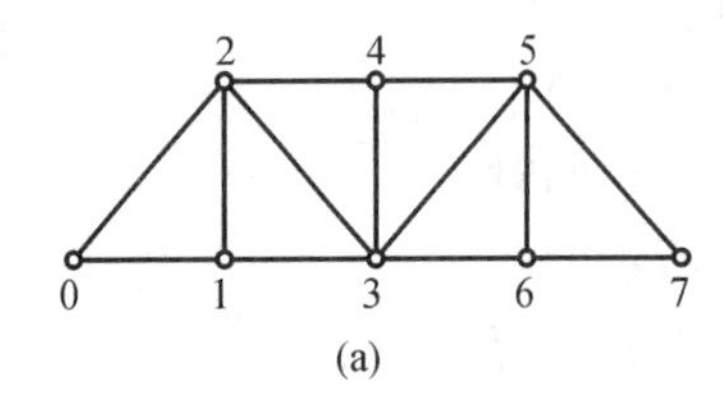

(a)

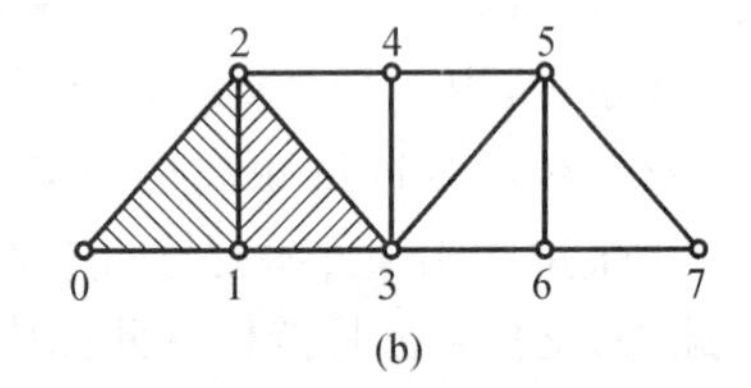

(b)

图 2-21

【解】 此体系属于链杆系，它不与基础相连，故选用公式(2-4)计算内部可变度。由图可知：$J=8$，$B=13$。故得

$$V=2\times8-13-3=0$$

表明体系具有几何不变的必要条件。

在此体系中有多个三角形，其每个三角形部分，都符合组成规则三。因此，分析其几何组成时，先可任意选定一个三角形例如 012 作为基础刚片，根据二元片的组成规则，然后从该刚片上的两个点 1 和 2 出发，用链杆 1-3 和 2-3 去连接新结点 3，刚片扩大为 0123。依此类推，可逐步扩大至整个体系，所以，整个体系几何不变，而形成一个合成刚片。

【例 2-7】 试对图 2-22(a)所示体系作几何组成分析。

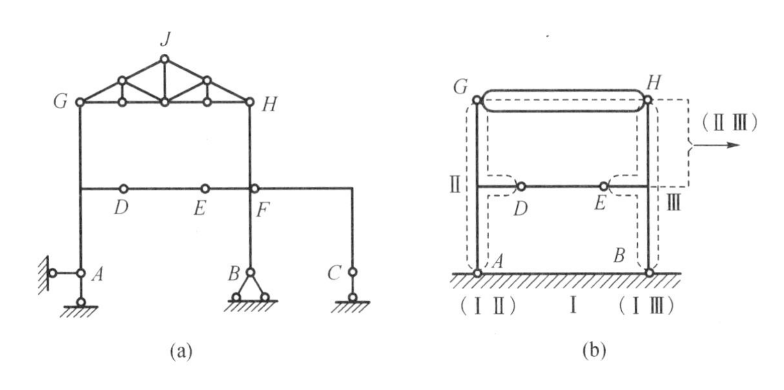

图 2-22

【解】 在此体系中，顶部屋架 GHJ 可先判定是一内部不变且无多余约束的链杆系，为使计算简化，可将它看作一个合成刚片。杆 DE 也计入刚片，这样，$M=5$，$H=5$，$S=5$。于是，由式(2-1)可得

$$W=3\times5-2\times5-5=0$$

表明体系具有几何不变的必要条件。在作组成分析时，首先看到右边部分 FC 是一内部无多余约束的刚片，此刚片用一铰 F 及不通过该铰的支杆(链杆)C 与体系的左边部分及基础相连，形成外围的二元片，附属于左部。在任一体系中，凡具有这种主从关系的两个部分，其中主要的称为基本部分，从属的称为附属部分。因为附属部分的存在与否，并不改变基本部分的几何性质，所以在分析体系的几何组成时，为了简化，可将附属部分或二元片撤去，直接分析基本部分。

该体系左边部分两竖柱为刚片，而顶部 GHJ 刚片与其他刚片相连的仅有两个铰结点 G 和 H，为了简化，可用 1 根直杆 GH 作等效代替。

将附属部分撤除，并作等效代替后，可得原体系的简化图形，如图 2-22(b)所示。先假设基础为刚片Ⅰ，通过铰 A 和铰 B，连接刚片Ⅱ和刚片Ⅲ；最后可以发现，在刚片Ⅱ和刚片Ⅲ之间有平行的两根链杆 DE 和 GH 相连，相应的虚铰(Ⅱ Ⅲ)在左方或右方的无限远处，恰在另二铰连线的延长线上，即 3 铰在一直线上，因而是瞬变体系，无多余约束。因为体系左边是瞬变的，所以与其相关的附属部分——体系右部，自然也不会例外。

【例 2-8】 试对图 2-23(a)所示体系作几何组成分析。

【解】 此体系的杆件和铰数繁多，可直接开始几何组成分析，从中也可看到约束的多或少。分析可按下列顺序进行：

首先，划出扩大刚片和局部合成刚片。左柱 $ANML$ 部分符合组成规则三，右柱 OP 则嵌固在基础上，故该两部分都可作为基础的扩大部分；在顶盖中 $ABCH$ 和 $CDEF$ 可分别看作为局部合成刚片，勾画如图 2-23(b)所示。

其次，分析体系中其他各个部分之间的相互关系。该体系的顶部 BK 和 DK 为二元片，是附属部分，可将其撤去。同时还可看到，ACE 部分用一铰 A 及不通过该铰的一根链杆 PE 与基础相连。显而易见，如果 ACE 部分内部几何不变，则它同基础之间的连接情况是没有问题的。因此，问题最终归结到要分析 ACE 内部的几何组成。

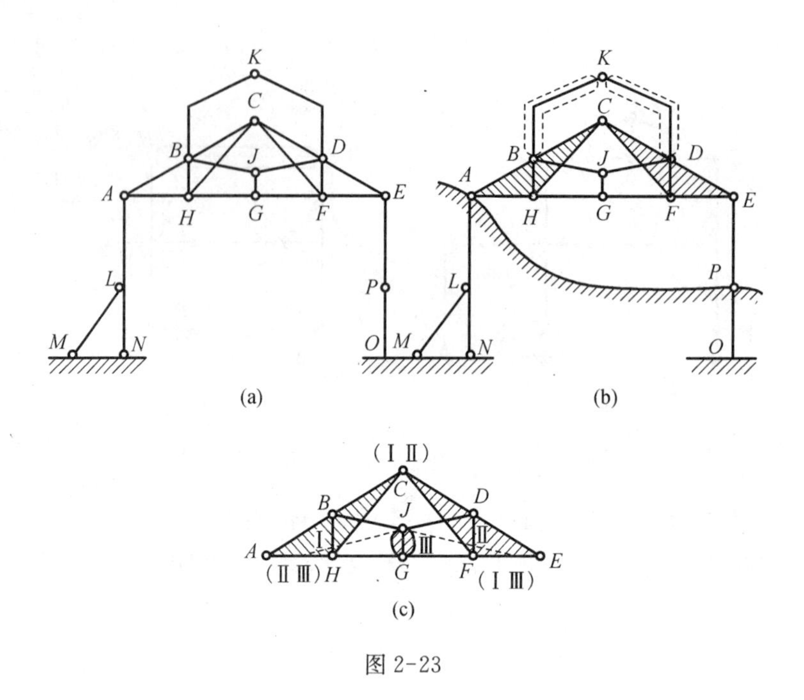

图 2-23

最后，在图 2-23(c)中，局部合成刚片 $ABCH$ 和 $CDEF$ 作为刚片Ⅰ和Ⅱ，两者之间用实铰(ⅠⅡ)相连。另外，通过链杆 BJ、HG 或链杆 DJ、FG，可找到链杆 GJ，它是刚片Ⅲ，相应的虚铰为(ⅠⅢ)和(ⅡⅢ)。3 铰不在一直线上，符合组成规则三，故 ACE 部分内部几何不变。其他各部分前面都已分析过，因而整个体系是几何不变的，无多余约束。

【例 2-9】 试对图 2-24(a)所示体系作几何组成分析。

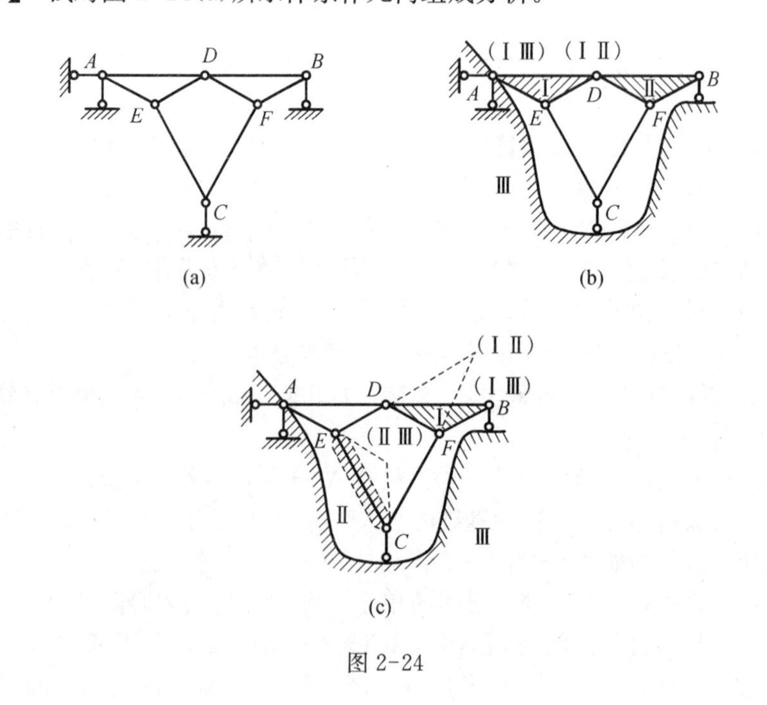

图 2-24

【解】 此体系是链杆系，计算自由度：$J=6$，$B=8$，$S=4$。故由式(2-3)可得

$$W = 2\times 6 - 8 - 4 = 0$$

此体系没有多余约束，但它有 4 根支杆，分析它的几何组成时，必须连同基础一起考虑。首先，若划出局部合成刚片Ⅰ和Ⅱ，如图 2-24(b)所示，和地基刚片Ⅲ之间虽有 A、D 两铰，但刚片Ⅱ与Ⅲ之间只有 1 根支杆 B 连接，而另外又有 3 根链杆(即链杆 CE 和 CF 及支杆 C)却未能用上。显然，这样不能使用不变体系的组成规则来说明问题，表明分析路子不对，应当重新划定刚片。

结点 A 是固定铰支座，故可将其作为基础上的铰点，不把 ADE 当作刚片，而将其看作 3 根链杆。这样改变之后，可先假设局部不变体 BDF 为刚片Ⅰ，如图 2-24(c)所示。与刚片Ⅰ相联系的共有 4 根链杆，其中，链杆 DE 和 FC 与杆件 EC 相连，而链杆 DA 和支杆 B 则与基础相连。因此，这样就自然地可把杆件 EC 看作为刚片Ⅱ。最后还可发现，在刚片Ⅱ和刚片Ⅲ之间也有两根链杆(即支杆 C 和链杆 AE)相连。这样，3 个刚片两两之间各有两根链杆相连，相应的 3 个虚铰(Ⅰ Ⅱ)、(Ⅱ Ⅲ)和(Ⅰ Ⅲ)其位置如图 2-24(c)所示。3 个铰不在一直线上，符合组成规则三，故为几何不变体系。

总结以上的几何组成分析方法可归纳为：撤去外围二元体；小刚片合成大的；试定 2 个或 3 个刚片并找其间联系(勾画清楚)；链杆与刚片可等效替代又不可混淆；对照规则并判断约束多或少。

2.5 体系的几何特征与静力特性的关系

以上主要按机械运动的观点论述了各种体系的几何特征。本节将按静力平衡的观点来讨论几种体系的静力特性。

2.5.1 静定结构的静力特性

众所周知，处于平衡状态的任一平面物体，在其平面内可建立 3 个静力平衡方程。例如图 2-25(a)所示的梁，它与基础用不交于一点的 3 根链杆(支杆)相连，符合组成规则二，故为无多余约束的几何不变体系。在平面一般力系作用下，它有 3 个未知约束反力 R_{Ax}、R_{Ay} 和 R_B，相应地可建立 3 个静力平衡方程：

$$\sum X(R_{Ax}, R_{Ay}, R_B) = 0$$
$$\sum Y(R_{Ax}, R_{Ay}, R_B) = 0$$
$$\sum M(R_{Ax}, R_{Ay}, R_B) = 0$$

其中 3 个未知反力 R_{Ax}、R_{Ay} 和 R_B 可由上述 3 个静力平衡方程完全确定。这种无多余约束的不变体系，我们称它为静定结构。静定结构的静力特性是：静力平衡方程的个数与未知约束力的个数相等，在已知荷载作用下体系的全部反力和内力都可由静力平衡条件确定，而且解答是唯一的。当荷载为零时，体系的反力和内力也应等于零。这可称为静定结构的解答唯一性定理。

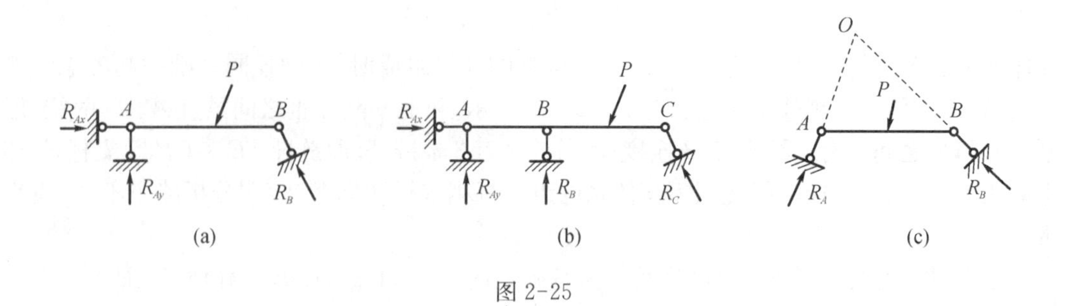

图 2-25

2.5.2 超静定结构的静力特性

然而，如果上述梁有 4 根支杆与基础相连，如图 2-25(b)所示，则它就变成具有一个多余约束的不变体系。在平面一般力系作用下，它共有 4 个未知约束反力 R_{Ax}、R_{Ay}、R_B 和 R_C，但仍只能建立 3 个独立的静力平衡方程。

由于三个静力平衡方程只能求解出三个未知反力，只有当超出的未知反力(多余约束力)首先给出某个值，然后才能从 3 个静力平衡方程中求解出其余的 3 个未知反力。而这种先给出的值可能有许多个。单靠静力平衡方程，这些未知反力是不能完全确定的。所以说，体系的反力和内力是静不定的，或者叫作超静定的。因此，我们把这种有多余约束的不变体系称为超静定结构。超静定结构的静力特性是：静力平衡方程的个数少于未知约束力的个数，体系的反力和内力单靠静力平衡条件是不能完全确定的；对应于每一种任意的已知荷载，体系能满足平衡条件的反力和内力解答不是唯一的。而当荷载为零时，体系也可以有满足平衡条件的非零的反力和内力，称作为初内力或自内力状态。体系可以由其他原因产生和存在初内力或自内力，这是超静定结构极为重要的一个静力特性。

2.5.3 可变体系的静力特性

但是，若与上述情况相反，即梁仅有两根支杆与基础相连，如图 2-25(c)所示，则它就变成具有一个自由度的可变体系。在平面一般力系作用下，对于仅有的两个未知约束反力 R_A 和 R_B，但我们仍可建立 3 个独立的静力平衡方程：

$$\sum X(R_A,\ R_B)=0$$
$$\sum Y(R_A,\ R_B)=0$$
$$\sum M(R_A,\ R_B)=0$$

这样，未知约束反力的个数少于静力平衡方程的个数。除特殊情况外，要求两个未知约束反力同时满足三个静力平衡方程，一般说来是不可能的。要么将得互相矛盾的解答，要么有的方程不能成立。所以，可变体系的静力特性是：静力平衡方程的个数多于未知约束力的个数，一般说来是不可能有解的，因而体系不可能保持平衡。

2.5.4 瞬变体系的静力特性

从理论分析看，瞬变体系只能发生很小的变位，但实际产生的变形一般不会很小。因为在很小变位状态下它即使承受很小的荷载，亦可能产生很大的内力，以致体系可能发生破坏。如图2-26(a)所示的体系，在图示荷载作用下，杆件AC和BC的轴力N_{CA}和N_{CB}(图2-26(b))可由下列平衡条件求得：

$$\sum M_B = 0 \qquad P_x h - P_y b - N_{CA} r_{CA} = 0$$

$$\sum M_A = 0 \qquad P_x h + P_y a + N_{CB} r_{CB} = 0$$

故得

$$N_{CA} = \frac{h}{r_{CA}} \cdot P_x - \frac{b}{r_{CA}} \cdot P_y$$

$$N_{CB} = -\frac{h}{r_{CB}} \cdot P_x - \frac{a}{r_{CB}} \cdot P_y \tag{a}$$

由此不难看出，如果改变杆件AC和BC的长度，从而使铰点C落在铰A和铰B的连线AB上，如图2-26(c)所示，则变成了瞬变体系。此时，$h = r_{CA} = r_{CB} = 0$。这里，可以分为两种情况来讨论：

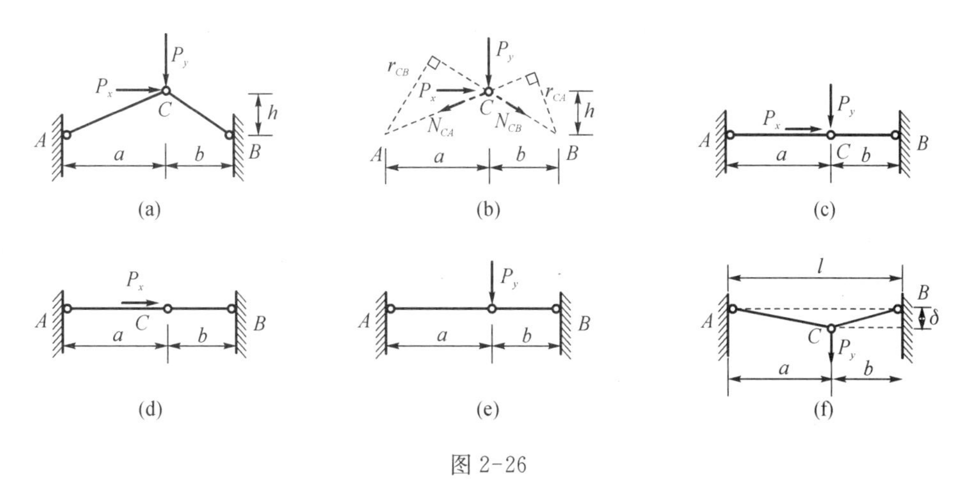

图2-26

(1) 当没有竖向荷载P_y而仅有水平荷载P_x作用(图2-26(d))时，由式(a)可得

$$N_{CA} = \frac{0}{0} \cdot P_x = \text{不定值}$$

$$N_{CB} = -\frac{0}{0} \cdot P_x = \text{不定值} \tag{b}$$

这表明体系的反力和内力是不能由静力平衡方程确定的，亦即是超静定的。

(2) 反之，当没有水平荷载P_x而仅有竖向荷载P_y作用(图2-26(e))时，由式(a)可得

$$N_{CA} = -\frac{b}{0} \cdot P_y = -\infty$$

$$N_{CB} = -\frac{a}{0} \cdot P_y = -\infty \tag{c}$$

这表明体系的反力和内力为无限大，实际上，这是不可能的，因而体系不可能保持平衡，亦即是可变的。变位到两根杆或3个铰不在一直线上，才有可能获得平衡，如图2-26(f)所示，结点C发生竖向位移δ。利用式(a)，其中$r_{CA}=l\cdot\sin\alpha$，$r_{CB}=l\cdot\sin\beta$，于是有

$$N_{CA}=\frac{b}{l}\sqrt{1+\left(\frac{a}{\delta}\right)^2}\cdot P_y$$

$$N_{CB}=\frac{a}{l}\sqrt{1+\left(\frac{b}{\delta}\right)^2}\cdot P_y \tag{d}$$

作为一个特例，现假设$\delta=\dfrac{l}{20}$，$a=b=\dfrac{l}{2}$。于是，由式(d)可求得杆杆AC和BC的轴力为

$$N_{CA}=N_{CB}=5.025P_y$$

而这时杆件AC的应变为

$$\varepsilon=\frac{\sqrt{a^2+\delta^2}-a}{a}=\frac{\sqrt{\left(\frac{l}{2}\right)^2+\left(\frac{l}{20}\right)^2}-\frac{l}{2}}{\frac{l}{2}}=0.005$$

此值已是16Mn钢屈服点应变的

$$\frac{\varepsilon}{\varepsilon_s}=\frac{\varepsilon}{\frac{\sigma_s}{E}}=\frac{0.005}{\frac{34\ 000}{2.0\times10^7}}=2.941\text{ 倍}$$

所以实际上，杆件AC和BC内的应力早已超出了材料屈服点的应力，因而实际的变形δ也将比这大得多，结构已发生破坏。

由上可见，瞬变体系虽然没有多余约束，但它的静力特性却具有两重性：其一，在某种特定荷载作用下，体系的反力和内力是超静定的；其二，在其他一般荷载作用下，体系不可能保持平衡，因而反力和内力是无解的；当它发生变形之后，虽然也有解，但可能产生很大的反力和内力，导致体系发生破坏。因此，在工程结构设计中，应当极力避免采用瞬变或接近瞬变的体系构造。

习　题

[2-1] 试对如图2-27所示体系作几何组成分析。

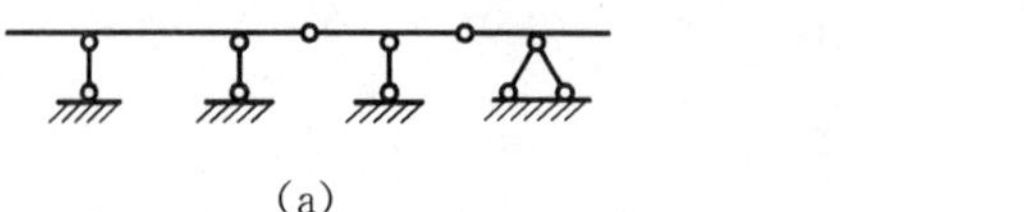

(a)

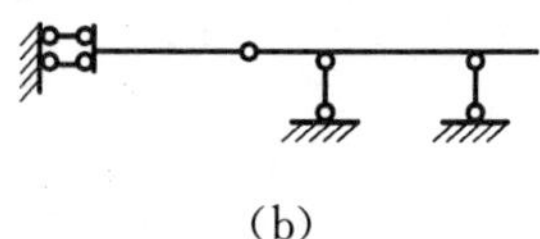

(b)

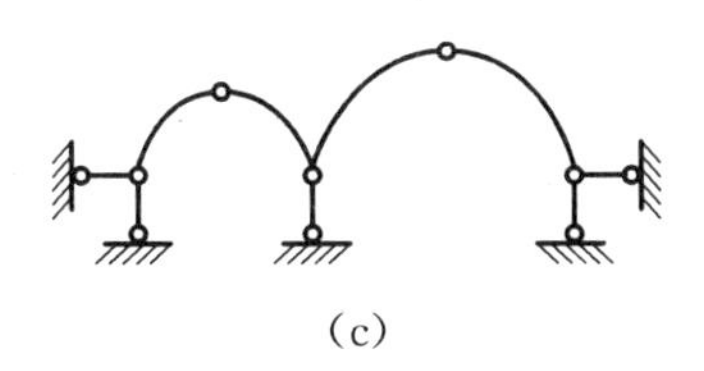
(c)

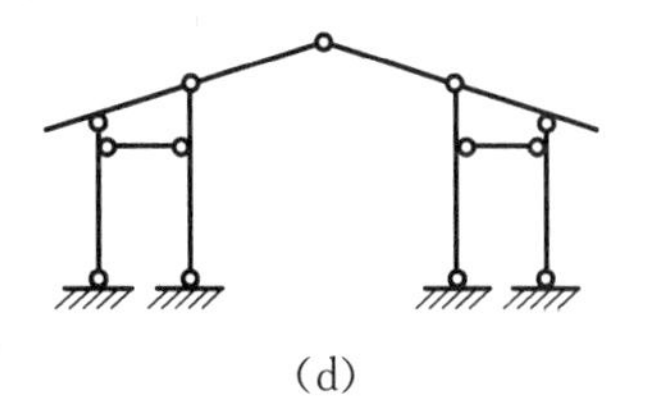
(d)

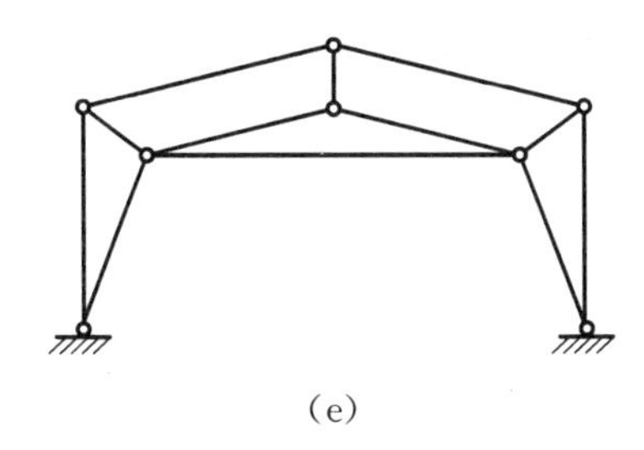
(e)

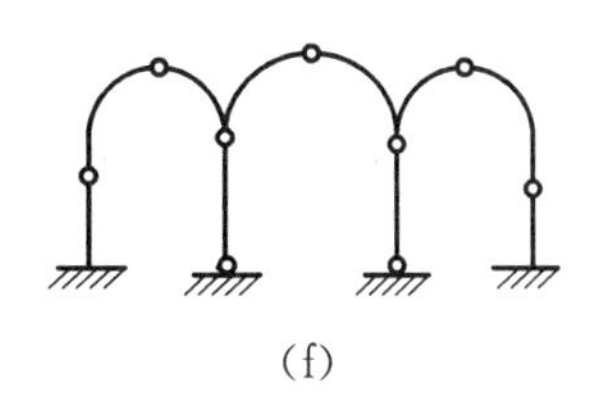
(f)

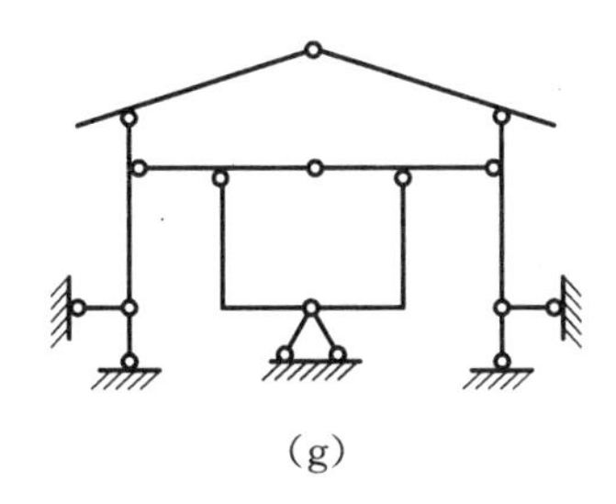
(g)

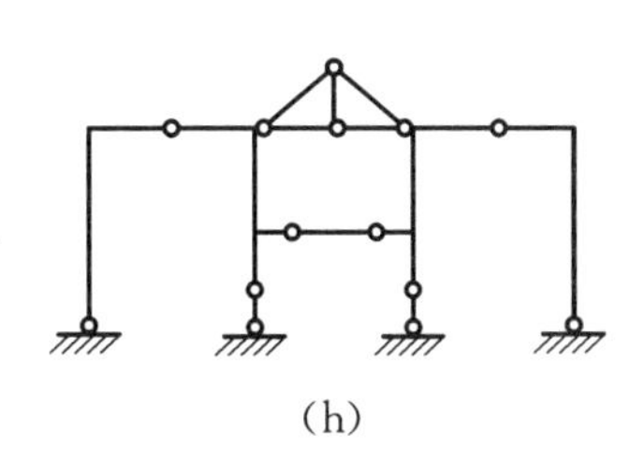
(h)

图 2-27

[**2-2**] 如图 2-28 所示两斜杆交叉点是否为虚铰?

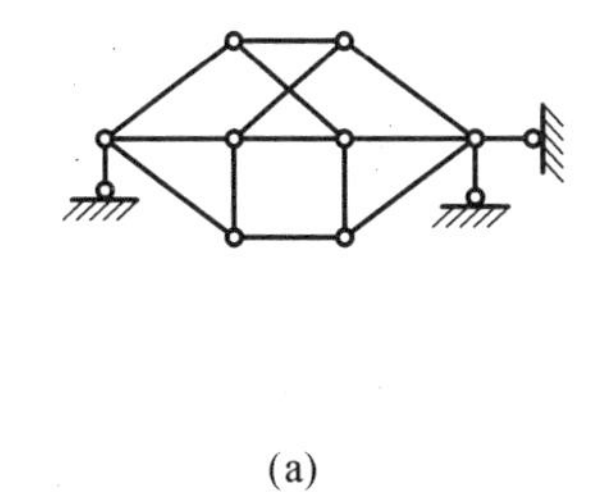
(a)

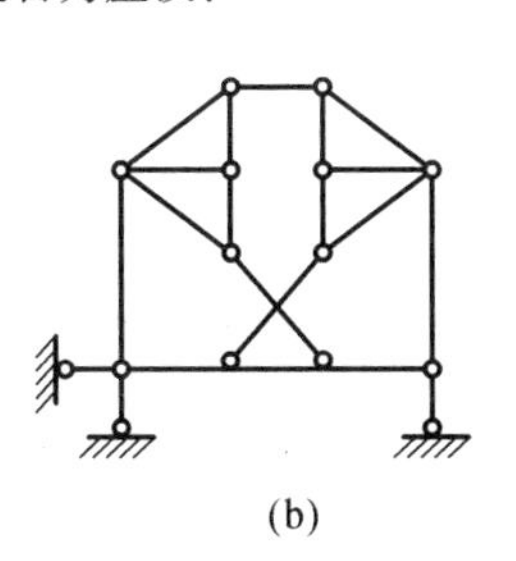
(b)

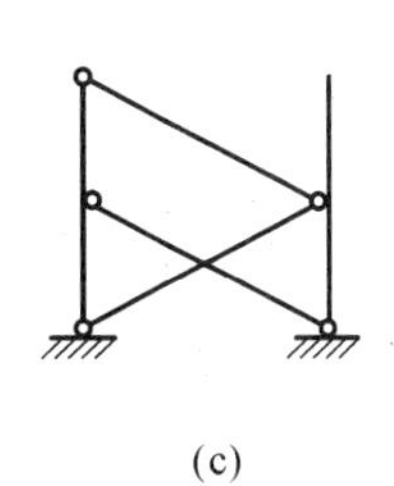
(c)

图 2-28

[**2-3**] 检查如图 2-29 所示各体系是否缺少或多余约束,是几何不变体,或是瞬变、常变体系。

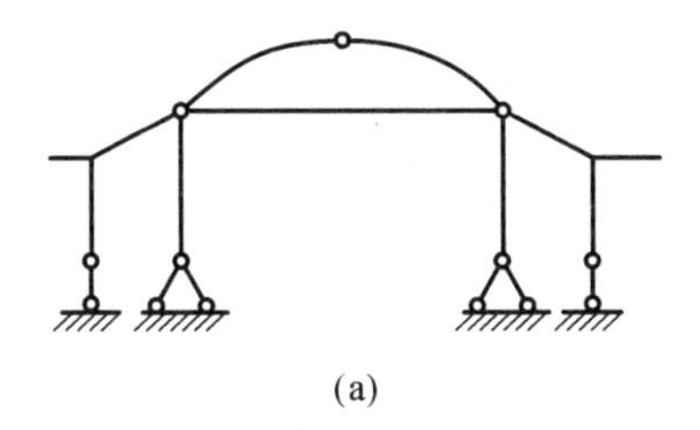
(a)

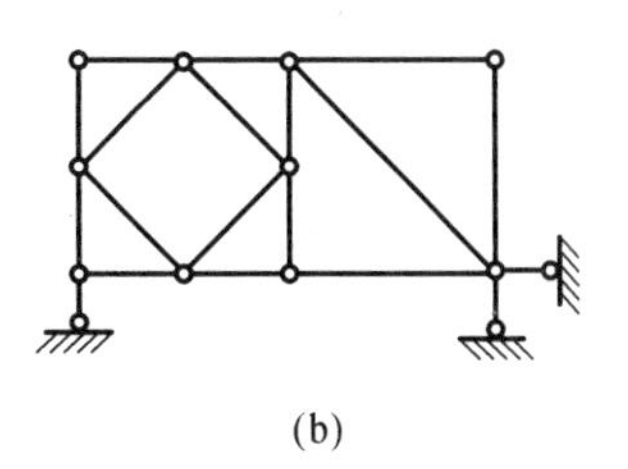
(b)

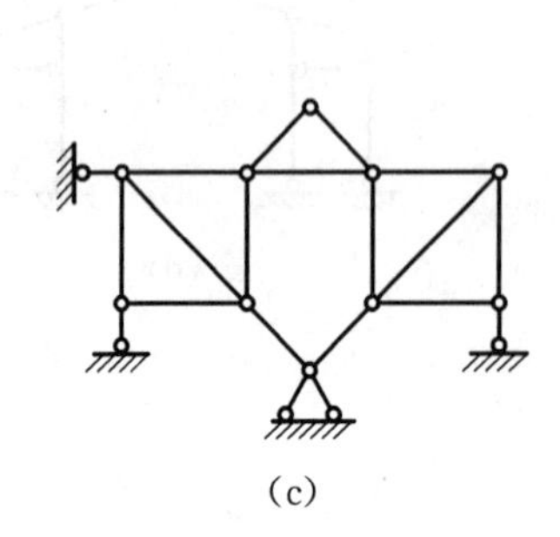

(c) (d)

图 2-29

[**2-4**] 分析如图 2-30 所示各体系内部是否可变。

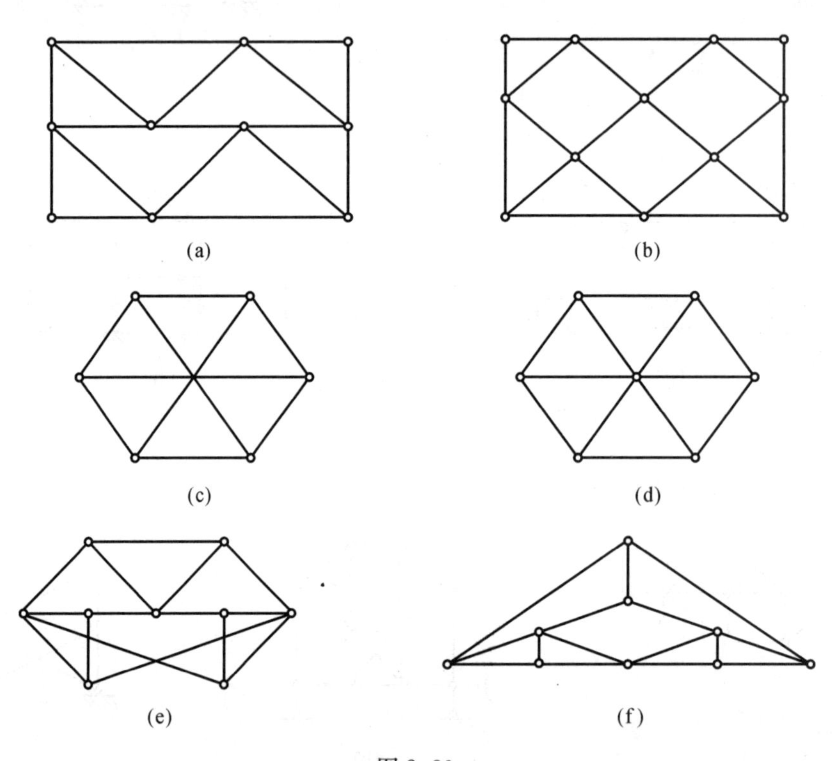

(a) (b)

(c) (d)

(e) (f)

图 2-30

[**2-5**] 试就如图 2-31 所示各体系增添或减掉约束，或改换约束位置、形式，以形成无多余约束的几何不变体。

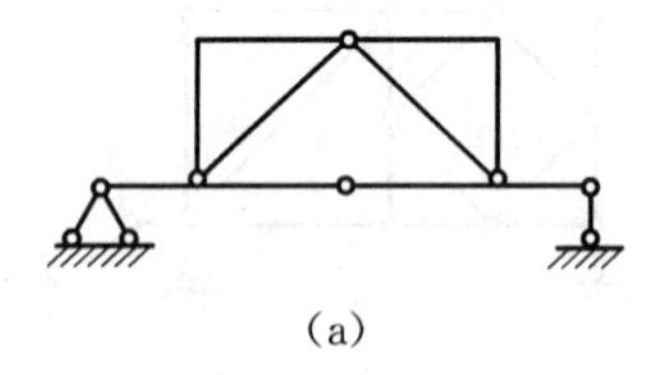

(a)

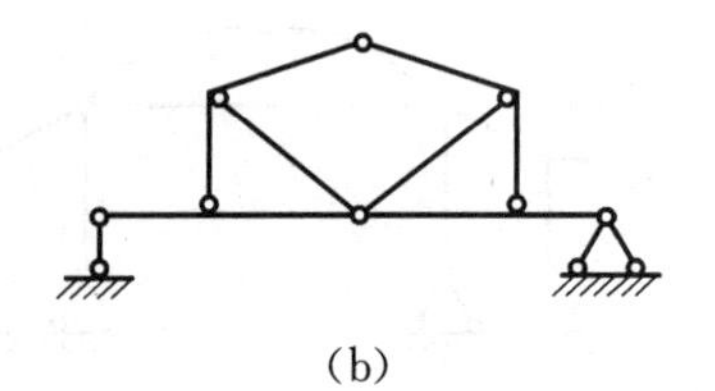

(b)

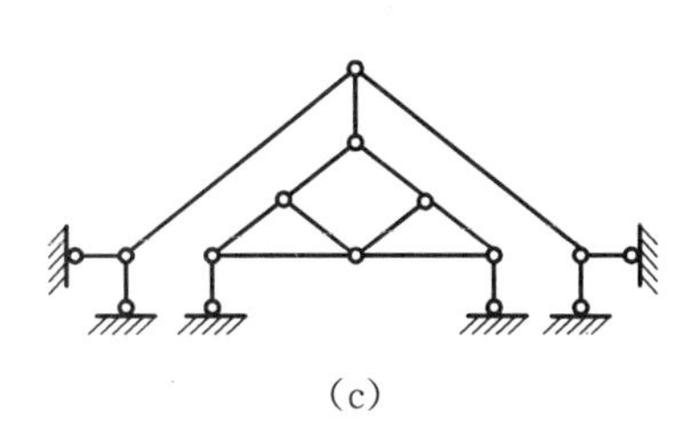

(c)

(d)

图 2-31

[2-6] 试分析下列各题体系的几何组成。

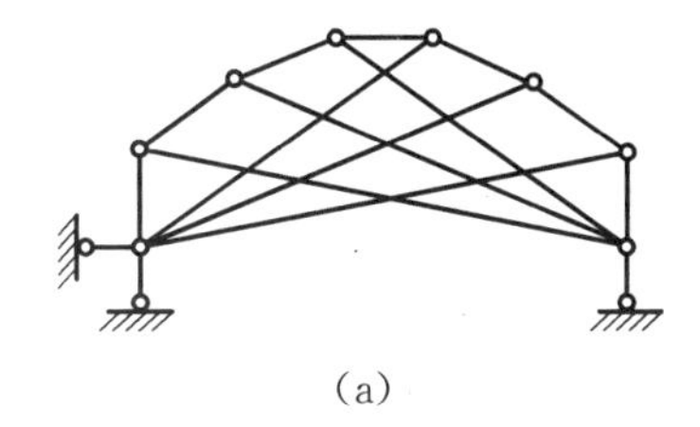

(a)

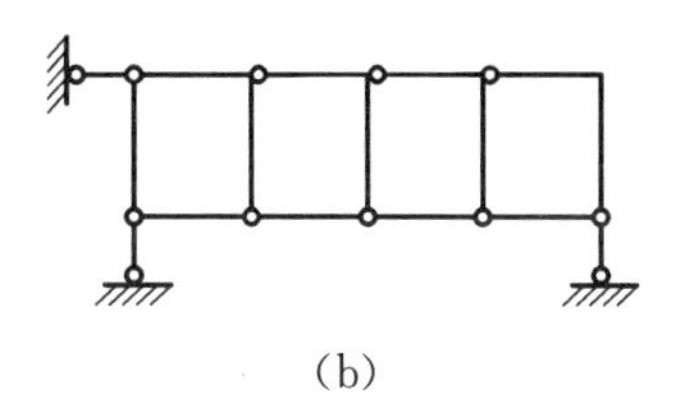

(b)

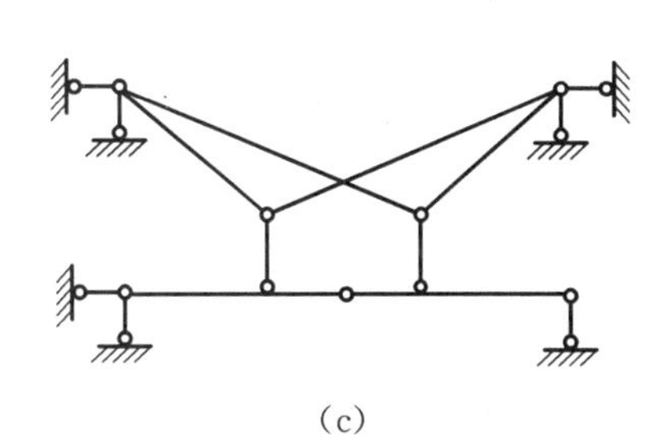

(c)

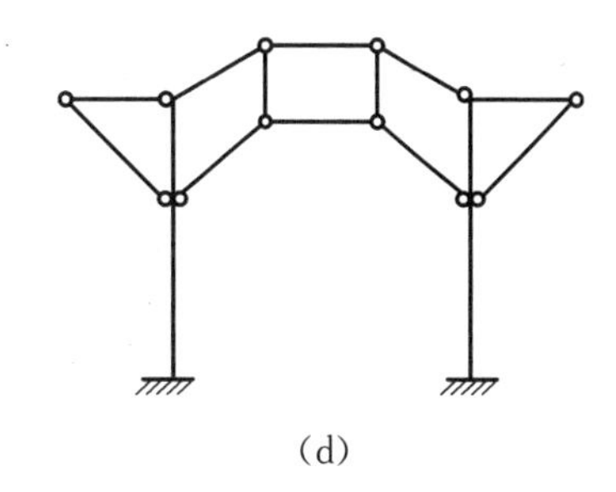

(d)

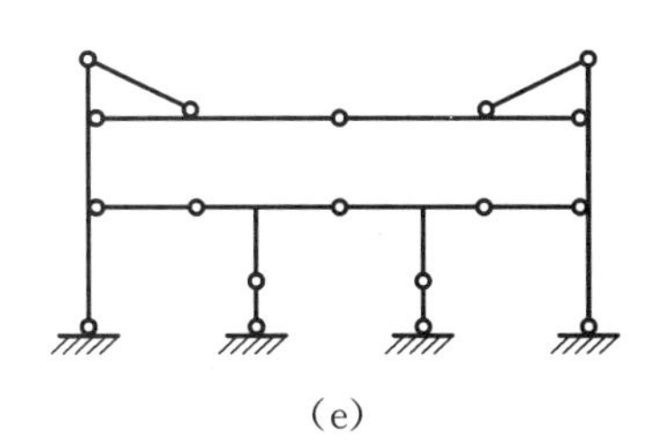

(e)

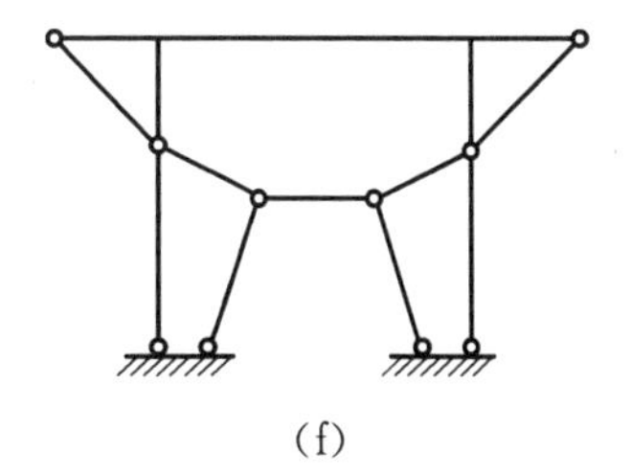

(f)

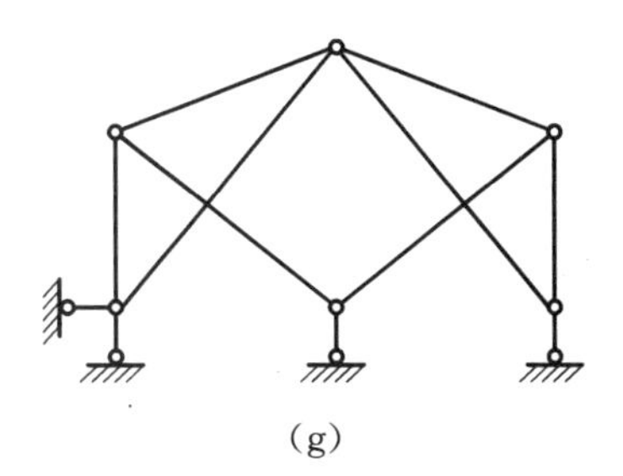

(g)

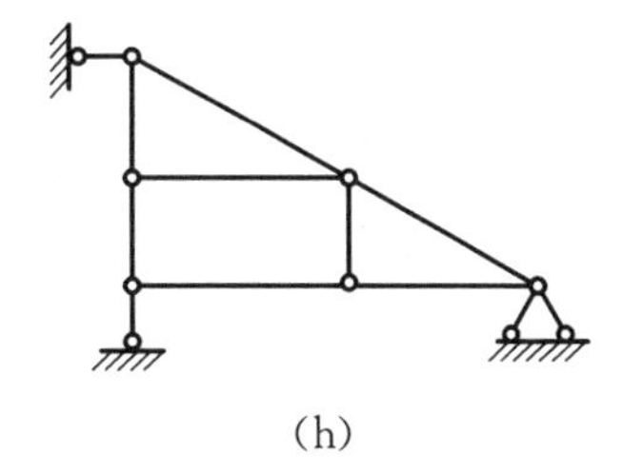

(h)

图 2-32

[**2-7**] 试分析如图 2-33 所示各体系的几何组成。

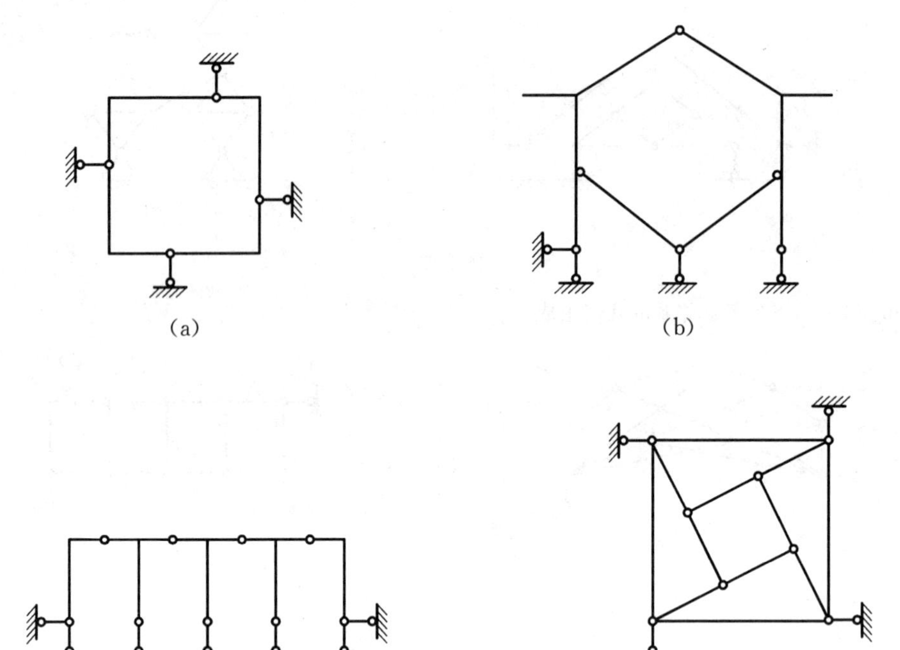

图 2-33

部分习题参考提示

[**2-4**] (c)图和(d)图中须加区别、逐步扩展。

[**2-6**] [f]图第Ⅲ刚片很小。

[**2-7**] (a)基础与两折杆有虚铰。

(b)须作等效变换。

(c)借物立虚铰。

(d)先外后内。

3 静定梁和静定刚架

3.1 静定结构内力计算的一般原则

3.1.1 静定结构内力计算的一般概念

结构受荷载作用处于静力平衡状态时，如何计算结构的反力和内力等问题称为结构静力学问题。结构上的荷载、反力、内力应满足静力平衡条件，因此，静力平衡条件是结构分析中常用的基本工具。

在理论力学中已经阐明，静力平衡条件可以用不同的形式表示。在数解法中常用静力平衡方程来表示。对平面一般力系来讲，其静力平衡方程为两个力的投影平衡方程和一个力矩平衡方程，即

$$\sum X = 0;\quad \sum Y = 0;\quad \sum M = 0 \tag{3-1}$$

有时，力的投影平衡方程也可以用力矩平衡方程来代替。如果力的投影平衡方程用力矩平衡方程来代替，则平面一般力系的3个平衡方程可以写成

$$\sum M_A = 0;\quad \sum M_B = 0;\quad \sum M_C = 0 \tag{3-2}$$

其中，矩心A，B和C为力系所在平面内的3个点，为了使3个力矩平衡方程相互独立，A，B和C这3点不能在同一条直线上。

当然，平面一般力系的3个平衡条件也可写成一个力的投影平衡条件和两个力矩平衡条件，但力的投影轴不能垂直于两个力矩点的连接线。

在静定结构的反力和内力计算中，认为静定结构受力后产生的变形与结构的原始几何尺寸相比是微小的，在建立平衡方程时可以忽略不计，即在建立结构的平衡方程时，是采用结构的原始几何尺寸，这样得到的平衡方程是线性的，计算结构的反力和内力时就可以应用叠加原理，即一组荷载共同作用时使结构产生的效果(如反力和内力等)，等于每一个荷载分别作用时使结构产生的效果之和。根据上述假定，应用叠加原理，可使计算得到简化，并且在很多情况下是足够精确的。

从本章起至第5章，将陆续阐述静定结构的内力计算。静定结构是没有多余约束的几何不变体系，在任意荷载作用下，其全部支座反力和内力都可用静力平衡方程求出，即静定结构的独立的平衡方程式的数目必等于未知约束力的数目。满足静力平衡条件的静定结构的反力和内力的解答是唯一的，这是静定结构的基本特性。

求解联立平衡方程，可得静定结构的所有支座反力和内力，但在静定结构的内力分析

中,不能仅满足于这种能够求解的要求,而应该力求避免求解联立方程,最好做到一个平衡方程中只含一个未知数,或者使联立方程式的数目尽量减少,以简化计算工作。

3.1.2 平面结构的内力及其正、负号的规定

在平面杆件结构的任一杆件的横截面上,一般有3种内力,即轴力 N、剪力 V 和弯矩 M。有些平面结构在某种荷载作用下也可能只有一种或两种内力,如受结点荷载作用的理想桁架,在桁架各杆中只产生轴向力;在竖向荷载作用下的水平梁,各横截面上只产生弯矩和剪力。

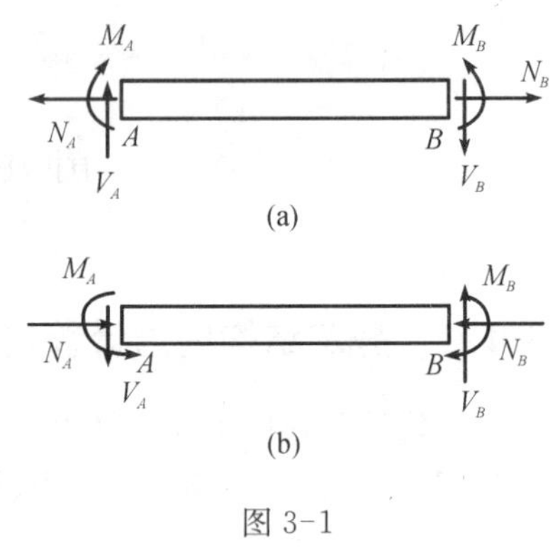

图 3-1

轴力是截面上的应力沿杆轴切线方向的合力,轴力以拉力为正,反之为负;剪力是截面上的应力沿杆轴法线方向的合力,剪力以绕隔离体顺时针向转动时为正,反之为负;弯矩是截面上的应力对截面形心的合力矩,在水平杆件中,使杆件下部纤维受拉的弯矩为正,反之为负。图3-1(a)所示的轴力、剪力、弯矩为正,图3-1(b)所示的轴力、剪力、弯矩为负。

3.1.3 截面内力的求法及内力图

计算截面内力的基本方法是截面法,如欲求图3-2(a)所示双伸臂简支梁截面 C 的内力,可将截面 C 切开,取左边部分(或右边部分)为隔离体(图3-2(b)或(c)),由隔离体的平衡条件确定该截面的三个内力:轴力等于该截面任一边隔离体中所有力沿杆轴切线方向的投影代数和;剪力等于该截面任一边隔离体中所有力沿杆轴法线方向的投影代数和;弯矩等于该截面任一边隔离体中所有力对截面形心的力矩代数和。

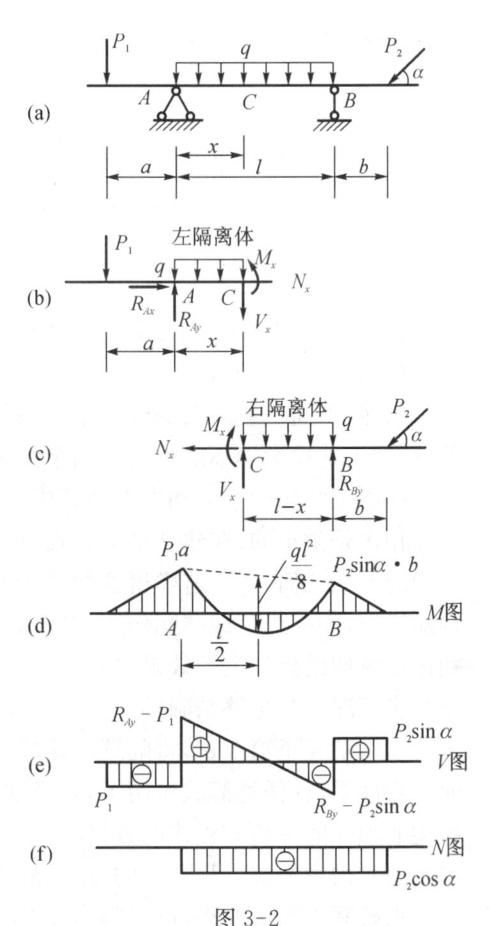

图 3-2

作隔离体,由平衡条件求截面内力时,应注意下列各点:

(1) 与隔离体相连接的所有约束要全部截断,并以相应的约束力代替。

(2) 不能遗漏作用于隔离体上的力,包括荷载及被截断的约束处的约束力(反力和内力)。

(3) 为计算方便,应选取较简单的隔离体进行计算,同时,一般假设指定截面上的内力为正号,若计算结果为正值,则内力的实际方向与假设的方向一致;反之,则内力的实际方向与假设的方向相反。

(4) 若隔离体为平面一般力系,则只能由隔离

体的平衡条件求解 3 个未知内力；若隔离体为平面汇交力系，则只能由隔离体的平衡条件求解两个未知内力。

各截面的内力求出后，通常用图形来表示各截面内力的变化规律，这种图形称为结构的内力图，如图 3-2(a)所示梁的弯矩图、剪力图、轴力图，分别如图 3-2(d)、(e)、(f)所示。

作内力图时，内力纵坐标(亦称纵标)应垂直于杆件轴线。在轴力图和剪力图上，规定要注明正、负号，在弯矩图上不必注明正、负号，但规定弯矩图的纵坐标要画在杆件受拉纤维的一边。

3.1.4 直杆弯矩图的叠加法

绘制线性弹性结构中直杆段的弯矩图时，采用直杆弯矩图的叠加法，可使绘制弯矩图的工作得到简化。

图 3-3(a)表示从结构中取出的任一直杆 AB，在荷载 q 及两端截面的内力共同作用下处于平衡。图中所示的截面内力有两个下标，其中第一个下标表示内力所在的截面，第二个下标表示直杆的另一端截面。设直杆两端的弯矩 M_{AB}、M_{BA} 已由截面法求得，现用叠加法绘此直杆的弯矩图。在线弹性小变形理论中，轴力 N_{AB}、N_{BA} 对直杆的弯矩没有影响，因此，根据叠加原理，图 3-3(a)所示杆件的弯矩图，可由图 3-3(b)和图 3-3(c)两个弯矩图叠加而得，其中，$V_{AB}=V_{AB}^{(1)}+V_{AB}^{(2)}$，$V_{BA}=V_{BA}^{(1)}+V_{BA}^{(2)}$。事实上，图 3-3(b)的弯矩图即相当于简支梁两端受集中力矩 M_{AB}、M_{BA} 作用时的弯矩图，剪力 $V_{AB}^{(1)}$、$V_{BA}^{(1)}$ 相当于该状况的支座反力。图 3-3(c)的弯矩图即相当于简支梁在均布外荷载作用下的弯矩图，剪力 $V_{AB}^{(2)}$、$V_{BA}^{(2)}$ 相当于该状况的支座反力。将图 3-3(b)、(c)的弯矩图叠加时，以杆端弯矩纵标的连线 m—n 作为叠加的基线，叠加后的最后弯矩图如图 3-3(d)所示。图中跨中截面的弯矩纵标可由基线 mn 的中点向下量出 $\frac{ql^2}{8}$ 获得，由 A、B 两端和跨中截面的弯矩纵标绘出最终弯矩图。应该指出，两个弯矩图的叠加不是图形的简单拼合，而是指各截面弯矩纵标的叠加。

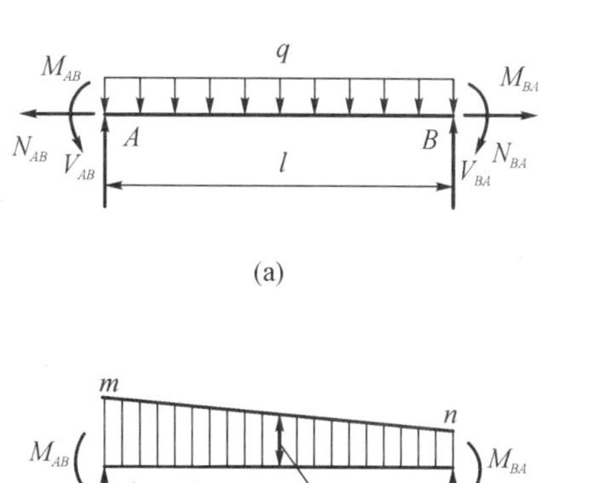

(a)

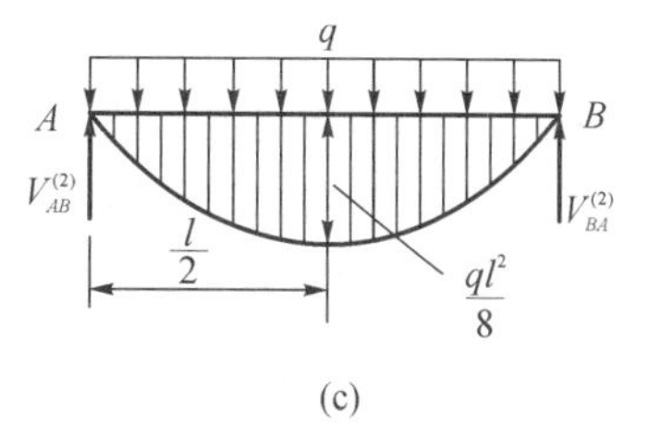

(c)

(b)

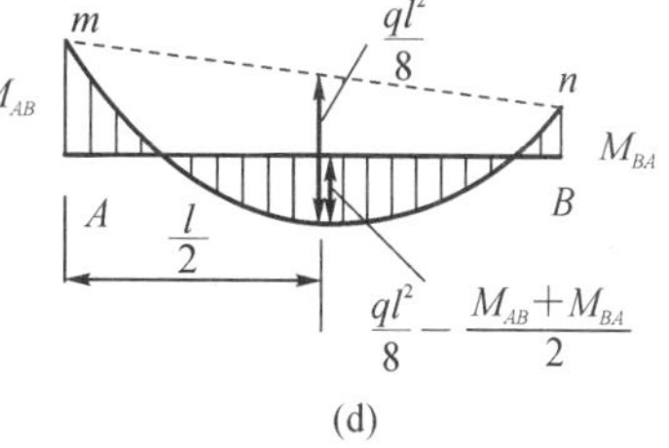

(d)

图 3-3

如果荷载不是均布荷载,以及当荷载不垂直于杆轴时,上述直杆弯矩图的叠加法仍然有效,如图 3-4(a)、(b)、(c)所示。

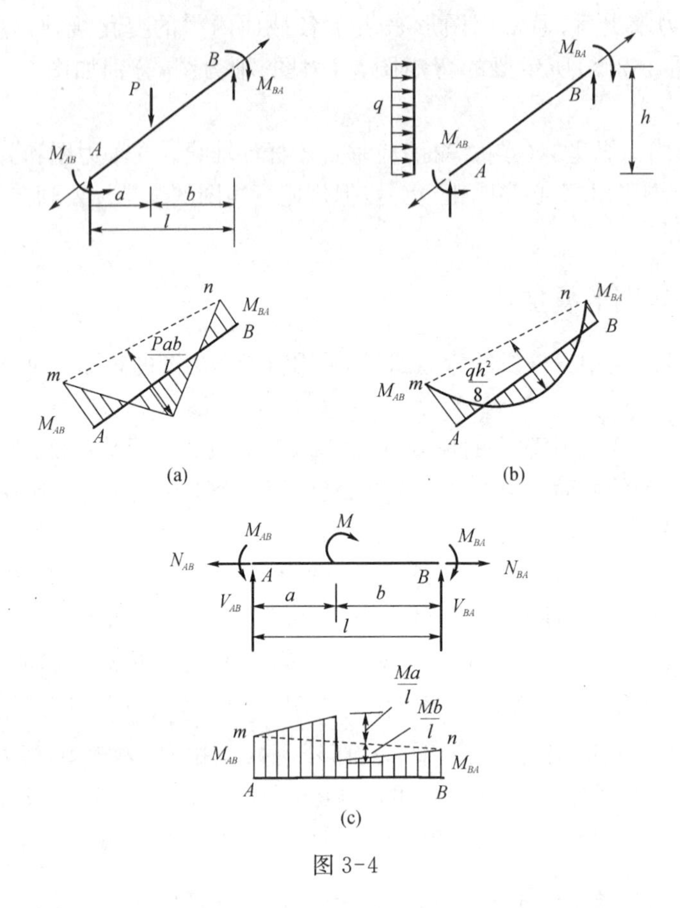

图 3-4

上述直杆弯矩图的叠加法可叙述为：任一直杆,如果已知两端的弯矩,则杆件的弯矩图等于在两端弯矩纵标的连线上再叠加将该杆作为简支梁在外荷载作用下的弯矩图。

应用上述叠加法作直杆弯矩图时,可按下述步骤进行：首先在全结构上用截面法求出杆端弯矩,并以适当的比例尺在垂直于杆轴方向作出杆端弯矩纵标(受拉侧),然后在两端弯矩纵标之间用直线相连,再以连线为基线叠加由杆件上的外荷载所产生的简支梁的弯矩图。须注意：叠加时的弯矩纵标均应垂直杆轴方向,而不是垂直于基线。

3.1.5 荷载与内力的关系,内力图的特征

由直梁(图 3-5(a))微段(图 3-5(b))的平衡条件,可得

$$\frac{dN}{dx}=-q_x \tag{3-3}$$

$$\frac{dV}{dx}=-q_y \tag{3-4}$$

$$\frac{dM}{dx}=V \tag{3-5}$$

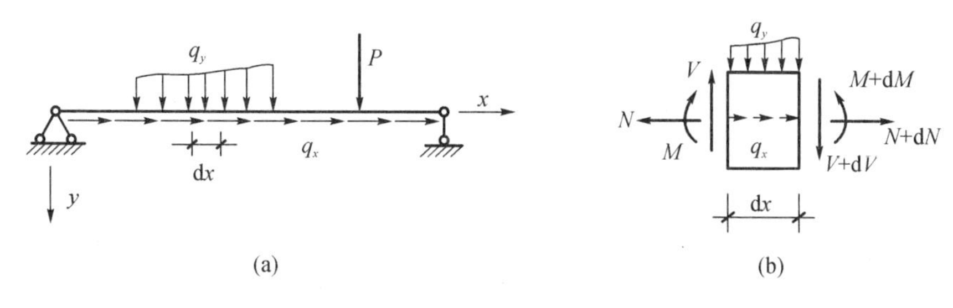

图 3-5

由式(3-4)、式(3-5)可得

$$\frac{\mathrm{d}^2 M}{\mathrm{d}x^2} = -q_y \tag{3-6}$$

式(3-3)—式(3-6)是荷载与内力之间的微分关系。式(3-3)、式(3-4)、式(3-5)的几何意义分别是：轴力图上某点处切线的斜率等于该点处的轴向荷载集度 q_x，但符号相反；剪力图上某点处切线的斜率等于该点处的横向荷载集度 q_y，但符号相反；弯矩图上某点处切线的斜率等于该点处的剪力。

上述荷载与内力之间的微分关系，反映了内力图的特征，熟悉掌握内力图的特征，便于绘制和校核内力图，直杆内力图的主要特征如下。

1. 均布荷载段

弯矩图为抛物线。荷载向下时，曲线亦向下凸。

剪力图为斜直线。如正号剪力画在基线之上，负号剪力画在基线之下，则自左至右，荷载向下时，剪力图亦下降，下降值等于该段均布荷载在垂直于杆轴方向的总分量。

2. 集中荷载作用点

弯矩图有一夹角。荷载向下时，夹角亦向下。

剪力图有一突变。如正号剪力画在基线之上，负号剪力画在基线之下，则自左至右，荷载向下时，突变亦向下，突变值等于该集中荷载在垂直于杆轴方向的分量。

3. 集中力矩作用点

弯矩图有一突变。自左至右，如集中力矩为顺时针方向，则突变向下，突变值等于集中力矩的大小。

剪力图无变化。

4. 无荷载段

弯矩图为直线。剪力图为一常数。

5. 弯矩图与剪力图之间的关系

自左至右，剪力图为正号的区段，相应区段的弯矩图倾度为下降的斜直线，剪力图为负号的区段，相应区段的弯矩图倾度为上升的斜直线。

上面归纳了弯矩图和剪力图的一些基本特征。至于轴力的变化情况，它与剪力是有些相似的，只要注意到截面上的轴力与剪力互相垂直，再根据剪力图的特征，并结合隔离体上的荷载情况，就可得到轴力图的特征。

读者不妨根据上述内力图的特征，校核图 3-2 中的内力图。

3.1.6 求作内力图的步骤

(1) 求支座反力。

(2) 求杆件控制截面内力。一般情况下,可将杆件的杆端截面作为控制截面,有时也可将集中荷载或集中力矩的作用点、分布荷载的起始点和终点等处的截面作为杆件的控制截面。控制截面的内力可用截面法求出。

(3) 绘制内力图。各控制截面的内力求出后,即可根据叠加法作出各杆段的内力图,从而得到结构的内力图。

(4) 根据内力图的特征及静力平衡条件校核内力图。

【例 3-1】 试作图 3-6(a)所示梁的剪力图和弯矩图。

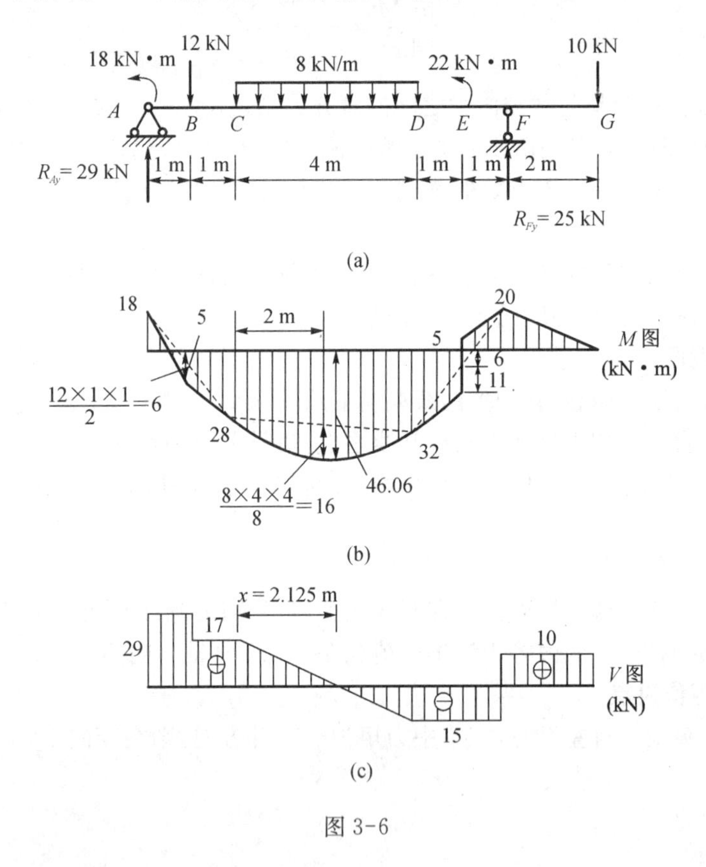

图 3-6

【解】 (1) 求支座反力

由梁的整体平衡条件 $\sum M_F = 0$,有

$$8R_{Ay} - 18 - 22 - 12 \times 7 - 8 \times 4 \times 4 + 10 \times 2 = 0$$

由上式可得

$$R_{Ay} = 29 \text{ kN}(\uparrow)$$

由全梁的平衡条件 $\sum Y = 0$,可得

$$R_{Fy} = 12 + 8 \times 4 + 10 - 29 = 25\ \text{kN}(\uparrow)$$

(3) 作弯矩图。先用截面法算出下列各控制截面的弯矩值：

$$M_{AB} = -18\ \text{kN} \cdot \text{m}$$
$$M_{CD} = 29 \times 2 - 18 - 12 \times 1 = 28\ \text{kN} \cdot \text{m}$$
$$M_{DE} = 25 \times 2 + 22 - 10 \times 4 = 32\ \text{kN} \cdot \text{m}$$
$$M_{FG} = -10 \times 2 = -20\ \text{kN} \cdot \text{m}$$

然后根据直杆弯矩图的叠加法，即可作出梁的弯矩图，如图 3-6(b)所示。其中 AC 段及 DF 段内的弯矩图也可按如下的方法作出：将集中力及集中力矩的作用点 B 及 E 作为控制截面，用截面法求出控制截面的弯矩 M_{BA}、M_{BC}、M_{ED}、M_{EF}，并应用上面已求得的控制截面弯矩 M_{AB}、M_{CD}、M_{DE}、M_{FG}，即可作出 AB、BC、DE、EF 段的弯矩图，所得结果是一致的。

(4) 作剪力图

先由截面法算出下列各控制截面的剪力值：

$$V_{AB} = 29\ \text{kN}$$
$$V_{BC} = 29 - 12 = 17\ \text{kN},$$
$$V_{DE} = 29 - 12 - 4 \times 8 = -15\ \text{kN}$$
$$V_{FG} = 10\ \text{kN}$$

然后根据剪力图的特征，即可作出剪力图，如图 3-6(c)所示。

若要确定 CD 段内的最大弯矩 $M_{\max}$，可由 $\dfrac{\mathrm{d}M}{\mathrm{d}x} = V$ 知，该段内剪力为零的截面即为最大弯矩的所在截面。设 x 为该段内剪力为零的截面位置(图 3-6(c))，则由

$$V_{CD} - qx = 17 - 8x = 0$$

可得 $x = 2.125\ \text{m}$。于是

$$M_{\max} = M_{CD} + V_{CD}x - \frac{qx^2}{2} = 28 + 17 \times 2.125 - \frac{8 \times 2.125^2}{2} = 46.06\ \text{kN} \cdot \text{m}$$

3.2 多跨静定梁

3.2.1 多跨静定梁的几何组成特点

由中间铰将若干根单跨梁(悬臂梁、简支梁、有伸臂的简支梁)相连，并用若干支座与基础连接而组成的静定梁，称为多跨静定梁。图 3-7(a)所示为用于公路桥的钢筋混凝土多跨静定梁，各单跨梁之间的连接采用企口结合的形式，这种结点可看作铰结点，其计算简图如图 3-7(b)所示。房屋建筑中的木檩条也可采用多跨静定梁这种结构形式，如图 3-8(a)所示。在檩条接头处采用斜搭接并用螺栓拧紧，这种结点也可看作铰结点，其计算简图如图 3-8(b)所示。

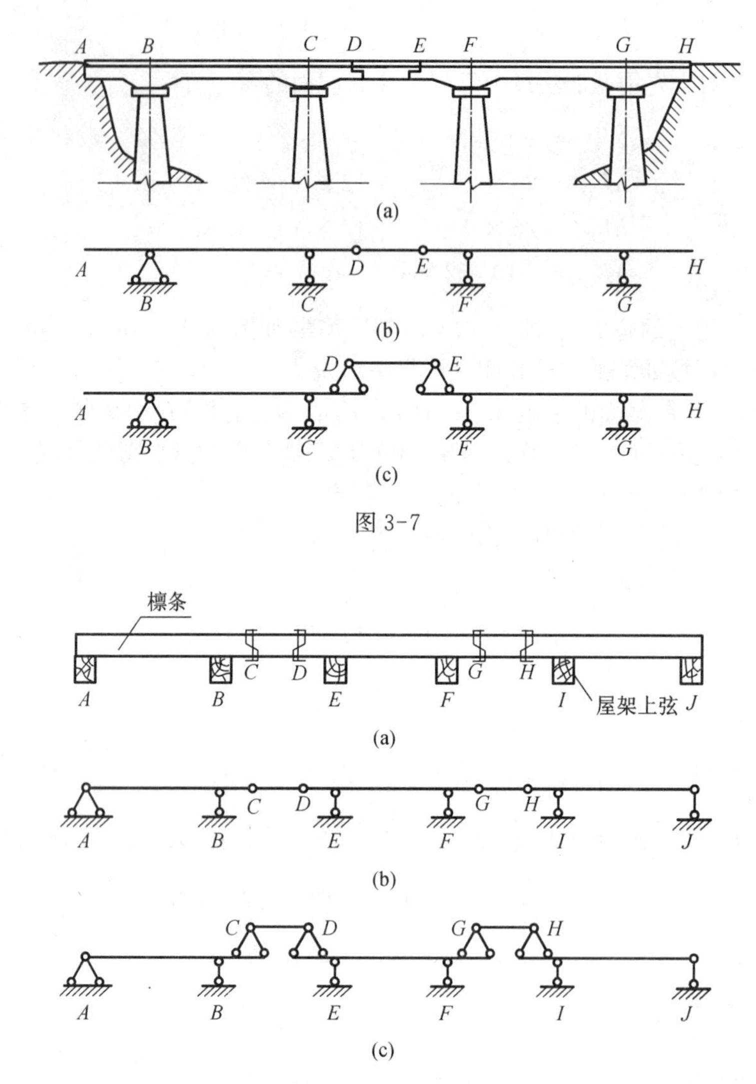

图 3-7

图 3-8

从几何组成的特点来看,多跨静定梁可分为基本部分和附属部分两部分。不依靠其他部分而能独立承受荷载的几何不变体系称为基本部分,需依靠其他部分才能独立承受荷载的几何不变体系称为附属部分。如图 3-9(a)所示的 ABC 部分为一单伸臂简支梁,是一独立的几何不变体系,是基本部分;而 CDE 部分需依靠 ABC 部分才能成为几何不变体系,故为附属部分;同理,EFG 部分亦为附属部分,但 CDE 部分却为 EFG 的基本部分。

一个单铰相当于两个支杆的作用,图 3-9(b)就是将图 3-9(a)中的单铰 C 及 E 经过这种替代后所形成的。图 3-9(b)称为图 3-9(a)的层叠图或关系图,它更清楚地表明了基本部分与附属部分之间的"主从"关系。图 3-7(b)、图 3-8(b)的层叠图分别如图 3-7(c)、图 3-8(c)所示。需要指明,层叠图 3-7(b)中的挂梁 DE 及图 3-8(b)中的挂梁 CD、GH 多余的一根支杆在整个梁中均起了水平约束作用,整个体系是几何不变的。

3.2.2 多跨静定梁的静力分析特点

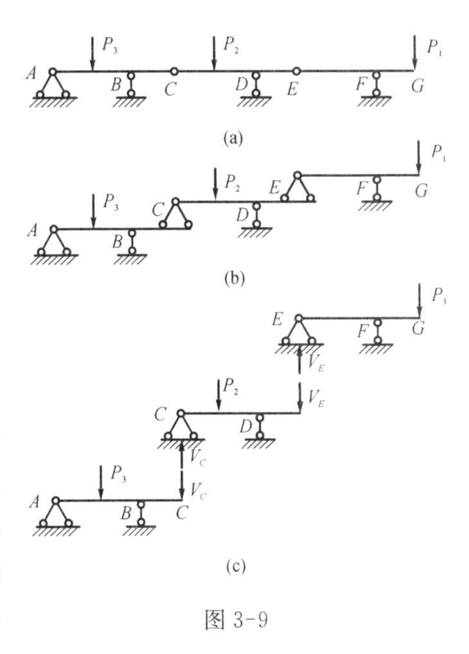

图 3-9

现以图 3-9(a)所示多跨静定梁来说明其静力分析特点。按一般的静力分析步骤，应先求出 5 个支座反力，然后分别计算各杆的内力。为了确定 5 个支座反力，若先建立 3 个整体平衡方程，再取铰 C 和 E 的任一边为隔离体，建立两个力矩平衡方程，联立求解这 5 个平衡方程，求出 5 个支座反力。采用这种分析方法是繁琐且易出错的，应当避免。

多跨静定梁的层叠图清楚地表明了各部分之间的传力路线，事实上，作用在基本部分上的荷载对附属部分的内力不产生影响，而作用于附属部分的荷载，还会传递力至基本部分。因此，计算多跨静定梁时，应根据层叠图先将附属部分的支座反力，反向作用在它的基本部分上，按此逐层计算，如图 3-9(c)所示。当每取一部分为隔离体计算时，其支座反力和内力的计算，均与单跨梁的情况无异。

根据多跨静定梁的几何组成特点进行受力分析，可以较简便地求出各铰接处的约束力和各支座反力，而避免求解联立方程。这种分析方法的原则，对其他静定结构的内力计算也是适用的。

【例 3-2】 试求作图 3-10(a)所示多跨静定梁在图示荷载作用下的 M 图、V 图和 N 图。

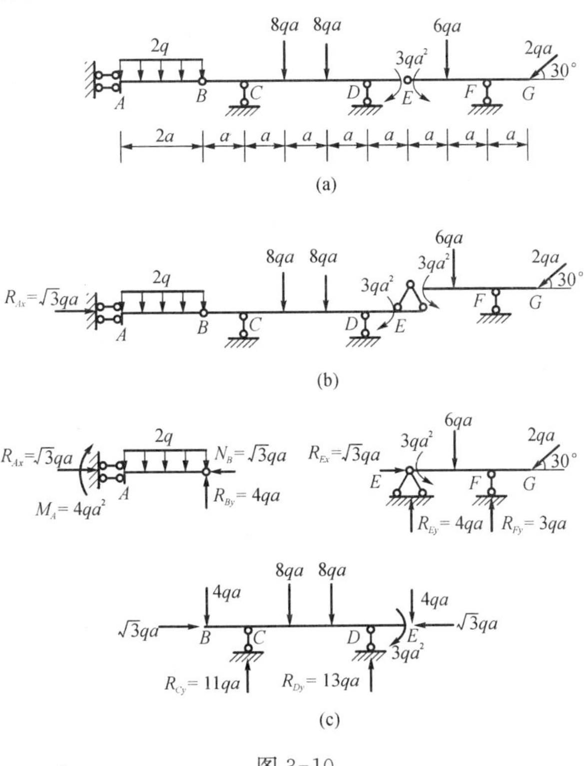

图 3-10

【解】 (1) 作层叠图

层叠图如图 3-10(b)所示,其中,$ABCDE$ 为基本部分,EFG 为附属部分。

(2) 求铰 B、E 处的约束力及各支座反力

由附属部分 EFG 的平衡条件,可得铰 E 处的约束力 $R_{Ex}=\sqrt{3}qa$,$R_{Ey}=4qa$,支座反力 $R_{Fy}=3qa$。各约束力及支座反力的实际方向如图 3-10(c)所示。

由基本部分 $ABCDE$ 或图 3-10(a)的平衡条件 $\sum X=0$,可得支座 A 处的水平反力 $R_{Ax}=\sqrt{3}qa$,于是,根据图 3-10(c)所示的隔离体 AB 及 $BCDE$ 部分的平衡条件,可得铰 B 处的轴力 $N_B=\sqrt{3}qa$,剪力 $V_B=4qa$,支座反力矩 $M_A=4qa^2$ 及支座反力 $R_{Cy}=11qa$,$R_{Dy}=13qa$,这些约束力及支座反力的实际方向如图 3-10(c)所示。

(3) 作 M 图、V 图、N 图

求得铰 B、E 处的约束力及各支座反力后,就可按照上节所述作单跨梁内力图的方法,逐段作出全梁的 M 图、V 图和 N 图,分别如图 3-11(a)、(b)和(c)所示。

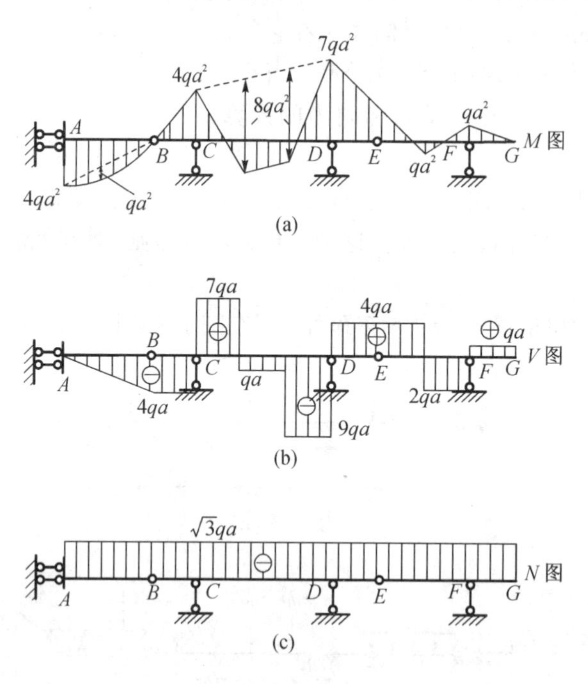

图 3-11

(4) 内力图的校核

本例所得各内力图的特征均与实际荷载情况符合,并且梁中任一局部均满足静力平衡条件,表明内力图是正确的。

在设计多跨静定梁时,为了节约材料,应该尽量减小弯矩图的峰值,为了达到此目的,可适当调整梁中铰的位置,举例说明如下。

【例 3-3】 如图 3-12(a)所示为一对称的有伸臂的三跨静定梁,承受均布荷载 q,为了使 CD 跨的跨中心正弯矩 M_{IC} 与支座 C(或支座 D)的负弯矩 M_{CG} 数值相等,试确定铰 G 及铰 H 的位置。

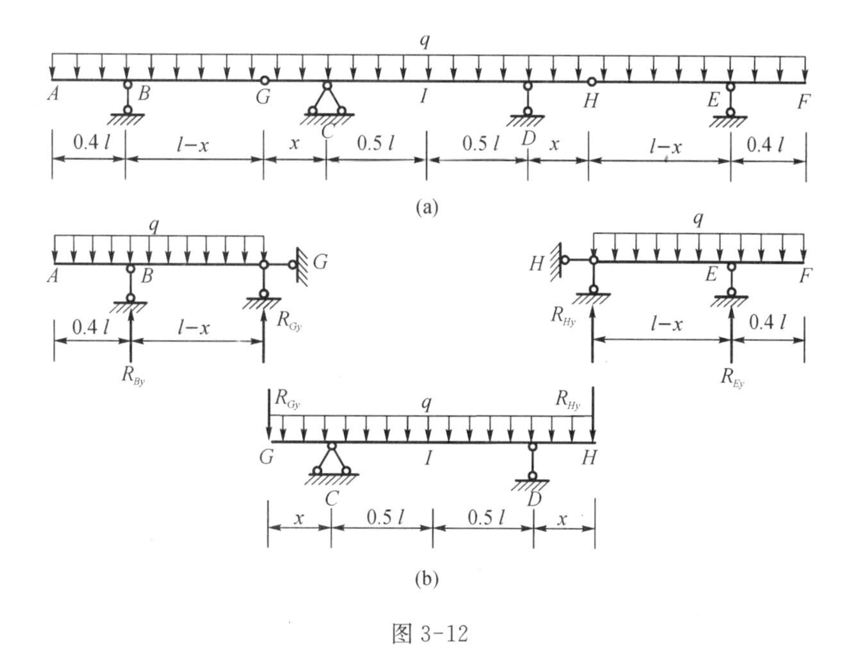

图 3-12

【解】 (1) 设铰 G、铰 H 离支座 C、D 的位置为 x，如图 3-12(a)所示。

(2) 求支座反力

由附属部分 ABG 或 HEF(图 3-12(b))的平衡条件，可得

$$R_{By}=R_{Ey}=\frac{q(1.4l-x)^2}{2(l-x)}\quad(\uparrow)$$

$$R_{Gy}=R_{Hy}=\frac{0.5q(l-x)^2-0.08ql^2}{l-x}\quad(\uparrow)$$

(3) 确定铰 G 或 H 的位置

将附属部分的支座反力 R_{Gy} 及 R_{Hy} 反向作用于基本部分(图 3-12(b))，于是可得

$$M_{CG}=\left[\frac{0.5q(l-x)^2-0.08ql^2}{l-x}\right]x+\frac{qx^2}{2}=\frac{qlx(0.42l-0.5x)}{l-x}$$

$$M_{IC}=\frac{ql^2}{8}-M_{CG}=\frac{ql^2}{8}-\frac{qlx(0.42l-0.5x)}{l-x}$$

令 $M_{CG}=M_{IC}$，并化简后，可得

$$8x^2-7.72lx+l^2=0$$

由此解得 $x_1=0.811l$，$x_2=0.154l$。这两个长度都能使中间两支座弯矩与跨中弯矩的绝对值相等，一般以 $x=0.154l$ 为此梁内伸臂部分的合理长度。

3.2.3 多跨静定梁在间接荷载作用下的内力计算

例 3-2 和例 3-3 中的荷载，都是直接作用在梁上，这种荷载称为直接荷载。在实际工程中，还常遇到荷载不是直接作用于梁上的情况，例如图 3-13(a)所示为一桥梁结构中的纵、

横梁桥面系统及主梁的计算简图，荷载直接作用于纵梁上。计算主梁时，一般假定纵梁简支在横梁上，而横梁则支承在主梁上，作用在纵梁上的荷载通过横梁传给主梁。传给主梁的力，其数值等于纵梁的反力，指向与反力方向相反（图 3-13(b)），不论纵梁承受何种荷载，主梁只在横梁所在的结点 1、2、3、4、6、7、8 等处承受集中荷载，主梁所承受的这种荷载称为间接荷载或结点荷载。传给主梁的结点荷载确定后，就可按直接荷载作用下的情况计算主梁的反力和内力。

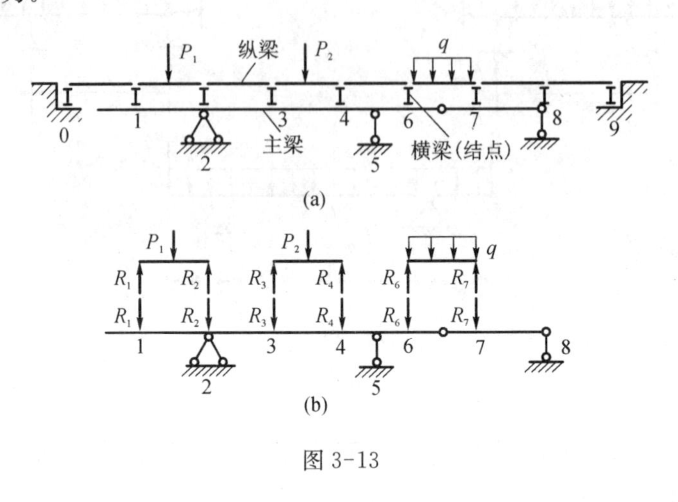

图 3-13

3.3 静定平面刚架

3.3.1 静定平面刚架的组成及其形式

一般由直杆组成且全部结点或部分结点是刚性连接的结构称为刚架。杆轴及荷载均在同一平面内且无多余约束的几何不变刚架，称为静定平面刚架。采用刚性连接的刚架结构可形成较大的建筑空间，如图 3-14(a)所示为一几何可变的铰接体系，如果是增设两根斜杆，成为图 3-14(b)所示的桁架结构。若是将原来的铰结点 C 和 D 改为刚结点，成为图 3-14(c)所示的刚架结构，这样内部就具有较大的空间，对建筑空间的使用有利。

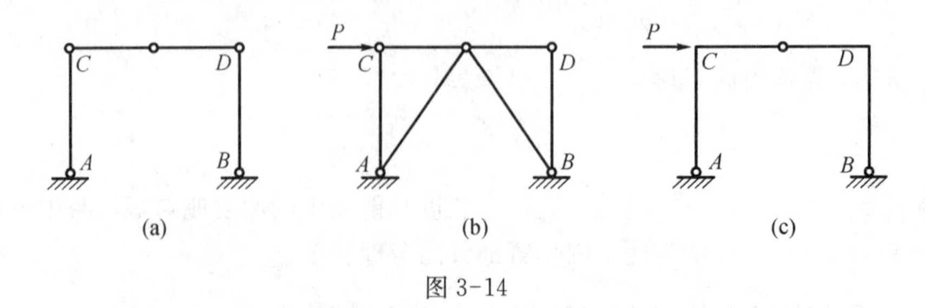

图 3-14

静定平面刚架的基本形式有悬臂刚架（图 3-15(a)）、简支刚架（图 3-15(b)）和三铰刚架（图 3-15(c)）三种。将这三种基本形式进行组合，可得较复杂的静定平面刚架，如图 3-16 所示的刚架就是由三铰刚架 ABC 及简支刚架 DE 和 FG 组合而成，其中，ABC 部分是基本部分，DE 和 FG 部分各为附属部分。

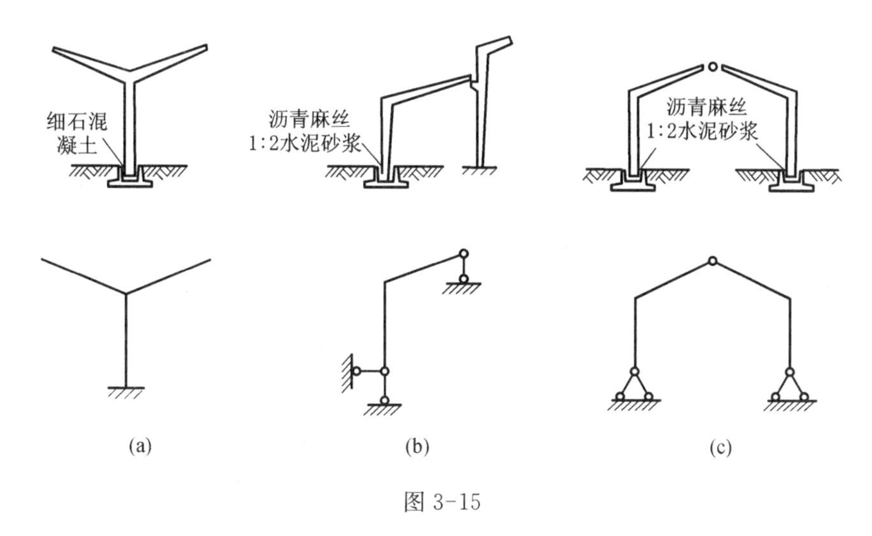

图 3-15

3.3.2 静定平面刚架的内力计算及其内力图的绘制

静定刚架的内力计算方法，原则上与静定梁的内力计算方法相同。通常是先由刚架的整体或局部的平衡条件求出各支座反力及铰接处的约束力，然后用截面法逐杆计算其内力。绘制内力图时，可按杆件的平衡条件列出的内力方程作图，也可先由截面法求出控制截面的内力后，再根据荷载情况按内力图的特征绘制内力图。对于由直杆组成的刚架，一般用后一种方法作内力图较为方便。

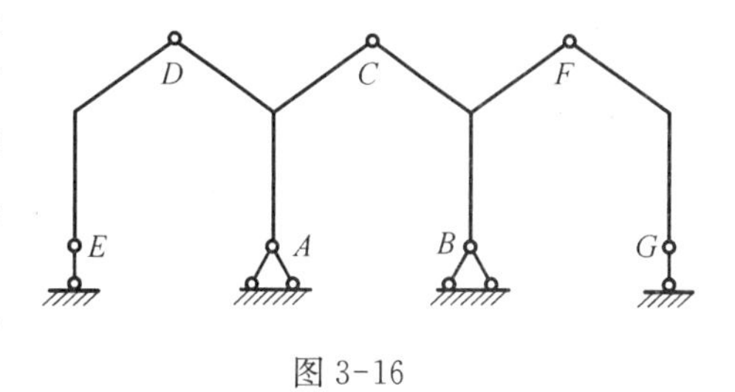

图 3-16

刚架的弯矩图一律画在杆件受拉的一侧，图中不标明正、负号。刚架的剪力图和轴力图可画在杆件的任何一侧，但图中必须标明正、负号，剪力和轴力正、负号的规定与梁相同。

对较为复杂的静定刚架进行内力计算时，先对结构的几何组成进行分析是十分必要的，因为了解结构各部分之间的相互关系，有助于内力计算的顺利进行。

下面举例说明悬臂刚架、简支刚架、三铰刚架及由它们组成的复合刚架的内力计算步骤和方法。

【例 3-4】 试求图 3-17 所示悬臂刚架在图示荷载作用下的支座反力，并绘制 M、V 和 N 图。

【解】 (1) 计算支座反力

设支座 A 处的三个反力 R_{Ax}、R_{Ay}、M_A 的方向如图 3-17 所示。则由刚架的整体平衡条件，可得

$\sum X = 0$，无水平荷载　　　　$R_{Ax} = 0$

$\sum Y = 0$　　　　$R_{Ay} - 6qa - q \times 4a = 0$

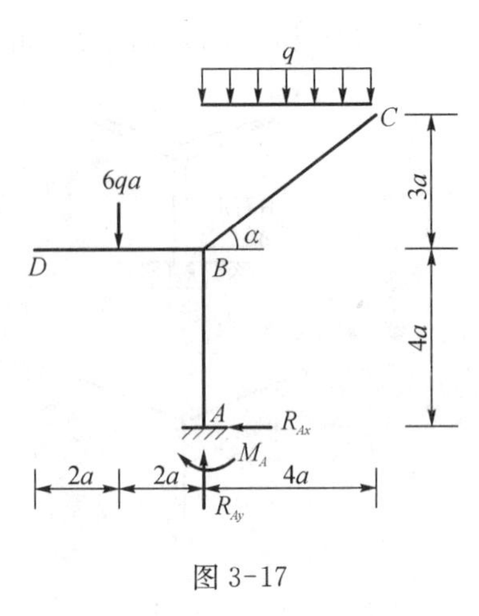

图 3-17

$$R_{Ay} = 10qa$$

$$\sum M_A = 0$$

$$q \times 4a \times 2a - 6qa \times 2a + M_A = 0$$

$$M_A = 4qa^2$$

计算结果均为正值,说明各支座反力的实际方向与图 3-17 中假设的方向相同。

(2) 计算各杆端截面(控制截面)内力

将各杆靠近结点的截面切开,分别取各杆件隔离体如图 3-18(a)、(b)、(c)所示。在切开截面上一般有三个未知内力,其中,弯矩的方向一般可任意假设,剪力和轴力一般可假设为正方向,但隔离体上已知的内力和外力,则一律按它们的实际方向标出。各切开截面上的三个未知内力,可由各隔离体的 3 个平衡条件确定。

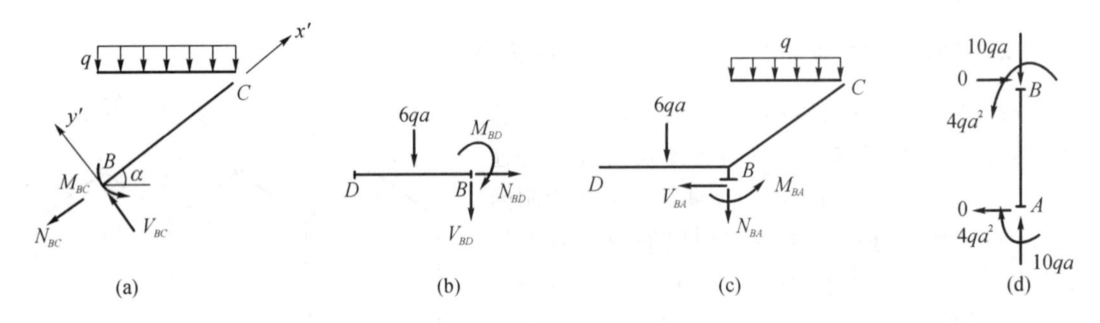

图 3-18

由图 3-18(a)所示隔离体的平衡条件,可得

$\sum X' = 0$ $\qquad -N_{BC} - q \times 4a \times \sin\alpha = 0$

$$N_{BC} = -4qa \times \frac{3}{5} = -2.4qa$$

$\sum Y' = 0$ $\qquad V_{BC} - q \times 4a \times \cos\alpha = 0$

$$V_{BC} = 4qa \times \frac{4}{5} = 3.2qa$$

$\sum M_B = 0$ $\qquad M_{BC} - q \times 4a \times 2a = 0$

$M_{BC} = 8qa^2$(上侧受拉)

同理,由图 3-18(b)、(c)所示隔离体的平衡条件,可分别得

$N_{BD} = 0$, $\quad V_{BD} = -6qa$, $\quad M_{BD} = 12qa^2$ (上侧受拉)

$N_{BA} = -10qa$, $\quad V_{BA} = 0$, $\quad M_{BA} = -4qa^2$ (右侧受拉)

在上面的计算结果中,正号表示内力的实际方向与假设的方向相同,负号则表示相反。

杆件 AB 的 A 端内力就是支座反力，图 3-18(d)因没有荷载，可不画。

(3) 绘制内力图

根据上面求得的各杆端截面的内力，并根据作用在各杆件上的荷载情况和内力图的特征，就可作出刚架的 M、V 和 N 图，分别如图 3-19(a)、(b)和(c)所示。

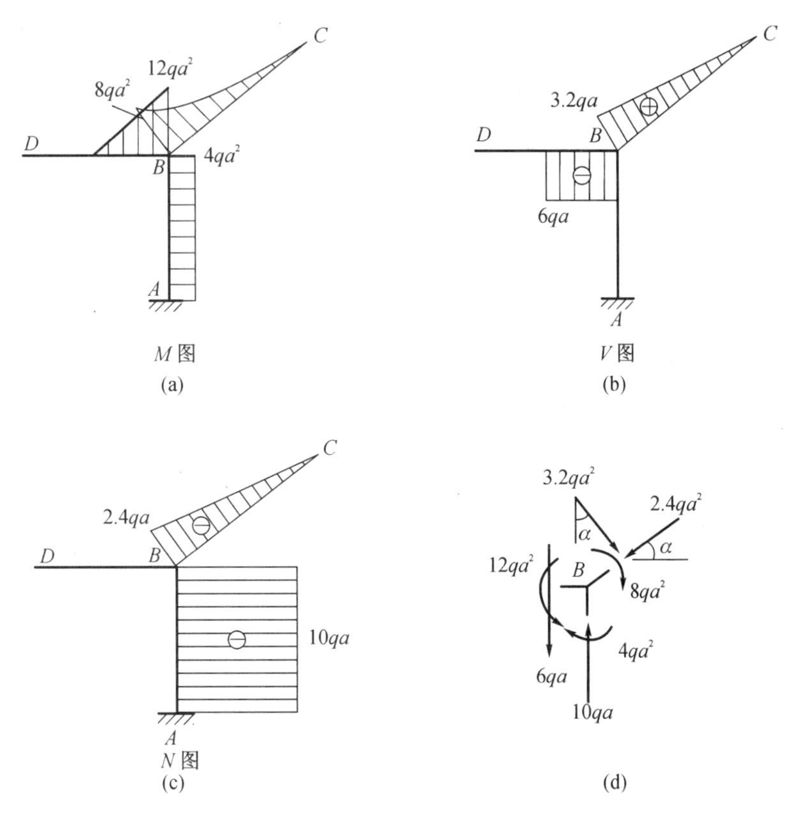

图 3-19

(4) 内力图的校核

首先逐杆校核内力图形的特征。杆件 AB 上没有外力作用且剪力为零，故该杆的弯矩图为平行于杆轴的直线。斜杆 BC 受向下的均布荷载作用，故该杆的弯矩图为一向上凹的抛物线，纵标应垂直杆轴；C 端的剪力、轴力为零，剪力图和轴力图均为斜直线。BD 杆在中点有一竖向集中荷载作用，故由中点到 B 端杆段内剪力为常量，弯矩图为斜率等于剪力值的斜线。

其次进行平衡条件校核。最重要的是检查刚结点，如取图 3-19(d)所示结点 B 为隔离体，该隔离体中各截面上的内力取自有关的内力图，方向与杆端的相反。该结点上的各杆端弯矩满足力矩平衡条件：

$$\sum M_B = 12qa^2 - 8qa^2 - 4qa^2 = 0$$

这显示了刚架弯矩图上一个应有的特征，即一刚结点不论有几个杆端，所有弯矩(及外力矩)中顺时针方向的与逆时针方向的数值相等。

该结点上各杆端截面的剪力和轴力满足两个投影平衡方程 $\sum X = 0$，$\sum Y = 0$。

最后应指出，由直杆组成的刚架，可在首先作出 M 图后，分别按各杆隔离体的平衡条件求出杆两端剪力，便可作出 V 图。例如由图 3-19(a)及图 3-18(a)，已知 $M_{BC}=8qa^2$ 和杆段荷载 $q\times 4a$，用 $\sum M_C = V_{BC}\times 5a - 8qa^2 - 4qa\times 2a = 0$，求得 $V_{BC}=3.2qa$。余类推。然后通过结点的投影平衡条件求得各杆端的轴力，从而作出 N 图。

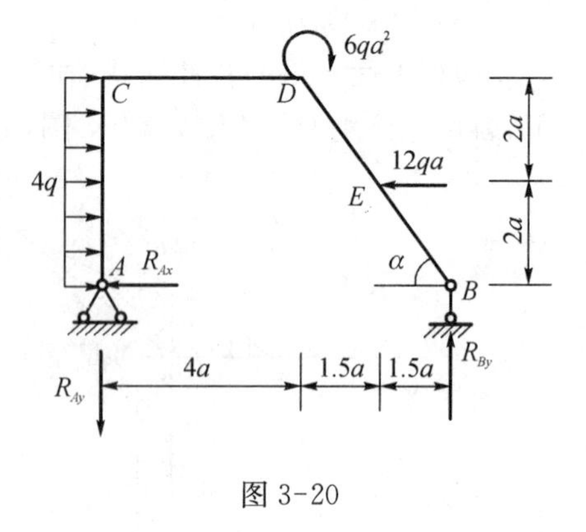

图 3-20

【例 3-5】 试求图 3-20 所示简支刚架在图示荷载作用下的支座反力，并绘制 M、V 和 N 图。

【解】 (1) 计算支座反力。

设支座反力 R_{Ax}、R_{Ay}、R_{By} 的方向如图 3-20 所示，则由刚架的整体平衡条件可得

$$\sum X = 0 \qquad R_{Ax} + 12qa - 4q\times 4a = 0$$

$$R_{Ax} = 4qa$$

$$\sum M_A = 0 \qquad 7aR_{By} + 12qa\times 2a + 6qa^2 - 4q\times 4a\times 2a = 0$$

$$R_{By} = 2qa$$

$$\sum Y = 0 \qquad -R_{Ay} + R_{By} = 0$$

$$R_{Ay} = 2qa$$

各支座反力的实际方向如图 3-20 所示。

(2) 计算各杆端截面内力。

根据刚架的几何关系，可知 $\sin\alpha = 4/5$，$\cos\alpha = 3/5$。由图 3-21(c)所示隔离体的平衡条件，可得

$$\sum X' = 0 \qquad N_{DB} + 12qa\cos\alpha + R_{By}\sin\alpha = 0$$

$$N_{DB} = -8.8qa$$

$$\sum Y' = 0 \qquad V_{DB} - 12qa\sin\alpha + R_{By}\cos\alpha = 0$$

$$V_{DB} = 8.4qa$$

$$\sum M_D = 0 \qquad M_{DB} - 12qa\times 2a + 2qa\times 3a = 0$$

$$M_{DB} = 18qa^2 \quad \text{(右侧受拉)}$$

同理，由图 3-21(a)、(b)、(d)所示隔离体的平衡条件，可分别得

$$N_{CA} = 2qa,\ V_{CA} = -12qa,\ M_{CA} = 16qa^2 \quad \text{(左侧受拉)}$$

$$N_{CD} = -12qa,\ V_{CD} = -2qa,\ M_{CD} = 16qa^2 \quad \text{(上侧受拉)}$$

$$N_{DC} = -12qa,\ V_{DC} = -2qa,\ M_{DC} = -24qa^2 \quad \text{(上侧受拉)}$$

在上面的计算结果中，正号表示内力的实际方向与假设的方向相同，负号则表示相反。

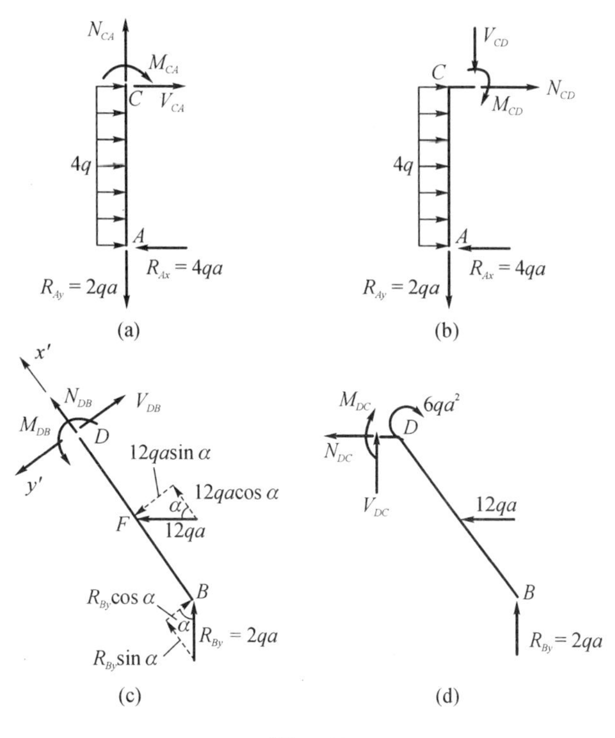

图 3-21

(3) 绘制内力图。

根据上面计算所得的各杆端截面内力，并根据作用于各杆的荷载情况及内力图的特征，就可作出刚架的 M、V 和 N 图，分别如图 3-22(a)、(b)和(c)所示，其中各杆的弯矩图是用直杆弯矩图的叠加法绘制的。

以上的计算与绘制过程也可改为：分段截面弯矩→M 图→杆端剪力→杆端轴力→V、N 图。

(4) 内力图的校核。

图 3-22(a)、(b)、(c)所示各内力图的特征与荷载情况相符，其校核方法与前述例题相同，不再赘述，读者可自己校核。

为校核平衡条件，可任取结构的某些局部为隔离体，如图 3-22(d)所示的隔离体，满足平面一般力系的三个平衡条件：

$$\sum X = 12qa - 8.4qa\sin\alpha - 8.8qa\cos\alpha = 0$$

$$\sum Y = -2qa - 8.4qa\cos\alpha + 8.8qa\sin\alpha = 0$$

$$\sum M_D = 4qa^2 + 4qa^2 - 4qa^2 - qa \times 4a = 0$$

图 3-22(e)所示结点 D 隔离体，满足两个投影平衡条件及弯矩平衡条件：

$$\sum X = 12qa - 8.4qa\sin\alpha - 8.8qa\cos\alpha = 0$$

$$\sum Y = -2qa - 8.4qa\cos\alpha + 8.8qa\sin\alpha = 0$$

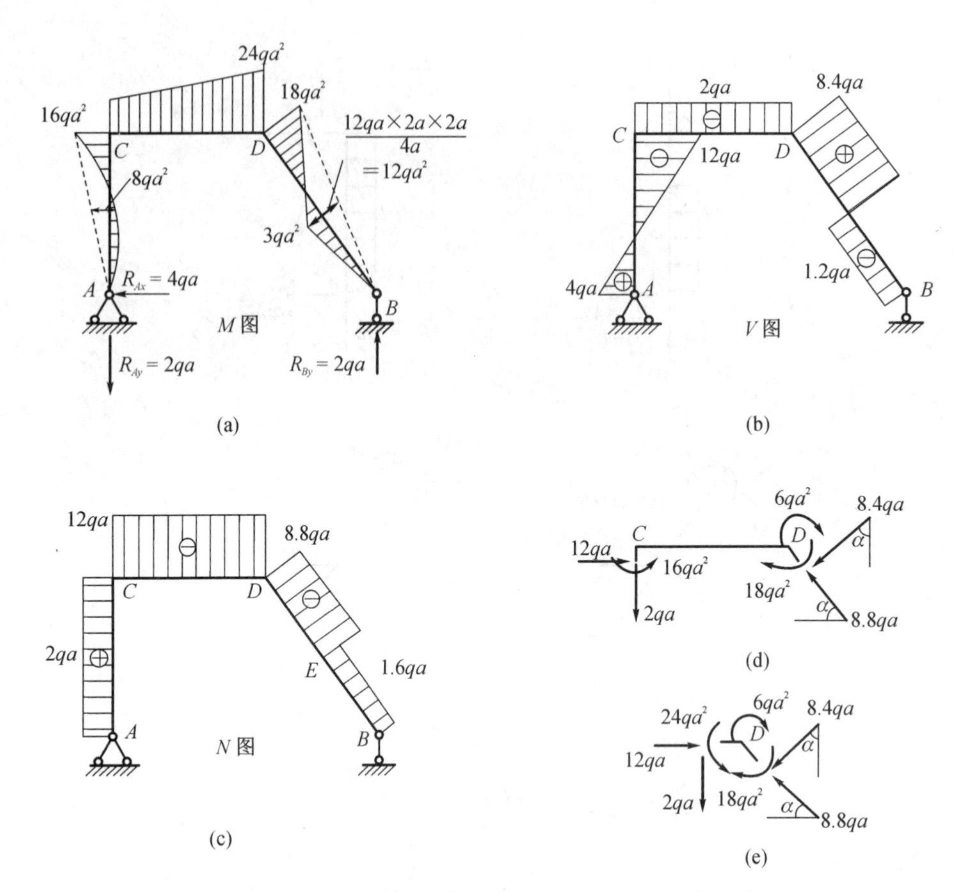

图 3-22

$$\sum M = 24qa^2 - 6qa^2 - 18qa^2 = 0$$

应该注意，当刚结点上只有两杆相连且无外力矩时，其两个相邻截面上的弯矩必须大小相等、方向相反，如图 3-22(a)中的 $M_{CD} = M_{CA}$。但当结点上有外力矩作用时，则应同时考虑各杆端截面弯矩和结点外力矩的力矩平衡，如图 3-22(e)所示的结点 D 的平衡。

【例 3-6】 试求图 3-23 所示三铰刚架的支座反力，并绘制 M 图。

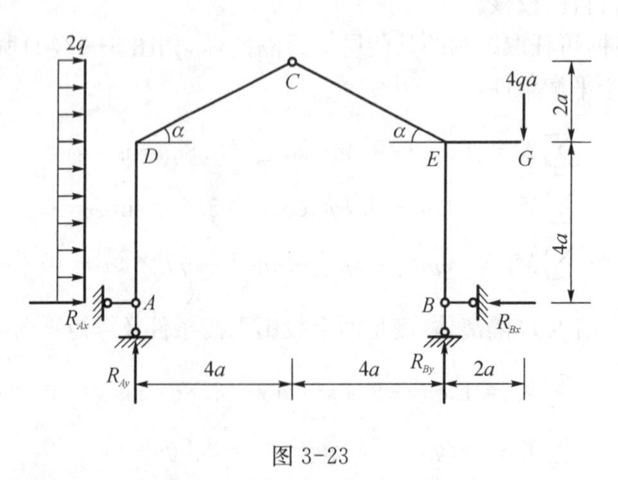

图 3-23

【解】 (1) 计算支座反力

本例为三铰刚架，为了确定四个支座反力 R_{Ay}、R_{Ax}、R_{By}、R_{Bx}，需要建立四个平衡方程求解，除三个整体平衡方程外，还可利用铰 C 不能抵抗弯矩的特性，由左或右半边部分 $\sum M_C = 0$ 建立一个补充方程。

设刚架的支座反力 R_{Ay}、R_{Ax}、R_{By}、R_{Bx} 的方向如图 3-23 所示，则由整体平衡条件 $\sum M_B = 0$，得

$$R_{Ay} \times 8a + 2q \times 6a \times 3a + 4qa \times 2a = 0$$

$$R_{Ay} = -5.5qa \quad (向下)$$

由整体平衡条件 $\sum Y = 0$，得

$$R_{Ay} + R_{By} - 4qa = 0$$

$$R_{By} = 9.5qa$$

取图 3-24(a)所示隔离体，由隔离体的平衡条件 $\sum M_C = 0$，得

$$R_{Ax} \times 6a + 2q \times 6a \times 3a + 5.5qa \times 4a = 0$$

$$R_{Ax} = -9.67qa \quad (向左)$$

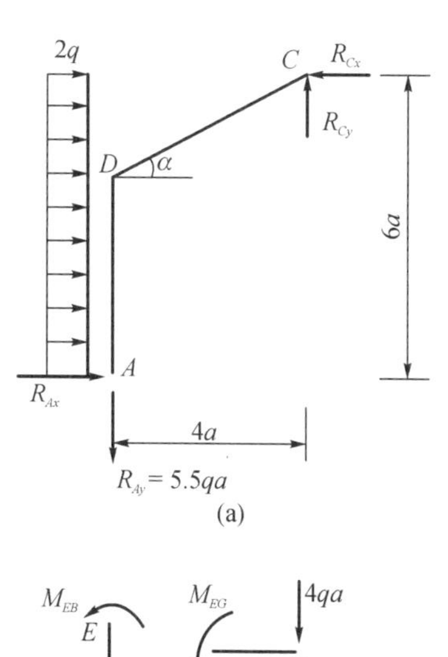

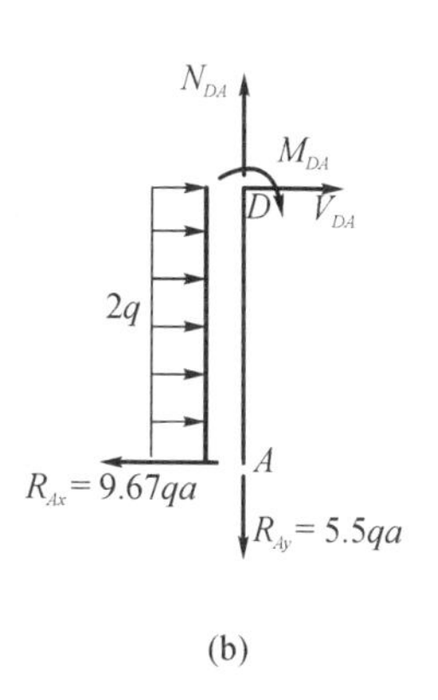

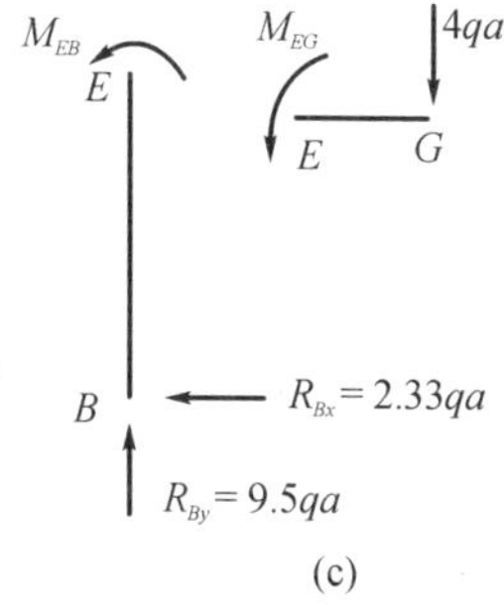

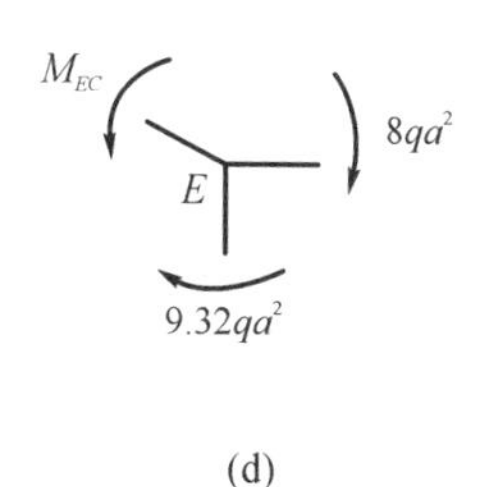

图 3-24

由整体平衡条件 $\sum X = 0$，得

$$-9.67qa - R_{Bx} + 2q \times 6a = 0$$
$$R_{Bx} = 2.33qa$$

(2) 计算各杆端截面弯矩

由图 3-24(b)所示隔离体的平衡条件,可得

$\sum M_D = 0$

$$M_{DA} + 9.67qa \times 4a - 2q \times 4q \times 2a = 0$$
$$M_{DA} = -22.68qa^2 \quad (\text{内侧受拉})$$

按结点 D 的平衡可知 $M_{DC} = 22.68qa^2$。

同理,由图 3-24(c)所示两隔离体的平衡条件,可得

$$M_{EB} = 9.32qa^2 \quad (\text{右侧受拉})$$
$$M_{EG} = 8qa^2 \quad (\text{上侧受拉})$$

然后再由图 3-24(d)所示结点 E 的平衡条件,可得

$$M_{EC} = 17.32qa^2 \quad (\text{外侧受拉})$$

(3) 绘制弯矩图

由上面所求得的各杆端截面的弯矩,并根据作用于各杆的荷载情况,运用叠加法可作出此三铰刚架的 M 图如图 3-25 所示。读者可试分段计算杆端剪力后作出剪力图。

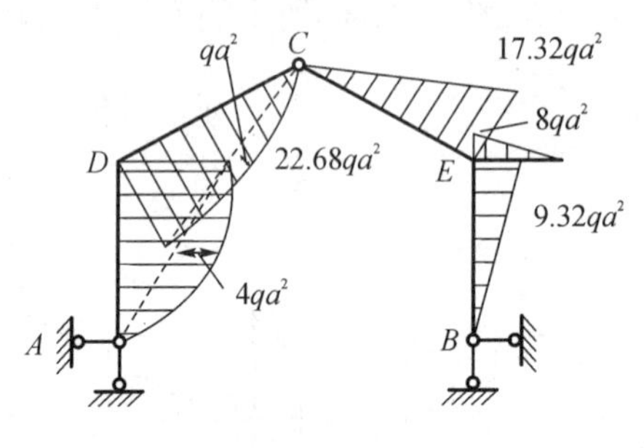

图 3-25

【例 3-7】 试求作图 3-26 所示刚架的 M 图。

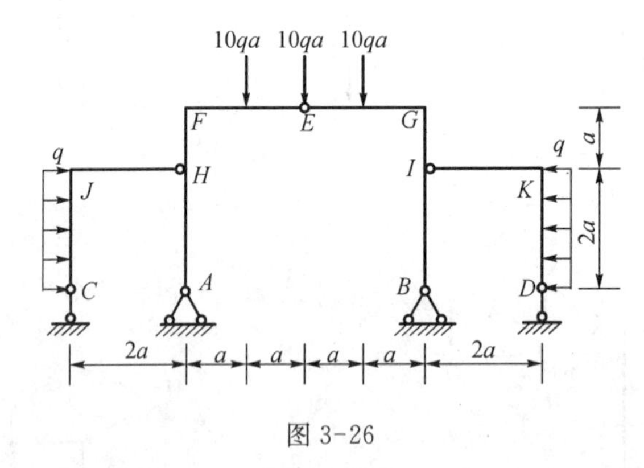

图 3-26

【解】 这是一个复合静定刚架,它由两侧的简支刚架(图 3-27(a)、(c))和中部的三铰刚架(图 3-27(b))组合而成。其中,三铰刚架为基本部分,两个简支刚架为附属部分。计算时,应先计算附属部分,将附属部分的有关约束反力反向作用于基本部分,再计算基本部分的支座反力和内力,如图 3-27 所示。

(1) 计算支座反力

按简支刚架支座反力的计算方法,可求得附属部分的支座反力,如图 3-27(a)、(c)所示。将 H 点及 I 点的支座反力按其实际方向反向作用于基本部分,然后根据三铰刚架支座

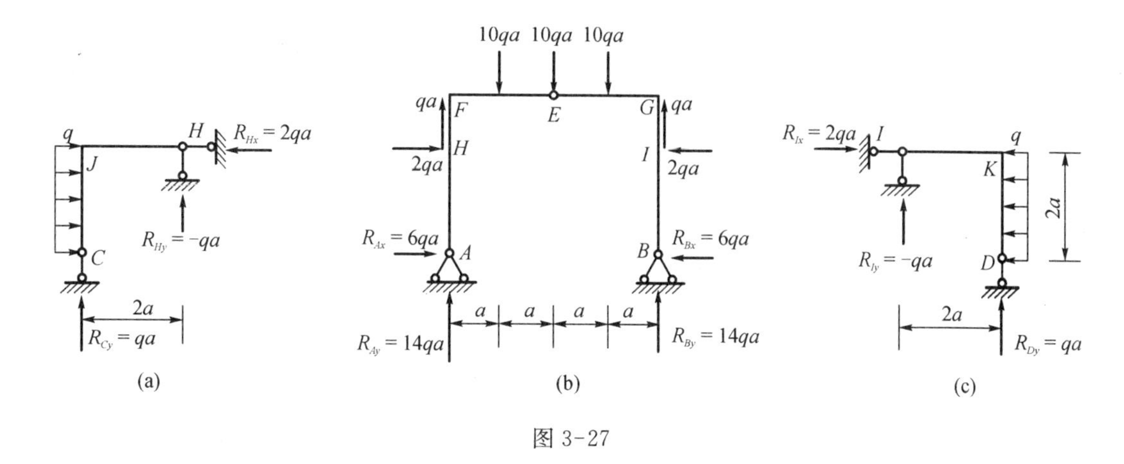

图 3-27

反力的计算方法，可求得基本部分的支座反力，如图 3-27(b)所示。

(2) 计算各杆端截面内力和绘制内力图

各支座反力求出后，就可采用前述例题相同的方法计算各杆端截面的弯矩，并据此绘制弯矩图，对此不再具体叙述。刚架的 M 图如图 3-28 所示。

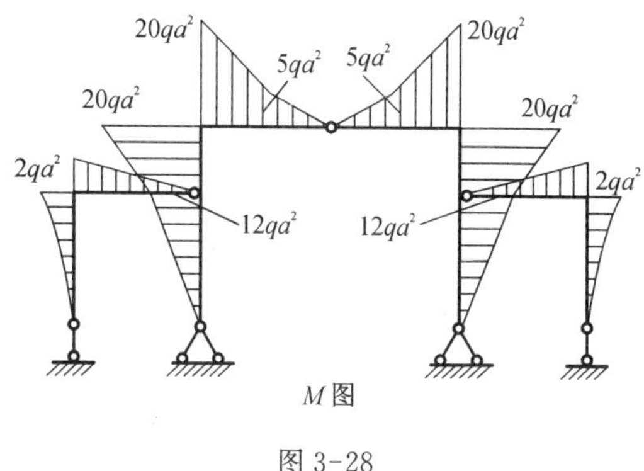

图 3-28

本例的结构对通过 E 铰的竖直线是对称的，且荷载也是对称的。计算结果表明，这种对称结构在对称荷载作用下的支座反力及内力也是对称的，且处于对称轴截面上的反对称内力为零(例如在本例中，若将作用于铰 E 处的集中力 $10qa$ 分成两个各为 $5qa$ 的集中力，对称作用于铰 E 的左、右截面上成为其剪力。若 E 处无集中力，将得到截面 E 上的反对称剪力为零)。同理，对称结构在反对称荷载作用下，其支座反力及内力的分布将是反对称的，且处于对称轴截面上的对称内力为零。

下面再分析一个复合刚架，如图 3-29(a)所示。其组成特点是中间是个工字形刚片为基本部分，两侧是附属的三铰刚架，整体是简支支座。

为求内力先算反力，可得

$$R_{Ax} = 18P, \quad R_{Ay} = 6P, \quad R_{By} = 6P$$

实际方向如图 3-29(a)所示。然后要计算连接铰内约束力，取图 3-29(b)隔离体，铰 C、I 两处 4 个约束力如同三铰刚架的支座反力，现须用联立方程求解 V_C、N_C：

$$\sum M_I = 0, \quad 2N_C + V_C - 30P = 0 \tag{a}$$

$$\sum M_{F(下)} = 0, \quad N_C + 2V_C - 18P = 0 \tag{b}$$

解得

$$V_C = 2P, \; N_C = 14P,$$

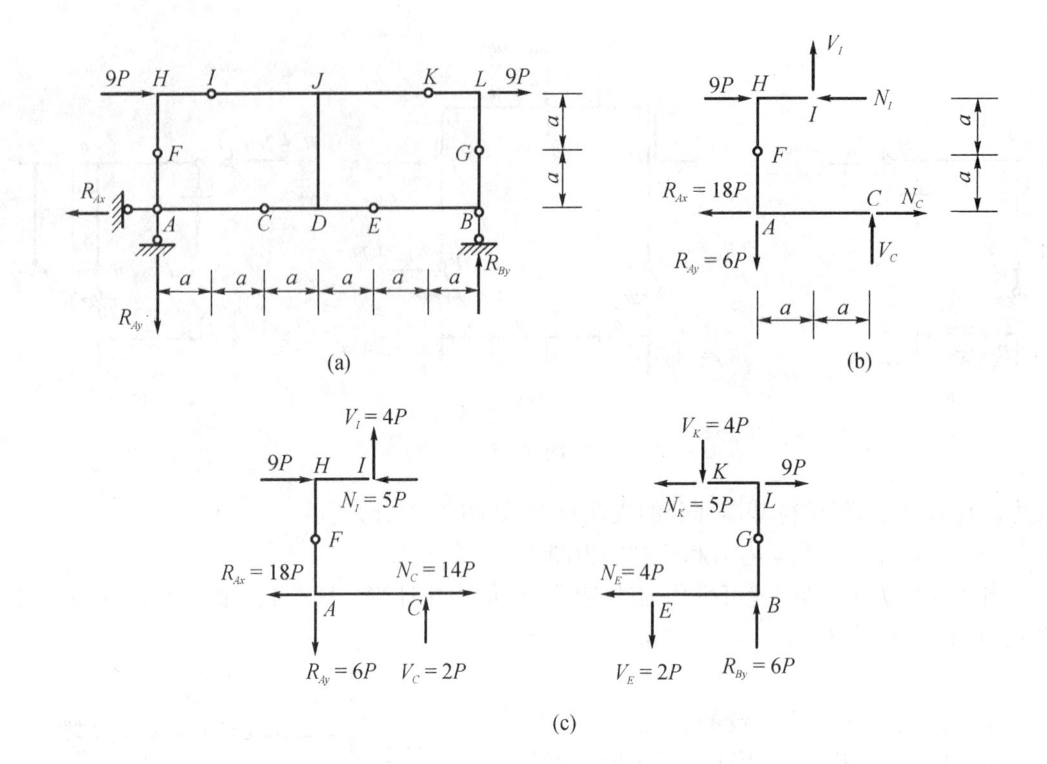

图 3-29

再由 $CAFI$ 刚架的平衡条件求得 $V_I=4P$，$N_I=5P$，实际方向如图 3-29(c)中所示。同理可得右侧 $EBGK$ 刚架上的 4 约束力。

将上述附属部分的约束力反向作用于基本部分 $CDEIJK$，据此就可逐段作出刚架的 M 图，如图 3-30 所示。

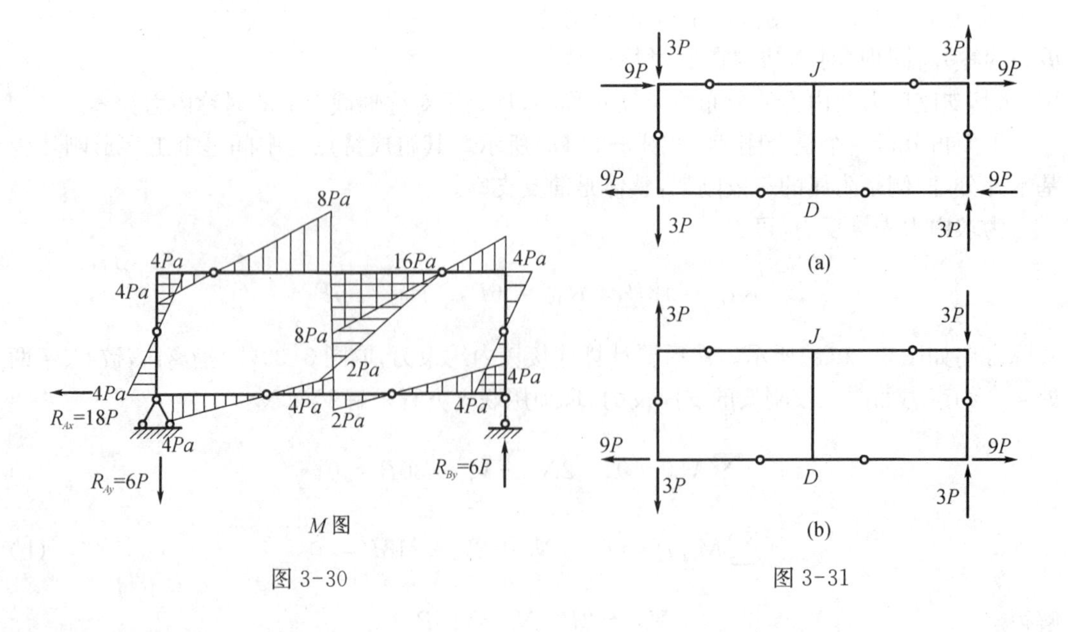

图 3-30　　　　图 3-31

对于图 3-29(a)所示结构的受力情况，可分解为图 3-31(a)、(b)两部分叠加。在图 3-31(b)中，作用在各杆件轴线方向的荷载，它们大小相等，方向相反，在不考虑杆件轴向变形的情况下，这些荷载在结构中只产生轴向力，不会引起弯矩和剪力，因此，原结构的弯矩图只要考虑图 3-31(a)的荷载。由于图 3-31(a)所示的结构对通过结点 J、D 的竖直轴是对称的，而荷载对该轴是反对称的，故所得的弯矩图 3-30 对该轴是反对称的，相应的剪力分布也是反对称的；但轴力分布须由图 3-31(a)和(b)相加而不成反对称。

再看图 3-32 所示刚架，可采用如下两种解法：

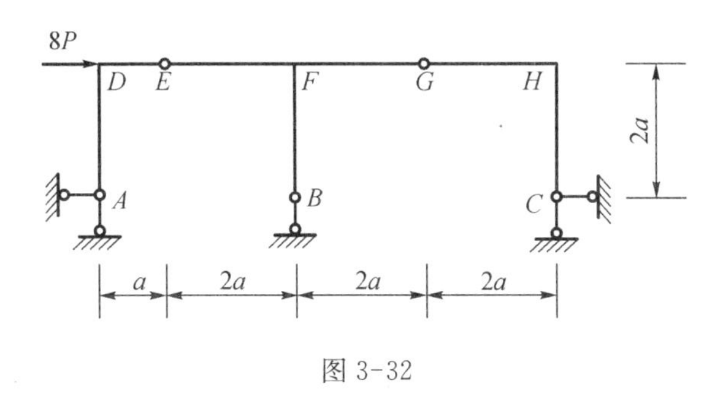

图 3-32

［解法一］ 根据结构的几何组成特点求解：将结构看成为简支式刚架，即两个刚片 $EFGB$ 和地基由两根等效链杆 AE、CG 及一根支座链杆 B 相连接，这三根链杆不相交于一点，如图 3-33 所示。

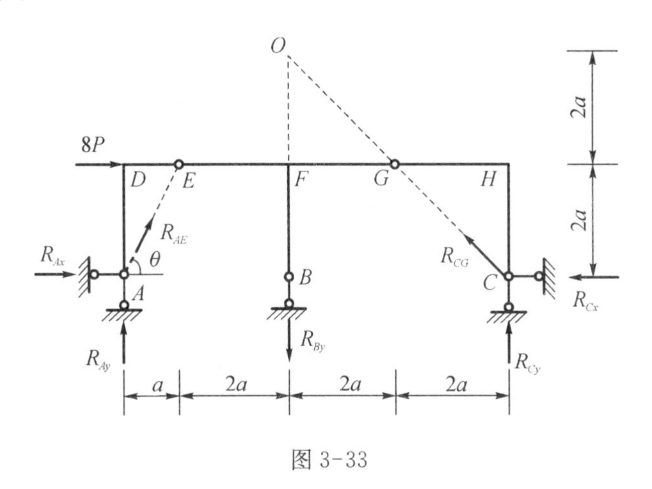

图 3-33

由于荷载 $8P$ 的作用方向通过结点 E，且结构中的折线形杆件 ADE 和 CHG 都只在两端的铰接处受力，其两端的约束反力必在两端点的连线方向，故在图 3-33 中分别以约束力 R_{AE} 和 R_{CG} 代替折杆 ADE 和 CHG 的作用。

将 R_{AE}、R_{CG} 和 R_{By} 按简支式刚架支座反力计算，由图 3-33 的整体平衡条件 $\sum M_0 = 0$，得

$$R_{AE}\cos\theta \times 4a - R_{AE}\sin\theta \times 3a + 8P \times 2a = 0$$

$$R_{AE} = 8\sqrt{5}P$$

于是得

$$R_{Ax} = R_{AE}\cos\theta = 8\sqrt{5}P \times \frac{1}{\sqrt{5}} = 8P \quad (\rightarrow)$$

$$R_{Ay} = R_{AE}\sin\theta = 8\sqrt{5}P \times \frac{2}{\sqrt{5}} = 16P \quad (\uparrow)$$

再由图 3-33 中 ABG 部分的平衡条件 $\sum X = 0$，得

$$8P + R_{Ax} - R_{CG}\cos 45^\circ = 0$$

$$R_{CG} = 16\sqrt{2}P$$

于是得

$$R_{Cx} = R_{CG}\cos 45^\circ = 16P \quad (\leftarrow)$$

$$R_{Cy} = R_{CG}\sin 45^\circ = 16P \quad (\uparrow)$$

最后由图 3-33 的整体平衡条件 $\sum Y = 0$，得

$$R_{By} = 32P \quad (\downarrow)$$

各反力的实际方向如图 3-33 所示。

［**解法二**］ 用假设参数法求解：

(1) 设支座 C 的水平反力为 $R_{Cx}(\leftarrow)$，则由图 3-34(b)所示隔离体的平衡条件 $\sum M_G = 0$，得 $R_{Cy} = R_{Cx}(\uparrow)$，并由该隔离体的平衡条件得 G 截面的内力 V_G 和 N_G。

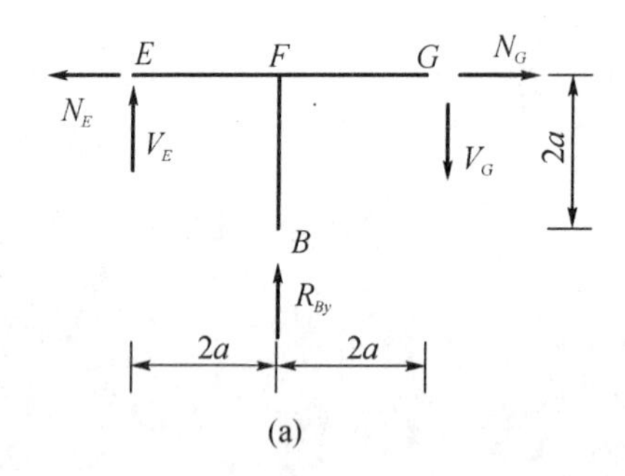

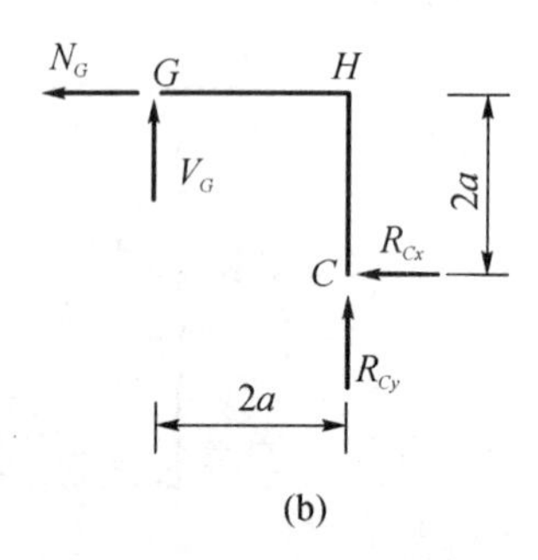

图 3-34

(2) 由图 3-34(a)所示隔离体的平衡条件 $\sum M_E = 0$，可得支座 B 的竖向反力 $R_{By} = -2R_{Cx}(\downarrow)$。

(3) 建立参数与荷载间的关系，由刚架的整体平衡条件 $\sum M_A = 0$，可得 $R_{Cx} = 16P(\leftarrow)$。

由此便可推得其余各支座反力。

各支座反力求出后，即可按一般的方法作出弯矩图，如图 3-35 所示。

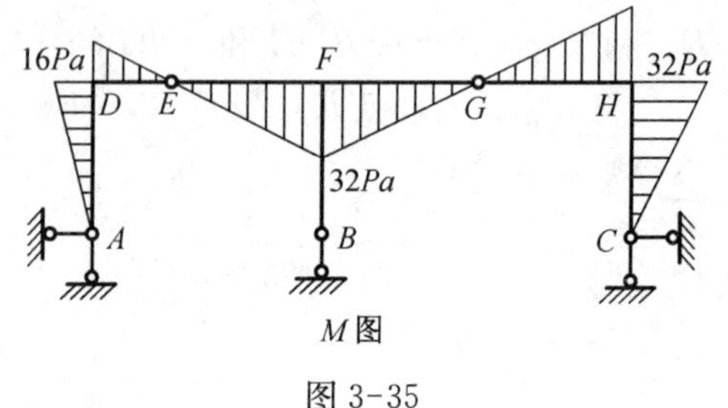

图 3-35

*3.4 静定空间刚架

若刚架的各杆轴及所承受的荷载不在同一平面内，则称为空间刚架(图 3-36)，无多余约束的几何不变的空间刚架，称为静定空间刚架。确定一个自身为几何不变的空间刚架在空间的位置，需要六根不相交在同一直线上的支杆与基础连接，体系才能成为不变，如图 3-37(a)所示。若按空间固定端的形式将一个自身为几何不变的空间刚架与基础连接，则体系亦将成为几何不变。因此，一个空间固定支座，相当于不相交在一直线上的六根支杆，不能产生移动和转动。空间固定支座能产生 6 个支座反力 R_x、R_y、R_z、M_x、M_y、M_z，如图 3-37(b)所示。图中 R_x、R_y、R_z 分别表示沿 x、y、z 轴三个方向的约束力，M_x、M_y、M_z 分别表示绕 x、y、z 轴三个方向的约束力矩。

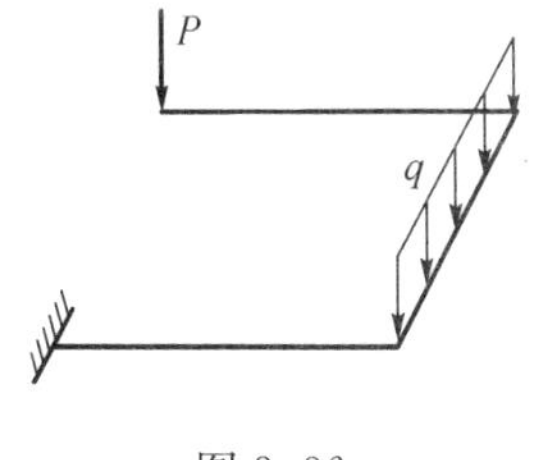

图 3-36

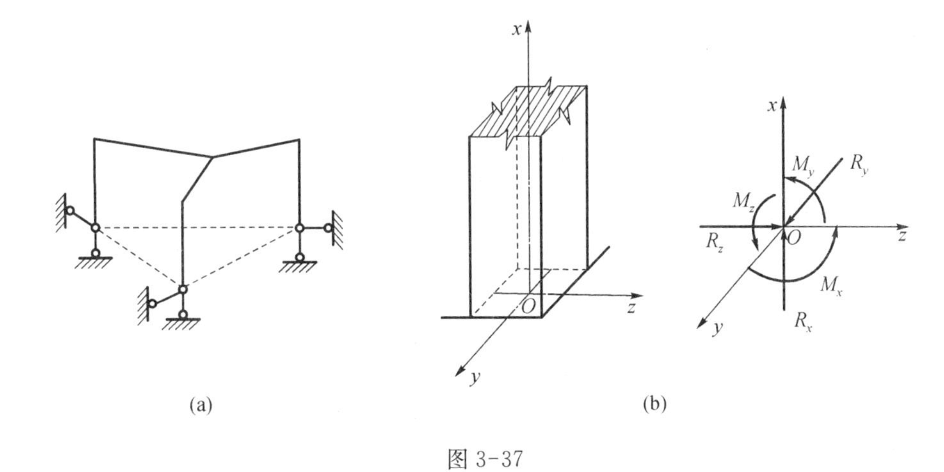

图 3-37

空间刚架的杆件横截面上一般也有六个内力分量[①](图 3-38(a))，即轴向力 $N_x = N$，剪力 V_y 和 V_z(分别沿截面的两个形心主轴方向)，弯矩 M_y 和 M_z(分别绕截面的两个形心主轴旋转的力矩)以及扭矩 M_x(绕杆轴线旋转的力矩，或写作 T)。有时为了计算和表达方便，将力矩都按右手螺旋法则用双箭头矢量表示，如图 3-38(b)所示。各内力分量的正、负号以图 3-38(a)或图 3-38(b)中所设的方向为正，反之为负。通常以杆轴作为 x 轴并以截面的外法线作为 x 轴的正方向；以截面的两个主轴为 y 轴和 z 轴，并以 x 轴为基准按右手螺旋法则定出 y 轴和 z 轴的正方向。

计算静定空间刚架内力的基本方法，仍是截面法。从静定空间刚架中截取不超过六个未知内力分量的隔离体，由空间一般力系的六个平衡条件 $\sum X = 0$，$\sum Y = 0$，$\sum Z = 0$，$\sum M_x = 0$，$\sum M_y = 0$，$\sum M_z = 0$，可求得截面上的六个内力分量。作内力图时，可逐杆

① 非圆截面实体杆件由于截面发生翘曲变形所产生的双力矩，通常予以忽略。

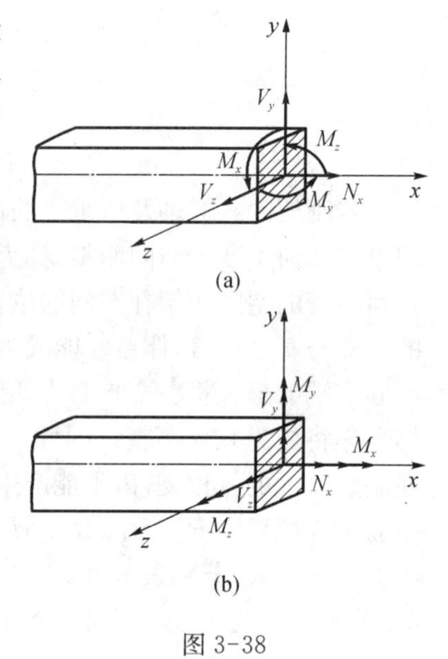

图 3-38

建立各内力方程，再按各内力方程作图，或首先分段求作各控制截面的内力，再根据作用于杆件的荷载情况，如平面刚架的方法作出各杆的内力图。作空间刚架的内力图时，弯矩纵标仍画在杆件受拉纤维一侧，弯矩图上不标明正负号；轴力图、剪力图和扭矩图可画在杆件的任一侧，但需标明正、负号。

【例 3-8】 试求图 3-39(a)所示支承在空间固定支座上的空间刚架的支座反力，并作内力图。水平杆 CD 平行于坐标轴 z，水平荷载垂直于 CD 杆作用。

【解】 设各支座反力的方向如图 3-39(a)所示，则由刚架的平衡条件可得

$$\sum X = 0 \qquad R_{Ax} = 0$$

$$\sum Y = 0 \qquad R_{Ay} = qa$$

$$\sum Z = 0 \qquad R_{Az} = 0$$

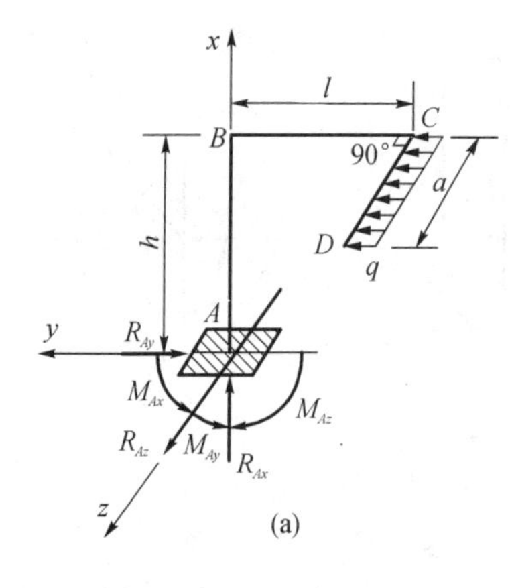

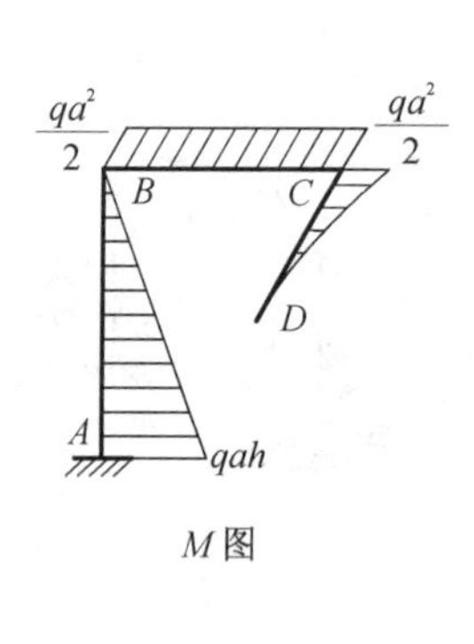

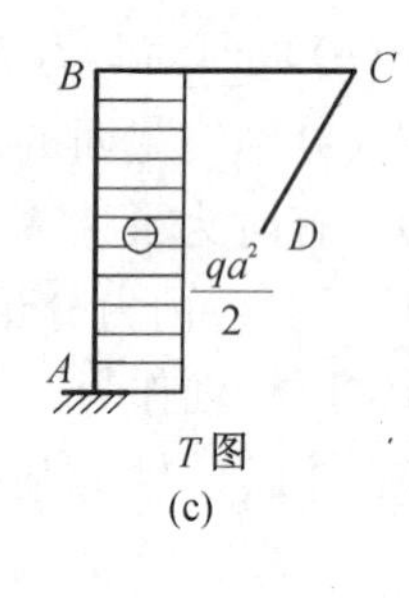

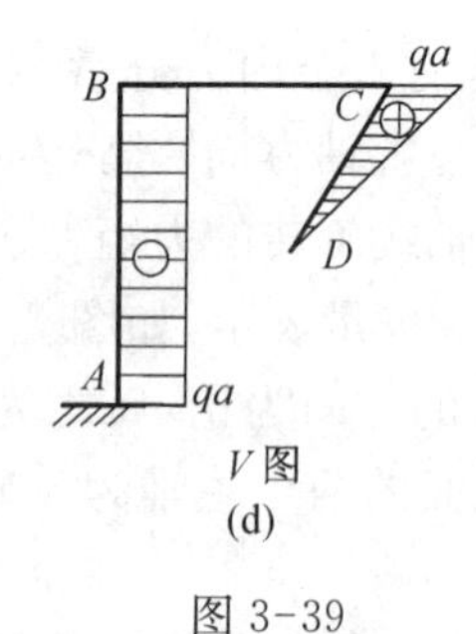

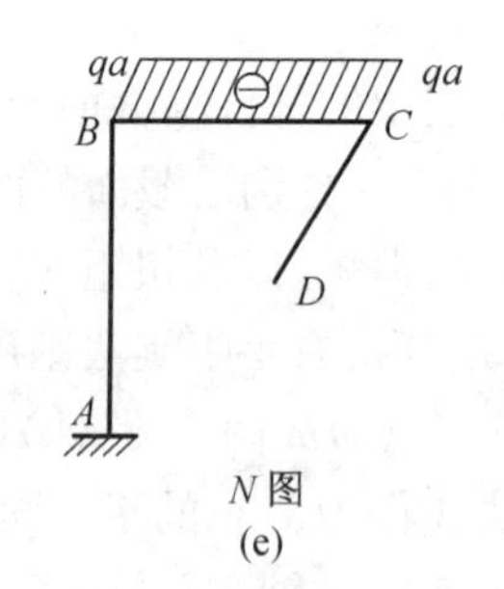

图 3-39

$$\sum M_x = 0 \qquad M_{Ax} - \frac{qa^2}{2} = 0,\ M_{Ax} = \frac{qa^2}{2}$$

$$\sum M_y = 0 \qquad M_{Ay} = 0$$

$$\sum M_z = 0 \qquad M_{Az} - qah = 0,\ M_{Az} = qah$$

其中，$M_{Ax}=\dfrac{qa^2}{2}$ 是扭矩，$M_{Az}=qah$ 是 xy 平面内的弯矩。

由于荷载与刚架的 BCD 部分处在同一平面内，故该部分是属于平面受力状态。柱 AB 的上端 B 截面，受到沿 y 轴方向作用的水平力 qa 和绕 x 轴方向作用的力矩 $qa\cdot\dfrac{a}{2}$，故它除了在 xy 平面内承受弯曲外，还承受沿杆轴 x 方向的扭转，扭矩 $T_{Ax}=-M_{Ax}=-qa^2/2$。此刚架的 M 图、T 图、V 图和 N 图，分别如图 3-39(b)、(c)、(d)、(e)所示。

习　题

[3-1]　静定结构有哪些特性？这些特性对力学分析有何指导意义？

(a) 体系的几何组成分析对于静定结构的内力分析有何作用？

(b) 单梁在集中力、分布载、集中力矩分别作用下的 M 图画法是否熟练掌握？

[3-2]　求作如图 3-40 所示多跨静定梁的 M、V 图。

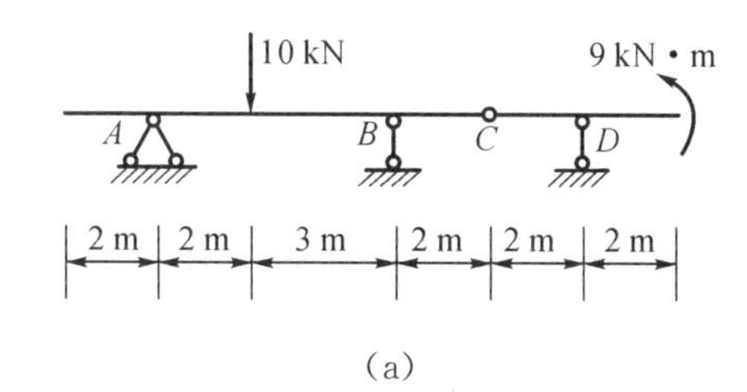

(a)

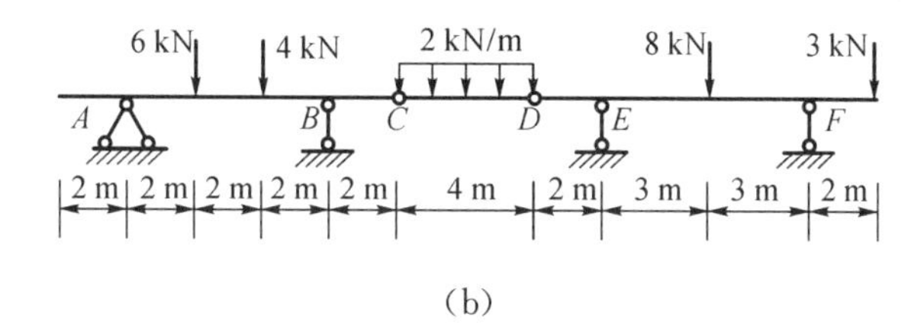

(b)

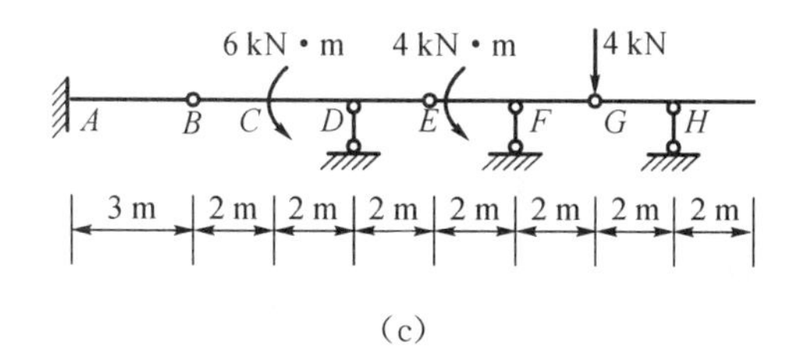

(c)

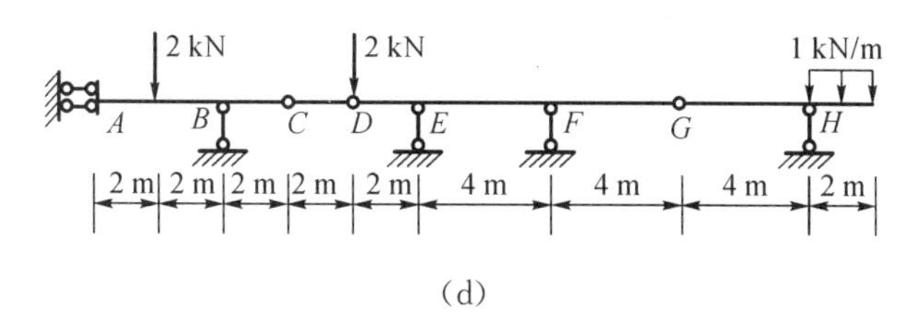

(d)

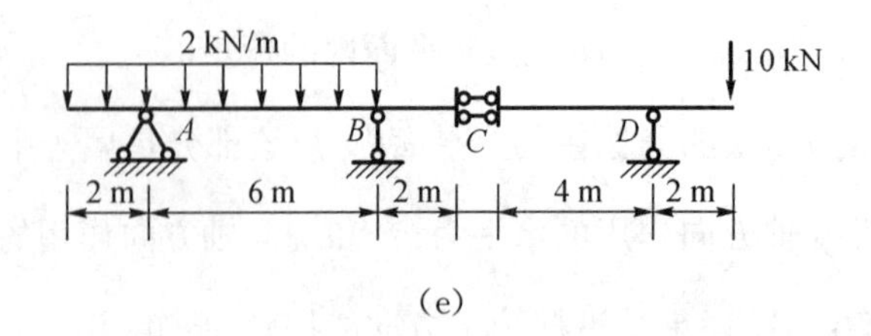

(e)

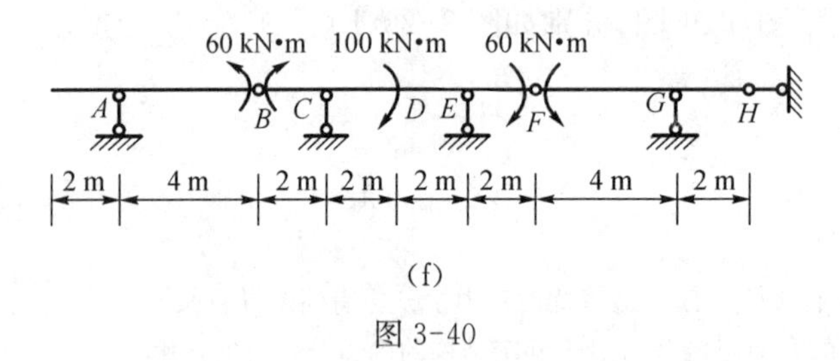

(f)

图 3-40

[**3-3**] 如图 3-41 所示多跨静定梁的 AB 段作用均布荷载 q，欲使 D、F 支座截面的弯矩绝对值相等，试确定铰 C 和 E 的位置。

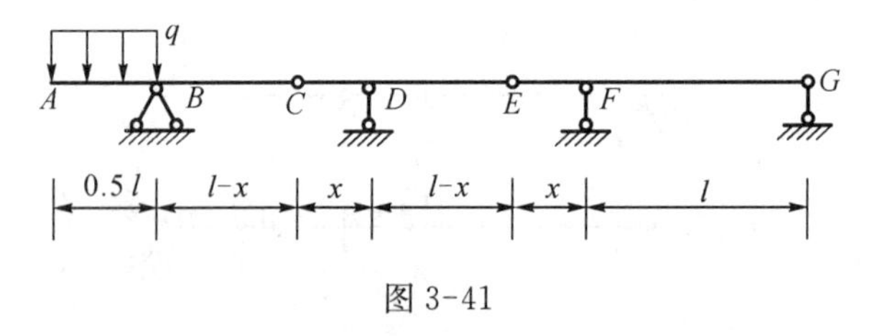

图 3-41

[**3-4**] 试分析如图 3-42 所示各弯矩图错误的原因，并作出正确的弯矩图。

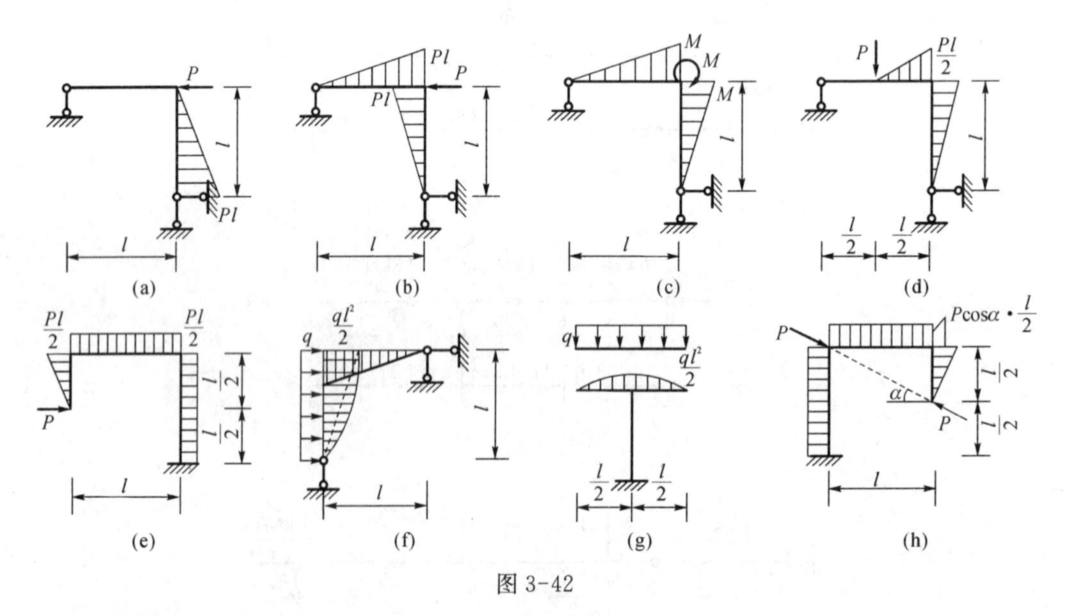

图 3-42

[**3-5**] 求作如图 3-43 所示的结构的 M、V、N 图。

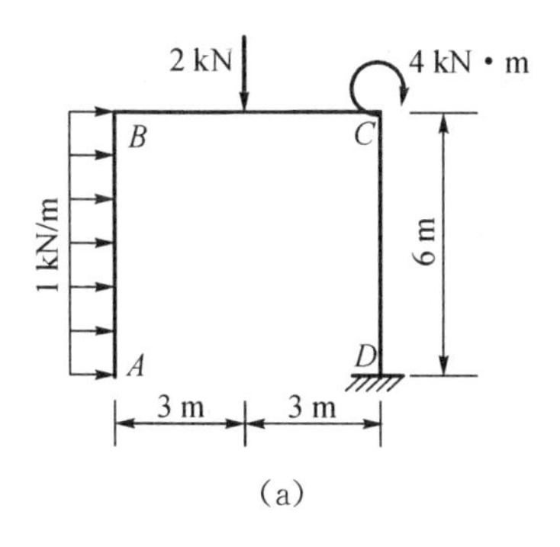

(a)

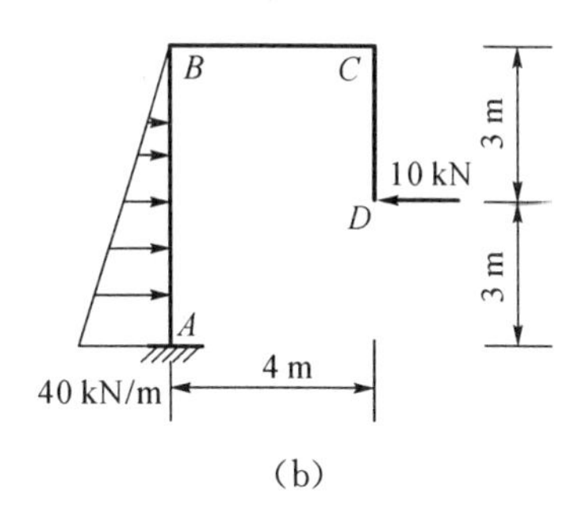

(b)

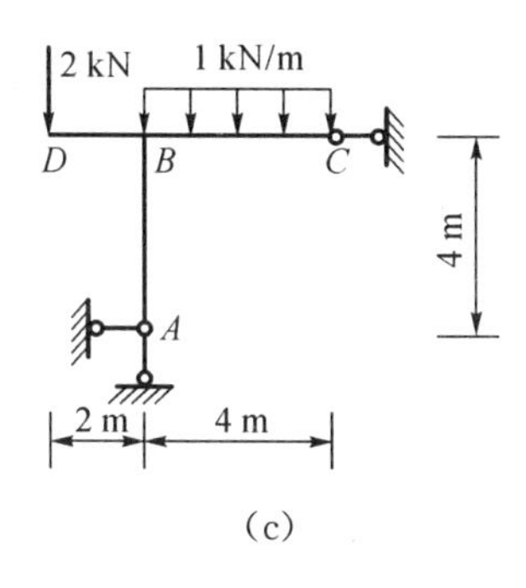

(c)

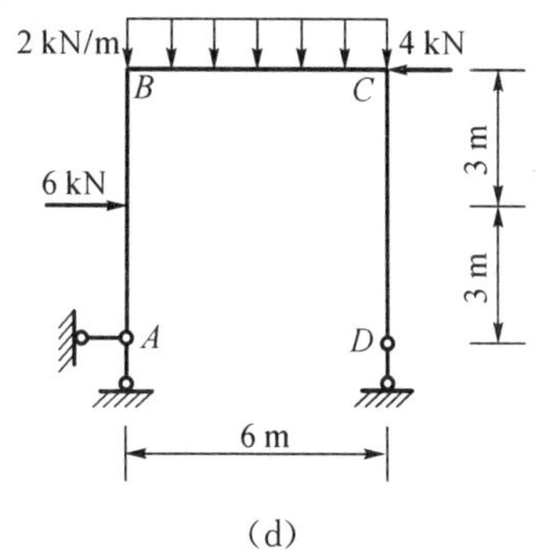

(d)

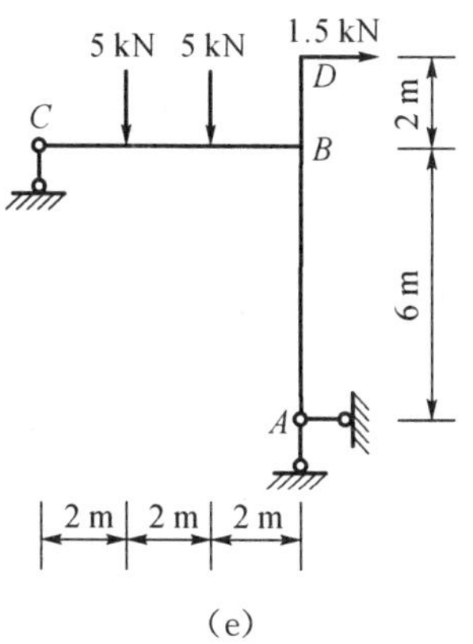

(e)

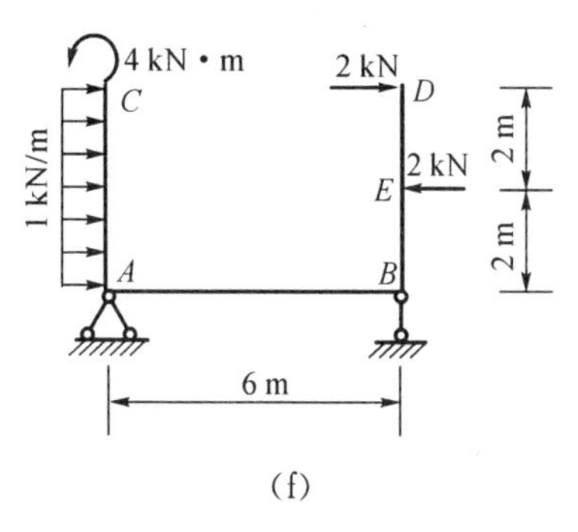

(f)

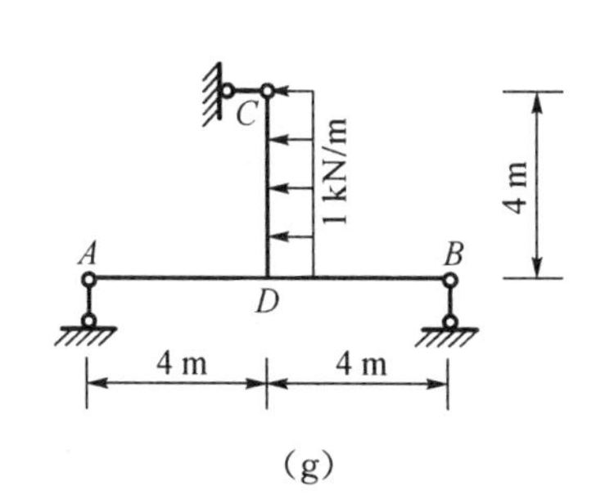

(g)

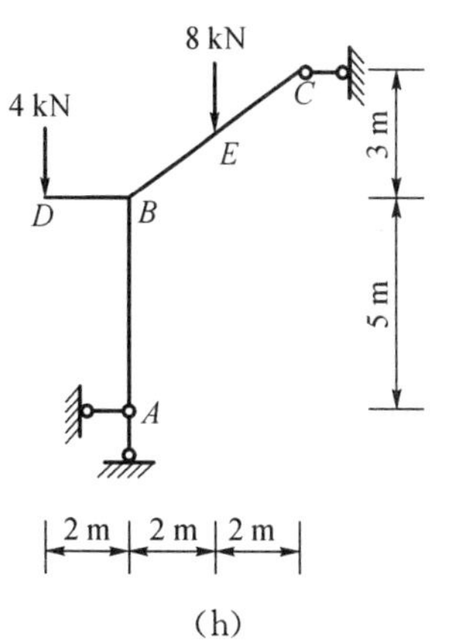

(h)

图 3-43

[3-6] 求作如图 3-44 所示结构的 M, V 和 N 图。

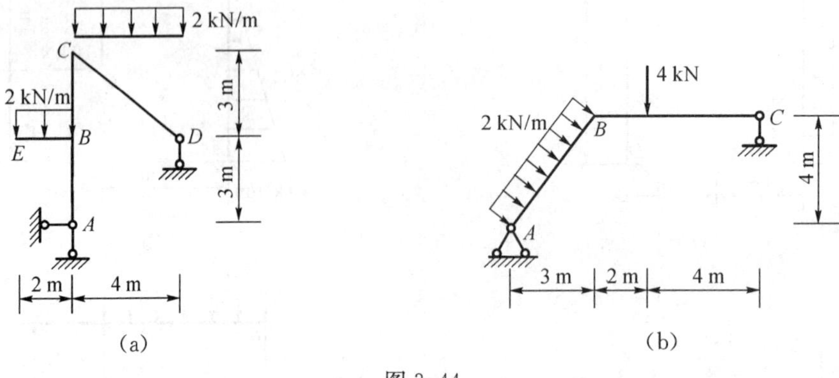

图 3-44

[3-7] 求作如图 3-45 所示的结构的 M 图。

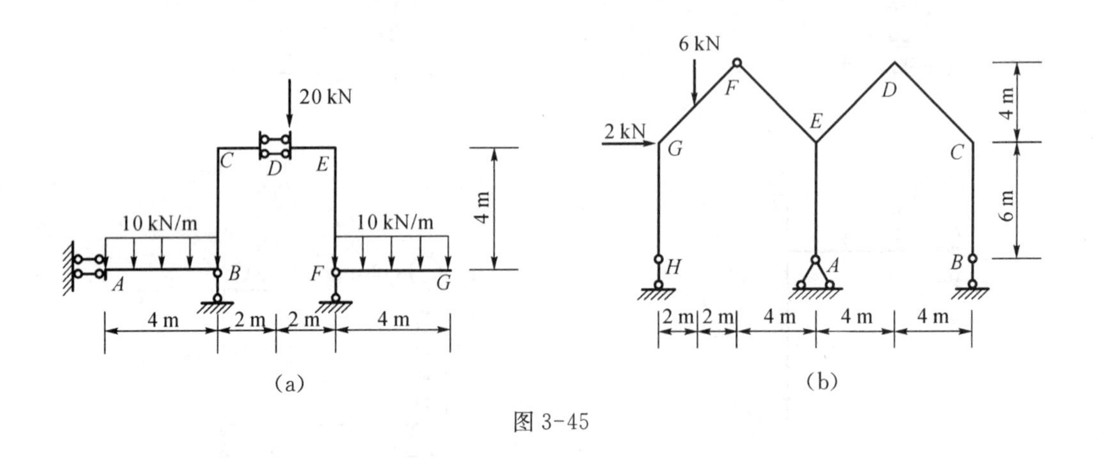

图 3-45

[3-8] 求作如图 3-46 所示结构的 M 图。

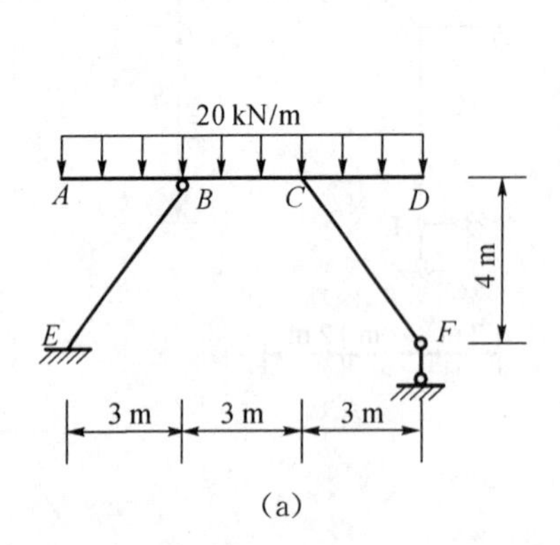

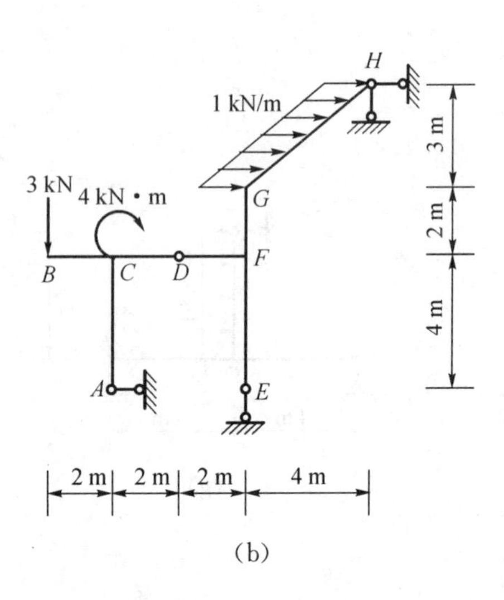

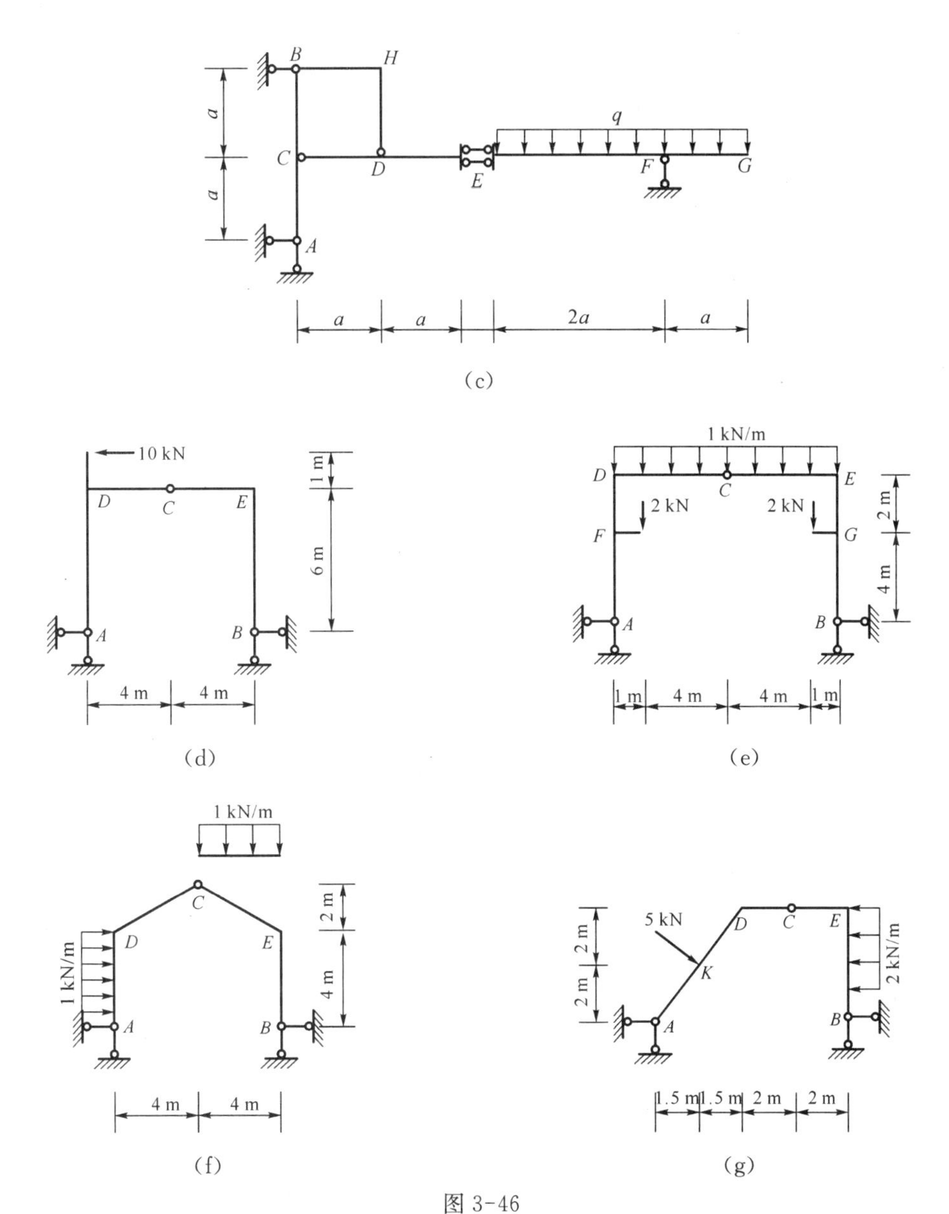

(c)

(d)　　(e)

(f)　　(g)

图 3-46

[3-9] 求作如图 3-47 所示结构的 M 图。

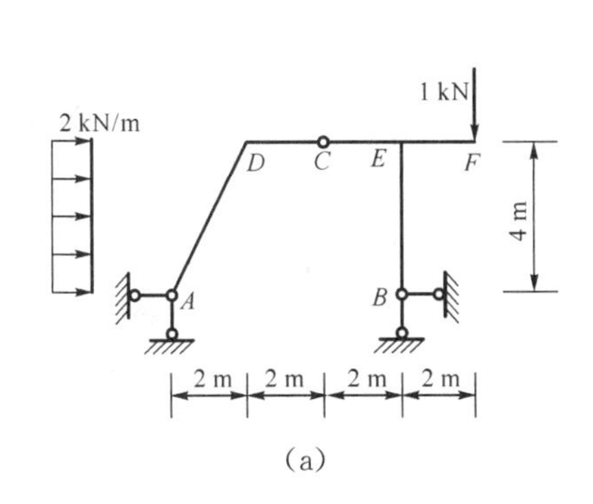

(a)

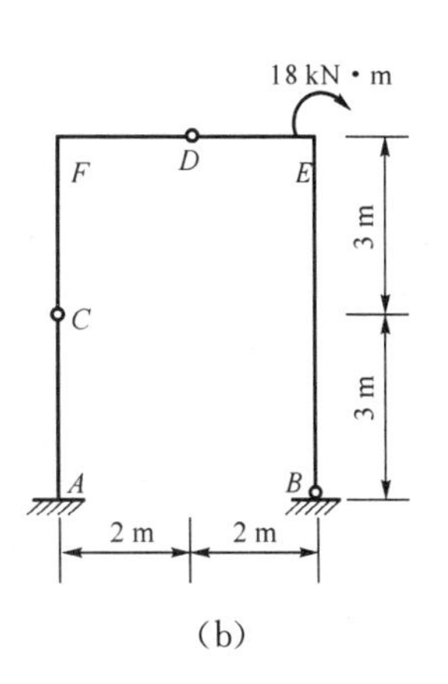

(b)

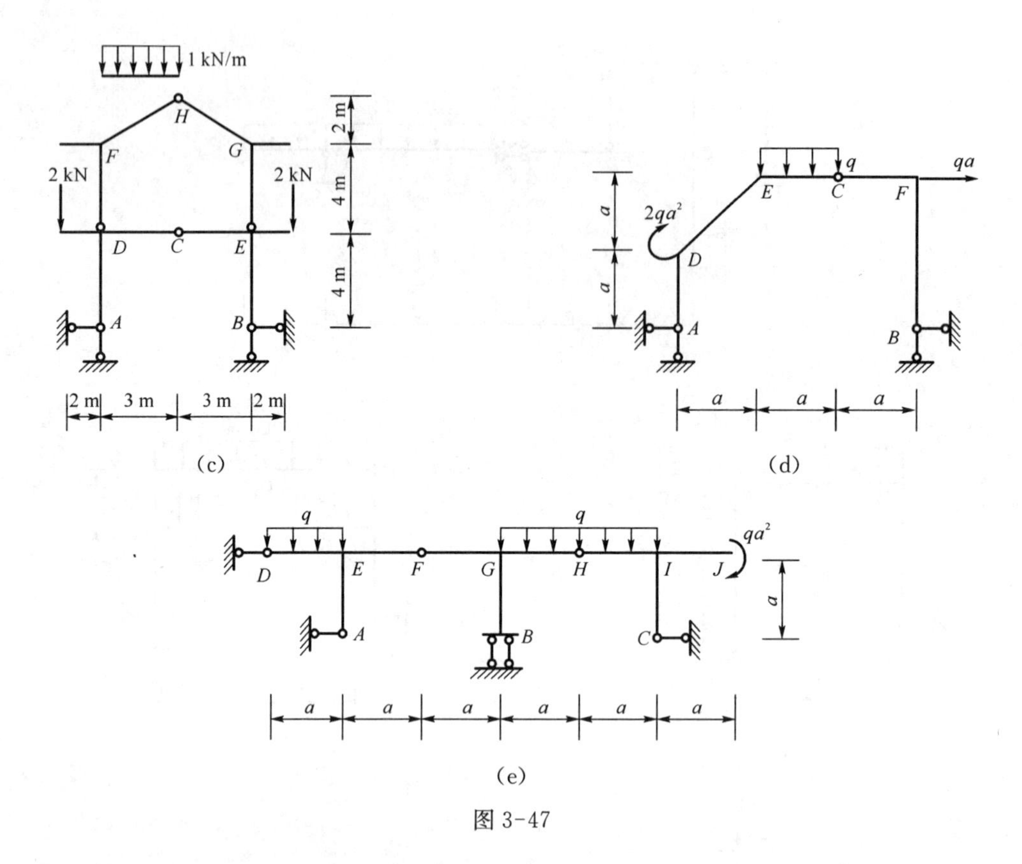

(c) (d)

(e)

图 3-47

[**3-10**] 求作如图 3-48 所示结构的 M 图。

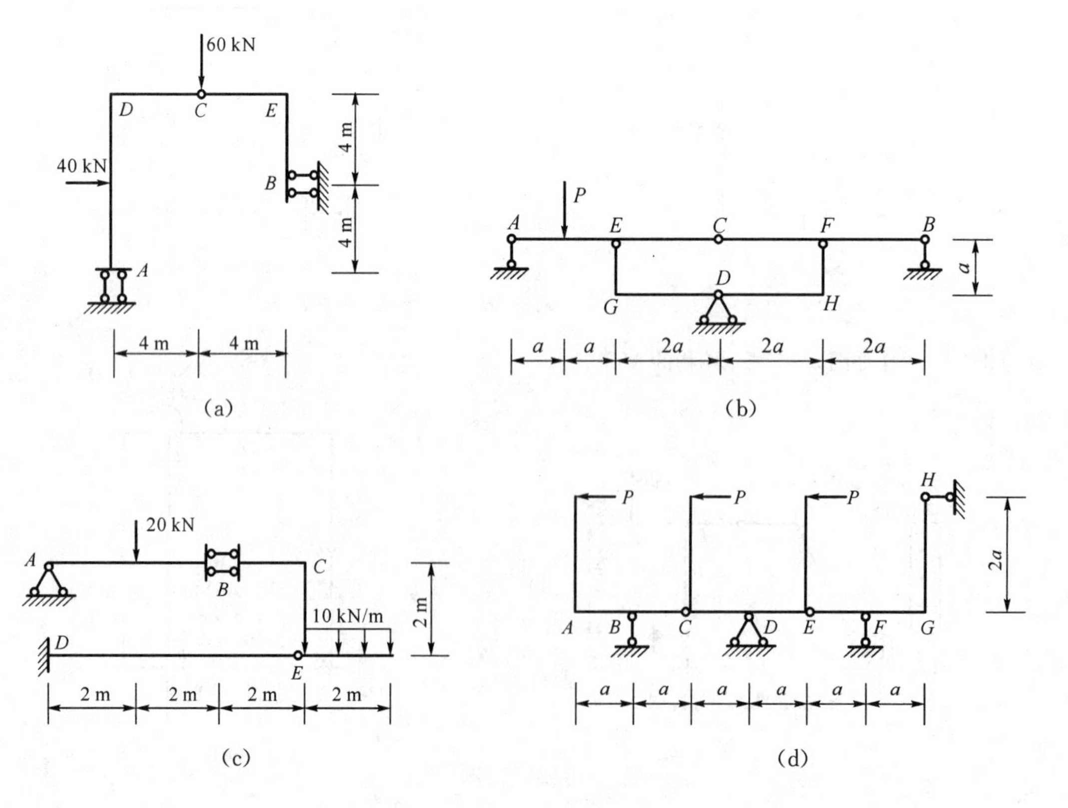

(a) (b)

(c) (d)

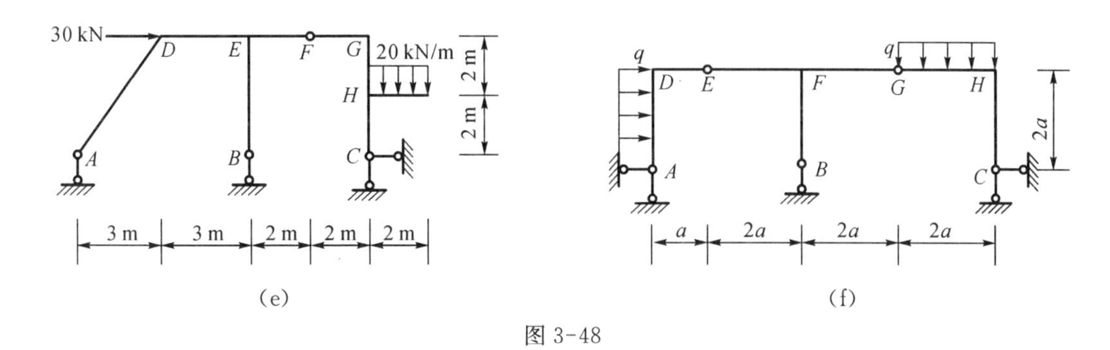

图 3-48

[3-11] 求作如图 3-49 所示结构的 M 图，试利用结构、荷载的特点，简捷判断某些约束力。

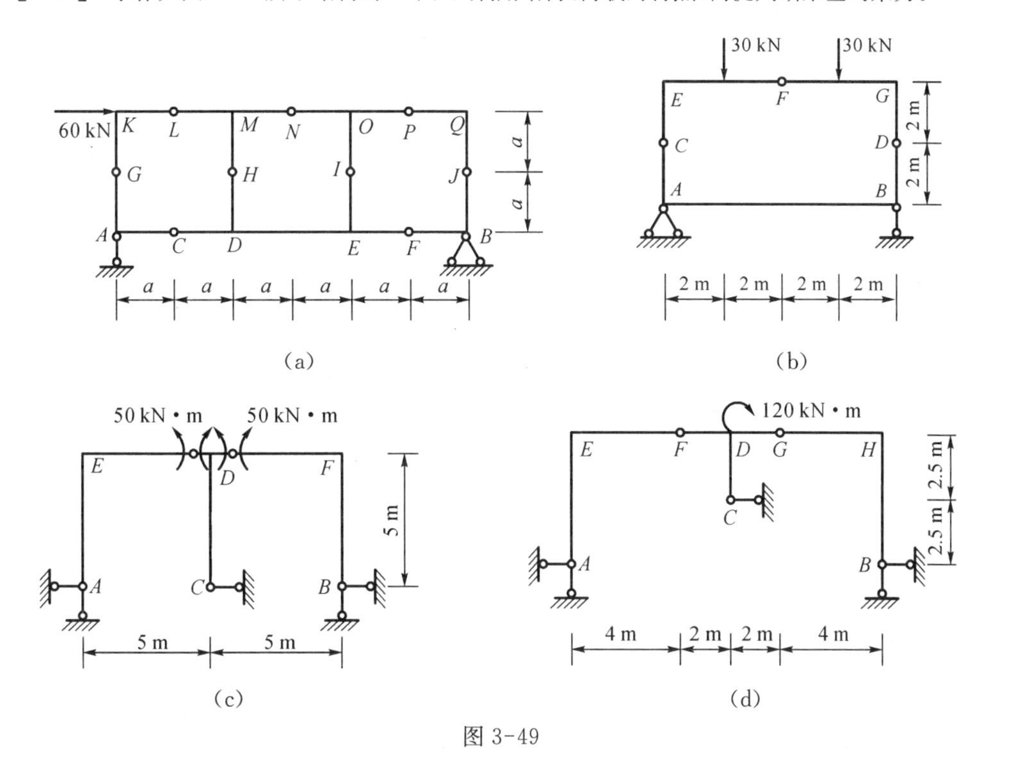

图 3-49

[3-12] 试用假设参数法求如图 3-50 所示的各支座反力。

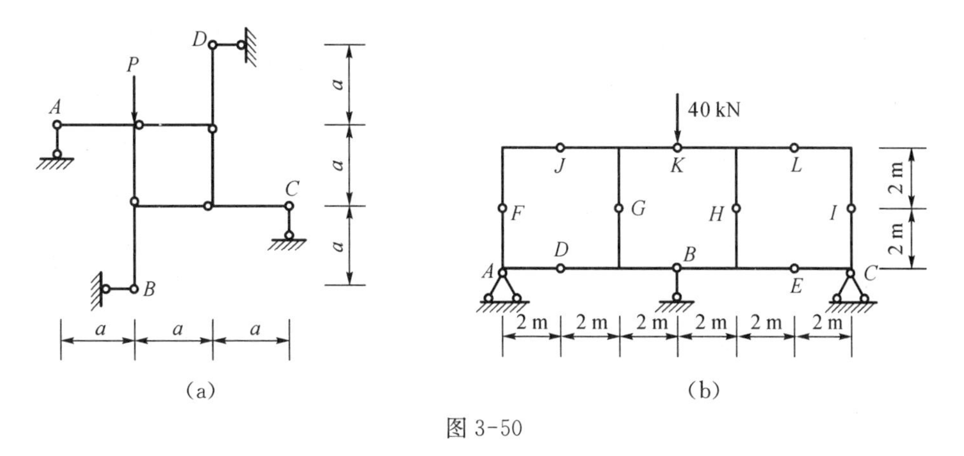

图 3-50

*[**3-13**] 求作如图 3-51 所示的弯矩图及扭矩图。各杆正交，荷载竖直。

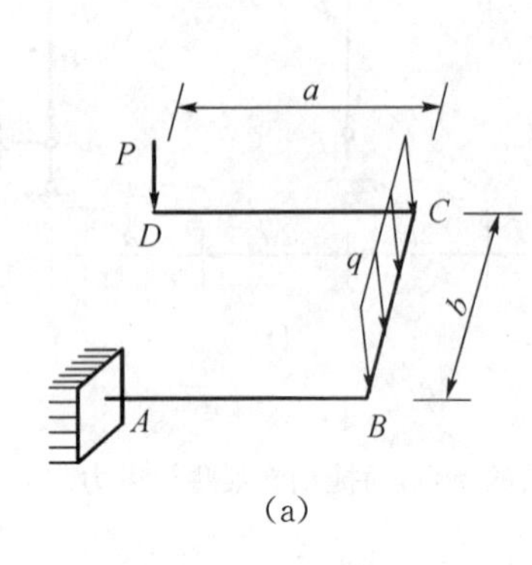

(a)

(b)

图 3-51

部分习题参考答案

[**3-2**] (a) $M_{BC}=9$ kN·m(上侧受拉)

$V_{BC}=4.5$ kN

(b) $M_{BC}=8$ kN·m(上侧受拉)

$V_{BC}=4$ kN

(c) $M_{DE}=4$ kN·m(下侧受拉)

$M_{AB}=7.5$ kN·m(上侧受拉)

$V_{BA}=2.5$ kN

$V_{FE}=-2$ kN

(e) $M_{CD}=20$ kN·m(上侧受拉)

$V_{CD}=0$

(f) $M_{EF}=90$ kN·m(上侧受拉)

$M_{DE}=50$ kN·m(下侧受拉)

$V_{CD}=-70$ kN

$V_{GF}=15$ kN

[**3-3**] $x=\dfrac{l}{2}$

[**3-5**] (a) $M_{DC}=16$ kN·m(左侧受拉)

$V_{DC}=6$ kN

$N_{DC}=2$ kN(压力)

(b) $M_{AB}=210$ kN·m(左侧受拉)

$V_{AB}=110$ kN

(c) $M_{BA}=4$ kN·m(左侧受拉)

$V_{BC}=4$ kN

$N_{BA}=6$ kN(压力)

(d) $M_{BC}=6$ kN·m(上侧受拉)

$V_{BC}=7$ kN

$N_{BC}=4$ kN(压力)

(e) $M_{BC}=12$ kN·m(上侧受拉)

$V_{BC}=-7$ kN

$N_{BA}=7$ kN(压力)

(f) $M_{AC}=4$ kN·m(左侧受拉)

$M_{BD}=4$ kN·m(左侧受拉)

$V_{AC}=4$ kN

$N_{AB}=0$

(g) $M_{DC}=8$ kN·m(左侧受拉)

$V_{DC}=0$

$N_{DC}=0$

(h) $M_{BC}=13$ kN·m(上侧受拉)

$V_{BC}=5.8$ kN

$N_{BC}=5.6$ kN(压力)

[**3-6**] (a) $M_{CD}=4$ kN·m(上侧受拉)

$V_{CD}=4$ kN

$N_{CD}=3$ kN(拉力)

(b) $M_{BC}=22$ kN·m(下侧受拉)

$V_{BA}=-0.6$ kN

$N_{BA}=0.8$ kN(拉力)

[**3-7**] (a) $M_{ED}=80$ kN·m(上侧受拉)

$M_{BC}=40$ kN·m(左侧受拉)

(b) $M_{ED}=16$ kN·m(内侧受拉)

[**3-8**] (a) $M_{EB}=405$ kN·m(左侧受拉)

$M_{CF}=135$ kN·m(左侧受拉)

$V_{EB}=81$ kN

(b) $M_{GH}=2$ kN·m(左侧受拉)

$M_{FD}=6$ kN·m(上侧受拉)

$V_{GF}=2$ kN

(c) $M_{HB}=1.5qa^2$(上侧受拉)

$M_{CA}=0.75qa^2$(右侧受拉)

(d) $M_{DC}=35$ kN·m(上侧受拉)

$V_{DC}=\frac{35}{4}$ kN

(e) $M_{DC}=12.50$ kN·m(上侧受拉)

$M_{FA}=9.68$ kN·m(左侧受拉)

(f) $M_{DA}=2.64$ kN·m(右侧受拉)

$M_{EC}=5.36$ kN·m(上侧受拉)

$V_{EC}=-2.98$ kN

(g) $M_{KD}=5.75$ kN·m(内侧受拉)

$M_{EC}=1$ kN·m(下侧受拉)

[**3-9**] (a) $M_{DA}=6$ kN·m(右侧受拉)

$R_{Bx}=1$ kN(←)

(b) $M_{EB}=12$ kN·m(左侧受拉)

(c) $M_{EC}=0$

$M_{DA}=4$ kN·m(右侧受拉)

$M_{FH}=1.5$ kN·m(上侧受拉)

(d) $M_{DA}=\frac{qa^2}{12}$(右侧受拉)

$M_{EC}=\frac{4}{3}qa^2$(下侧受拉)

$M_{FB}=\frac{11}{6}qa^2$(右侧受拉)

(e) $M_{IC}=1.5qa^2$(左侧受拉)

$M_{GH}=1.5qa^2$(上侧受拉)

$M_{BG}=0.5qa^2$(左侧受拉)

$M_{EF}=qa^2$(下侧受拉)

[**3-10**] (a) $M_{EB}=0$

$M_{AF}=80$ kN·m(外侧受拉)

(b) $M_{EC}=\frac{Pa}{4}$(下侧受拉)

$M_{GE}=\frac{Pa}{2}$(左侧受拉)

(c) $M_{DE}=120$ kN·m(上侧受拉)

$M_{BA}=40$ kN·m(下侧受拉)

(d) $M_{BA}=2Pa$(上侧受拉)

$M_{ED}=2Pa$(下侧受拉)

(e) $M_{GF}=160$ kN·m(上侧受拉)

$M_{HG}=100$ kN·m(右侧受拉)

(f) $R_{Ax}=qa$(←)

$R_{By}=0$

$M_{HC}=2qa^2$(右侧受拉)

[**3-11**] (a) $M_{KL}=M_{mn}=10a$(下侧受拉)

$M_{mH}=20a$(右侧受拉)

$M_{DE}=10a$(下侧受拉)

(b) $M_{GD}=60$ kN·m(外侧受拉)

$M_{BA}=60$ kN·m(上侧受拉)

(c) $M_{FB}=50$ kN·m(左侧受拉)

$M_{DC}=0$

(d) $M_{EA}=60$ kN·m(右侧受拉)

$M_{DC}=60$ kN·m(左侧受拉)

$M_{DG}=30$ kN·m(下侧受拉)

[**3-12**] (a) $R_{Bx}=P/3$(←)

$R_{Dx}=P/3$(→)

$R_{Ay}=P/3$(↑)

$R_{Cy}=2P/3$(↑)

(b) $R_{Ay}=R_{Cy}=40$ kN(↑)

$R_{By}=40$ kN(↓)

*[**3-13**] (a) AB 杆扭矩

$$T_{AB}=-\left(Pb+\frac{qb^2}{2}\right)$$

BC 杆扭矩 $T_{BC}=-Pa$

(b) BC 杆扭矩 $T_{BC}=-qa^2/2$

AB 杆扭矩 $T_{AB}=0$

4 曲杆和三铰拱

4.1 概　　述

在实际工程结构中，除由直杆组成的结构外，还有用曲杆组成的结构，如圆形隧道、圆形涵管、圆形沉箱、各类拱形结构及水塔、剧院看台中的圆弧梁等。静定曲杆的内力计算是分析各种超静定曲杆结构的基础。

三铰拱是一种静定拱式结构，在房屋及桥梁等结构中都得到应用。图 4-1(a)、(b)所示为三铰拱的两种基本形式。图 4-1(a)为无拉杆的三铰拱，曲线 ACB 称为拱曲线，常用的拱轴线有抛物线、圆弧线和悬链线等。A、B 铰称为拱脚铰(或称为拱趾)，C 铰称为顶铰，两个拱脚铰之间的水平距离 l 称为拱的跨度，拱脚铰 A、B 之间的连线称为起拱线，顶铰 C 至起拱线之间的竖向距离 f 称为拱高或矢高，f/l 称为拱的高跨比或矢跨比，它是拱的基本参数，实际工程中，高跨比的变化范围较大(1～1/10)。图 4-1(b)为有拉(系)杆的三铰拱或称为弓弦拱，AB 杆为拉杆，在支座 B 处为滚轴支座。

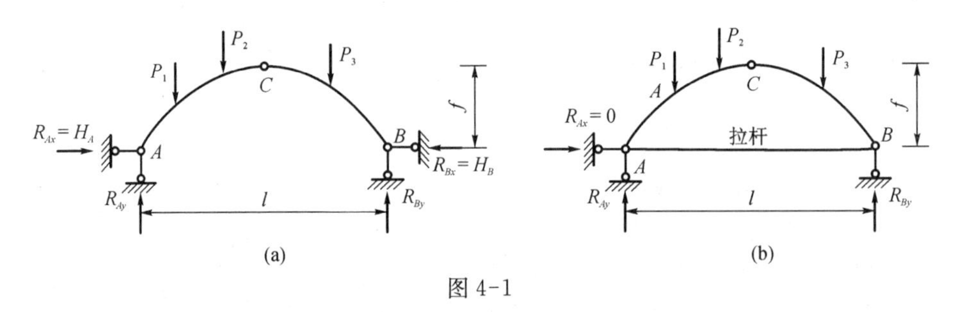

图 4-1

三铰拱的基本特点是在竖向荷载作用下，除产生竖向反力 R_{Ay}、R_{By} 外，还产生水平反力。$R_{Ax} = H_A = H_B$(因其指向跨内称为推力)。推力对拱的内力产生重要的影响，它减小三铰拱各截面上的弯矩值，可节省材料，跨越较大的空间，但与梁相比，需要更为坚固的基础或支承结构(如墙、柱、墩、台等)，图 4-1(b)所示有拉杆的弓弦拱，拉杆承担了水平推力。若为建筑空间要求，可以将拉杆提高或做成其他形式，如图 4-2(a)、(b)所示。

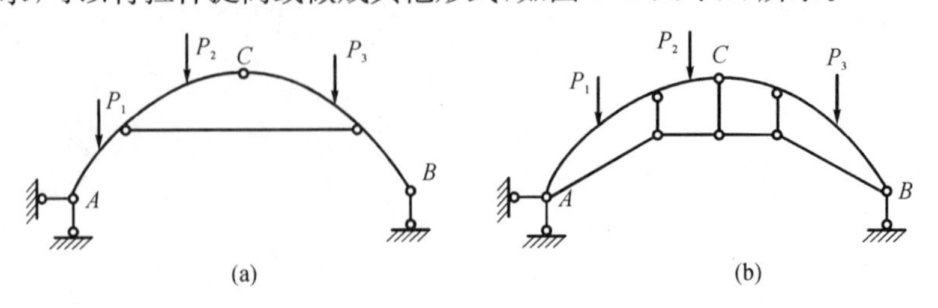

图 4-2

两个拱脚铰在同一水平线上的三铰拱称为平拱(图 4-1(a)),两个拱脚铰不在同一水平线上的三铰拱称为斜拱(图 4-3)。

应指出,具有曲线形状的结构不一定都是拱结构,如图 4-4 所示结构,在竖向荷载作用下,水平反力 $H_A=0$,该结构就不能称为拱,而是一根曲梁。

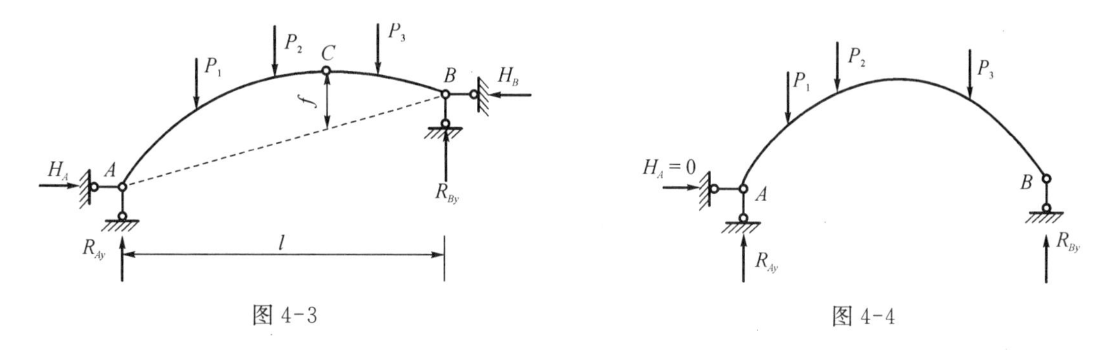

图 4-3　　　　图 4-4

4.2 曲杆的内力计算

下面举例说明曲杆的内力计算方法

【例 4-1】 图 4-5(a)所示圆弧形曲杆,受径向均布荷载 q 作用,试求任意截面 B 的弯矩、剪力和轴力。

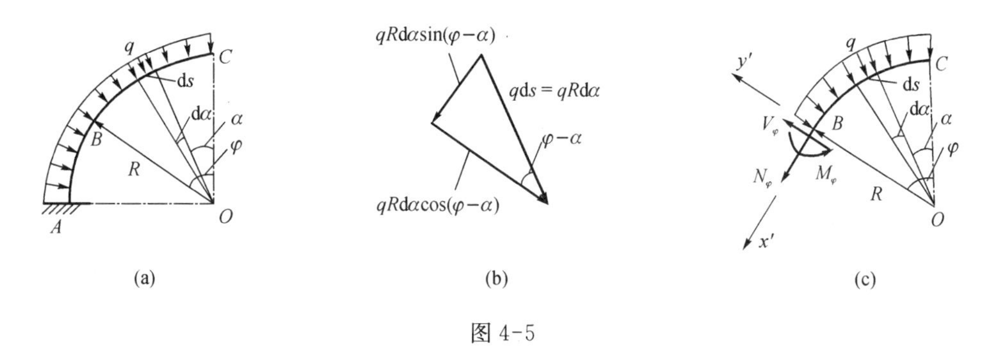

图 4-5

【解】 以极坐标 φ 表示 B 截面的位置,设 B 截面的弯矩、剪力、轴力分别以 M_φ、V_φ、N_φ 表示,取图 4-5(c)所示隔离体,参照图 4-5(b),并考虑到 $\mathrm{d}s=R\mathrm{d}\alpha$,则由隔离体的平衡条件可得

$$\sum M_B=0$$

$$M_\varphi=\int_s q\,\mathrm{d}sR\sin(\varphi-\alpha)=qR^2\int_0^\varphi\sin(\varphi-\alpha)\mathrm{d}\alpha=qR^2(1-\cos\varphi) \tag{4-1}$$

$$\sum Y'=0$$

$$V_\varphi=\int_s q\,\mathrm{d}s\cos(\varphi-\alpha)=qR\int_0^\varphi\cos(\varphi-\alpha)\mathrm{d}\alpha=qR\sin\varphi \tag{4-2}$$

$\sum X'=0$

$$N_{\varphi}=-\int_{s} q\mathrm{d}s\sin(\varphi-\alpha)=-qR\int_{0}^{\varphi}\sin(\varphi-\alpha)\mathrm{d}\alpha=-qR(1-\cos\varphi) \tag{4-3}$$

所得结果为正,表示内力的实际方向与图 4-5(c)所设的方向相同,反之,则相反。

因为 $q\mathrm{d}s\sin\varphi=q\mathrm{d}y$,及 $q\mathrm{d}s\cos\varphi=q\mathrm{d}x$ (图 4-6(a)),故可将图 4-5(a)所示的径向均布荷载 q 分解成图 4-6(b)所示的沿水平方向及竖直方向作用的均布荷载 q。按图 4-6(b)所示的两个荷载计算 B 截面的弯矩、剪力、轴力,其结果与式(4-1)、式(4-2)、式(4-3)是相同的。

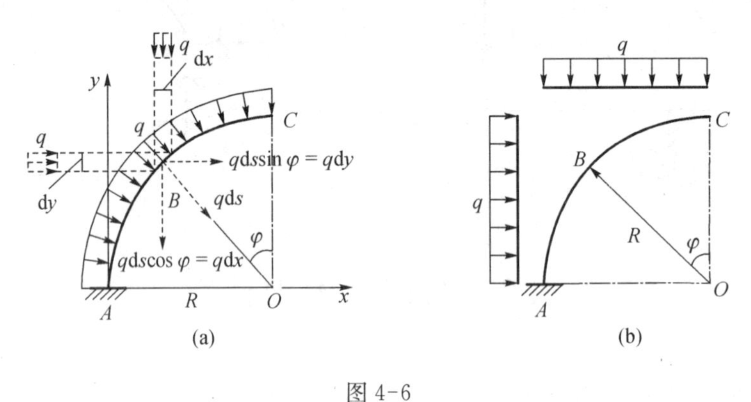

图 4-6

【例 4-2】 图 4-7(a)所示圆弧形曲杆,承受其平面内沿杆轴均匀分布的竖向荷载 q 作用,试求任意截面的弯矩、剪力、轴力。

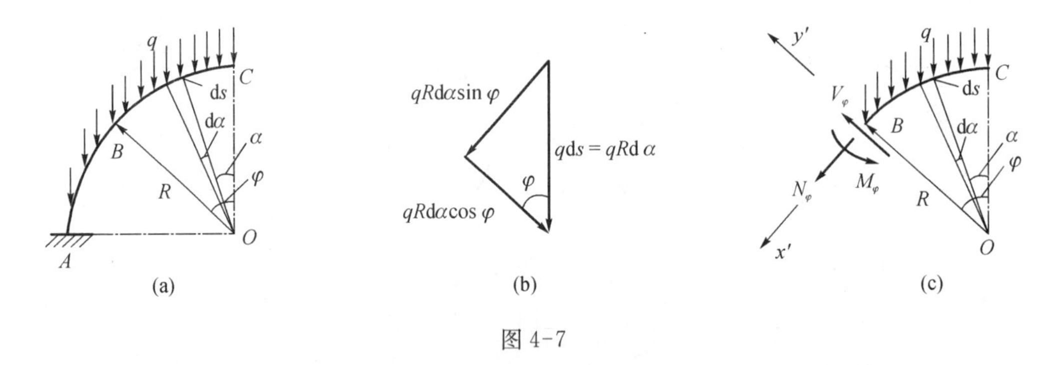

图 4-7

【解】 以极坐标 φ 表示 B 截面的位置,设 B 截面的弯矩、剪力、轴力分别以 M_{φ}、V_{φ}、N_{φ} 表示,取图 4-7(c)所示隔离体,参照图 4-7(b),并考虑到 $\mathrm{d}s=R\mathrm{d}\alpha$,则由隔离体的平衡条件可得

$\sum M_B=0$

$$\begin{aligned}M_{\varphi}&=\int_{s} q\mathrm{d}s(R\sin\varphi-R\sin\alpha)=qR^2\int_{0}^{\varphi}(\sin\varphi-\sin\alpha)\mathrm{d}\alpha\\&=qR^2(\varphi\sin\varphi-1+\cos\varphi)\end{aligned} \tag{4-4}$$

$\sum Y'=0$

$$V_{\varphi}=\int_{s} q\mathrm{d}s\cos\varphi=qR\cos\varphi\int_{0}^{\varphi}\mathrm{d}\alpha=qR\varphi\cos\varphi \tag{4-5}$$

$\sum X' = 0$

$$N_{\varphi} = -\int_{s} q\,\mathrm{d}s\sin\varphi = -qR\sin\varphi\int_{0}^{\varphi}\mathrm{d}\alpha = -qR\varphi\sin\varphi \tag{4-6}$$

*【例 4-3】 图 4-8(a)所示半径为 R 的圆弧形水平曲梁，承受位于竖直曲面内的均布荷载 q 及 C 端集中力矩 M_C。图 4-8(b)为俯视平面图，图中⊗表示均布荷载指向图面，集中矩 M_C 用双箭头矢量(右手螺旋)表示。试求任意截面 B 的弯矩和扭矩。

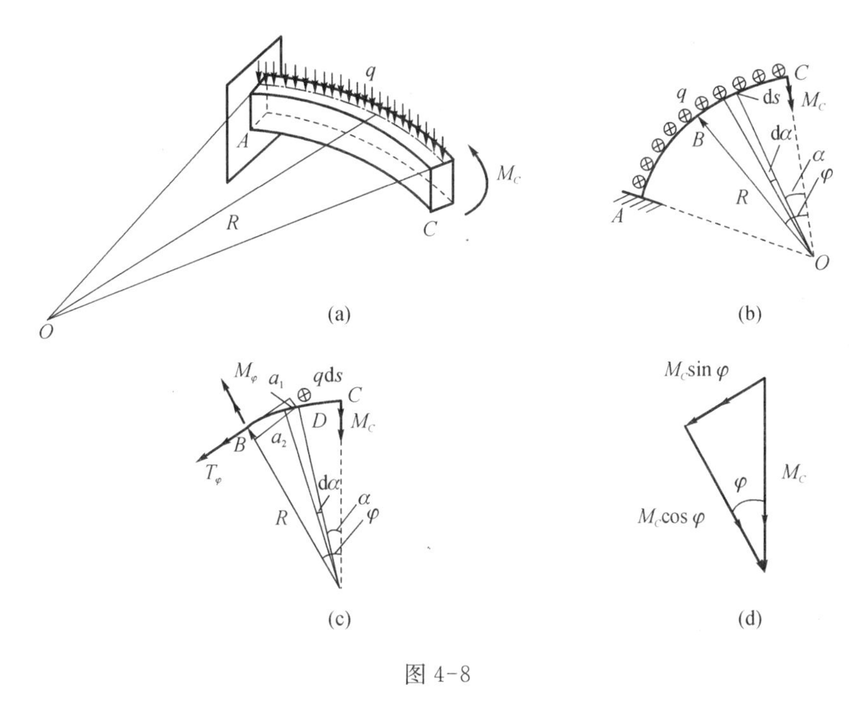

图 4-8

【解】 这是空间受力的静定曲杆。荷载作用在曲梁各截面竖向主轴所在的竖曲面内，它引起各截面有两个方向的内力矩——弯矩 M_{φ} 和扭矩 T_{φ}，隔离体如图 4-8(c)所示，矢量方向均为假设。

在图 4-8(c)中，任意点 D 的极坐标为 α，设 D 点至 B 点切线的垂直距离为 a_1，D 点至 B 点法线的垂直距离为 a_2，则由几何关系，可得

$$a_1 = R[1-\cos(\varphi-\alpha)]$$
$$a_2 = R\sin(\varphi-\alpha)$$

采用图 4-8(d)所示的力矩 M_C 矢量分解图，并考虑到 $\mathrm{d}s = R\mathrm{d}\alpha$，于是由隔离体图 4-8(c)的平衡条件，可得 B 截面的弯矩 M_{φ} 和扭矩 T_{φ} 分别为

$$\begin{aligned} M_{\varphi} &= -\int_{s} a_2 q\,\mathrm{d}s + M_C\cos\varphi = -qR\int_{0}^{\varphi} a_2\,\mathrm{d}\alpha + M_C\cos\varphi \\ &= -qR^2\int_{0}^{\varphi}\sin(\varphi-\alpha)\,\mathrm{d}\alpha + M_C\cos\varphi \\ &= -qR^2(1-\cos\varphi) + M_C\cos\varphi \end{aligned} \tag{4-7}$$

$$T_{\varphi}=\int_{s}a_1q\mathrm{d}s-M_C\sin\varphi=qR\int_0^{\varphi}a_1\mathrm{d}\alpha-M_C\sin\varphi$$
$$=qR^2\int_0^{\varphi}[1-\cos(\varphi-\alpha)]\mathrm{d}\alpha-M_C\sin\varphi$$
$$=qR^2(\varphi-\sin\varphi)-M_C\sin\varphi \tag{4-8}$$

4.3 三铰拱支座反力和内力的计算

本节只讨论在竖向荷载作用下三铰拱支座反力和内力的计算方法。

1. 支座反力计算公式

如图 4-9(a)所示为受竖向荷载作用的三铰平拱，支座 A、B 处的竖向反力分别以 R_{Ay}、R_{By} 表示，水平反力分别以 R_{Ax}、R_{Bx} 表示。

由拱的整体平衡条件 $\sum M_B=0$，得

$$R_{Ay}l-P_1b_1-P_2b_2-\cdots-P_nb_n=0$$

$$R_{Ay}=\frac{\sum_{i=1}^{n}P_ib_i}{l} \tag{4-9}$$

由拱的整体平衡条件 $\sum M_A=0$，得

$$R_{By}l-P_1a_1-P_2a_2-\cdots-P_na_n=0$$

$$R_{By}=\frac{\sum_{i=1}^{n}P_ia_i}{l} \tag{4-10}$$

如图 4-9(b)所示的简支梁，设其跨度及所承受的竖向荷载与上述三铰拱相同，称此简支梁为该三铰拱的代梁或相应简支梁，则代梁支座 A、B 处的竖向反力 R_{Ay}^0、R_{By}^0 分别为

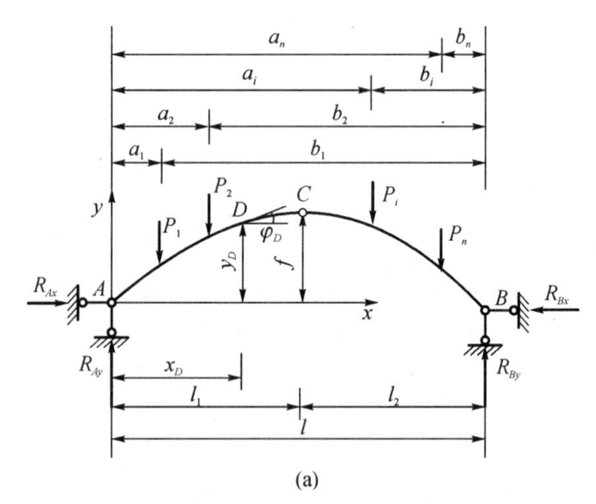

(a)

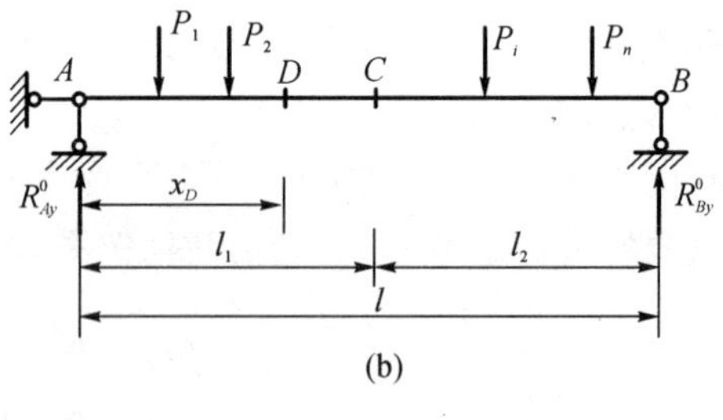

(b)

图 4-9

$$R_{Ay}^0=\frac{\sum_{i=1}^{n}P_ib_i}{l};\quad R_{By}^0=\frac{\sum_{i=1}^{n}P_ia_i}{l} \tag{4-11}$$

于是可知

$$R_{Ay}=R_{Ay}^0;\quad R_{By}=R_{By}^0 \tag{4-12}$$

水平反力方向假设指向跨内，由拱的整体平衡条件 $\sum X=0$，得

$$R_{Ax}=R_{Bx}=H$$

取顶铰 C 以左的部分为隔离体，由平衡条件 $\sum M_C=0$，得

$$R_{Ay}l_1-P_1(l_1-a_1)-P_2(l_1-a_2)-Hf=0$$
$$H=\frac{R_{Ay}l_1-P_1(l_1-a_1)-P_2(l_1-a_2)}{f}$$

上式中的分子就是代梁在跨内竖载下截面 C 的弯矩 M_C^0 应为正值，于是可得

$$H=\frac{M_C^0}{f} \tag{4-13}$$

由上式可知：三铰拱在竖向荷载作用下，其水平反力的大小与拱轴形状无关，而仅与三个铰的位置有关；即与代梁截面 C 的弯矩 M_C^0 成正比，而与拱的矢高 f 成反比，拱愈高，水平推力愈小。

对于图 4-1(b)所示的弓弦拱来说，拉(系)杆的内力相当于拱的水平反力 H，所以，系杆的拉力仍可用式(4-13)计算。

2. 内力计算公式

求得支座反力后，即可求出三铰拱任一截面的弯矩、剪力和轴力。如欲求图 4-9(a)所示三铰拱任意截面 D 的弯矩 M_D、剪力 V_D、轴力 N_D，可取图 4-10(a)所示的隔离体，由隔离体的平衡条件即可得到 M_D、V_D、N_D 的计算公式。

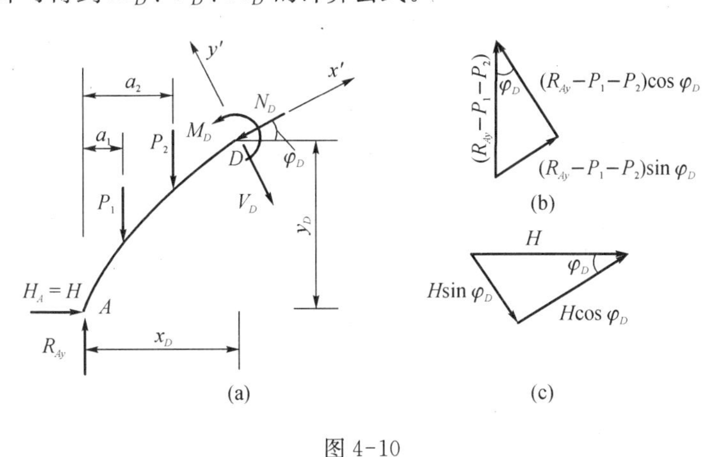

图 4-10

(1) 弯矩 M_D

在拱中，通常规定使拱内侧受拉的弯矩为正，由图 4-10(a)的平衡条件 $\sum M_D=0$，可得

$$M_D=[R_{Ay}x_D-P_1(x_D-a_1)-P_2(x_D-a_2)]-Hy_D$$

而 $R_{Ay}=R_{Ay}^0$，可见上式等号右边方括号内的数值是代梁(图 4-9(b))中截面 D 的弯矩 M_D^0，故上式可表示为

$$M_D=M_D^0-Hy_D \tag{4-14}$$

此式表明,由于推力的存在,拱内各截面弯矩确比相应梁中弯矩小。

(2) 剪力 V_D

设截面 D 的切线与水平线之间的夹角为 φ_D,并参照图 4-10(b)、(c),则由图 4-10(a)的投影平衡条件 $\sum Y' = 0$,可得

$$V_D = (R_{Ay} - P_1 - P_2)\cos\varphi_D - H\sin\varphi_D$$

而 $R_{Ay} = R_{Ay}^0$,可见上式等号右边第一项括号内的数值为代梁(图 4-9(b))中截面 D 的剪力 V_D^0,故上式可表示为

$$V_D = V_D^0\cos\varphi_D - H\sin\varphi_D \tag{4-15}$$

(3) 轴力 N_D

因拱通常受压,故在拱中规定轴力以压力为正。参照图 4-10(b)、(c),由图 4-10(a)的投影平衡条件 $\sum X' = 0$,可得

$$N_D = (R_{Ay} - P_1 - P_2)\sin\varphi_D + H\cos\varphi_D$$

考虑到上式中的 $R_{Ay} - P_1 - P_2 = R_{Ay}^0 - P_1 - P_2 = V_D^0$,故上式可表示为

$$N_D = V_D^0\sin\varphi_D + H\cos\varphi_D \tag{4-16}$$

以上三式是三铰平拱在竖向荷载作用下任意截面 D 的弯矩、剪力和轴力的计算公式,其中的拱轴切线倾角 φ_D 自左至右向上倾斜时为正,反之为负,图 4-10(a)中所示的 φ_D 即为正号。并可注意到,曲轴拱中截面内力的计算必先已知该拱轴的曲线方程,才能找到该截面 D 所在的 y_D 和 φ_D。且上列三式只适用竖载情况。

三铰拱中任一截面的弯矩 M 与剪力 V 存在下面的微分关系:

$$V = \frac{\mathrm{d}M}{\mathrm{d}x}\cos\varphi = \frac{\mathrm{d}M}{\mathrm{d}s} \tag{4-17}$$

证明如下:

根据式(4-14),有

$$M = M^0 - Hy$$

于是有

$$\begin{aligned}\frac{\mathrm{d}M}{\mathrm{d}x} &= \frac{\mathrm{d}M^0}{\mathrm{d}x} - H\frac{\mathrm{d}y}{\mathrm{d}x} = V^0 - H\tan\varphi \\ &= \frac{1}{\cos\varphi}(V^0\cos\varphi - H\sin\varphi) = \frac{V}{\cos\varphi}\end{aligned}$$

即
$$V = \frac{\mathrm{d}M}{\mathrm{d}x}\cos\varphi = \frac{\mathrm{d}M}{\mathrm{d}s}$$

根据式(4-17),可以校核三铰拱的弯矩图和剪力图。如剪力等于零处,弯矩为极值;剪力为正时,弯矩为增函数;剪力为负时,弯矩为减函数等。

在竖向荷载作用下，梁是没有水平反力的，而拱则产生水平反力，它不仅减小了截面弯矩还形成较大的轴力。由于弯矩在截面上产生不均匀的正应力，而轴力则引起均匀的正应力，所以，就应力而言，拱截面上的应力分布比梁截面上的应力分布要均匀些，拱就可以节省材料。同时，由于拱内主要产生轴向压力，所以，拱可采用抗压性能良好而抗拉性能较差的材料来建造。

当三铰拱承受水平荷载、外力矩等作用时，或当起拱线倾斜时，可另用联立方程求解反力，再求内力。

【例 4-4】 试求图 4-11(a)所示三铰拱的支座反力，并绘制弯矩图、剪力图和轴力图。已知拱轴为一抛物线，设坐标原点在支座 A 处，拱轴方程为

$$y=\frac{4f}{l^2}x(l-x)$$

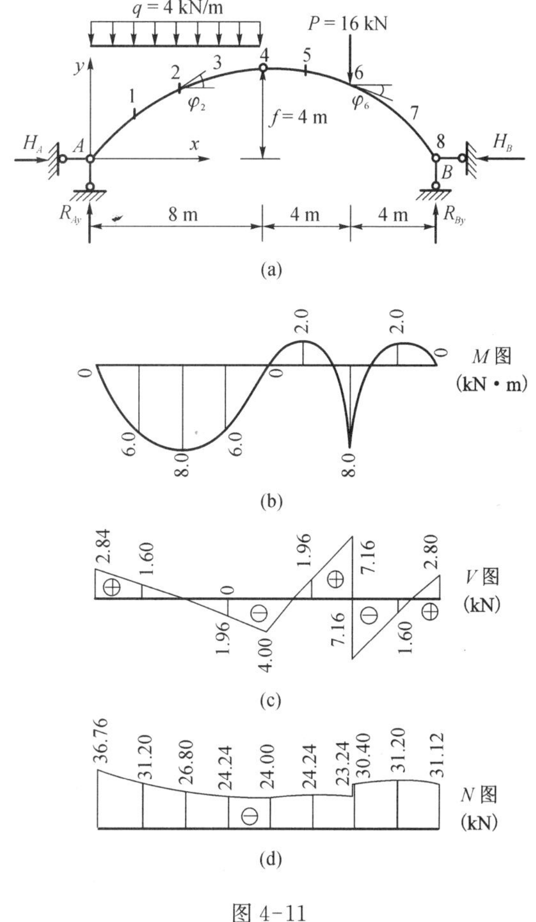

图 4-11

【解】 (1) 计算支座反力

由式(4-11)及式(4-12)，可得

$$R_{Ay}=\frac{4\times8\times12}{16}+\frac{16\times4}{16}=28\text{ kN}$$

$$R_{By}=\frac{4\times8\times4}{16}+\frac{16\times12}{16}=20\text{ kN}$$

由式(4-13)，可得

$$H=\frac{M_C^0}{f}=\frac{28\times8-4\times8\times4}{4}=24\text{ kN}$$

(2) 计算内力

任意截面的内力可根据式(4-14)、式(4-15)、式(4-16)计算。为了便于绘制拱的内力图，一般可沿水平方向分成若干等分，求出各分点拱截面的内力后，就可绘制内力图。本例沿 x 轴分成八等分，算出各分点截面的弯矩、剪力和轴力的数值。现以 $x=4$ m 的截面 2 及 $x=12$ m 的截面 6(图 4-11(a))为例来具体说明计算方法。

先计算截面 2 的内力，由拱轴方程，可得

$$y_2=\frac{4f}{l^2}x(l-x)=\frac{4\times4}{16^2}\times4(16-4)=3\text{ m}$$

$$\tan\varphi_2 = \frac{dy}{dx} = \frac{4f}{l^2}(l-2x) = \frac{4\times 4}{16^2}\times(16-2\times 4) = 0.5$$

于是按三角形直角边与斜边的关系可知 $\sin\varphi = \frac{1}{\sqrt{5}}$, $\cos\varphi = \frac{2}{\sqrt{5}}$, 或查表得

$$\varphi_2 = 26°34', \quad \sin\varphi_2 = 0.447, \quad \cos\varphi_2 = 0.894$$

由三个内力公式可得截面 2 的弯矩、剪力、轴力分别为

$$M_2 = M_2^0 - Hy_2 = (28\times 4 - 4\times 4\times 2) - 24\times 3 = 8\ \mathrm{kN\cdot m}$$

$$V_2 = V_2^0\cos\varphi_2 - H\sin\varphi_2 = (28 - 4\times 4)\times 0.894 - 24\times 0.447 = 0$$

$$N_2 = V_2^2\sin\varphi_2 + H\cos\varphi_2 = (28 - 4\times 4)\times 0.447 + 24\times 0.894 = 26.8\ \mathrm{kN}$$

再求截面 6 的内力。由拱轴方程,可得

$$y_6 = \frac{4f}{l^2}x(l-x) = \frac{4\times 4}{16^2}\times 12\times(16-12) = 3\ \mathrm{m}$$

$$\tan\varphi_6 = \frac{dy}{dx} = \frac{4f}{l^2}(l-2x) = \frac{4\times 4}{16^2}\times(16-2\times 12) = -0.5$$

于是有

$$\varphi_6 = -26°34', \quad \sin\varphi_6 = -0.447, \quad \cos\varphi_6 = 0.894$$

由式(4-14)可得截面 6 的弯矩为

$$M_6 = M_6^0 - Hy_6 = 20\times 4 - 24\times 3 = 8\ \mathrm{kN\cdot m}$$

因为在截面 6 处有集中荷载 $P = 16$ kN 作用,所以应分别算出集中荷载作用处的左、右截面的剪力和轴力。据式(4-15)和式(4-16)可分别得

$$\begin{aligned}
V_{6左} &= V_{6左}^0\cos\varphi_6 - H\sin\varphi_6 \\
&= -4\times 0.894 - 24\times(-0.447) = 7.15\ \mathrm{kN} \\
N_{6左} &= V_{6左}^0\sin\varphi_6 + H\cos\varphi_6 \\
&= (-4)\times(-0.447) + 24\times(0.894) = 23.24\ \mathrm{kN} \\
V_{6右} &= V_{6右}^0\cos\varphi_6 - H\sin\varphi_6 \\
&= -20\times 0.894 - 24\times(-0.447) = -7.15\ \mathrm{kN} \\
N_{6右} &= V_{6右}^0\sin\varphi_6 + H\cos\varphi_6 \\
&= (-20)\times(-0.447) + 24\times 0.894 = 30.4\ \mathrm{kN}
\end{aligned}$$

其他截面的内力可按相同的方法计算,具体计算时,为清楚起见,可列表进行,详见表 4-1。根据表 4-1 中的数值,可绘出内力图,绘制内力图时,可将内力图直接画在拱轴上,也可将内力纵标值垂直于拱跨水平基线量出,按后一方法绘出的 M、V、N 图分别如图 4-11(b)、(c)、(d)所示。

表 4-1 三铰拱的内力计算

截面	x/m	y/m	$\tan\varphi$	φ	$\sin\varphi$	$\cos\varphi$	V^0/kN	M/(kN·m)			V/kN			N/kN		
								M^0	$-Hy$	M	$V^0\cos\varphi$	$-H\sin\varphi$	V	$V^0\sin\varphi$	$H\cos\varphi$	N
0	0	0	1	45°	0.707	0.707	28	0	0	0	19.80	−16.96	2.84	19.80	16.96	36.76
1	2	1.75	0.75	36°52′	0.600	0.800	20	48	−42	6.0	16.00	−14.40	1.60	12.00	19.2	31.20
2	4	3.00	0.50	26°34′	0.447	0.894	12	80	−72	8.0	10.72	−10.72	0	5.36	21.44	26.80
3	6	3.75	0.25	14°2′	0.243	0.970	4	96	−90	6.0	3.88	−5.84	−1.96	0.96	23.28	24.24
4	8	4.00	0	0	0	1	−4	96	−96	0	−4.00	0	−4.00	0	24.00	24.00
5	10	3.75	−0.25	−14°2′	−0.243	−0.970	−4	88	−90	−2.0	−3.88	5.84	1.96	0.96	23.28	24.24
6 左 6 右	12	3.00	−0.50	−26°34′	−0.447	0.894	−4 −20	80	−72	8.0	−3.56 −17.88	10.72	7.16 −7.16	1.80 8.96	21.44	23.24 30.40
7	14	1.75	−0.75	−36°52′	−0.600	0.800	−20	40	−42	−2.0	−16.00	14.40	−1.60	12.00	19.20	31.20
8	16	0	−1	−45°	−0.707	0.707	−20	0	0	0	−14.16	16.96	2.80	14.16	16.96	31.12

4.4　三铰拱的合理拱轴

拱截面上的三个内力可以合成一个与截面斜交、不通过形心的合力——压力，按顺序将所有截面的压力作用点连成为具体荷载下拱的压力线(合力作用线)，其始点、终点必在两端铰支座，并通过中间铰。

当拱的轴线与压力线完全重合时，各截面的弯矩和剪力都为零，只有轴力，各截面上产生均匀分布的正应力，材料能得到充分利用，从力学观点来看，这是最经济、合理的。因此，在某种固定荷载作用下，拱的所有截面的弯矩均为零的轴线称为三铰拱的合理拱轴。

下面用数解法推导在几种常见荷载作用下三铰拱的合理拱轴。

1. 竖向荷载作用下，三铰拱合理拱轴的一般表达式

由式(4-14)可知，在竖向荷载作用下，三铰拱任意截面的弯矩计算公式为

$$M = M^0 - Hy$$

当拱轴为合理拱轴时，$M = M^0 - Hy = 0$，于是可得合理拱轴方程 y 为

$$y = \frac{M^0}{H} \tag{4-18}$$

上式即为竖向荷载作用下三铰拱合理拱轴的一般表达式。该式表明，在竖向荷载作用下，三铰拱合理拱轴的纵坐标 y 与代梁弯矩图的纵标成正比。在已知的竖向荷载作用下，将代梁的弯矩方程除以常数 H，便可得到合理拱轴方程。但应注意，某一合理拱轴只是相应于某一确定的固定荷载而言的，当荷载的布置改变时，合理拱轴方程亦就相应地改变。另外，三铰拱在某已知竖向荷载作用下，若两个拱脚铰的位置已定，而顶铰的位置未定时，则水平推力 H 为不定值，因此就有无限多个相似图形可作为合理拱轴，只有在三个铰的位置确定的情况下，水平推力 H 才是一个确定的常数，这时就有唯一的合理拱轴形式。

2. 三铰拱在满跨竖向均布荷载 q 作用下的合理拱轴

图 4-12(a)所示三铰拱，承受满跨竖向均布荷载 q 作用，试求其合理拱轴。

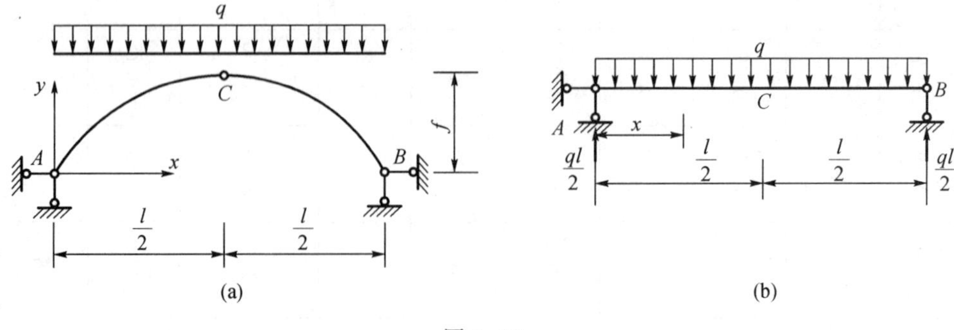

图 4-12

设坐标原点在支座 A 处。代梁(图 4-12(b))的弯矩方程为

$$M^0=\frac{q}{2}x(l-x)$$

拱的水平推力 H 为

$$H=\frac{M_C^0}{f}=\frac{ql^2}{8f}$$

将 M^0 和 H 代入式(4-18),得合理拱轴方程为

$$y=\frac{M^0}{H}=\frac{4f}{l^2}x(l-x) \tag{4-19}$$

上式表明,在满跨竖向均布荷载作用下的合理拱轴为一抛物线,它与矢高 f 或矢跨比 f/l 有关,具有不同矢跨比的一组抛物线均为合理拱轴。式(4-19)是土建结构中经常被采用的拱轴方程。

3. 三铰拱在满跨填料重量作用下的合理拱轴

图 4-13 所示三铰拱承受表面为一水平面的填料重量作用,试求其合理拱轴。已知填料荷载集度为

$$q_x=q_c+\gamma y$$

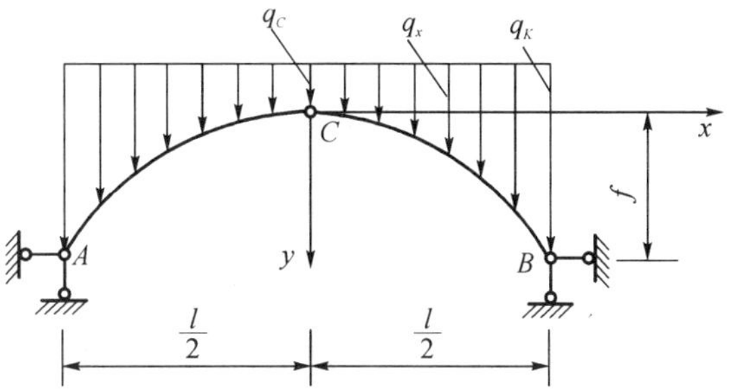

图 4-13

其中,q_C 为拱顶处的荷载集度,γ 为填料的容重,y 为拱轴的纵坐标,当 $y=f$ 时,得拱脚处的荷载集度

$$q_K=q_C+\gamma f$$

在这种情况下,由于竖向分布荷载集度 q_x 随拱轴坐标 y 而变,而 y 尚为未知,故三铰拱代梁的弯矩方程 M^0 亦无法确定,因而不能直接由式(4-18)求出合理拱轴方程,还要对该式进行变换。

将式(4-18)对 x 微分两次,得

$$\frac{d^2y}{dx^2}=\frac{1}{H}\cdot\frac{d^2M^0}{dx^2}$$

因为式(4-18)是根据 y 轴为向上时导出的,而在图 4-13 中,y 轴是向下的,故上式右边应改为负号,即

$$\frac{d^2y}{dx^2}=-\frac{1}{H}\cdot\frac{d^2M^0}{dx^2}$$

考虑到 q_x 以向下为正时，$d^2M^0/dx^2=-q_x$，于是得

$$\frac{d^2y}{dx^2}=\frac{q_x}{H} \tag{4-20}$$

式(4-20)就是三铰拱在竖向荷载 q_x 作用下的合理拱轴的微分方程。将 $q_x=q_C+\gamma y$ 代入上式，得

$$\frac{d^2y}{dx^2}-\frac{\gamma}{H}y=\frac{q_C}{H} \tag{4-20a}$$

式(4-20a)是一个二阶常系数非齐次线性微分方程，其一般解为

$$y=A\cosh\sqrt{\frac{\gamma}{H}}x+B\sinh\sqrt{\frac{\gamma}{H}}x-\frac{q_C}{\gamma}$$

上式中的两个双曲函数项的常数 A、B 可由边界条件确定如下：

在 $x=0$ 处，$y=0$，得 $A=q_C/\gamma$

在 $x=0$ 处，$dy/dx=0$，得 $B=0$

因此，合理拱轴方程为

$$y=\frac{q_C}{\gamma}\left(\cosh\sqrt{\frac{\gamma}{H}}x-1\right) \tag{4-21}$$

式(4-21)表明：三铰拱在满跨填料重量作用下的合理拱轴是一悬链线。上式中的推力 H，可根据 $x=\pm\frac{l}{2}$ 时 $y=f$ 的条件确定。但为了便于实际应用，避免直接计算推力 H，可将式(4-21)改写成另一种形式。为此，引入比值

$$m=\frac{q_K}{q_C}=\frac{q_C+\gamma f}{q_C}\quad(m>1) \tag{4-22}$$

即有

$$\frac{q_C}{\gamma}=\frac{f}{m-1} \tag{4-22a}$$

再引入无量纲自变量

$$\xi=\frac{x}{l/2}$$

并令

$$K=\sqrt{\frac{\gamma}{H}}\times\frac{l}{2} \tag{4-23}$$

则合理拱轴方程(4-21)可写成

$$y=\frac{f}{m-1}(\cosh K\xi-1) \tag{4-24}$$

上式中的 K 值可由比值 m 确定。因为 $\xi=1$(即 $x=0.5l$) 时，$y=f$，于是，由式(4-24)可得

$$\cosh K=m \tag{4-25a}$$

即

$$\frac{e^K+e^{-K}}{2}=m \tag{4-25b}$$

或

$$(e^K)^2-2me^K+1=0 \tag{4-25c}$$

解此方程得

$$e^K=m\pm\sqrt{m^2-1} \tag{4-26}$$

由此得

$$K=\ln(m+\sqrt{m^2-1}) \tag{4-27a}$$

$$K=\ln(m-\sqrt{m^2-1}) \tag{4-27b}$$

因为 $K>0$，而 $m-\sqrt{m^2-1}<1$，故只有式(4-27a)成立。

只要已知拱脚与拱顶处的荷载集度比值 $m=q_K/q_C$，即可由式(4-27a)求出 K 值，再根据式(4-24)，就可确定合理拱轴方程；并由式(4-23)可求出拱的推力 H。

当三铰拱为合理拱轴时，拱中各截面弯矩 $M=0$，于是，根据剪力 V 与弯矩 M 的微分关系式(4-17)，可知此时拱中各截面剪力 V 也等于零，即

$$V=\frac{dM}{ds}=0$$

因此，在以上两种竖向荷载作用下，合理拱轴中任意截面内力 N 的水平分量均为推力 H；或根据隔离体的平衡条件 $\sum X=0$，可得合理拱轴中轴力的计算公式为

$$N\cos\varphi-H=0$$

即

$$N=\frac{H}{\cos\varphi} \tag{4-28}$$

式(4-28)中，正号表示轴力 N 为压力，反之为拉力。

4. 三铰拱在垂直于拱轴线的均布荷载(如均匀水压力)q 作用下的合理拱轴

图 4-14(a)所示三铰拱受垂直于拱轴线的均布荷载 q 作用，由于不是竖向荷载，故其合理拱轴不能按式(4-18)确定，而应根据合理拱轴的定义由平衡条件推导。设拱轴为合理拱轴，则拱处于无弯矩状态，各横截面上的弯矩和剪力均为零，取图 4-14(b)所示微段 ds 为隔

离体，在隔离体的横截面上只有轴力 N 和 $N+\mathrm{d}N$ 作用。由微段隔离体的弯矩平衡条件 $\sum M_0=0$，得

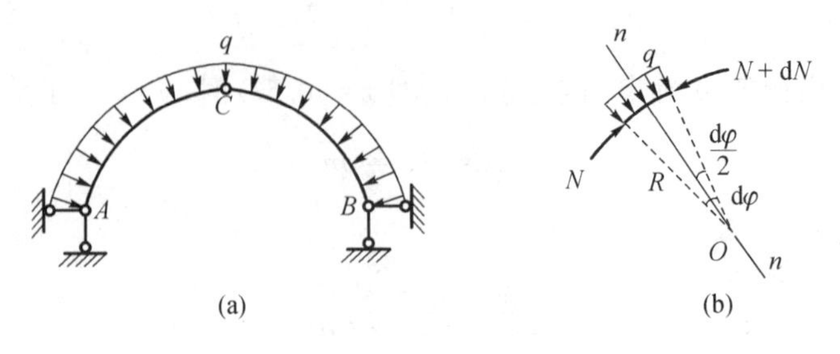

图 4-14

$$NR=(N+\mathrm{d}N)R$$

上式中的 R 为微段的曲率半径。由于 R 不等于零，故由上式可知 $\mathrm{d}N=0$，这表明该荷载下拱内的轴力 N 为一常数。

由隔离体(图 4-14(b))的投影平衡条件 $\sum n=0$，得

$$N\sin\frac{\mathrm{d}\varphi}{2}+(N+\mathrm{d}N)\sin\frac{\mathrm{d}\varphi}{2}-qR\mathrm{d}\varphi=0$$

因为 $\mathrm{d}\varphi$ 值极小，故

$$\sin\frac{\mathrm{d}\varphi}{2}=\frac{\mathrm{d}\varphi}{2}$$

若再略去高阶微量，则上式成为

$$N\cdot\frac{\mathrm{d}\varphi}{2}+N\cdot\frac{\mathrm{d}\varphi}{2}-qR\mathrm{d}\varphi=0$$

即

$$N=qR$$

由于上式中的 N 及 q 均为常数，故曲率半径

$$R=\frac{N}{q}=\text{常数} \tag{4-29}$$

式(4-29)表明三铰拱在垂直于拱轴线的均布荷载作用下的合理拱轴为圆弧线。则均布荷载为径向作用。

三铰拱在不同的荷载作用下，具有不同的合理拱轴。如果某一三铰拱要承受各种不同荷载的作用，那么，在设计中，通常是采用主要荷载作用下的合理拱轴作为三铰拱的轴线。

习　题

[4-1] 求如图 4-15 所示圆弧形曲杆任意截面 K 的弯矩 M_φ、剪力 V_φ 及轴力 N_φ。

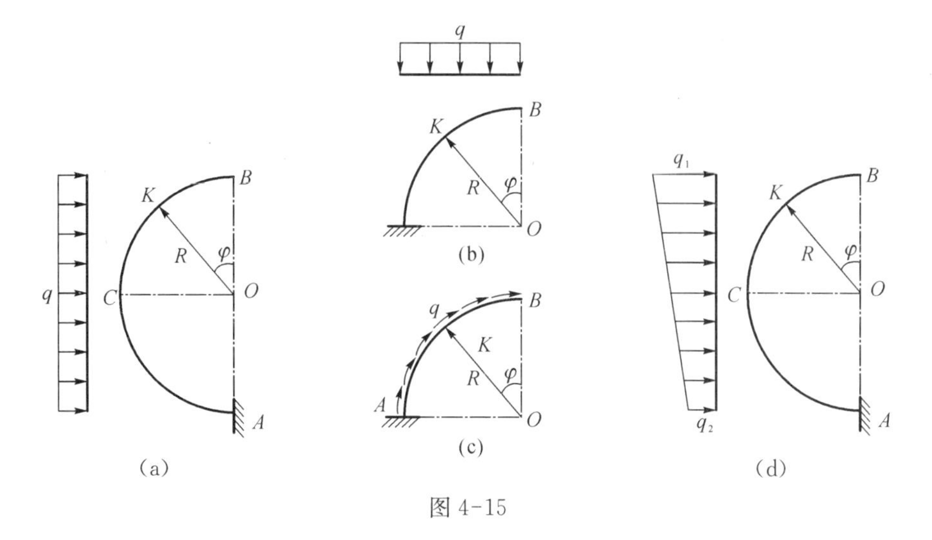

图 4-15

[**4-2**] 求如图 4-16 所示 BC 段任意截面 K 的弯矩 M_{φ}。

[**4-3**] 求如图 4-17 所示支座反力 R_{Ay} 及 K 截面的弯矩 M_K、剪力 V_K 和轴力 N_K。

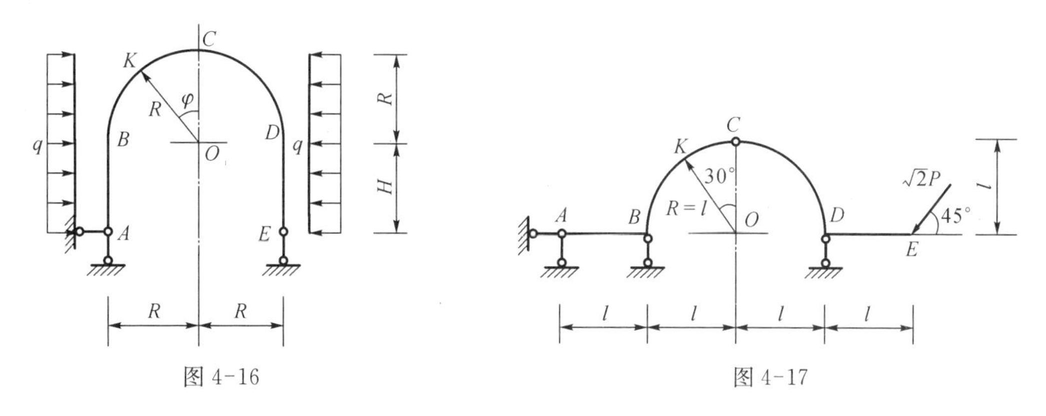

图 4-16　　图 4-17

*[**4-4**] 如图 4-18 所示水平圆形曲杆受一竖向荷载作用,求任意截面 K 的弯矩 M_{φ} 及扭矩 T_{φ}。

[**4-5**] 求如图 4-19 所示三铰拱的支座反力。

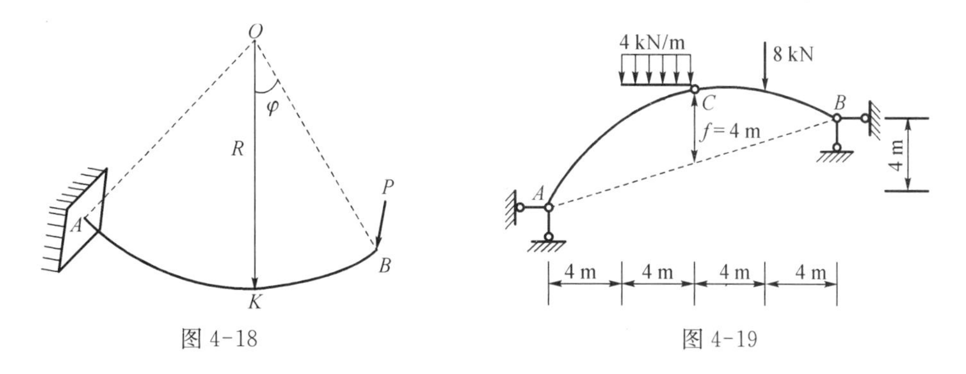

图 4-18　　图 4-19

[**4-6**] 求如图 4-20 所示圆弧形三铰拱的支座反力及 D 截面的弯矩 M_D、剪力 V_D 及轴力 N_D。

[**4-7**] 已知如图 4-21 所示三铰拱的拱轴方程为 $y=\dfrac{4f}{l^2}x(l-x)$,分别求 q_1 和 q_2 单独作用下截面 D

的弯矩 M_D、剪力 V_D 及轴力 N_D。

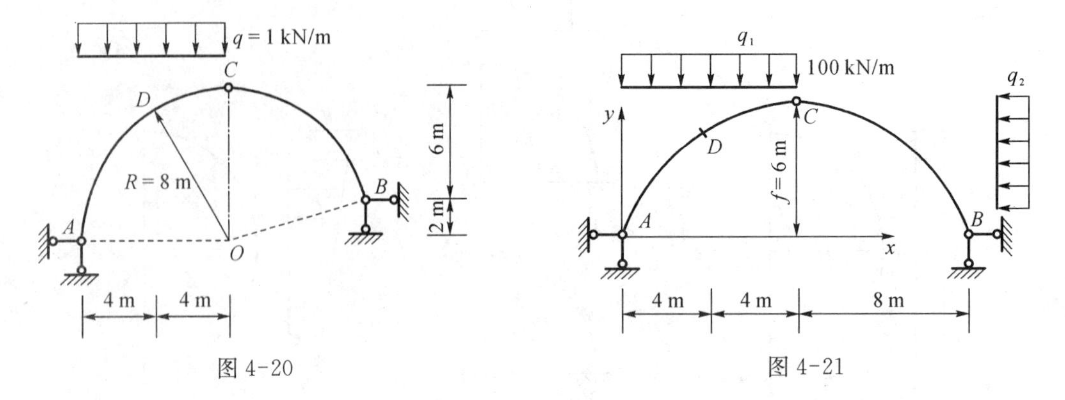

图 4-20　　　　图 4-21

［**4-8**］　如图 4-22 所示有拉杆三铰拱的拱轴方程 $y=\dfrac{4f}{l^2}x(l-x)$，试求截面 D 的内力 M_D、N_D 及点 E 左、右截面的剪力 $V_{E左}$、$V_{E右}$。

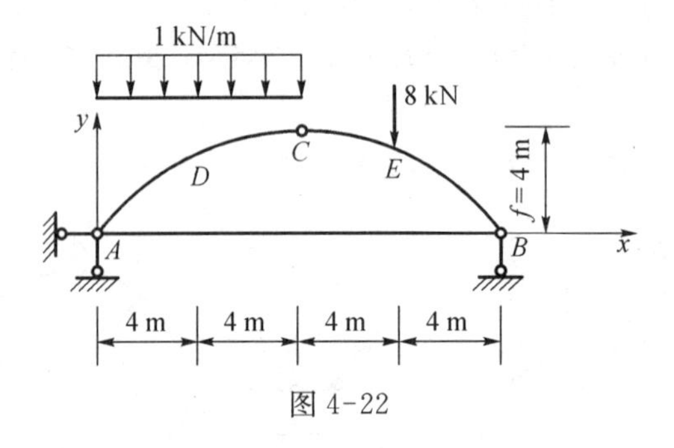

图 4-22

［**4-9**］　求如图 4-23 所示图中的合理拱轴方程。

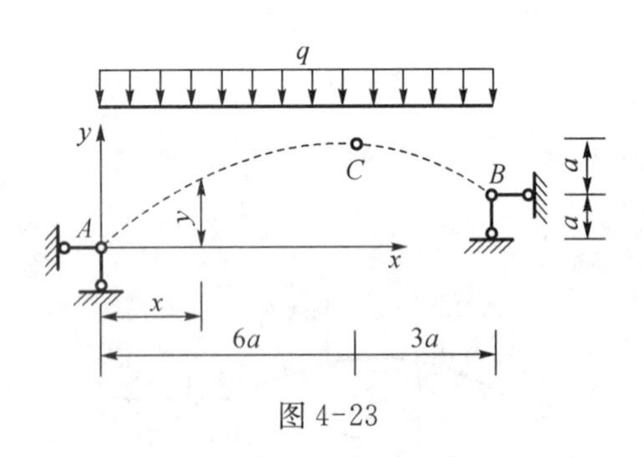

图 4-23

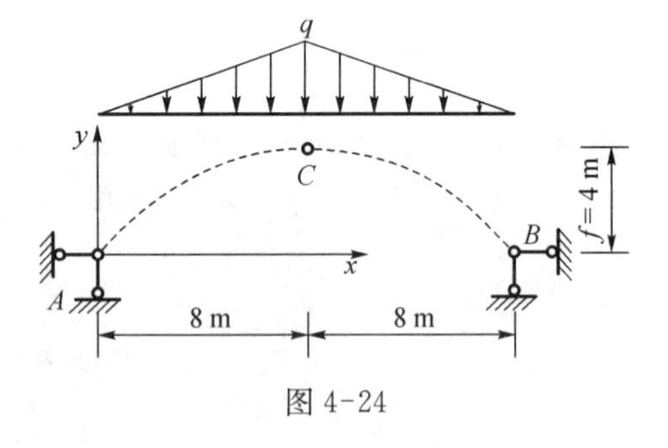

图 4-24

［**4-10**］　求如图 4-24 所示图中的合理拱轴方程。

部分习题参考答案

［**4-1**］　(a) $M_\varphi=\dfrac{qR^2}{2}(1-\cos\varphi)^2$（外侧受拉为正）

$V_\varphi=qR(1-\cos\varphi)\sin\varphi$，$N_\varphi=qR(1-\cos\varphi)\cos\varphi$

(b) $M_\varphi=\dfrac{qR^2}{2}\sin^2\varphi$（外侧受拉）

$V_\varphi = qR\sin\varphi\cos\varphi$, $N_\varphi = qR\sin^2\varphi$（压力）

(c) $M_\varphi = -qR^2(\varphi - \sin\varphi)$

(d) $M_\varphi = \frac{R^2}{12}(5q_1 + q_2) - \frac{R^2}{4}(3q_1 + q_2)\cos\varphi + \frac{R^2}{4}(q_1 + q_2)\cos^2\varphi$

$+\frac{R^2}{12}(q_1 - q_2)\cos^3\varphi$（外侧受拉为正）

$$V_\varphi = R\sin\varphi\left[\frac{q_1 + q_2}{2}(1-\cos\varphi) + \frac{q_1 - q_2}{4}\sin^2\varphi\right]$$

$$N_\varphi = R\cos\varphi\left[\frac{q_1 + q_2}{2}(1-\cos\varphi) + \frac{q_1 - q_2}{2}\sin^2\varphi\right]$$

[**4-2**] $M_\varphi = 0.5qH^2 + qHR\cos\varphi + 0.5qR^2\cos^2\varphi$（外侧受拉）

[**4-3**] $R_{Ay} = 3P(\uparrow)$, $M_K = 1.13Pl$, $V_K = -2.23P$, $N_K = 0.134P$（拉力）

*[**4-4**] $M_\varphi = PR\sin\varphi$, $T_\varphi = -PR(1-\cos\varphi)$

[**4-5**] $H_A = 16\ \text{kN}(\rightarrow)$, $H_B = 16\ \text{kN}(\leftarrow)$, $R_{Ay} = 16\ \text{kN}(\uparrow)$, $R_{By} = 8\ \text{kN}(\uparrow)$

[**4-6**] $R_{Ay} = 6.25\ \text{kN}(\uparrow)$, $R_{By} = 1.75\ \text{kN}(\uparrow)$, $H_A = H_B = 2.25\ \text{kN}$

$M_D = 1.41\ \text{kN}\cdot\text{m}$（内侧受拉）, $V_D = 0.82\ \text{kN}$

$N_D = -3.08\ \text{kN}$（压力）

[**4-7**] q_1：$M_D = 400\ \text{kN}\cdot\text{m}$（内侧受拉）, $V_D = 0$

$N_D = 333.3\ \text{kN}$（压力）

[**4-8**] $M_D = 0$, $V_D = 0$, $N_D = 9\ \text{kN}$（压力）

$V_{E左} = 3.6\ \text{kN}$, $V_{E右} = -3.6\ \text{kN}$

[**4-9**] $y = \frac{x}{27}\left(21 - \frac{2x}{a}\right)$

[**4-10**] 拱轴对称，左半拱 $y = \frac{192x - x^3}{256}$

5 静定平面桁架

5.1 桁架及其组成

桁架是由许多比较细长的杆件连接而成的空腹形式的结构，广泛地应用于各种土木工程以及机械工程。例如，图 5-1 为房屋的屋架，图 5-2 为北京旧体育馆结构，图 5-3 为九江长江大桥主桁梁之一段，图 5-4 为水闸闸门结构的主桁架，还有常见的起重机塔架、输电塔架等，都是桁架结构。

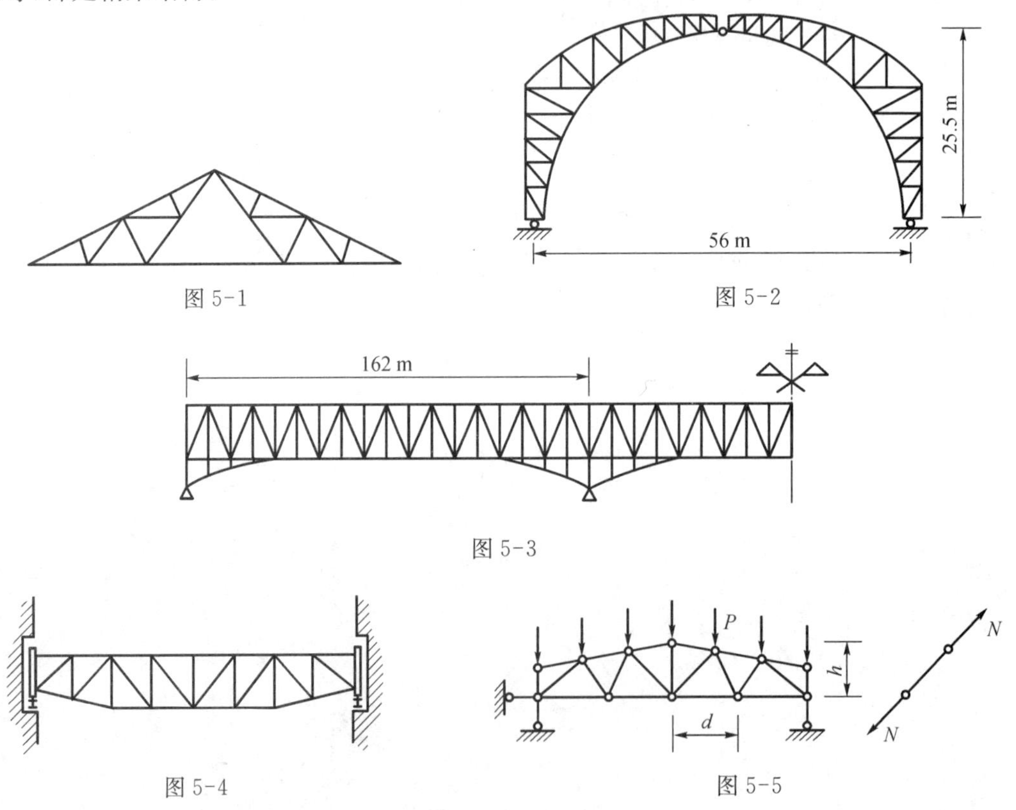

图 5-1　图 5-2　图 5-3　图 5-4　图 5-5

实际结构常由两片以上的平面桁架组成空间受力体系，平面桁架是指桁架各杆轴线及作用于桁架的外力都在同一平面内、并能独立工作的桁架。例如，图 5-5 所示为从单层工业厂房排架的钢筋混凝土屋盖体系中分离出来的一片主桁架。

本章讨论静定平面桁架的受力分析。为此，先要从计算简图上来说明桁架的分类。

5.1.1 桁架的计算简图

图 5-5 就是一种桁架的计算简图，为了简化计算工作，通常对具体桁架作如下假定：

(1) 各结点都是光滑无摩擦的铰结点。

(2) 各杆轴均为直线，并都通过铰的中心。

(3) 荷载都作用在结点上。

这样的桁架称为理想桁架，其中每根杆件仅在两端铰接，杆段上不受别的荷载。因此，杆端所受合力必定通过杆件轴线而平衡。这种仅受轴向力的链杆称为二力杆，杆内轴向应力的均匀性表示杆件材料使用的合理性。由此可知，图 5-5 所示桁架比之相同跨度、承受相同荷载的实腹简支梁，更节省用料，或者说，桁架比之用相同性质、相同数量的材料做成的实腹结构，可承担更大荷载或跨越更大的空间。

实际上，在钢、木、钢筋混凝土的桁架中的结点，都具有不同程度的抵抗转动的刚性，甚至有的杆件是连续地通过结点，且结点所连各杆的轴线也可能并非全都汇交于一点。但是，理论分析和结构试验证明，由细长杆件组成的桁架在结点荷载作用下，各杆主要承受轴向力，结点刚性等因素使杆端受弯曲和剪切而产生的次内力，所占比例较小，除非特殊需要，常予忽略。至于两端铰接的杆件上所受的非结点荷载（如自重、集中荷载等），可按简支梁考虑，将荷载转换到杆件两端结点上，该杆最终内力由桁架杆轴力与简支梁内力叠加。

5.1.2 桁架的组成及分类

桁架的杆件按其所在位置分为弦杆和腹杆，在沿全跨的上、下弦杆之间是腹杆，包括斜杆和竖杆，如图 5-5 所示。弦杆上两相邻结点间的距离称为节间长度 d，上、下弦杆之间的最大距离称为桁高 h。

根据不同需要及不同环境设计建造的各种桁架可按其不同的特征来分类。

按桁架支座反力的性质可区分为梁式桁架（图 5-6(a)、(b)）和有推挽力桁架（图 5-6(e)、(g)）。

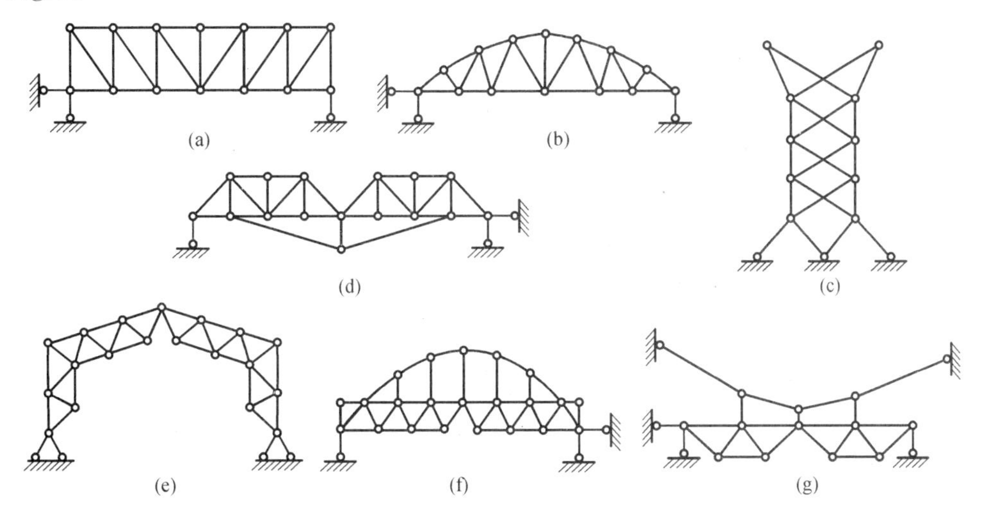

图 5-6

按简支桁架外形特点可区分为平行弦桁架、抛物线桁架或折弦桁架(图 5-6(a)、(b))、三角形桁架(图 5-1)及梯形桁架(图 5-5)。

由于桁架的几何组成形式将影响其计算方法,所以特别要从平面体系的几何组成规则上区分各种静定平面桁架:

1. 简单桁架

简单桁架是从一个铰接三角形出发,接连地添加二元体而形成内部几何不变的链杆系,用三根不交于一点的支杆与基础相连,如图 5-6(a)、(b)所示。从基础上的固定铰出发依次添加二元体也能形成简单桁架,如图 5-6(c)所示。

2. 联合桁架

联合桁架由两个(或几个)简单桁架按两刚片或三刚片连接规则组成几何不变体,再与基础联系,如图 5-6(d)。从基础上的两个固定铰(或由链杆形成的虚铰)出发,用两个简单桁架组成的二元体也是联合桁架,如图 5-6(e)所示。

3. 复杂桁架

复杂桁架包括不属于以上两类的所有静定桁架,其几何不变性往往无法用两刚片及三刚片连接规则加以分析,需借零载法等(详见 5.5 节)予以判别,如图 5-6(g)所示即为一例。

5.2 桁架内力的计算

静定桁架在荷载作用下每一根杆件的轴向内力,连同各支座反力,均可运用适当的隔离体适当的静力平衡方程来求解。这曾被称为桁架的数解法,是相对于早期有的图解法而言的。虽然静力平衡方法几乎能解决所有的静定结构内力问题,但用于分析桁架内力时还讲究解题途径明快、表达简洁,以减少错误的发生。比如尽可能选用步骤最少的独立方程逐个求解未知力,又如将隔离体上待求的斜杆轴力沿其作用线移至适当位置、分解为两分力,使平衡方程的形式最简洁。如图 5-7 所示,斜杆 ij 在桁架中的几何位置(l_y、l_x 等)是已知的,则一旦求得它的竖向分量 Y 或水平分量 X,即可利用比例关系

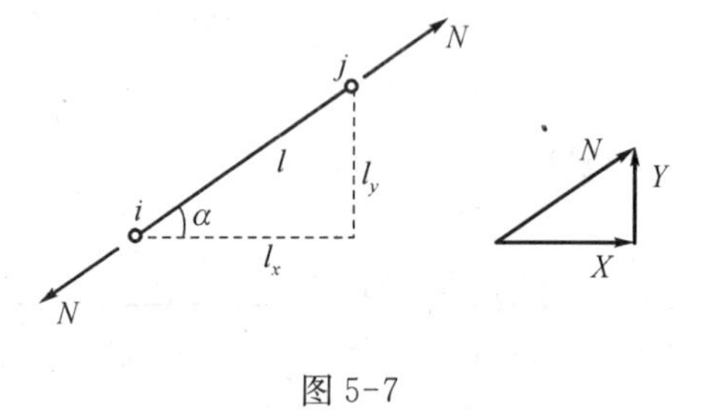

图 5-7

$$\frac{N}{l}=\frac{X}{l_x}=\frac{Y}{l_y} \tag{5-1}$$

而推算另一分量和轴力 N。再如利用结构的对称性等方式使问题化难为易、化繁为简。

通常将未知的轴力假设为拉力,若计算得负值时,则表示应为压力;在新的隔离体上,凡已知力,均按其实际方向画出,以便计算。

5.2.1 隔离体的选用

根据计算目标，采用一个截面方向，从桁架中取出一个隔离体，以便将暴露的未知力用合适的平衡方程来求解。隔离体有大有小，最小的是单个结点，表现为一个汇交力系，平衡方程通常为两个投影方程(有时也可转用一个力矩方程)，因此只能求解两个未知杆力。如果截取桁架中有两个或更多结点的隔离体，那是个一般力系，平衡条件有 3 个方程，从而可求解三个未知杆力。这两种方式曾被分别称为结点法和截面法。实际问题中常需两者配合、灵活使用，不能偏废。

下面通过例题计算和情况分析来展现大、小隔离体中静力平衡方程的运用及其功效。

【例 5-1】 简支桁架如图 5-8(a)所示，受竖向荷载，计算杆件 1、2、3 的内力。

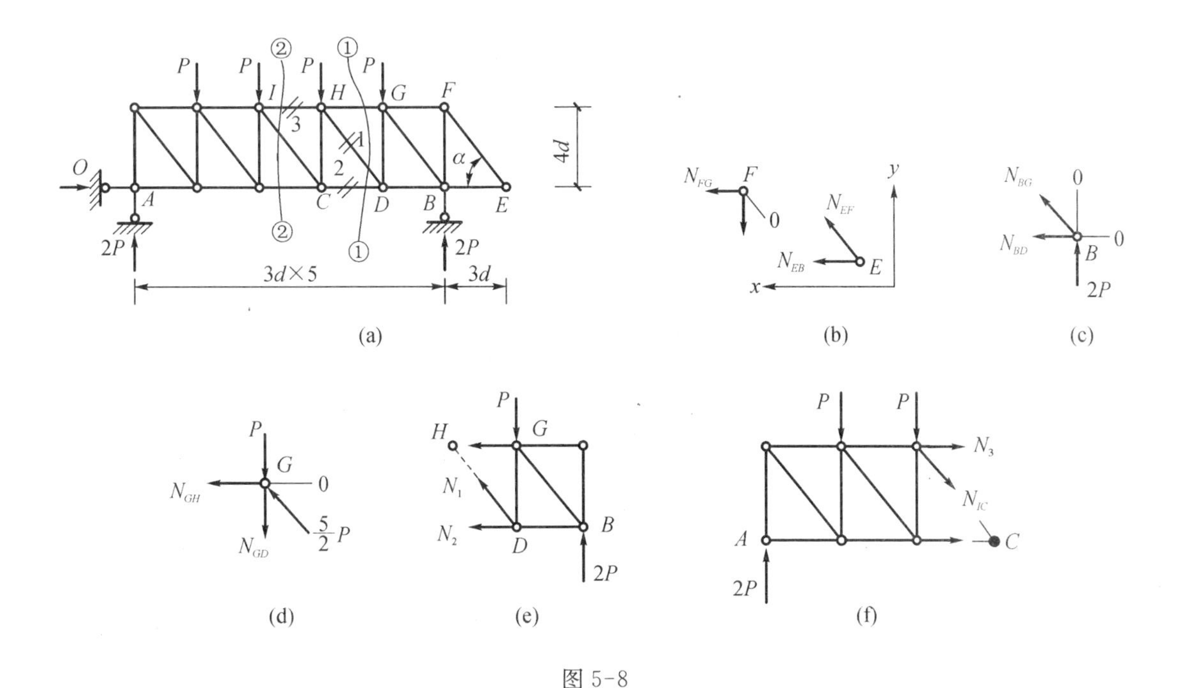

图 5-8

【解】 由整体平衡可得两支反力各为 $2P$。先试从右端开始用结点隔离体计算，逐步推向所求目标 N_1，N_2。如图 5-8(b)所示，结点 E 仅有两个杆件未知力而无荷载，由 $\sum Y=0$ 即得 $N_{EF}=0$，再由 $\sum X=0$ 又得 $N_{EB}=0$；继而取结点 F，已知一杆为零，也仅有两杆未知力且无外荷载，显然由两投影平衡方程可得该两杆力均为零。接着取结点 B 如图 5-8(c)所示，有支反力 $2P$ 和两未知杆力，

先由 $\sum Y=0$，　　　　$N_{BG}\cdot\sin\alpha+2P=0$，

得　　　　$$N_{BG}=-2P/\frac{4}{5}=-\frac{10}{4}P=-\frac{5}{2}P\ (\text{压})$$

再由 $\sum X=0$，　　　　$N_{BD}+N_{BG}\cdot\cos\alpha=0$，

得 $$N_{BD}=-\left(\frac{-5}{2}P\right)\times\frac{3}{5}=\frac{3}{2}P\ (拉)$$

再取结点 G 如图 5-8(d)所示,也用两投影平衡的独立方程可得

$$N_{GH}=-\frac{5}{2}P\times\frac{3}{5}=-\frac{3}{2}P(压),\quad N_{GD}=\frac{5}{2}P\times\frac{4}{5}-P=P\ (拉)。$$

这样到了第 5 步在结点 D 上当然可求解 N_1, N_2,但若采用引一个截面①—①剖开桁架并取右部隔离体,如图 5-8(e)所示,除已知支反力和荷载外,暴露出三个未知杆力,选用两个平衡方程即可解:

由 $\sum Y=0$, $$N_1\sin\alpha+2P-P=0,$$

得 $$N_1=-P/\frac{4}{5}=-\frac{5}{4}P\ (压)$$

为求 N_2,选取另两杆力的交点 H 为力矩点,由

$\sum M_H=0$, $$N_2\times 4d+P\times 3d-2P\times 6d=0,$$

得 $$N_2=\frac{9}{4}P\ (拉)$$

显然用这样的桁段隔离体明快多了,且是独立求解的。

为求 N_3 可引截面②—②并取左部隔离体如图 5-8(f)所示(也可取右部),于是由

$\sum M_C=0$, $$N_3=\frac{1}{4d}[-2P\times 9d+P\times 3d+P\times 6d]=\frac{-9}{4}P\ (压)$$

同时还可由 $\sum Y=0$,得斜杆 $N_{IC}=0$。而且也可以用竖截面的 $\sum Y=0$ 证明,左方两节间的斜杆是受拉力的;右方两节间的斜杆若反向设置成向跨中下倾,则也将受拉而不是现在的压了。这反映着“简支梁”的两边在竖向荷载下产生的剪力的方向,即这种平行弦的梁式桁架中,腹杆承担了梁内的剪力。相应地,上下弦杆就承担着梁内的弯矩,即竖向荷载作用时上弦杆受压、下弦杆受拉,跨中的较大。

【例 5-2】 简支梯形桁架受竖向与水平荷载如图 5-9(a)所示,试求指定的 4 根杆件的内力。结点 H 的高度为 d。

【解】 由整体平衡条件求得 $R_{Ax}=1.5P$, $R_{Ay}=2.5P$, $R_{By}=1.5P$。可先引一斜截面在杆 DC 之左剖开杆件 1、2、3,取右隔离体如图 5-9(b)所示。三个未知杆力作用于不同方向,为求上弦杆的 N_1,取另两未知力的交点 C 为力矩点,并将 N_1 移至 C 点上方结点位置 G 处分解为 X_1 和 Y_1,由

$\sum M_C=0$, $$X_1=\frac{1}{2d}(-1.5P\times 2d)=-1.5P,$$

因上弦斜度为 1∶3,故可得 $N_1=\frac{\sqrt{10}}{3}X_1=-\frac{\sqrt{10}}{2}P\ (压)$。

为求竖杆力 N_2,应取 N_1 和 N_3(延长线方向)的交点 K 作力矩点,由

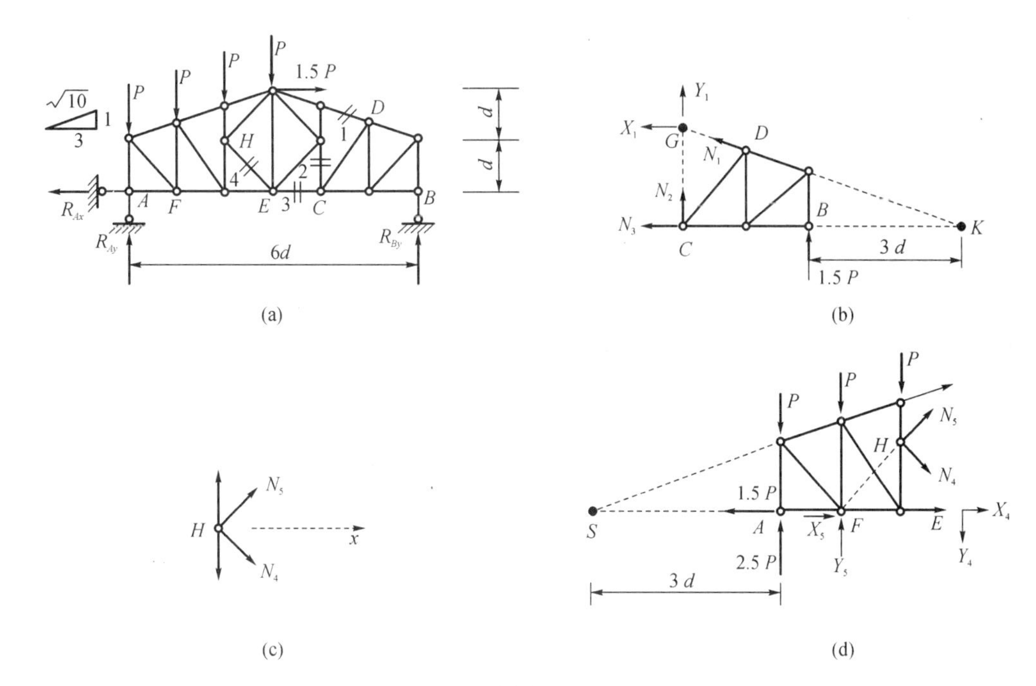

图 5-9

$$\sum M_K = 0, \qquad N_2 = \frac{1}{(2d+3d)}(-1.5P \times 3d) = \frac{-9}{10}P(\text{压})$$

以点 E 为力矩点可求 N_3，即由

$$\sum M_E = 0, \qquad N_3 = \frac{1}{2d}(1.5P \times 2d) = 1.5P(\text{拉})$$

现在注意 N_4 所在节间有 4 根未知杆，当一个截面上有 4 个未知力时，应先用另法将未知数减少一个，然后才可运用 3 个平衡方程求解。图 5-9(c)是结点 H 隔离体，也有 4 个未知力，其中两力共线，斜杆力 N_4、N_5 位于同侧，其与竖线夹角是已知相等的(45°)，可用结点上水平投影平衡方程找到它们的关系：

由 $\sum X = 0$， $\qquad N_4 \sin 45° + N_5 \sin 45° = 0$，

于是有 $\qquad N_4 = -N_5, \quad Y_4 = -Y_5$

亦即在图 5-9(d)中，截面上是 3 个未知力，也是找到另两未知力的交点 S 为力矩点，并将 N_4 移至下弦结点 E 的位置分解为 X_4、Y_4，将 N_5 移至下弦结点 F 的位置分解为 X_5、Y_5，并检点隔离上的所有外力后，由

$$\sum M_S = 0, \quad Y_4 \times (3d+3d) - Y_5(d+3d) - 2.5P \times 3d + 3P \times (d+3d) = 0$$

即 $$Y_4 \times (6d+4d) + 4.5Pd = 0$$

得 $$Y_4 = -\frac{9}{20}P, \quad N_4 = -\frac{9}{20}\sqrt{2}P(\text{压})$$

读者可再计算此题中其他杆的内力。

5.2.2 特殊结点的平衡

前面两例中看到了有杆件内力为零的结点和有两杆内力等值反号的情况，都是用结点上投影平衡条件证实的，这种特殊结点的平衡情况可以归结如下：

(1) 两杆结点上无外力时，两轴力均为零(图 5-10(a))；若有一外力方向与其中杆重合，另一杆力为零。

(2) 三杆成 T 形的结点上无外力时，单侧杆轴力为零(图 5-10(b))。常称这些桁架杆轴力为零者为零杆，零杆的判定常可逐点递推。

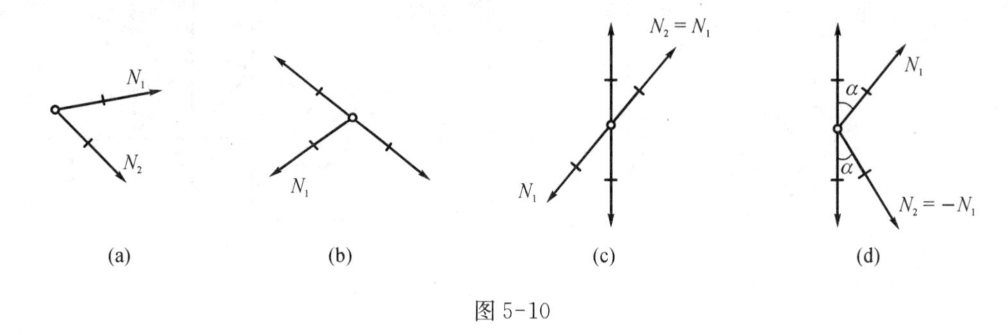

图 5-10

(3) 四杆相交成两直线的结点上无外力时(图 5-10(c))，在同一直线上的两杆轴力相等。

(4) 四杆相交于结点成 K 形而无外力时，同侧的两斜杆轴力必为一拉一压，若斜度相等则两力绝对值相等。

在桁架内力分析中若按这些结论先行判断，将有利于其他杆件的计算。除上述单结点的显性零杆外，还有通过简单的截面投影和多结点推证而得的隐性零杆。

图 5-11(a)为一静定塔式桁架，在图示荷载作用下，细线杆件都是零杆，显性或隐性的，其中还有 X 形、K 形结点。在图 5-11(b)中，为什么$\triangle CDE$ 的三杆是零杆呢？注意到略去短零杆后，3 个都是 K 形结点无外力，设从结点 C 开始，若 N_{CD} 为拉力，则 N_{DE} 为压力，又得 N_{EC} 为拉力，而结点 C 上两个拉力是不符合平衡条件的，故此只能为零。

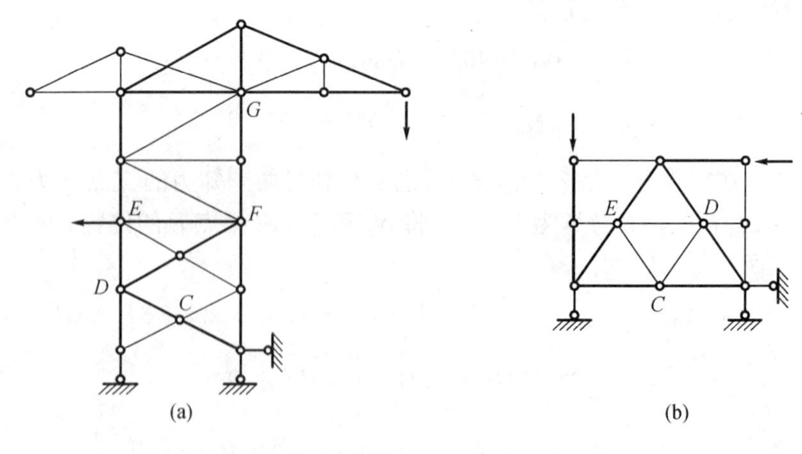

图 5-11

零杆是在特殊的荷载情况下存在的，并非表示该杆可以撤除；由上图中的非零杆可看出荷载从作用点向支座传递的过程。

5.2.3 情况讨论

某些桁架杆件内力的计算看似难以在一个结点的或桁段的隔离体上、用一个平衡方程予以解决，这时或许可选用曲折的截面、别样的投影轴，或者采用“辅助杆”先走一步，联合运用大、小隔离体，再或以联立方程求解等，找到突破口后即可破题。

如图 5-12(a)所示 K 式桁架的中部杆件，所引截面上都有 4 根未知杆，若在求 N_2 之前，先在截面Ⅰ—Ⅰ右部隔离体上求出 N_1，因为其余 3 杆汇交于结点 D，第二步由截面Ⅱ—Ⅱ的 $\sum M_C=0$ 可得 N_2，两步都是独立方程。另一方法，可先在 N_2 所在的 K 形结点上以 $\sum X=0$ 得到两斜杆的关系式，后在竖截面Ⅱ—Ⅱ右部用 $\sum Y=0$ 得到第二个关系式，于是联立可解。

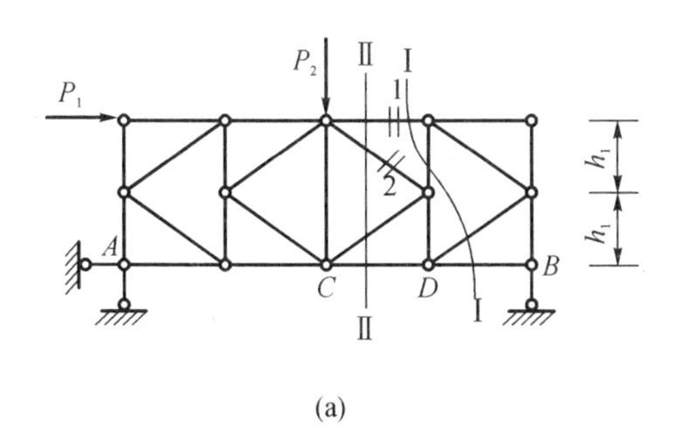

(a)

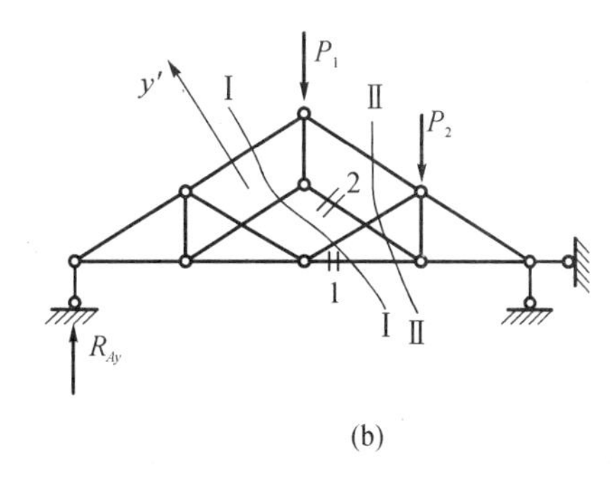

(b)

图 5-12

而在图 5-12(b)中，若先引截面Ⅰ—Ⅰ，其中 3 根斜杆相互平行，故可选其垂直方向的投影方程 $\sum Y'=0$ 独立求得下弦杆轴力 N_1，然后在截面Ⅱ—Ⅱ上可求出 N_2 等。

在联合桁架的内力计算中，通常须首先引一截面求出两个简单桁架间联系杆的内力，然后即可分别计算简单桁架各杆的内力。例如图 5-13(a)所示桁架，首先由截面Ⅰ—Ⅰ求出 N_1，这是全部内力计算的关键。如图 5-13(b)所示桁架的内部组成属三刚片体系，犹如三铰拱问题，若先以其中 N_1，N_2 为出发点，则可取截面Ⅰ—Ⅰ以上隔离体和截面Ⅱ—Ⅱ以右隔离体，建立平衡方程联立求解；也可如图 5-13(c)所示，以铰 D 处作用力的竖向分量 R_{Dy} 和水平分量 R_{Dx} 代替 N_1 和 N_2 予以求解。

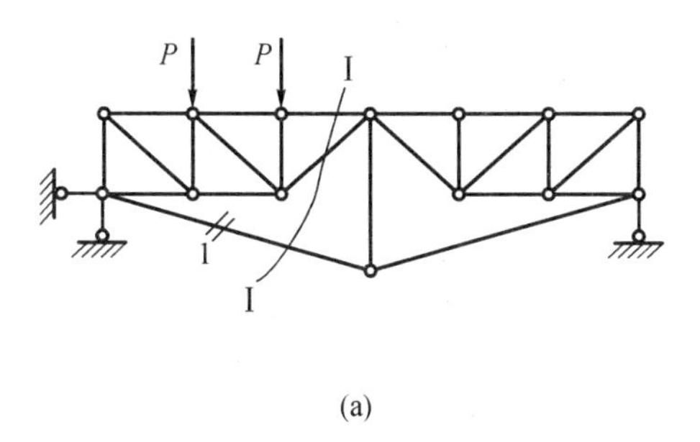

(a)

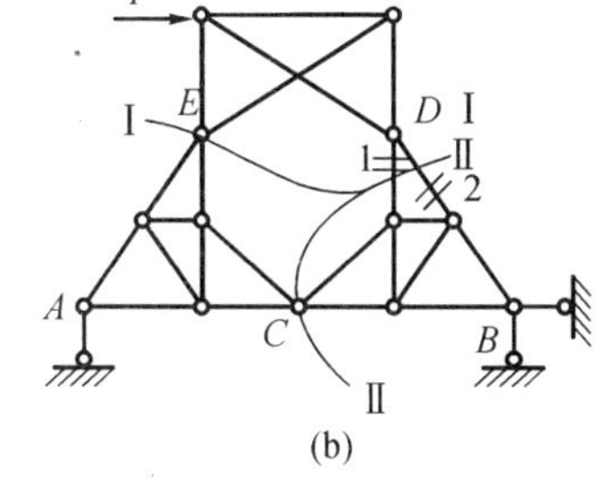

(b)

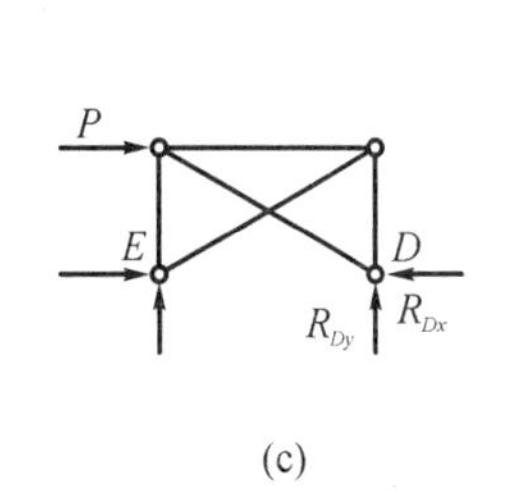

(c)

图 5-13

如图 5-14(a)所示的桁架，若能按几何组成关系找出 $EDCB$ 部分与对应的右部 $E'D'C'A$ 之间有 BE'，AE，CC' 三根联系杆，就可切开它们而取出恰当的隔离体(可看作一个封闭式截面)，如图 5-14(b)所示，于是可方便地求出 $N_{BE'}$ 等，进而再求出其他轴力。

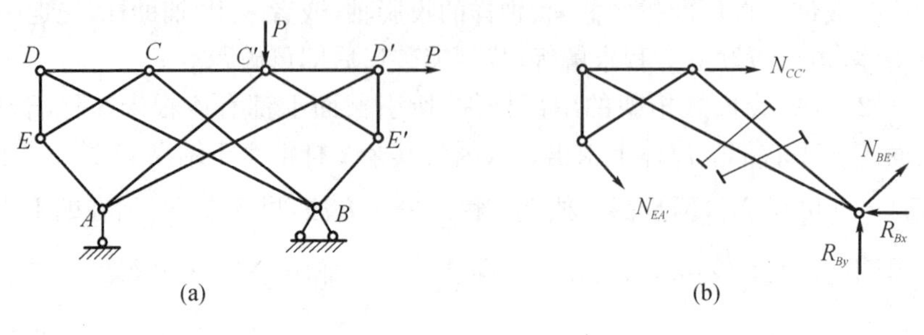

图 5-14

【例 5-3】 试求图 5-15(a)所示简单桁架中的 N_a 和 N_b。

【解法一】 选用独立方程求 N_a，在截面Ⅱ—Ⅱ上(图 5-15(b))，可见须先求出 N_{DG}。于是，由结点 T 可得 $N_{DT}=-\frac{\sqrt{2}}{4}P$，引截面Ⅰ—Ⅰ，在右隔离体上，由 $\sum Y=0$ 求得

$$N_{DG}=-1.25P(\text{压})$$

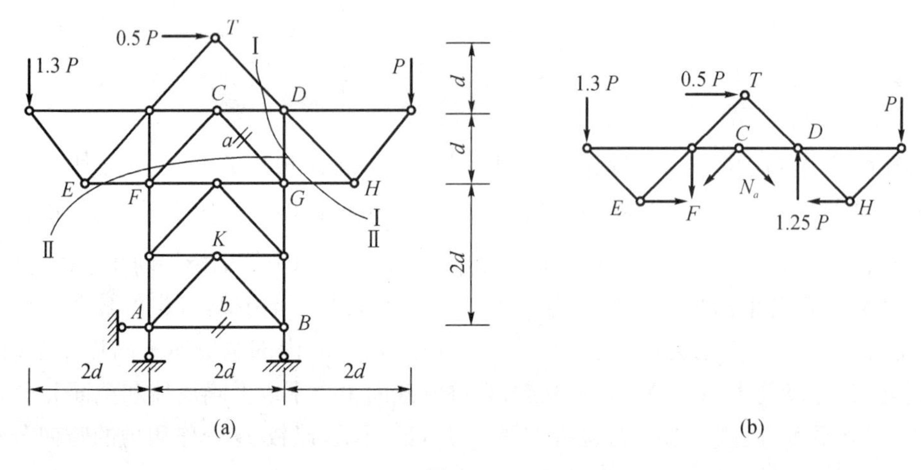

图 5-15

再引截面Ⅱ—Ⅱ，由上部隔离体(图 5-15(b))的 $\sum M_F=0$，可求得仅有的未知力：

$$N_a=0.05\sqrt{2}P\ (\text{拉})$$

【解法二】 采用联立方程求 N_a，因结点 C 处两斜杆倾角相等，故由结点 C 的 $\sum Y=0$ 得

$$Y_a+Y_{CF}=0,$$

即有

$$X_a+X_{CF}=0 \tag{a}$$

并由截面Ⅱ—Ⅱ上部(图 5-15(b))的 $\sum X=0$ 得

$$X_a-X_{CF}+0.5P+N_{EF}-N_{HG}=0$$

其中,可先由左、右伸臂隔离体上求得 $N_{HG}=-2P$, $N_{EF}=-2.6P$,故有

$$X_a-X_{CF}=0.1P \tag{b}$$

从(a)、(b)两式联立解得

$$X_a=(Y_a)=0.05P$$

则
$$N_a=0.05\sqrt{2}P\ (拉)$$

【例 5-4】 试求图 5-16(a)所示联合桁架中的轴力 N_a、N_b。

【解法一】 直接以 N_a、N_b 为目标,引截面Ⅰ—Ⅰ,取左部为隔离体,并以支杆 A 和杆 BF 的交点 O 为力矩点,因杆 $ED\perp EF$,而 $EF=\sqrt{2}d$,故由 $\sum M_O=0$ 得

$$N_a\times d-N_b\times\sqrt{2}d-P\times(d+3d)=0 \quad (a)$$

又引截面Ⅱ—Ⅱ,由右部隔离体的 $\sum M_{O'}=0$ 得

$$N_a\times d+N_b\times 2\sqrt{2}d=0 \quad (b)$$

从(a)、(b)两式联立解得

$$N_a=\frac{8}{3}P\ (拉)$$

$$N_b=-\frac{2\sqrt{2}}{3}P\ (压力)$$

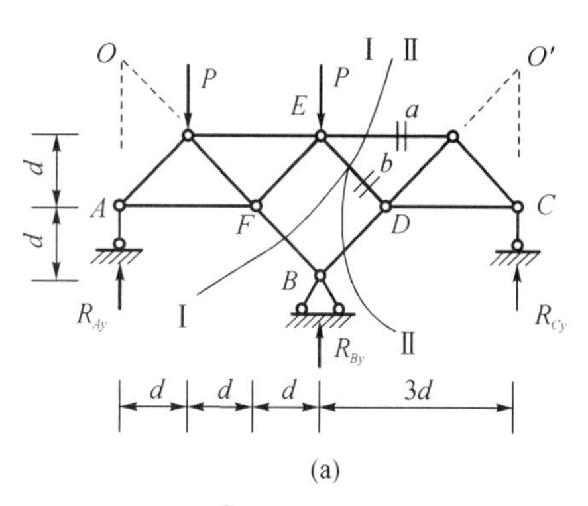

(a)

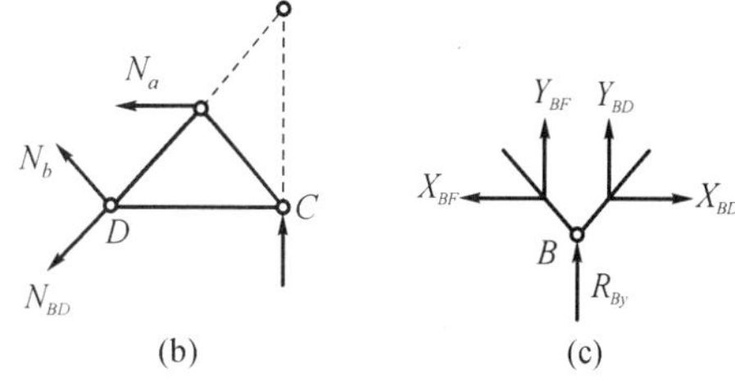

(b) (c)

图 5-16

在表达方式上,可作如下变换:

先由右隔离体(图 5-16(b))找到以 N_b 表达的 N_a,即以 N_b 为参数,有 $N_a=-2\sqrt{2}N_b$;然后由左隔离体的平衡式 $\sum M_O=0$,找到 N_b 与荷载的关系:

$$(-2\sqrt{2}N_b)\times d-N_b\times\sqrt{2}d-P\times(d+3d)=0$$

这样就解出参数 N_b,随即得 N_a。

【解法二】 以支座反力 R_{By}、R_C 为目标,因 $R_{Bx}=0$,又由图 5-16(c)所示支座结点 B 的关系可知

$$X_{BD}=X_{BF};\quad X_{BD}=Y_{BD}=-\frac{1}{2}R_{By}$$

于是可由截面Ⅱ—Ⅱ右部的 $\sum M_E=0$ 和整体的 $\sum M_A=0$ 两平衡方程联立求解两反力。

随即可得 N_a、N_b 之值。

【例 5-5】 试求图 5-17(a)所示复杂桁架中的轴力 N_a 和 N_b。

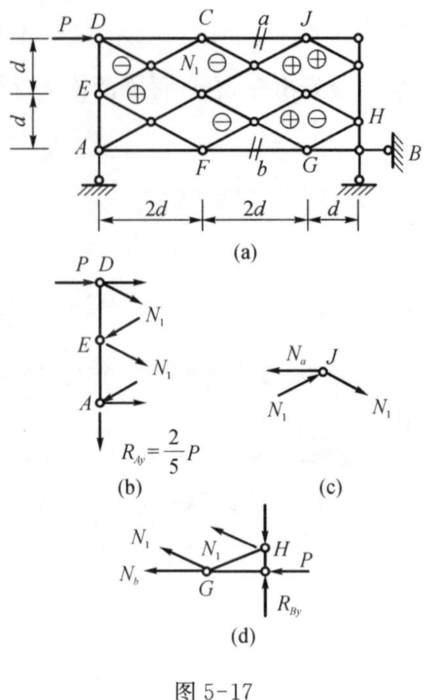

(a)
(b)
(c)
(d)

图 5-17

【解】 先求得支座 A 的反力 $R_{Ay}=\frac{2}{5}P(\downarrow)$；再由内部结点的平衡条件可知，位于同一斜线上的腹杆内力相同。本例可通过若干联立方程求解，但更宜选用某一杆力为计算对象(参数)的方法来代替联立方程。设腹杆 DG 的拉力 N_1 为参数，寻找其他杆轴力与它的关系。由各外围结点 G、H、C、E 等可连续推得各腹杆内力均为 N_1，但正、负号交替，如图 5-17(a)中所示。

取隔离体 AED 如图 5-17(b)，以建立未知力参数与荷载的关系，由 $\sum Y=0$，

$$4Y_1+R_{Ay}=0$$

得
$$Y_1=-\frac{1}{10}P$$

而
$$X_1=2Y_1$$

故
$$N_1=\sqrt{5}Y_1=-\frac{\sqrt{5}}{10}P\ (\text{压})$$

然后极易求解其他内力。

由图 5-17(c)所示结点 J 隔离体的 $\sum X=0$ 得

$$N_a=2X_1=4Y_1=-\frac{2}{5}P\ (\text{压})$$

由图 5-17(d)隔离体的 $\sum X=0$ 得

$$N_b=-(2X_1+P)=-\frac{3}{5}P\ (\text{压})$$

上述各例题中的不同解法仅为展示灵活选用隔离体、选用平衡方程时可能采用的具体方法。为了分析思考采用什么方法求解未知力，为了看清楚未知与已知及其几何关系，常宜把隔离体图如实画出来。读者尽可能提出自己的解题途径，并在这种寻求多种解法的练习中提高运用平衡概念于各式结构的能力。

5.2.4 结构和荷载的对称特点

各类静定桁架中，常见对称桁架，即桁架的几何构造、尺寸及支座等均对称于一根中央轴线。

如同其他静定结构那样，对称桁架在正对称荷载作用下，对称位置上的支座反力和杆件内力是对称分布的，即大小相等、拉压一致；而在反对称荷载作用下，反力和内力呈反对称分布，或者说不存在正对称的反力和内力。

今用一个三刚片组成的对称桁架承受正对称荷载和反对称荷载时的反应来论证。

如图 5-18(a)所示是正对称荷载作用情况，水平支杆反力属反对称力，由 $\sum X = 0$ 得零；通过 $\sum M_{A(B)} = 0$ 可得左右竖反力 $R_B = R_A = \dfrac{P}{2}$ 相等同向。引斜截面剖开取右部隔离体如图 5-18(b)所示，可用垂直于三平行斜杆的投影轴，$\sum X' = 0$ 得下弦杆 $N_1 = +\dfrac{1}{2}P$；又取左支座结点 A 为隔离体图 5-18(c)，可得 $N_2 = -\dfrac{\sqrt{2}}{2}P$，并由竖向投影 $\sum Y = 0$ 得 $N_{AE} = 0$。于是由结点 E 可知两斜杆为零杆。同理，结点 F 两斜杆为零杆。结点 D 上同侧两斜杆若一拉一压虽可满足竖向投影平衡条件，但形成反对称的分布，而要满足平衡条件只能两斜杆力为零，这是对称形式。结点 C 处竖杆受力 $-P$，连同其他各杆受力均成正对称分布。

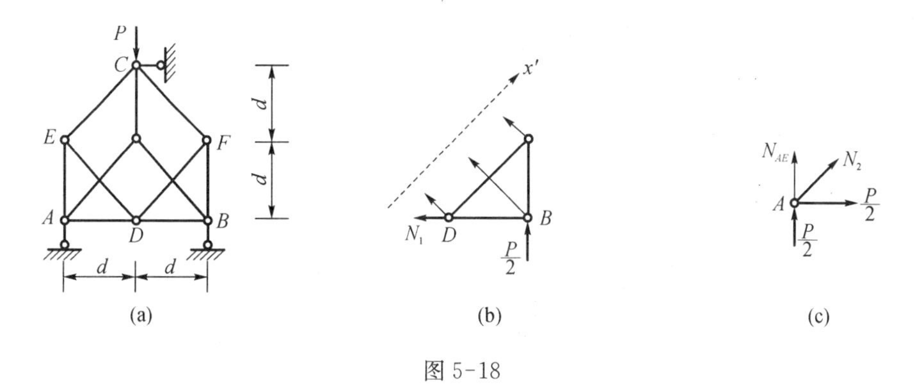

图 5-18

如图 5-19(a)所示是反对称荷载作用情况。由整体三平衡条件得水平反力等于 $2Q$，左右竖向反力等值反向为 Q 如图呈反对称分布。也取右部隔离体如图 5-19(b)所示，由 $\sum X' = 0$ 得 $N_1 = 0$；在结点 A 上可见 $N_2 = 0$，同理得对称位置二杆及对称轴上竖杆均为零杆。再取左部 AE 杆隔离体如图 5-19(c)所示，由 $\sum M_D = 0$ 得 $N_{EC} = -\sqrt{2}Q$；由 $\sum X = 0$ 得 $N_{ED} = 0$；竖杆 $N_{AE} = -Q$。对称位置的右边斜杆得 $N_{FC} = +\sqrt{2}Q$，竖杆 $N_{BF} = +Q$。内

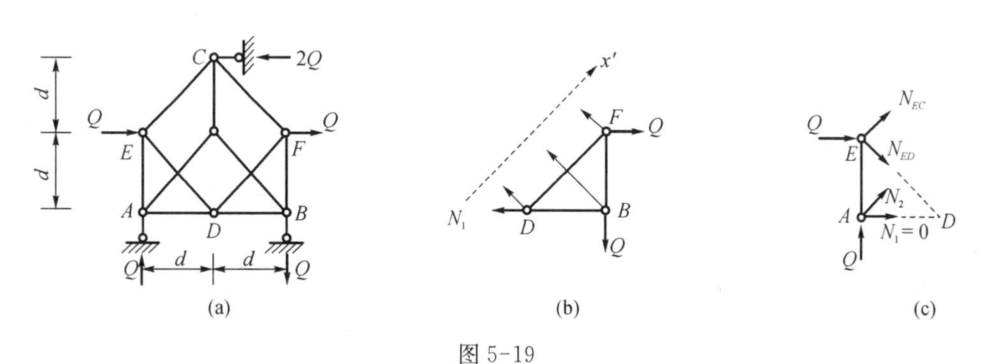

图 5-19

力呈反对称分布，其中为零的杆件与反对称并不矛盾。

利用上述对称性的结论，将可使一些较复杂的桁架计算得到简化。

【例 5-6】 如图 5-20(a)所示复杂桁架受竖向荷载作用，试求 N_a 和 N_b。

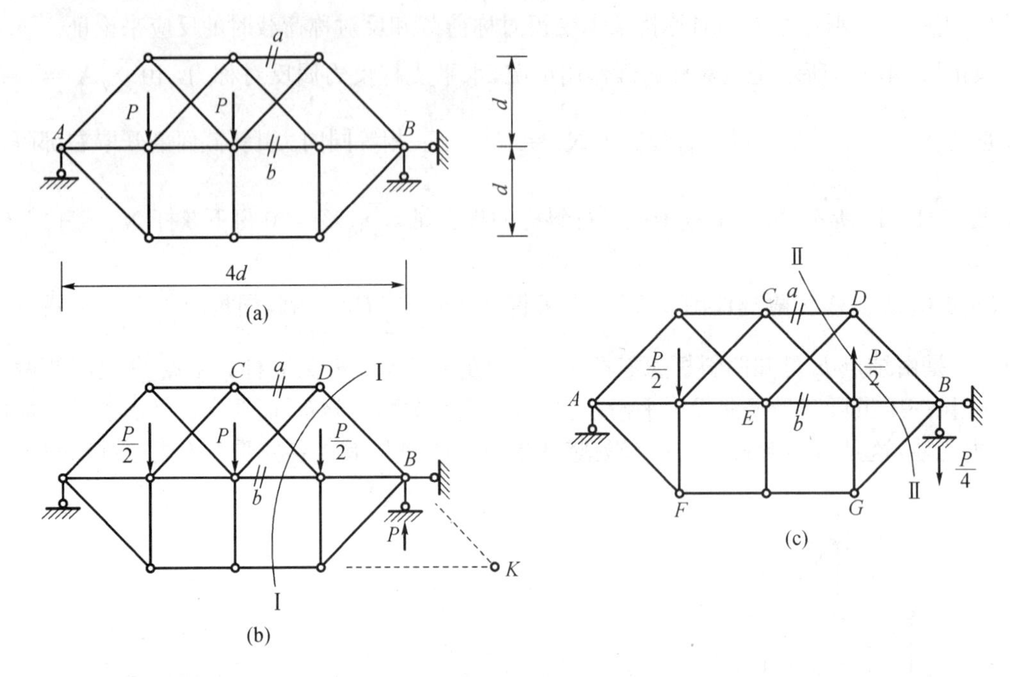

图 5-20

【解】 仅受竖向荷载时，支座 B 处无水平反力，可将此桁架当作对称结构（仅就受力情况而言）。今将非对称荷载分解成正对称荷载组（图 5-20(b)）和反对称荷载组（图 5-20(c)），分别求解各杆内力，然后对同一杆件的内力进行叠加。

(1) 正对称荷载下。先由整体平衡条件求出支座反力 $R'_{By}=P(\uparrow)$。

位于对称轴上的结点 C 处无荷载，由该结点的平衡条件 $\sum Y=0$ 可得两斜杆（对称）内力必为零；截面Ⅰ—Ⅰ上仅有 3 个未知力，由右部隔离体的 $\sum M_K=0$ 求得（正对称荷载下的）$N'_b=0$；由 $\sum Y=0$ 求得 $N'_{BD}=-\dfrac{\sqrt{2}}{2}P$。再由结点 D 的平衡条件可得 $N'_a=-P$（压）。

(2) 反对称荷载下。亦先求出支座反力 $R''_{By}=\dfrac{P}{4}(\downarrow)$。

中央竖杆为零杆，下弦杆 FG 为一对称杆，内力必为零。由结点 G 判定两零杆后，截面Ⅱ—Ⅱ上仅有三个未知力，取右部隔离体，由 $\sum M_E=0$ 求得（反对称荷载下）$N''_a=+\dfrac{1}{2}P$（拉）；并由 $\sum Y=0$ 得 $N''_{DE}=-\dfrac{\sqrt{2}}{4}P$。根据结点 E 处各杆内力既为左、右反对称、又须满足平衡条件 $\sum X=0$，可知

$$2N_b'' = -2N_{DE}'' \times \frac{\sqrt{2}}{2}$$

所以
$$N_b'' = \frac{P}{4}\ (\text{拉})$$

(3) 最后,由叠加原理可得

$$N_a = N_a' + N_a'' = -P + \frac{1}{2}P = -\frac{1}{2}P\ (\text{压})$$

$$N_b = N_b' + N_b'' = 0 + \frac{1}{4}P = \frac{1}{4}P\ (\text{拉})$$

5.3 各式桁架的比较

5.3.1 梁式桁架

如图 5-21(a)、(b)、(c)所示为最常见的抛物线形、三角形、平行弦的梁式桁架,所有结点均为全铰结点,设为上弦承载,竖向均布荷载已用等效结点荷载代替,并将跨内各结点竖向荷载简化为 $P=1$。若计算弦杆内力(或其水平分量),可由截面力矩方程写出

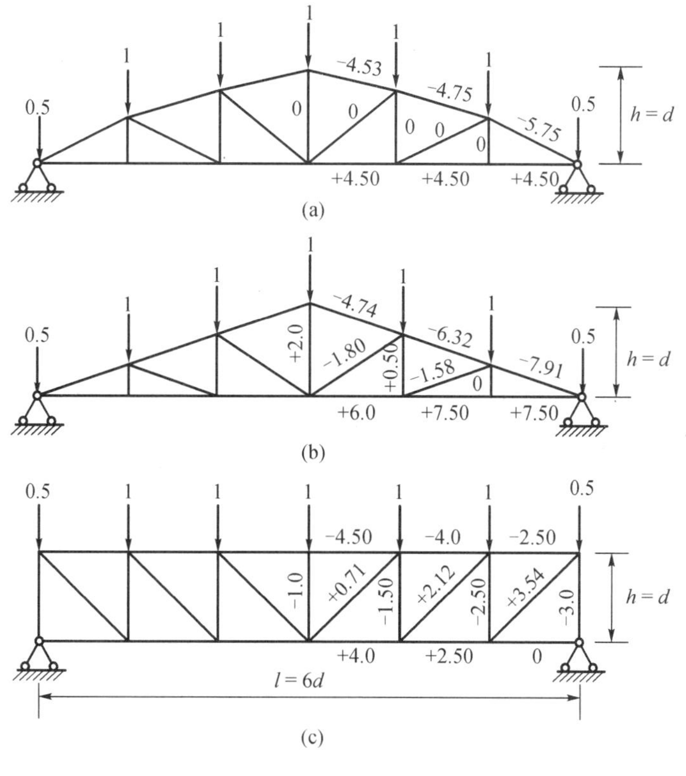

图 5-21

$$N_x = \pm \frac{M^0}{r} \tag{5-2}$$

式中，M^0 为相应简支梁在均布荷载下的弯矩，跨内分布按二次抛物线变化；r 为弦杆至力矩点之距离。如图 5-21 所示在杆旁注出了各杆的轴力值，以资比较。

抛物线桁架上弦各结点位于对称的二次抛物线上，计算下弦杆内力和上弦杆水平分力时，力矩臂 r 的变化与弯矩 M^0 各处纵标的二次式变化一致，因此，所有上、下弦杆的水平分力各大小相等。再由每一节间截面的水平投影平衡条件可知，各斜杆（及竖杆）内力均为零，节间的剪力已由上弦杆承担。

平行弦桁架中的腹杆内力（竖向分量）写作

$$N_y = \pm V^0 \tag{5-3}$$

即其大小与相应简支梁中剪力 V^0 的变化规律相同，正、负号由所处左半跨或右半跨以及倾斜方向而定。其弦杆内力随 M^0 向跨中渐增。

三角形桁架的弦杆内力较大，腹杆内力为跨中的大于两端的，且符号与平行弦桁架中相反，是因倾斜上弦的轴力有竖向分量需予平衡。

按上列受力情况并结合构造、施工等因素来看，平行弦桁架内力分布虽不均匀，但可采用较少规格的杆件与结点，利于标准化，这对于各种跨度的结构仍是经济的。抛物线形桁架弦杆内力分布均匀，用材经济，但上弦结点构造各异，施工麻烦，宜于在较大跨度的个别结构上选用。三角形桁架各杆受力很不均匀，且端结点构造困难，但因适于双坡排水，故常用于较小跨度的屋盖中。如图 5-22(a)所示折弦桁架为中等跨度(20 m 左右)钢筋混凝土的屋架经常采用的形式，它保留了抛物线形桁架的优点，又减少了施工困难。如图 5-22(b)所示梯形桁架的弦杆受力比平行弦、三角形桁架中的较为均匀，常用于中等及较大跨度的厂房钢屋架。

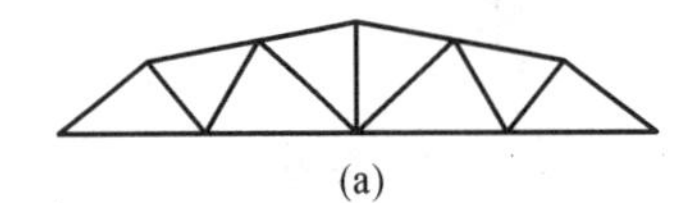

(a)

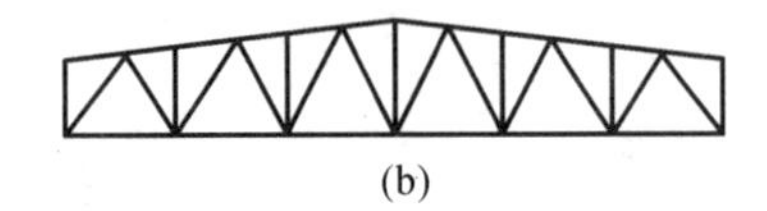

(b)

图 5-22

5.3.2 拱式桁架

拱式桁架兼有桁架和拱的优点，可用于跨度较大房屋、桥梁结构。实际工程结构中，静定的拱式桁架较少采用，下面仅通过三个静定体系在竖向荷载作用下的受力情况，说明有推挽力桁架的某些特点，也能反映有推挽力组合结构的相应特点。图 5-23(a)、(b)、(c)所示均为对称结构，跨度 $l = 6d$，如图 5-23(a)所示是三铰拱式桁架，图 5-23(b)是链拱下承桁架，相当于系杆三铰拱，图 5-23(c)是链拱上承桁架（其几何组成属复杂体系）。后两者中的梁式桁架部分是柔性链拱的加劲构造，它将荷载经竖向吊杆传递给链拱，链拱结点基本上都落在二次抛物线上。

设竖向均布荷载化为各结点荷载 $P = 1$，作用位置如图 5-23 所示。三个结构中的水平推力 $H = \frac{M_c^0}{f}$，且均等于 2.25，对于图 5-23(b)、(c)是链拱各杆轴力的水平分量。链拱各杆

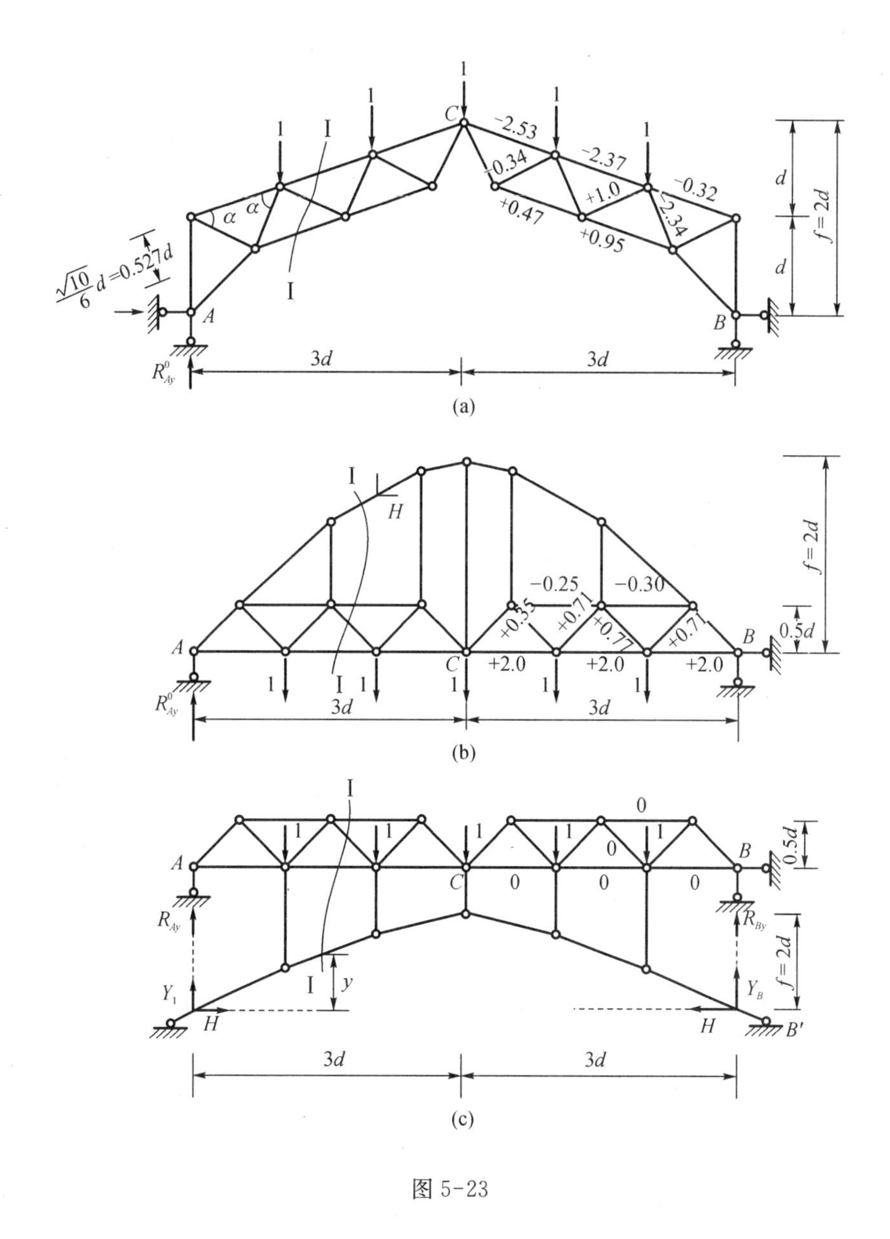

图 5-23

压力可由 H 推求，竖向吊杆内力可由链拱各结点推求。桁架部分的平行弦间距 h，弦杆内力可写作

$$N_x=\pm\frac{1}{h}[M_i^0-Hy_i] \tag{5-4}$$

三个拱结构的内力分布方面(图 5-23 中注有桁架杆件内力值)的特点如下：

① 图 5-23(a)的三铰拱式桁架中绝大部分杆件受压力，共同起着实体拱的作用，且重要的受压杆位于抛物线(压力线)附近。内力的分布当然与结构几何尺寸、特别是矢跨比 f/l 的大小有关。

② 图 5-23(b)中的支座无水平反力，桁架下弦受着相等的拉力，承担了推力 H 的大部

分，腹杆均受拉力，传递竖向荷载的吊杆内力由两侧向中央减小。

③ 图 5-23(c)中桁架弦杆的内力，由式(5-4)可证明为零，故桁架各斜杆内力亦为零，表示它们此时未参与拱的工作；荷载直接由竖杆传递至二次抛物线拱链，使其成为合理拱轴。若荷载并非均布或改变位置，则加劲桁架中各杆就将受力。

实际工程中，拱的部分是连续的曲杆。又常见加劲梁(桁)位于拱高中部，呈穿式超静定拱结构，荷载为中承式，有的竖杆受拉，有的竖杆受压，支承形式与图 5-23(b)类同。

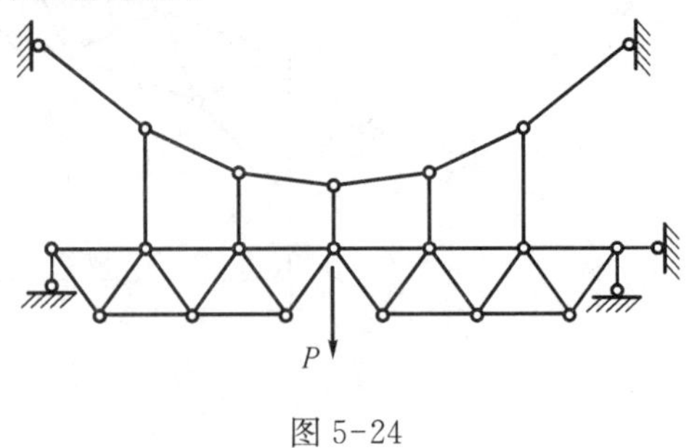

图 5-24

如图 5-24 所示是由梁桁加劲的悬链，一种悬吊桥梁的静定形式，荷载通过吊杆传递至悬(索)链。它实际上是图 5-23(c)所示链拱的倒置形式，因此，其计算方法相同；悬链杆受拉力，其水平分为 H，指向跨外，称为挽力。

5.4 组合结构的内力计算

组合结构中包含两类受力性质不同的杆件；一类是仅受轴力的直链杆，一类是受弯、受剪，也能受轴力的梁式杆。例如图 5-25 所示是一悬吊式桥梁的计算简图，柔性索和吊杆为链杆，桥面加劲梁则具有相当的截面抗弯刚度；图 5-26(a)所示为下撑式三铰屋架，其上弦为钢筋混凝土斜梁，竖杆和下弦可用型钢制成，计算简图如图 5-26(b)所示。组合结构中的链杆可使梁式杆的支点间距减小或产生负向弯矩，改善了受弯杆的工作状态。

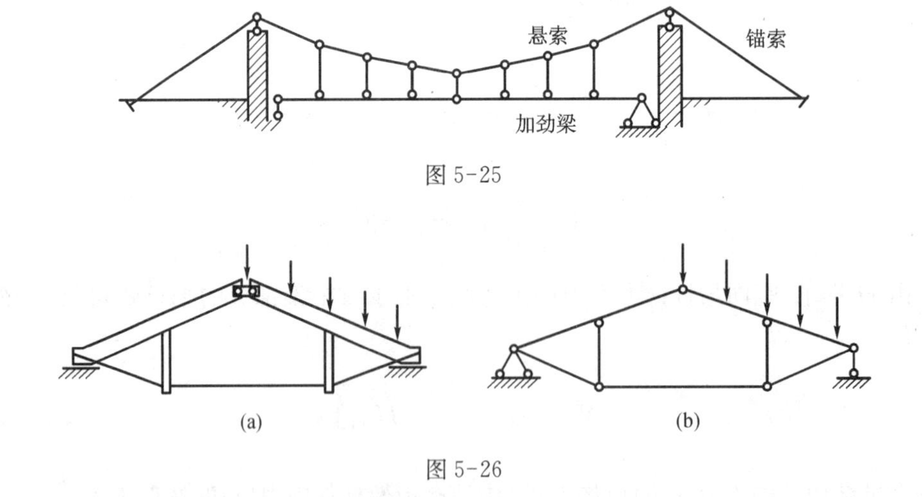

图 5-25

(a) (b)

图 5-26

运用静定刚架和静定桁架的计算方法来分析静定组合结构时，必须注意两点：一是联系着上述两类杆件的结点应与桁架结点相区别，如图 5-27 所示门架中，结点 E、结点 F 的情况不同于结点 D。结点 E 的隔离体如图 5-27 所示，左侧受弯杆端除轴力外，尚有剪力未知数，故

$$N_{ED} \neq -P$$

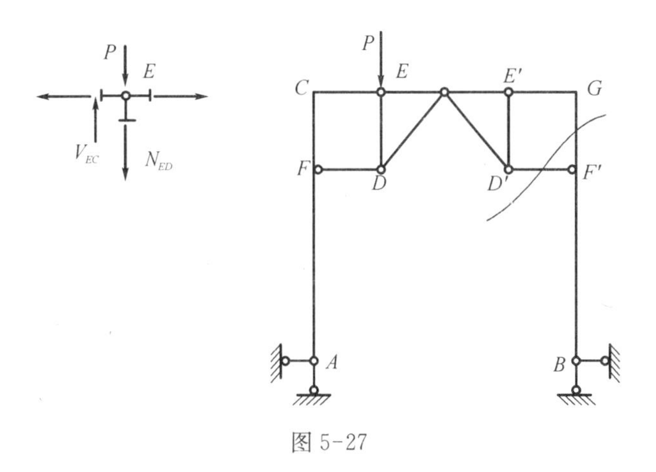

图 5-27

同理，结点 F 处 $N_{FD}\neq 0$。二是取隔离体时，所引截面若截在受弯杆上的任意位置(图 5-27 中 G 处)，则仅在该处就将暴露三个未知力(M_G、V_G、N_G)，故为减少隔离体上的未知力数目，以便用平衡方程有效求解内力(图 5-27 中 $N_{D'F'}$)，应使截面通过受弯杆的端铰(E')。

【例 5-7】 求如图 5-28(a)所示组合结构的弯矩图和各链杆轴力。

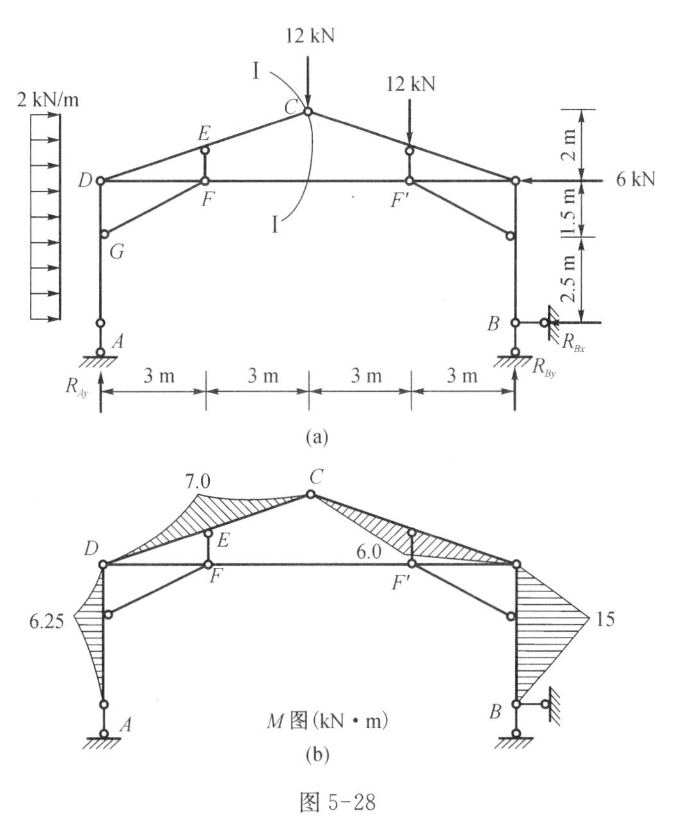

图 5-28

【解】 (1) 各支座反力：由整体平衡条件，可得 $R_{Ay}=8.0\ \text{kN}$，$R_{By}=16.0\ \text{kN}$，$R_{Bx}=6.0\ \text{kN}$。

(2) 引截面Ⅰ—Ⅰ，由 AC 隔离体平衡条件，求左、右两半部之间联系杆的轴力 $N_{FF'}$：由 $\sum M_C=0$，得

$$N_{FF'} = +6.0\ \text{kN}$$

(3) 求其他链杆内力：取 AD 隔离体，由 $\sum M_D = 0$，得

$$N_{GF} = -\frac{16}{3}\sqrt{5}\ \text{kN}(\text{压})$$

取结点 F，求得

$$N_{EF} = -\frac{16}{3} = -5.33\ \text{kN}(\text{压})$$

$$N_{DF} = +16.67\ \text{kN}$$

(4) 计算分段点弯矩：$M_{GA} = \dfrac{1}{2} \times 2 \times (2.5)^2 = 6.25\ \text{kN} \cdot \text{m}$

取 AEF 隔离体，E 处高度(分布荷载长度)5 m，设 M_{ED} 为下侧受拉，则

$$M_{ED} = R_{Ay} \times 3 - \frac{2}{2} \times 5^2 - N_{FF'} \times 1 = -7\ \text{kN} \cdot \text{m}$$

于是，可分段绘出 $AGDEC$ 各杆段的弯矩图。

(5) 结构右半部计算方法同上。弯矩图如图 5-28(b)所示，显然，两斜梁的弯矩并非仅由荷载引起的简支梁弯矩。

本例若仅有全跨竖向荷载作用，则由支座情况可知，左、右两立柱不受弯矩，链杆中仅水平拉杆受力，而两斜梁将分别按全长的简支梁受弯。

【例 5-8】 试求图 5-29(a)所示悬索加劲梁结构中各杆内力。C 为全铰，F、D、E 为半铰。

【解】 本结构并非对称，链杆 3 位于水平，链杆 2、4 的倾斜度 $\tan\alpha_1 = \dfrac{1}{5}$，链杆 1、5 的倾斜度 $\tan\alpha_2 = 1$。悬索各链杆的水平分力 H 相等。由加劲梁 ACB 隔离体可知，支座 B 处无水平反力。

(1) 将两端链杆拉力沿水平底线 $A'B'$ 和竖向分解为 H 和 Y_1、Y_5，并令

$$R_{Ay}^0 = R_{Ay} + Y_1$$

$$R_{By}^0 = R_{By} + Y_5$$

引截面过 A、A' 和 B'、B，由整体平衡条件：

$$\sum M_{B'} = 0,\qquad R_{Ay}^0 = (qd \times 2d + 2qd \times 4)/5d = 2qd(\uparrow)$$

$$\sum M_{A'} = 0,\qquad R_{By}^0 = (qd \times 3d + 2qd \times d)/5d = qd(\uparrow)$$

(2) 引截面过铰 C 和链杆 3，由左部隔离体(图 5-29(b))平衡条件 $\sum M_C = 0$：

$$Hf = R_{Ay}^0 \times 2d - 2qd^2$$

因 $f = 1.2d$，故得

$$H = \frac{5}{3}qd$$

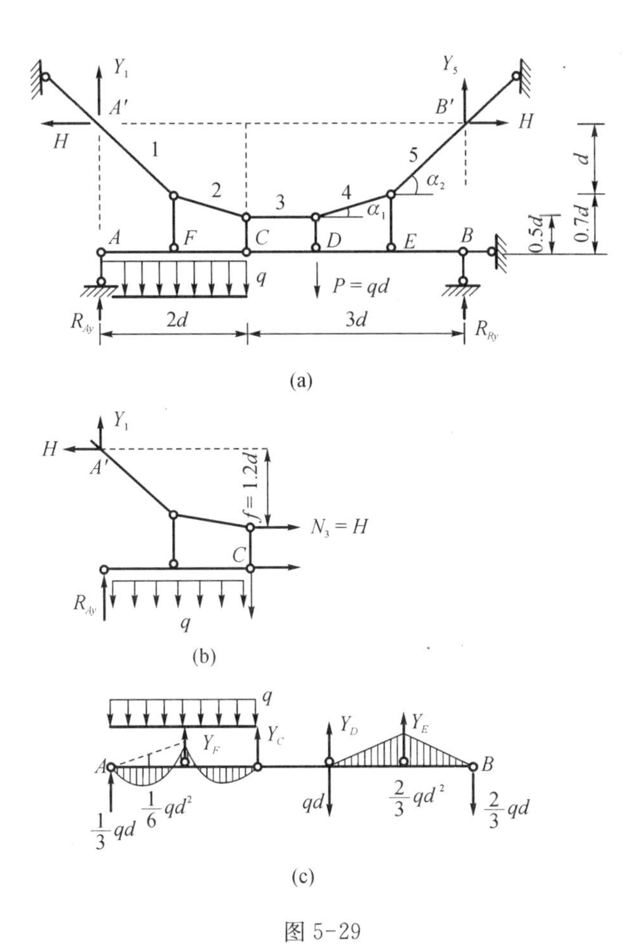

图 5-29

(3) 链杆 1、5 的竖向分力 $Y_1 = Y_5 = H\tan\alpha_2 = \frac{5}{3}qd$，故

$$R_{Ay} = R_{Ay}^0 - Y_1 = \frac{1}{3}qd(\uparrow)$$

$$R_{By} = R_{By}^0 - Y_5 = -\frac{2}{3}qd(\downarrow)$$

(4) 各链杆及吊杆的内力均可根据 H 由结点平衡条件推求，如

$$N_1 = \frac{5}{3}\sqrt{2}qd$$

$$N_2 = H/\cos\alpha_1 = \frac{\sqrt{26}}{3}qd$$

$$Y_F = Y_E = H(\tan\alpha_2 - \tan\alpha_1) = \frac{4}{3}qd$$

$$Y_C = Y_D = H\tan\alpha_1 = \frac{1}{3}qd$$

并可校核整体平衡条件满足

$$\sum Y = 0$$

(5) 根据上面求得的诸力，可作出加劲梁 ACB 的弯矩图，如图 5-29(c)所示。

若本题底线 $A'B'$ 不是水平，则可将两端链杆拉力沿 $A'B'$ 斜向和竖向分解为 H' 和 Y'，按同法计算。

5.5 零载法判别复杂体系的几何组成属性

从第 2 章杆件体系的几何组成分析中已知，几何自由度 $W = 0$ 的体系仅有保持几何不变所必需的最少约束数，而若约束布置不当，就可能形成瞬变或可变体系，所以应予特别关注，当无法用刚片间的连接规则加以判别时，可用静力分析结论、依据体系的静力特性作出判断。

对 $W = 0$ 的体系作静力分析时，可任取一种荷载作用，而零荷载是最简单的，即无荷载作用而推算体系各部分未知力之间的关系。若该体系是几何不变的，它就是静定结构，则在零荷载条件下，各未知力的唯一解答只能是零。若在零荷载时具有满足平衡条件的未知力为任意非零解或不定值，则该体系是几何可变的。

如图 5-30(a)所示为两杆体系、零荷载，由结点 C 的平衡条件建立两未知轴力的关系：

$$\sum X = 0 \qquad N_{CA}\cos\alpha - N_{CB}\cos\beta = 0$$

$$\sum Y = 0 \qquad N_{CA}\sin\alpha + N_{CB}\sin\beta = 0$$

这是一个齐次线性方程组，在 α、β 不为零时其系数行列式 $D = \sin(\alpha+\beta) \neq 0$，故必有零解：

$$N_{CA} = N_{CB} = 0$$

静力分析表明符合解答唯一特性，如图 5-30(a)所示体系为几何不变。但若 $\alpha = \beta = 0$，两杆

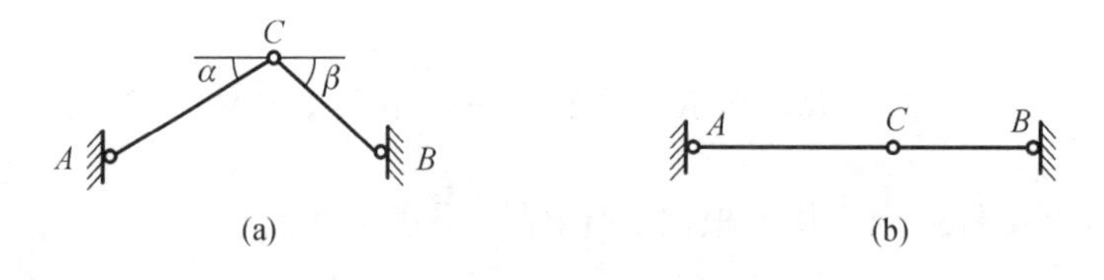

图 5-30

位置如图 5-30(b)所示，则上列方程中 $\sum Y = 0$ 已无意义，仅由 $\sum X = 0$ 得唯一关系式 $N_{CA} = N_{CB}$，两轴力相等但可以是任意值，故不符合解答唯一性定理，图 5-30(b)所示体系为几何可变。

图 5-31(a)所示体系也是 $W = 0$、零荷载，以三个支杆反力为未知数，得三个平衡方程为

$$\sum X = 0 \qquad R_A\cos\alpha - R_B\cos\beta = 0$$

$$\sum Y = 0 \qquad R_A \sin\alpha + R_B \sin\beta + R_C = 0$$

$$\sum M_0 = 0 \qquad r_C R_C = 0$$

在 r_C 和 α、β 不为零时，这一齐次线性方程组的系数行列式 $D = r_C \sin(\alpha+\beta) \neq 0$，故必有未知力的零解

$$R_A = R_B = R_C = 0$$

即此体系(图 5-31(a))符合解答唯一性，为几何不变。但若如图 5-31(b)所示 3 支杆汇交于同一点 O 时，力矩平衡方程已不存在，仅有

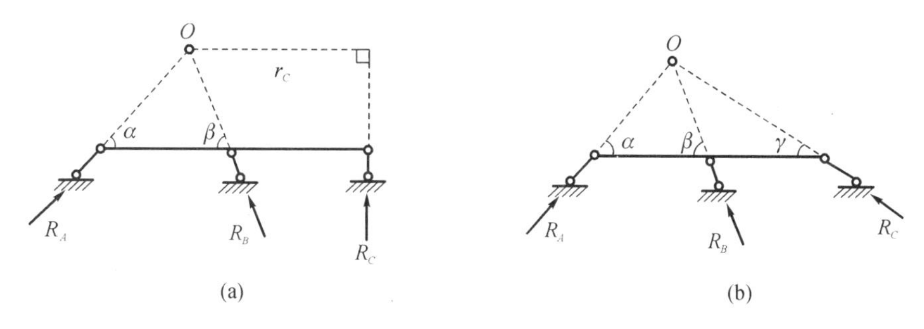

图 5-31

$$R_A \cos\alpha - R_B \cos\beta - R_C \cos\gamma = 0$$

$$R_A \sin\alpha + R_B \sin\beta + R_C \sin\gamma = 0$$

未知数数目为 3，方程数仅为 2，则解答将不是唯一的，故结论为体系可变。

零载法根据静定结构的解答唯一性定理，把体系的几何组成分析转变为静力分析，弥补了应用刚片间连接规则判别体系几何组成的局限性。下面举例说明零载法在复杂体系上的应用。对于图 5-17、图 5-20 等复杂体系，均可按此分析。

【例 5-9】 用零载法对图 5-32(a)所示体系作几何组成分析。

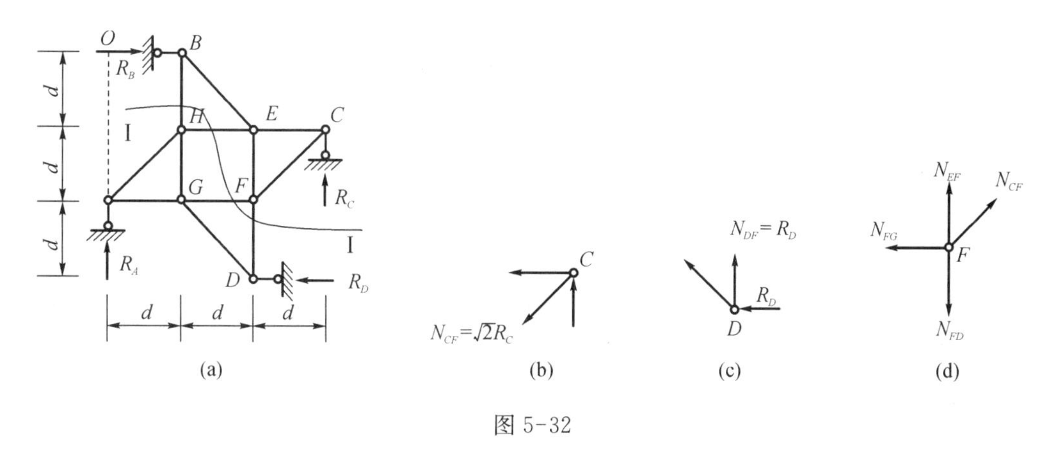

图 5-32

【解】 此体系为链杆系，按式(2-3)计算自由度：

$$W = 2 \times 8 - 12 - 4 = 0$$

当荷载为零时，设以反力 R_C 为未知参数，各支杆反力设如图示方向，当满足整体平衡条件时，则

由 $\sum X=0$，得　　$R_B=R_D$

由 $\sum M_0=0$，得　　$R_D=R_C$　　(a)

今欲通过截面Ⅰ—Ⅰ右部隔离体建立 R_C 与 R_B 或 R_D 的另一平衡关系式，则须由结点 C、F(图 5-32(b)，(d))找到 $N_{FG}=\dfrac{\sqrt{2}}{2}N_{CF}=R_C$，由支座结点 D(图 5-32(c))找到 $N_{DF}=R_D$；于是，由截面右 $\sum M_H=0$，即

$$R_Bd+N_{DF}d+N_{FG}d-R_C\times 2d=0$$

得　　$R_B+R_D-R_C=0$　　(b)

由(a)、(b)两式得　　$(2-1)R_C=0$

显然得零解：　　$R_C=0$

分析结果表明，体系的反力和内力均符合解答唯一性定理，故为几何不变体系。

【例 5-10】 试证明如图 5-33(a)所示组合结构是几何不变的。

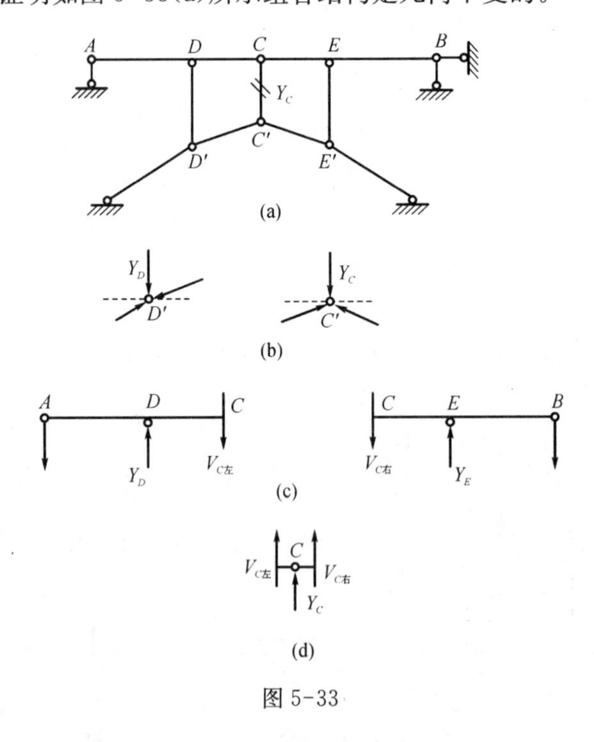

图 5-33

【解】 此体系 $W=0$，在无荷载条件下，设中央竖杆压力为 Y_C，则由拱链结点的平衡(图 5-33(b))可知，拱链各杆均受压且水平分力相等，其他竖杆也是受压，压力分别为 Y_D、Y_E 等。又取横梁左段、右段隔离体如图 5-33(c)所示，分别根据对支点的力矩平衡条件 $\sum M_A=0$、$\sum M_B=0$，得出两隔离体上 C 端的剪力 $V_{C左}$ 和 $V_{C右}$ 分别应如图中所示的方向。

最后，由结点 C(图 5-33(d))的三个竖向内力的已知方向可见，它不能满足 $\sum Y = 0$ 的平衡条件。故只可能是 $Y_C = 0$，才能满足上述所有平衡条件，即得各杆内力均为零解。此体系为几何不变，得证。

【例 5-11】 试用零载法判别如图 5-34 所示体系的几何组成。

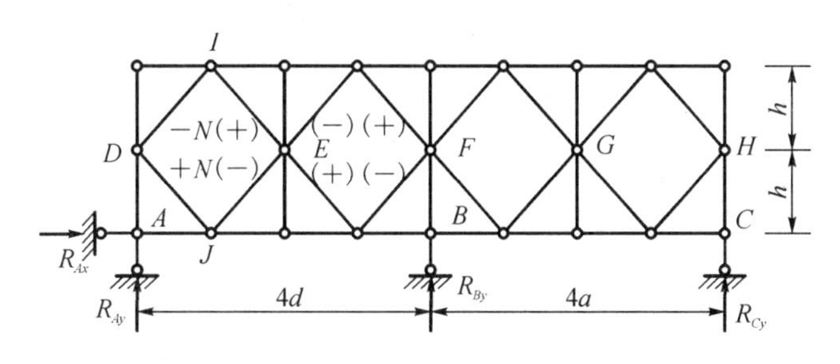

图 5-34

【解】 本体系 $W = 0$，外荷载为零时，由整体平衡：

$$\sum X = 0 \qquad R_{Ax} = 0$$

$$\sum Y = 0 \qquad R_{Ay} + R_{By} + R_{Cy} = 0 \tag{a}$$

$$\sum M_B = 0 \qquad R_{Ay} = R_{Cy}$$

在各二杆结点和三杆结点上可判定共有 11 根显性零杆。各斜杆倾角 α 相等，今设结点 D 处斜杆 DJ 的轴力为 N，则斜杆 DI 的轴力为 $-N$；由上弦结点 I 等、下弦结点 J 等可推知左跨各斜杆轴力的绝对值均为 N，拉(+)、压(−)情况如图中所示。按结构及零荷载的对称性判断，右跨各斜杆轴力分别与左跨的对称。

由结点 D、H、F 的平衡条件可求得三竖杆的轴力为

$$N_{AD} = N_{CH} = -2N\sin\alpha, \quad N_{BF} = 4N\sin\alpha$$

又由结点 A、B、C 的平衡条件可知

$$R_{Ay} = -N_{AD}, \quad R_{By} = -N_{BF}, \quad R_{Cy} = -N_{CH}$$

将其代入式(a)，则有

$$+2N\sin\alpha - 4N\sin\alpha + 2N\sin\alpha = 0$$

即

$$(4\sin\alpha - 4\sin\alpha)N = 0$$

$$N = \frac{0}{0} = \text{不定值}$$

表明体系在零载下的反力和内力不是唯一的零解，故为几何可变。

5.6 静定结构特性

在前述几章的基础上，为加深对于各种静定结构的内力分析和结构功能的认识，本节将

揭示它们共同具有一些重要的力学特性。这些特性是静定结构相比于超静定结构而存在的，即由于静定结构无多余约束而存在如下一些特性。

1. 静定结构满足平衡条件的解答是唯一的

静定结构既是无多余约束的几何不变体系，则由几何自由度 $W=0$ 可知 $3M=2H+S$，即独立的静力平衡方程的个数($3M$)与未知的约束力数目相等，所以，在任意荷载作用下，不仅体系的全部约束力及内力可由一组平衡方程予以确定，而且该解答是唯一的，不可能由该组方程求得其他解答。这是静定结构的最基本特性，称为解答唯一性定理。由此可推衍出其他特性。

2. 非荷载因素不引起静定结构的反力与内力

诸如支座移动、温度改变和杆件制造误差等非荷载因素作用于静定结构而无外力作用时(图 5-35(a)、(b)、(c))，结构或某些构件将发生刚体位移或形状改变。由于无荷载作用，在这些情况下，零解符合静定结构解答的唯一性，用各种平衡条件，将可求得约束反力及内力必为零。

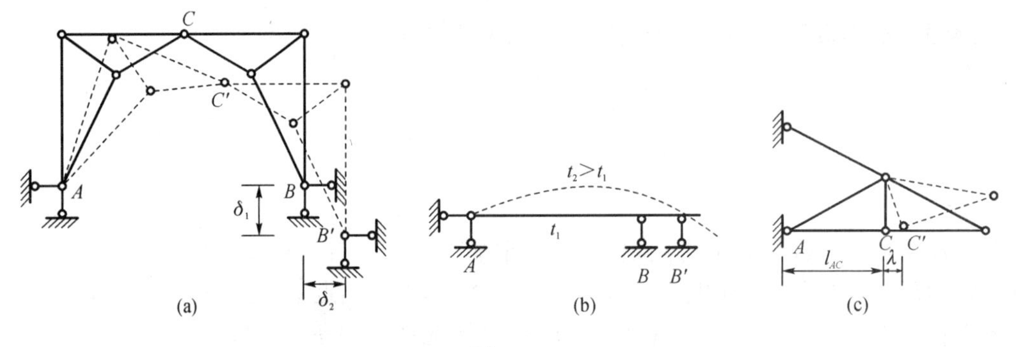

图 5-35

3. 平衡力系在静定结构中只产生局部效应

如果一组平衡力系作用于结构的某一内部几何不变的局部上，则仅在该局部引起的内力状态已能满足全结构的平衡条件，其他部分的内力及反力均为零。读者可用平衡条件证明图 5-36(a)、(b)、(c)所示各结构中仅有粗线部分的杆件受力。

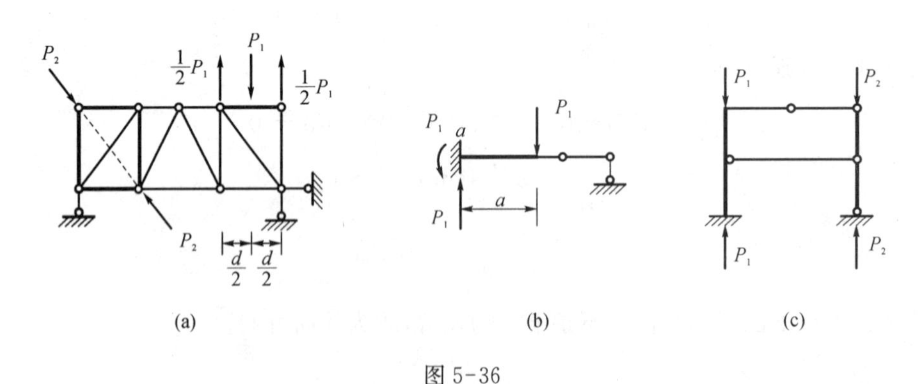

图 5-36

4. 将作用于静定结构内几何不变部分的荷载作等效变换时，其他部分的约束力及内力不变

所谓荷载的等效变换，是将一组荷载改换成合力的大小与位置并不改变的另一组荷载

(称为等效荷载)。在静定结构(图 5-37(a))内一个几何不变部分 CD 上的荷载,产生于除 CD 杆外的内力分布称为 S_1,荷载等效变换成图 5-37(b)所示,产生的内力分布称为 S_2;若将图 5-37(b)中荷载反向作用并与图 5-37(a)叠加,则成为图 5-37(c)所示 CD 杆受一组平衡外力作用,根据上述第 3 特性,这时,除 CD 杆外,其余各杆内力分布应有 $S_1 - S_2 = 0$,故有 $S_1 = S_2$,得证。荷载等效变换后改变的仅是该局部(CD 杆)的内力。

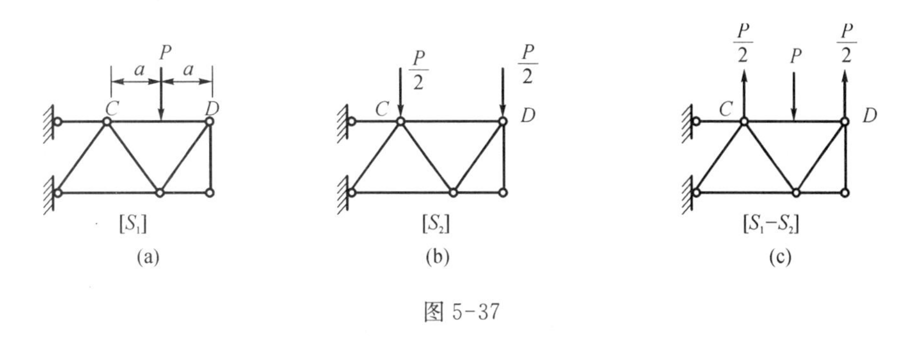

图 5-37

5. 静定结构内几何不变部分若作构造上的等效变换时,其他部分的约束反力及内力不变

局部构造的等效变换是指局部几何组成的改变,但不改变该部分与其他部分联系处的约束性质,例如图 5-38(a)所示桁架在荷载 P_1、P_2 作用下处于平衡状态,取出其中几何不变的 $ADEF$ 部分,将其变换为具有刚性结点 E 的竖柱 $AEFD$,隔离体如图 5-38(b)所示,它与其他部分的联系与原结构情况相同,原有荷载情况也保持不变,显然,在新结构(图 5-38(c)中计算反力和 N_{FC}、N_{DG} 及其他内力的方式和结果均与图 5-38(a)中相同。在等效变换后的构件 $AEFD$ 中的内力则完全不同于原来的 $ADEF$ 的情况。

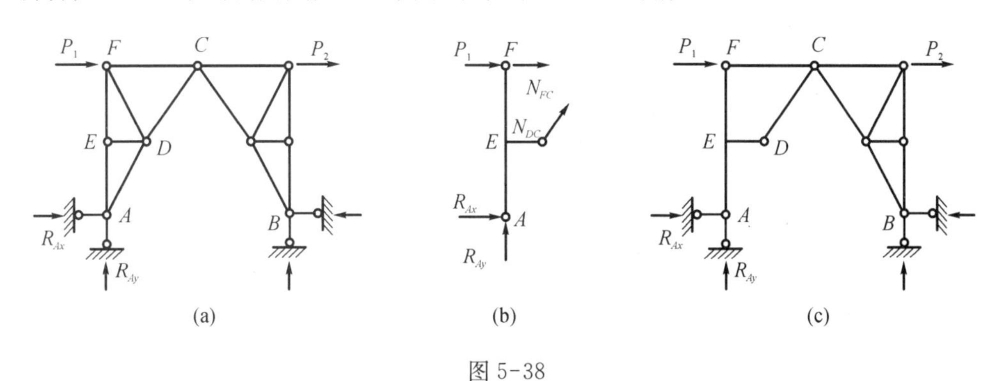

图 5-38

习　　题

[5-1] 试指出如图 5-39 所示桁架中的零杆,并指出荷载作用向支座传递的路径。

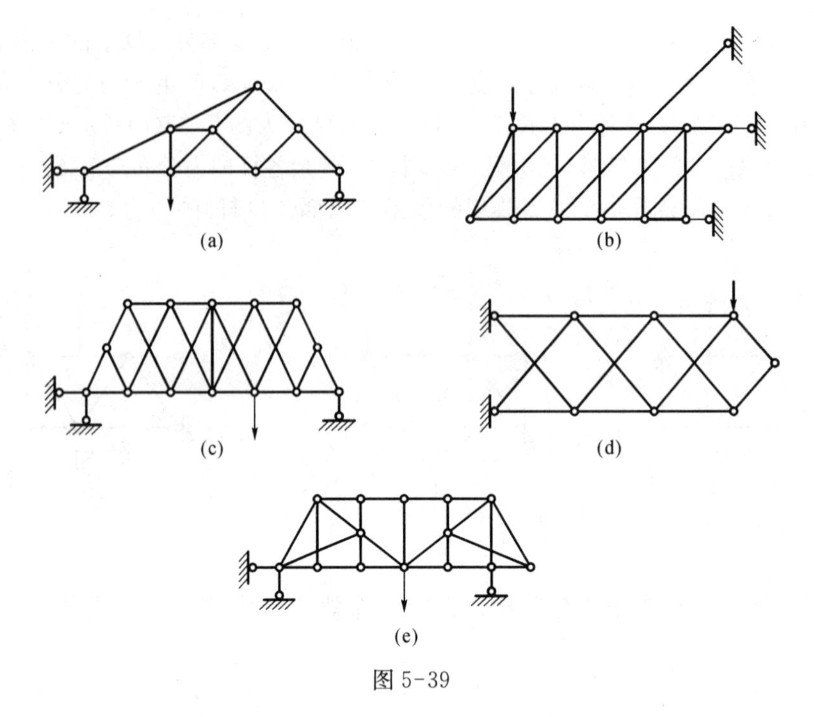

图 5-39

［5-2］ 用隔离体方法求如图 5-40 所示指定的各杆的轴力。

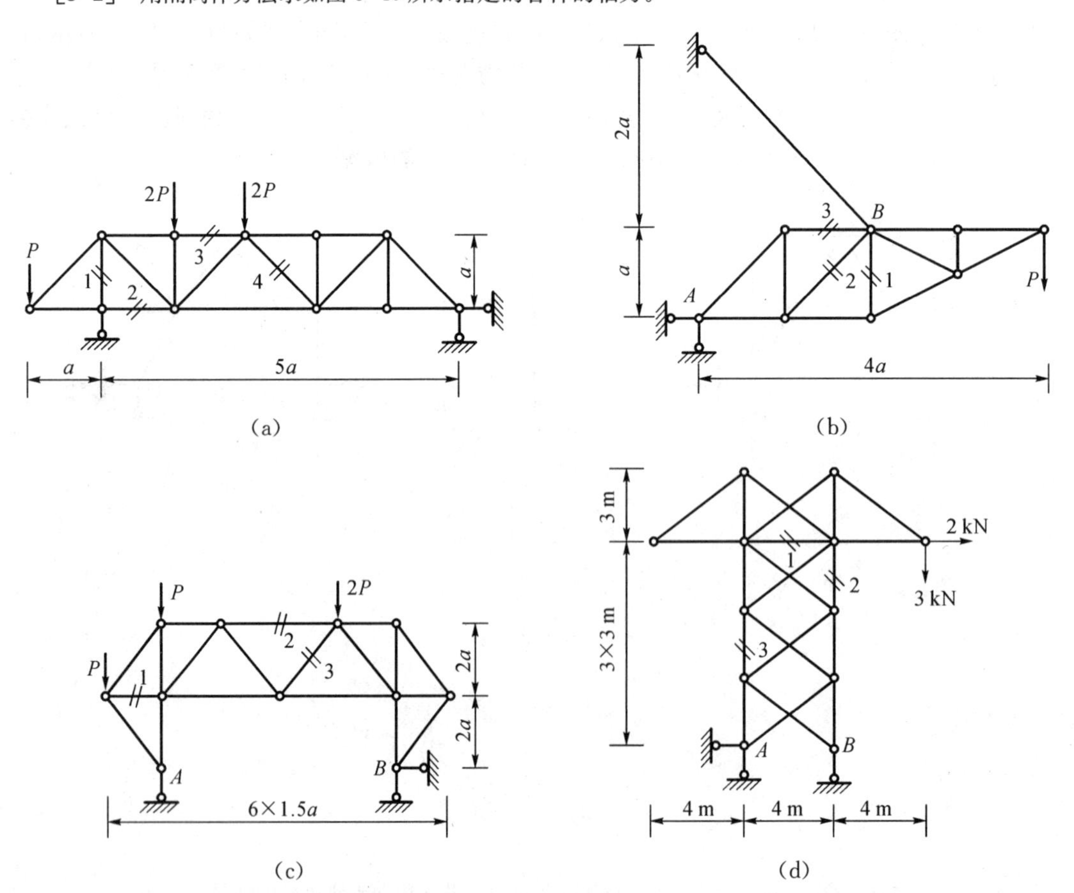

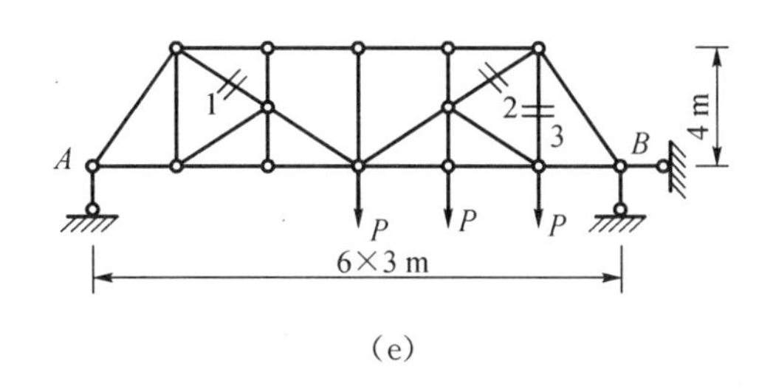

(e)

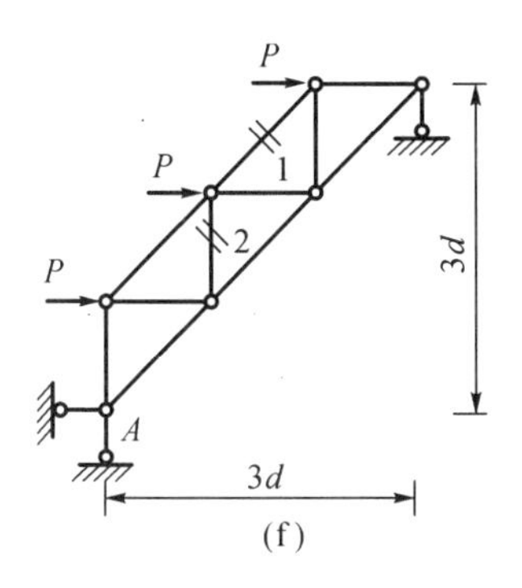

(f)

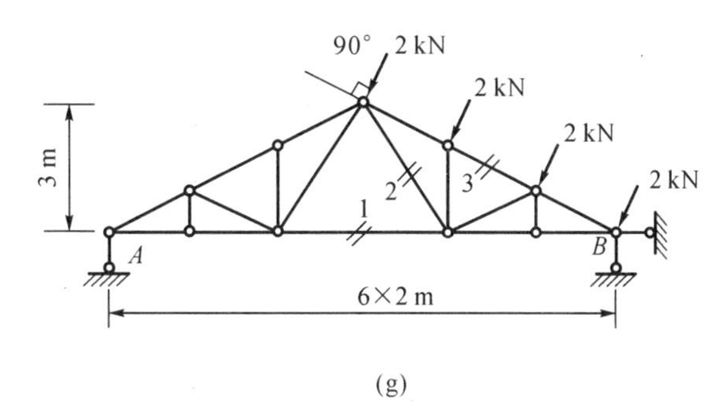

(g)

图 5-40

［**5-3**］ 用隔离体方法求如图 5-41 所示指定的各杆的轴力。

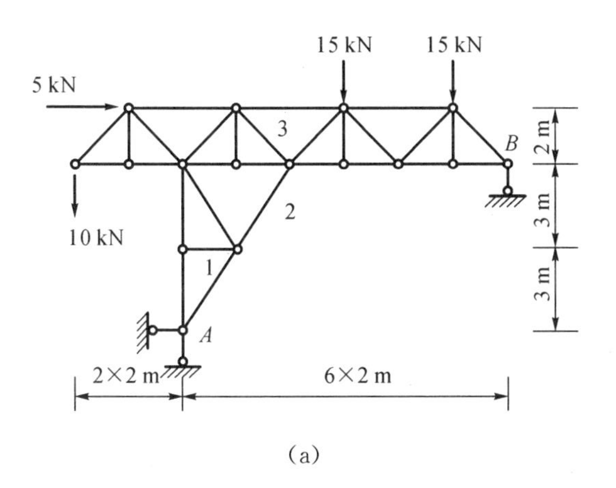

(a)

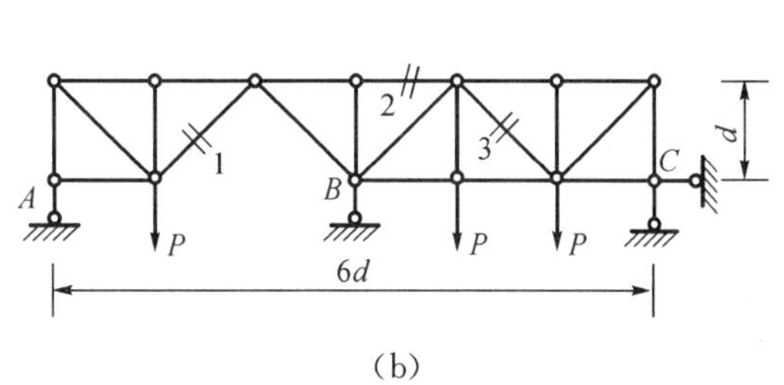

(b)

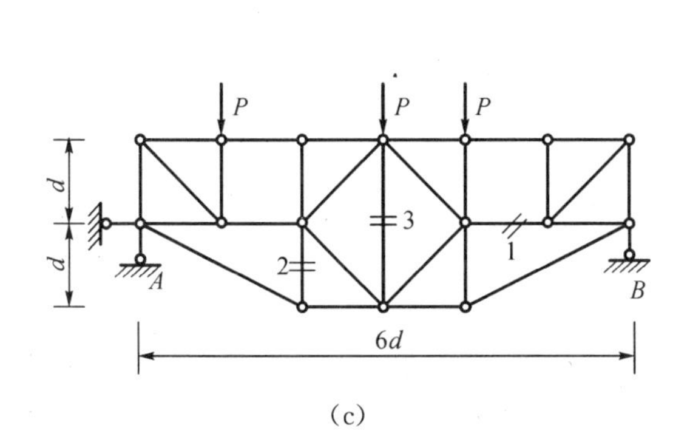

(c)

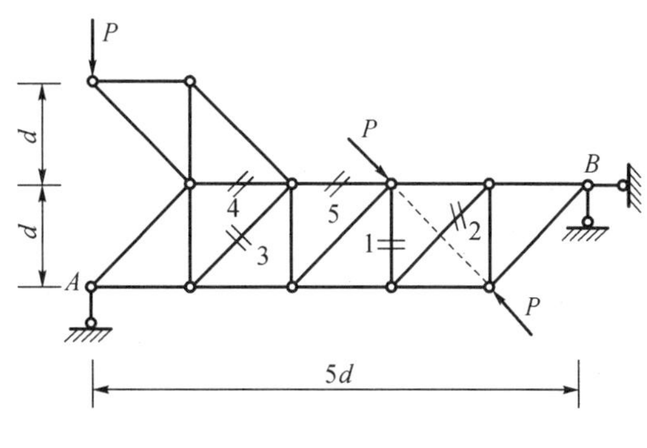

(d)

图 5-41

［5-4］ 试选用两种途径求解如图 5-42 所示各指定杆轴力。

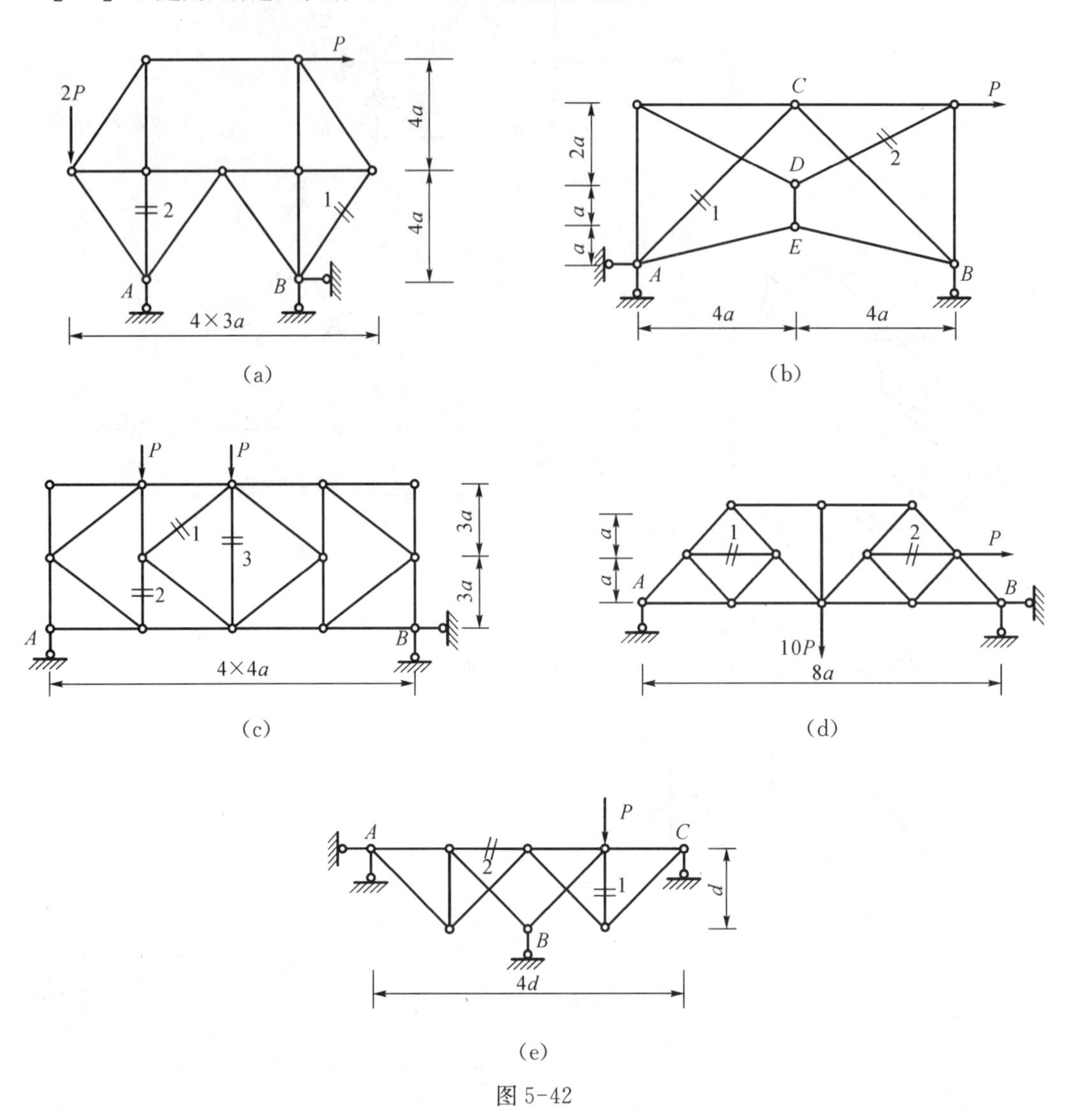

图 5-42

［5-5］ 试求如图 5-43 所示的各三铰拱式体系中支座反力及指定杆轴力。

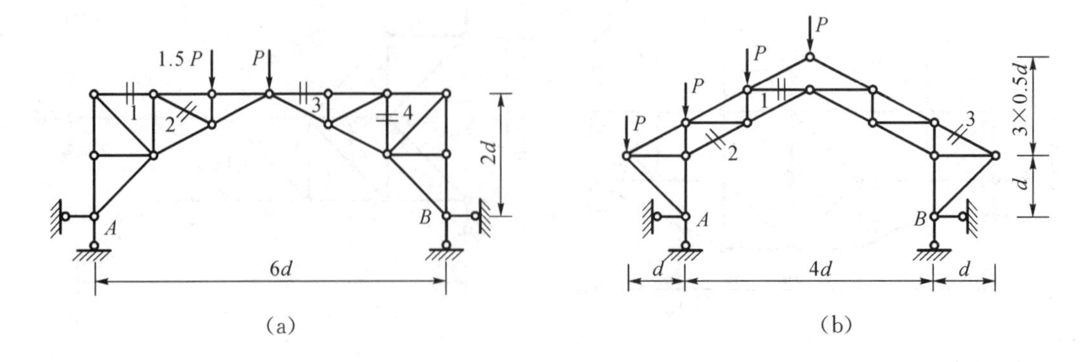

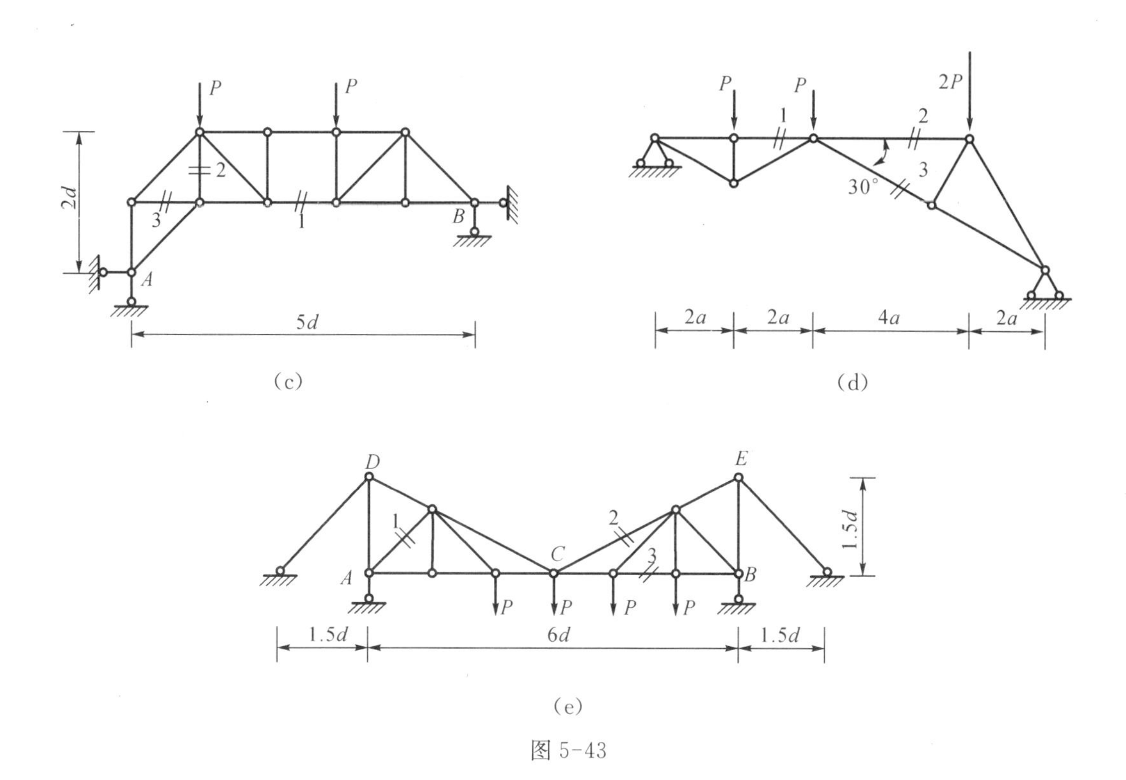

(c)

(d)

(e)

图 5-43

[**5-6**] 利用结构的对称性,求解如图 5-44 所示指定杆的内力。

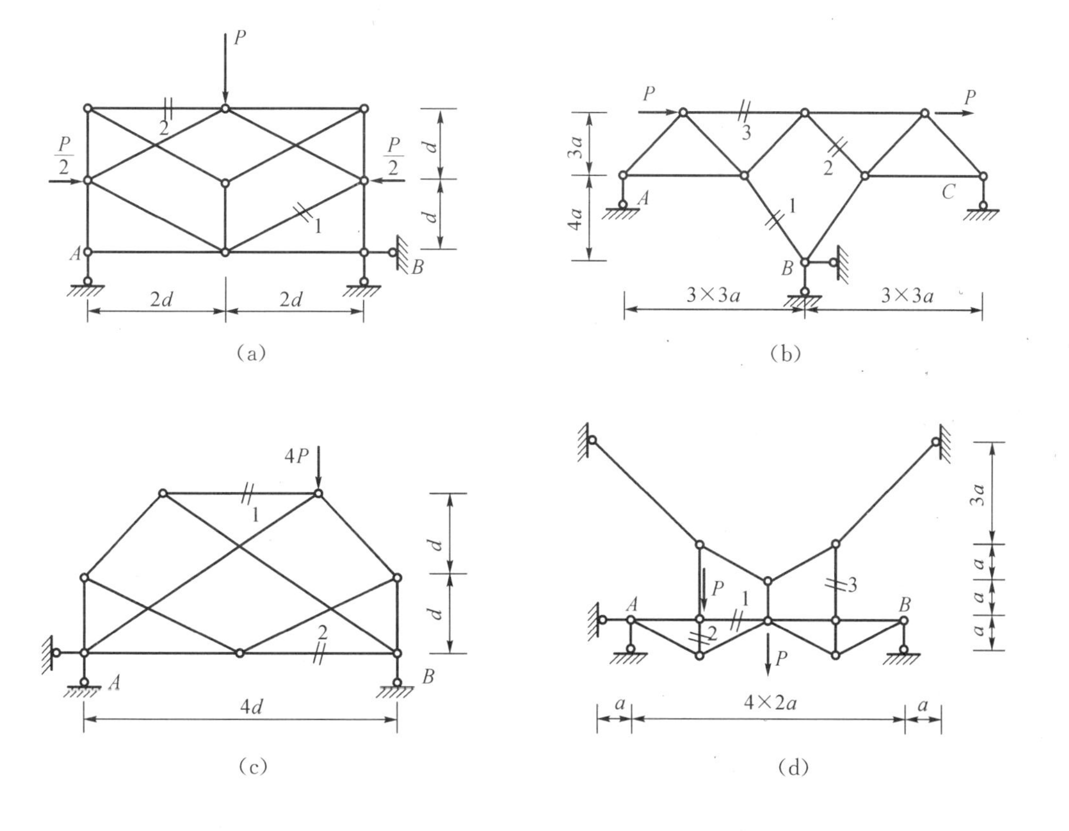

(a)

(b)

(c)

(d)

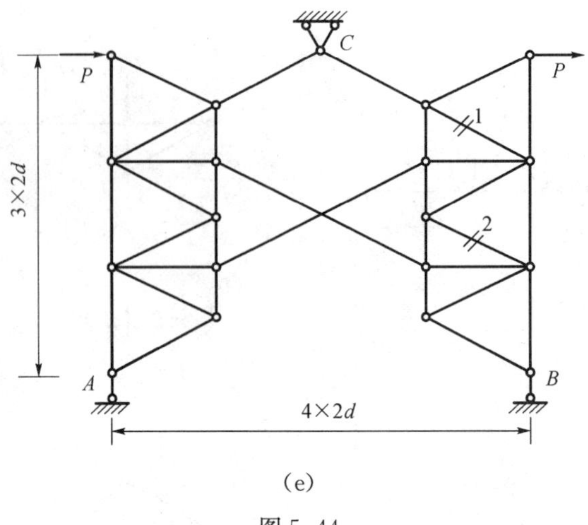

(e)

图 5-44

[5-7] 如图 5-45 所示试选定求解杆件轴力的合适步骤。

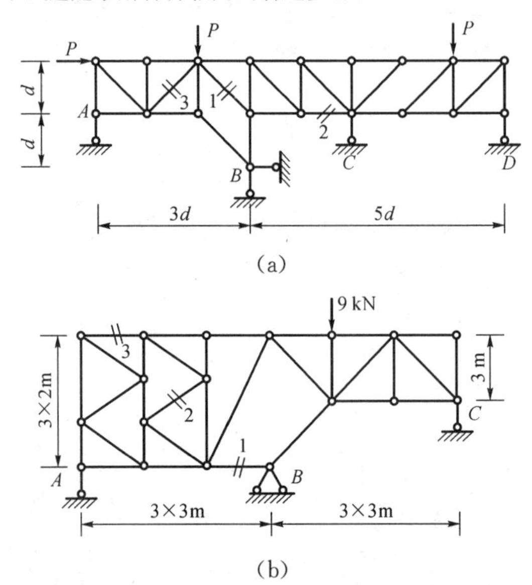

(a)

(b)

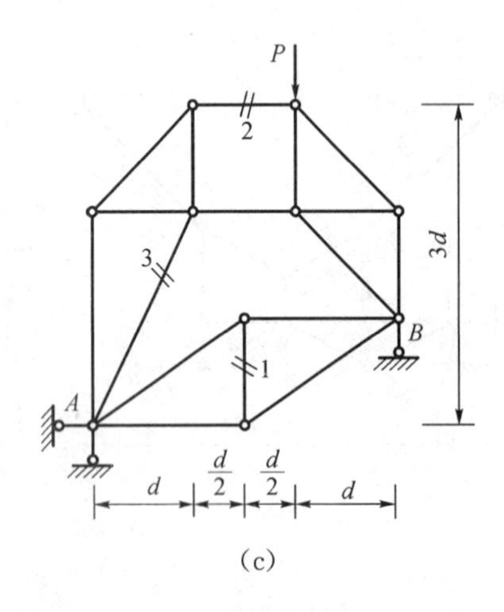

(c)

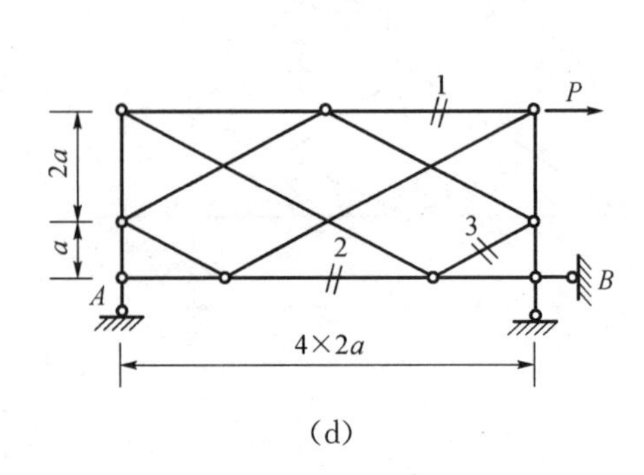

(d)

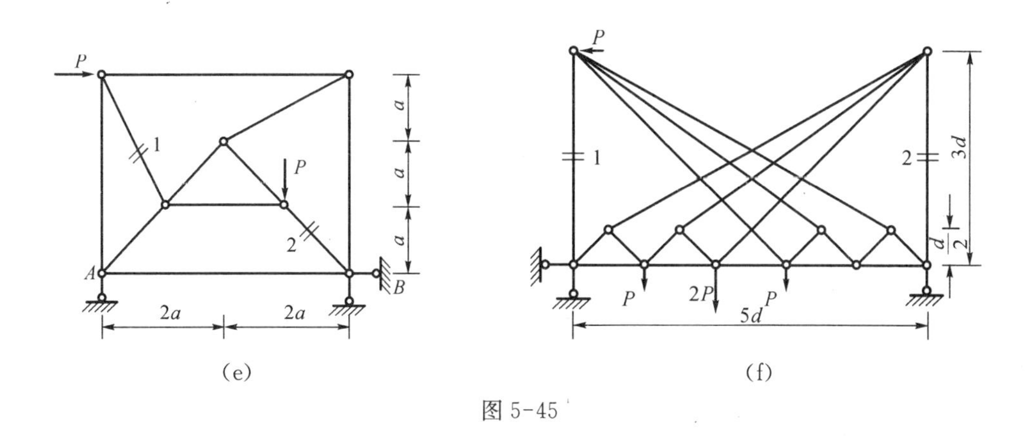

图 5-45

[**5-8**] 分别指出如图 5-46 所示桁架各弦杆、各腹杆中受拉、受压的最大值发生在何处。

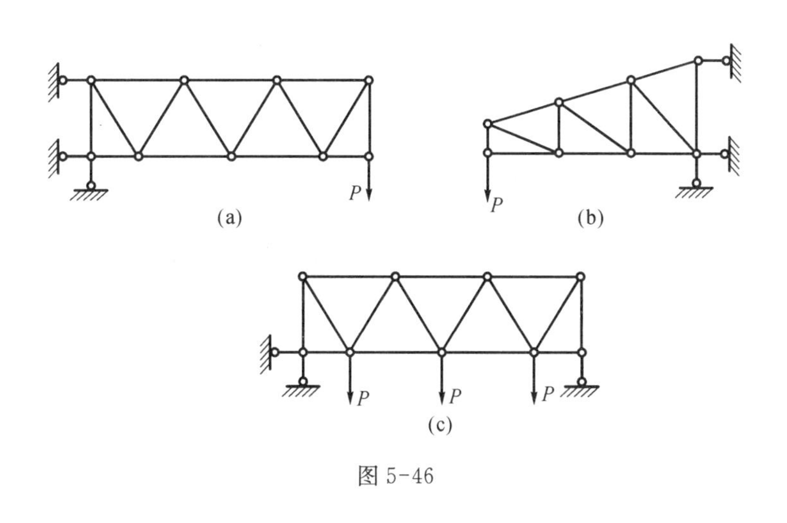

图 5-46

[**5-9**] 求解如图 5-47 所示组合结构中链杆轴力和受弯杆弯矩图。

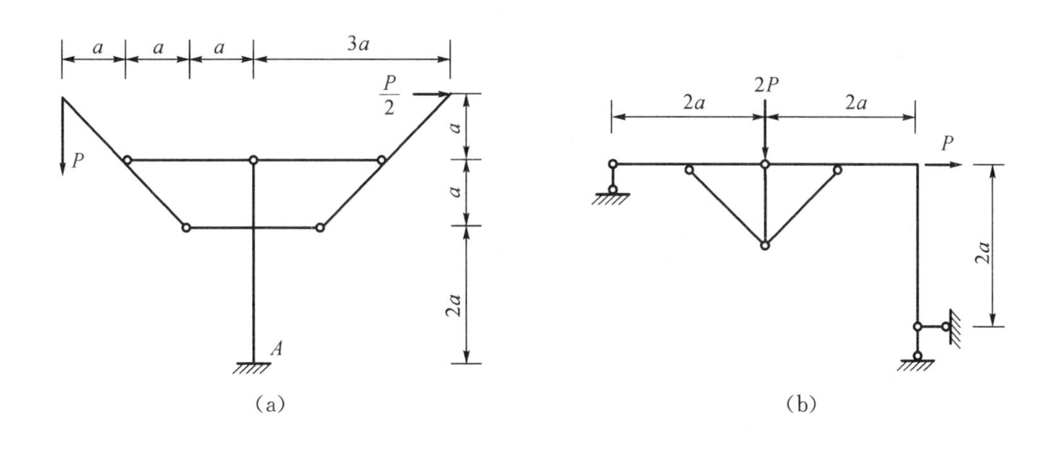

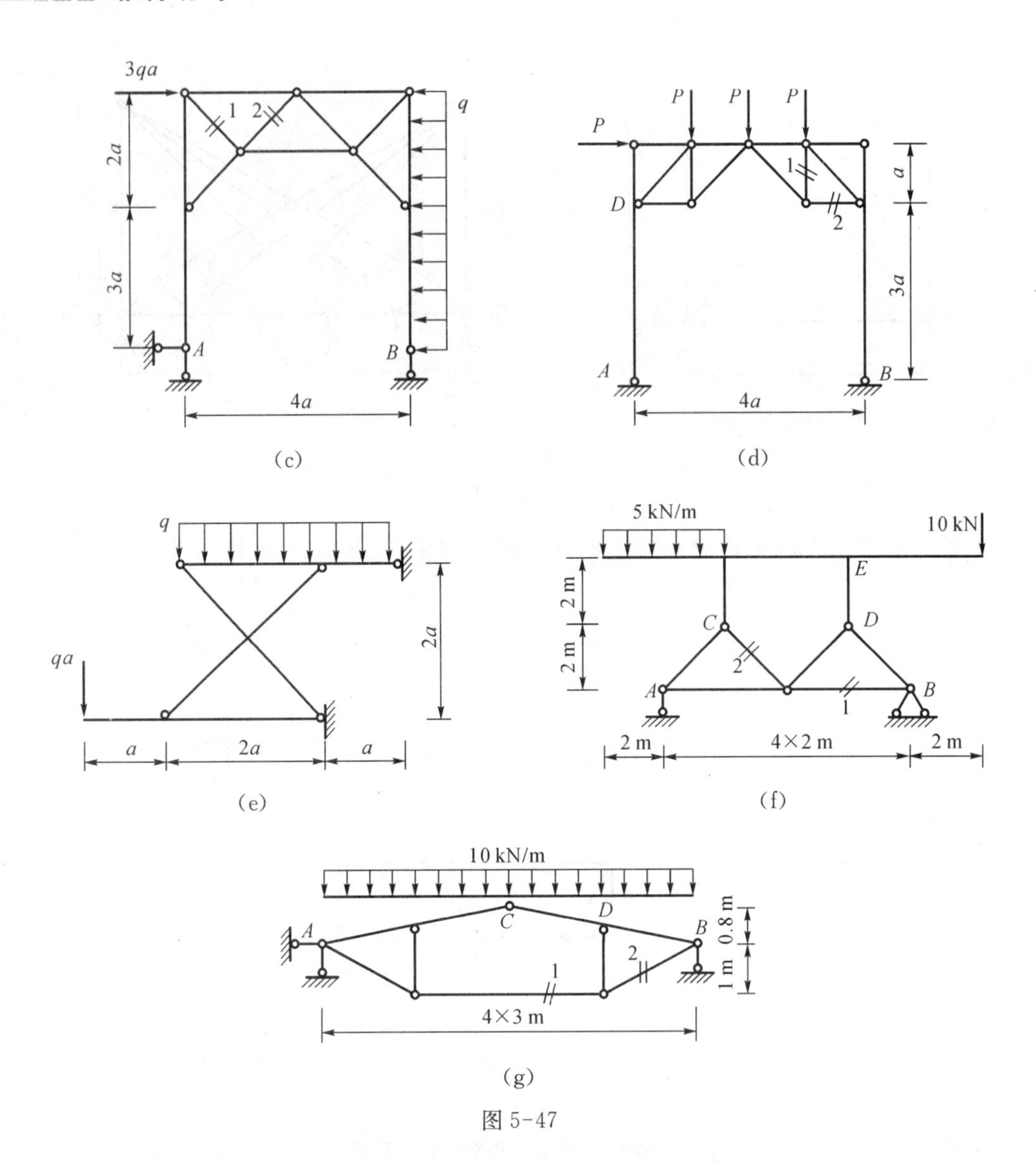

图 5-47

[5-10] 试看荷载 $P = qa$ 对如图 5-48 所示受弯杆有何等影响,并求 N_1。

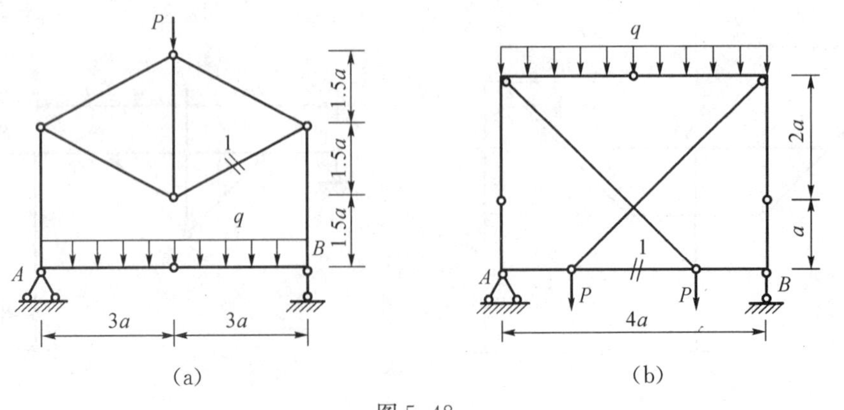

图 5-48

［5-11］ 试确定各组合结构的计算步骤并求 N_1。

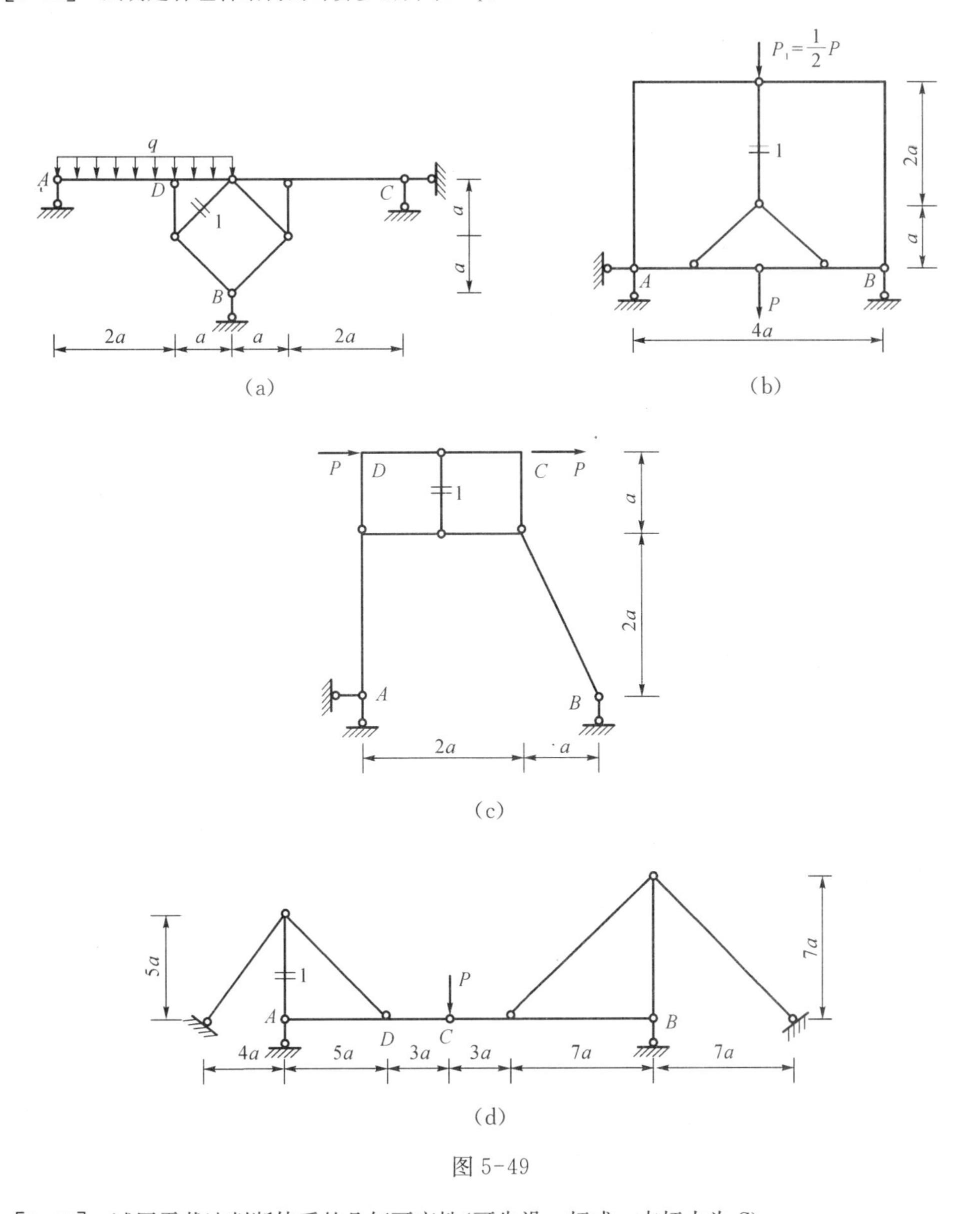

图 5-49

［5-12］ 试用零载法判断体系的几何可变性(可先设一杆或一支杆力为 S)。

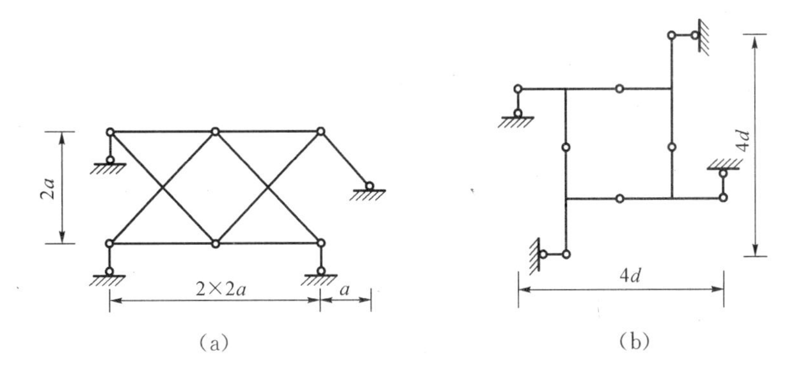

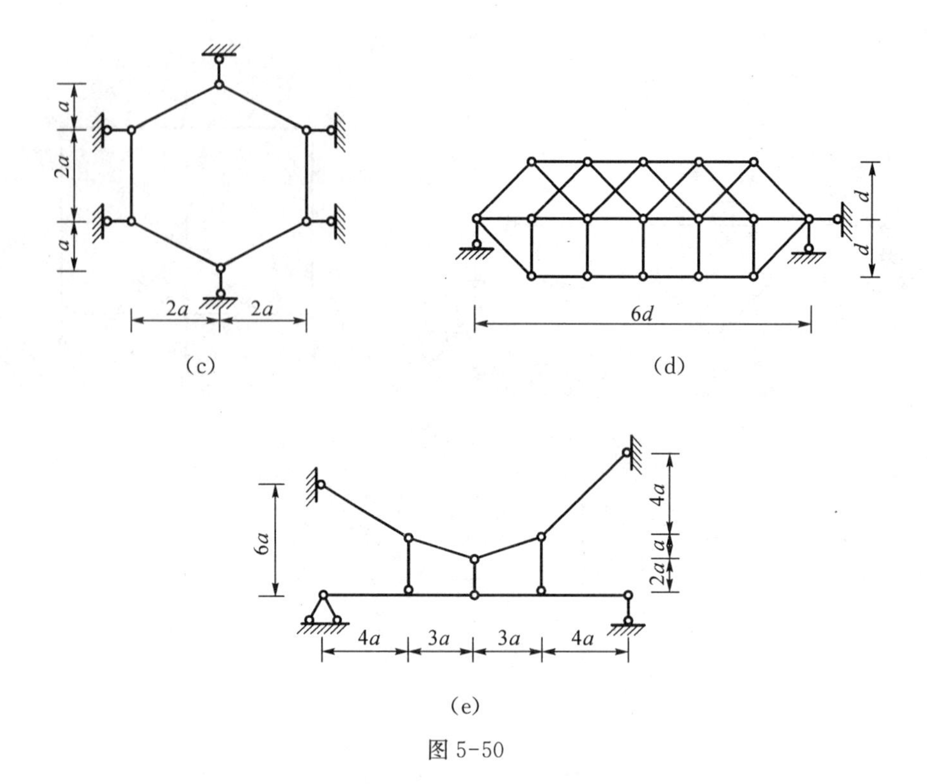

图 5-50

部分习题参考答案或提示

[**5-2**] (a) $N_1=-4P$，$N_3=-2P$

(b) $N_2=\frac{\sqrt{2}}{3}P$，$N_3=\frac{1}{3}P$

(c) $Y_3=-\frac{3}{4}P$

(d) $N_1=-4\text{ kN}$，$N_2=-7.5\text{ kN}$

(e) 采用辅助杆，$X_2=\frac{3}{4}P$

(f) 选好投影轴，$N_2=0$

(g) 选好投影轴，$Y_2=\frac{3}{2}\sqrt{5}\text{ kN}$

[**5-3**] (b) $N_2=\frac{1}{2}P$，$N_3=\frac{\sqrt{2}}{6}P$

(c) $N_1=-\frac{8}{3}P$，$N_3=P$

(d) 注意局部平衡力系 $N_2=P$，$N_5=0$

[**5-4**] (a) $Y_1=P$，$N_2=-\frac{7}{3}P$

(b) 在中央结点上有斜杆间关系

$X_1=\frac{1}{2}P$，$N_2=\frac{\sqrt{5}}{8}P$

(c) $N_1=-\frac{1}{8}P$，$N_3=-\frac{1}{2}P$

(d) $N_2=\frac{1}{2}P$

(e) $R_{Cy}=\frac{1}{4}P(\uparrow)$，$N_2=\frac{3}{4}P$

[**5-5**] (a) $N_1=0$，$N_3=\frac{1}{2}P$

(b) $N_1=\frac{3}{4}P$，$Y_3=\frac{1}{2}P$

(c) $N_1=3P$，$N_3=2P$

(e) $R_{Dy}^0=\frac{5}{3}P$，$X_2=\frac{2}{3}P$

[**5-6**] (a) $X_1=\frac{1}{2}P$，$N_2=\frac{1}{2}P$

(b) $X_1=-\frac{1}{2}P$，$Y_2=\frac{5}{18}P$

(c) $N_1=3P$，$N_2=\frac{9}{5}P$

(d) $N_1=-\frac{1}{2}P$, $N_2=-\frac{1}{2}P$

(e) $X_2=\frac{1}{2}P$, $R_B=0$

[5-7] (a) $R_C=\frac{3}{4}P$, $Y_1=-\frac{1}{2}P$, $N_2=\frac{1}{4}P$, 注意右边荷载影响

(b) $N_1=18\ \text{kN}$, $Y_2=-4\ \text{kN}$,联立方程求反力

(c) $N_1=\frac{1}{3}P$, $X_3=P$,需要时可将 AB 替代为一链杆

(d) $N_2=-\frac{1}{2}P$, $Y_3=\frac{1}{8}P$,选一腹杆为参数

(e) $Y_1=-\frac{2}{3}P$, $X_2=-\frac{7}{6}P$

(f) $N_2=-P$,先分析组成

[5-9] (a) $M_A=Pa$(右拉)

(c) $N_1=-\frac{45\sqrt{2}}{8}qa$

(d) $N_1=1.5P$, $M_D=0$

(f) $X_2=-\frac{5}{2}\ \text{kN}$, $M_{ED}=30\ \text{kN}\cdot\text{m}$(右拉)

(g) $N_1=100\ \text{kN}$, $M_D=5\ \text{kN}\cdot\text{m}$(上拉)

[5-10] (a) $Y_1=\frac{1}{8}qa$, $M_{BA}=4.5qa^2$(上拉)

(b) $N_1=2qa$

[5-11] (a) $R_{By}=4.5qa(\uparrow)$, $M_D=2qa^2$(上拉)

(b) $N_1=2P$,可从下横杆开始

(c) $N_1=6P$, $M_C=4Pa$(右拉),从可独立求出一未知力的隔离体开始

(d) $H=\frac{40}{53}P$, $N_1=-\frac{90}{53}P$

[5-12] (a)、(b)、(d)、(e)几何不变体系

(c) 几何可变体系

6 静定结构的影响线

6.1 移动荷载与影响线的概念

前面几章讨论了静定结构在固定荷载作用下的内力计算，但工程实际中，还提出移动荷载作用在结构上时的内力计算问题。火车、汽车通过铁路、公路的桥梁时，例如图 6-1(a)所示，车辆的轴重就是结构上的移动荷载组；图 6-2(a)所示工业厂房或货场中的吊车桥架沿柱列纵向行驶时，桥架的轮压荷载组在吊车梁上移动。在这类情况下，静定结构各截面的内力和支座反力等量值都随着荷载位置的移动而变化，于是，必须研究移动荷载组作用在结构上的什么位置时将产生某项内力(包括支座约束力)的最大值，以作为结构设计的依据。为此，首先必须研究结构在荷载移动过程中各项内力的变化规律，然后根据这种规律来确定某种具体移动荷载组可能产生的内力最大值。这就是本章的主要内容。

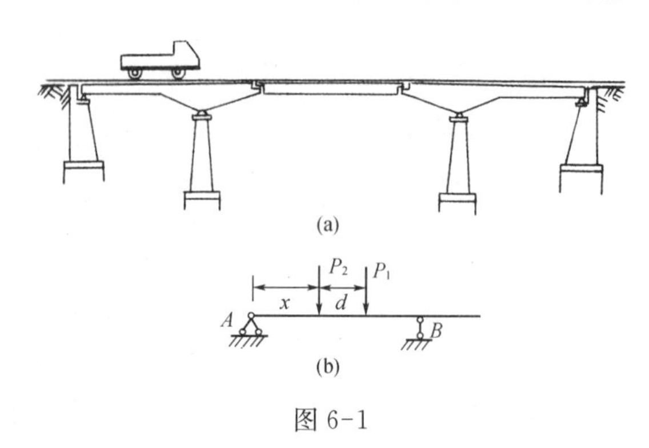

图 6-1

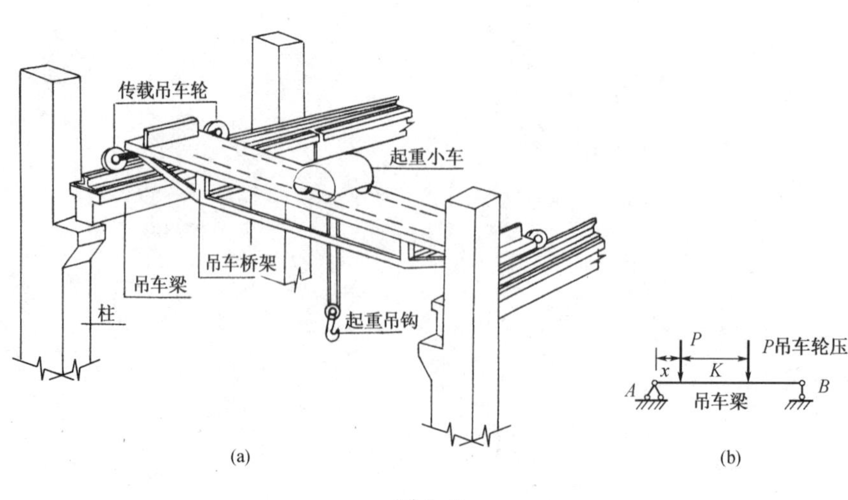

图 6-2

如图 6-1(a)所示简支梁上，当汽车轴重自左向右移动时，反力 R_B 将逐渐增大，反力 R_A 则逐渐减小；同时，梁上各个截面的内力都在变化，且变化规律各不相同，即使同一截面的各项内力(如 M、V)也按不同的规律变化着。因此，只能对每个内力逐一地分析。

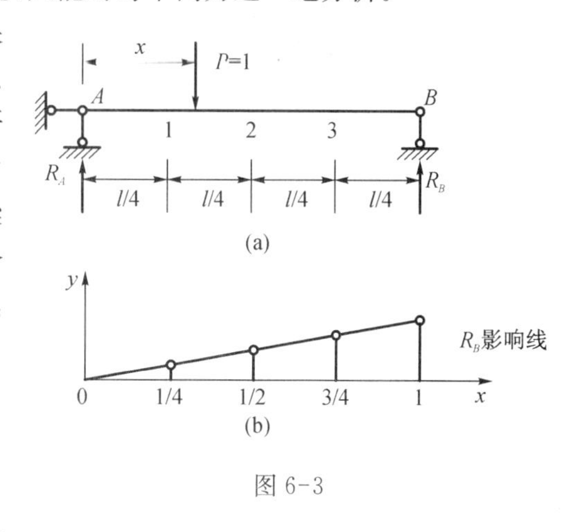

图 6-3

实际的移动荷载最常见的是由多个间距保持不变的竖向荷载所组成，为了简便起见，可以先取一个最具代表性的单位集中荷载 $P=1$，研究它沿结构移动时对某项约束内力或约束反力所产生的影响过程。如图 6-3(a)所示，简支梁 AB 上只作用一个单位移动荷载 $P=1$，当它分别移动到 A、1、2、3、B 诸等分点时，反力 R_B 的数值由平衡条件分别求得为 0、1/4、1/2、3/4、1。若以水平基线作为横坐标 x，代表 $P=1$ 的作用位置，而纵坐标 y 代表相应产生的 R_B 数值，连接各位置上纵标顶点，所得的图形如图 6-3(b)所示，它清晰地表明了 $P=1$ 在梁上移动时反力 R_B 的变化规律。这一图形就称为 R_B 的影响线。

由此可引出影响线的定义如下：当一个单位荷载在结构上移动时，表示某一约束力(反力或内力)变化规律的图形称为该约束力的影响线。

在作出结构上某反力或内力的影响线后，将可利用它找到具体荷载组的最不利作用位置及相应产生的最大反力或内力值。

6.2 静力法作单跨静定梁的影响线

所谓静力法，就是运用静力平衡条件先列出某项内力或反力与单位移动荷载 $P=1$ 的作用位置之间的关系式——影响线方程，据此即可绘出相应的该项影响线。下面就一带有伸臂的简支梁(图 6-4(a)，说明反力、内力影响线的绘制。

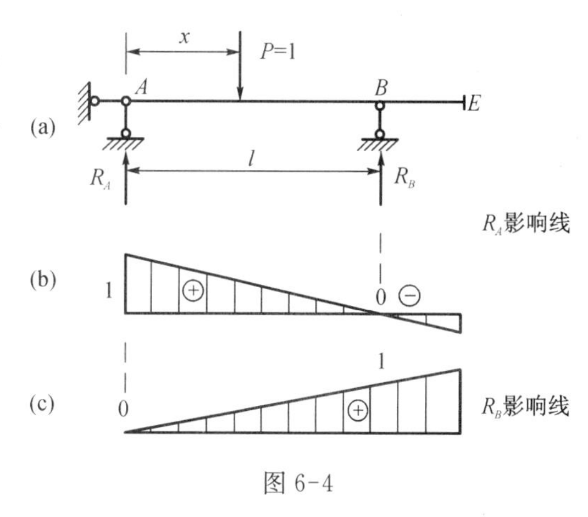

图 6-4

6.2.1 反力影响线

单位集中荷载 $P=1$ 在简支梁 ABE 上移动，其作用位置距左支座 A(坐标原点)为 x，设反力向上为正，由平衡条件 $\sum M_B=0$，得

$$R_A l-P(l-x)=0$$

$$R_A=\frac{l-x}{l}=1-\frac{x}{l} \tag{6-1}$$

上式即为 R_A 的影响线方程，是 x 的一次函数，故 R_A 影响线必为一条直线，由两点纵标即可确定：$x=0$，$R_A=1$；$x=l$，$R_A=0$。当 $P=1$ 移至右伸臂上时，该方程仍适用，$x>l$，则 R_A 得负值。在水平基线上对应于梁上 A、B 处分别画出纵标 1 和 0，连以直线并向右延长，即得 R_A 影响线，如图 6-4(b)所示，其中某点的纵标代表荷载 $P=1$ 移至该点时产生的 R_A 值。

右支座反力 R_B 的影响线方程可按图 6-4(a)由 $\sum M_A=0$ 或 $\sum y=0$ 导出：

$$R_B=\frac{x}{l} \tag{6-2}$$

当荷载移至右伸臂上时此方程也适用，R_B 影响线如图 6-4(c)所示。

绘制水平梁的影响线时，一般规定将正号纵标画在基线上方，负号纵标画在下方，并在图中注明⊕、⊖号，如图 6-4(b)、(c)所示。应当指出，由于所设移动荷载 $P=1$ 是无量纲的，故反力影响线的纵标也是无名数。以后将会看到，在利用影响线研究实际荷载的影响时，再计入实际荷载的相应单位。

6.2.2 跨内截面 C 的剪力影响线

设截面 C 距离左端为 a（图 6-5(a)），荷载位置 x 的坐标原点仍设在左端 A。当 $P=1$ 在截面 C 以左（AC 段）移动时，为求剪力 V_C，可取右段为隔离体（图 6-5(b)），并设 V_C 为正号剪力，由 $\sum Y=0$ 得

$$V_C^Z=-R_B=-\frac{x}{l}\quad (x\leqslant a) \tag{6-3}$$

这表明 V_C 影响线的左直线 V_C^Z 就是 R_B 影响线的反号，并取其左段，如图 6-5(c)的基线下方所示。

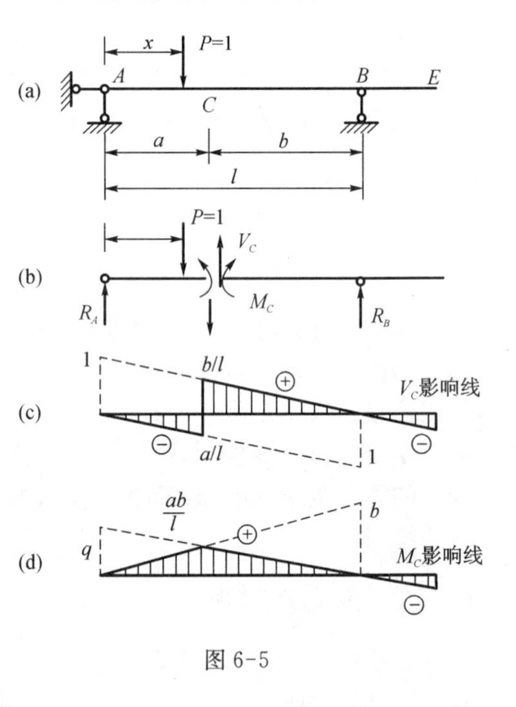

图 6-5

当荷载 $P=1$ 在截面 C 以右（CBE 段）移动时，显然上述平衡方程得出的左直线方程已不再适用，此时可取左段为隔离体，由 $\sum Y=0$ 得

$$V_C^Y=R_A=1-\frac{x}{l}\quad (x\geqslant a) \tag{6-3a}$$

即 V_C 影响线的右直线 V_C^Y 就是 R_A 影响线的 C 点之右段，且也适用至右伸臂段，如图 6-5(c)所示。图中截面 C 处的正、负两纵标可由支点处控制竖距按比例量出。

显然，剪力 V_C 影响线由两段互相平行的直线所组成。图中纵标 $-a/l$ 表示当 $P=1$ 作用在截面 C 稍左时所产生的 V_C 值，纵标 $+b/l$ 表示 $P=1$ 作用在截面 C 稍右时所产生的 V_C 值，当荷载越过截面 C 时，V_C 的突变值为 1。

6.2.3 跨内截面 C 的弯矩影响线

设截面 C 的弯矩为正号(使梁的下边纤维受拉)。移动荷载 $P=1$ 位于截面 C 之左和截面 C 之右的梁段上时,分别选取合适的隔离体(图 6-5(b)),并由 $\sum M_C=0$ 可分别求得 M_C 影响线的方程为

$$\left.\begin{aligned} M_C^Z &= R_B b=\frac{x}{l}b \qquad (x\leqslant a)\\ M_C^Y &= R_A a=\left(1-\frac{x}{l}\right)a \quad (x\geqslant a)\end{aligned}\right\} \tag{6-4}$$

式(6-4)表明,M_C 影响线的左直线 M_C^Z 可用 R_B 影响线(纵标)乘以 b 倍而取其左段,M_C 影响线的右直线可用 R_A 影响线(纵标)乘以 a 倍而取其右段;由两式求得的 $x=a$ 处(截面 C)的纵标均为 $+ab/l$,表明 M_C 影响线的左、右直线恰在截面 C 处相交,在跨内形成一个三角形,且为正号;右直线延伸至跨外伸臂段,M_C 影响线如图 6-5(d)所示。

注意到弯矩影响线的纵标单位应为长度单位。

6.2.4 伸臂上的截面内力影响线

截面 K 位于右伸臂上(图 6-6(a)),欲求其弯矩、剪力影响线方程,可取截面 K 以右的 KE 段为隔离体(图 6-6(b)),改设坐标原点在 K 点。当荷载 $P=1$ 在 K 以左移动(未在 KE 段上)时,有

$$M_K^Z=0;\ V_K^Z=0$$

在 AK 段上,这两项内力影响线的纵坐标均为零。表示作用在基本部分 AK 的荷载不会产生附属部分截面的内力。当 $P=1$ 在 K 以右移动时,可得方程为

$$M_K^Y=-x;\ V_K^Y=+1 \tag{6-5}$$

据此绘出的影响线分别如图 6-6(c)、(d)所示。它反映了悬臂梁的内力影响线的特点。

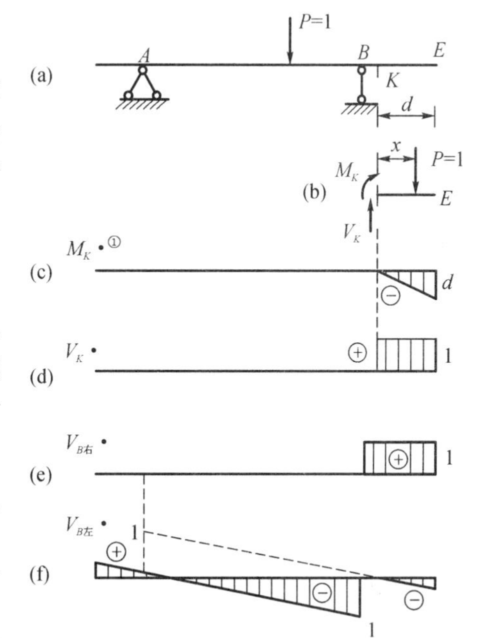

图 6-6

现在设想截面 K 向支点 B 靠近,则支点截面 B 的弯矩影响线零点在 B,形状与 M_K 影响线相似。支点截面 B 的剪力却因有集中力 R_B 作用于该处,必须按支点稍左和支点稍右两个截面分别考虑。$V_{B右}$ 影响线的形状相似于 V_K 影响线,$V_{B左}$ 影响线则可由跨内的 V_C 影响线使突变处截面 C 趋于截面 $B_左$ 而得,分别如图 6-6(e)、(f)所示;这种差别当然是由于截面 $B_右$ 与 $B_左$ 所处地位及所用平衡方程的内容不同而致。

其实上列为零的直线段也是左直线,与右直线之间的转折、平行仍符合弯矩、剪力影响

① 为表示简便,在图 6-6 中,采用符号加黑点如 M_K •、V_K • 表示 M_K 影响线、V_K 影响线等。以后文中也采用这个约定。

线的特征。

特别指出，S_K 影响线的全部纵标都只表示同一个 S_K 的值。

通过下面的例题进一步认识绘制静定梁影响线的静力法。

【例 6-1】 斜梁 AB 右支杆垂直于梁，求作竖向移动荷载作用下反力和截面 K 的各项内力影响线。

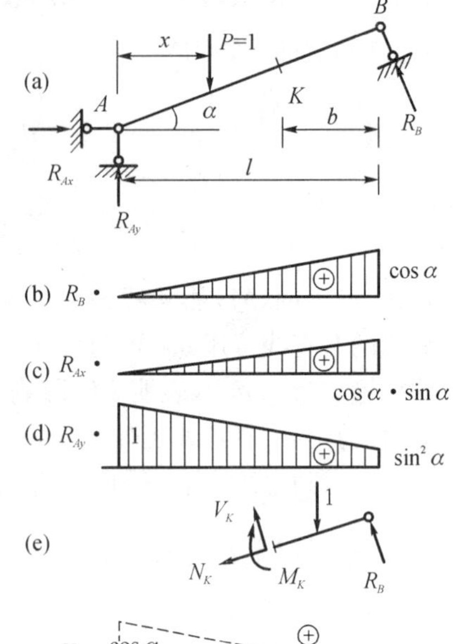

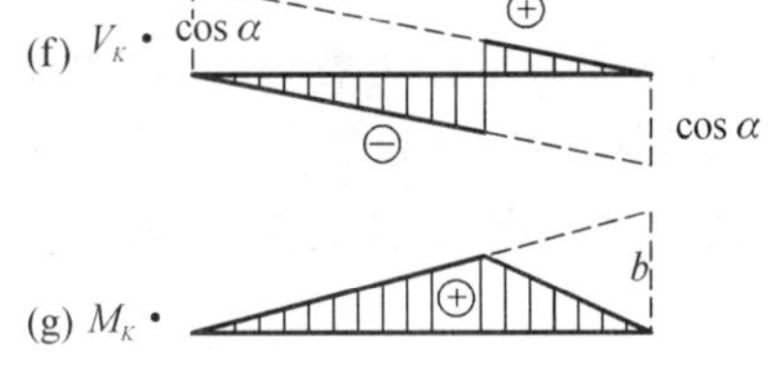

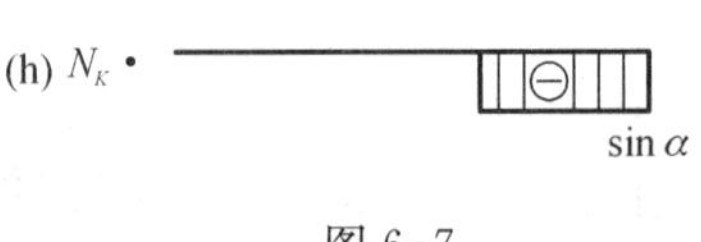

图 6-7

【解】 坐标原点设在 A，基线垂直于荷载。

(1) 反力 R_B：由整体的 $\sum M_A = 0$，得

$$R_B = \frac{x}{\dfrac{l}{\cos\alpha}} = \frac{x}{l}\cos\alpha$$

据两端纵标作出图 6-7(b)。

(2) 反力 R_{Ax}：由整体的 $\sum X = 0$，得

$$R_{Ax} = R_{Bx} = \frac{x}{l}\cos\alpha\sin\alpha$$

其影响线如图 6-7(c)所示。

(3) 反力 R_{Ay}：由整体 $\sum Y = 0$，得

$$R_{Ay} = 1 - R_{By} = 1 - \frac{x}{l}\cos^2\alpha$$

左端纵标为 1，右端纵标不是零而等于 $\sin^2\alpha$，影响线如图 6-7(d)所示。

求截面 K 的内力，取右段隔离体表示如图 6-7(e)，应有荷载 $P=1$ 位于 K 之左或右两种情况。分别按平衡条件表达出剪力、弯矩、轴力的影响线方程。

(4) 剪力 V_K：按垂直于杆轴方向的投影平衡，得

$$V_K^Z = -R_B; \quad V_K^Y = 1\times\cos\alpha - R_B$$

利用 R_B 影响线而得两平行直线，并有负、正号如图 6-7(f)所示。

(5) 弯矩 M_K：当荷载 $P=1$ 在 K 之左时，则

$$M_K^Z = R_B \cdot \frac{b}{\cos\alpha}$$

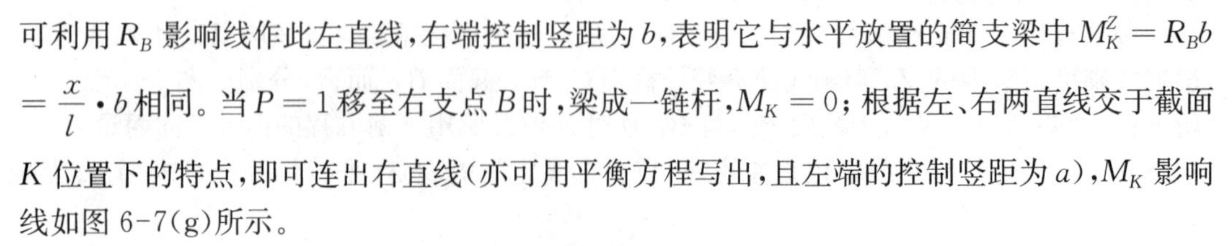
可利用 R_B 影响线作此左直线，右端控制竖距为 b，表明它与水平放置的简支梁中 $M_K^Z = R_B b = \frac{x}{l}\cdot b$ 相同。当 $P=1$ 移至右支点 B 时，梁成一链杆，$M_K = 0$；根据左、右两直线交于截面 K 位置下的特点，即可连出右直线(亦可用平衡方程写出，且左端的控制竖距为 a)，M_K 影响线如图 6-7(g)所示。

(6) 轴力 N_K：按图 6-7(e)沿轴向投影平衡可得

$$N_K^Z = 0;\ N_K^Y = -1 \times \sin\alpha$$

N_K 影响线为左右平行的两条常数直线，如图 6-7(h)所示。

【例 6-2】 求作具有定向滑动支承梁 ABD 的反力、内力影响线。

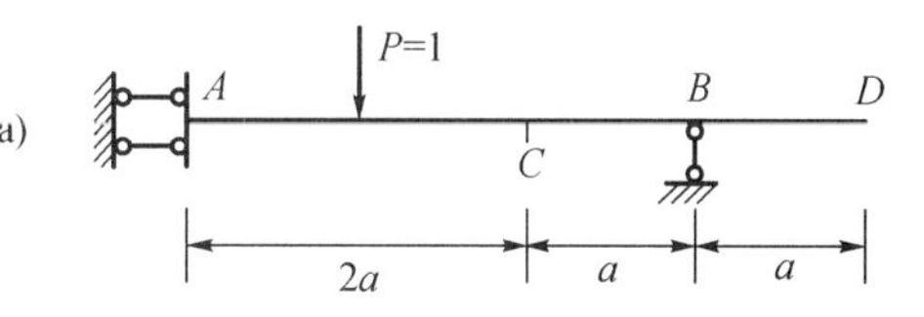

图 6-8

【解】 (1) V_B：由整体平衡条件 $\sum Y = 0$ 得

$$V_B = 1$$

即 $P = 1$ 在任何位置时，V_B 是常量 1。V_B 影响线如图 6-8(b)所示。

(2) M_C：$P = 1$ 在 C 之左时由 CBD 段的平衡条件得

$$M_C^Z = V_B a = a$$

即左直线为常数 a；当 $P = 1$ 在支点 B 时，$M_C = 0$，于是可定出 CB 段的影响线，并向外延伸(也可建立该段的方程)。影响线如图 6-8(c)所示。

【例 6-3】 试作静定梁(图 6-9(a))的撑杆轴力 N_{AC} 和梁上内力 $V_{E左}$、$V_{E右}$、M_D 的影响线。

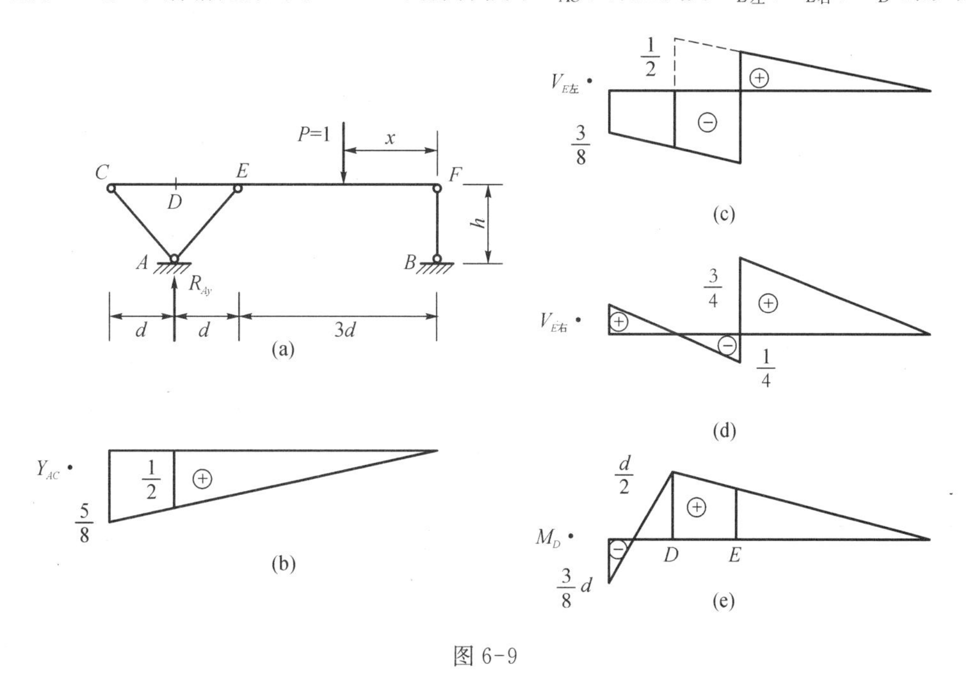

图 6-9

【解】 (1) 反力：支点 A 处仅有竖反力 R_{Ay}；今以右端 F 为坐标原点，可得

$$R_{Ay} = \frac{x}{4d}$$

$$R_B = 1 - \frac{x}{4d}$$

与支点间距为 $4d$ 的简支梁反力影响线相同。

(2) N_{AC}：由结点 A 可知 N_{AC}(设压为正)的竖向分力

$$Y_{AC}=+\frac{1}{2}R_{A_y}$$

其影响线如图 6-9(b)所示。由此即可得到 N_{AC} 影响线。

(3) $V_{E左}$：取杆 $CE_{左}$ 为隔离体,按荷载 $P=1$ 不在或在隔离体上,可由 $\sum Y=0$ 得

$$V_{E左}^{Y}=Y_{AC}\quad(右直线)$$
$$V_{E左}^{Z}=Y_{AC}-1\quad(左直线)$$

由上式分别确定在截面 F、$E_{右}$ 和 $E_{左}$、C 各处纵标,得 $V_{E左}$ 影响线如图 6-9(c)所示。

(4) $V_{E右}$：在 $E_{右}$ 截面切开,分别由 $\sum Y=0$ 得

$$V_{E右}^{Y}=R_{A_y};\quad V_{E右}^{Z}=-R_B$$

R_{A_y} 影响线在 D 处纵标为 1,在 F 处为 0;R_B 影响线与 R_{A_y} 的平行,在 D 处纵标为 0。故 $V_{E右}$ 影响线如图 6-9(d)所示。

(5) M_D：引截面过 D 时,也截割了斜撑杆。取 CD 为隔离体,由 $\sum M_D=0$ 得

$$M_D^{Y}=Y_{AC}d$$

右直线由纵标 $y_F=0$、$y_D=\frac{1}{2}d$ 而定出;尚须确定 $P=1$ 在 C 处时的纵标 y_C：$M_D=\left(\frac{5}{8}-1\right)d=-\frac{3}{8}d$,于是,连出左直线,如图 6-9(e)所示。当然也可通过建立左、右直线的方程而作此影响线。

由以上所述及例题可以归结要点如下:

① 影响线的专指性。某项约束力 S_K 的影响线上的所有纵标都只表示该 S_K 的值,每一处纵标对应着移动荷载 $P=1$ 的一个作用位置,故可说影响线是荷载移动时对该项约束力产生影响的过程图。若将它与内力图相比较,例如图 6-10(a)所示简支梁上有单个集中荷载固定作用在截面 C 处,相应的全梁 M 图形状虽与图 6-10(b)中 M_C 影响线相似,但 M 图各处纵标代表各个截面在同一时间产生的弯矩值,即 M 图是在一个不移动的荷载作用下产生于不同截面的弯矩分布状态图。两图中仅 C 处纵标的含义是可对应的,其他纵标(如 M_D 与 y_D)的意义却并不相关。

② 影响线的做法和特征。当将荷载 $P=1$ 的作用位置表示为变量 x 时,运用静力平衡条件求出的静定梁某项约束力 S_K 为 x 的函数式,它就代表了该项影响线。由于平衡方程是考虑了荷载 $P=1$ 所在的区位而选定隔离体建立的,所以约束力函数式的适用区间须随 $P=1$ 的所在位置而定,即某 S_K 影响线可能是分为几个段落的。各项内力常与反力相关,都是 x 的线性函数(直线式),故可充分利用反力影响线、由少数几个特征位置的 x 值算出主要纵标,就可绘出由左直线、右直线等组成的 S_K 影响线图形;甚至,就在梁端、S_K 所在截面以及个别疑为可能转折之处,逐一置载 $P=1$ 而求出 S_K 值,即为各处纵标,将各端点连接

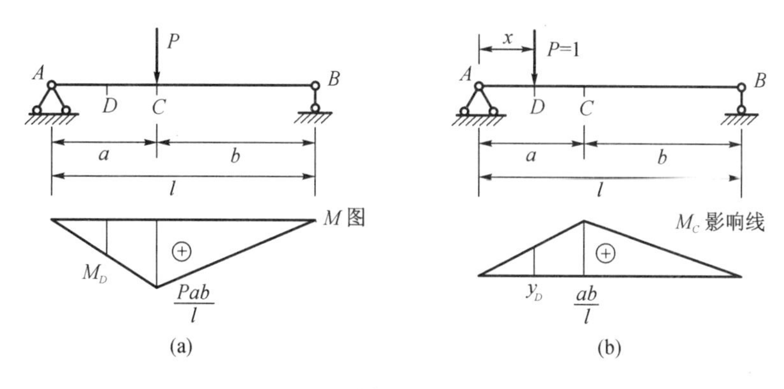

图 6-10

而成 S_K 影响线。反力影响线常为一条直线，剪力影响线的左、右直接相平行，弯矩影响线在该截面位置有一转折点。

③ 影响线纵标的单位与正负号。影响线上的主要(控制)纵标应注以单位，它应是约束力 S_K 原有单位除以载重单位；每个区段应标注正、负号，它应能表示当荷载作用于该符号区段时所产生的约束力 S_K 是什么方向。

以上这些基本概念和方法、特征及标注，不仅适用于各种静定梁，也适用于其他静定结构。

6.3　间接荷载作用下的影响线

间接荷载也称结点荷载，例如荷载直接作用于上层纵梁(图 6-11(a))，通过横梁(结点)将力传递给下层主梁(或桁架)，因此，主梁承受着间接荷载的作用。通常设各结点间的纵梁是简支梁。

间接荷载作用下的各项影响线，可由直接荷载作用($P=1$ 在主梁上移动)时的影响线加以修正而得。如欲绘制图 6-11(a)所示主梁截面 K 的弯矩 M_K 影响线，具体做法如下。首先，当荷载 $P=1$ 沿纵梁移动到各横梁位置时，就相当于荷载直接作用在主梁的结点上，即此时的间接荷载与直接荷载所得 M_K 的影响线纵标完全相同，如图 6-11(c)中的 y_1，y_2，y_3 及两端的零纵标均为有效。

其次，当荷载 $P=1$ 在任一节间移动时，如图 6-11(b)所示位于纵梁 12 上，主梁承受从横梁传来的两个结点荷载 r_1 和 r_2，其位置固定而大小在变化：

$$r_1=\frac{d-x}{d},\quad r_2=\frac{x}{d}$$

根据影响线的定义和叠加原理，截面 K 的弯矩受它们的影响，可写成

$$M_K=r_1y_1+r_2y_2=\left(1-\frac{x}{d}\right)y_1+\frac{x}{d}y_2 \tag{6-6}$$

这就是一个节间内的 M_K 影响线方程，显然式(6-6)是 x 的一次函数，表明在节间是一段

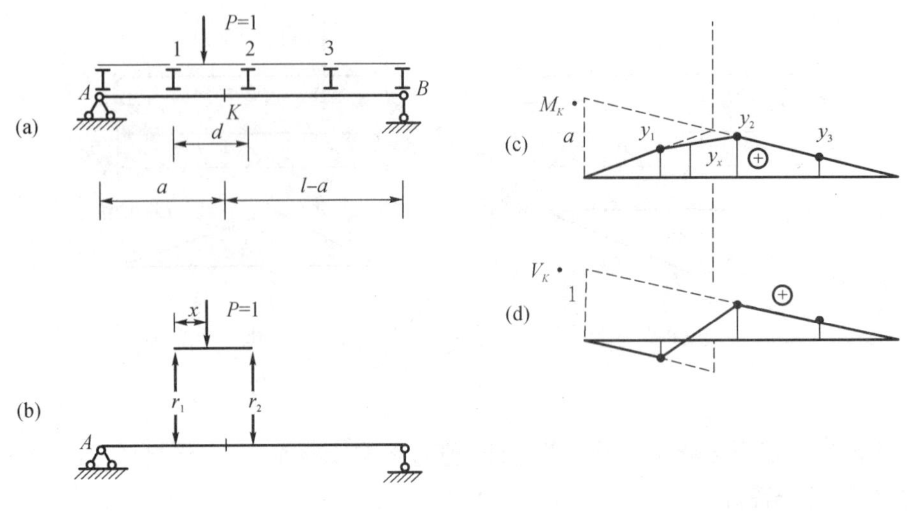

图 6-11

直线。

由此可知，只需找到直接荷载作用下的 $M_K(S_K)$ 影响线的各结点处的纵标，作为间接荷载下的有效纵标，将相邻纵标顶点逐段连以直线，就成间接荷载下的 $M_K(S_K)$ 影响线。由图 6-11(c)可见，两者在大部分节间的直线段是重合的，只是在截面 K 所在的节间 12 内，虚线所示的三角形顶点被修正掉了。

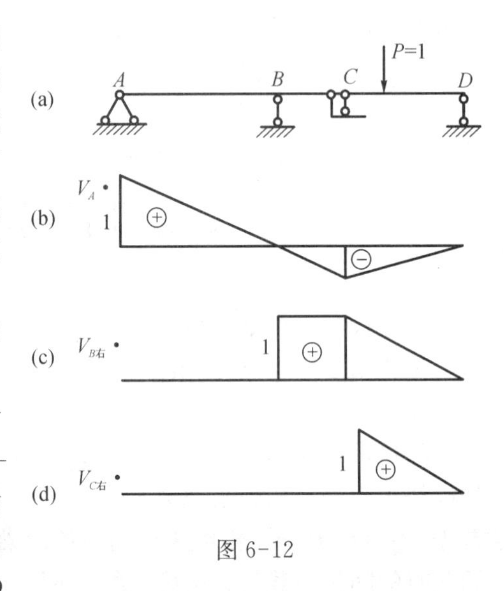

图 6-12

同理可作出 V_K 影响线，如图 6-11(d)所示，即在节间 12 内应连成一斜直线。

上述“先直接，后修正”这一绘制影响线的方法，可以用来绘制多跨静定梁的影响线。如图 6-12(a)所示，附属梁 CD 的一支座就是基本梁的结点 C，故可将 CD 看作直接承载的一段纵梁，其另一支座 D 在地基上。显然，当荷载 $P=1$ 位于 D 时，不产生任何其他内力、反力。于是，基本梁 ABC 中的任一内力影响线只需确定了结点 C 处的纵标，即可连出 CD 部分的直线，如图 6-12(b)、(c)所示。至于梁 CD 中的任一内力影响线，根据附属部分与基本部分之间的传力关系，可知仅局限于 CD 长度内，如图 6-12(d)所示。

【例 6-4】 试分析如图 6-13(a)所示静定梁上截面 B 和 E 的剪力影响线的特点。

【解】 主梁 $ABCD$ 为多跨静定梁，承受间接荷载作用。

(1) $V_{B右}$：截面 $B_{右}$ 位于伸臂部分，其在直接荷载作用下的剪力影响线是 BC、CD 两段直线，如图 6-13(b)的虚线，今按间接荷载情况进行修正，即将各结点（横梁）沿竖向投影到已有影响线上，找到间接荷载下有效的各点纵标，注意结点 3 以左各处均为零，故在 34、45 两节间连出修正直线即可。

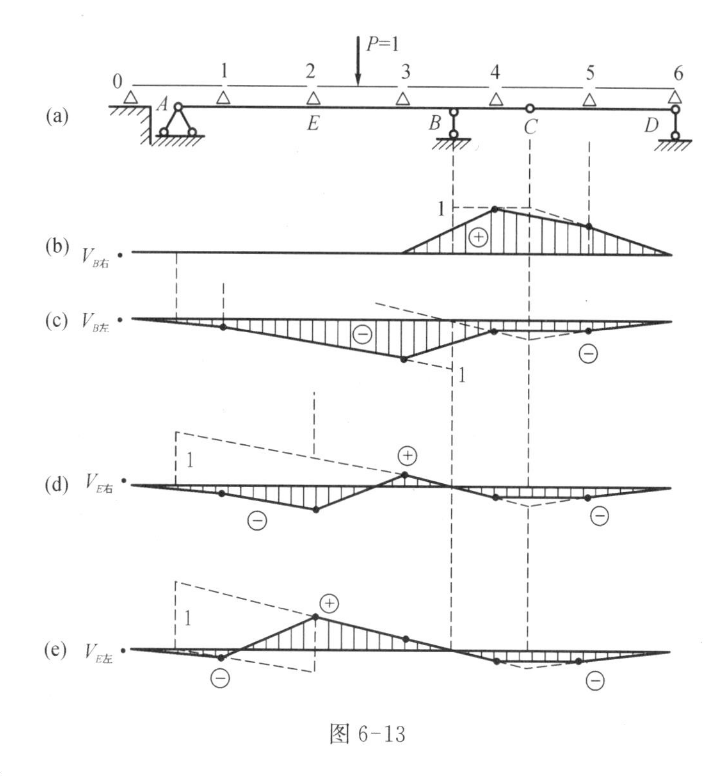

图 6-13

(2) $V_{B左}$：截面 $B_{左}$ 位于主梁基本部分 AB 跨内，直接荷载下的 $V_{B左}$ 影响线(图 6-13(c)中虚线表示)遍及全梁 A 至 D，找到各结点处的有效纵标(包括端结点 0、6 两处的有效纵标为零)后，再逐节连成直线，三个节间作了修正。

(3) $V_{E右}$：由于主梁截面 E 处有横梁传来的集中力，故须分为截面 $E_{左}$ 和截面 $E_{右}$ 两项剪力求其影响线，但两者所依据的直接荷载下的 V_E 影响线却是相同的。注意到计算截面位于结点 E 稍偏右，则结点 E 的投影自然就落在左边直线上，即负号纵标为有效，在节间 23 内的修正如图 6-13(d)所示。

(4) $V_{E左}$：因计算截面位于结点 E 稍偏左，故应在直接荷载下的 V_E 影响线上取 E 处右边的正号纵标为有效，在节间 12 内的修正如图 6-13(e)所示。

6.4 机动法作静定梁及简单刚架的影响线

机动法是绘制影响线的另一方法，它的理论依据是刚体体系的虚位移原理。该原理在理论力学中叙述过，即一个刚体体系在力系作用下处于平衡的必要和充分条件是：体系在任何微小的、约束许可的虚位移中，力系所做的虚功总和等于零。这是虚功原理的一个方面。运用刚体体系虚位移原理，可以求出平衡力系中的未知约束力，在这里，就是移动荷载 $P=1$ 作用下静定结构的支座反力或截面内的约束力，均为与荷载位置有关的变量。

下面应用机动法分别绘制单伸臂梁、多跨静定梁、简单刚架在直接荷载及间接荷载作用下的影响线。

6.4.1 单伸臂简支梁

1. 反力影响线

单伸臂简支梁受单位移动荷载 $P=1$ 作用，如图 6-14(a)所示。为求反力 R_B 的影响线，先撤除与 R_B 相应的约束而暴露出约束力 R_B，并设为正方向，如图 6-14(b)所示；此时，梁已具有一个机动自由度，然后另外给予此机构沿 R_B 方向一个微小的虚位移 δ_B，亦见图6-14(b)，梁 AB 作为一个刚体发生了绕支点 A 的微小转动，以 δ_P 表示与单位荷载 $P=1$ 的作用点和方向相应的虚位移。据虚位移原理，梁上原有平衡力系 $P=1$、R_B、R_A 所完成的虚功总和等于零，即有虚功方程

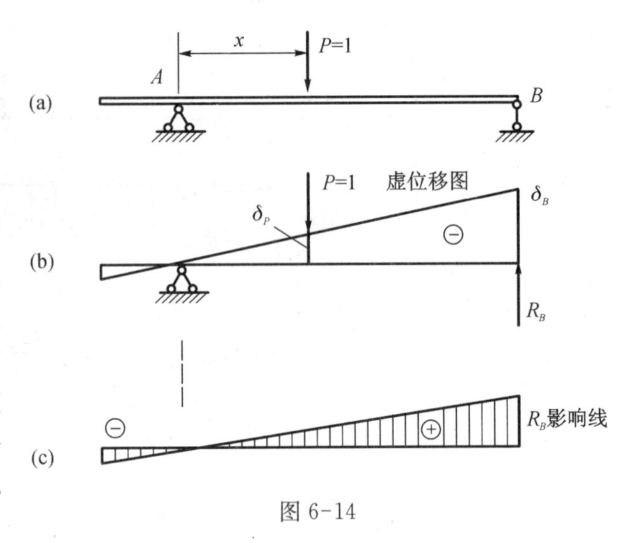

图 6-14

$$1\times\delta_P+R_B\times\delta_B=0$$

得
$$R_B=-\frac{\delta_P}{\delta_B}\tag{6-7}$$

观察这一表达式，δ_B 是在 R_B 方向给定的一个常数，δ_P 与移动荷载 $P=1$ 的任意作用位置相对应，它随 x 而变化，即 δ_P 代表全梁的虚位移图。于是，上式表明反力 R_B 的变化规律与虚位移图 δ_P 相同，并将其中一 $1/\delta_B$ 看作 R_B 影响线纵标的比例尺。

考虑到体系只具有一个自由度，所给定的 δ_B 是任意微小值，则比值 δ_P/δ_B 将是一个确定值；为简便起见，常令 $\delta_B=1$，此时并不改变比值 δ_P/δ_B，则变量 R_B(影响线)的表达式简化为

$$R_B=-\delta_P(x)\tag{6-7a}$$

在虚功方程中的 δ_P 若与荷载 $P=1$ 的方向一致者为正，即如图 6-14(b)中虚位移 δ_P 图在梁轴下方者为正，按上式将其变号而作为影响线纵标时，则在梁轴下方为负，在上方为正，如图 6-14(c)所示。

2. 弯矩影响线

以图 6-15(a)所示截面 C 的弯矩影响线为例，机动法要求先撤除所求截面 C 上与 M_C 相应的抗转约束，即将截面 C 改成铰结点(图 6-15(b))，并标出一对正向弯矩 M_C；然后令左、右截面各沿 M_C 正向发生微小转角虚位移，亦示于图 6-15(b)，即左段刚体 AC 有逆时针向转角 α，右段刚体 BC 有顺时针向转角 β，梁上各处竖位移以 y 表示。该体系的虚功方程为

$$1\times y+M_C\times\alpha+M_C\times\beta=0$$

得

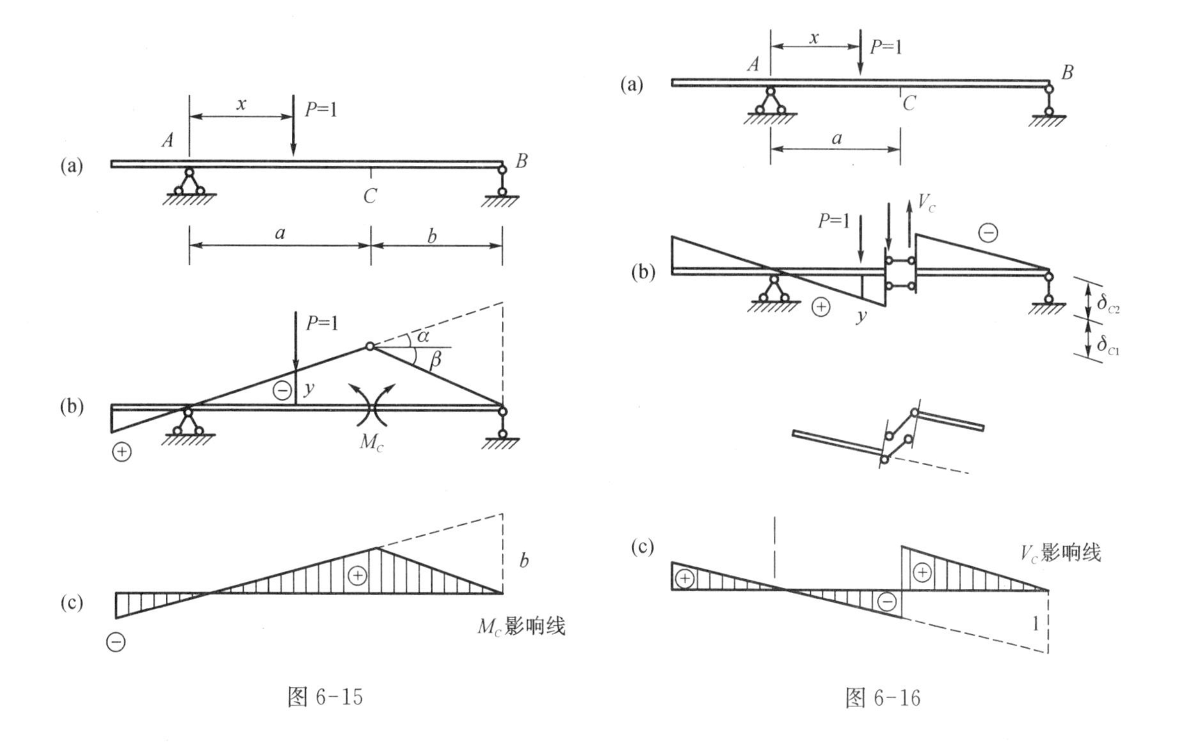

图 6-15　　图 6-16

$$M_C = -\frac{y}{\alpha + \beta} \tag{6-8}$$

若令相对转角 $\alpha + \beta = 1$，则

$$M_C = -y$$

即所得全梁(承载杆)的竖向虚位移图在更改正、负号后就成 M_C 影响线，如图 6-15(c)所示。上述所谓令 $\alpha + \beta = 1$，并非指左、右梁轴(或 C 处左、右截面)间相对转角为 1 rad，而是一个微量，其实是对虚位移 y 图选用了简单化的比例尺

$$\frac{1}{\alpha + \beta} = 1$$

由此，对应于右端 B 处的控制竖距为 $1 \times b$。

3. 剪力影响线

以图 6-16(a)所示 C 截面的剪力影响线为例，机动法要求在所求截面 C 上撤除与 V_C 相应的抗剪约束，即将截面 C 改成“剪力铰”(剪移定向结点)并标出一对正向剪力 V_C，如图 6-16(b)所示。然后令此机构沿 V_C 正向发生微小剪切虚位移，亦示于图 6-16(b)，则左刚片 AC 可绕 A 转动、右刚片 BC 可绕 B 转动，但因 C 处“剪力铰”的联系只容许左、右截面保持平行，故梁轴虚位移图成为左、右互相平行的两段直线。图 6-16(b)中的截面 C 的左、右两侧相对剪切位移 δ_{C1} 和 δ_{C2} 应位于同一竖线上。该体系的虚功方程为

$$1 \times y + V_C \times \delta_{C1} + V_C \times \delta_{C2} = 0$$

得

$$V_C = -\frac{y}{\delta_{C1}+\delta_{C2}} \tag{6-9}$$

若令 $\delta_{C1}+\delta_{C2}=1$，则有

$$V_C = -y$$

即将所得全梁(承载杆)的竖向虚位移图反其正、负号后就成为 V_C 影响线，如图 6-16(c)所示，B 端控制竖距及两平行线间的竖距为 1。

需要指出，以上诸图中，将虚位移和荷载、约束力画在同一个分图上，但该虚位移是另外附加给该平衡力系的，是独立于该力系的。

【例 6-5】 试用机动法画出具有定向滑动支座梁(图 6-17(a))的三处约束力影响线。

【解】 为简化作图，在每一项撤去约束后的机构中，铰支座、定向支座、剪力铰只用小三角、平行截面线表示，相应的正向约束力表示在其下方，画出的机构虚位移图就改号成相应的影响线。

(1) $M_{D左}$ 和 $V_{D左}$：截面在梁的伸臂上，撤除约束后，其右部为几何不变体(图 6-17(b)、(c))，故虚位移只发生左伸臂段在约束力正向的转动($\alpha=1$)和平移。

(2) M_B：在截面 B 左侧加铰后，其右侧定向联系仍只能竖向滑移，相对转角虚位移使梁轴绕支点 D 转动，因该转角 $\alpha=1$，使支点 B 处控制纵标等于 l，影响线如图 6-17(e)所示。

(3) M_C：在截面 C 加铰后其 CB 段因 B 端的定向支座而不能转动，故相对转角虚位移使左段 CD 绕支点转动、右段向上平移，影响线如图 6-17(f)所示。

(4) V_C：在截面 C 改为剪力铰后，CB 段可以平移，于是 CD 段只能维持水平状态而无虚位移，影响线如图 6-17(g)所示。

应当注意各影响线中的正、负号，并与静力法绘制相比较。

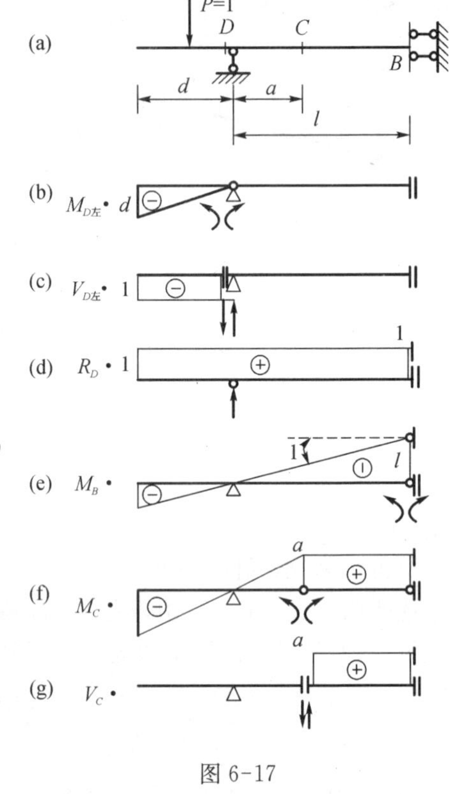

图 6-17

6.4.2 间接荷载作用下的静定梁

用机动法绘制主梁在间接荷载下的影响线，只需注意在给出主梁的虚位移后应取上层纵梁所发生的虚位移图作为影响线的形状。这是因为荷载 $P=1$ 的移动作用线在纵梁，荷载作用点的虚位移 δ_P 发生在纵梁上，它才是虚功方程中的 y。

例如，绘制图 6-18(a)所示主梁截面 C 的内力影响线，先分别撤除与 M_C、V_C 相应的约束，并分别沿 M_C、V_C 的正方向给出微小虚位移 $\alpha+\beta=1$ 和 $\delta_{C1}+\delta_{C2}=1$，主梁轴线的位置

即已确定。由于每一纵梁均假定为简支的小梁，在发生虚位移过程中，所有纵梁（刚体）节间保持一直线段（图 6-18(b)、(d)），而结点（横梁）就在主梁上跟着发生虚位移，故只需在主梁的虚位移图上用直线连接各结点，即得纵梁的虚位移图 y，节间的修正就自然形成。以基线上方为正号，图 6-18(c)、(e)所示即为 M_C、V_C 的影响线。

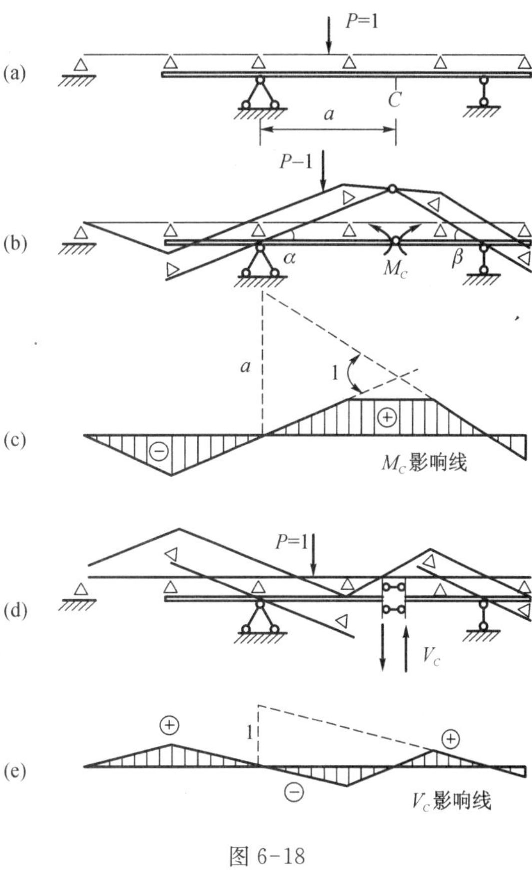

图 6-18

6.4.3 多跨静定梁

多跨静定梁包含基本部分和附属部分，用机动法绘制其各项影响线将是很方便的。前述作图步骤均适用，只需注意下述特点：在撤去与所求内力相应的约束后，若在基本部分形成机构，则除基本部分发生虚位移外，还将影响它的附属部分；若在附属部分形成机构，则虚位移图仅涉及附属部分。

在图 6-19(a)所示多跨静定梁中，截面 n 位于第二层附属梁 EF 跨内，铰 E 以左为其基本部分；作弯矩 M_n 影响线时，形成的机构仅为 EF 梁本身，故虚位移图局限在 EF 段内，呈三角形。按前述单跨梁的办法，定出 E 端控制竖距为 a_n 并为正号，图 6-19(b)即为 M_n 影响线。

截面 m 位于基本部分 AB 梁跨内，铰 C 以右均为其附属部分；作剪力 V_m 影响线时，形成的机构 Am—mC 发生相应虚位移后，铰 C 的竖向虚位移即为确定值，从而使第一层附属梁 CDE 随着绕支点 D 发生转动，继而又使梁 EF 绕右支点 F 转动，如图 6-19(c)所示。因此，V_m 影响线分布于全梁，其控制纵标应由截面 m 所在梁来确定，各支点处的纵标为零。

铰 C 的剪力 V_C 影响线如图 6-19(d)所示，图中表示了撤去 C 处抗剪的竖向约束，给 V_C 正方向以虚位移时，左部不可变，仅右部 CDE 和 EF 可发生虚位移图。

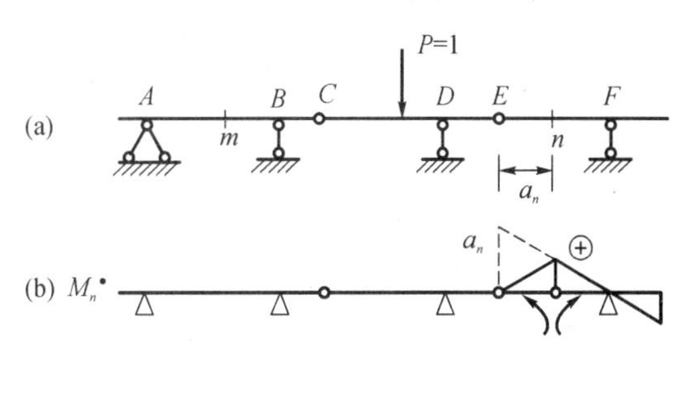

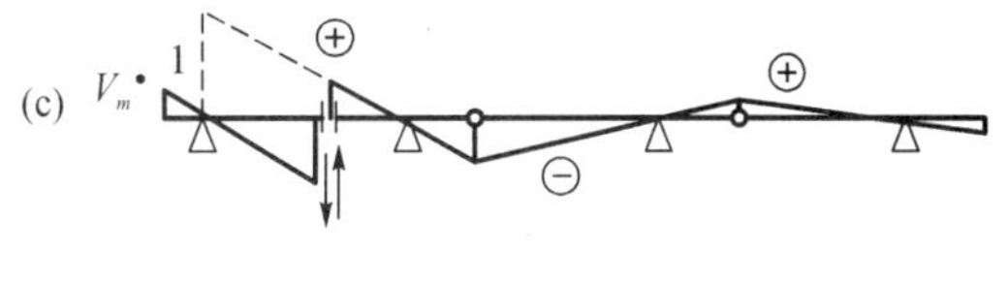

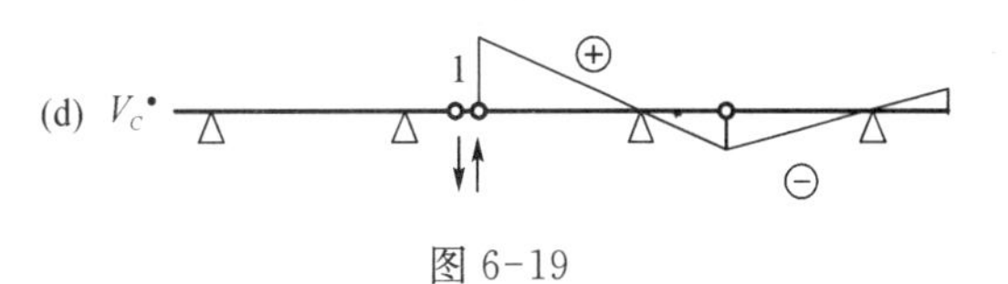

图 6-19

综上所述，用机动法作静定结构某约束

力影响线时，只需解除相应约束并令该处沿约束力正方向发生一单位虚位移，将所得承载杆的符合各处约束条件的虚位移 δ_P 图反号，即以基线上方为正号、下方为负号，就成为该约束力的影响线。

其优点是不经具体的静力计算即可迅捷地确定影响线的形状、正负号及主要纵标，特别是影响线中的各直线段落，清楚地与撤去约束后的体系内各刚片的分界相对应。这为结构设计工作提供了方便，也可对静力法所作影响线进行校核。

6.4.4 简单刚架的影响线

用机动法来绘制如图 6-20(a)所示简单静定刚架的各项影响线也是方便的，只要注意撤去相应约束后，在所标约束力正方向给予单位虚位移，要根据结构的基本部分、附属部分的关系与位置，正确判断将涉及哪些结点、发生什么方向的虚位移，就容易得到全结构的虚位移图，而其中承载杆的虚位移图形即为所求影响线，其正、负号及控制纵标的确定方法与前述相同。在图 6-20(a)中，(荷载 $P=1$ 沿横梁移动)假定 A 处反力矩以顺时针方向为正、竖柱 GB 的轴力以受拉为正，则其影响线分别如图 6-20(b)、(d)所示，各段落均为直线。

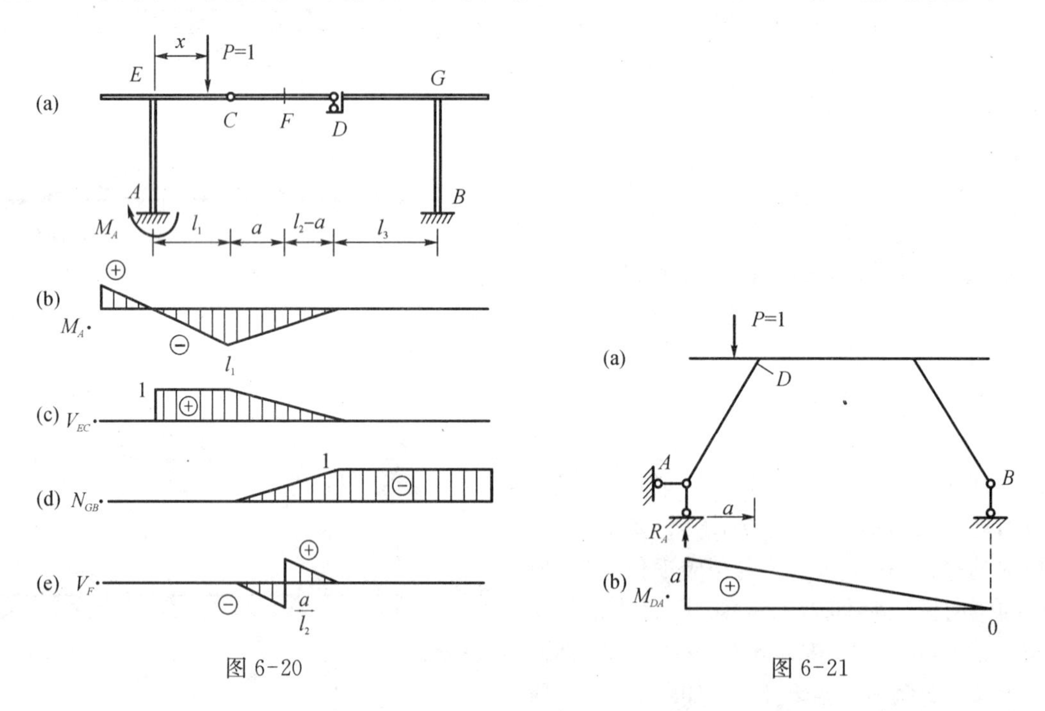

图 6-20　　图 6-21

但静定刚架上确定某一机构的虚位移图常有困难，则可借机动法概念判断影响线的段落划分，具体图形及纵标可用静力法解决。例如图 6-21(a)所示刚架，荷载沿横梁移动，M_{DA} 影响线应是全长一条直线，按静力法表达为 $M_{DA}=R_A a$，如图 6-21(b)所示。

6.5 三铰拱的影响线

下面以图 6-22(a)所示的三铰平拱受竖向荷载为例，说明其反力、内力影响线的特点。

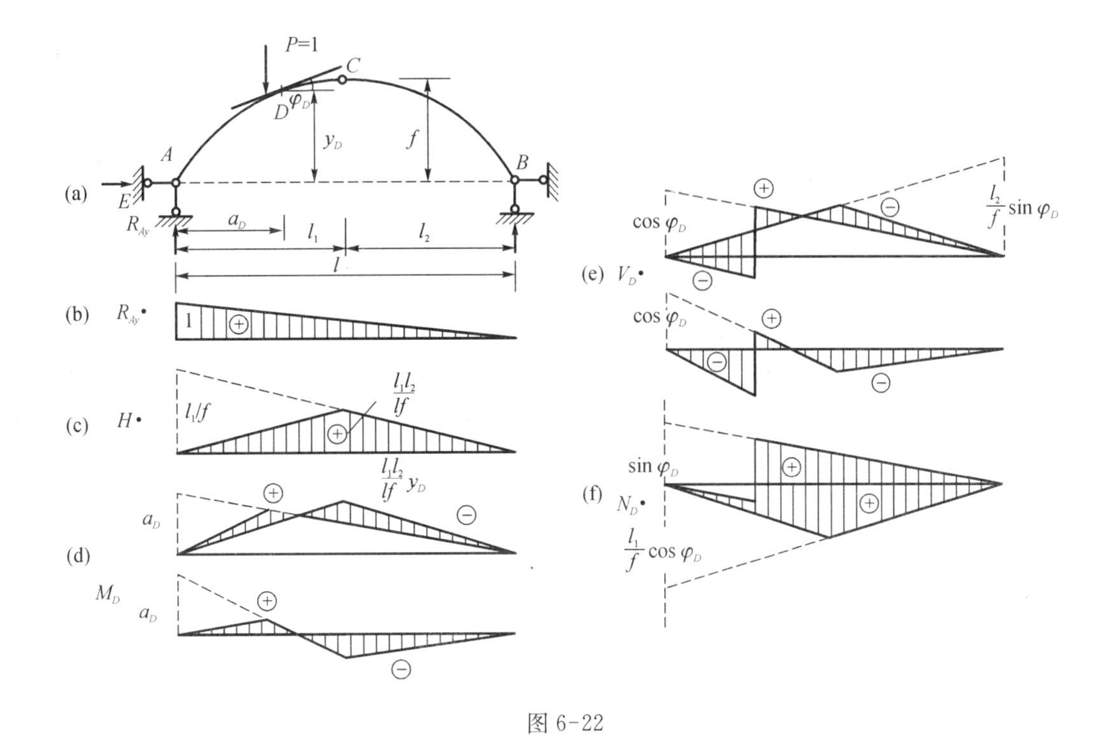

图 6-22

在第 4 章中已导得此种情况下的反力和内力公式为

$$
\left.\begin{aligned}
R_{Ay} &= R_{Ay}^0 \\
H &= \frac{M_C^0}{f} \\
M_D &= M_D^0 - Hy_D \\
V_D &= V_D^0\cos\varphi_D - H\sin\varphi_D \\
N_D &= V_D^0\sin\varphi_D + H\cos\varphi_D
\end{aligned}\right\} \tag{6-10}
$$

现在竖向荷载仅有一个单位力 $P=1$，且作用位置在变化，则上列各式中的 R_{Ay}^0、M_C^0、M_D^0、V_D^0 等即代表与三铰拱相应的简支梁的反力、内力的影响线方程，且均由 x 的一次函数所组成。于是，三铰拱的水平推力 H 的影响线只需将 M_C^0影响线各纵标除以 f 值即得(图 6-22(c))；任意截面 D 的各个内力影响线，将由两项影响线(各处纵标)分别乘以常数后相叠加而得。其中，M_D^0影响线必有顶点在过截面 D 的竖线上，V_D^0 影响线的左、右直线相互平行。图 6-22(d)、(e)、(f)中表示了 M_D、V_D、N_D(以压为正)影响线的叠加方式和最后画在水平基线上的影响线图形，它们都包含 AD、DC、CB 三个段落的直线；其中在支点 A、B 处的竖距来自式(6-10)中第一项或第二项的一条直线，可利用它和中间铰 C 处的纵标连出中段过渡直线。应注意各影响线中正、负号的来由。影响线分段点处的纵标可用置载 $P=1$ 计算该内力值做检验。

图 6-22(f)表示轴向力 N_D 影响线在全跨均为正号，即荷载在跨内任何位置均将使拱轴截面受压。由图 6-22(d)、(e)可见，由于三铰拱的推力 H，使多数位置上的荷载所产生的任

意 D 截面的弯矩和剪力大为减小。

6.6　桁架内力影响线

各种桁架的杆件轴力的计算方法已在上一章讨论过，在此基础上，不难针对一个单位荷载在不同段落移动时，建立某杆轴力的影响线方程；对于梁式桁架更可充分利用简支梁中反力和内力的影响线特征，也可运用逐点置载定纵标的方法，作出杆件轴力的影响线。桁架的承载方式一般是通过纵梁传递到铰结点处，属于间接荷载(结点荷载)情况。

图 6-23(a)为一简支的平行弦简单桁架，其反力影响线与简支梁的相同。今绘制其上弦杆、下弦杆、斜杆及竖杆内力的影响线。先设荷载在下弦移动(简称为下承)。

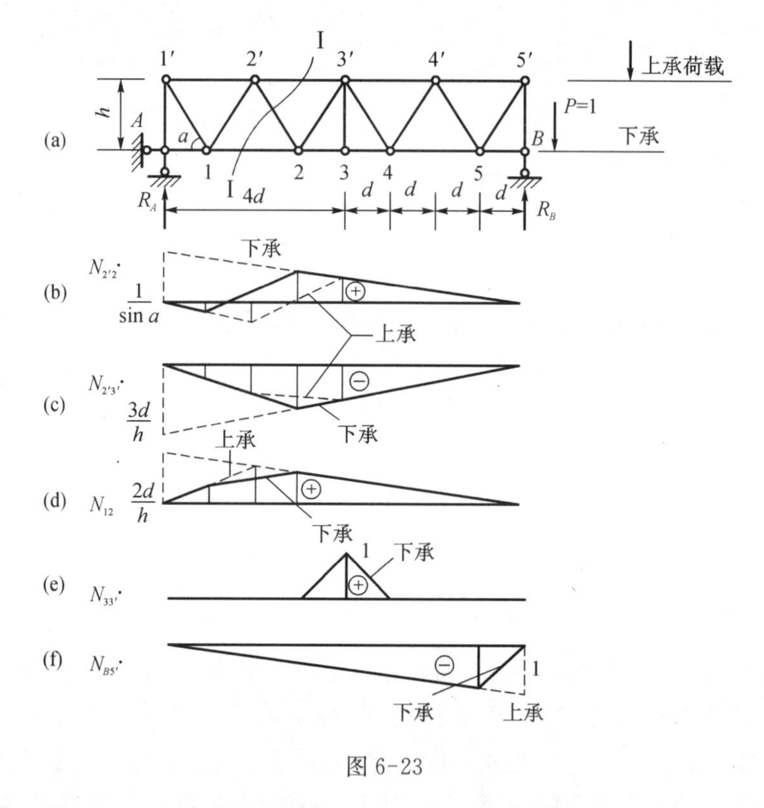

图 6-23

斜杆内力 $N_{2'2}$　为求 $N_{2'2}$ 而取截面Ⅰ—Ⅰ，显然，杆件 $2'2$ 将承担被截节间 12 的剪力 V_{12}^{0}；由 $\sum Y=0$ 得

$$Y_{2'2}=V_{12}^{0} \tag{6-11}$$

即先作出相应简支梁的 V_{12}^{0} 影响线；或按隔离体方式将上式写成

$$Y_{2'2}^{Z}=-R_{B},\quad (左直线)$$
$$Y_{2'2}^{Y}=R_{A};\quad (右直线)$$

然后在平行的左、右直线上找到下弦结点 1、2 位置的有效纵标，连出节间内的过渡直线如

图 6-23(b)实线所示。再由 $N_{2'2}=Y_{2'2}/\sin\alpha$ 即可确定 $N_{2'2}$ 影响线(下承)在 A 端的控制竖距。

上弦杆内力 $N_{2'3'}$　由截面Ⅰ—Ⅰ可知杆件 2′3′将承担被截节间 12 的弯矩,由力矩平衡条件 $\sum M_2=0$ 得

$$N_{2'3'}=-\frac{M_2^0}{h} \tag{6-12a}$$

即先作出相应简支梁的 M_2^0 影响线,纵标应乘以 $-\frac{1}{h}$;或按隔离体方法将上式另写成

$$N_{2'3'}^Z=-R_B\cdot\frac{5d}{h};\quad N_{2'3'}^Y=-R_A\cdot\frac{3d}{h}$$

左、右直线交于力矩点 2 的竖直下方,然后将结点 1、2 位置的有效纵标连成直线,它与左直线重合,$N_{2'3'}$ 影响线(下承)如图 6-23(c)中实线所示。

下弦杆内力 N_{12}　与上同理,由 $\sum M_{2'}=0$ 得

$$N_{12}=\frac{M_{2'}^0}{h} \tag{6-12b}$$

或将上式另写成

$$N_{12}^Z=R_B\cdot\frac{6d}{h},\quad N_{12}^Y=R_A\cdot\frac{2d}{h};$$

其左、右直线相交于力矩点 2′下方,应在节间 12 连出修正直线,N_{12} 影响线(下承)如图 6-23(d)中实线所示。

竖杆内力 $N_{33'}$　直接由下弦结点 3 的投影平衡方程 $\sum Y=0$ 求得 $N_{33'}$

$$N_{33'}=\begin{cases}+1 & (P=1\text{ 在结点 3 时})\\ 0 & (P=1\text{ 在其他下弦结点时})\end{cases} \tag{6-13a}$$

其影响线仅分布在结点 3 之左、右两节间,如图 6-23(e)中实线所示。

B 端竖杆内力 $N_{B5'}$　在结点 B 的 $\sum Y=0$ 得

$$N_{B5'}=\begin{cases}0 & (P=1\text{ 在结点 }B\text{ 时})\\ -R_B & (P=1\text{ 在其他结点时})\end{cases} \tag{6-13b}$$

其影响线如图 6-23(f)中实线所示。

再讨论荷载在桁架的上弦移动(简称为上承)时,上述各项影响线有何改变。用截面Ⅰ—Ⅰ求解杆件 2′2、2′3′和 12 的内力时,影响线方程同下承时一致,但这时被截的承载弦节间改为 2′3′,故上述各内力影响线的左、右直线方程的适用区间要移位,均应将结点 2′与 3′向下投影,得有效纵标并连接成节间过渡直线,如图 6-23(b)、(c)、(d)中用虚线所示。其他节间与下承影响线相同。

杆件 33′、B5′的内力是用结点 3 和 B 的 $\sum Y=0$ 确定的,因现在荷载 $P=1$ 作用于上

弦而始终不在所取的结点上，故 $N_{33'} \equiv 0$，$N_{B5'} \equiv -R_B$。

图 6-23(a)是一简单梁式桁架，其各杆内力影响线的形状尚可用机动法作一校核，即可切开该杆、撤除该杆约束后，在该轴力正向给予虚位移，将杆件两端结点拉近，则左、右两刚片的承载弦的虚位移图 y 易于确定，将其反号后就是该杆轴力的影响线形状。

【例 6-6】 如图 6-24(a)所示简支桁架左端外伸一节，试作杆件 1、2、3、4 的轴力影响线，荷载在下弦移动。

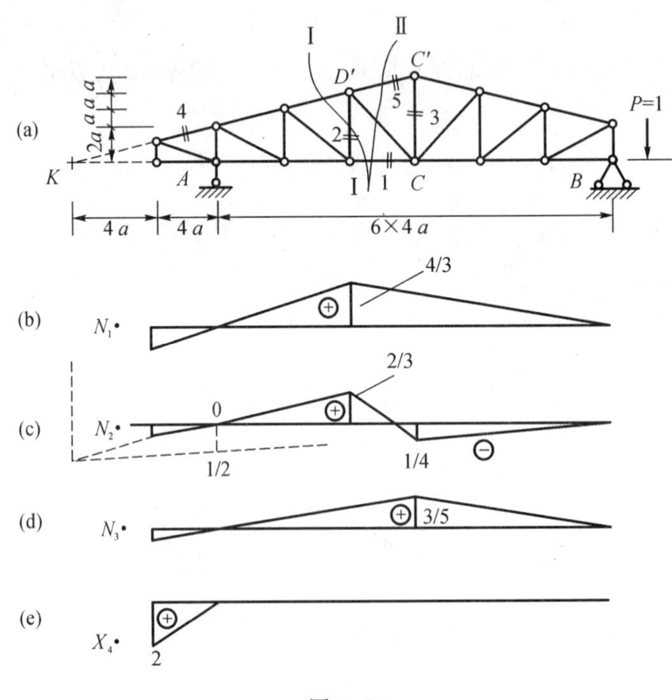

图 6-24

【解】 (1) N_1：引截面Ⅰ—Ⅰ，由 $\sum M_{D'} = 0$ 得

$$N_1 = \frac{M_{D'}^0}{4a}$$

$M_{D'}^0$ 影响线顶点的纵标为 $8a \times 16a/24a = 16a/3$，如图 6-24(b)所示 N_1 影响线控制纵标为 4/3。

(2) N_2：在截面Ⅰ—Ⅰ上求 N_2 时，取上、下弦延长线之交点 K 为力矩中心，由 $\sum M_K = 0$ 得

$$N_2^Z = \frac{32a}{16a} \cdot R_B; \quad N_2^Y = -\frac{8a}{16a} \cdot R_A$$

可先作出右直线（$y_B = 0$，$y_A = -\frac{1}{2}$）并延伸，与过 K 点的竖线相交，这应是左、右直线之交点，于是连出左直线；将被截节间的左、右结点处的有效纵标连成直线，即如图 6-24(c)所示 N_2 影响线，中间两控制纵标可由图上推算得，或由上列影响线方程而得。

(3) N_3：须由上弦结点 C' 的 $\sum Y = 0$ 求得

$$N_3 = -2Y_5$$

杆件 5，因上弦倾斜度 1∶4，故 $Y_5 = X_5/4$，而可由截面Ⅱ—Ⅰ的 $\sum M_C = 0$ 求得 $X_5 = -\frac{M_C^0}{5a}$，故 $Y_5 = -\frac{M_C^0}{20a}$，则

$$N_3 = \frac{M_C^0}{10a}$$

M_C^0影响线的顶点纵标为 $24a/4$，于是，如图 6-24(d)所示 N_3 影响线 C 处控制纵标为 3/5。

(4) N_4：在伸臂节间引截面，用 $\sum M_A = 0$ 求 N_4，可以 X_4 代表，并可将 $P=1$ 置于伸臂左端结点处，得

$$X_4 = \frac{4a}{2a} \times 1 = 2$$

这就是该端点纵标；当 $P=1$ 作用于支点及其他结点时，$X_4 = 0$。图 6-24(e)为 X_4 影响线。

【例 6-7】 试作图 6-25(a)所示三铰拱式桁架中杆件 12、1′2、2C 的轴力影响线。

【解】 (1) 先作水平推力的影响线，因 $H = M_c^0/f$，今 $f = 1.5d$，故 H 影响线如图 6-25(b)所示。其右直线方程为

$$H = \frac{3dR_{Ay}}{1.5d} = 2R_{Ay}$$

(2) 下弦杆轴力 N_{12}。引截面Ⅰ—Ⅰ，由力矩平衡方程可得

$$X_{12} = \frac{M_{1'}}{d} = \frac{1}{d}[M_{1'}^0 - H \times 2d]$$

即由 $M_{1'}^0$ 和 H 两项影响线分别乘以常数后，在被截节间两侧分别叠加，有两个顶点得 X_{12} 影响线如图 6-25(c)所示，无节间修正。

(3) 斜杆轴力 $N_{1'2}$。以 $Y_{1'2}$ 代表，引截面Ⅰ—Ⅰ，上下弦杆延伸相交于结点 3′，由力矩平衡方程可得

$$Y_{1'2} = \frac{M_{3'}}{2d} = \frac{1}{2d}[M_{3'}^0 - H \times 2d]$$

两项影响线叠加时，其顶点均在跨中央，$Y_{1'2}$ 影响线如图 6-25(d)所示。

(4) 下弦杆轴力 N_{2C}。引截面Ⅱ—Ⅱ，由力矩平衡方程 $\sum M_{2'} = 0$ 可知

$$N_{2C} = \frac{M_{2'}}{0.5d} = \frac{2}{d}[M_{2'}^0 - H \times 2d]$$

两项影响线的左直线(结点 2′以左)叠加得零，表明当荷载作用于左半跨时均不产生杆 2C 的轴力。N_{2C}影响线如图 6-25(e)所示。

上述从梁的到其他静定结构的各项约束力影响线作法，有一些共同点在此重提一下：

机动法能够便捷地获得梁式结构的各项影响线的形状、段落分界点及区段正负号，显

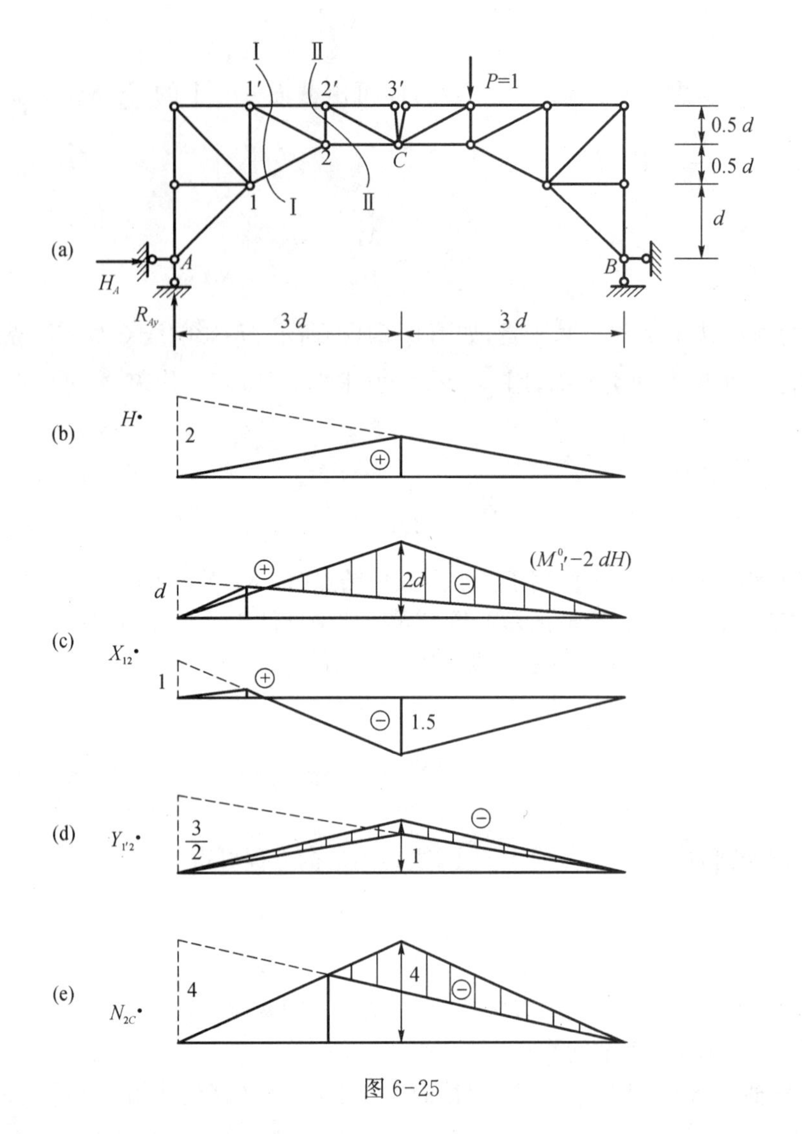

图 6-25

然，静定结构的约束力影响线都是由直线段组成的；静力法藉适当的平衡条件写出约束力影响线方程（荷载 $P=1$ 位置 x 的函数），可以利用反力表达内力，利用梁的弯矩、剪力表达三铰拱内力或桁架杆轴力，是影响线方程的简洁方式，因为梁的反力、弯矩、剪力的影响线特征是很明确的。影响线的绘制最后落实到确定若干控制纵标，包括支点处的竖距、机动法或静力方程所示的适用段落分界点处的纵标值，这些纵标数值与正负号的确定，可以在虚位移图（须符合结构各部分约束条件）上推算，可以按影响线方程置 x 值计算，更可按影响线纵标的原意而将 $P=1$ 置于该几处直接计算出专指的某约束力即是。

6.7 应用影响线计算影响量

有了某项影响线，可以观察到作用于结构各处的荷载将如何影响该约束力，并要用它来计算具体的移动荷载组作用于任一位置所产生的该约束力的总量，称为影响量，且可找到最大值。本节先说明荷载组尚未移动时(固定荷载下)影响量计算。

6.7.1 集中荷载组

设已经绘出某一内力 S 的影响线如图 6-26 所示，有一组互相平行且保持一定间距的集中荷载 P_1，P_2，…，P_n 作用在已知位置，与各荷载相对应的影响线纵标分别为 y_1，y_2，…，y_n。按照影响线纵标的含义，y_i 是当单位荷载 $P=1$ 作用于该 i 处时产生的 S 值；今在该处作用的具体荷载值为 P_i，则产生的影响量 S 应为 y_i 的 P_i 倍。若干集中荷载同时作用在该影响线范围内时，总影响量 S 可用叠加原理求得各乘倍的代数和为

$$S=P_1y_1+P_2y_2+\cdots+P_ny_n=\sum P_iy_i \tag{6-14}$$

其中各纵标 y_i 带有正、负号。

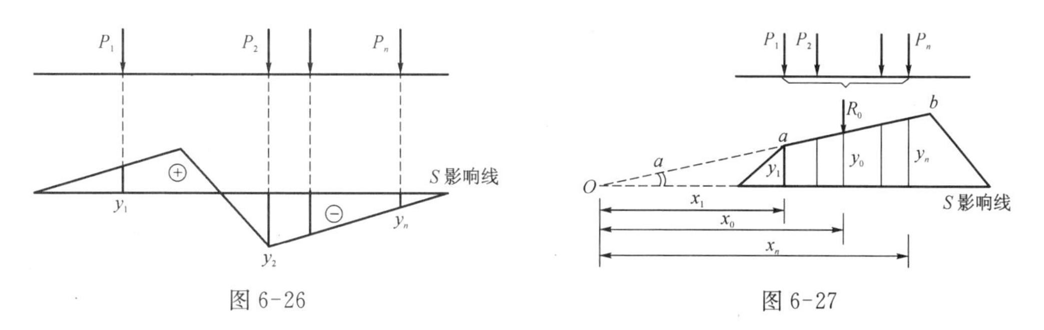

图 6-26　　　　图 6-27

若有几个集中荷载分布在影响线的某一段直线部分，如图 6-27 所示的 ab 段，有时为简化计算，可用它们的合力 R_0 来代替计算影响量。因为 ab 直线段的倾角已知为 α，将其延长与基线相交于 O 点，则该直线段上诸纵标可表达为

$$y_i=x_i\tan\alpha$$

而影响量为

$$S=\sum P_ix_i\tan\alpha=\tan\alpha\sum P_ix_i$$

其中，$\sum P_ix_i$ 为该段上诸力对 O 点的力矩之和，按合力矩定理——诸力对一点的力矩之和等于其合力对同一点之力矩，可写作 $\sum P_ix_i=R_0x_0$，故有

$$S=\sum P_iy_i=\tan\alpha R_0x_0=R_0y_0 \tag{6-15}$$

式中，y_0 是合力 R_0 所对应的影响线纵标，而直线段影响线上荷载合力 R_0 的相对位置是可预先确定的。

6.7.2 分布荷载

设有长度为一定的已知分布荷载 q_x 作用在结构上某一段落 AB(图 6-28(a))，用 S 影响线(图 6-28(b))来计算其影响量时，可取 $q_x\mathrm{d}x$ 看作一个集中荷载，将其作用效果在影响

线的 AB 区段内积分，得

$$S=\int_A^B q_x y_x \mathrm{d}x \tag{6-16}$$

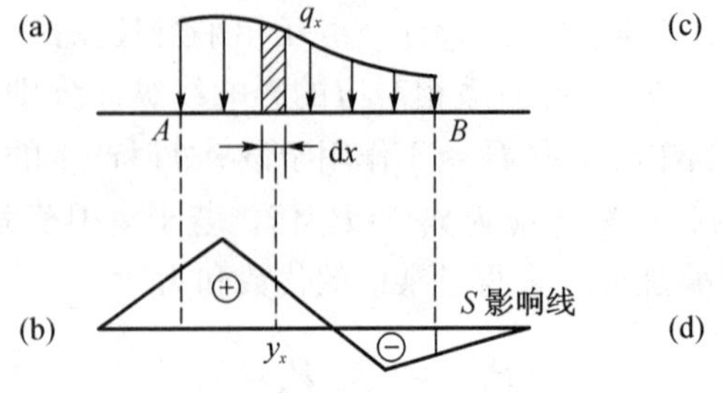

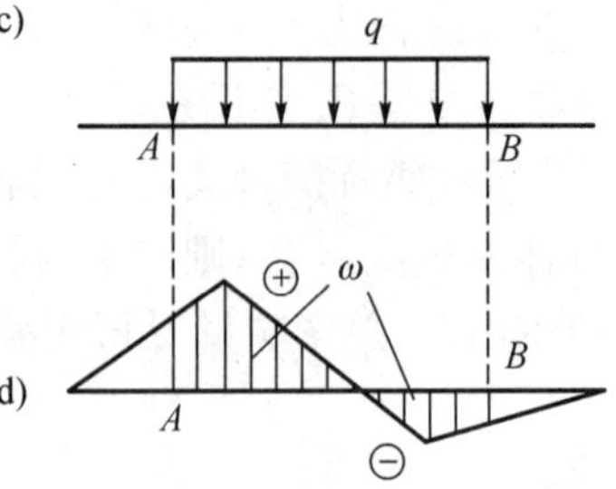

图 6-28

若是均布荷载 q(图 6-28(c))，则有

$$S=q\int_A^B y_x \mathrm{d}x=q\omega \tag{6-16a}$$

式中，ω 代表均布荷载分布范围 AB 段内的影响线面积，如图 6-28(d)中阴影部分所示，应取其代数和。

因此，若要计算集中荷载组和分布荷载同时作用下的某一内力或反力，可叠加为

$$S=\sum P_i y_i+\sum\int q_x y_x \mathrm{d}x \tag{6-17}$$

或为

$$S=\sum R_0 y_0+\sum q\omega \tag{6-17a}$$

【例 6-8】 利用影响线求简支伸臂梁(图 6-29(a))在图示荷载作用下的内力 M_C、V_C 之值。

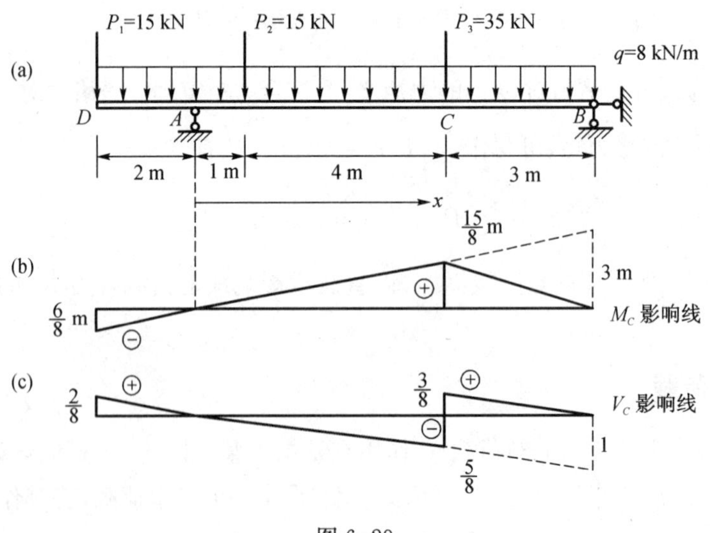

图 6-29

【解】 (1) 求 M_C。作出 M_C 影响线并得其左直线斜率 $\tan\alpha = 3/8$ (图 6-29(b))。设支点 A 为坐标原点,x 以向右为正,则按式(6-17),得

$$
\begin{aligned}
M_C &= \tan\alpha \cdot \sum P_i x_i + \sum q\omega \\
&= \frac{3}{8}[15\times(-2)+15\times 1+35\times 5]\ \text{kN}\cdot\text{m}+8\left(-\frac{2}{2}\times\frac{6}{8}+\frac{8}{2}\times\frac{15}{8}\right)\ \text{kN}\cdot\text{m} \\
&= (60+54)\ \text{kN}\cdot\text{m} = 114\ \text{kN}\cdot\text{m}
\end{aligned}
$$

(2) 求 V_C。作出 V_C 影响线如图 6-29(c)所示,因截面 C 处恰有集中荷载 P_3,故应分别计算该截面(即荷载 P_3)稍偏右的 $V_{C右}$ 值和稍偏左的 $V_{C左}$ 值;在应用影响线计算时,P_3 所对应的纵标却分别是左侧的 $-5/8$ 和右侧的 $3/8$,按式(6-17)有

$$
\begin{aligned}
V_{C右} &= \left[35\times\left(-\frac{5}{8}\right)+15\times\left(-\frac{1}{8}\right)+15\times\frac{2}{8}\right]\text{kN}+ \\
&\quad 8\left(\frac{2}{2}\times\frac{2}{8}-\frac{5}{2}\times\frac{5}{8}+\frac{3}{2}\times\frac{3}{8}\right)\text{kN} \\
&= (-20-6)\ \text{kN} = -26\ \text{kN} \\
V_{C左} &= \left[35\times\left(\frac{3}{8}\right)+15\times\left(-\frac{1}{8}\right)+15\times\frac{2}{8}\right]\text{kN}+ \\
&\quad (-6)\ \text{kN} = (15-6)\ \text{kN} = +9\ \text{kN}
\end{aligned}
$$

此两值与该荷载下用隔离体计算的结果是一致的。

由此例可见,通过 S 影响线计算约束力 S 的应有单位 kN 或 kN·m,来自影响线纵标和荷载的单位。

6.8 铁路、公路的标准荷载制和工业厂房的吊车荷载

本节介绍工程设计中使用的标准移动荷载组的类型。

行驶在铁路桥梁上的火车、行驶在公路桥梁上的汽车、履带车等荷载,种类繁多、规格多变,它们的轮距轴距和荷载值各不相同,设计结构时不可能针对每种具体的车辆荷载情况作计算,而是以国家颁布的一种统一的标准荷载来计算结构内力。这种标准荷载的制定,归纳了当前各类车辆的实际情况,又适当考虑了今后的发展,经统计分析而制定的。

工业厂房和货场内起重运输用的行车(吊车、桥式起重机)荷载,则是根据起重机的生产厂提供的、经国家核准的产品规格而定。

6.8.1 铁路标准荷载

我国铁路桥涵设计基本规范现在使用的铁路列车标准活载(按 TB 10002,1—2005,J 460—2005)称为"中—活载",它包括普通活荷载和特种活荷载两种,其图式分别如图 6-30(a)和(b)所示。图(a)代表了机车轴重和设备机务车辆、货物车辆的平均重量,图(b)在短跨度的梁结构等特需使用。

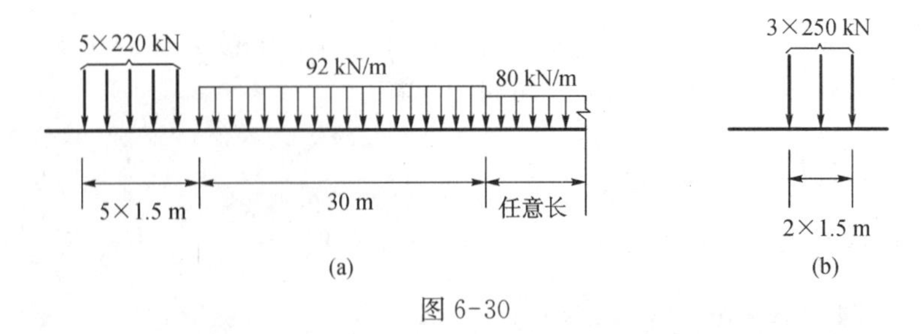

图 6-30

我国在新世纪快速兴建的高速客运专线铁路(称为高铁)上运行的高速列车设计活荷载(按 TB 10621—2009, J 971—2009)称为"ZK 活载",分为标准和特种两个形式,其图式如图 6-31(a)和(b)所示。

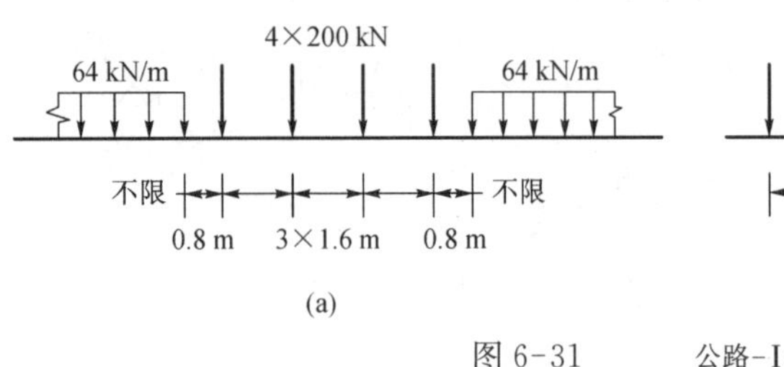

图 6-31

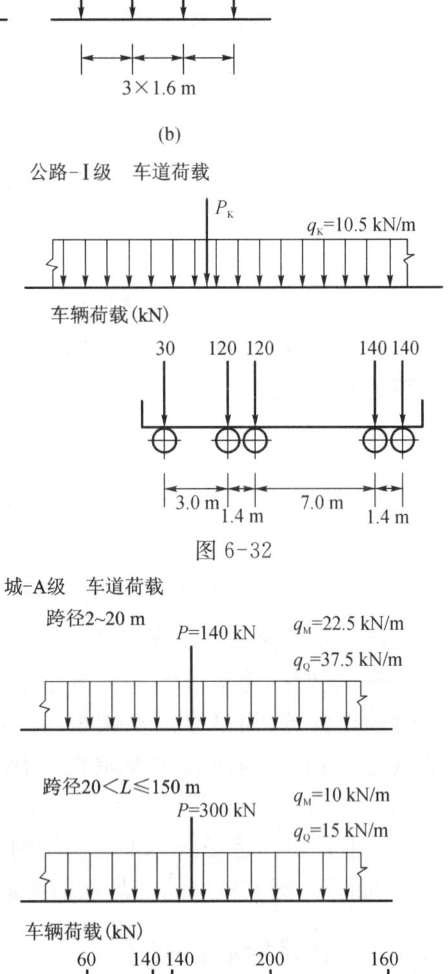

图 6-32

图 6-33

使用上列标准荷载时可由图式中任意截取一段荷载,但不得改变各荷载的间距,不得改变均布荷载的顺序。在变符号的影响线上,于同号段加载,≤15 m的异号段不加载,对>15 m 的异号段按10 kN/m(空车)加载。

6.8.2 公路、城市道路标准荷载

我国现行的公路桥梁设计荷载标准(按 JTGD 60—2004)将汽车荷载分为两个等级:公路-Ⅰ级,公路-Ⅱ级;各包括车道荷载(用于桥梁结构主体)和车辆荷载(用于局部加载、涵洞、桥台等)。城市桥梁设计荷载标准(按 CJJ 77—98 修订)分为城-A 级和城-B 级两个等级,也是由车道荷载和车辆荷载组成。下面摘录部分现行的公路和城市桥梁标准荷载的图式,如图 6-32、图 6-33 所示。

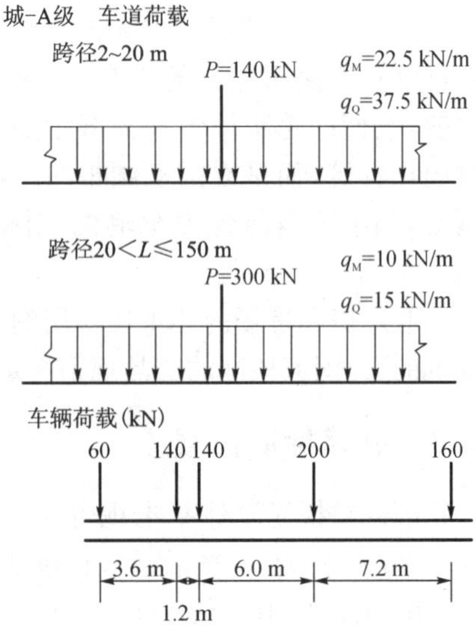

公路桥梁设计荷载标准中,车道荷载的均布荷载应满布于同号影响线上;集中荷载只作用于相应影响线中最大的一个峰值处,其值当桥梁计算跨径≤5 m时用 $P_K=180$ kN,当跨径≥50 m时用 $P_K=360$ kN,当跨径在5~50 m之间时,P_K 值采用直线内插求得,计算剪力时 P_K 值应乘以 1.2。

城市桥梁设计荷载标准中分布荷载集度 q_M

用于计算截面弯矩，q_Q 用于计算剪力；布载要求同公路的。

以上铁路、公路、城市道路桥梁的标准荷载是代表一个整车的轴重，在本教材中使用于 1 根主梁（一榀桁架）计算内力，暂不考虑实际工程设计中按设计规程应计入的各种因素。

6.8.3　工业厂房的吊车荷载

吊车即桥式起重机，每台桥架两端各有两个轮子跨在厂房两侧的吊车梁上，行走并传递荷载；有的厂房配备两台起重机协同工作。表 6-1 摘录了洛阳起重机厂 2012 年生产的 LH 型桥式起重机的产品技术规格。由吊车横向的最大宽度 B 与轮距 W 之差可以推算两台吊车同时工作的最小间距。

表 6-1　　**LH 型电动双梁桥式起重机[洛起 2012]**

起重吨位/t	起重量/kN		跨度/m	最大轮压 P/kN	轮距 W/mm	最大宽度 B/mm	吊车横剖面
	主钩	副钩					
16/3			16.5	125	3 600	4 640	
			22.5	134	4 000	5 040	
			28.5	145	4 500	5 540	
20/5			16.5	148	4 000	5 040	
			22.5	156	4 000	5 040	
			28.5	169	5 000	6 140	
32/8			16.5	224	4 000	5 424	
			22.5	235	4 500	5 724	
			28.5	249	4 500	5 724	
40/10			16.5	273	5 600	7 200	
			22.5	291	5 600		
			28.5	309	6 100		

6.9　最不利荷载位置的确定

前已指出，结构上的各内力（或反力）未知量随着移动荷载组的作用位置而变化，产生某项最大影响量值的荷载位置称为最不利荷载位置，这一荷载位置一经确定，相应的最大内力（正号或负号）值就不难按叠加公式（6-17）算出。下面分别就几种情况来说明确定最不利荷载位置的方法。

6.9.1　当影响线为多边形时

单个集中荷载 P 使某项约束力 S 达到最大值（正或负）的作用位置，凭直观方法就能确定 $(S_{max}=Py_{max})$，但对于一组移动集中荷载（或称行列荷载），就不能仅凭观察来确定了。根据最不利荷载作用位置的含义，这时，影响量有极值，当荷载组偏离该位置即向左或右移动时，都将使该量值 S 减小，即 S 的增量 ΔS 为负值。

设某内力 S 的影响线为多边形，如图 6-34(a)所示，各直线段的倾角分别为 α_1，α_2，…，α_n，并以逆时针转向为正。今有一列荷载移至如图 6-34(b)所示位置，若用各直线段上的合

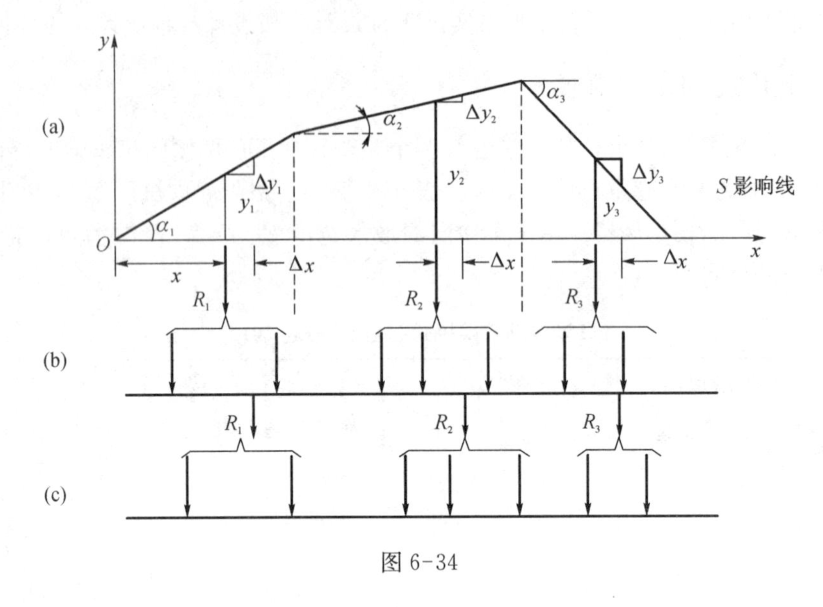

图 6-34

力 R_i 来代替各段的作用荷载，则所产生的影响量为

$$S_1 = R_1 y_1 + R_2 y_2 + \cdots + R_n y_n$$

当荷载组向右(或向左)移动一微小距离 Δx 后(图 6-34(c))，与每一合力 R_i 对应的影响线纵标改为 $(y_i + \Delta y_i)$，全部影响量为 S_2，于是得 S 的增量为

$$\Delta S = S_2 - S_1 = R_1 \Delta y_1 + R_2 \Delta y_2 + \cdots + R_n \Delta y_n$$

或写成

$$\Delta S = \sum R_i \Delta x \tan \alpha_i$$

因荷载间距不变，各移动量 Δx 为常数，故上式可写作

$$\frac{\Delta S}{\Delta x} = \sum R_i \tan \alpha_i \tag{6-18}$$

若影响量 S 已达极大值，则荷载组向右移时($\Delta x > 0$)或向左移时($\Delta x < 0$)均应有 $\Delta S < 0$。因此，S 出现极大值的条件是荷载组的移动必须使上式左边的 $\frac{\Delta S}{\Delta x}$ 改变正、负号。

观察式(6-18)右边将如何实现这一变号。因式(6-18)中 $\tan \alpha_i$ 为影响线各直线段的斜率，均为已知常数，故只有各段上的荷载合力 R_i 可能改变大小时，才使 $\sum R_i \tan \alpha_i$ 变号。于是可推断，$\frac{\Delta S}{\Delta x}$ 变号的必要条件是必有一个集中荷载正好位于影响线的某一顶点处，它左移或右移时将分别计入不同段落的 R_i 中去。但并非任何一个集中荷载置于影响线某顶点时都能使 $\sum R_i \tan \alpha_i$ 变号，通常把能使 $\sum R_i \tan \alpha_i$ 变号的这个顶点荷载称为临界荷载 P_K，相应的荷载组位置称为临界位置。

这一临界位置的确定需通过试算，即试选某一集中荷载置于影响线某一顶点，看它带动

荷载组左移或右移能否使 $\Delta S<0$，即看是否能满足如下判别式：

$$\left.\begin{array}{ll}\text{向左移}(\Delta x<0), & \sum R_i \tan\alpha_i>0 \\ \text{向右移}(\Delta x>0), & \sum R_i \tan\alpha_i<0\end{array}\right\} \tag{6-19}$$

若能满足，则表示该作用位置可能获得影响量 S 的一个极大值。若荷载组向左、右移动使 $\sum R_i \tan\alpha_i$ 的变号方向与上式相反，则表示该作用位置可能获得 S 的一个极小值。若试算 $\sum R_i \tan\alpha_i$ 不变号，表示并非临界位置，应换一个荷载在影响线顶点上再行试算，直至满足判别式(6-19)或出现由 $\sum R_i \tan\alpha_i>0$ 变向 $\sum R_i \tan\alpha_i=0$ 时为止。

然而，一般情况下满足上述判别式的临界位置不止一个，须分别算出与各临界位置相应的影响量 S，便可找到其中一个最大值(正或负号)。产生最大值 S_{max}(或 S_{min})的临界位置便是最不利荷载位置。为减少试算的次数，可考虑将荷载组中数值较大且较为密集的这部分荷载放置在影响线纵标最大处的附近；同时应注意在影响线的同号区段尽量多地排列荷载而避免在异号区段布载，这样比较接近于取得 $\sum Py$ 最大影响量的情况。

影响量 S 是荷载位置 x 的函数，可从函数图形的变化趋势来看临界位置的出现。图 6-35(a)表示均布荷载移动的情况，因为 $S=q\omega$，而 ω 是 x 的二次函数，所以，确定极值的条件为

$$\frac{\mathrm{d}S}{\mathrm{d}x}=\sum R_i \tan\alpha_i=0 \tag{6-20}$$

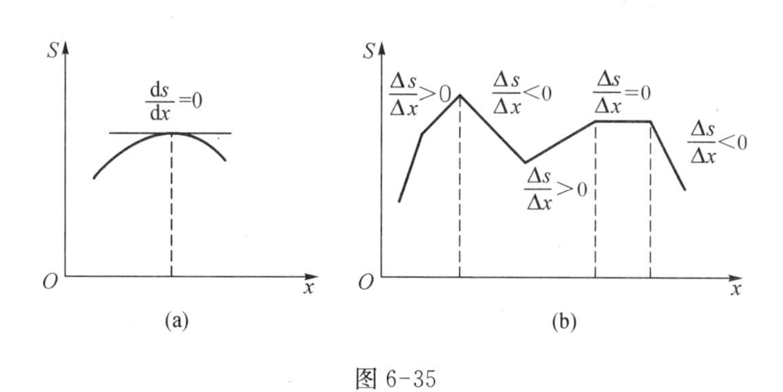

图 6-35

当集中荷载组通过影响线顶点时，$S=\sum Py$ 为分段的 x 一次函数，其过程可如图 6-35(b)所示，其极值的可能情况有多个，$\frac{\Delta S}{\Delta x}$ 均应发生变号。当试算出现左移、右移都使 $\sum R\tan\alpha>0$ 时，表明 $S(x)$ 在上升阶段，应将荷载组继续右移即试另一过顶荷载。

【例 6-9】 如图 6-36(a)所示简支梁有一行列荷载，顺序与间距如图(c)所示，单位 kN，试求截面 K 的最大弯矩。

【解】 作出 M_K 影响线如图 6-36(b)所示，各直线段的斜率自左向右依次为

$$\tan\alpha_1=\frac{3}{4};\quad \tan\alpha_2=\frac{1}{4};\quad \tan\alpha_3=-\frac{1}{4}$$

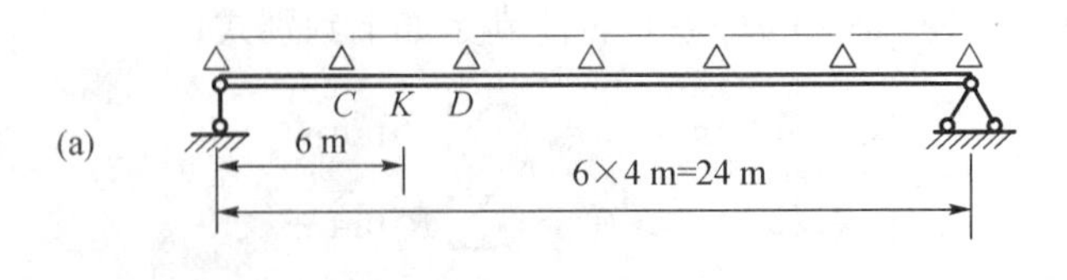

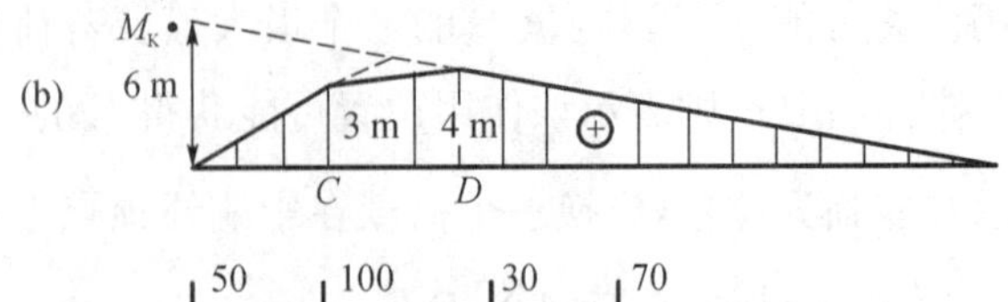

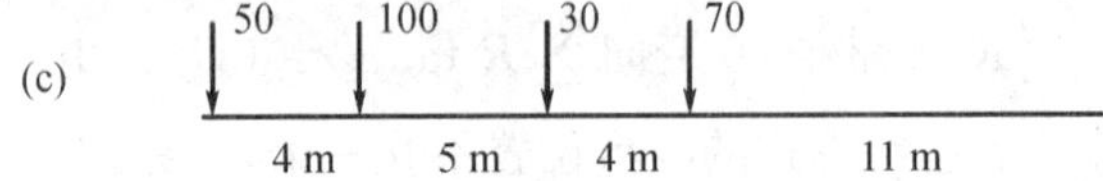

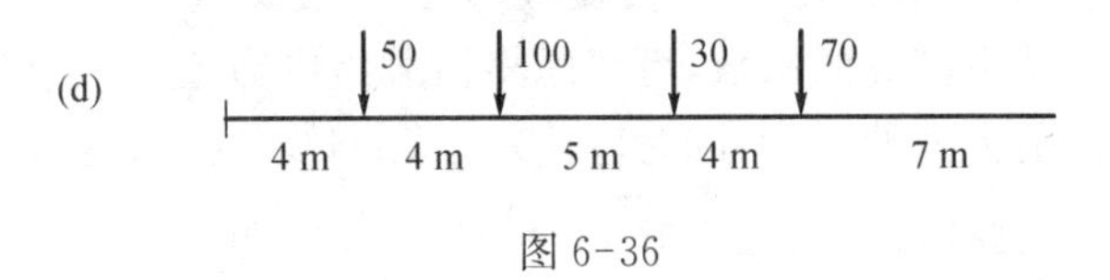

图 6-36

试将第二集中力 100 kN 置于 C 点和置于 D 点(如图 6-36(c)、(d))作一目估比较：图 6-36(c)位置实际只有 3 个荷载占有影响线纵标，图 6-36(d)位置则有 4 个荷载且重载占有大纵标，其优势明显。

(1) 先按图 6-36(c)位置试算，即 100 kN 在 C 处顶点，

向左移：$\sum R_i \tan\alpha_i = 100 \times \frac{3}{4} - (30+70) \times \frac{1}{4} = \frac{200}{4} > 0$，

向右移：$\sum R_i \tan\alpha_i = 50 \times \frac{3}{4} + 100 \times \frac{1}{4} - (30+70) \times \frac{1}{4} = \frac{150}{4} > 0$，

不符判别式，荷载组应继续向右移动。

(2) 继按图(d)位置试算，即 100 kN 在 D 处顶点，各 R_i 已变化，

向左移：$\sum R_i \tan\alpha_i = 50 \times \frac{3}{4} + 100 \times \frac{1}{4} - (30+70) \times \frac{1}{4} = \frac{150}{4} > 0$，

向右移：$\sum R_i \tan\alpha_i = 50 \times \frac{1}{4} - (100+30+70) \times \frac{1}{4} = -\frac{150}{4} < 0$，

符合判别式，确是临界位置。相应的影响量为

$$M_K^{(d)} = \sum P_i y_i = 50 \times 3 + 100 \times 4 + (70 \times 7 + 30 \times 11) \times \frac{1}{4} = 755 \text{ kN} \cdot \text{m}$$

再向右移动不可能出现临界荷载了。如果该行列荷载是一车队，则理应再令其掉头(50 kN 在右端)行驶，但即便如此，经试算的临界位置上也未能获得更大影响量。故该行列荷载通过此梁时对 M_K 的最不利位置是图(d)，$M_{K\max} = 755 \text{ kN} \cdot \text{m}$。

6.9.2 当影响线为三角形时

对于常见的三角形影响线，行列荷载的临界位置一般判别式(6-19)可以简化。设 P_k

为临界荷载，位于三角形影响线的顶点处（图6-37），其他在左直线范围内的荷载合力以 R_a 表示，右直线范围内的荷载合力以 R_b 表示。根据前判别式（6-19），荷载组移动微小距离 Δx 时，$\sum R_i \tan\alpha_i$ 应变号：

向左移：$(R_a + P_k)\tan\alpha + R_b \tan\beta > 0$

向右移：$R_a \tan\alpha + (P_k + R_b)\tan\beta < 0$

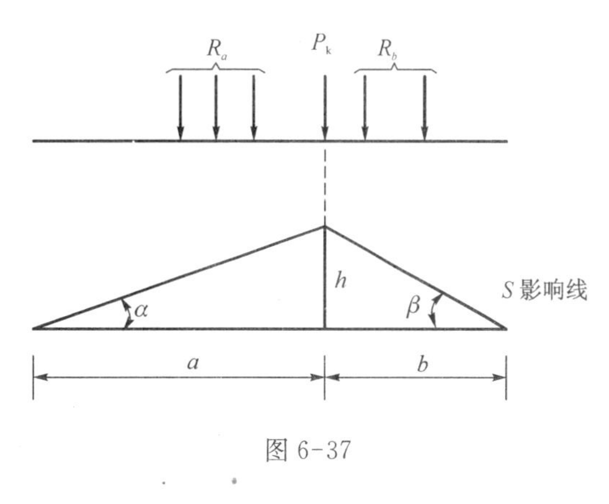

图 6-37

因影响线左、右直线的斜率分别为

$$\tan\alpha = \frac{h}{a}, \quad \tan\beta = -\frac{h}{b},$$

代入上式后，得三角形影响线上的荷载临界位置判别式为

$$\left.\begin{aligned} &\text{向左移：} \frac{R_a + P_k}{a} > \frac{R_b}{b} \\ &\text{向右移：} \frac{R_a}{a} < \frac{P_k + R_b}{b} \end{aligned}\right\} \tag{6-21}$$

上式表示，P_k 若是临界荷载，则将它算入影响线顶点的任一侧就将使该侧的“平均荷载值”大于另一侧。当需考察移动荷载组中的均布荷载段（例如“中—活载”）通过三角形影响线顶点时，确定其临界位置的极值条件为

$$\frac{dS}{dx} = \sum R_i \tan\alpha_i = 0,$$

故有

$$R_a\left(\frac{h}{a}\right) - R_b\left(\frac{h}{b}\right) = 0$$

即

$$\frac{R_a}{a} = \frac{R_b}{b} \tag{6-22}$$

这一判别式表示影响线顶点左、右两段上的“平均荷载值”应相等。

应当指出，对于直角三角形影响线，以上 4 个临界位置判别式都不能适用，可直接用较密、大载、大纵标方式作计算。

【例 6-10】 吊车梁各跨简支，有 2 台吊车工作，其中一台（32/8 吨级）的轮压为 $P_1 = P_2 = 235$ kN，另一台（20/5 吨级）的轮压为 $P_3 = P_4 = 156$ kN，试求支座 B 的最大反力（即厂房横向 B 轴线柱承受的最大活载压力）。

【解】 2 台吊车之间的安全距离可由表 6-1 该两级吊车的 B 与 W 之差取半而得，如图 6-38(a)所示。R_B 影响线如图 6-38(b)所示。2 吊车往返行驶中荷载顺序不变，轮压 P_2、P_3 较密集，可试分别置于影响线顶点，应用判别式（6-21）。

(1) 将 P_3 置于 B 处（图 6-38(c)），排列出其他各荷载的位置、距离，

向左移：
$$\frac{235 \times 2 + 156}{6} > \frac{156}{6}$$

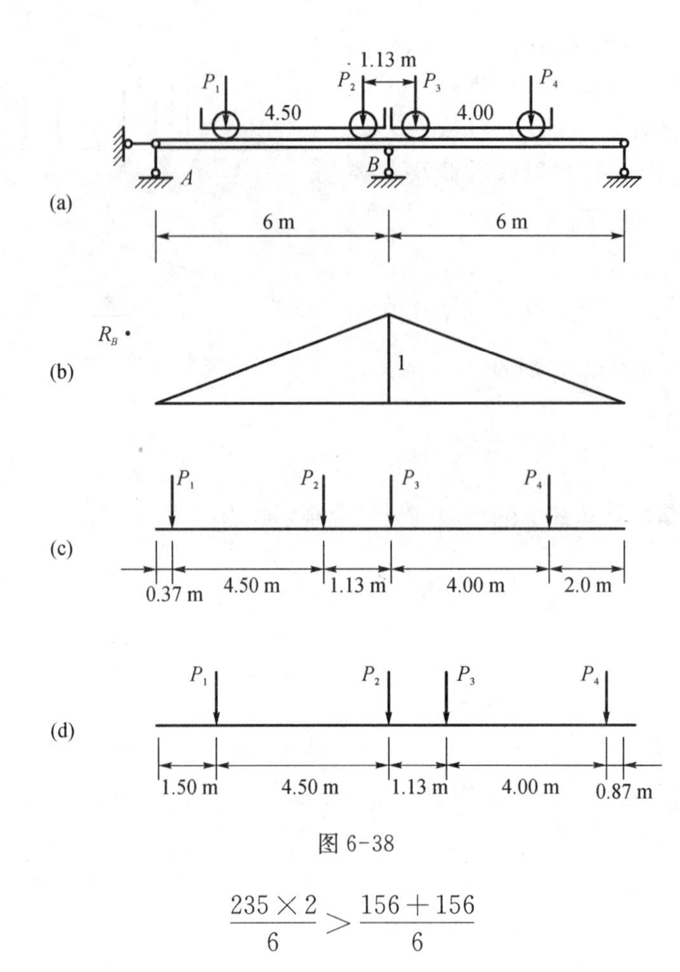

图 6-38

向右移：
$$\frac{235\times 2}{6} > \frac{156+156}{6}$$

不符合判别式，并表明影响量处于上升阶段，荷载组应向右迁移。

(2) 将 P_2 置于 B 处(图 6-38(d))，标出各荷载距离，

向左移：
$$\frac{235+235}{6} > \frac{156\times 2}{6}$$

向右移：
$$\frac{235}{6} < \frac{235+156\times 2}{6}$$

可知这是临界位置，相应的影响量为

$$R_B = \sum P_i y_i = 235\ \text{kN}\left(1.50\times\frac{1}{6}+1\right) + 156\ \text{kN}(4.87+0.87)\times\frac{1}{6} = 443.0\ \text{kN}$$

此即 $R_{B\max}$，最不利荷载位置是图(d)所示。

【例 6-11】 40 m 跨的简支桁架(图 6-39(a))通行“中—活载”，试求下弦杆的 N_1 最大值。

【解】 作出 N_1 影响线如图 6-39(b))所示，D 处控制纵标可按 M_D^0/h 计算，其左、右直线的斜率分别为

$$\tan\alpha = \frac{3}{20\ \text{m}},\quad |\tan\beta| = \frac{1}{10\ \text{m}}$$

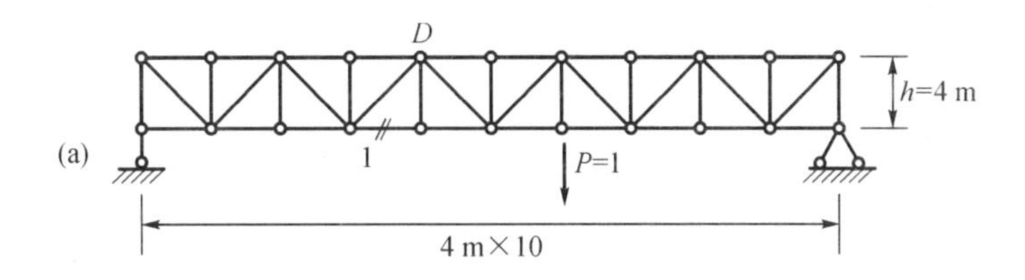

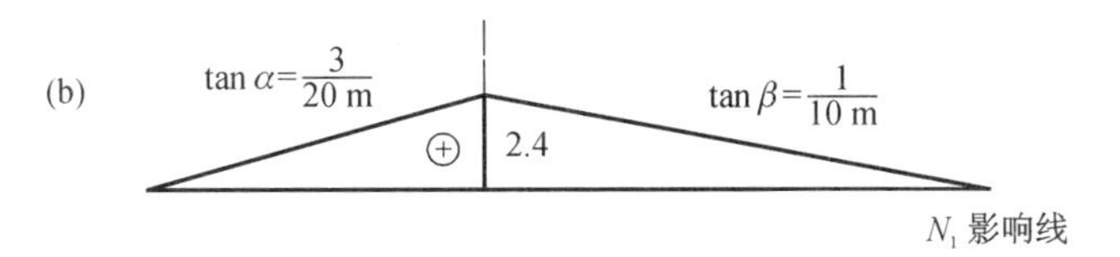

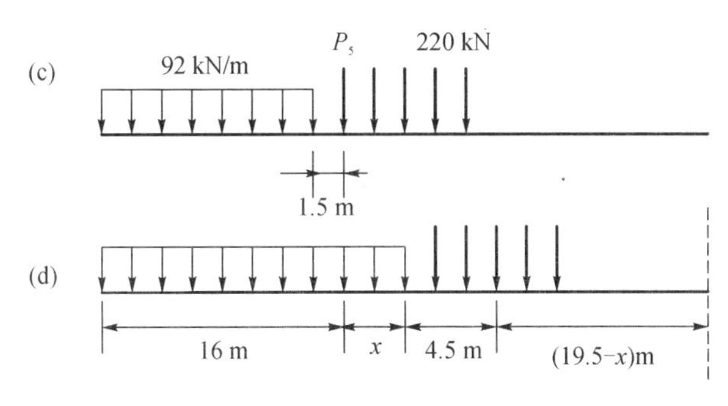

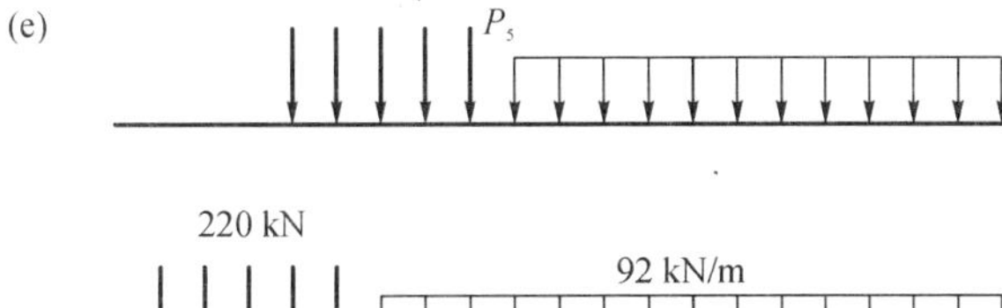

图 6-39

由于影响线的左、右直线段长度均较大，可能出现均布荷载通过影响线顶点的临界位置。

(1) 列车向右开行

若将轴重 P_5 置于影响线顶点处(图 6-39(c))，用判别式(6-21)，有

向左移：
$$\frac{92\times 14.5+220}{16}>\frac{4\times 220}{24}$$

向右移：
$$\frac{92\times 14.5}{16}>\frac{5\times 220}{24}$$

表示应继续向右迁移。

今设均布荷载(92 kN/m)段在影响线顶点以右的长度为 x(图 6-39(d))，用判别式 $\frac{R_a}{a}=\frac{R_b}{b}$ 有

$$92=\frac{1}{24}(92x+5\times 220)$$

得 $$x=12.04\ \text{m}$$

按此临界位置计算相应的影响量时，须核算各荷载(及合力)在跨内的位置。得

$$\begin{aligned}N_1&=\sum R_i x_i\tan\alpha_i\\&=5\times 220\ \text{kN}\times\frac{7.46\ \text{m}}{10\ \text{m}}+92\ \text{kN/m}\times 12.04\ \text{m}\times\frac{17.98}{10}+92\times 16\times\frac{2.4}{2}\\&=4\ 578.6\ \text{kN}\end{aligned}$$

(2) 列车向左开行

若将轴重 P_5 置于影响线顶点处(图 6-39(e))，用判别式(6-21)可写作

向左移： $$\frac{5\times 220}{16}-\frac{92\times 22.5}{24}=\frac{1\ 100}{16}-\frac{2\ 070}{24}<0$$

这已表明荷载须再向左移动。

今设均布荷载(92 kN/m)段在影响线顶点以左的长度为 x(图 6-39(f))，则有

$$\frac{1}{16}\times(5\times 220+92x)=92$$

得 $$x=4.04\ \text{m}$$

此一临界位置相应的影响量为

$$\begin{aligned}N_1&=\sum R_i x_i\tan\alpha_i\\&=5\times 220\ \text{kN}\times\left(\frac{3}{20}\times 7.46\right)+92\times 4.04\times\left(\frac{3}{20}\times 13.98\right)+92\times 24\times\frac{2.4}{2}\\&=4\ 659.9\ \text{kN}\end{aligned}$$

(3) 经比较后确定在“中—活载”作用下桁架中 N_1 的最大值为 $N_{1\max}=4\ 659.9\ \text{kN}$，其相应的最不利位置如图 6-39(f)所示。

【例 6-12】 今有公路-Ⅰ级车道荷载通过图 6-40(a)所示桁架(全铰结点)桥，试求杆 a 的最大活载内力。

【解】 作出斜杆的 N_a 影响线如图 6-40(b)所示，计算正、负区的控制纵标，并找到第三节间过渡直线与基线交点的位置为 $\frac{2}{9}\times 3$ m 和 $\frac{7}{9}\times 3$ m。按公路-Ⅰ级车道荷载的形式及其规定布置载荷，无需运用前述判别式，即可如图(c)和(d)布载以求 N_a 的正号最大值和负号最大值。集中载 P_K 值须根据跨径在 5 m 与 50 m 间由内插求得：

$$P_K(30\ \text{m})=180\ \text{kN}+\frac{30-5}{50-5}(360-180)\ \text{kN}=280\ \text{kN}$$

于是

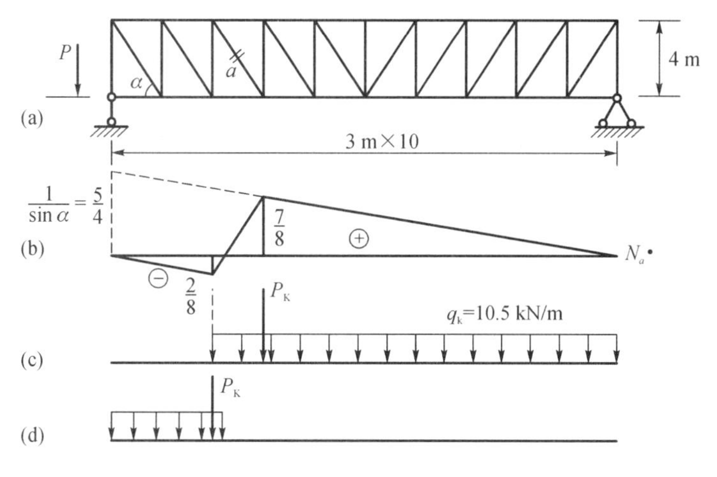

图 6-40

$$N_a(\text{正}) = P_K \cdot y_{\max\oplus} + q_K \cdot \omega_{\oplus}$$
$$= 280\ \text{kN} \times \frac{7}{8} + 10.5\ \text{kN/m} \times \frac{1}{2}\left(21 + \frac{7}{3}\right)\text{m} \times \frac{7}{8}$$
$$= 352.18\ \text{kN}$$

$$N_a(\text{负}) = P_K \cdot y_{\max\ominus} + q_K \cdot \omega_{\ominus}$$
$$= 280 \times \frac{2}{8} + 10.5 \times \frac{1}{2}\left(6 + \frac{2}{3}\right) \times \frac{2}{8} = 78.75\ \text{kN}$$

6.9.3 有限长均布荷载移动于三角形影响线时

履带车或轮轴距很密的挂车，可作为移动均布荷载，当它跨越三角形影响线的顶点时，如图 6-41 所示，在左侧的长度为 C_a、右侧的长度为 C_b，根据式(6-22)确定临界位置时，因荷载集度 q 为常数，故可得

$$\frac{C_a}{a} = \frac{C_b}{b} \quad \text{或} \quad \frac{C_a}{C_b} = \frac{a}{b} \tag{6-23}$$

这种临界位置仅有一个，也就是最不利荷载位置，据此可由 $S = \sum q\omega$ 求得最大值。

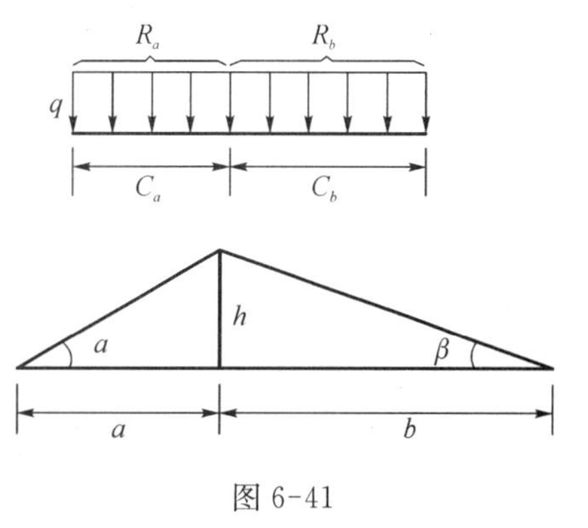

图 6-41

6.9.4 当均布荷载可以任意断续布置时

结构物上的人群、货物等可作为长度是任意的、可移动的均布荷载。利用影响线来确定这类荷载对于某项约束力的最不利布局，将是很方便的。例如图 6-42 表示结构上某 S 影响线，有若干相互间隔的正号区和负号区，若为了求得在一种可任取的均布荷载 q 作用下产生的最大 S 正值(或最大 S 负值)，只需将荷载仅布满在影响线的正号区段(或负号区段)，按 $S = \sum q\omega$ 计算即可。

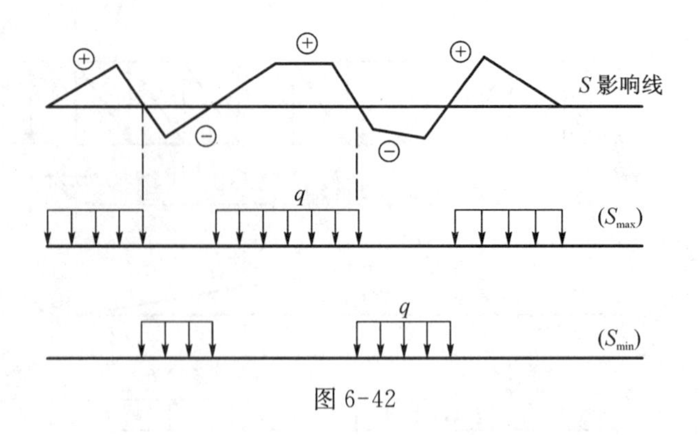

图 6-42

6.10 换算荷载

按上节所述，铁路的列车活荷载对于结构中某项内力的最不利作用位置和相应最大内力值，往往需要几次试算和比较后才可确定，实际设计工作（手算）的简化办法，就是查用预先编制的每种活荷载对各式影响线的换算荷载表。

所谓换算荷载，是指这样一种均布荷载（设集度为 K），当它布满影响线的正号（或负号）区全长时，所产生的影响量与所给的行列荷载产生的同一影响量之最大值相等，即有

$$K\omega = S_{\max} = \sum P_i y_i + \sum q_j \omega_j$$

ω 为某约束力 S 的影响线正（或负）号区面积（图 6-43）。按此定义，若先用确定最不利荷载位置的方法求出该约束力最大值 $S_{\max}$，然后就可求得换算荷载集度 K 值：

$$K = \frac{S_{\max}}{\omega} \tag{6-24}$$

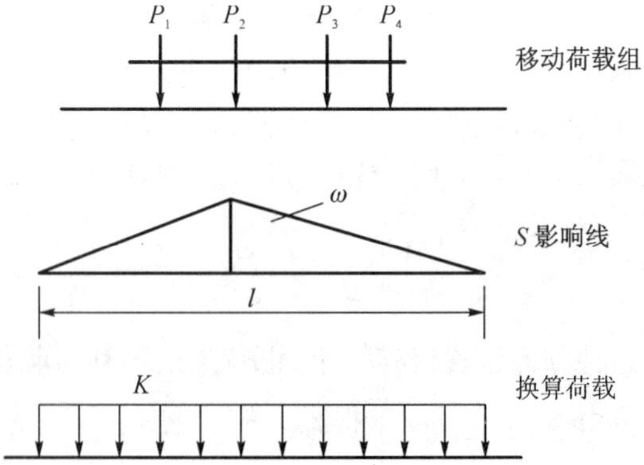

换算荷载亦称作等代荷载。

例如，在例 6-11 中，已求出“中—活载”通过 40 m 跨桁架时的杆力 $N_{1\max} = 4\ 659.9$ kN，该三角形影响线的面积为

$$\omega = \frac{1}{2} \times 40\ \text{m} \times 2.4 = 48\ \text{m},$$

故得相应的换算荷载值为

$$K = \frac{4\ 659.9}{48} = 97.08\ \text{kN/m}$$

图 6-43

换算荷载不仅与行列荷载的类型、级别有关，而且还与影响线的形状有关。极易证明：在同一种行列荷载作用下，若长度相同、顶点位置也相同，虽然最大纵标不相等的三角形影响线，其换算荷载必定相等。

设图 6-44 所示两三角形影响线符合上述条件，则对应位置上的纵坐标比例处处相等：

$$\frac{y_2}{y_1}=\frac{h_2}{h_1}=n,$$

故影响线面积间的关系有 $\omega_2=n\omega_1$。于是按式(6-24)

$$K_2=\frac{\sum Py_2}{\omega_2}=\frac{n\sum Py_1}{n\omega_1}=K_1$$

因此，按三角形影响线的长度、顶点位置、行列荷载的类级三个参数编制的换算荷载 K 值表，可以不论影响线的纵标大小，也不论影响线所代表的是何约束力 S，一概适用。

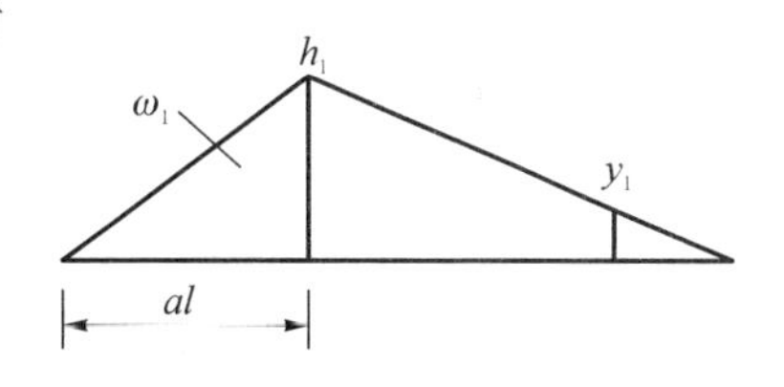

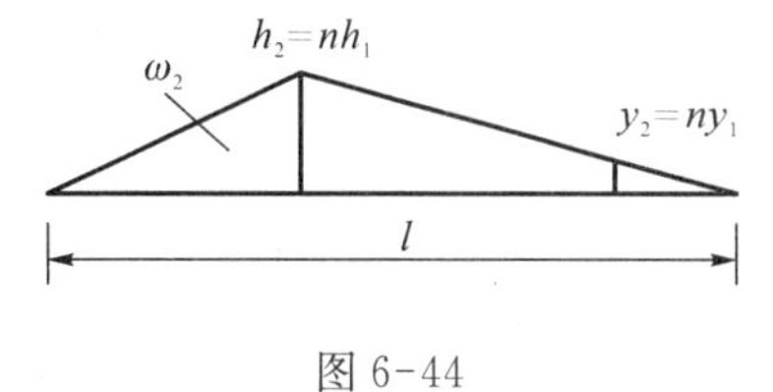

图 6-44

表 6-2　　中—活载的换算载荷(kN/m、每线)

加载长度 l /m	影响线最大纵坐标位置 α				
	端　部	1/8 处	1/4 处	3/8 处	1/2 处
	K_0	$K_{0.125}$	$K_{0.25}$	$K_{0.375}$	$K_{0.5}$
5	210.0	197.1	180.0	172.0	180.0
7	179.6	161.8	153.1	150.9	153.1
10	159.8	146.2	143.6	140.0	141.3
14	143.3	130.8	129.4	127.6	125.0
16	137.7	125.5	123.8	121.9	119.4
20	129.4	120.3	117.4	114.2	110.2
25	122.5	114.7	111.0	107.0	102.5
30	117.8	110.3	106.6	102.4	99.2
32	116.2	108.9	105.3	100.8	98.4
35	114.3	106.9	103.3	99.1	97.3
40	111.6	104.8	100.8	97.4	96.1
45	109.2	102.9	98.8	96.2	95.1
48	107.9	101.8	97.6	95.5	94.5
50	107.1	101.1	96.8	95.0	94.1
60	103.6	97.8	94.2	92.8	91.9
64	102.4	96.8	93.4	92.0	91.1
70	100.8	95.4	92.2	90.9	89.9
80	98.6	93.3	90.6	89.3	88.2
90	96.9	91.6	89.2	88.0	86.8
100	95.4	90.2	88.1	86.9	85.5
110	94.1	89.0	87.2	85.9	84.6
120	93.1	88.1	86.4	85.1	83.8

使用此表时注意

① 仅适用于三角形影响线，αl 是影响线顶点至较近端(左端或右端)的距离，故 α 在 0～0.50 间分档，直角三角形即 $\alpha=0$。

② 加载长度(荷载长度)是指正号或负号影响线的水平长度。

③ 当实际 l 和 α 值在表列数挡之间，可采用直线内插(一次或二次)求 K 的近似值。

例如上述例 6-11 的 40 m 跨桁架，N_1 影响线 l 为全长，顶点离左端 $\alpha=0.4$，“中—活载”的换算荷载值应在 $K_{0.375}$ 与 $K_{0.5}$ 之间内插(一次)：

$$K_{0.4}=96.1+(97.4-96.1)\frac{0.5-0.4}{0.5-0.375}=96.1+\frac{1.3\times100}{125}=97.04$$

这与前面按 $N_{1\max}\div\omega$ 所得之值基本一致。

6.11 简支梁的绝对最大弯矩和内力包络图

6.11.1 简支梁绝对最大弯矩

简支梁任意截面上由任一种移动荷载组所引起的活荷载弯矩最大值，已可运用前述方法求得；且经验表明，跨中附近的截面总有较大的活荷载弯矩。全梁各截面中最大的一个活荷载弯矩值就称为简支梁的绝对最大弯矩。但此弯矩究竟会出现在哪个截面上？对应的临界荷载是移动荷载组中的哪个？由于确定绝对最大弯矩的这两个因素是联系在一起的，若按前述由影响线求最大影响量的方法，须对许多截面逐个进行计算后方能找出，这并不适宜。

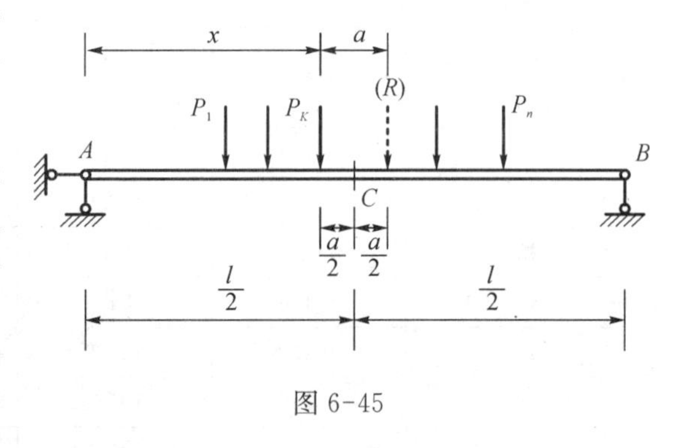

图 6-45

既然在集中荷载组作用下简支梁的最大弯矩必定出现在某一集中力作用处，因此可选定一个可能性较大的集中荷载来分析它移动到什么位置时，其作用点的弯矩值为最大。如图 6-45 中选取 P_K 来考虑，设它至左支座 A 的距离为 x，并设梁上荷载组的合力 R 已知，位于 P_K 之右侧，至 P_K 的距离为 a，则支座 A 的竖向反力为

$$R_A=R\frac{(l-x-a)}{l}$$

荷载 P_K 作用点截面的弯矩 M_x 可表达为

$$M_x=R_Ax-\overline{M}_K=\frac{R}{l}(l-x-a)x-\overline{M}_K \tag{6-25}$$

式中，$\overline{M}_K$ 表示 P_K 以左的梁上诸荷载对 P_K 作用点的力矩代数和，它是与 x 无关的、只与荷

载组本身有关的一个常量。今对 M_x 按极值条件求 x：

$$\frac{\mathrm{d}M_x}{\mathrm{d}x}=\frac{R}{l}(l-2x-a)=0$$

得

$$x=\frac{l}{2}-\frac{a}{2} \tag{6-26}$$

这表明，当所选的 P_K 与梁上荷载合力 R 对称地位于梁跨中央两侧(如图 6-45 所示，各距梁跨中央 $a/2$)时，P_K 作用点截面的弯矩达到最大值。此值极易由 P_K 之左(或右)的梁段隔离体平衡条件求出，如由式(6-25)可得

$$M_x=\frac{R}{l}\left(\frac{l}{2}-\frac{a}{2}\right)^2-\overline{M}_K \tag{6-25a}$$

虽然在理论上应对每个集中荷载都作上述的追踪计算，然后比较出一个绝对最大值来，但经验表明，通常情况下产生简支梁绝对最大弯矩的临界荷载 P_K 就是那个使跨中央截面产生最大活荷载弯矩的临界荷载。这样，问题就大为简化。

但应注意：① 式(6-25)是在假设梁上荷载的合力 R 位于 P_K 之右侧 a 处(图 6-45)的条件下导出的，若计算得 a 为负值，即 R 在 P_K 之左侧，须注意修改 R_A 的表达式。② 将认定的 P_K 排列在梁跨中央之左侧(或右侧)时，若两端有荷载出、入梁跨，则合力 R 及其位置改变了，就应分别试算以确定 $M_{D\max}$。

【例 6-13】 求跨度 $l=12$ m 的吊车梁在图 6-46(a)所示两台同吨位吊车作用下的绝对最大弯矩。

【解】 (1) 选定临界荷载。采用跨中 C 截面的弯矩影响线，可知 P_2 或 P_3 位于 C 处时是最不利位置，于是选定 $P_K=P_2$。

(2) 确定 P_K 作用位置。参照图(a)梁上实有四个轮压，合力 $R=940$ kN，设其位于 P_K 之右 a 处，由合力矩定理得

$$a=\frac{235}{940}(1.22+5.72-4.50)=0.61\ \text{m}$$

将 P_K 置于截面 C 之左 $a/2$ 处如图(c)所示，即有 $x=\frac{l}{2}-\frac{a}{2}=5.695$ m，截面 D 即为发生 $M_{\max}$ 的所在截面。

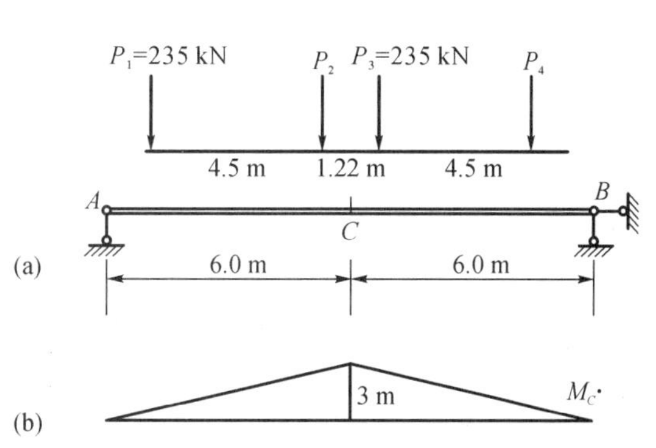

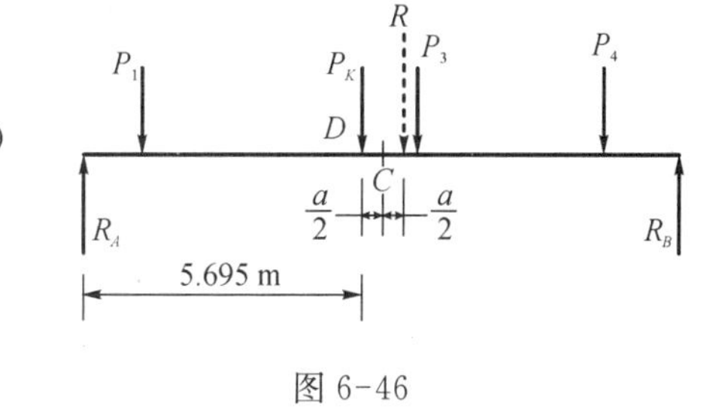

图 6-46

(3) 计算绝对最大弯矩。

$$M_{D\max}=\frac{R}{l}x^2-\overline{M}_K=\frac{940}{12}\times\overline{5.695}^2-235\times4.5=1\,483.08\ \text{kN}\cdot\text{m}$$

而跨中截面 C 的最大活载弯矩 $M_{C\max}=1475.8\ \text{kN}\cdot\text{m}$，此例两者相差仅 0.5%，但有的情况差率可达 4%。

6.11.2 简支梁的内力包络图

设计结构时，必须求得在恒载和移动活荷载共同作用下各杆件、各截面可能出现的最大内力、最小内力。如果把梁上各截面的最大、最小内力纵标用同一比例尺画出，并分别连成曲线，这就是内力包络图。简支梁有弯矩包络图和剪力包络图。

梁的已知恒载（自重等）以均布集度 q 表示。

考虑到移动活荷载作用于结构时的动力效应，须将按前述方法求得的活荷载内力加以适当提高，有关设计规范作了规定。例如铁路、公路和城市道路桥梁结构中使用冲击系数 $(1+\mu_0)$，工业厂房吊车梁中使用动力系数 μ。

此外，铁路、公路和城市道路桥梁的每一跨中一片主梁所承担的活载（内力）还与桥跨上通行的车道数、平行的主梁片数有关，须详见专业设计规范。计算最大内力值可利用影响线及换算荷载表。

工业厂房吊车梁中各截面的每项内力 S，计及恒载 q 和活载 P 的影响，分别求出最大值和最小值可表达如下：

$$\left.\begin{aligned} S_{\max} &= S_q + S_{P\max} = q\sum\omega + \mu\sum P_i y_{i(+)} \\ S_{\min} &= S_q + S_{P\min} = q\sum\omega + \mu\sum P_i y_{i(-)} \end{aligned}\right\} \tag{6-27}$$

式中，P_i 为吊车梁上最不利作用位置的诸吊车轮压，ω 和 y_i 均取自该项内力 S 影响线。

【例 6-14】 跨度为 12 m 的简支吊车梁（图 6-47(a)），承受两台同吨位吊车，每一轮压 $P=235\ \text{kN}$，动力系数 $\mu=1.1$，恒载 $q=12\ \text{kN/m}$。绘制此梁的弯矩和剪力包络图。

【解】 将全梁分成 8 等分，为计算各分点截面的内力，绘出各截面的弯矩、剪力影响线，并确定相应的吊车荷载最不利作用位置，分别示于图 6-47(b)、(c)中。

根据式(6-27)，将全部计算列在表 6-3、表 6-4 中进行；由于等分点截面的对称性，只需计算半跨中的截面内力。根据计算结果，将各截面弯矩（剪力）的最大值纵标和最小值纵标分别连出最大和最小弯矩（剪力）包络线如图 6-47(b)、(c)所示。弯矩包络图中的最大纵标计算如下：

由例 6-13 已求得在该移动活荷载下此梁的绝对最大弯矩为

$$M_{D(P)} = 1\,483.08\ \text{kN}\cdot\text{m}$$

此截面 D 距左支座为 $x=5.695\ \text{m}$（梁右边有一对称截面），其恒载弯矩为

$$\begin{aligned} M_{D(q)} &= \frac{ql}{2}x - \frac{q}{2}x^2 = \frac{q}{2}x(l-x) \\ &= \frac{12}{2}\times 5.695\times 6.305 = 215.44\ \text{kN}\cdot\text{m} \end{aligned}$$

按式(6-27)得

$$M_{D\max} = 215.44 + 1.1\times 1\,483.08 = 1\,846.83\ \text{kN}\cdot\text{m}$$

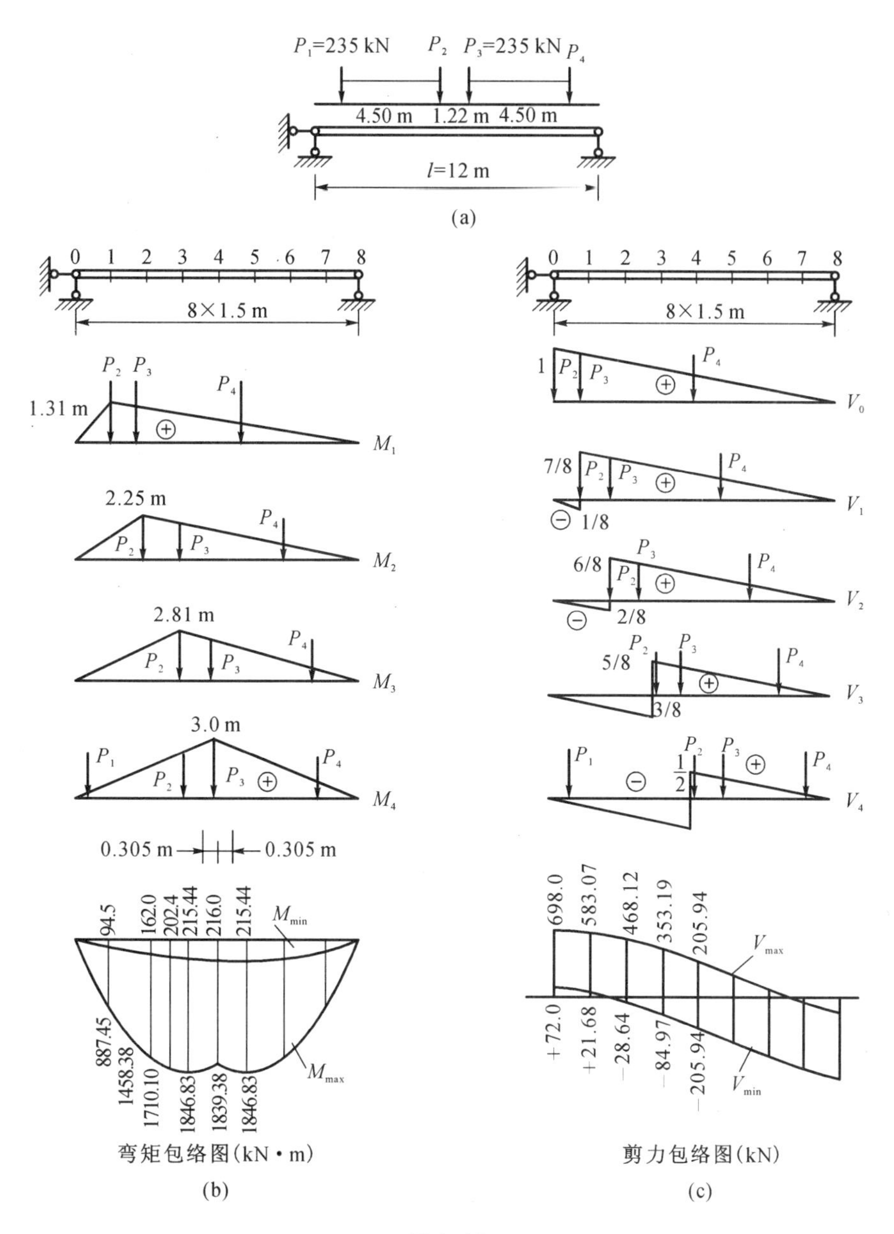

图 6-47

表 6-3　　　弯矩包络图计算

截面	影响线			恒载弯矩	活载弯矩		最大、最小弯矩	
	l /m	$\tan\alpha$	$\sum\omega$ /m^2	$M_q=12\sum\omega$ /(kN·m)	$\sum Py$ /(kN·m)	$M_p=1.1\sum Py$ /(kN·m)	$M_{max}=M_q+M_p$ /(kN·m)	$M_{min}=M_q$ /(kN·m)
1	12	1/8	7.87	94.5	720.86	792.95	887.45	94.5
2	12	1/4	13.50	162.0	1 178.53	1 296.38	1 458.38	162.0
3	12	3/8	16.87	202.4	1 370.64	1 507.70	1 710.10	202.4
4	12	1/2	18.00	216.0	1 475.80	1 623.38	1 839.38	216.0

表 6-4 剪力包络图计算

截面	影响线		恒载剪力	活载剪力		最大、最小剪力值	
	l /m	$\sum\omega$ /m	$V_q=12\sum\omega$ /kN	$\sum Py$ /kN	$V_P=1.1\sum Py$ /kN	$V_{\max}=V_q+V_P^{(+)}$ /kN	$V_{\min}=V_q+V_P^{(-)}$ /kN
0	12	6.0	+72.0	+569.09	+626.0	+698.0	+72.0
1	+10.5 −1.5	4.5	+54.0	+480.97 −29.38	+529.07 −32.32	+583.07	+21.68
2	+9.0 −3.0	3.0	+36.0	+392.84 −58.76	+432.12 −64.64	+468.12	−28.64
3	+7.5 −4.5	1.5	+18.0	+304.72 −93.61	+335.19 −102.97	+353.19	−84.97
4	+6.0 −6.0	0	0	+187.22 −187.22	+205.94 −205.94	+205.94	−205.94

弯矩包络图和剪力包络图分别如图 6-47(b)、(c)所示。

习　　题

[6-1] 选定坐标原点，写出如图 6-48 所示所求未知力的影响线方程，并绘出影响线。(方括号内是指定所求内容)

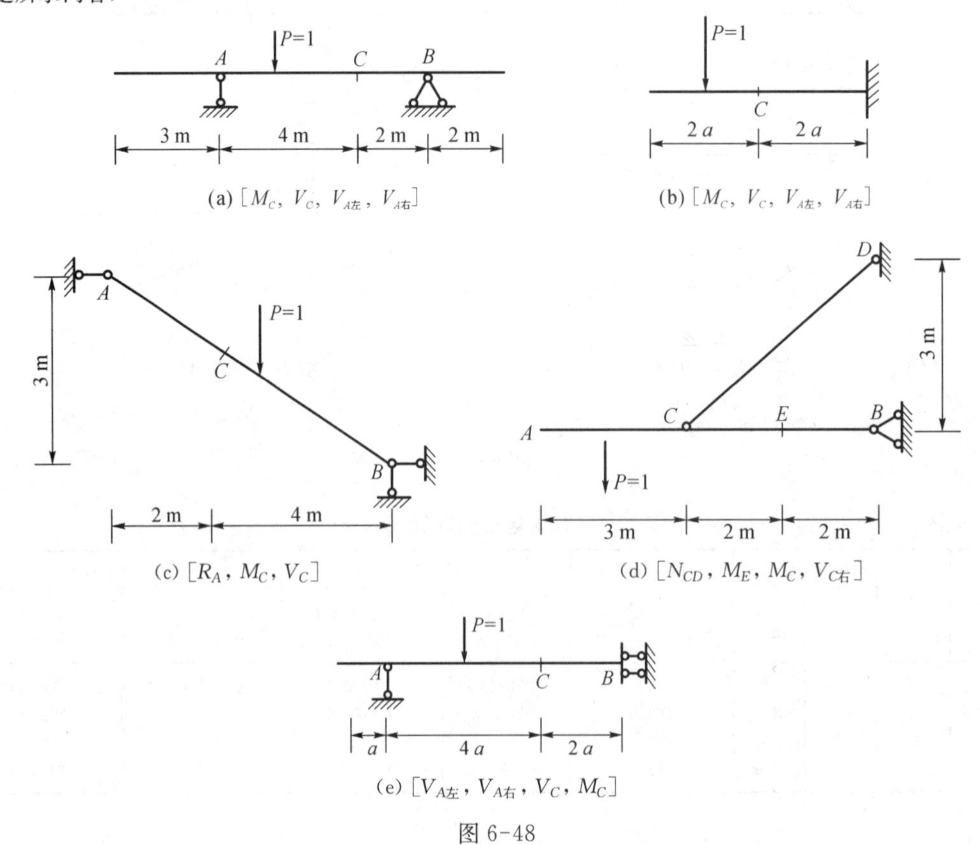

图 6-48

[6-2] 今有如图 6-49 所示简支梁上两个截面的弯矩影响线，其中(选择、填空)纵标。

y_2 是 $P=1$ 作用于 C 时产生的(M_C)(M_D)；

y_1 是 $P=1$ 作用于________时产生的________；

y_4 是 $P=1$ 作用于________时产生的________；

y_3 是 $P=1$ 作用于________时产生的(M_C)(M_D)。

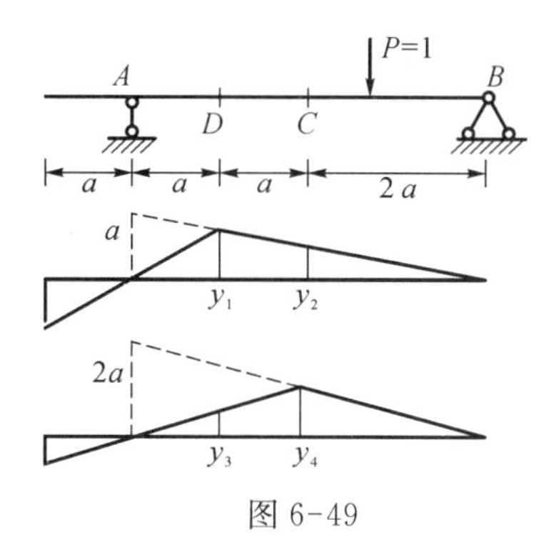

图 6-49

[6-3] 图 6-50(a)中哪一条是 R_C 影响线？图 6-50(b)中哪一条是 $V_{B右}$ 影响线？

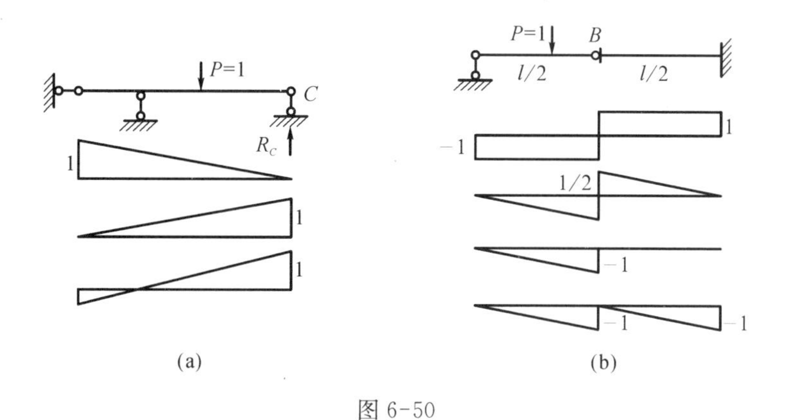

图 6-50

[6-4] 简支梁上有可移动的竖向荷载，图 6-51(a)名为________，其中 y_1 是 $P=1$ 作用于截面($C_左$)($C_右$)时产生的 V_C；

图 6-51(b)名为________，y_3 是 $P=1$ 作用于________时产生的________；y_4 是 $P=1$ 作用于________时产生的________，是________号。

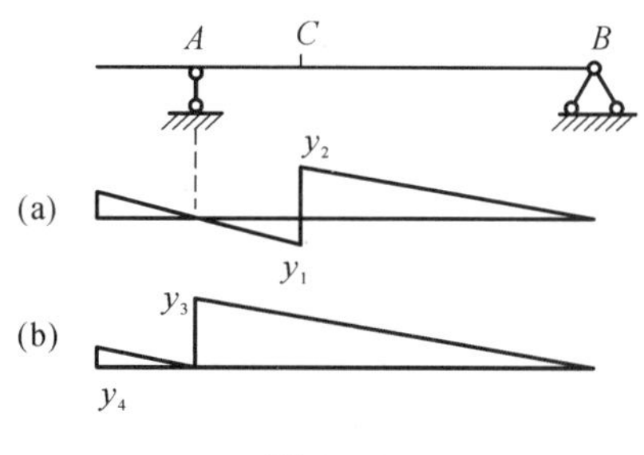

图 6-51

[6-5] 试用静力法作出如图 6-52 所示指定的影响线。

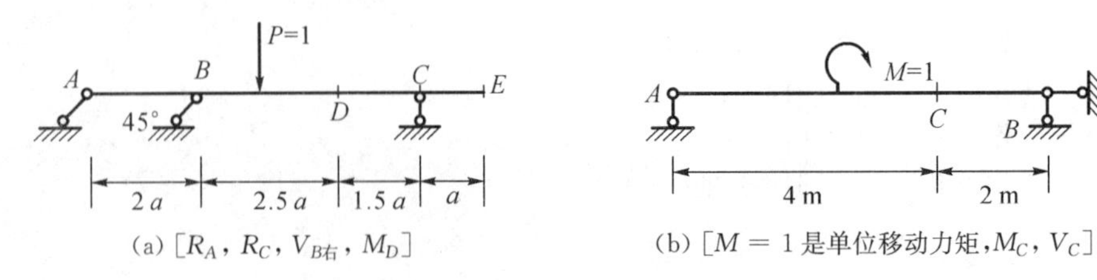

(a) [R_A, R_C, $V_{B右}$, M_D]　　(b) [$M=1$ 是单位移动力矩, M_C, V_C]

图 6-52

[6-6]　如图 6-53 所示荷载沿上层梁 AF 移动,求作指定内力的影响线。用机动法核对。

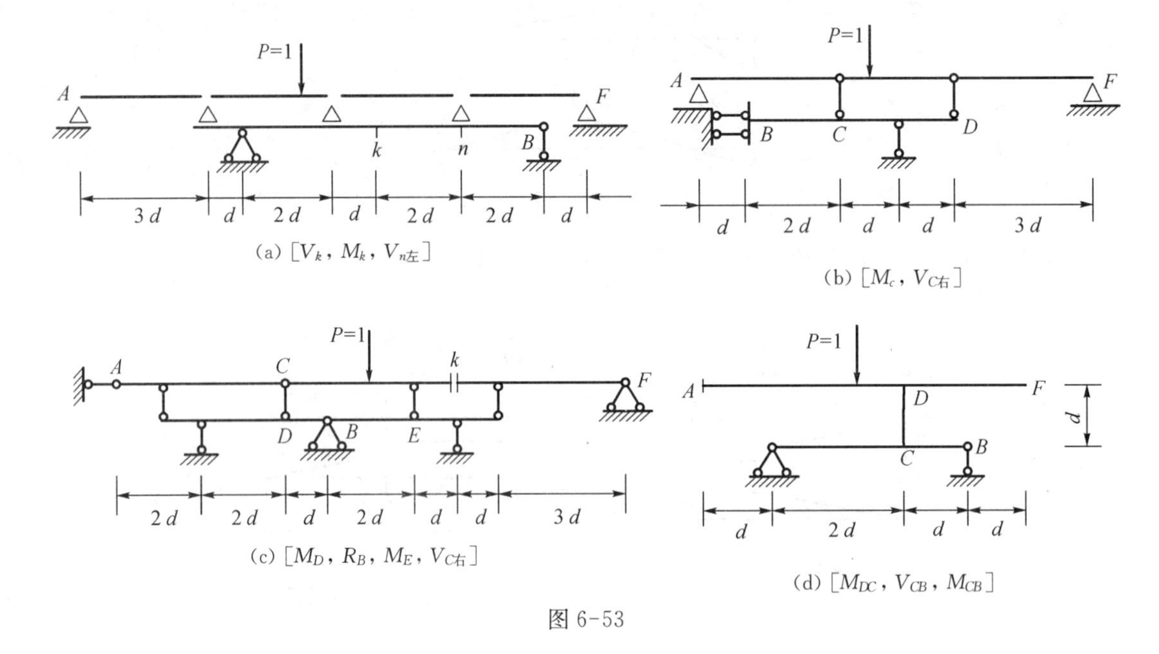

(a) [V_k, M_k, $V_{n左}$]

(b) [M_c, $V_{C右}$]

(c) [M_D, R_B, M_E, $V_{C右}$]

(d) [M_{DC}, V_{CB}, M_{CB}]

图 6-53

[6-7]　如图 6-54 所示用机动法作出指定未知力的影响线。

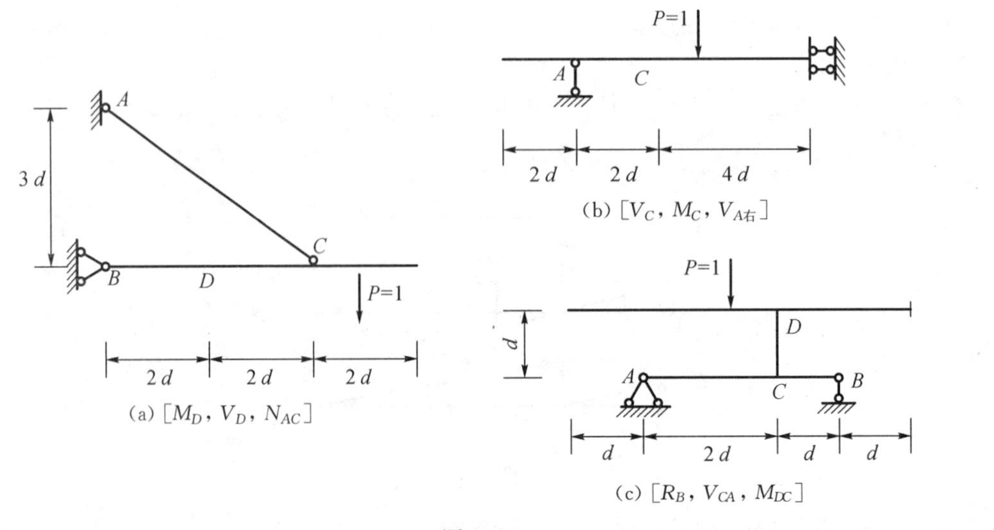

(a) [M_D, V_D, N_{AC}]

(b) [V_C, M_C, $V_{A右}$]

(c) [R_B, V_{CA}, M_{DC}]

图 6-54

[6-8] 求作如图 6-55 所示多跨静定梁的各项影响线。

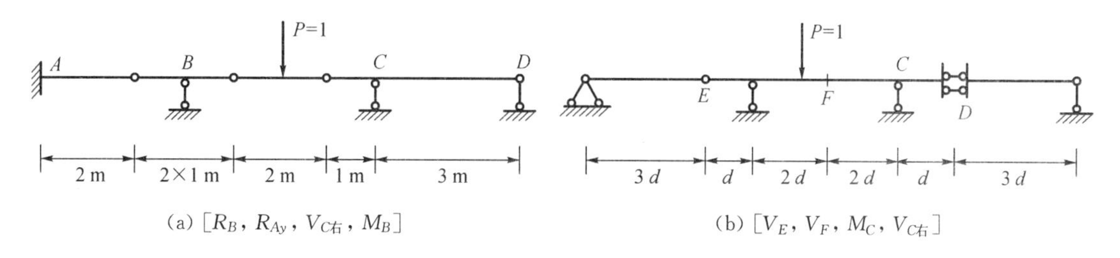

(a) $[R_B, R_{Ay}, V_{C右}, M_B]$　　(b) $[V_E, V_F, M_C, V_{C右}]$

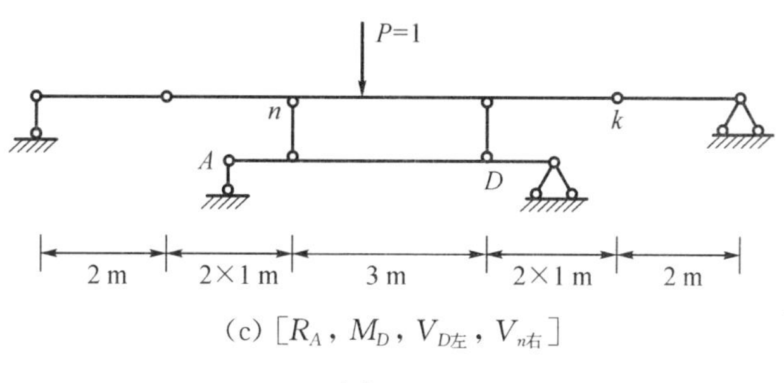

(c) $[R_A, M_D, V_{D左}, V_{n右}]$

图 6-55

[6-9] 试绘制如图 6-56 静定刚架的影响线，荷载沿结构的上表面或左表面移动，正弯矩方向自定。

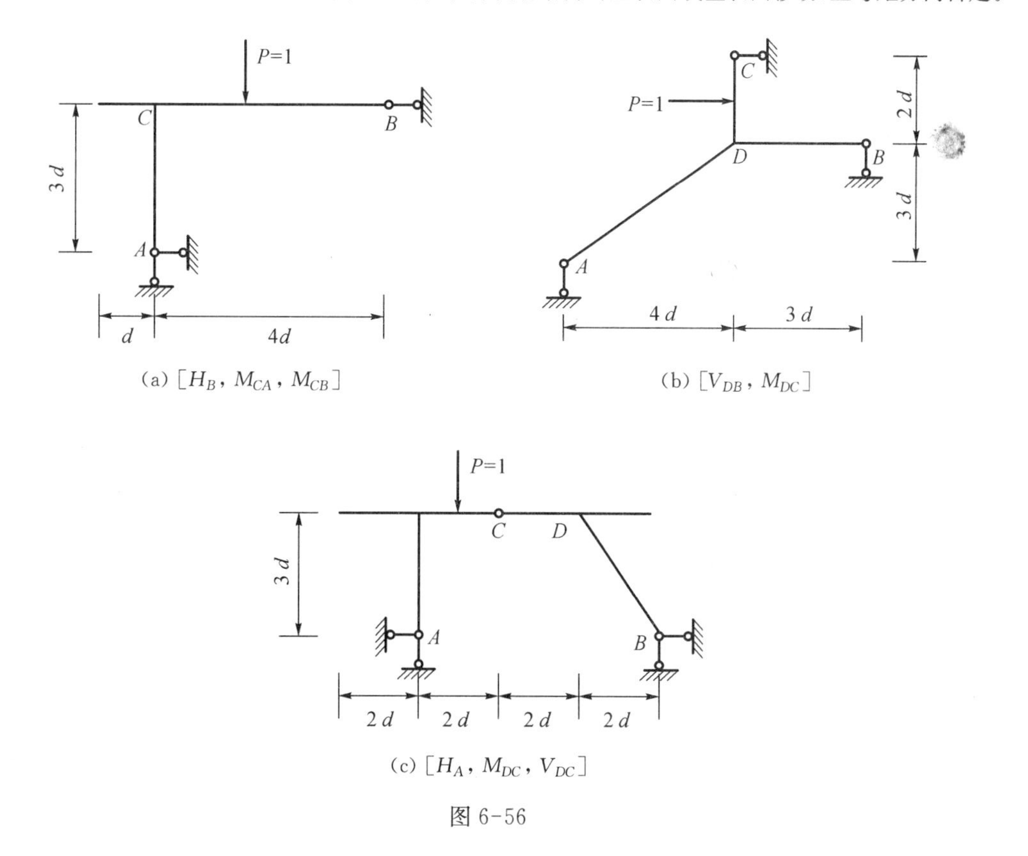

(a) $[H_B, M_{CA}, M_{CB}]$　　(b) $[V_{DB}, M_{DC}]$

(c) $[H_A, M_{DC}, V_{DC}]$

图 6-56

[6-10] 试绘制如图 6-57 静定拱的影响线。

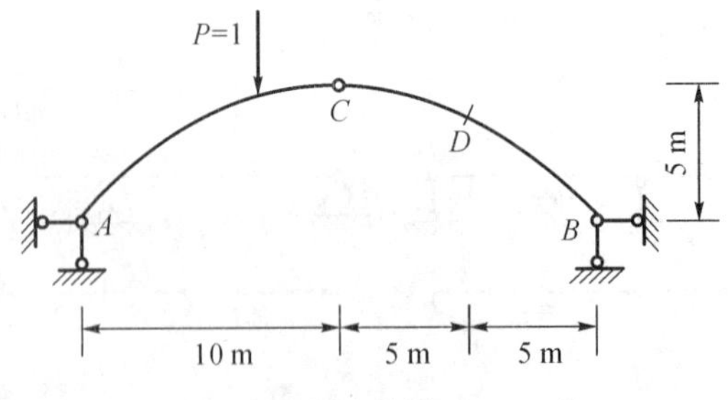

图 6-57 ［二次抛物线拱轴，H，M_D］

［6-11］ 求作如图 6-58 所示静定桁架中指定杆内力的影响线，分别考虑荷载在上弦和下弦移动。

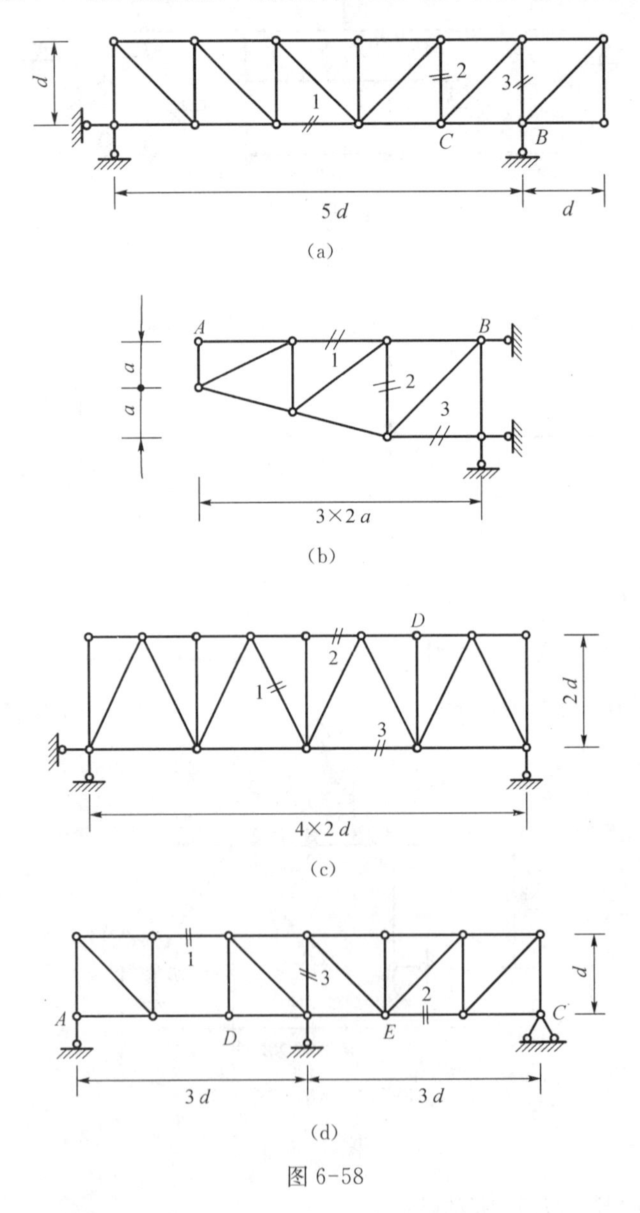

图 6-58

［6-12］ 试绘制如图 6-59 所示桁架中指定杆内力影响线。荷载在下弦。

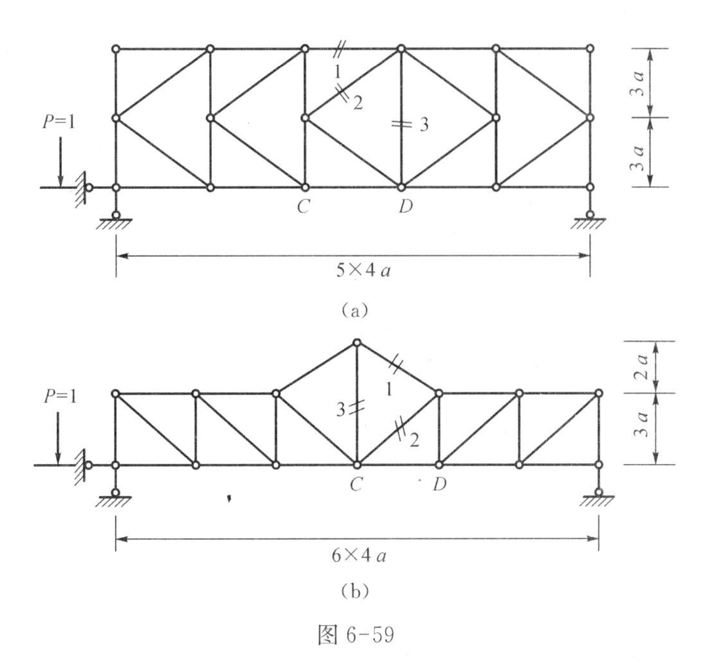

图 6-59

[**6-13**] 试绘制如图 6-60 所示静定组合结构中内力的影响线。须先选定计算内力的步骤。

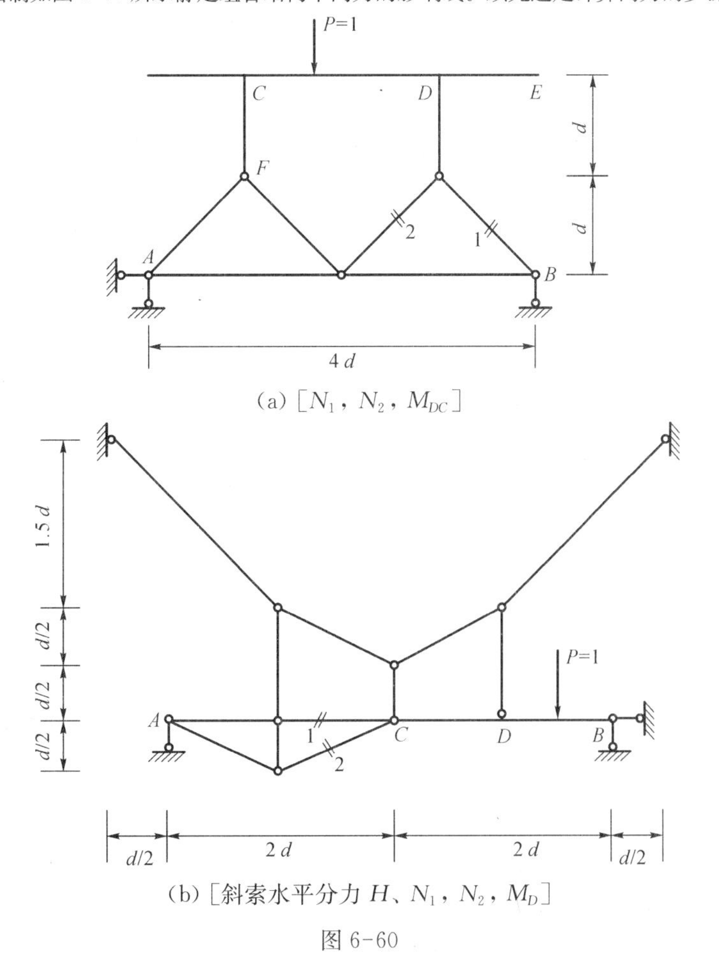

(a) [N_1, N_2, M_{DC}]

(b) [斜索水平分力 H、N_1, N_2, M_D]

图 6-60

[6-14] 应用影响线计算如图 6-61 所示荷载作用下 $V_{D右}$、M_B 的值。

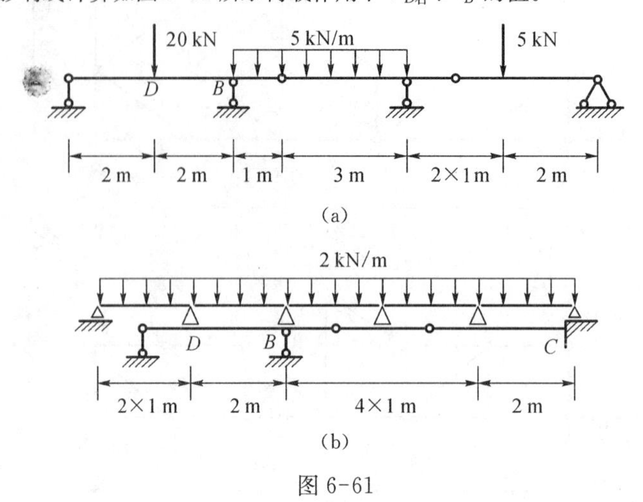

图 6-61

[6-15] 在如图 6-62 所示荷载组移动时，求指定内力的最大值。

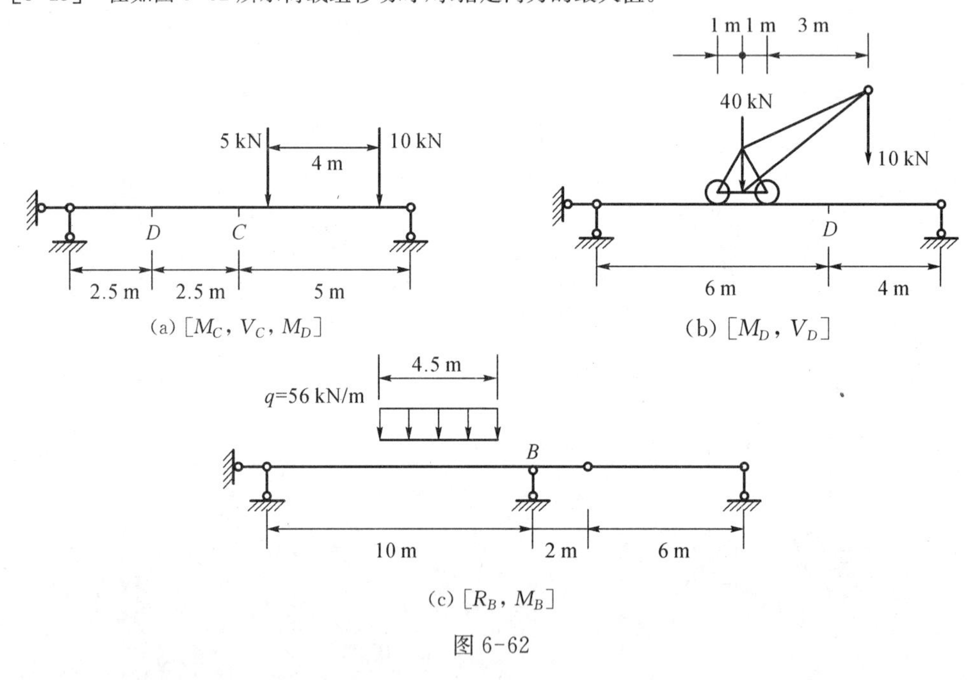

图 6-62

[6-16] 吊车梁上两台吊车的轮压及轮距如图 6-63 所示，求指定未知力的最大值。

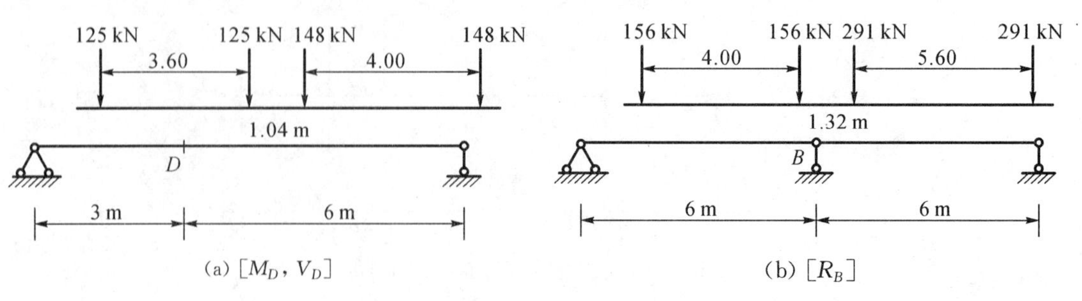

图 6-63

[**6-17**] 求如图 6-64 所示简支梁在公-Ⅰ级车道荷载作用下的 M_C，V_C 和公-Ⅰ级车辆荷载下的 M_D 的最大值。

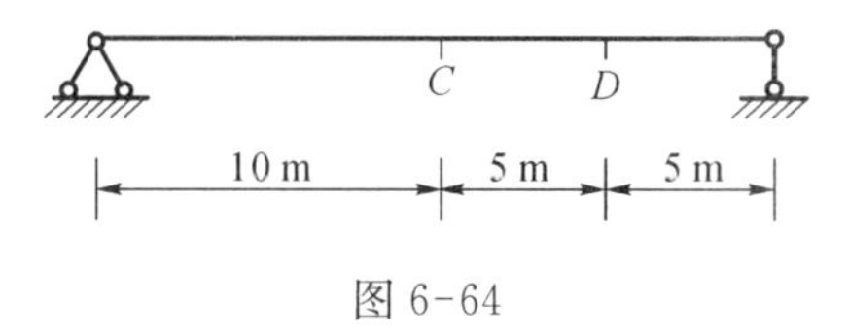

图 6-64

[**6-18**] 求如图 6-65 所示简支桁架在通过中—活载和 ZK 活载作用时(下承)N_a，N_b 的最大值。

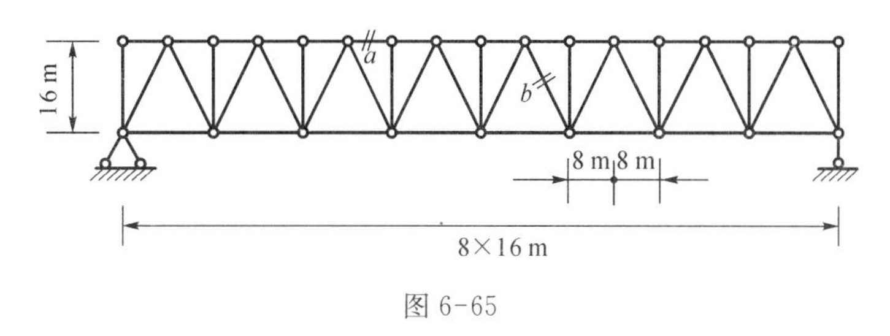

图 6-65

[**6-19**] 对于题[6-18]中的第一项内力计算值求其相应荷载种类的换算荷载 K 值。

[**6-20**] 求出如图 6-63(a)所示吊车梁的绝对最大弯矩，并与 $M_{\frac{l}{2}\max}$ 比较。

部分习题参考答案或提示

[**6-1**] (c) V_C：$y_C^Z=-\dfrac{2}{3\sqrt{5}}$，$y_C^Y=\dfrac{4}{3\sqrt{5}}$

(d) $V_{C右}$：$y_A=\dfrac{3}{4}$，$y_C^Z=0$，$y_C^Y=1$

(e) M_C：$y_B=4a$

[**6-5**] (a) 先用整体三平衡方程。

R_{Ay}：$y_A=3$，$y_B=2$

R_C：$y\equiv 1$，

M_D：$y_B=1.5a$，$y_E=-a$

(b) M_C：$y_A=\dfrac{1}{3}$，$y_B=-\dfrac{2}{3}$

V_C：$y\equiv-\dfrac{1}{6}$

[**6-6**] (a) V_k：$y_B=\dfrac{2}{21}$

(b) M_C：$y_B=\dfrac{d}{3}$，$y_D=-d$

$V_{C右}$：$y_B=-\dfrac{1}{3}$，$y_D=0$

(c) R_B：$y_k^Z=\dfrac{2}{9}$，$y_k^Y=-\dfrac{4}{9}$，k 处左、右分离

(d) V_{CB}：$y_A=\dfrac{1}{3}$，$y_B=-1$

[**6-7**] (a) N_{AC} 方向 $\delta=1$ 是 C 点竖向移动的投影量

[**6-8**] (b) V_F：$y_E=\dfrac{1}{4}$，$y_D^Y=\dfrac{3}{4}$

(c) $V_{D左}$：$y_k=\dfrac{7}{15}$，$y_D=\dfrac{1}{5}$

[**6-9**] (a) M_{CA}(右正)：$y_B=-4$

(b) V_{DB}：$y_D=\dfrac{2}{7}$，影响线的基线⊥荷载

(c) M_{DC}：$y_C=-\dfrac{2}{3}d$，$y_D=\dfrac{2}{3}d$，须先写出水平反力的表达式

[**6-10**] M_D：$y_C=-\dfrac{5}{4}$ m，$y_D=\dfrac{15}{8}$ m

[**6-11**] (a) N_2：$y_C=-\dfrac{4}{5}$(上)，$\dfrac{1}{5}$(下)

(b) N_2：$y_A=-\dfrac{1}{2}$(上)

N_3：$y_A=-\dfrac{1}{3}$(上)

(c) N_3：$y_D=\frac{15}{16}$(上)，$\frac{11}{16}$(下)

(d) 注意左跨与右跨关系。

N_2：$y_D=-\frac{1}{3}$，$y_E=\frac{1}{3}$

N_3：$y_D=-\frac{1}{3}$，$y_E=-\frac{2}{3}$

[6-12] (a) Y_2：$y_D=-\frac{2}{10}$，$y_C=\frac{2}{10}$

N_3：$y_C=0$，$y_D=\frac{1}{2}$

(b) y_2：$y_C=-\frac{1}{10}$，$y_D=-\frac{22}{30}$

[6-13] (a) M_{DC}：$y_E=-\frac{3}{2}d$，$y_D=-\frac{d}{2}$

Y_1：$y_E=-\frac{1}{2}$，$y_C=\frac{1}{4}$

(b) $R_A=R_{Ay}^0-H$：$y_C=-\frac{1}{6}$，

$y_A=1$

N_1：$y_C=\frac{1}{3}$

M_D：$y_D=\frac{5}{12}d$

[6-14] (a) $V_{D右}=-12.22$ kN

(b) $V_{D右}=-2$ kN

[6-15] (a) $M_C=27.5$ kN·m

$M_D=18.75$ kN·m

(b) $V_D=+11$ kN，-29 kN，直接作用的荷载在轮上。

(c) $R_B=264.6$ kN

[6-16] (a) $M_D=558$ kN·m，

$V_D=180.68$ kN

(b) $R_B=449.76$ kN

[6-17] 公-Ⅰ车道荷载：$M_C=1\,725$ kN·m

公-Ⅰ车辆荷载：$M_D=1\,368$ kN·m

[6-18] 中-活载：$N_a=-10\,138$ kN

ZK 活载：$N_a=-8\,391.3$ KN

[6-20] $M_{max}=599.85$ kN·m

$M_C=586.25$ kN·m

7 静定结构的位移计算

7.1 概　　述

7.1.1 杆系结构的位移

杆系结构在荷载、温度变化、支座位移等因素作用下会产生变形和位移。变形是指结构原有形状的变化。位移包括线位移和角位移两种，线位移是指结构上各点产生的移动，角位移是指杆件横截面产生的转角。如图 7-1 所示刚架，在荷载作用下产生的变形如图中虚线所示，截面的形心 D 点移到 D' 点，线段 DD' 称为 D 点的线位移，用 Δ_D 表示，它也可用 D 点的水平位移分量 Δ_{Dx} 和竖向位移分量 Δ_{Dy} 表示（图 7-1）。同理，C 点的线位移 $CC'=\Delta_C$ 也可用该点的水平位移 Δ_{Cx} 和竖向位移 Δ_{Cy} 来表示。截面 D 及 C 的角位移分别用 θ_D 及 θ_C 表示，如图 7-1 所示。这种线位移和角位移习惯上称为绝对位移，通常简称为位移。

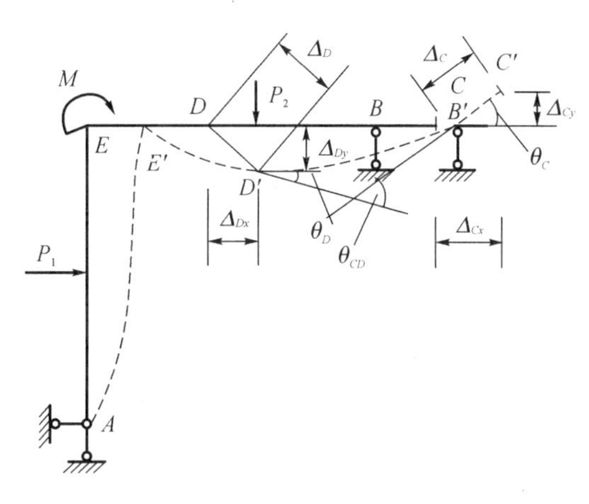

图 7-1

除上述绝对位移外，还有一种相对位移。如图 7-1 中 C、D 两点指向相反的竖向位移 Δ_{Cy}、Δ_{Dy} 之和 $\Delta_{CD}=\Delta_{Cy}+\Delta_{Dy}$ 称为 C、D 两点的相对竖向线位移。同理，图 7-1 中截面 C、D 两个方向相反的角位移 θ_C、θ_D 之和 $\theta_{CD}=\theta_C+\theta_D$ 称为 C、D 两截面的相对角位移。

7.1.2 使结构产生位移的因素

使结构产生位移的外界因素，主要有以下三个：

（1）荷载——结构在荷载作用下产生内力，由此材料发生应变，从而使结构产生位移。

（2）温度变化——材料有热胀冷缩的物理性质，当结构受到温度变化的影响时，就会产生位移。

（3）支座位移——当地基发生沉降时，结构的支座会产生移动及转动，由此使结构产生位移。

其他，如材料的干缩及结构构件尺寸的制造误差也会使结构产生位移。

7.1.3 计算结构位移的目的

计算结构位移主要有如下三个目的：

1. 验算结构的刚度

在结构设计时，不仅要保证结构具有足够的强度，并且应满足一定的刚度，而结构刚度的大小是以其变形或位移来量度的，因此，为了验算结构的刚度，需要计算结构的位移。

在工程实践中，规定结构必须满足一定刚度要求的例子是很多的。例如吊车梁允许的最大挠度通常规定为跨度的1/600；民用建筑中楼面主梁的最大挠度一般不能超过其跨长的1/350；桥梁建筑中钢板梁的最大挠度一般不得超过其跨长的1/700。

2. 为制作、架设结构等提供位移依据

在跨度较大的结构中，有时为了避免产生显著的下垂现象，可预先将结构做成与其挠度反向的弯曲，这种做法在工程上称为建筑起拱，或简称为起拱。例如图7-2(a)实线所示桁架是没有起拱的，它承受荷载后，可能产生如虚线所示的挠度。若将桁架做成如图7-2(b)实线所示的起拱，则桁架承受荷载后，其下弦可能达到原设计的水平位置。在钢桁架中，当跨度超过35 m时，常做起拱。这种起拱高度是根据结构的位移确定的，为此就必须计算结构的位移。

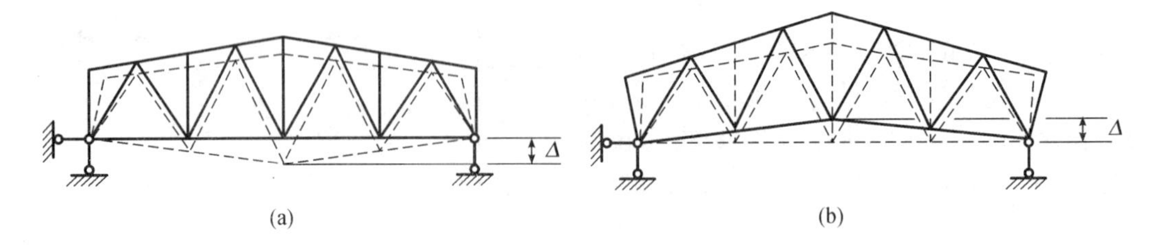

图7-2

在钢桁架桥梁施工中进行悬臂拼装时，由于结构自重、操作机械等临时荷载的作用，悬臂部分将产生挠度，若该挠度值过大，就会影响操作机械的正常工作，也会使拼装就位发生困难。又如网架结构在整体起吊时，为了便于起吊就位，需要选择好起吊点，使就位点产生较小的均匀的位移。在处理这类结构施工安装中的问题时，都需要预先计算结构的位移。

3. 为分析超静定结构打好基础

计算超静定结构内力时，除应用静力平衡条件外，还必须考虑结构的变形条件，而建立结构的变形条件，就必须计算结构的位移。

此外，在结构的动力及稳定等计算中，也要涉及结构的位移计算。

7.1.4 线弹性体系的特征

计算结构的位移必须涉及材料的性质，在今后的分析中，若无特殊指明，我们一律将结构作为是由线性弹性材料所组成，即假定结构工作时的最大应力不超过材料的弹性比例极限，变形是微小的，并且在应用静力平衡条件时，不考虑结构变形的影响。满足上述条件的结构称为线性弹性体系，或称为线性变形体系。线性弹性体系有如下两个主要特征：

1. 结构的变形或位移与其作用力成正比

如图 7-3(a)所示线性弹性体系，当 $P_1 = 1$ 时，若 K 点的竖向位移等于 δ_{K1}，则当 P_1 为任意值时，K 点的竖向位移 Δ_{K1}（图 7-3(b)）为

$$\Delta_{K1} = \delta_{K1} P \tag{7-1}$$

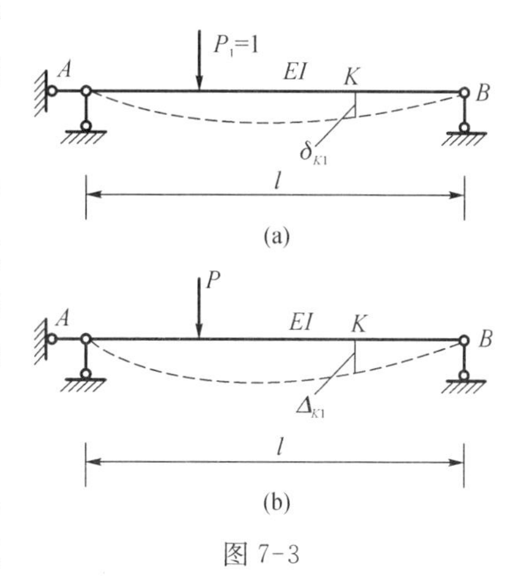

图 7-3

位移系数 δ_{K1} 中的第一个下标 K 表示位移的地点和方向，第二个下标 1 表示引起位移的原因。在今后的计算中，以 δ 表示由单位力所引起的结构位移，而以 Δ 表示由一般力所引起的结构位移。

2. 结构的变形或位移服从叠加原理

如图 7-4 所示线性弹性体系，受荷载 P_1，P_2，…，P_n 作用。若以 δ_{Ki} 表示由 $P_i = 1$ 所引起的该体系 K 点的竖向位移，则由叠加原理，可得该体系在 P_1，P_2，…，P_n 等共同作用下引起的 K 点的竖向总位移 Δ_K 为

$$\Delta_K = \delta_{K1} P_1 + \delta_{K2} P_2 + \cdots + \delta_{Kn} P_n \tag{7-2}$$

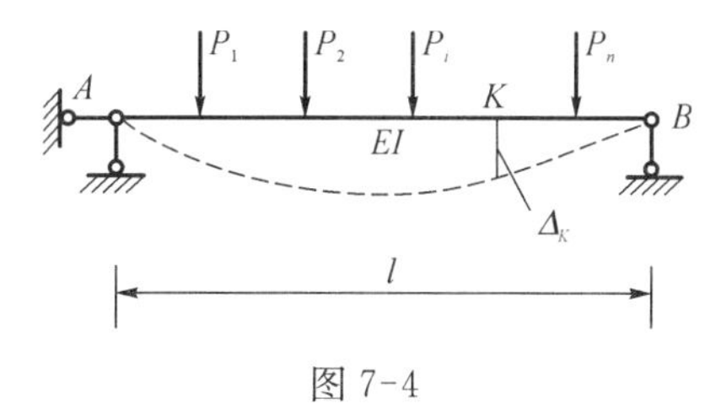

图 7-4

由式(7-1)、式(7-2)可知，线性弹性体系在卸除荷载后，不存在残留变形。

线性变形体系的位移计算，一般是以线性变形体系的功能原理为基础的，为此，下面将先介绍线性变形体系的实功原理，再介绍变形体系的虚功原理，最后介绍静定结构的位移计算。

7.2 线性变形体系的实功及变形位能

本节主要介绍线性变形体系的外力实功、变形位能及实功原理，实功原理在结构分析的能量方法中是个重要的内容，并为后面的虚功原理作引导。本节中介绍的有关内容，在结构的稳定及动力计算中都要用到。

7.2.1 外力实功

在结构分析中经常遇到的是静力荷载，静力荷载是指荷载由零逐渐以微小的增量缓慢地增加到最终值。结构在静力加载过程中，荷载及内力始终保持平衡。

设有一静力荷载 P 作用于某一线性变形体系（图 7-5(a)），静力荷载由零逐渐增加到 P，与此相对应，荷载作用点沿荷载作用方向的位移也自零逐渐增加到 Δ，体系的变形如图 7-5(a)中的虚线所示。根据线性变形体系的特性，体系的位移与其作用力成正比，因此

可得

$$\Delta = P\delta \tag{a}$$

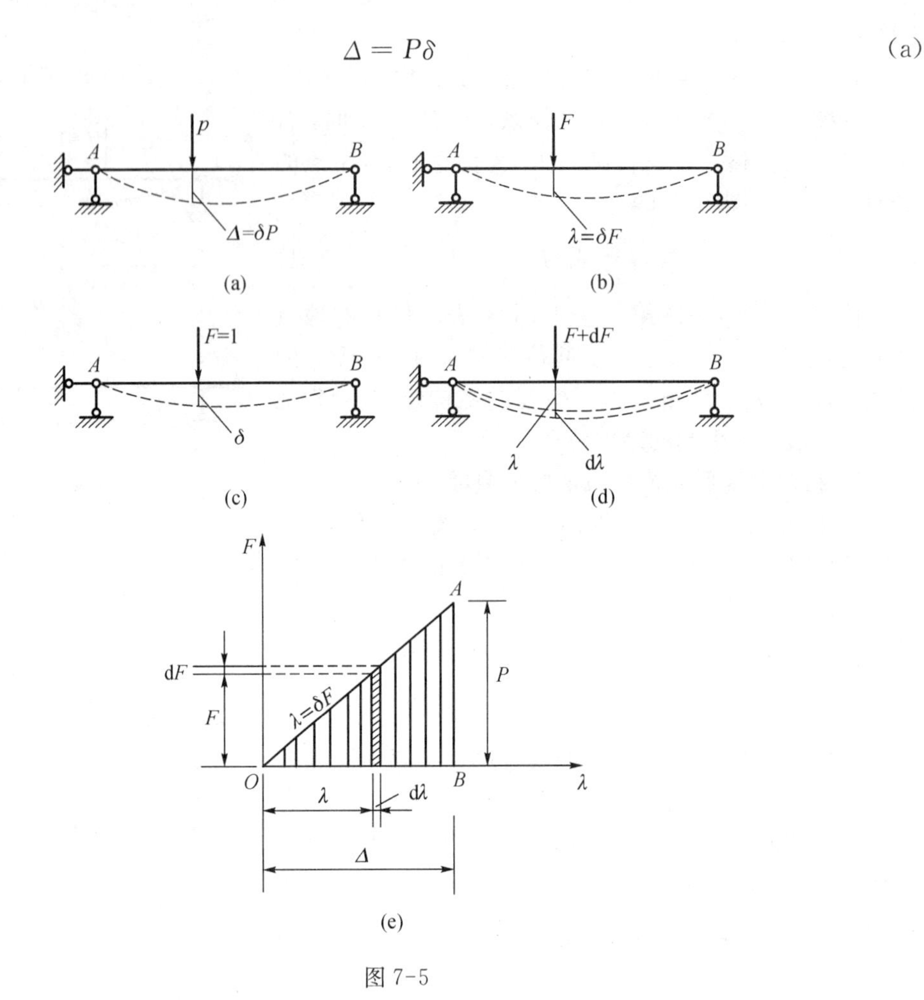

图 7-5

若以变量 F 表示外力从零开始增加到 P 过程中的某一数值，以 λ 表示相应的位移(图 7-5(b))，则与上同理，可得

$$\lambda = F\delta \tag{b}$$

式(a)、式(b)中的 δ 表示作用力等于 1 时体系在荷载作用点沿荷载作用方向的位移(图 7-5(c))。

当外力 F 增加 $\mathrm{d}F$ 时，位移 λ 亦相应地增加 $\mathrm{d}\lambda$(图 7-5(d))，此时，如忽略外力增量 $\mathrm{d}F$ 在产生位移增量 $\mathrm{d}\lambda$ 过程中所做的功(是二阶微量)，则外力 F 所做的功为

$$\mathrm{d}T = F\mathrm{d}\lambda \tag{c}$$

若根据式(b)作出体系的作用力与其相应位移的关系图(图 7-5(e))，则外力功的增量 $\mathrm{d}T$ 可由图 7-5(e)中用斜影线标志的矩形面积来表示。

对式(b)进行微分，得 $\mathrm{d}\lambda = \delta\mathrm{d}F$，再将此式代入式(c)并积分，得

$$T = \int \mathrm{d}T = \int_0^P F\delta\mathrm{d}F = \delta\int_0^P F\mathrm{d}F = \frac{1}{2}\delta P^2 \tag{d}$$

将式(a)代入式(d)，可得外力实功 T 为

$$T=\frac{1}{2}P\Delta \tag{7-3a}$$

式(7-3a)表示图 7-5(e)中三角形 OAB 的面积。由此可知，线性变形体系的外力实功等于外力的最后数值与其相应位移乘积的一半。

需要指出，外力实功 T 是由从零逐渐增加到最后值 P 的变力在其自身所引起的位移 Δ 上所做的功，它与常力所做的功在概念上是不同的。

由式(7-3a)计算外力实功时，力与位移必须相对应。当外力 P 与其作用点的位移方向不一致时，Δ 应取外力作用点的位移在该力方向的分量。如图 7-6(a)所示，外力 P 是倾斜的，其作用点的位移是竖向的，此时 Δ 应该用这个竖向位移在该力方向上的分量。如果作用于体系的外力是集中力矩，则与其相应的位移应是这个力矩所在截面的转角 θ，如图 7-6(b)所示力矩 M 所做的实功为

$$T=\frac{1}{2}M\theta \tag{7-3b}$$

(a)

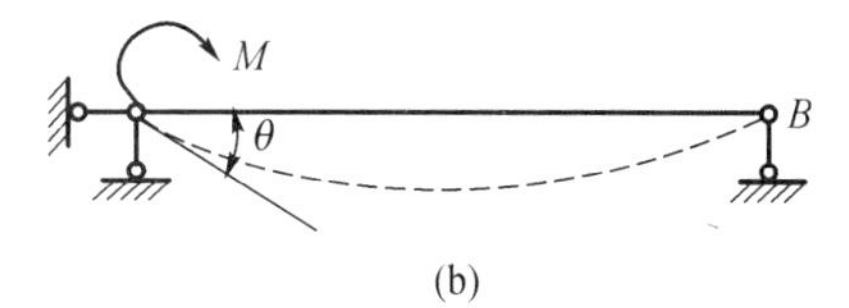

(b)

图 7-6

式中，θ 以弧度表示。

式(7-3a)和式(7-3b)在形式上是相同的，为了概括和方便起见，可采用广义力和广义位移的概念，凡是做功的力，统称为广义力，相应的位移统称为广义位移。如广义力是集中力，则相应的广义位移为线位移；如广义力为力矩，则相应的广义位移为角位移。广义力与广义位移的乘积，其量纲为功的量纲。

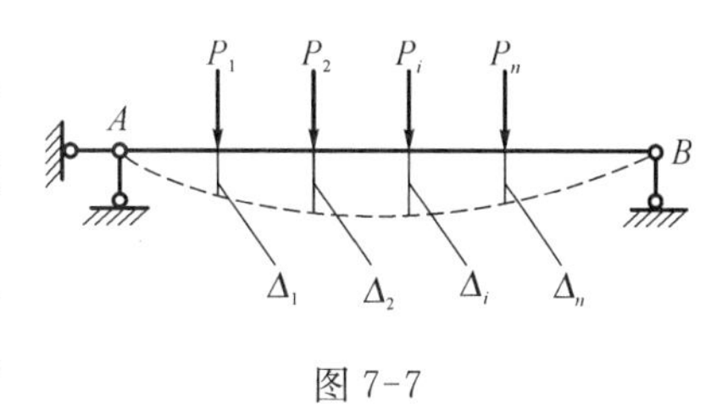

图 7-7

当体系上有若干个外力共同作用时(图 7-7)，总的外力实功可由下式计算：

$$T=\frac{1}{2}P_1\Delta_1+\frac{1}{2}P_2\Delta_2+\cdots+\frac{1}{2}P_n\Delta_n=\frac{1}{2}\sum_{i=1}^{n}P_i\Delta_i \tag{7-4}$$

式中，Δ_i 表示所有外力共同作用时 i 点在 P_i 方向的位移，即 Δ_i 不仅包括由于 P_i 本身所产生的位移，而且包括体系上其他外力对该点所产生的位移。

式(d)和式(7-4)(其中 Δ_i 与 P_i 有关)表明外力实功是外力的非线性函数，计算外力实功不能应用叠加原理。

7.2.2　变形位能

外力在线性变形体系的加载过程中所做的实功，通过体系的变形转化为一种能量储存在体系的内部；在卸载过程中，这种能量则又通过消除体系的变形释放出来。这种因弹性变形而积储或释放的能量，称为线性变形体系的变形位能(或简称变形能)或势能，通常用 U 表示。

如图 7-8(a)所示线性变形体系，在任意静力荷载作用下，将产生轴力 N、弯矩 M 和剪力 V，同时，体系产生相应的变形。与静力荷载相同，这些内力和变形都是由零逐渐增加到最终值的。为了研究体系的变形位能，在图 7-8(a)中取微段 $\mathrm{d}s$(图 7-8(b))，在微段的左侧和右侧截面上，分别作用着由零逐渐增加到最终值的内力 N、M、V 和 $N+\mathrm{d}N$、$M+\mathrm{d}M$、$V+\mathrm{d}V$（这些力对所取微段而言是外力，而对整个结构而言却是内力，鉴于习惯，并为了与整个结构上的外力相区别，这里仍称这些力为内力）。与此同时，微段 $\mathrm{d}s$ 将产生由零逐渐增加到最终值的轴向变形 $\mathrm{d}u$(图 7-8(c))、弯曲变形 $\mathrm{d}\theta$(图 7-8(d))、剪切变形 $\mathrm{d}v=\gamma\mathrm{d}s$（图 7-8(e)）。

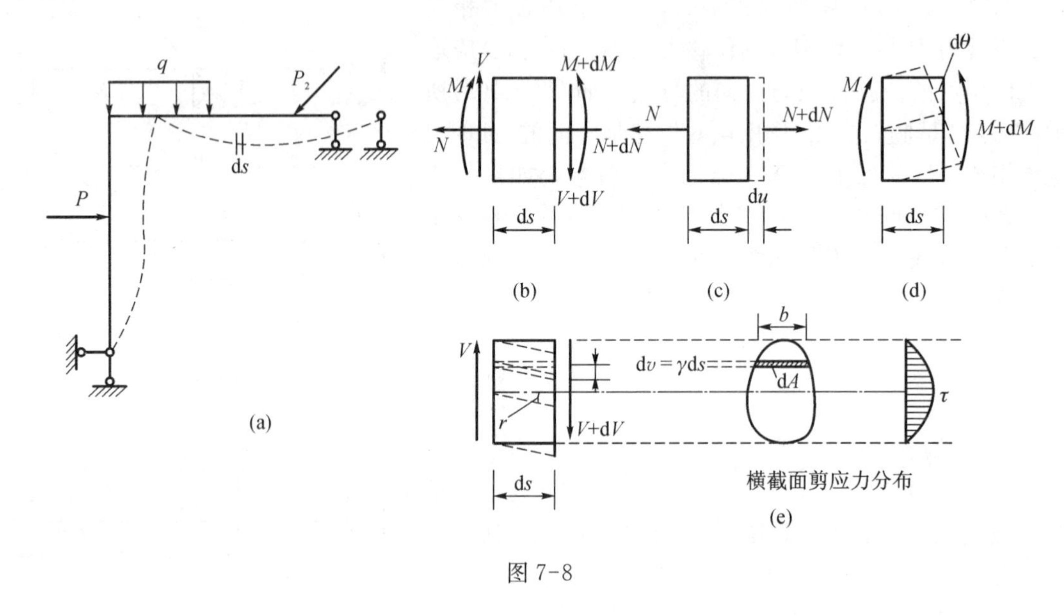

图 7-8

微段 $\mathrm{d}s$ 在变形过程中所储存的变形能是以内力在变形位移上所做的实功来量度的。若略去内力增量 $\mathrm{d}N$、$\mathrm{d}M$、$\mathrm{d}V$ 在其各自的微量变形上所做的功（为二阶微量），则微段的变形能 $\mathrm{d}U$ 为

$$\mathrm{d}U=\mathrm{d}U_N+\mathrm{d}U_M+\mathrm{d}U_V=\frac{1}{2}N\mathrm{d}u+\frac{1}{2}M\mathrm{d}\theta+\frac{1}{2}V\mathrm{d}v \tag{7-5a}$$

式(7-5a)中的 $\mathrm{d}U_N$、$\mathrm{d}U_M$、$\mathrm{d}U_V$ 分别表示微段上的轴力 N、弯矩 M、剪力 V 在各自的变形位移上所做的实功，或分别称为轴向变形能、弯曲变形能、剪切变形能。

对于小变形直杆来说，在轴向力 N 作用下，只产生轴向变形；在弯矩 M 作用下，只产生弯曲变形；在剪力 V 作用下，只产生剪力变形。也就是说，三者做功彼此互不干扰，因此，上述微段内力在变形位移上所做的总实功可按式(7-5a)计算。下面分别具体表达 $\mathrm{d}U_N$、$\mathrm{d}U_M$ 和 $\mathrm{d}U_V$。

1. 轴向变形能 $\mathrm{d}U_N$

由材料力学可知线性变形材料的轴向变形 $\mathrm{d}u$ 为

$$\mathrm{d}u=\frac{N\mathrm{d}s}{EA}$$

式中，E 为材料的弹性模量，A 为杆件的横截面面积，EA 为横截面的轴向刚度。于是 $\mathrm{d}U_N$ 为

$$\mathrm{d}U_N = \frac{1}{2}N\mathrm{d}u = \frac{N^2\mathrm{d}s}{2EA} \tag{e}$$

2. 弯曲变形能 $\mathrm{d}U_M$

由材料力学可知线性变形材料的弯曲变形 $\mathrm{d}\theta$ 为

$$\mathrm{d}\theta = \frac{M\mathrm{d}s}{EI}$$

式中，I 为杆件横截面的惯性矩，EI 为横截面的弯曲刚度，于是 $\mathrm{d}U_M$ 为

$$\mathrm{d}U_M = \frac{1}{2}M\mathrm{d}\theta = \frac{M^2\mathrm{d}s}{2EI} \tag{f}$$

3. 剪切变形能 $\mathrm{d}U_v$

由于剪力 V 引起的剪应力 τ 沿截面高度的分布是不均匀的(图 7-8(e))，因此截面上各纤维层的剪切变形也不相等，所以在计算剪切变形能时，应先按纤维层考虑，然后沿截面高度进行积分。由材料力学可知沿截面高度某纤维层上的剪应力 τ 和剪应变 γ 为

$$\tau = \frac{VS}{Ib}, \quad \gamma = \frac{\tau}{G}$$

上式中的 S 为所考虑的纤维层以上(或以下)的横面面积对中性轴的静矩；b 为同一纤维层的截面宽度(图 7-8(c))；G 为材料的剪切弹性模量。设以 $\mathrm{d}A$ 表示所考虑的纤维层的截面面积，则该面积上剪应力的合力为 $\tau\mathrm{d}A$。于是，当面积 $\mathrm{d}A$ 发生剪切位移 $\gamma\mathrm{d}s$ 后，此纤维层上的剪力 $\tau\mathrm{d}A$ 所做的实功为

$$\frac{1}{2}\tau\mathrm{d}A \times \gamma\mathrm{d}s$$

将剪应力 $\tau = VS/Ib$ 及剪应变 $\gamma = \tau/G$ 代入上式，并对整个横截面进行积分，便可得微段的剪切变形能 $\mathrm{d}U_V$ 为

$$\mathrm{d}U_V = \frac{1}{2}\int_A \frac{\mathrm{d}s}{G}\left(\frac{VS}{Ib}\right)^2 \mathrm{d}A = \frac{V^2\mathrm{d}s}{2GI^2}\int_A \left(\frac{S}{b}\right)^2 \mathrm{d}A = \frac{kV^2\mathrm{d}s}{2GA} \tag{g}$$

式(g)中的 k 为

$$k = \frac{A}{I^2}\int_A \left(\frac{S}{b}\right)^2 \mathrm{d}A \tag{7-6}$$

式(g)亦可写为

$$\mathrm{d}U_V = \frac{1}{2}V\left(\frac{kV}{GA}\right)\mathrm{d}s = \frac{1}{2}V\gamma\mathrm{d}s$$

上式表明，系数 k 实际上是在计算平均剪应变 γ 时，由于考虑到剪应力在截面上分布不均匀

而引用的一个修正系数。系数 k 是一无量纲数,其值仅与横截面的形式有关。当横截面为矩形时(图 7-9),则

$$dA = b\mathrm{d}y,\quad A = bh$$

$$I = \frac{bh^3}{12},\quad S = \frac{b}{2}\left(\frac{h^2}{4} - y^2\right)$$

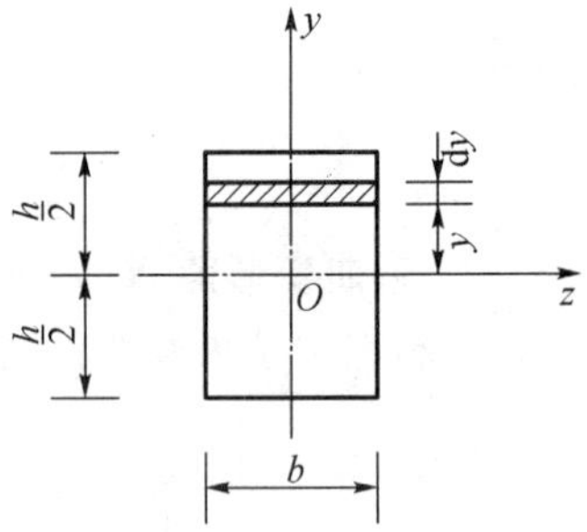

图 7-9

代入式(7-6)并积分后,可得

$$k = \frac{36}{h^5}\int_{-\frac{h}{2}}^{\frac{h}{2}}\left(\frac{h^2}{4} - y^2\right)^2 \mathrm{d}y = 1.2$$

同理,对圆形截面,可得 $k = 32/27$。对工字形截面,可近似地取 $k = A/A_S$,其中 A 为整个横截面面积,A_S 为腹板部分的面积。

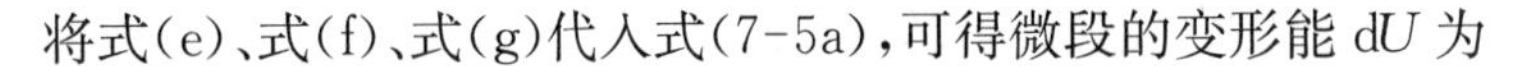

将式(e)、式(f)、式(g)代入式(7-5a),可得微段的变形能 $\mathrm{d}U$ 为

$$\mathrm{d}U = \frac{N^2\mathrm{d}s}{2EA} + \frac{M^2\mathrm{d}s}{2EI} + \frac{kV^2\mathrm{d}s}{2GA} \tag{7-5b}$$

将上式沿杆段进行积分,即得一根杆段的变形位能。若结构由若干杆段组成,则整个结构的变形位能为各杆段变形位能的总和。因此,整个结构的变形位能为

$$U = \sum\int\frac{N^2\mathrm{d}s}{2EA} + \sum\int\frac{M^2\mathrm{d}s}{2EI} + \sum\int\frac{kV^2\mathrm{d}s}{2GA} \tag{7-7}$$

式(7-7)表明,变形位能是内力的二次函数,因此,计算变形位能不能应用叠加原理。

7.2.3 外力实功与变形位能的关系

受静力荷载作用的线性变形体系,在变形过程中没有动能的变化,如果再忽略材料在变形过程中微小的热能损耗,那么,根据能量守恒定律,外力在体系变形过程中所做的实功 T 全部转化为体系的弹性变形位能 U,即

$$T = U \tag{7-8}$$

将式(7-4)和式(7-7)代入上式,得

$$\frac{1}{2}\sum_{i=1}^{n}P_i\Delta_i = \sum\int\frac{N^2\mathrm{d}s}{2EA} + \sum\int\frac{M^2\mathrm{d}s}{2EI} + \sum\int\frac{kV^2\mathrm{d}s}{2GA} \tag{7-9}$$

上式即为线性变形体系的外力实功与变形位能的关系,或称为线性变形体系的实功原理。

7.3 变形体系的虚功原理

在理论力学中,已介绍过虚位移和虚功的概念,并已论证了刚体及刚体系的虚功原理。刚体系的虚功原理可表述为:刚体系处于平衡的必要和充分条件是,对于符合刚体系约束

情况的任意微小虚位移，刚体系上所有外力所做的虚功总和等于零。

虚功是相对于实功而言的，形成虚功的两个因素力和位移可以分属两个无关的作用状态。

变形体系的虚功原理可表述为：变形体系处于平衡的必要和充分条件是，对于符合变形体系约束条件的任意微小的连续虚位移，变形体系上所有外力所做的虚功总和 $W_{外}$ 等于变形体系各微段截面上的内力在其虚变形上所做的虚功（即虚变形能）总和 $W_{变}$：

上述变形体系的虚功原理，可用公式表示为

$$W_{外}=W_{变} \tag{7-10a}$$

式(7-10a)称为变形体系的虚功方程。

下面从物理概念上来论证变形体系虚功原理的必要条件，即要论证：若变形体系处于平衡，则虚功方程式(7-10a)成立。

图 7-10(a)所示结构在力系作用下处于平衡状态，任一微段 ds 在外荷载及内力 N、M、V、$N+dN$、$M+dM$、$V+dV$ 作用下处于平衡。这一状态称为力状态。

图 7-10(b)中的虚线表示同一结构由于其他因素（即非 7-10(a)所示的力系作用）所引起的位移，假设这一位移是符合约束条件的、微小的并且是连续的，任一微段 ds 的位移由初始位置 $ABCD$ 移到最后位置 $A'B'C'D'$，可以将微段的这个位移过程分解为刚体位移（由位置 $ABCD$ 经刚体移动和转动至位置 $A'B'C''D''$）和变形位移（由位置 $A'B'C''D''$ 经本身变形至位置 $A'B'C'D'$），该虚线所示状态称为位移状态。

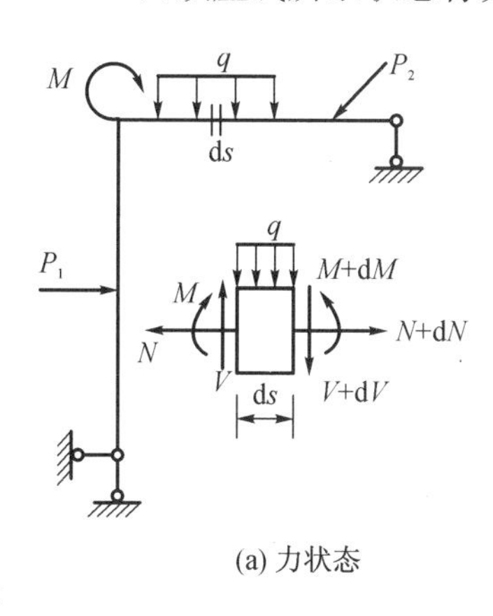

(a) 力状态

(b) 位移状态

图 7-10

现将图 7-10(b)所示的位移状态作为图 7-10(a)所示力状态的虚位移，并采用下列记号：

$dW_{总}$——微段上的各力在虚位移上所做的虚功总和；

$dW_{外}$——微段上的外力在虚位移上所做的虚功总和；

$dW_{内}$——微段上的内力在虚位移上所做的虚功总和；

$dW_{刚}$——微段上的各力在刚体虚位移上所做的虚功总和；

$dW_{变}$——微段上的各力在变形虚位移上所做的虚功总和。

因为 $dW_{总}$ 应为 $dW_{外}$ 与 $dW_{内}$ 之和，同时亦应为 $dW_{刚}$ 与 $dW_{变}$ 之和，故对微段 ds，有

$$dW_{总}=dW_{外}+dW_{内}=dW_{刚}+dW_{变} \tag{a}$$

由于微段 ds 处于平衡状态，故根据刚体的虚功原理，可知

$$dW_{刚} = 0$$

于是，式(a)成为

$$dW_{总} = dW_{外} + dW_{内} = dW_{变} \tag{b}$$

将上式沿杆段积分并将各杆段的积分进行总和，可得整个结构的总虚功为

$$\sum\int dW_{总} = \sum\int dW_{外} + \sum\int dW_{内} = \sum\int dW_{变} \tag{c}$$

或

$$W_{总} = W_{外} + W_{内} = W_{变} \tag{d}$$

式中 $W_{外}$——整个结构上的外力(包括荷载及支座反力)在虚位移上所做的虚功总和；

$W_{内}$——整个结构中所有微段截面上的内力在虚位移上所做的虚功总和；

$W_{变}$——整个结构中所有微段截面上的内力在变形虚位移上所做的虚功总和。

因为任意两个相邻微段的相邻截面上的内力大小相等方向相反，又由于虚位移是连续的，两个相邻微段的相邻截面具有相同的位移，所以每一对相邻截面上的内力所做的虚功总是大小相等、正负号相反而互相抵消，因此，整个结构中所有微段截面上的内力在虚位移上所做的虚功总和等于零，即

$$W_{内} = 0$$

于是，式(d)成为

$$W_{外} = W_{变}$$

这就从必要性方向证明了虚功方程式(7-10a)。

式(7-10a)也可写成

$$T_{ij} = W_{ij} \tag{7-10b}$$

式中的 T_{ij} 表示 i 状态的外力在 j 状态提供的虚位移上所做的外力虚功，W_{ij} 表示 i 状态的内力在 j 状态提供的变形虚位移上所做的内力虚功。

对于平面杆件体系，设微段的轴向虚位移为 du，弯曲虚位移为 $d\theta$，剪切虚位移为 dv，则

$$W_{变} = \sum\int N du + \sum\int M d\theta + \sum\int V dv \tag{7-11a}$$

或

$$W_{ij} = \sum\int N_i du_j + \sum\int M_i d\theta_j + \sum\int V_i dv_j \tag{7-11b}$$

式中 N_i，M_i，V_i——表示 i 状态的轴力、弯矩、剪力；

du_j，$d\theta_j$，dv_j——表示微段 ds 在 j 状态时的轴向变形、弯曲变形、剪切变形。

于是得变形体系虚功原理(虚功方程)的表达式为

$$W_{外} = \sum\int N du + \sum\int M d\theta + \sum\int V dv \tag{7-12a}$$

或

$$T_{ij}=\sum\int N_i\mathrm{d}u_j+\sum\int M_i\mathrm{d}\theta_j+\sum\int V_i\mathrm{d}v_j \tag{7-12b}$$

必须注意，在式(7-12a)或式(7-12b)中，i 状态的外力及内力在 j 状态的位移过程中作虚功时，i 状态的外力及内力都是不变的常力，这与实功的概念是不同的，表达式也不同。

根据以上分析，可归纳出以下三点：

(1) 刚体系的虚功原理，只是变形体系虚功原理的一种特例。因刚体系发生虚位移时，刚体本身不产生变形，故变形虚功 $W_{变}=0$，于是 $W_{外}=0$，即刚体系上的所有外力所做的虚功总和等于零。

(2) 在上面的论证中，没有涉及材料的物理性质，因此，变形体系虚功原理式(7-10a)或式(7-10b)适用于线性弹性、非线性弹性、弹塑性及塑性等变形体系。

(3) 在论证变形体系虚功方程式(7-10a)或式(7-10b)时，同时应用了平衡条件和变形连续条件，因此该方程是一个既可用来代替几何方程(变形协调方程)也可用来代替平衡方程的综合性方程。也就是说，变形体系的虚功原理可以有两个方面的具体应用：当受力的平衡状态为实际状态而位移状态为虚拟状态时，变形体系的虚功原理称为变形体系的虚位移原理，可利用它来求解受力状态中的未知约束力，此时的虚功方程实质上代表受力状态的平衡方程；当位移状态为实际状态而受力平衡状态为虚拟状态时，变形体系的虚功原理称为变形体系的虚力原理，可利用它来求解位移状态中的未知位移，此时的虚功方程实质上代表位移状态的几何方程(变形协调方程)。下面将根据变形体系的虚力原理推导出结构的位移计算公式。

7.4 静定结构在荷载作用下的位移计算

7.4.1 位移的一般计算公式

如图 7-11(a)所示为静定的线性弹性平面刚架，受图示荷载作用后，产生了如图中虚线所示的变形曲线(或称为弹性曲线)，这一状态称为位移状态或实际状态，现在要计算此位移状态中任一指定截面 K 在任一指定方向 $k—k$ 上的位移 Δ_{kP}(即 K 截面的位移 KK' 沿 $k—k$ 方向的位移分量，如图 7-11(a)所示)。为了应用变形体系虚功原理来求解，还需要建立一个力状态。由于位移状态和力状态是彼此独立无关的，因此可以根据计算的需要来假设力状态。为了使待求的位移 Δ_{kP} 能包含在外力虚功中，可以在 K 点沿待求位移的方向施加一假想的集中力 P_k，P_k 的指向可任意假设，并为了计算方便，可设 $P_k=1$，这样建立的状态就是力状态，如图 7-11(b)所示。由于这时的力状态是根据计算的需要虚设的，故称为虚拟状态。

设实际状态中由荷载产生的轴力、弯矩、剪力分别用 N_P，M_P，V_P 表示；实际状态中任一微段 $\mathrm{d}s$ 由内力 N_P，M_P，V_P 产生的相应位移分别用 $\mathrm{d}u_P$，$\mathrm{d}\theta_P$，$\mathrm{d}v_P=\gamma_P\mathrm{d}s$ 表示；虚拟状态中由虚拟单位力 $P_k=1$ 产生的轴力、弯矩、剪力分别用 $\overline{N}_k$，$\overline{M}_k$，$\overline{V}_k$ 表示。则由变形体系的虚功方程式(7-12b)可得

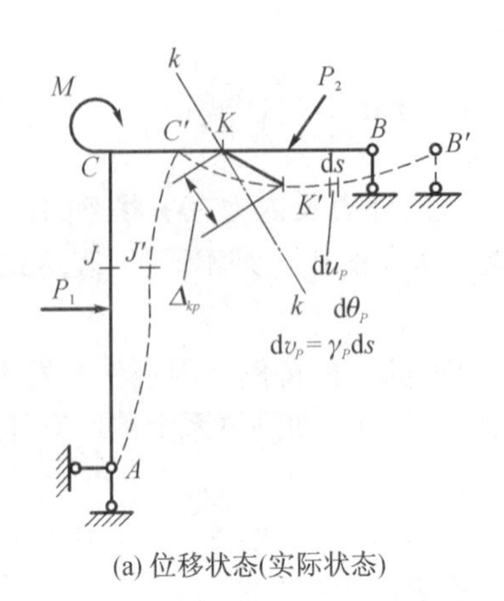

(a) 位移状态(实际状态)

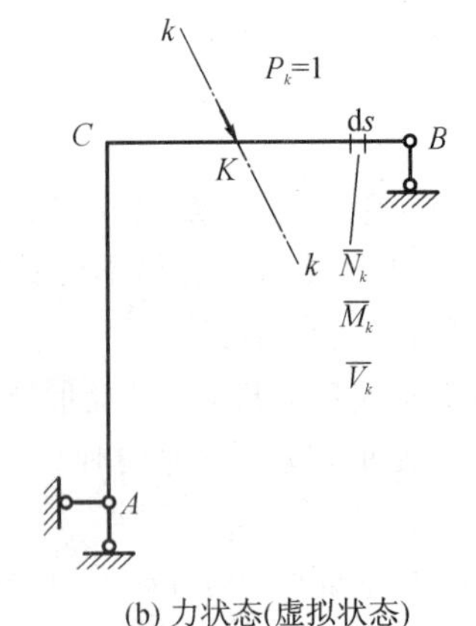

(b) 力状态(虚拟状态)

图 7-11

$$1\times\Delta_{kP}=\sum\int\overline{N}_k\,\mathrm{d}u_P+\sum\int\overline{M}_k\,\mathrm{d}\theta_P+\sum\int\overline{V}_k\,\mathrm{d}v_P \tag{7-13}$$

对线性弹性结构,上式为

$$\Delta_{kP}=\sum\int\overline{N}_k\frac{N_P\,\mathrm{d}s}{EA}+\sum\int\overline{M}_k\frac{M_P\,\mathrm{d}s}{EI}+\sum\int\overline{V}_k\frac{kV_P\,\mathrm{d}s}{GA} \tag{7-14}$$

式(7-14)就是计算线弹性结构由于荷载引起的位移的一般公式。式中系数 k 的含义与式(7-6)相同。

式(7-14)是根据虚拟状态的单位力 $P_k=1$ 及内力 $\overline{N}_k$、$\overline{M}_k$、$\overline{V}_k$ 分别与实际状态的待求位移 Δ_{kP} 及内力 N_P、M_P、V_P 的方向一致时得到的,如果两种状态中的两个对应内力 $\overline{N}_k$ 与 N_P、$\overline{M}_k$ 与 M_P、$\overline{V}_k$ 与 V_P 的方向不相同,则式(7-14)等号右边各项应改为负号。这样,按式(7-14)算出的结果如果为正,则表明 Δ_{kP} 的实际方向与假定的 $P_k=1$ 的方向相同,若得负值,则方向相反。

应用式(7-14)计算位移时,因为虚拟状态中只在所求位移处沿所求位移方向施加一单位荷载,使荷载的虚功恰好等于欲求的位移,故此法也称为单位荷载法。

7.4.2 虚拟状态的建立

式(7-14)中的 Δ_{kP} 代表广义位移,与 Δ_{kP} 相应的单位荷载 $P_k=1$ 代表单位广义力。应用式(7-14)计算结构位移时,需要建立一个虚拟状态,在虚拟状态中,所施加的单位广义力必须与所求的广义位移相对应。

以图 7-11(a)所示刚架为例,如欲求 K 点的竖向位移及水平位移分量,则必须在虚拟状态中,分别于 K 点施加一个竖向及水平单位力 $P_k=1$,分别如图 7-12(a)、(b)所示。如欲求 K 截面的角位移 θ_K,则必须在虚拟状态中,于 K 截面施加一个单位集中为矩(图 7-12(c)),这时,荷载的虚功为 $1\times\theta_K=\theta_K$。如欲求 J、K 两点之间沿 JK 方向的相对线位移 Δ_{JK},则必须在虚拟状态中,于 J、K 两点且沿该两点连线方向施加一对方向相反的单位集中力(图 7-12(d)),这时,荷载的虚功为 $1\times\Delta_J+1\times\Delta_K=\Delta_J+\Delta_K=\Delta_{JK}$,恰好等于欲求的相对线位移,其中,$\Delta_J$、$\Delta_K$ 分别为 J、K 两点沿 JK 方向的线位移。同理,如欲求 J、K 两个截面的相对角位移，则必须在虚拟状态中，于 J、K 两个截面上施加一对方向相反的单位集中力矩(图 7-12(e))。如欲求其他截面的位移，均可依此类推。

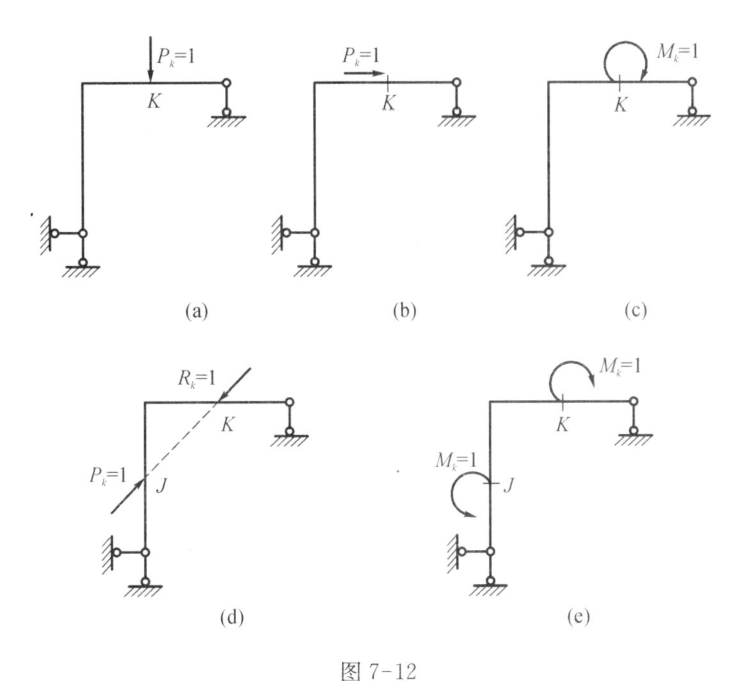

图 7-12

求桁架结点的线位移时，建立虚拟状态的方法与上述方法相同，如图 7-13(a)所示桁架为例，求结点 C 的竖向线位移及结点 D、E 沿 DE 方向的相对线位移时，其相应的虚拟状态分别如图 7-13(b)、(c)所示。当求桁架某杆 CF 的转角时，因桁架杆件只受轴力，故在虚拟状态中，必须用单位力偶来代替单位力矩，即在该杆两端施加一对大小等于杆长的倒数、垂直于杆件且指向相反的集中力，如图 7-13(d)所示。因为当杆件 CF 从原始位置位移至 $C'F'$ 后(图 7-13(f))，F' 点垂直于杆件方向的位移为 Δ_F，C' 点垂直于杆件方向的位移为

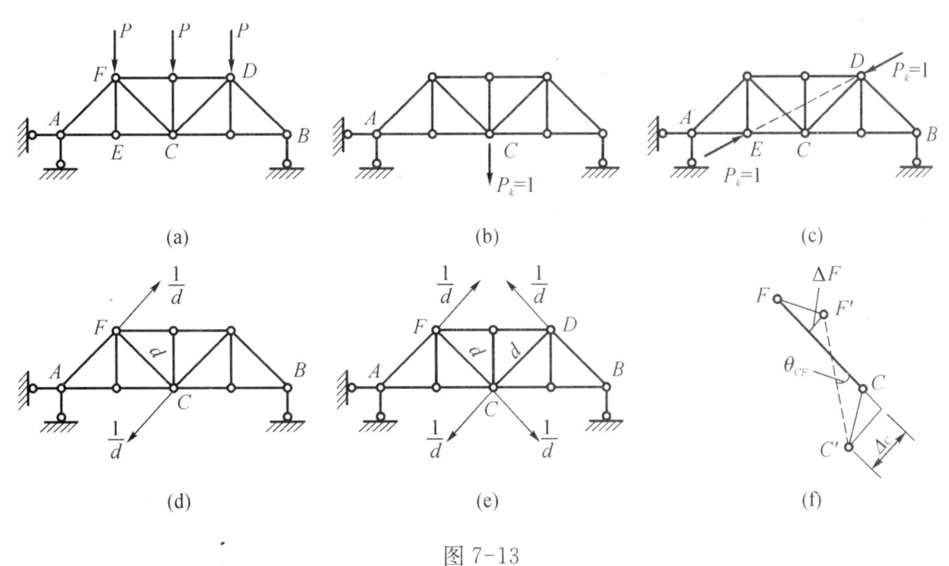

图 7-13

Δ_C。于是,在小位移情况下,杆件 CF 的转角 θ_{CF} 为

$$\theta_{CF} = \frac{\Delta_C + \Delta_F}{d}$$

因此,虚拟状态中的荷载所做的虚功为

$$\frac{1}{d}\Delta_F + \frac{1}{d}\Delta_C = \theta_{CF}$$

这表明,按图 7-13(d)所示虚拟状态求出的位移就是 CF 杆的角位移。

求杆件 CD 和 CF 的相对转角时,其虚拟状态如图 7-13(e)所示。

上述线位移、角位移、相对线位移、相对角位移统称为广义位移;而集中力、集中力矩、一对集中力、一对集中力矩等统称为广义力。欲求任何广义位移时,虚拟状态中所施加的荷载应该是与所求广义位移相对应的广义单位力。

7.4.3 各类结构的位移简化计算公式

式(7-14)是计算线弹性结构由于荷载引起的位移的一般公式,该式等号右边第一项、第二项和第三项分别表示轴向变形、弯曲变形和剪切变形对位移的影响。在实际工程中,计算桁架结构的位移时,通常只考虑轴向变形的影响,对于其他各类不同的结构,上述三种因素对位移的影响是各不相同的,在实际计算中,可以忽略次要的因素,从而得到各类结构的位移简化计算公式。

1. 桁架

桁架在结点荷载作用下,各杆只产生轴向力,且每根杆件的轴向力 $\overline{N}_k$、N_P 及杆件的横截面面积 A 沿杆长通常是不变的,故位移计算公式(7-14)可简化为

$$\Delta_{kP} = \sum\int \frac{\overline{N}_k N_P \mathrm{d}s}{EA} = \sum \frac{\overline{N}_k N_P}{EA}\int_0^l \mathrm{d}s = \sum \frac{\overline{N}_k N_P l}{EA} \tag{7-15}$$

2. 梁和刚架

由细长的棱柱形杆件组成的梁和刚架,杆件的轴向变形和剪切变形对位移的影响比较小,通常可将它们略去,而只考虑弯曲变形的影响(参见例 7-3),于是式(7-14)可简化为

$$\Delta_{kP} = \sum\int \frac{\overline{M}_k M_P \mathrm{d}s}{EI} \tag{7-16}$$

3. 组合结构

在组合结构中,有两类不同性质的受力杆件,一类是以受弯为主的受弯杆件,另一类是只有轴向变形的轴力杆件,故式(7-14)可简化为

$$\Delta_{kP} = \sum\int \frac{\overline{M}_k M_P \mathrm{d}s}{EI} + \sum \frac{\overline{N}_k N_P l}{EA} \tag{7-17}$$

需要注意,上式等号右边第二项只是对仅受轴力的链杆而言,它不包含受弯杆件中的轴向变形的影响。

4. 曲杆和拱

位移计算式(7-14)是根据直杆推导得到的,没有考虑杆件原始曲率的影响①,因此,只有当不考虑曲杆和拱的曲率影响时(当曲杆的曲率半径 R 与杆件的截面高度 h 之比 $R/h>5$ 时,可不考虑曲率的影响),才能近似地用式(7-14)计算曲杆和拱的位移。计算比较表明,当拱轴线与压力线(即拱的索多边形索线)比较接近(两者的距离与杆件的截面高度为同量级)或计算扁平拱$\left(如\ f<\dfrac{l}{5}\right)$中的水平位移时,才需要同时考虑弯曲变形和轴向变形的影响,即

$$\Delta_{kP}=\sum\int\frac{\overline{M}_k M_P\,\mathrm{d}s}{EI}+\sum\int\frac{\overline{N}_k N_P\,\mathrm{d}s}{EA}\tag{7-18}$$

而对于一般的曲杆和拱形结构,通常只要考虑弯曲变形的影响已足够精确(参见例 7-4),即可按式(7-16)计算。

【例 7-1】 试求图 7-14(a)所示桁架结点 3 的竖向位移 Δ_{3y},已知各杆的横截面面积 A 及弹性模量 E 均相同:

$$A=100\ \mathrm{cm}^2,\quad E=21\,000\ \mathrm{kN/cm}^2。$$

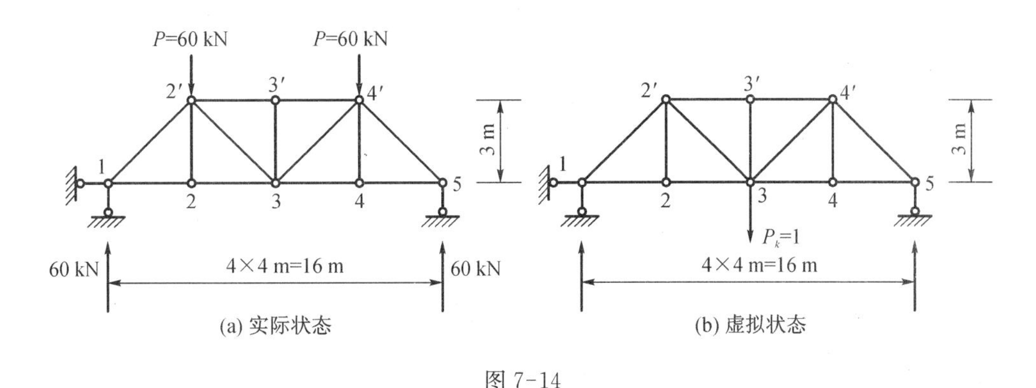

图 7-14

【解】 虚拟状态如图 7-14(b)所示。由于此桁架的杆件数较多,为了使计算方便,可根据桁架的位移计算式(7-15),将计算列成表格进行,详见表 7-1。因为桁架与荷载均为对称,故在表 7-1 中,只算半个桁架的杆件。

由此可得

$$\Delta_{3y}=\sum\frac{\overline{N}_k N_P l}{EA}=\frac{2\times3\,810}{E\times3}=\frac{2\times3\,810}{21\,000\times3}=0.121\ \mathrm{cm}(\downarrow)$$

因为在表 7-1 中只计算半个桁架的杆件,故在计算最后结果时,将表中的总和值乘 2。所得结果为正,表示结点 3 的竖向位移的实际方向与单位荷载 $P_k=1$ 的假设方向一致,即位移向下。

① 考虑杆件曲率影响的位移计算公式,可参考普洛柯费耶夫著《结构理论》卷 1,§ 79。

表 7-1　　桁架位移计算(半个桁架)

杆件		l/cm	A/cm^2	N_P/kN	$\overline{N}_k$(无量纲)	$\overline{N}_K N_P l/A$/(kN/cm)
上弦	2′3′	400	100	−80	$-\frac{4}{3}$	$\frac{1\,280}{3}$
下弦	12	400	100	80	$\frac{2}{3}$	$\frac{640}{3}$
	23	400	100	80	$\frac{2}{3}$	$\frac{640}{3}$
斜杆	12′	500	100	−100	$-\frac{5}{6}$	$\frac{1\,250}{3}$
	2′3	500	100	0	$\frac{5}{6}$	0
竖杆	22′	300	100	0	0	0
	33′	300	100	0	0	0
$\sum$						$\frac{3\,810}{3}$

【例 7-2】 试求图 7-15(a)所示刚架结点 C 的水平位移 Δ_{cx}。设各杆的弯曲刚度为 EI，横截面面积为 A，横截面为矩形，截面高度为 h，宽度为 b。忽略轴向变形和剪切变形的影响。

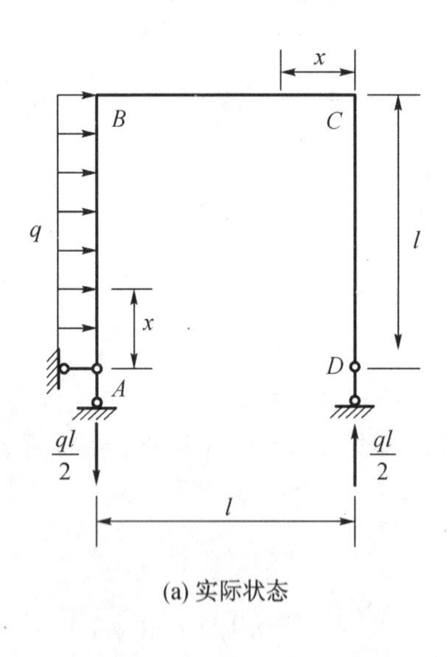

(a) 实际状态

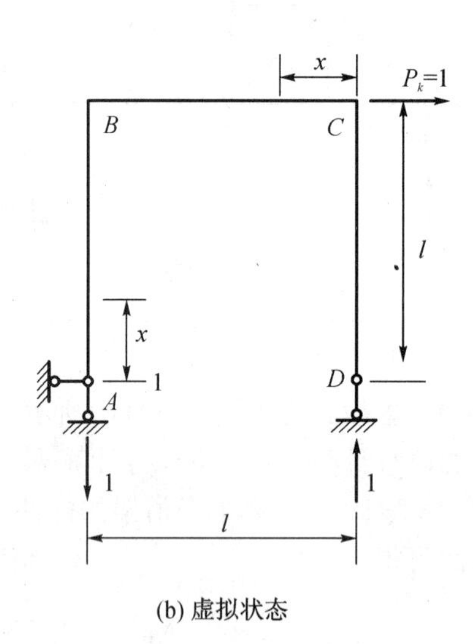

(b) 虚拟状态

图 7-15

【解】 (1) 建立虚拟状态

虚拟状态如图 7-15(b)所示。

(2) 建立实际状态和虚拟状态的弯矩方程

按图 7-15(a)、(b)所示各杆的坐标原点，可得各杆的弯矩方程为

AB 杆：

$$M_P = qlx - \frac{qx^2}{2} \quad (设右侧受拉为正)$$

$$\overline{M}_k = x \quad (右侧受拉为正)$$

BC 杆：

$$M_P = \frac{ql}{2}x \quad (设下侧受拉为正)$$

$$\overline{M}_k = x \quad (下侧受拉为正)$$

CD 杆： $M_P = 0,\ \overline{M}_k = 0$

建立实际状态和虚拟状态中各杆的内力方程时，应注意各杆分别采用相同的坐标系，且内力的正负号规定应该统一。

(3) 将各杆的弯矩方程代入式(7-16)，沿各杆长度积分并总和，得

$$\Delta_{cx} = \sum\int \frac{\overline{M}_k M_P \mathrm{d}x}{EI} = \frac{1}{EI}\left[\int_0^l \left(qlx - \frac{qx^2}{2}\right)x\mathrm{d}x + \int_0^l \left(\frac{ql}{2}x\right)x\mathrm{d}x\right] = \frac{3ql^4}{8EI}(\rightarrow)$$

所得结果为正，表示结点 C 的水平位移的实际方向为向右。

本例如果同时考虑轴向变形和剪切变形的影响，并设剪切弹性模量 $G = 0.4E$，并考虑到

$$A = \frac{12I}{h^2},\ k = 1.2,$$

则由式(7-14)可得(计算过程省略)

$$\Delta_{cx} = \frac{3ql^4}{8EI} + \frac{ql^2}{EA} + \frac{kql^2}{GA} = \frac{3ql^4}{8EI}\left[1 + 0.22\left(\frac{h}{l}\right)^2 + 0.67\left(\frac{h}{l}\right)^2\right]$$

若设 $h/l = 1/10$，则

$$\Delta_{cx} = \frac{3ql^4}{8EI}(1 + 0.0022 + 0.0067)$$

上式等号右边括号内的第一、第二、第三项分别为弯曲变形、轴向变形、剪切变形对位移的影响。

【例 7-3】 如图 7-16(a)所示为半径为 R 的等截面圆弧形曲杆，杆件的横截面为矩形，截面高度为 h，宽度为 b，材料的弹性模量为 E，剪切弹性模型 $G = 0.4E$，试求 B 点的竖向位移 Δ_{By}。要求同时考虑弯曲变形、轴向变形、剪切变形的影响，但不考虑曲率的影响。

【解】 (1) 建立虚拟状态

虚拟状态如图 7-16(b)所示。

(2) 建立实际状态和虚拟状态的内力方程

以圆心 O 为极坐标原点，任意截面 C 的内力方程为

$$M_P = -PR\sin\varphi,\ N_P = P\sin\varphi,\ V_P = P\cos\varphi$$

$$\overline{M}_k = -R\sin\varphi,\ \overline{N}_k = \sin\varphi,\ \overline{V}_k = \cos\varphi$$

(3) 将各内力方程及 $ds = Rd\varphi$ 代入式(7-14)并进行积分,可得 B 点的竖向位移 Δ_{By} 为

$$\Delta_{By} = \sum\int \frac{\overline{M}_k M_P \mathrm{d}s}{EI} + \sum\int \frac{\overline{N}_k N_P \mathrm{d}s}{EA} + \sum\int \frac{k\overline{V}_k V_P \mathrm{d}s}{GA}$$

$$= \int_0^{\frac{\pi}{2}} \frac{PR^3 \sin^2\varphi}{EI}\mathrm{d}\varphi + \int_0^{\frac{\pi}{2}} \frac{PR\sin^2\varphi}{EA}\mathrm{d}\varphi + \int_0^{\frac{\pi}{2}} \frac{kPR\cos^2\varphi}{GA}\mathrm{d}\varphi$$

$$= \frac{\pi}{4}\left(\frac{PR^3}{EI} + \frac{PR}{EA} + \frac{kPR}{GA}\right)$$

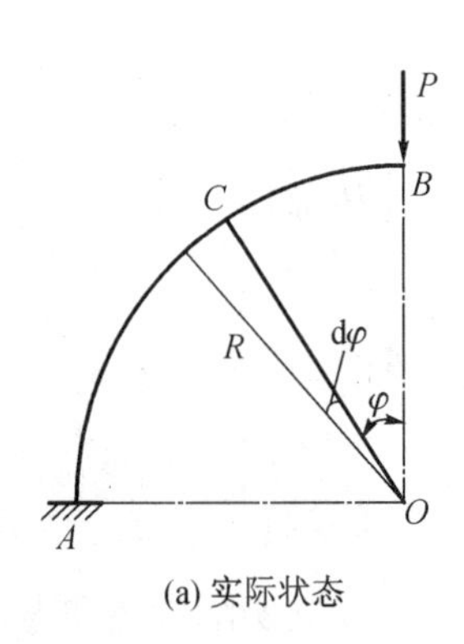

(a) 实际状态

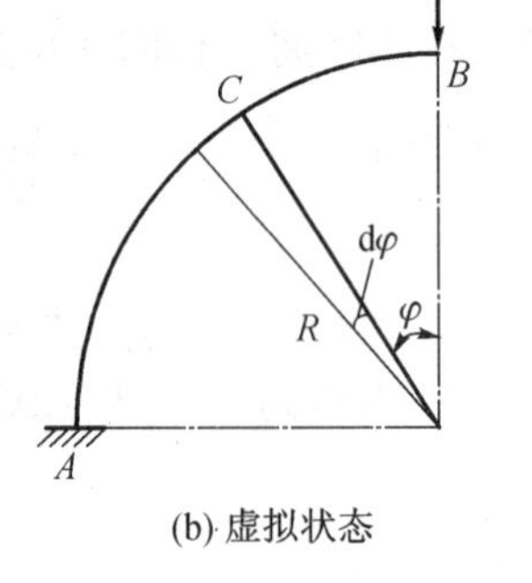

(b) 虚拟状态

图 7-16

将 $k = 1.2,\ G = 0.4E,\ A = \dfrac{12I}{h^2}$ 代入上式,得

$$\Delta_{By} = \frac{\pi PR^3}{4EI}\left[1 + \frac{1}{4}\left(\frac{h}{R}\right)^2 + \frac{1}{12}\left(\frac{h}{R}\right)^2\right]$$

若设 $\dfrac{h}{R} = \dfrac{1}{10}$,则

$$\Delta_{By} = \frac{\pi PR^3}{4EI}\left(1 + \frac{1}{400} + \frac{1}{1\,200}\right) \quad (\downarrow)$$

上式等号右边括号内的第一、第二、第三项分别为弯曲变形、轴向变形、剪切变形对位移的影响,可见,当 $\dfrac{h}{R}$ 较小时,轴向变形、剪切变形对位移的影响甚小,通常可忽略不计。所得结果为正,表示 B 点的竖向位移的实际方向为向下。

【例 7-4】 试求图 7-17(a)所示半径为 R 的等截面圆弧形曲杆 B 截面的角位移 θ_B。已知径向分布荷载 $q_\alpha = q_1[1+(m-1)\sin\alpha]$,$m = q_2/q_1$。不考虑曲率、轴向变形及剪切变形对位移的影响。

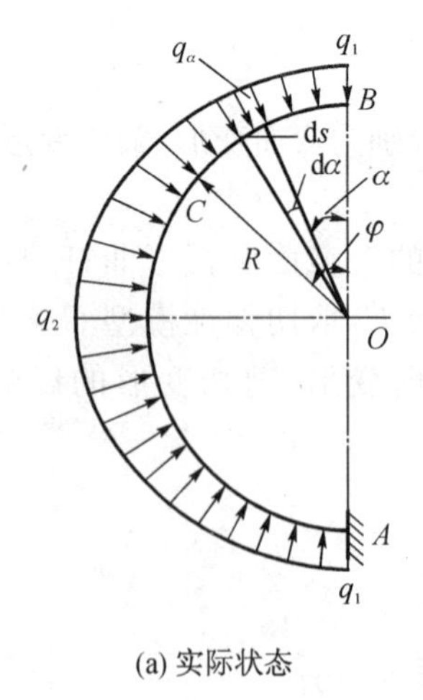

(a) 实际状态

(b) 虚拟状态

图 7-17

【解】 (1) 建立虚拟状态

虚拟状态如图 7-17(b)所示。

(2) 建立实际状态和虚拟状态的弯矩方程

设圆心 O 为极坐标原点，则实际状态及虚拟状态中任意截面 C 的弯矩方程(设左侧受拉为正)分别为

$$\begin{aligned} M_P &= \int_s q_\alpha \mathrm{d}s \cdot R\sin(\varphi-\alpha) \\ &= \int_0^\varphi q_1[1+(m-1)\sin\alpha]R\mathrm{d}\alpha \cdot R\sin(\varphi-\alpha) \\ &= \int_0^\varphi q_1 R^2[1+(m-1)\sin\alpha]\sin(\varphi-\alpha)\mathrm{d}\alpha \\ &= q_1R^2\left[1-\cos\varphi\left(1+\frac{m\varphi}{2}-\frac{\varphi}{2}\right)+\sin\varphi\left(\frac{m}{2}-\frac{1}{2}\right)\right] \end{aligned}$$

$$\overline{M}_k = -1$$

(3) 由位移公式求位移 θ_B

$$\theta_B = \sum\int\frac{\overline{M}_k M_P \mathrm{d}s}{EI} = \frac{1}{EI}\int_0^\pi(-1)q_1R^2\left[1-\cos\varphi\left(1+\frac{m\varphi}{2}-\frac{\varphi}{2}\right)+\sin\varphi\left(\frac{m}{2}-\frac{1}{2}\right)\right]$$

$$= -\frac{q_1R^3}{EI}(\pi+2m-2)\ (\downarrow)$$

所得结果为负，表示 B 截面转角的实际方向应为顺时针方向。

7.5 图形相乘法

在应用公式(7-16)

$$\Delta_{kP} = \sum\int\frac{\overline{M}_k M_P \mathrm{d}s}{EI}$$

计算梁和刚架的位移时，先要逐杆建立 M_P、$\overline{M}_k$ 方程，再逐杆进行积分，当杆件数量较多且荷载情况较复杂时，计算甚为麻烦。但是，如果结构中的各杆段符合下列三个条件：① 杆轴是直线；② 杆段的弯曲刚度 EI 为常数；③ 两个弯矩图 M_P 和 $\overline{M}_k$ 中至少有一个是直线图形。那么，就可用下述的图形相乘法来代替式(7-16)中的积分运算，以简化计算。

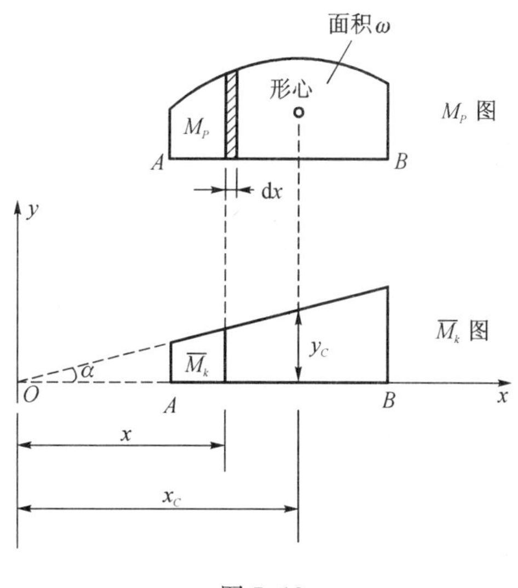

图 7-18

设等截面直杆 AB 段的两个弯矩图已经作出，如图 7-18 所示，其中，M_P 图为任意形状，$\overline{M}_k$

图为直线变化，$\overline{M}_k$ 图直线的倾角为 α。

取图 7-18 中所示的坐标系，x 轴与 $\overline{M}_k$ 图的基线 AB 重合，$\overline{M}_k$ 图的延长线与 x 轴的交点 O 为坐标原点，根据该坐标系，可知 $\overline{M}_k = x\tan\alpha$，且 $\tan\alpha$ 为常数。再考虑到上述第一个条件（即 $\mathrm{d}s=\mathrm{d}x$）和第二个条件（即 $EI=$常数），式(7-16)中的积分成为

$$\int \frac{\overline{M}_k M_P \mathrm{d}s}{EI} = \frac{1}{EI}\int_A^B \overline{M}_k M_P \mathrm{d}x = \frac{\tan\alpha}{EI}\int_A^B x M_P \mathrm{d}x = \frac{\tan\alpha}{EI}\int_A^B x\,\mathrm{d}\omega \tag{a}$$

上式中的 $\mathrm{d}\omega = M_P\mathrm{d}x$，表示 M_P 图中有阴影线的微分面积（图 7-18），$x\mathrm{d}\omega$ 表示微分面积 $\mathrm{d}\omega$ 对 y 轴的静矩，$\int_A^B x\,\mathrm{d}\omega$ 表示整个 M_P 图的面积对 y 轴的静矩。若以 ω 表示该段 M_P 图的面积，以 x_C 表示面积 ω 的形心 C 至 y 轴的距离，则由合力矩定理可得

$$\int_A^B x\,\mathrm{d}\omega = \omega x_C \tag{b}$$

将式(b)代入式(a)，得

$$\int_A^B \frac{\overline{M}_k M_P \mathrm{d}s}{EI} = \frac{\tan\alpha}{EI}\omega x_C = \frac{\omega y_C}{EI} \tag{c}$$

上式中的 y_C 是 $\overline{M}_k$ 直线图中的纵标，它对应于 M_P 图形心 C（图 7-18）。这样，在满足前述三个条件的情况下，可用 $\omega y_C/EI$ 来代替 $\int_A^B \frac{\overline{M}_k M_P \mathrm{d}s}{EI}$ 的积分运算，这种方法称为图形相乘法或简称为图乘法。

如果结构上所有各杆段均满足图乘法的三个条件，则位移计算公式(7-16)可写为

$$\Delta_{KP} = \sum\int \frac{\overline{M}_k M_P \mathrm{d}x}{EI} = \sum \frac{\omega y_C}{EI} \tag{7-19}$$

式(7-19)就是图形相乘法的位移计算公式，应用该式进行计算时，除应满足前述三个条件外，根据式(c)的推导过程，应注意下述两点：① M_P 图与 $\overline{M}_k$ 图在杆件的同侧时，图乘结果为正，在异侧时，图乘结果为负；② 纵标 y_C 必须取自计算 ω 的整个长度内是一直线变化的图形。例如图 7-19(a)、(b)下方的直线变化图形中，沿杆的整个长度上不是一根直线，

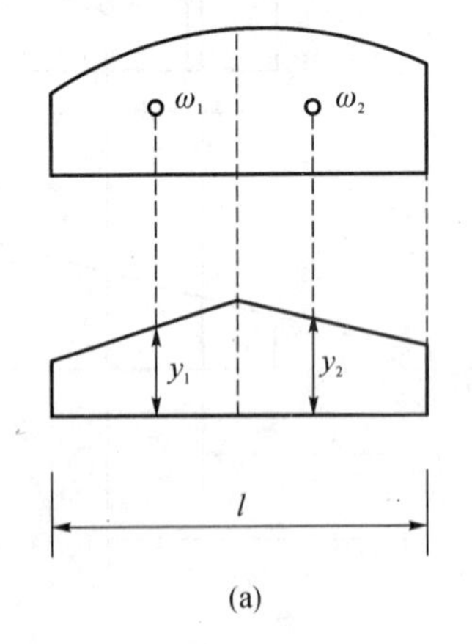

(a)

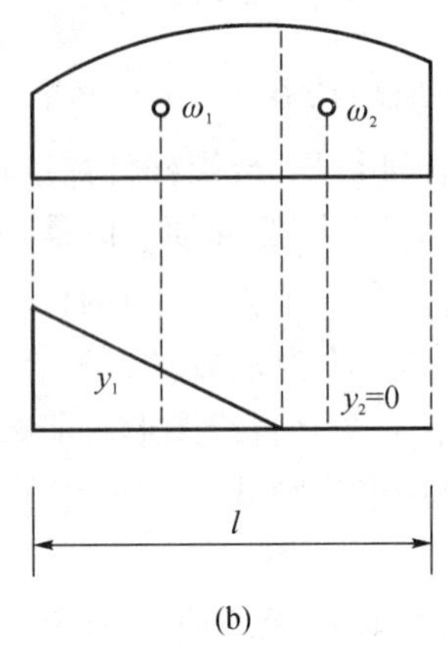

(b)

图 7-19

而是由两根直线组成，图乘时，必须分两段进行计算，然后相加。图 7-19(a)图乘结果为 $\frac{1}{EI}(\omega_1 y_1 + \omega_2 y_2)$，图 7-19(b)图乘结果为$\frac{1}{EI}\omega_1 y_1$。

如果 M_P 图和 $\overline{M}_k$ 图都是直线图形，则可取其中任一个图形的面积 ω，乘以其形心位置所对应的另一弯矩图上的纵标 y_C，所得结果相同。

进行图形相乘时，需要计算某一图形的面积 ω 及确定该图形的形心位置，然后才能找到该形心位置所对应的另一图形的纵标 y_C。图 7-20 给出了几种常用图形的面积 ω 及其形心的位置。

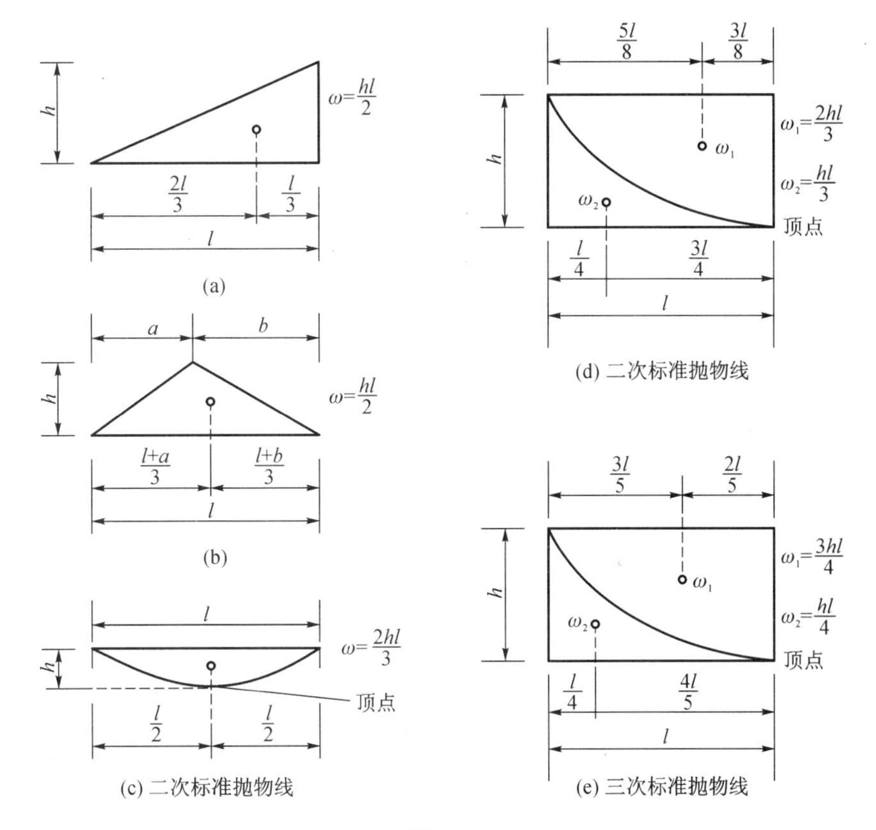

图 7-20

图 7-20 中，顶点是指该点的切线平行于底边的点。而标准抛物线是指顶点在图形的中点或端点的抛物线。

在实际计算中，会遇到比图 7-20 中更为复杂的图形，这时，可将复杂的图形分解成几个简单的图形，然后分别将简单的图形相乘后再叠加。

例如图 7-21 所示两个梯形相乘时，为了避免确定梯形面积形心位置的麻烦，可将梯形分解成两个三角形，然后相乘后叠加。其图乘结果为

$$\frac{\omega y_C}{EI} = \frac{1}{EI}(\omega_1 y_1 + \omega_2 y_2)$$

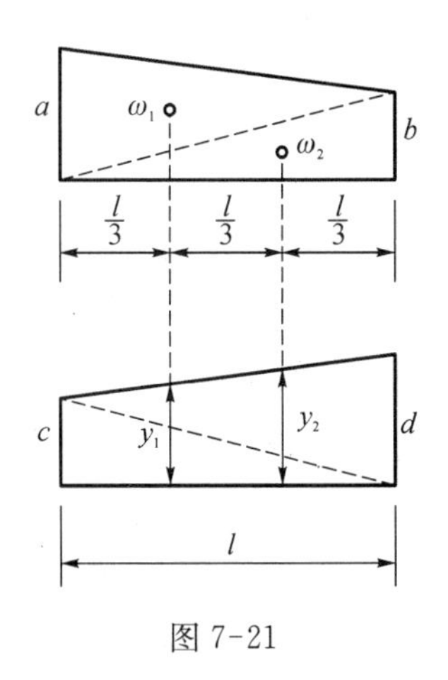

图 7-21

$$=\frac{1}{EI}\left[\frac{al}{2}\left(\frac{2}{3}c+\frac{1}{3}d\right)+\frac{bl}{2}\left(\frac{1}{3}c+\frac{2}{3}d\right)\right]$$

$$=\frac{1}{EI}\left[\frac{l}{6}(2ac+2bd+ad+bc)\right] \tag{7-20}$$

对图 7-22 所示的图形，式(7-20)仍然适用，但式中各项正、负号必须根据同侧纵标相乘为正，异侧纵标相乘为负的原则来确定。

对于图 7-23(a)、(b)中所示杆件在均布荷载及杆端弯矩作用下的弯矩图，为了避免计算这些弯矩图形的面积及其形心位置的麻烦，可根据直杆弯矩图的叠加法原理，将此图形按图中所示的情况分解成(c)、(d)两部分(其中图形(d)是标准的两次抛物线)，再根据分解后的图形与另一弯矩图进行图形相乘，然后将图乘结果相加。

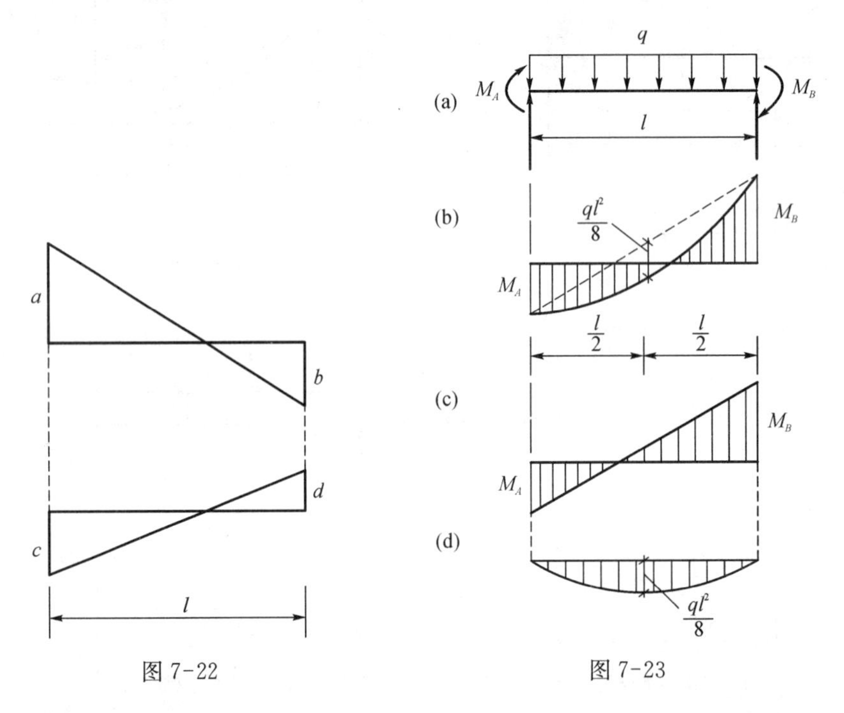

图 7-22　　　　图 7-23

【例 7-5】 图 7-24(a)所示变截面杆 AB 段的弯曲刚度为 $4EI$，BC 段的弯曲刚度为 EI，试求 C 点的竖向位移 Δ_{cy}。

【解】 (1) 作实际状态的 M_P 图，如图 7-24(b)所示。

(2) 建立虚拟状态，并作 $\overline{M}_k$ 图，如图 7-24(c)所示。

(3) 进行图形相乘，求 C 点竖向位移 Δ_{cy}。

因为 AB、BC 段的 EI 不相同，故 AB、BC 段应分别进行图乘。图乘时，可将 AB 段的 M_P 图分解成一个梯形和一个二次标准抛物线。BC 段 M_P 图在 C 点的切线与基线不平行(因 C 点有集中力)，故 BC 段的 M_P 图不是标准的二次抛物线，它的面积和形心位置不能用图 7-20(d)中的数据确定，为了便于图乘，可将此段的 M_P 图分解成一个三角形和一个二次标准抛物线。根据式(7-19)、式(7-20)及图 7-20(a)、(c)中的数据，将分解后的 M_P 图分别与 $\overline{M}_k$ 图进行图乘后再相加，其结果为

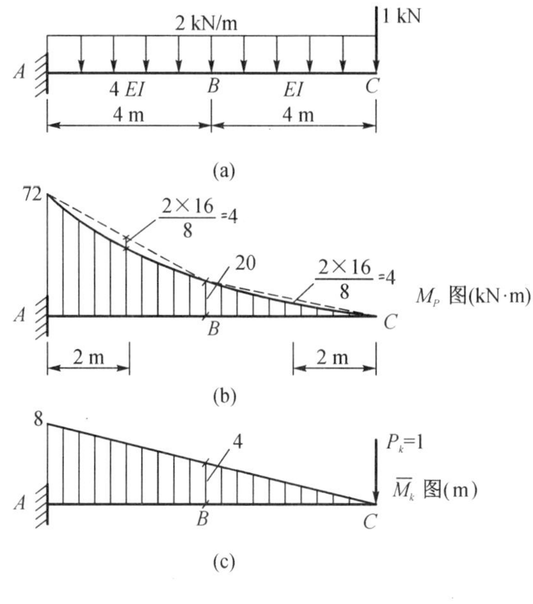

图 7-24

$$\Delta_{cy}=\sum\frac{\omega y_C}{EI}=\frac{1}{EI}\left[\left(\frac{1}{2}\times4\times20\right)\left(\frac{2}{3}\times4\right)-\left(\frac{2}{3}\times4\times4\right)\left(\frac{1}{2}\times4\right)\right]$$
$$+\frac{1}{4EI}\left[\frac{4}{6}(2\times72\times8+2\times20\times4+72\times4+20\times8)-\left(\frac{2}{3}\times4\times4\right)\left(\frac{8+4}{2}\right)\right]$$
$$=\frac{1\,088}{3EI}(\downarrow)$$

所得结果为正,表示 Δ_{cy} 的实际方向向下。

【例 7-6】 试求图 7-25(a)所示刚架 C、D 两点之间沿 CD 方向的相对线位移 Δ_{CD} 及 C 截面的角位移 θ_C,已知各杆的 EI 为常数。

【解】 (1) 作实际状态的 M_P 图,如图 7-25(b)所示。

(2) 建立虚拟状态,并作 $\overline{M}_k$ 图。

求相对线位移 Δ_{CD}、C 截面的角位移 θ_C 的虚拟状态及相应的 $\overline{M}_k$ 图,分别如图 7-25(c)、(d)所示。

(3) 进行图形相乘,求 Δ_{CD} 和 θ_C。

图乘时,可将 AC 段和 CB 段的弯矩图各分解成两部分。

将图 7-25(b)、(c)进行图乘,得相对线位移 Δ_{CD} 为

$$\Delta_{CD}=\sum\frac{\omega y_C}{EI}=\frac{1}{EI}\left[\frac{6}{6}\left(-2\times12\times\frac{6}{\sqrt{5}}+9\times\frac{6}{\sqrt{5}}\right)+\left(\frac{2}{3}\times6\times9\right)\left(\frac{1}{2}\times\frac{6}{\sqrt{5}}\right)\right]$$
$$+\frac{1}{EI}\left(\frac{3\times12}{2}\right)\left(\frac{2}{3}\times\frac{6}{\sqrt{5}}\right)=\frac{18\sqrt{5}}{EI}$$

所得结果为正,表示 C、D 两点之间的相对线位移与假设的一对单位力 $P_k=1$ 的方向相同,即 C、D 两点互相接近。

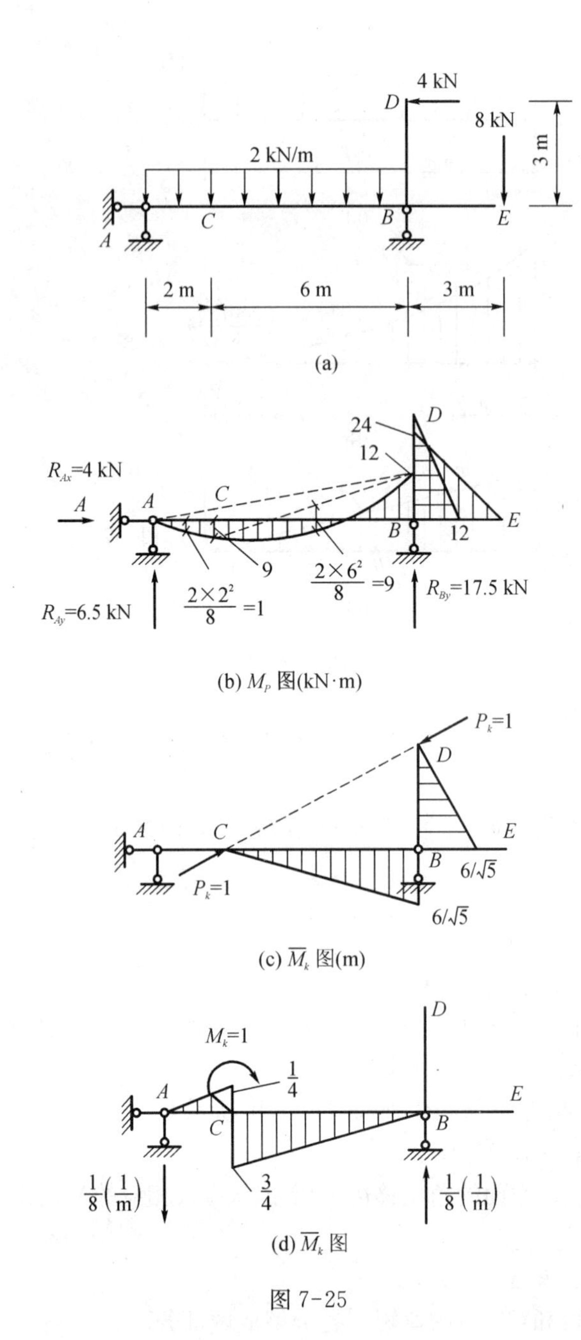

(a)

(b) M_P 图(kN·m)

(c) $\overline{M}_k$ 图(m)

(d) $\overline{M}_k$ 图

图 7-25

将图 7-25(b)、(d)进行图乘，得 C 截面的角位移 θ_C 为

$$\theta_C=\sum\frac{\omega y_C}{EI}=\frac{1}{EI}\left[-\left(\frac{1}{2}\times2\times9\right)\left(\frac{2}{3}\times\frac{1}{4}\right)-\left(\frac{2}{3}\times2\times1\right)\left(\frac{1}{2}\times\frac{1}{4}\right)\right]$$
$$+\frac{1}{EI}\left[\frac{6}{6}\left(2\times9\times\frac{3}{4}-12\times\frac{3}{4}\right)+\frac{2}{3}\times6\times9\times\frac{1}{2}\times\frac{3}{4}\right]=\frac{49}{3EI}(\downarrow)$$

所得结果为正，表示 θ_C 的实际方向为顺时针向。

【例 7-7】 试求图 7-26(a)所示结构 D 点的竖向位移 Δ_{Dy}。

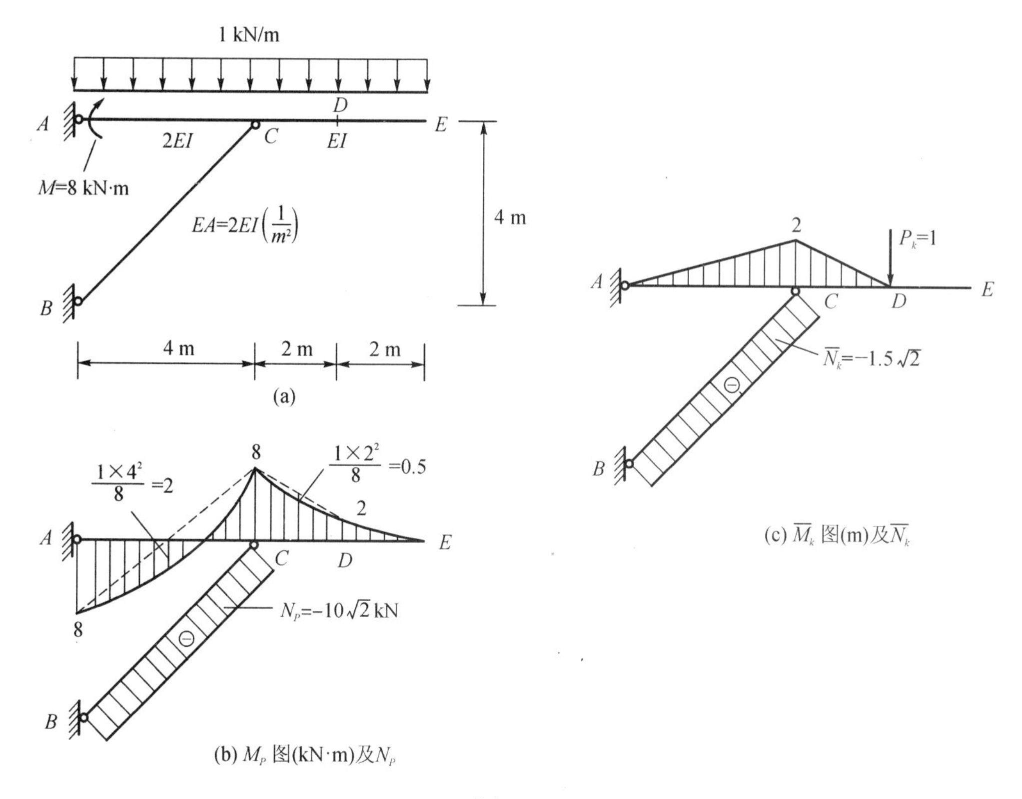

图 7-26

【解】 本例为组合结构,其位移应按式(7-17)计算。

(1) 求作实际状态的 M_P 图和轴力杆的 N_P,如图 7-26(b)所示。

(2) 建立虚拟状态,并求作相应的 $\overline{M}_k$ 图和轴力杆的 $\overline{N}_k$,如图 7-26(c)所示。

(3) 计算 D 点竖向位移 Δ_{Dy}

根据式(7-17),并应用图形相乘法,可得

$$\begin{aligned}\Delta_{Dy} &= \sum \frac{\omega y_C}{EI} + \sum \frac{\overline{N}_k N_P l}{EA} \\ &= \frac{1}{2EI}\left[\frac{4}{6}(2\times8\times2-8\times2)-\left(\frac{2}{3}\times4\times2\right)\left(\frac{1}{2}\times2\right)\right] \\ &\quad +\frac{1}{EI}\left[\frac{2}{6}(2\times8\times2+2\times2)-\left(\frac{2}{3}\times2\times\frac{1}{2}\right)\left(\frac{1}{2}\times2\right)\right] \\ &\quad +\frac{(-1.5\sqrt{2})(-10\sqrt{2})\times4\sqrt{2}}{EA} = \frac{98.84}{EI}(\downarrow)\end{aligned}$$

【例 7-8】 试求图 7-27(a)所示结构结点 E 的角位移 θ_E。已知弹簧支杆 B 的刚度系数(使弹簧支杆产生单位伸缩所需的力) $k_N=EI/l^3$,弹簧铰支座 A 的刚度系数(使弹簧铰产生单位转角所需的力矩) $k_M=EI/l$。

【解】 含有弹簧约束的结构的位移计算原理和方法,与无弹簧约束的结构的位移计算原理和方法是相同的,只要在变形体系的虚功原理式(7-12b)或位移计算公式(7-14)的等

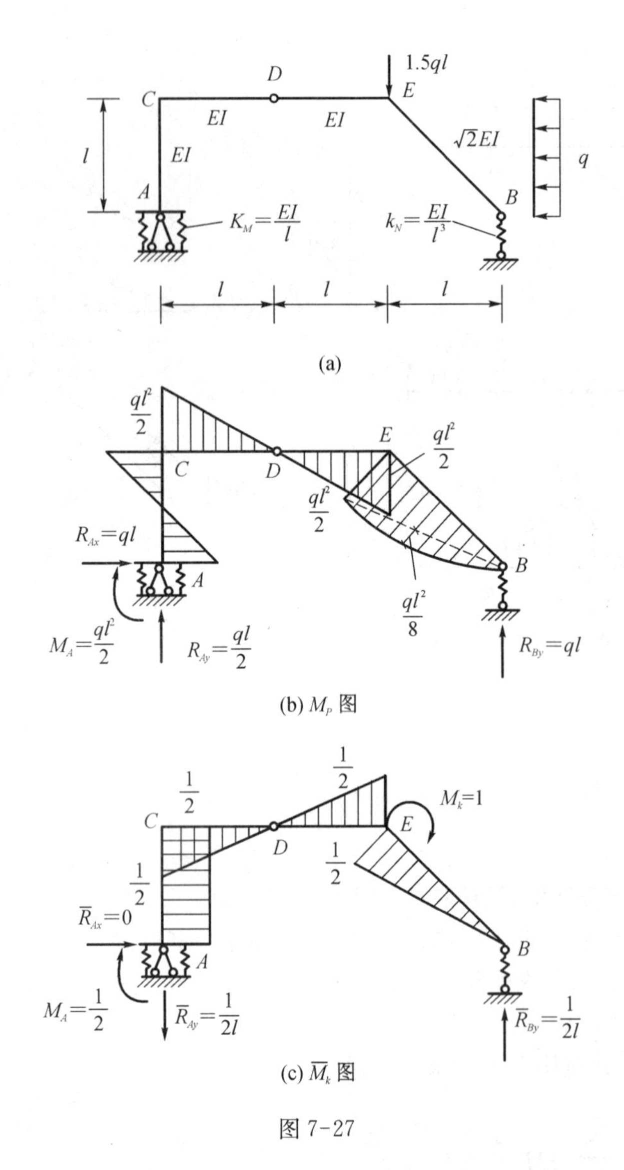

(a)

(b) M_P 图

(c) $\overline{M}_k$ 图

图 7-27

号右边增加一项虚拟状态的弹簧约束力在实际状态的弹簧约束位移上所做的虚变形功即可。就本例的刚架而言，若略去受弯杆件的轴向变形和剪切变形对位移的影响，则位移可按下式计算：

$$\Delta_{kP}=\sum\int\frac{\overline{M}_k M_P\,\mathrm{d}s}{EI}+\sum\overline{N}_k N_P\times\frac{1}{k_N}+\sum\overline{M}_k M_P\times\frac{1}{k_M}\tag{7-16a}$$

或

$$\Delta_{kP}=\sum\int\frac{\overline{M}_k M_P\,\mathrm{d}s}{EI}+\sum\overline{N}_k N_P f_N+\sum\overline{M}_k M_P f_M$$

上式中的 $f_N=1/k_N$ 为弹簧支杆的柔度系数（单位力使线弹簧支杆产生的伸缩量，它与刚度系数 k_N 互为倒数）；$f_M=1/k_M$ 为弹簧铰的柔度系数（单位力矩使弹簧铰产生的转角，

它与刚度系数 k_M 互为倒数)。

具体的计算步骤和方法如下:

(1) 求作实际状态下的 M_P 图,计算弹簧支杆的反力及弹簧铰支座的反弯矩。

根据静力平衡条件求得的各支座反力及作出的 M_P 图,如图 7-27(b)所示。

(2) 建立虚拟状态,并由静力平衡条件求出相应的反力和 $\overline{M}_k$ 图,如图 7-27(c)所示。

(3) 求结点 E 的角位移 θ_E

按上述公式

$$\Delta_{kP} = \sum\int \frac{\overline{M}_k M_P \mathrm{d}s}{EI} + \sum \overline{N}_k N_P \times \frac{1}{k_N} + \sum \overline{M}_k M_P \times \frac{1}{k_M}$$

可得

$$\begin{aligned}\theta_E &= \frac{1}{EI}\left[\left(-\frac{1}{2}\times l\times\frac{1}{2}ql^2\right)\left(\frac{2}{3}\times\frac{1}{2}\right)2\right] \\ &\quad + \frac{1}{\sqrt{2}EI}\left[\left(\frac{1}{2}\times\sqrt{2}l\times\frac{1}{2}ql^2\right)\left(\frac{2}{3}\times\frac{1}{2}\right)+\left(\frac{2}{3}\times\sqrt{2}l\times\frac{ql^2}{8}\right)\left(\frac{1}{2}\times\frac{1}{2}\right)\right] \\ &\quad + \frac{1}{2l}\left(ql\times\frac{1}{k_N}\right)+\frac{1}{2}\left(\frac{ql^2}{2}\times\frac{1}{k_M}\right) = \frac{33ql^3}{48EI}(\downarrow)\end{aligned}$$

所得结果为正,表示 θ_E 的实际方向与假设的 $M_k = 1$ 方向一致。

7.6 静定结构由于温度变化及杆件制造误差引起的位移计算

静定结构在温度变化及杆件制造误差的情况下不产生内力,但由于材料具有热胀冷缩的性质及由于杆件制造误差所引起的杆件变形,可使静定结构自由地产生符合其约束条件的位移,这种位移仍可应用变形体系的虚功原理计算。

由于杆件制造误差与温度变化所引起的现象是类似的,故下面先阐述温度变化引起的位移计算,然后再通过例题说明杆件制造误差引起的位移计算。

设图 7-28(a)所示静定结构的外侧温度升高 t_1℃,内侧温度升高 t_2℃,结构由此产生如图中虚线所示的位移,现要求任一点 K 沿任意方向 k—k 的位移 Δ_{kt},下标 t 表示 Δ_{kt}是由温度变化所引起。为了求位移 Δ_{kt},建立图 7-28(b)所示的虚拟状态,于是,由变形体系虚功原理式(7-12b),可得

$$\Delta_{kt} = \sum\int \overline{N}_k \mathrm{d}u_t + \sum\int \overline{M}_k \mathrm{d}\theta_t + \sum\int \overline{V}_k \mathrm{d}v_t \tag{a}$$

式中的 $\overline{N}_k$、$\overline{M}_k$ 和 $\overline{V}_k$ 分别为虚拟状态中微段 $\mathrm{d}s$ 两侧截面上的轴向力、弯矩和剪力(图 7-28(b));$\mathrm{d}u_t$、$\mathrm{d}\theta_t$ 和 $\mathrm{d}v_t$ 分别为实际状态中微段 $\mathrm{d}s$ 由温度变化引起的轴向位移、两端截面的相对转角和剪切位移,它们可按下述方法确定。

设微段 $\mathrm{d}s$ 上侧温度升高为 t_1,下侧温度升高为 t_2,截面高度为 h, h_1 和 h_2 分别表示杆

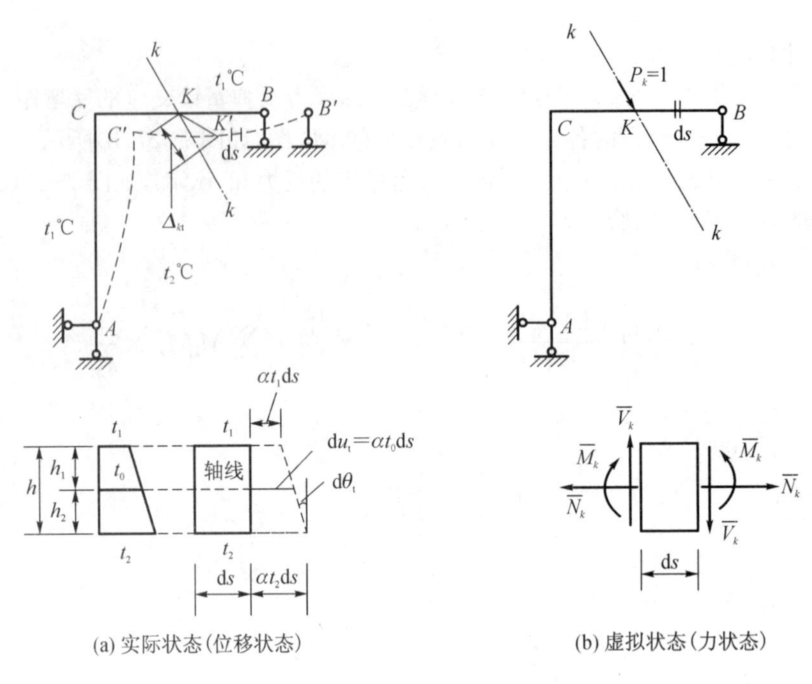

(a) 实际状态(位移状态)

(b) 虚拟状态(力状态)

图 7-28

轴至上、下边缘的距离，材料的线膨胀系数为 α，并设温度沿截面高度为线性变化(即假设温度变化时横截面仍保持为平面)，如图 7-28(a)左所示，则由几何关系可得杆件轴线处的温度升高 t_0 为

$$t_0=\frac{t_1h_2+t_2h_1}{h} \tag{b}$$

若杆件横截面对称于形心轴，即 $h_1=h_2=h/2$，则上式为

$$t_0=\frac{t_1+t_2}{2} \tag{c}$$

于是可得微段 $\mathrm{d}s$ 轴线处的伸长为

$$\mathrm{d}u_{\mathrm{t}}=\alpha t_0\mathrm{d}s \tag{d}$$

因微段上侧纤维伸长为 $\alpha t_1\mathrm{d}s$，下侧纤维伸长为 $\alpha t_2\mathrm{d}s$，而温度变化时横截面又保持为平面，故微段两端截面的相对转角为

$$\mathrm{d}\theta_{\mathrm{t}}=\frac{|\alpha t_2\mathrm{d}s-\alpha t_1\mathrm{d}s|}{h}=\frac{\alpha\,|t_2-t_1|\,\mathrm{d}s}{h}=\frac{\alpha\Delta t\,\mathrm{d}s}{h} \tag{e}$$

上式中的 Δt 为杆件上、下侧温度差的绝对值，即

$$\Delta t=|t_2-t_1| \tag{f}$$

静定结构在温度变化时，由于杆件可以自由地发生变形，故微段 $\mathrm{d}s$ 两端截面的剪切位移 $\mathrm{d}v_{\mathrm{t}}=0$。

将式(d)、式(e)及 $dv_t = 0$ 代入式(a),得

$$\Delta_{kt} = \sum \int \overline{N}_k \alpha t_0 \, ds + \sum \int \overline{M}_k \frac{\alpha \Delta t \, ds}{h} \tag{7-21}$$

若 α、t_0、Δt 及 h 沿杆长不变,则上式可写为

$$\Delta_{kt} = \sum \alpha t_0 \int \overline{N}_k \, ds + \sum \frac{\alpha \Delta t}{h} \int \overline{M}_k \, ds \tag{g}$$

或

$$\Delta_{kt} = \sum \alpha t_0 \omega_{\overline{N}_k} + \sum \frac{\alpha \Delta t}{h} \omega_{\overline{M}_k} \tag{7-22}$$

上式中的 $\omega_{\overline{N}_k}$ 为杆件 $\overline{N}_k$ 图的面积,$\omega_{\overline{M}_k}$ 为杆件 $\overline{M}_k$ 图的面积。

式(7-21)或式(7-22)等号右边第一项为虚拟状态的轴向力 $\overline{N}_k$ 在温度变化的轴向变形上所做的变形虚功,当两者的方向相同时为正,相反时为负;第二项为虚拟状态的弯矩 $\overline{M}_k$ 在温度变化状态的弯曲变形上所做的变形虚功,当两者的方向相同时为正,相反时为负。因此,在应用式(7-21)或式(7-22)时,t_0 以升高为正,下降为负;$\overline{N}_k$ 以受拉为正,受压为负。Δt 取杆件两侧温度差的绝对值,当杆件由 $\overline{M}_k$ 引起的弯曲方向与由温度变化引起的弯曲方向相同时,$\overline{M}_k$ 与 Δt 的乘积取正值,相反时取负值。

由式(7-21)或式(7-22)可以看出,温度变化时,杆件的轴向变形与其截面大小无关,公式中第一项的计算值通常相比于第二项并非很小,因此,当计算梁和刚架由温度变化引起的位移时,一般不能忽略受弯杆件的轴向变形对位移的影响。

由式(7-21)可得温度变化时桁架结点的位移计算公式为

$$\Delta_{kt} = \sum \int \overline{N}_k \alpha t_0 \, ds = \sum \overline{N}_k \alpha t_0 l \tag{7-23}$$

【例 7-9】 图 7-29(a)所示刚架施工时的温度为 30℃,冬季外侧温度为 −20℃,内侧温度为 10℃,各杆截面相同,均为矩形截面,截面高度为 h,材料的线膨胀系数为 α。试求刚架在冬季温度时 B 点的水平位移 Δ_{Bx}。

【解】 各杆外侧温度变化为

$$t_1 = -20 - 30 = -50℃$$

内侧温度变化为

$$t_2 = 10 - 30 = -20℃$$

于是得各杆的 t_0 及 Δt 为

$$t_0 = \frac{t_1 + t_2}{2} = \frac{-50 - 20}{2} = -35℃$$

$$\Delta t = | t_2 - t_1 | = | -20 - (-50) | = 30℃$$

虚拟状态的 $\overline{M}_k$ 图及 $\overline{N}_k$ 图分别如图 7-29(b)、(c)所示。

由式(7-22)可得

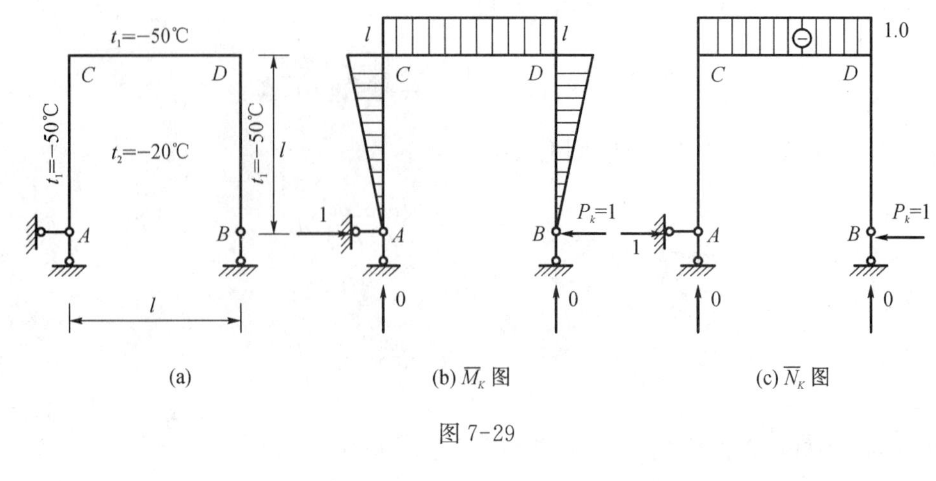

图 7-29

$$
\begin{aligned}
\Delta_{Bx} &= \sum \alpha t_0 \omega_{\overline{N}_k} + \sum \frac{\alpha \Delta t}{h} \omega_{\overline{M}_k} \\
&= \alpha(-35)(-1\times l) + \frac{30\alpha}{h}\left(-\frac{1}{2}\times l\times l\times 2 - l\times l\right) \\
&= 35\alpha l - \frac{60\alpha l^2}{h}
\end{aligned}
$$

在计算中，应注意各项正、负号的确定。在本例中，因为 CD 杆的 $\overline{N}_k$ 为压力，CD 杆的 t_0 为负（温度下降），两者方向相同，故乘积 $t_0\omega_{\overline{N}_k}$ 为正值；各杆由 $\overline{M}_k$ 引起的弯曲均为外侧受拉，而各杆在图 7-29(a)所示温度变化情况下引起的弯曲均为凹向外侧，两者方向相反，故各杆的乘积 $\Delta t\omega_{\overline{M}_k}$ 均为负值。

【例 7-10】 如图 7-30(a)所示等截面圆弧形曲梁的内、外侧温度均匀下降 t℃，已知杆件横截面为矩形，截面高度为 h，材料的线膨胀系数为 α，试求 B 点的水平位移 Δ_{Bx}。

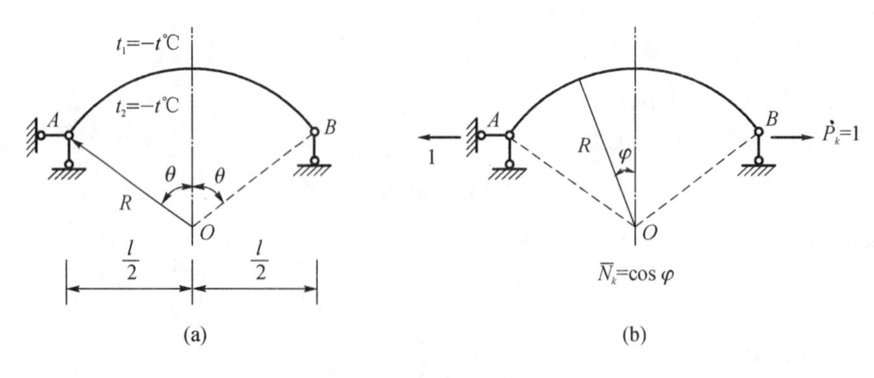

图 7-30

【解】 由实际状态的温度变化，可得

$$
\Delta t = |t_2 - t_1| = 0℃,\ t_0 = \frac{(-t-t)}{2} = -t℃
$$

虚拟状态如图 7-30(b)所示。任意截面的 $\overline{N}_k = \cos\varphi$（受拉）。因为 $\Delta t = 0℃$，故不必计

算 $\overline{M}_k$。

于是，由式(7-21)可得

$$\Delta_{Bx} = \sum\int \alpha t_0 \overline{N}_k \mathrm{d}s + \sum\int \frac{\alpha \Delta t}{h}\overline{M}_k \mathrm{d}s = \left(-\alpha t\int_0^{\theta}\cos\varphi R\mathrm{d}\varphi\right)\times 2 + 0$$
$$= -2\alpha t R\sin\theta = -\alpha t l(\leftarrow)$$

因为 $\overline{N}_k$ 为拉力，t_0 为负值(温度下降)，故计算结果为负。负号表示 B 点的水平位移的实际方向与假设的单位力 $P_k = 1$ 的方向相反。

【例 7-11】 如图 7-31(a)所示桁架的 6 根下弦杆在制造时比设计长度均缩短了 $u_e = 2$ cm，试求桁架在拼装后结点 C 的竖向位移 Δ_{Cy}。

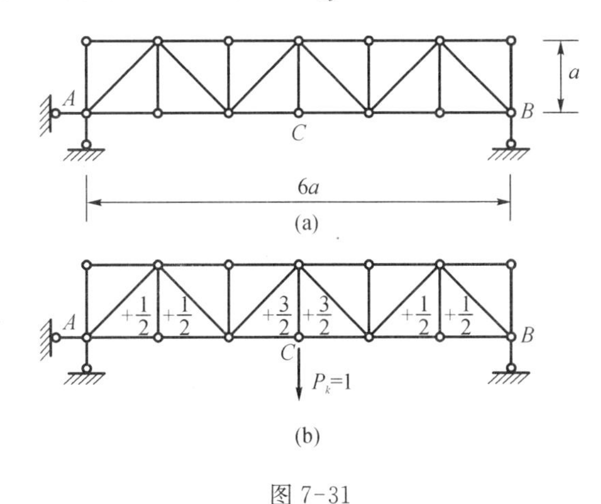

图 7-31

【解】 杆件长度制造误差 u_e 实际上相当于杆件由于温度变化引起的长度改变 $\alpha t_0 l$，可按变形体虚功原理、以温度改变时位移计算公式 $\sum\overline{N}\alpha t_0 l$ 同样的物理概念，写成位移计算公式

$$\Delta_{ke} = \sum\overline{N}_k \cdot u_e \tag{7-23a}$$

为了求结点 C 的竖向位移，可建立图 7-31(b)所示的虚拟状态，求出有制造误差的各下弦杆的轴力 $\overline{N}_k$(表示在图 7-31(b)中)后，即可按式(7-23a)得

$$\Delta_{Cy} = \sum\overline{N}_k u_e = \frac{1}{2}(-2)\times 4 + \frac{3}{2}(-2)\times 2 = -10\ \mathrm{cm}(\uparrow)$$

因为各下弦杆的制造误差均为缩短，而虚拟状态中各下弦杆均为受拉，两者方向相反，相乘时用负号；计算结果为负号，表示 C 点的竖向位移的实际方向为向上，即 C 点向上的起拱度为 10 cm。

若有梁或刚架杆件存在制造的弯曲误差，即直杆某段有曲率，量得的曲率半径为 R，则由此形成的微段两截面间的转角 $\frac{1}{R}\mathrm{d}x$，相当于温度改变引起的 $\frac{\alpha\Delta t}{h}\mathrm{d}s$，故按变形体虚功原理、用与式(7-21)等号右边第二项同样的形式写成位移计算公式

$$\Delta_{ke} = \sum\int\overline{M}_k(x)\frac{1}{R}\mathrm{d}x = \sum\frac{1}{R}\int\overline{M}_k(x)\mathrm{d}x \tag{7-21a}$$

7.7 静定结构由于支座位移引起的位移计算

如图 7-32(a)所示静定结构的支座 A 发生了水平位移 c_1、竖向位移 c_2 及转角 c_3，结构由此产生约束条件许可的刚体位移至图中虚线所示的位置，现要求任一点 K 沿任意方向 $k—k$ 的位移Δ_{kC}，下标C表示 Δ_{kC}是由支座位移所引起。为了根据变形体系虚功原理 $W_{外}=W_{变}$ 求位移 Δ_{kC}，建立图 7-32(b)所示的虚拟状态。设由虚拟单位力产生了支座的水平反力为 $\bar{R}_1$、竖向反力为 $\bar{R}_2$、反力矩为 $\bar{R}_3$。

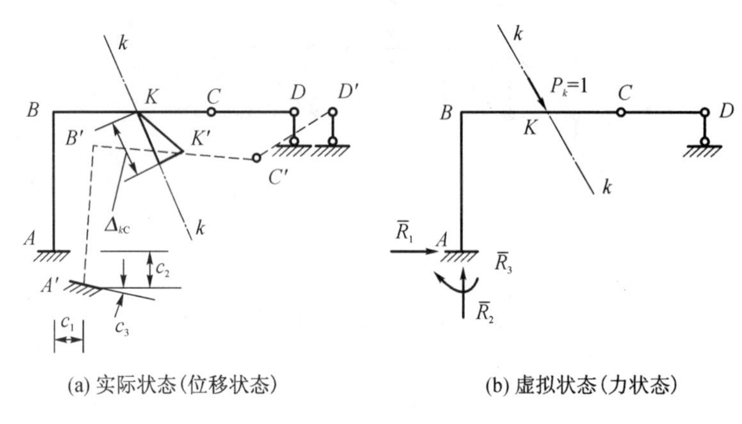

(a) 实际状态(位移状态)　　(b) 虚拟状态(力状态)

图 7-32

静定结构在支座位移时不引起内力，杆件只有刚体位移而不产生变形，因此虚拟状态的内力所做的虚变形功 $W_{变}=0$，这时，变形体系的虚功方程为

$$W_{外}=1\times\Delta_{kC}+\bar{R}_1c_1+\bar{R}_2c_2+\bar{R}_3c_3=\Delta_{kC}+\sum\bar{R}c=0$$

于是得静定结构由于支座位移引起的位移计算公式为

$$\Delta_{kC}=-\sum\bar{R}c \tag{7-24}$$

上式中的 $\sum\bar{R}c$ 为反力虚功总和，$\bar{R}$ 与 c 必须互相对应，当 $\bar{R}$ 与 c 的方向相同时，乘积 $\bar{R}c$ 为正，相反时为负，还应注意计算公式中总和号 $\sum$ 前的负号不能遗漏。

【例 7-12】 如图 7-33(a)所示三铰刚架的支座 B 向右移动 $\Delta_{Bx}=6$ cm，向下移动 $\Delta_{By}=8$ cm，试求结点 E 的角位移 θ_E。

【解】 建立虚拟状态及虚拟状态中各支座反力的大小和方向如图 7-33(b)所示。因此由式(7-24)可得

$$\theta_E=-\sum\bar{R}c=-\left[\frac{1}{l}(-\Delta_{By})+\frac{1}{2h}(\Delta_{Bx})\right]$$

$$=\frac{\Delta_{By}}{l}-\frac{\Delta_{Bx}}{2h}=\frac{8}{800}-\frac{6}{1\ 200}=0.015\text{ rad}\quad(\downarrow)$$

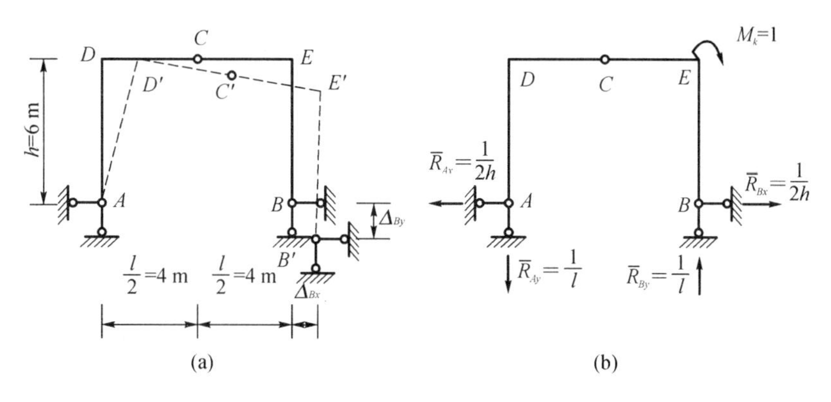

图 7-33

所得结果为正，表示 θ_E 的实际方向与假设的 $M_k=1$ 的方向相同。

【例 7-13】 如图 7-34(a)所示桁架的支座 B 向下移动 $\Delta_{By}=c$，试求 BD 杆件的角位移 θ_{BD}。

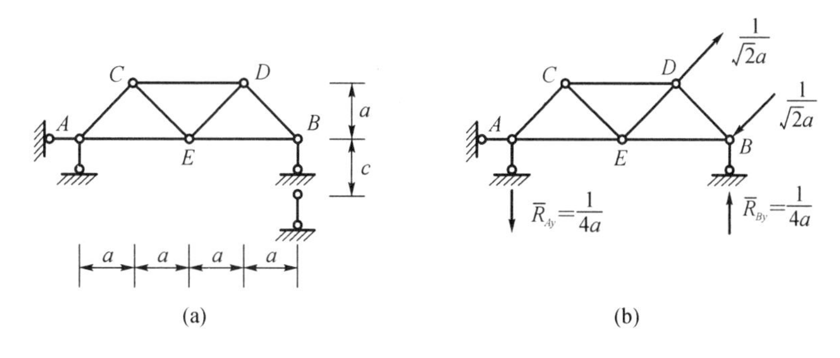

图 7-34

【解】 虚拟状态及虚拟状态中各支座反力的大小及方向如图 7-34(b)所示。于是由式(7-24)可得

$$\theta_{BD}=-\sum\bar{R}c=-\left[\frac{1}{4a}(-c)\right]=\frac{c}{4a}\quad（顺时针方向）$$

以上分别论述了线弹性结构在荷载、温度变化、支座位移作用下的位移计算。如果线弹性结构受荷载、温度变化、支座位移等因素共同作用，则根据线弹性结构的特性，将式(7-14)、式(7-21)和式(7-24)叠加，即可得线弹性结构在上述因素共同作用下的位移计算的一般公式为

$$\Delta_k=\sum\int\frac{\overline{N}_kN_P\mathrm{d}s}{EA}+\sum\int\frac{\overline{M}_kM_P\mathrm{d}s}{EI}+\sum\int\overline{N}_k\alpha t_0\mathrm{d}s+\sum\int\frac{\overline{M}_k\alpha\Delta t\mathrm{d}s}{h}+\sum\overline{N}_ku_e+\sum\frac{1}{R}\int\overline{M}_k\mathrm{d}x-\sum\bar{R}c\qquad(7-25)$$

上式不仅适用于静定结构，也适用于超静定结构。

*7.8 空间刚架在荷载作用下的位移计算

受任意荷载作用的空间刚架，其杆件横截面上一般有 6 个内力(图 3-38)，即轴向力 $N_{xP}=N_P$，分别绕截面形心主轴的两个弯矩 M_{yP}、M_{zP}，分别沿截面形心主轴的两个剪力 V_{yP}、V_{zP}及扭矩 T_P；与这些内力分量对应，杆件微段 ds 也有 6 个位移分量，即轴向位移 $\mathrm{d}u_P$，分别绕截面形心主轴的两个转角 $\mathrm{d}\theta_{yP}$、$\mathrm{d}\theta_{zP}$，分别沿截面形心主轴的两个剪切位移 $\mathrm{d}v_{yP}$、$\mathrm{d}v_{zP}$及扭转角 $\mathrm{d}\theta_{xP}$。

设空间刚架在虚拟状态单位力作用下杆件横截面上的 6 个内力分量为 $\overline{N}_k$、$\overline{M}_{yk}$、$\overline{M}_{zk}$、$\overline{V}_{yk}$、$\overline{V}_{zk}$及 $\overline{T}_k$，则由变形体系的虚功原理，可得空间刚架在荷载作用下的位移计算公式为

$$\Delta_{kP}=\sum\int(\overline{N}_k\mathrm{d}u_P+\overline{M}_{yk}\mathrm{d}\theta_{yP}+\overline{M}_{zk}\mathrm{d}\theta_{zP}+\overline{V}_{yk}\mathrm{d}v_{yP}+\overline{V}_{zk}\mathrm{d}v_{zP}+\overline{T}_k\mathrm{d}\theta_{xP}) \quad (7\text{-}26)$$

对线弹性空间刚架，上式成为

$$\begin{aligned}\Delta_{kP}=&\sum\int\frac{\overline{N}_kN_P}{EA}\mathrm{d}s+\sum\int\frac{\overline{M}_{yk}M_{yP}}{EI_y}\mathrm{d}s+\sum\int\frac{\overline{M}_{zk}M_{zP}}{EI_z}\mathrm{d}s\\&+\sum\int\frac{k_y\overline{V}_{yk}V_{yP}}{GA}\mathrm{d}s+\sum\int\frac{k_z\overline{V}_{zk}V_{zP}}{GA}\mathrm{d}s+\sum\int\frac{\overline{T}_kT_P}{GI_T}\mathrm{d}s\end{aligned} \quad (7\text{-}27)$$

上式中的 I_y、I_z 分别为杆件横截面对截面形心主轴 y、z 的惯性矩；GI_T 是截面的抗扭刚度，I_T 是截面的抗扭惯性矩，几种常用截面的抗扭惯性矩 I_T 见表 7-2。

表 7-2　几种常用截面的抗扭惯性矩

截面形式	抗扭惯性矩 I_T
圆形(半径为 R)	$\frac{\pi}{2}R^4$
薄壁圆管(壁厚为 t)	$2\pi R^3t$
正方形(边长为 a)	$0.141a^4$
矩形(长边为 a，短边为 b)	βab^3
狭长矩形($a\gg b$)	$\frac{1}{3}(a-0.063b)b^3\approx\frac{1}{3}ab^3$
狭长矩形组合截面	$\frac{1}{3}\sum a_ib_i^3$

表 7-2 中的 β 为与比值 a/b 有关的系数，可按表 7-3 确定。

表 7-3　确定矩形截面抗扭惯性矩 I_T 的 β 值

$\frac{a}{b}$	1.0	1.2	1.5	2.0	2.5	3.0	4.0	5.0	10.0	很大
β	0.141	0.166	0.196	0.229	0.249	0.263	0.281	0.291	0.312	0.333

由式(7-27)计算空间刚架的位移时，通常可略去轴向变形和剪切变形的影响。

7.9 线性弹性体系的互等定理

线性弹性体系有四个互等定理：虚功互等定理、位移互等定理、反力互等定理、反力位移互等定理。其中，虚功互等定理是基本定理，其他三个互等定理都可由虚功互等定理导出。这些定理不仅在以下的章节中会经常引用，也是将来进一步学习、研究其他线弹性结构的基本定理。

7.9.1 虚功互等定理

图 7-35(a)、(b)表示两组广义力 P_i、P_j 分别作用于同一线弹性体系，设图(a)为第 i 状态，图(b)为 j 状态。图中 Δ_{ji} 表示由广义力 P_i 引起的在广义力 P_j 方向上相应的广义位移，Δ_{ij} 表示由广义力 P_j 引起的在广义力 P_i 方向上相应的广义位移。

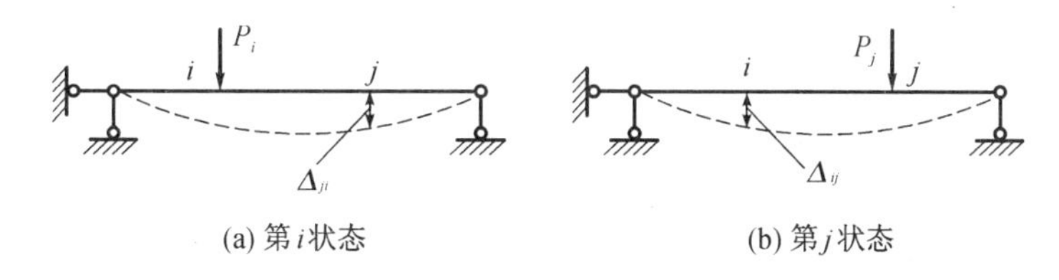

(a) 第 i 状态　　(b) 第 j 状态

图 7-35

若考虑第 i 状态的外力 P_i 及内力 N_i、M_i、V_i 在第 j 状态的相应位移及变形上所做的外力虚功 T_{ij} 及内力虚功 W_{ij}，则根据变形体系的虚功原理式(7-12b)，有

$$P_i\Delta_{ij} = \sum\int N_i \times \frac{N_j \mathrm{d}s}{EA} + \sum\int M_i \times \frac{M_j \mathrm{d}s}{EI} + \sum\int V_i \times \frac{kV_j \mathrm{d}s}{GA} \tag{a}$$

若考虑第 j 状态的外力 P_j 及内力 N_j、M_j、V_j 在第 i 状态的相应位移及变形上所做的外力虚功 T_{ji} 及内力虚功 W_{ji}，则根据变形体系的虚功原理式(7-12b)，有

$$P_j\Delta_{ji} = \sum\int N_j \times \frac{N_i \mathrm{d}s}{EA} + \sum\int M_j \times \frac{M_i \mathrm{d}s}{EI} + \sum\int V_j \times \frac{kV_i \mathrm{d}s}{GA} \tag{b}$$

显然，式(a)、式(b)等号右边部分表示的内力虚功是彼此相等的，即

$$W_{ij} = W_{ji} \tag{7-28}$$

于是得

$$P_i\Delta_{ij} = P_j\Delta_{ji}$$

或

$$T_{ij} = T_{ji} \tag{7-29}$$

这就是线性弹性体系的虚功互等定理，简称功的互等定理。式(7-28)及式(7-29)表明：如果同一个线性弹性体系存在两种任意的荷载作用或受力状态 i 和 j，则 i 状态的内力或

外力在 j 状态的位移上所做的虚功等于 j 状态的内力或外力在 i 状态的位移上所做的虚功。

【例 7-14】 试用虚功互等定理 $T_{ij}=T_{ji}$ 求图 7-36(a)所示线弹性悬臂梁 B 点的竖向位移 Δ_{By}。

【解】 设图 7-36(a)为 i 状态。为了求 B 点的竖向位移 Δ_{By} 在 B 点沿竖直方向施加单位力 $P=1$，并作出相应的 M_P 图(图 7-36(b))，设该状态为 j 状态。于是由虚功互等定理 $T_{ji}=T_{ij}$ 得

$$1\times\Delta_{By}=\int_0^l q\mathrm{d}x\cdot y(x)=\int_0^l qy(x)\mathrm{d}x$$

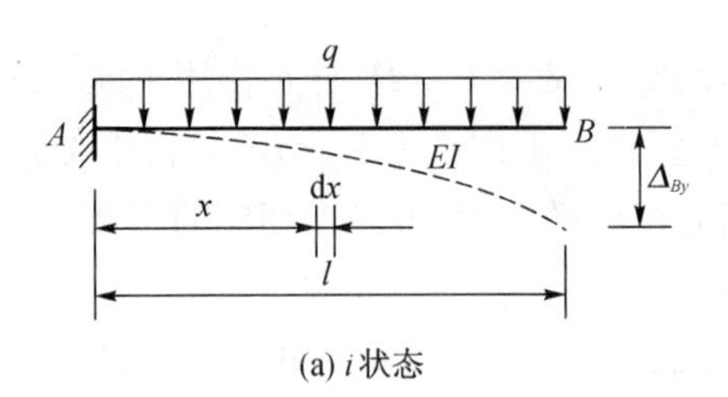

(a) i 状态

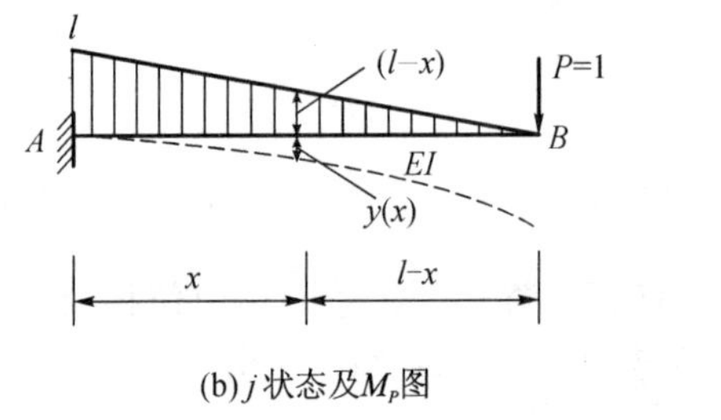

(b) j 状态及 M_P 图

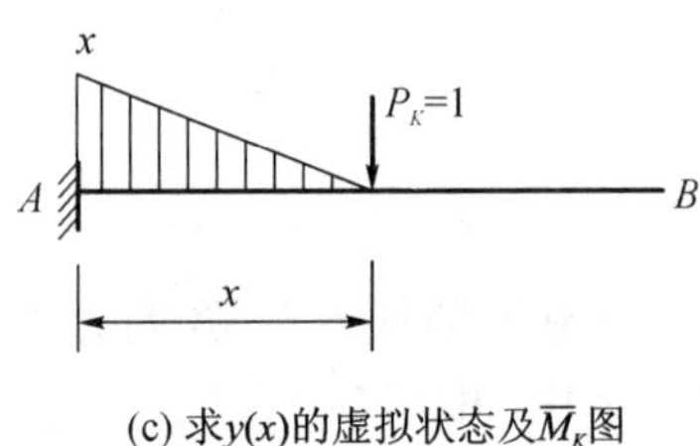

(c) 求 $y(x)$ 的虚拟状态及 $\overline{M}_k$ 图

图 7-36

上式中的 $y(x)$ 为 j 状态中的单位力 $P=1$ 引起的梁的挠曲线方程(图 7-36(b))，为了求 $y(x)$，可建立图 7-36(c)所示的虚拟状态，并作出相应的 $\overline{M}_k$ 图。将 M_P 图及 $\overline{M}_k$ 图进行图形相乘，可得挠曲线方程 $y(x)$ 为

$$y(x)=\frac{1}{EI}\left\{\frac{x}{6}[2lx+(l-x)x]\right\}=\frac{1}{6EI}(3lx^2-x^3)$$

将 $y(x)$ 代入前式，可得

$$\Delta_{By}=\int_0^l qy(x)\mathrm{d}x=q\int_0^l\frac{1}{6EI}(3lx^2-x^3)\mathrm{d}x=\frac{ql^4}{8EI}\ (\downarrow)$$

所得结果为正，表示 Δ_{By} 的实际方向与图 7-36(b)中所设的竖向单位力 $P=1$ 的方向相同。此结果可用 $\int_l\overline{M}_kM_q\frac{\mathrm{d}x}{EI}$ 求得。

7.9.2 位移互等定理

设图 7-37(a)、(b)所示的两个状态中的荷载均为单位荷载，即 $P_i=1$，$P_j=1$，由这种

单位荷载所引起的位移分别用 δ_{ji}、δ_{ij} 表示，分别如图 7-37(a)、(b)所示。于是，由虚功互等定理可得

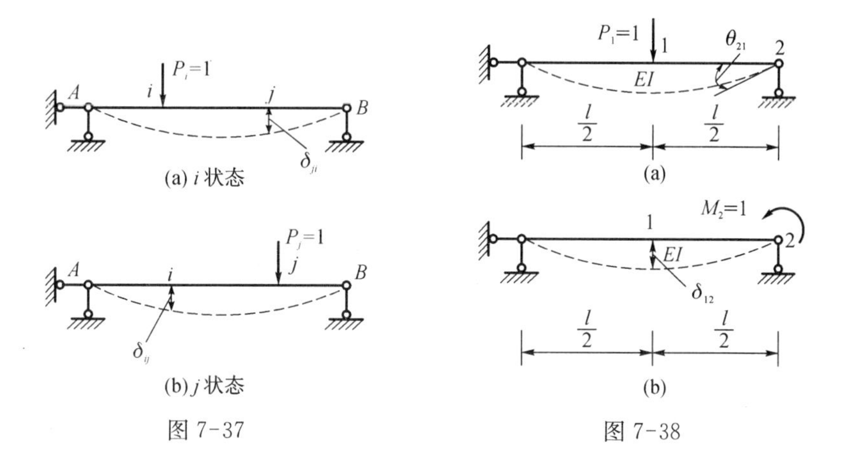

图 7-37　　图 7-38

$$1\times\delta_{ij}=1\times\delta_{ji}$$

即

$$\delta_{ij}=\delta_{ji} \tag{7-30}$$

此式即为位移互等定理。它表明：如果两个单位力分别作用于同一个线性弹性体系，则 j 状态的单位力所引起的在 i 状态的单位力作用方向的位移 δ_{ij} 等于 i 状态的单位力所引起的在 j 状态的单位力作用方向的位移 δ_{ji}。

应该指出，这里所说的单位力及其相应的位移，均是广义力和广义位移。即位移互等定理不仅适用于两个线位移之间的互等，也适用于两个角位移之间的互等以及线位移与角位移之间的互等。例如，在图 7-38(a)、(b)所示的两个状态中，由位移互等定理，应有 $\delta_{12}=\theta_{21}$。由前述的位移计算方法，可求得

$$\delta_{12}=\frac{M_2l^2}{16EI},\quad \theta_{21}=\frac{P_1l^2}{16EI}$$

由于 $P_1=1$，$M_2=1$ 都是无量纲量，故 θ_{21} 与 δ_{12} 不仅数值相等，且量纲也相同。

7.9.3 反力互等定理

反力互等定理只适用于超静定结构。

图 7-39(a)所示连续梁的支杆 i 沿其方向产生单位位移 $\Delta_i=1$，由此使支杆 j 产生的反力为 r_{ji}，设该状态为 i 状态。图 7-39(b)所示为同一连续梁的支杆 j 沿 r_{ji} 方向产生单位位移 $\Delta_j=1$，由此使支杆 i 产生的反力为 r_{ij}，设该状态为 j 状态。于是，由虚功互等定理可得

$$1\times r_{ij}=1\times r_{ji}$$

即

$$r_{ij}=r_{ji} \tag{7-31}$$

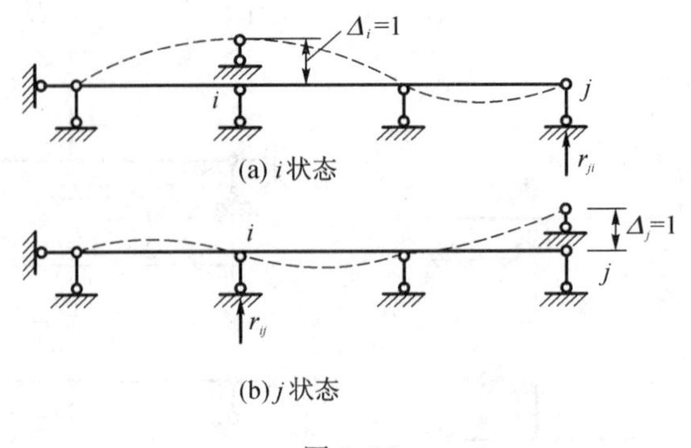

图 7-39

此式即为反力互等定理。它表明：在同一个线性弹性体系中，第 i 个约束沿该约束方向作单位位移时在第j 个约束中引起的反力 r_{ji} 等于第j 个约束沿 r_{ji} 方向作单位位移时在第i 个约束中引起的反力 r_{ij}。

应该指出，这里所说的约束位移及约束反力均是广义位移及广义力，即反力互等定理不仅适用于两个反力之间的互等，也适用于两个反力矩之间的互等以及反力与反力矩之间的互等。例如图 7-40(a)、(b)所示的两个状态中，由反力互等定理可知 $r_{12}=r_{21}$，这里，r_{12} 是反力矩，r_{21} 是反力，因为 r_{12} 和 r_{21} 分别是由无量纲量 $\Delta_2=1$ 和 $\theta_1=1$ 引起的，故 r_{12} 与 r_{21} 在数值和量纲上都是相同的。

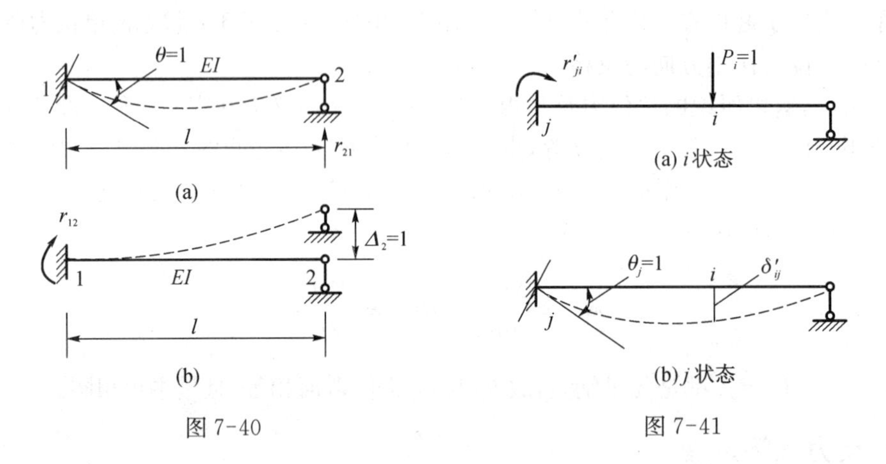

图 7-40　　图 7-41

7.9.4 反力位移互等定理

设图 7-41(a)为第 i 状态，表示在单位力 $P_i=1$ 作用下，在支座 j 处产生反力矩 r'_{ji}，其方向假定如图中所示。设图 7-41(b)为 j 状态，表示支座 j 沿 r'_{ji} 方向产生单位转角 $\theta_j=1$ 时在 P_i 作用方向引起的位移 δ'_{ij}。这里，用 r'_{ji} 表示由单位荷载而不是由单位约束位移所引起的反力，用 δ'_{ij} 表示由单位约束位移而不是由单位荷载所引起的位移，以示与前面的符号的含义相区别。

对图 7-41(a)、(b)两个状态应用虚功互等定理，可得

$$r'_{ji}\times1+1\times\delta'_{ij}=0$$

即

$$r'_{ji} = -\delta'_{ij} \tag{7-32}$$

此式即为反力位移互等定理。它表明：在同一线弹性体系上，作用于 i 点的单位荷载(单位力或单位力矩)在第 j 个约束中引起的反力(或反力矩) r'_{ji} 等于第 j 个约束沿 r'_{ji} 方向产生单位位移时引起 i 点沿单位荷载方向的位移 δ'_{ij}，但符号相反。

习　题

[7-1] 什么是虚位移？虚功中的两个状态是什么关系？变形体系的虚功方程其物理含义如何？

[7-2] 单位荷载法的虚拟单位力为何称广义力？单位荷载法是否适用于超静定结构的位移计算？

[7-3] 图乘法应满足哪些适用条件？图乘时的正、负号如何确定？

[7-4] 求如图 7-42 所示 C 点竖向位移 Δ_{Cy}，已知各杆 EA 相同。

[7-5] 已知各杆截面相同，横截面面积 $A = 30\ \text{cm}^2$，$E = 20.6 \times 10^6\ \text{N/cm}^2$，$P = 98.1\ \text{kN}$。求如图 7-43 所示 C 点竖向位移 Δ_{Cy}。

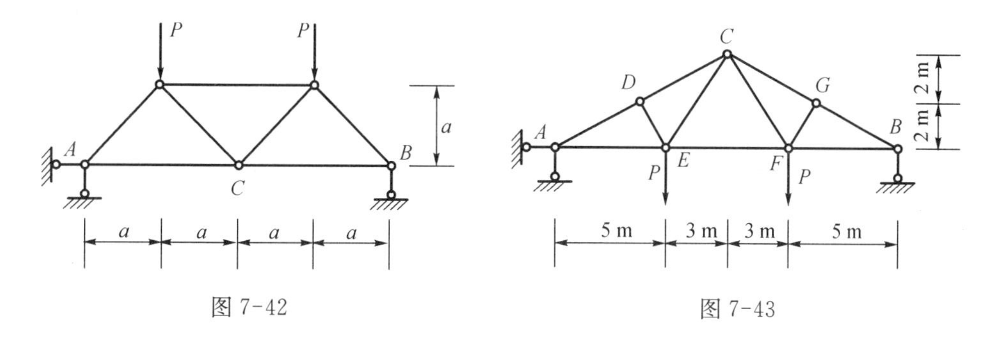

图 7-42　　　　图 7-43

[7-6] 试求如图 7-44 所示 D 点竖向位移 Δ_{Dy} 和 BC 杆的角位移 θ_{BC}。已知材料的弹性模量 $E = 21\,000\ \text{kN/cm}^2$，各杆的横截面面积 A 分别注于杆旁的括号中，单位为 cm^2。

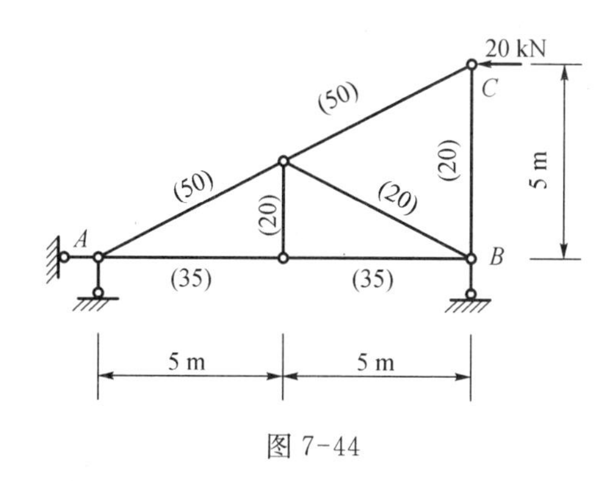

图 7-44

[7-7] 已知各杆的 EA 为常数，求如图 7-45 所示 AB、BC 两杆之间的相对转角 $\Delta\angle ABC$。

[7-8] 试用积分法求如图 7-46 所示 B 点竖向位移 Δ_{By}，忽略剪切变形影响。

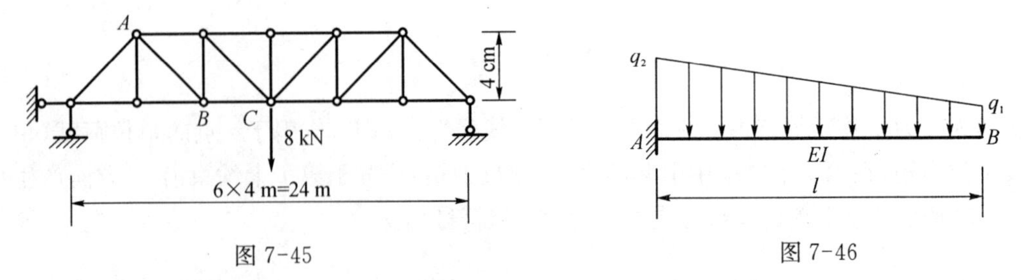

图 7-45　　　　图 7-46

［7-9］ 试用积分法求如图 7-47 所示 C 点水平位移 Δ_{Cx}，忽略轴向变形和剪切变形影响。

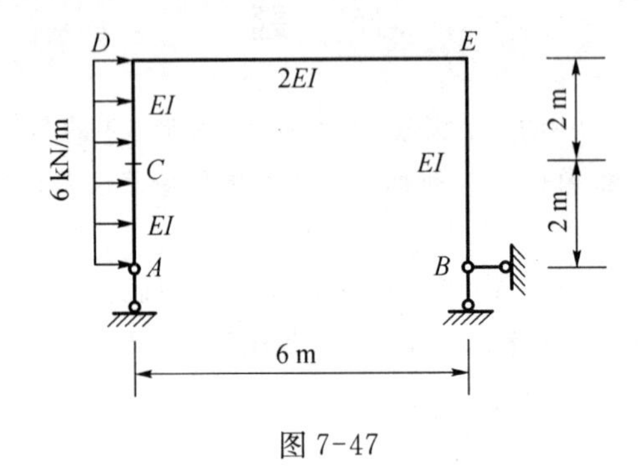

图 7-47

［7-10］ 试求如图 7-48 所示等截面圆弧形曲杆 B 截面的转角 θ_B。

［7-11］ 求如图 7-49 所示等截面圆弧形曲杆在图示沿杆轴分布的均布荷载作用下的 B 截面转角 θ_B，只考虑弯曲变形的影响。

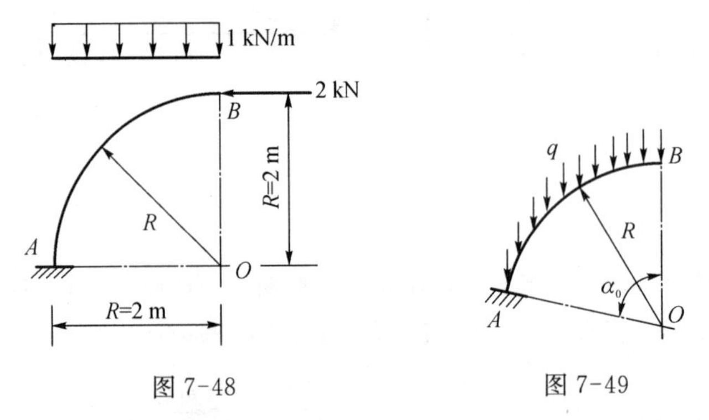

图 7-48　　　　图 7-49

［7-12］ 求如图 7-50 所示等截面半圆形曲梁 B 点的水平位移 Δ_{Bx}，忽略轴向变形及剪切变形的影响。

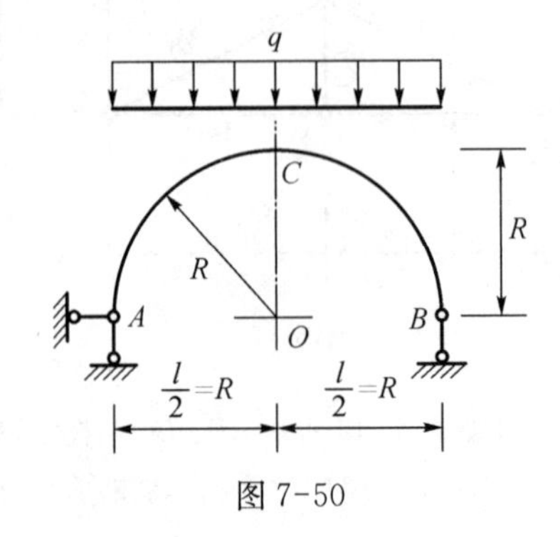

图 7-50

[7-13] 求如图 7-51 所示 E 点的水平位移 Δ_{Ex}，已知各杆 EI=常数。

[7-14] 已知拱轴方程为 $y=\frac{4f}{l^2}x(l-x)$，EI = 常数，忽略轴向变形及剪切变形的影响，并近似地取 $ds=dx$，求如图 7-52 所示 B 点水平位移 Δ_{Bx}。

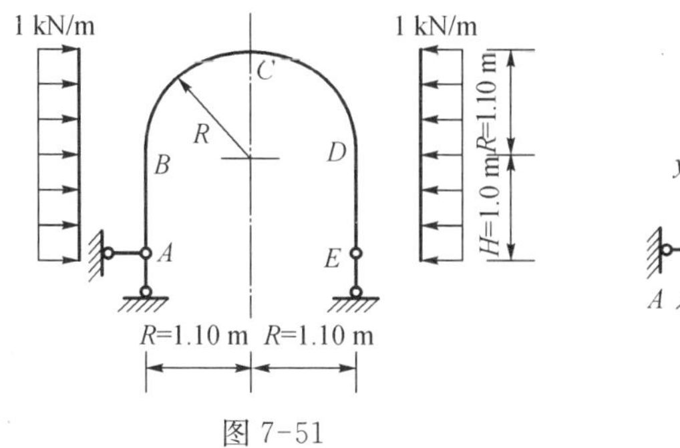

图 7-51

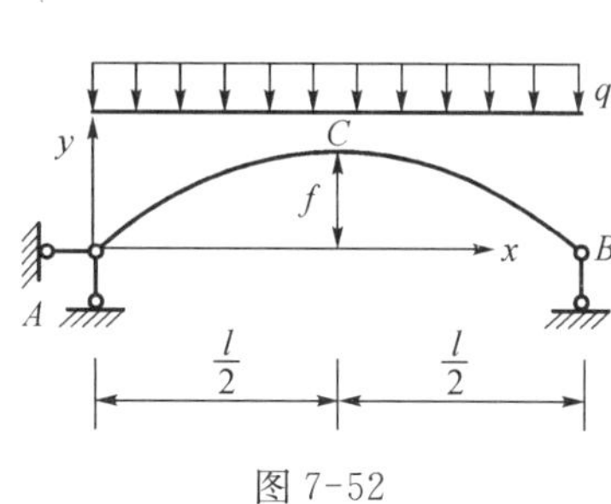

图 7-52

[7-15] 求如图 7-53 所示 C 点竖向位移 Δ_{Cy}，已知 EI=常数。

[7-16] 求如图 7-54 所示 D 点竖向位移 Δ_{Dy}，各杆 EI=常数。

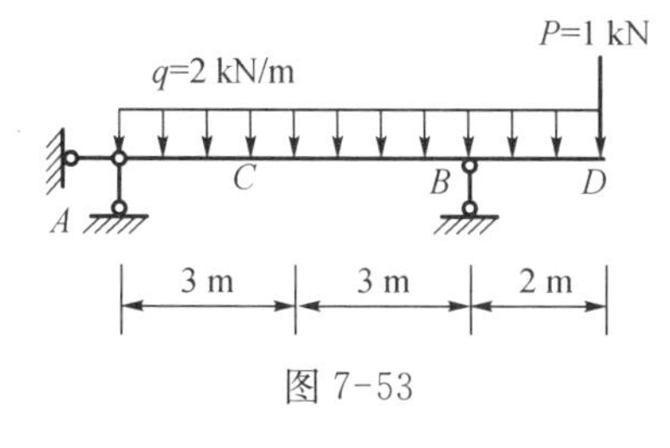

图 7-53

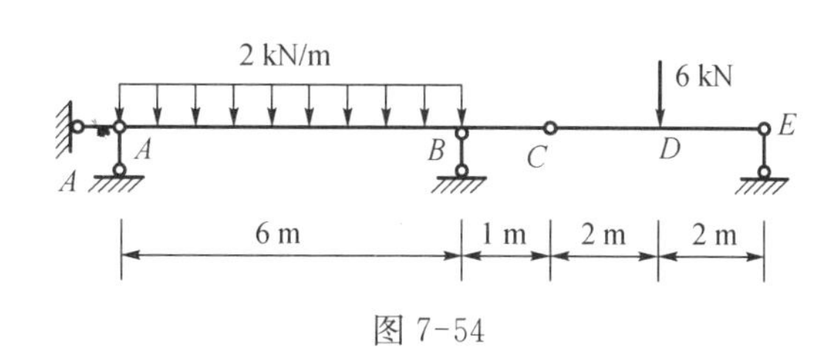

图 7-54

[7-17] 求如图 7-55 所示 C 点水平位移 Δ_{Cx}，各杆 EI=常数。

[7-18] 求如图 7-56 所示 AB 杆 A 端截面的转角 θ_A。

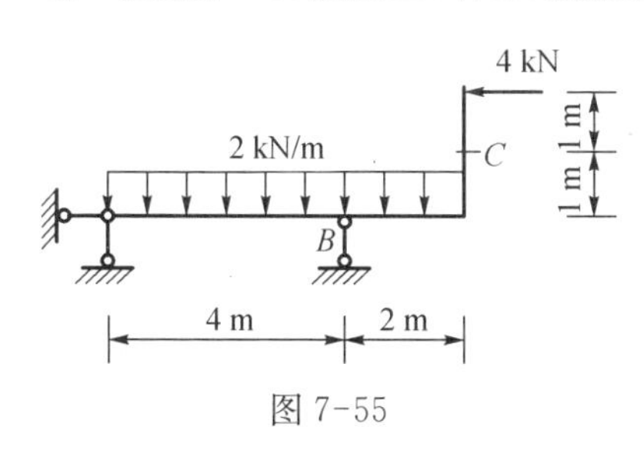

图 7-55

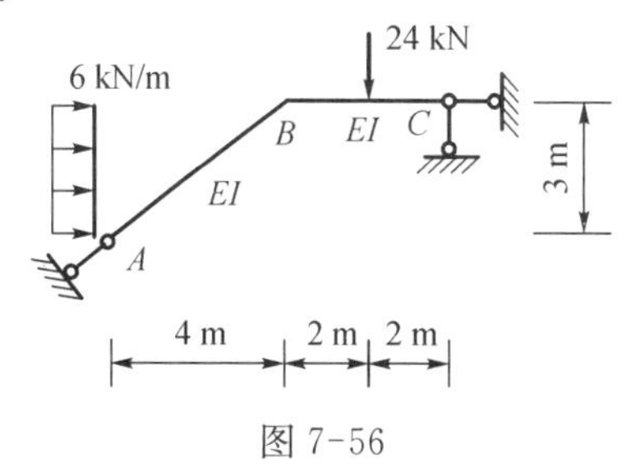

图 7-56

[7-19] 求如图 7-57 所示 D 点水平位移 Δ_{Dx}。

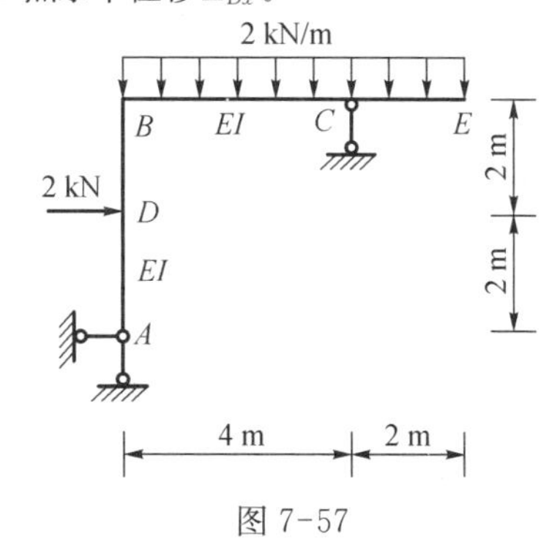

图 7-57

[7-20] 求如图 7-58 所示 C 点水平位移 Δ_{Cx}。

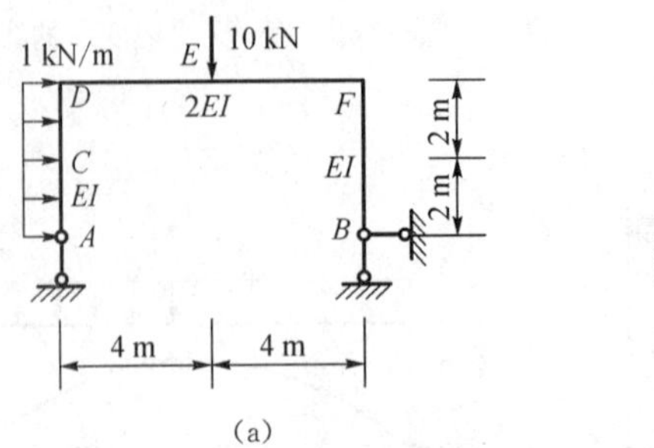

(a)

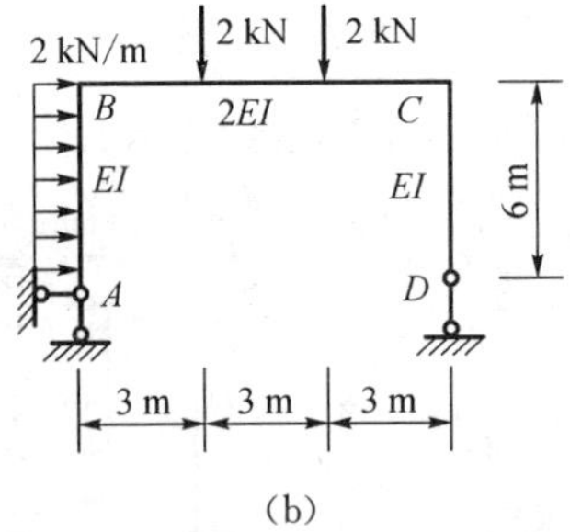

(b)

图 7-58

[7-21] 求如图 7-59 所示 C 点竖向位移 Δ_{Cy}。已知 $EI = 7\times10^4\ \text{kN}\cdot\text{m}^2$。

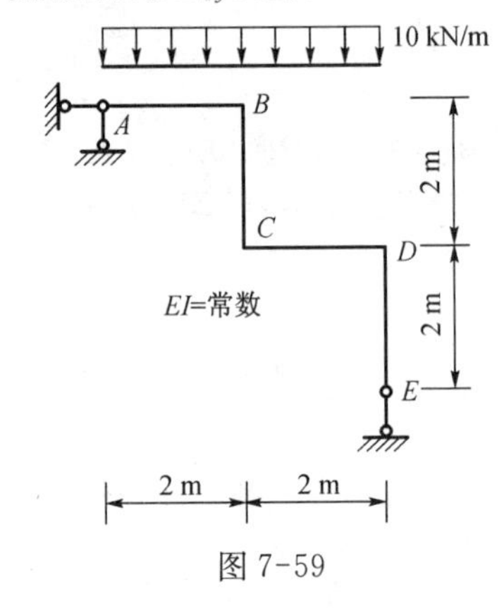

图 7-59

[7-22] 求如图 7-60 所示 C 点水平位移 Δ_{Cx}，已知各杆 EI=常数。

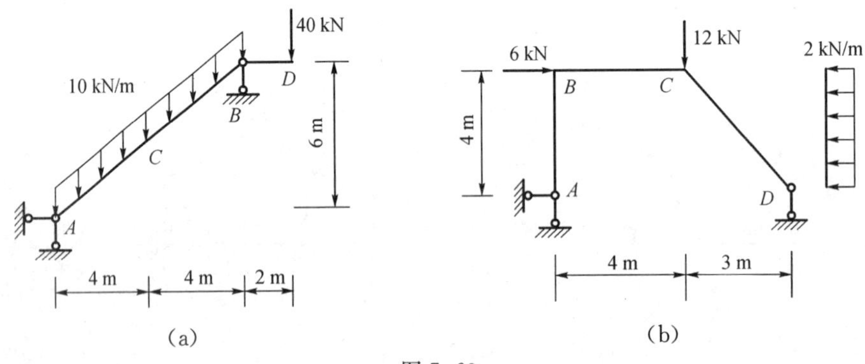

(a) (b)

图 7-60

[7-23] 求如图 7-61 所示 B 点及 D 点竖向位移 Δ_{By} 及 Δ_{Dy}。

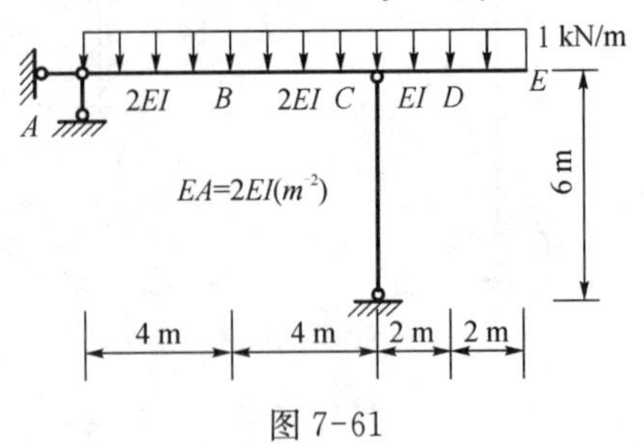

图 7-61

[7-24] 已知 $EA = 2EI\left(\frac{1}{m^2}\right)$，求如图 7-62 所示结点 C 的转角 θ_C。

[7-25] 如图 7-63 所示 EI 和 EA 均为已知，试求 BC 杆的转角 θ_{BC}。

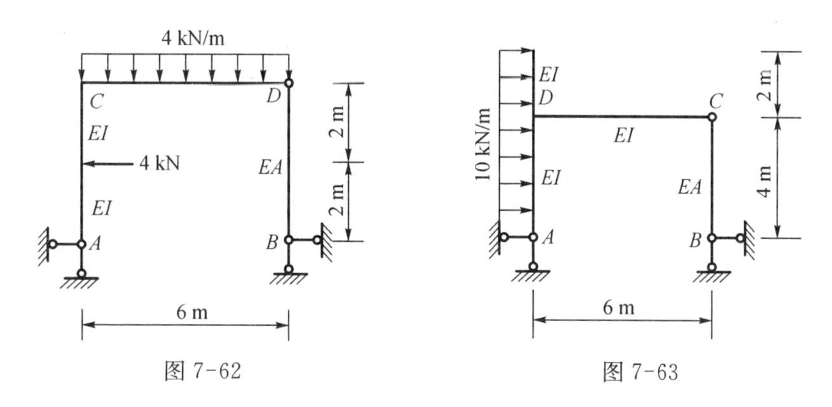

图 7-62　　图 7-63

[7-26] 求如图 7-64 所示 C 铰左、右截面的相对转角 θ_{CC}，EA 和 EI 各为常数。

[7-27] 如图 7-65 所示，已知 $A = \frac{I}{a^2}$，求 A 点水平位移 Δ_{Ax}。

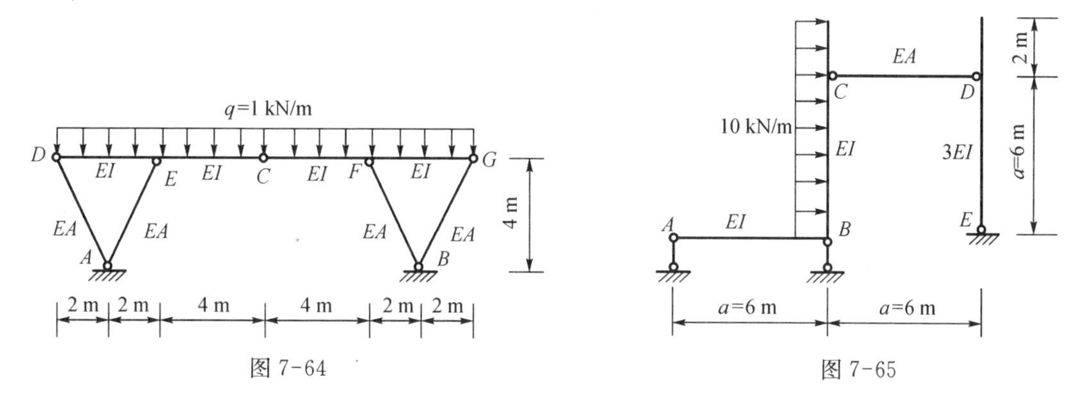

图 7-64　　图 7-65

[7-28] 如图 7-66 所示设 EI 和弹性支座 D 的轴向刚度系数 k_N 为已知，试求 C 点的竖向位移 Δ_{Cy} 及 E 截面的转角 θ_E。

[7-29] 如图 7-67 所示设 $EI_1 = \infty$，k_N、EA 及 EI 均为已知，试求 D 点的竖向位移 Δ_{Dy}。

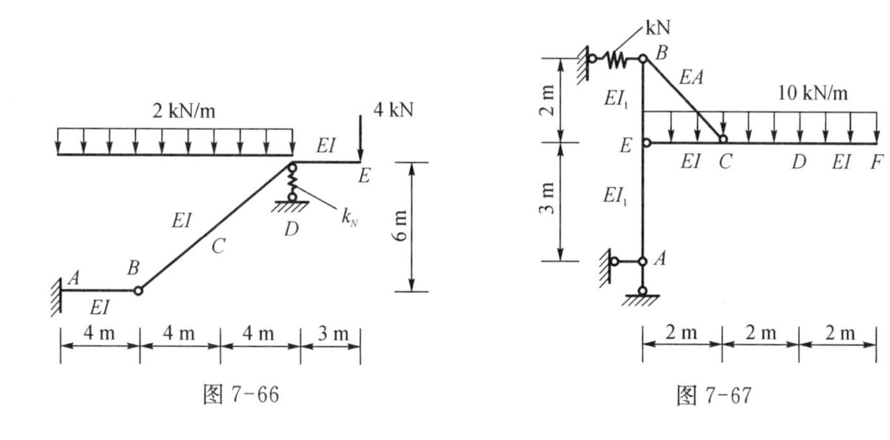

图 7-66　　图 7-67

[7-30]　如图 7-68 所示已知 $f_M=\dfrac{l}{15EI}$，$f_N=\dfrac{l^2}{5EI}$，求 C 点竖向位移 Δ_{Cy}。

[7-31]　如图 7-69 所示求 D 点竖向位移 Δ_{Dy}。

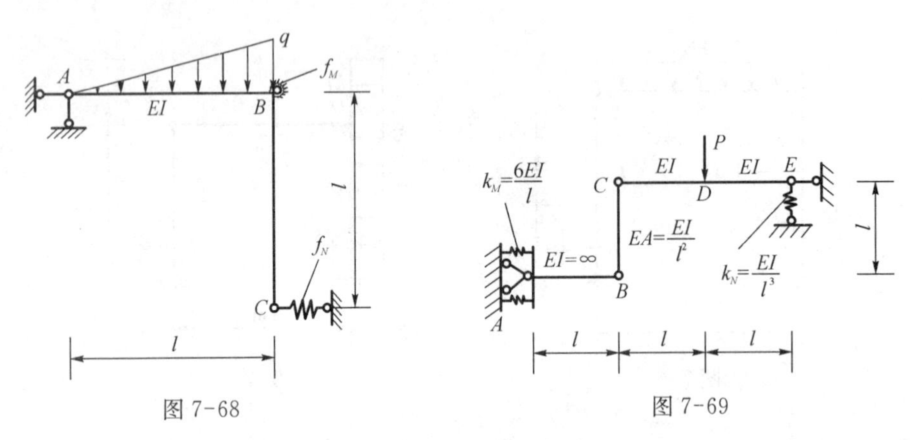

图 7-68　　　　图 7-69

[7-32]　如图 7-70 所示，已知材料的线膨胀系数为 α，各杆横截面尺寸相同，截面形状为矩形，截面高度 $h=l/10$，求 B 点的水平位移 Δ_{Bx}，结点 C 的转角 θ_C。

[7-33]　如图 7-71 所示，已知材料的线膨胀系数为 α，各杆的横截面为矩形，截面高度 $h=0.1l$，试求 C 铰处左、右截面的相对转角 θ_{CC}。

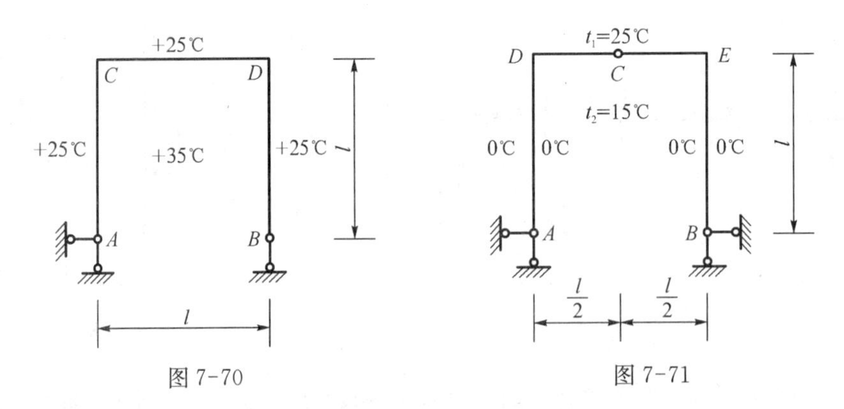

图 7-70　　　　图 7-71

[7-34]　如图 7-72 所示，桁架上弦及端竖杆升温 $t_1=30$℃，其他杆件温度不变，材料的 $\alpha=1.3\times10^{-5}$，求 C、D 两点间相对水平位移。

[7-35]　如图 7-73 所示，已知半径 $R=3$ m 的等截面圆弧形曲杆，矩形截面高度 $h=30$ cm，线膨胀系数为 α，求 CC 截面的相对转角 θ_{CC}。

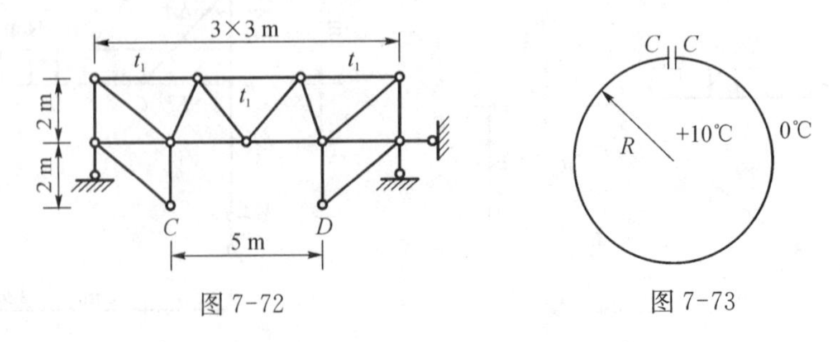

图 7-72　　　　图 7-73

[7-36]　如图 7-74 所示求 CC 截面的相对转角 θ_{CC}，相对竖向位移 $\Delta_{(CC)y}$，相对水平位移 $\Delta_{(CC)x}$。

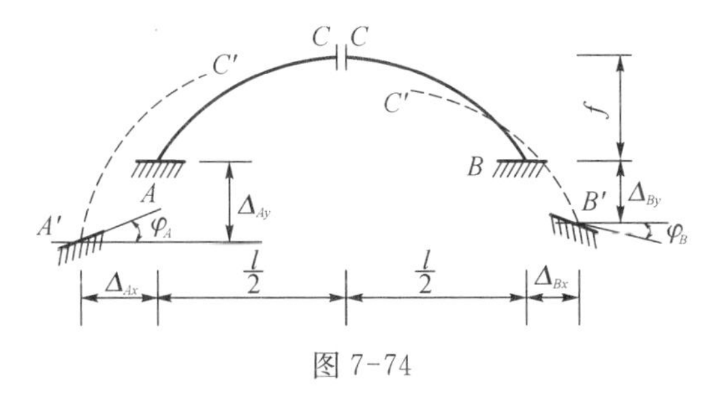

图 7-74

［7-37］ 如图 7-75 所示，求 C 铰处左、右截面的相对转角 θ_{CC}。

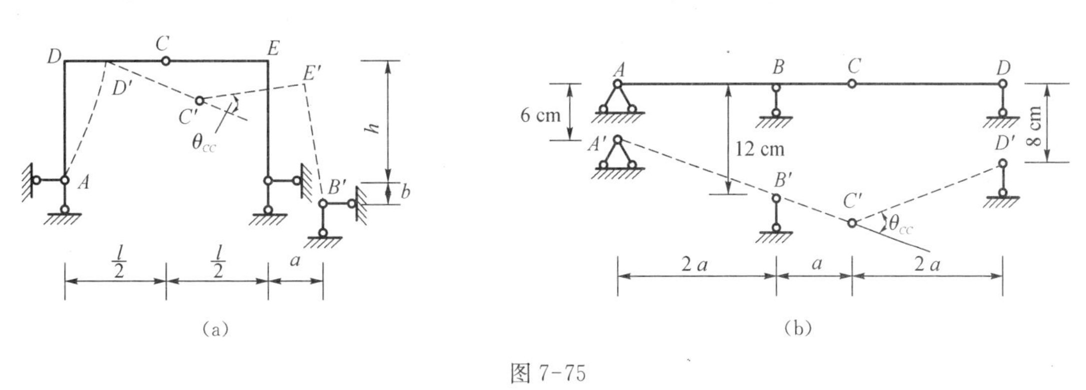

图 7-75

［7-38］ 如图 7-76 所示，跨度为 48 m 的下承式铁路桁架桥，下弦各杆制造时比设计尺寸各缩短了 0.5 cm，试求结点 C 的竖向位移 Δ_{Cy}。

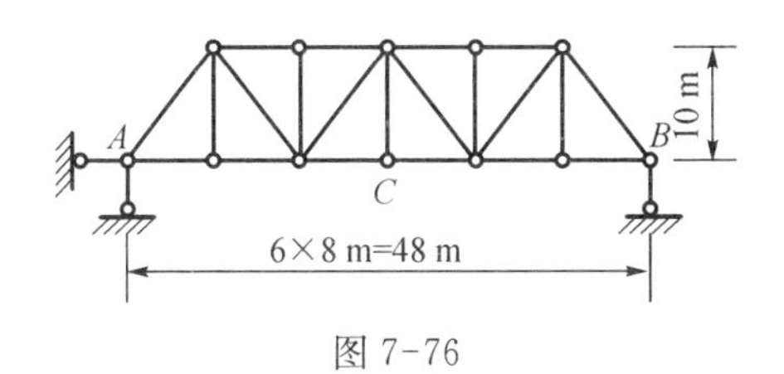

图 7-76

［7-39］ 欲在如图 7-77 所示桁架下弦结点 C 设置向上的上拱度 3 cm，问上弦 6 根杆件如何制造才能达到此要求？（要求这 6 根杆件制造的长度相同，其他杆件按设计的精确尺寸制造）

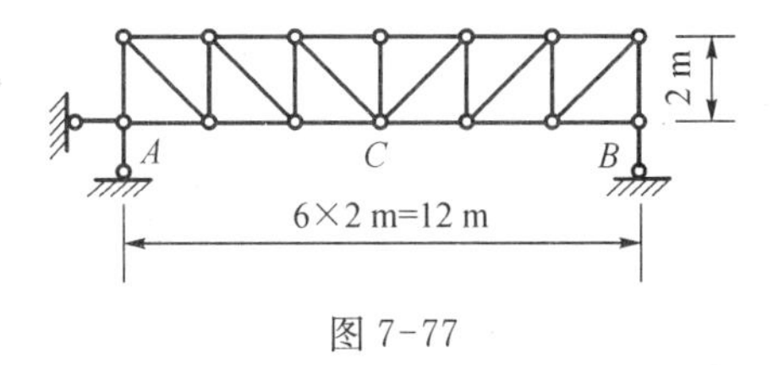

图 7-77

［7-40］ 如图 7-78 所示静定梁中，由于制造误差 AB 和 BC 两段均为成半径为 $R=400$ m 的圆弧形。装配时，AB 段向上凸出放置，BC 段向下凸出放置，如图中虚线所示，试求 BC 段中点 D 的竖向位移 Δ_{Dy}。

［7-41］ BC 杆有如图 7-79 所示的温度改变，D 支座有竖向沉陷 v_D，BC 杆横截面为矩形，截面高为 h，线膨胀系数为 α，求 B 点的竖向位移 Δ_{By}。

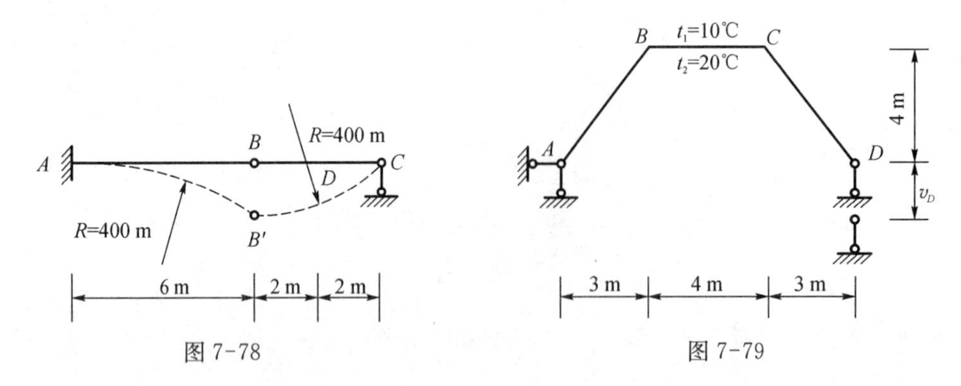

图 7-78　　图 7-79

[**7-42**]　如图 7-80 所示 AB 杆温度升高 t℃，BC 杆由于制造误差缩短 δ，试求 $\angle ABC$ 的改变量 θ_{BB}，AB 杆的线膨胀系数为 α。

[**7-43**]　如图 7-81 所示，已知各杆 $EI = 9\times10^4\ \text{kN}\cdot\text{m}^2$，$l = 3\ \text{m}$，杆件横截面为矩形，截面高为 $h = 0.1l$，线膨胀系数为 $\alpha = 10^{-5}$，荷载 $q = 20\ \text{kN/m}$，欲令 B 点竖向位移 $\Delta_{By} = 0$，在 B 点施加的力 P 应多大？

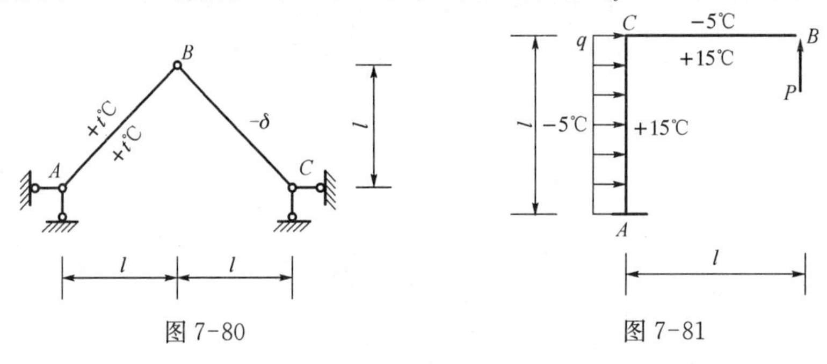

图 7-80　　图 7-81

*[7-44]　如图 7-82 所示为一水平面的刚架，$\angle ABC = 90°$，承受竖向均布荷载 $q = 20\ \text{N/cm}$，$a = 60\ \text{cm}$，$b = 40\ \text{cm}$，各杆均为直径 $d = 3\ \text{cm}$ 的圆钢，$E = 2.1\times10^7\ \text{N/cm}^2$，$G = 0.8\times10^7\ \text{N/cm}^2$，求 C 点竖向位移 Δ_{Cy}。

*[7-45]　如图 7-83 所示水平面内的曲杆为 $\frac{1}{4}$ 圆周，B 点受竖向荷载作用，杆件的抗弯刚度 EI 及抗扭刚度 GI_T 均为常数，求 B 点竖向位移 Δ_{By}。

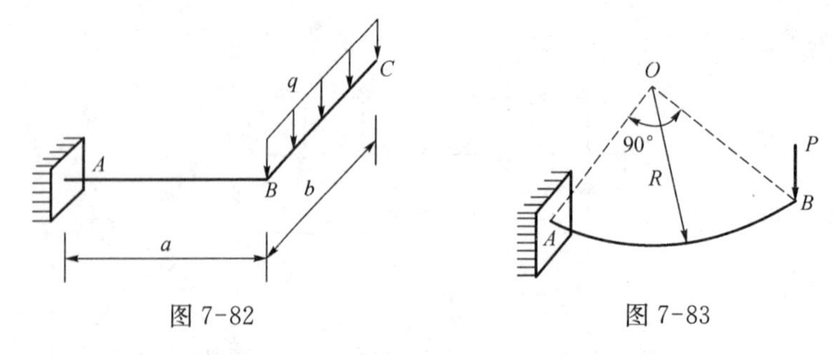

图 7-82　　图 7-83

[**7-46**]　如图 7-84 所示试用功的互等定理求 C 点的竖向位移 Δ_{Cy}。

[**7-47**]　已知如图 7-85(a)所示梁的挠曲线 $y(x) = \dfrac{Px}{48EI}(3l^2 - 4x^2)\left(0\leqslant x\leqslant\dfrac{l}{2}\right)$。试用功的互等定理证明如图 7-85(b)所示梁的跨中挠度 $y_c = \dfrac{5ql^4}{384EI}$。

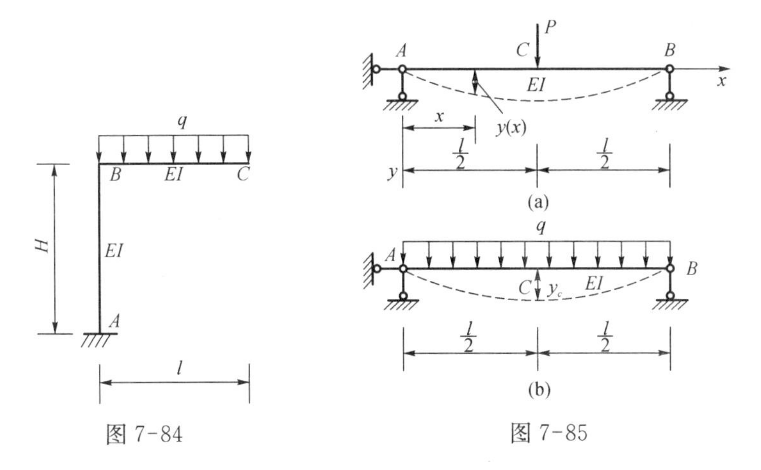

图 7-84　　　　图 7-85

[7-48]　如图 7-86(a)所示线弹性连续梁受竖向集中荷载 $P=500\ \mathrm{kN}$ 作用，已知 a、b、c、d、e 各截面的竖向位移如图中所示，试用功的互等定理求该连续梁在如图 7-86(b)所示竖向荷载作用下 b 截面竖向位移 Δ_{by} 之值。

[7-49]　如图 7-87 所示结构支座 1 产生向下的竖向位移 C，试用反力-位移互等定理证明：(1) 结点 2 的水平位移 $\Delta_{2x}=hc/l(\leftarrow)$；(2) 结点 2 的转角 $\theta_2=c/l$ (↺)。

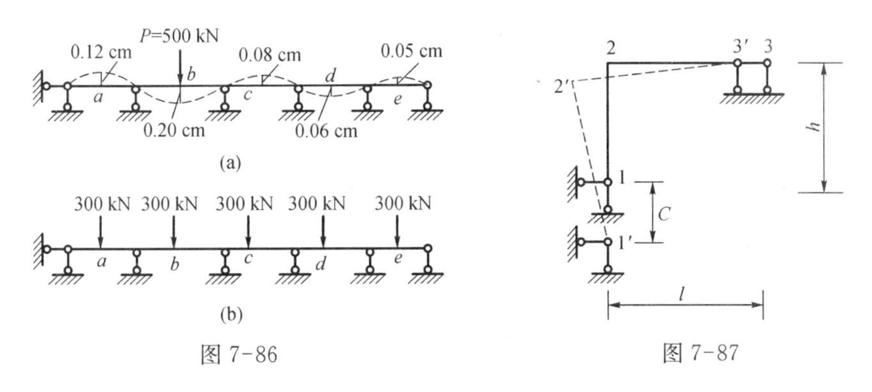

图 7-86　　　　图 7-87

[7-50]　已知 P 作用于图 7-88(a)所示结构的 B 点时，B、D 两点的水平位移分别为 δ_1、δ_2；其中的 AB 柱顶单独承受 P 时(图 7-88(b))，B 点的水平位移为 δ_3。试应用弹性体系的互等定理证明：当 P 作用于同一结构的 D 点时(图 7-88(c))，BD 杆的伸长量 $\Delta=\left(\dfrac{\delta_1-\delta_2}{\delta_3-\delta_1}\right)\delta_2$。

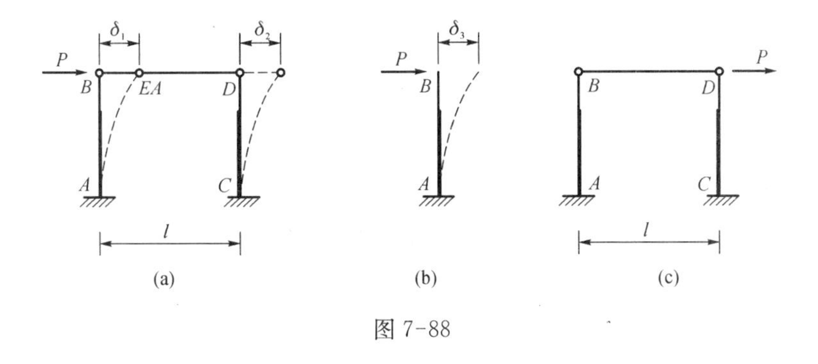

图 7-88

[7-51]　如图 7-89(a)、(b)所示为同一线弹性结构的两种受力状态，已知图(a)中结点 A、B 的水平位移

为 Δ_{Ax}、Δ_{Bx}，角位移为 θ_A、θ_B，试应用弹性体系的互等定理求图(b)中结点 A 的角位移 φ_A。

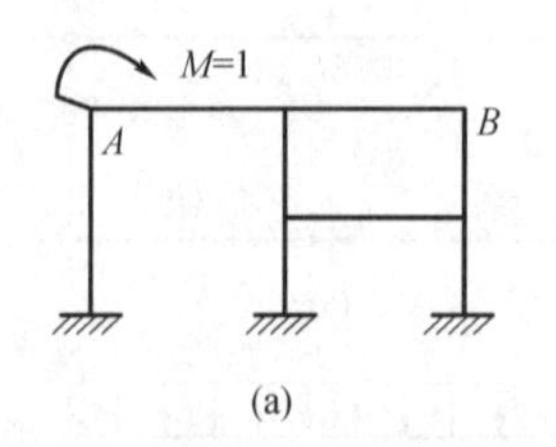

(a)

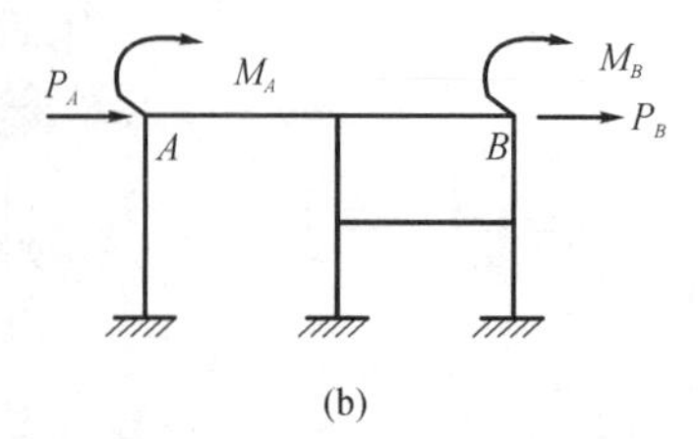

(b)

图 7-89

部分习题参考答案

[7-4]　$\Delta_{Cy}=\dfrac{6.83Pa}{EA}(\downarrow)$

[7-5]　$\Delta_{Cy}=1.15\ \text{cm}(\downarrow)$

[7-6]　$\Delta_{Dy}=0.013\,3\ \text{cm}(\downarrow)$，

$\theta_{BC}=6.5\times10^{-5}\ \text{rad}(\curvearrowleft)$

[7-7]　$\Delta\angle ABC=\dfrac{12-4\sqrt{2}}{EA}(\curvearrowright\curvearrowleft)$

[7-8]　$\Delta_{By}=\dfrac{11q_1^4}{120EI}+\dfrac{q_2l^4}{30EI}(\downarrow)$

[7-9]　$\Delta_{Cx}=\dfrac{1\,252}{EI}(\rightarrow)$

[7-10]　$\theta_B=\dfrac{1.42}{EI}(\curvearrowright)$

[7-11]　$\theta_B=\dfrac{qR^3}{EI}[2\sin\alpha_0-\alpha_0(1+\cos\alpha_0)](\curvearrowright)$

[7-12]　$\Delta_{Bx}=\dfrac{ql^4}{24EI}(\rightarrow)$

[7-13]　$\Delta_{Ex}=\dfrac{9.720}{EI}(\leftarrow)$

[7-14]　$\Delta_{Bx}=\dfrac{qfl^3}{15EI}(\rightarrow)$

[7-15]　$\Delta_{Cy}=\dfrac{81}{4EI}(\downarrow)$

[7-16]　$\Delta_{Dy}=\dfrac{5}{2EI}(\downarrow)$

[7-17]　$\Delta_{Cx}=\dfrac{82}{3EI}(\leftarrow)$

[7-18]　$\theta_A=\dfrac{57}{EI}(\curvearrowright)$

[7-19]　$\Delta_{Dx}=\dfrac{112}{3EI}(\rightarrow)$

[7-20]　(a) $\Delta_{Cx}=\dfrac{126}{EI}(\rightarrow)$

(b) $\Delta_{Cx}=\dfrac{918}{EI}(\rightarrow)$

[7-21]　$\Delta_{Cy}=\dfrac{1}{7}\ \text{cm}$

[7-22]　(a) $\Delta_{Cx}=\dfrac{325}{EI}(\rightarrow)$

(b) $\Delta_{Cx}=\dfrac{144}{7EI}(\leftarrow)$

[7-23]　$\Delta_{By}=\dfrac{72.5}{3EI}(\downarrow)$，

$\Delta_{Dy}=\dfrac{541}{12EI}(\downarrow)$

[7-24]　$\theta_C=\dfrac{212}{9EI}(\curvearrowright)$

[7-25]　$\theta_{BC}=\dfrac{20}{EA}+\dfrac{600}{EI}(\curvearrowright)$

[7-26]　$\theta_{CC}=\dfrac{37.33}{EI}+\dfrac{22.36}{EA}(\curvearrowright\curvearrowleft)$

[7-27]　$\Delta_{Ax}=\dfrac{23\,460}{EI}(\rightarrow)$

[7-28]　$\Delta_{Cy}=\dfrac{524}{3EI}+\dfrac{6.75}{k_N}(\downarrow)$，

$\theta_E=-\dfrac{62}{3EI}+\dfrac{27}{16k_N}(\curvearrowright)$

[7-29]　$\Delta_{Dy}=\dfrac{720\sqrt{2}}{EA}+\dfrac{640}{3EI}+\dfrac{28.8}{k_N}(\downarrow)$

[7-30]　$\Delta_{Cy}=\dfrac{ql^4}{3EI}(\downarrow)$

[7-31]　$\Delta_{Dy}=\dfrac{17Pl^3}{24EI}(\downarrow)$

[7-32] $\Delta_{Bx}=230\alpha l(\rightarrow)$

[7-33] $\theta_{CC}=80\alpha$(↘↙)

[7-34] $\Delta_{(CD)x}=0.51\ \text{cm}$

[7-35] $\theta_{CC}=200\pi\alpha$(↖↗)

[7-36] $\theta_{CC}=\varphi_A+\varphi_B$(↖↗)，

$\Delta_{(CC)y}=\Delta_{Ax}-\Delta_{By}+\dfrac{l}{2}(\varphi_B-\varphi_A)(\downarrow\uparrow)$

$\Delta_{(CC)x}=\Delta_{Ay}+\Delta_{Bx}+f(\varphi_A+\varphi_B)(\leftarrow\rightarrow)$

[7-37] (a) $\theta_{CC}=\dfrac{a}{h}$(↓↓)

(b) $\theta_{CC}=\dfrac{13}{2a}$(↓↓)

[7-38] $\Delta_{Cy}=2\ \text{cm}(\uparrow)$

[7-39] 上弦各杆伸长 $\lambda=0.55\ \text{cm}$

[7-40] $\Delta_{Dy}=2.75\ \text{cm}(\downarrow)$

[7-41] $\Delta_{By}=0.3v_D+60\dfrac{\alpha}{h}(\downarrow)$

[7-42] $\Delta\angle ABC=-\alpha t+\dfrac{\delta}{l\sqrt{2}}$(↓↓)

[7-43] $P=\dfrac{61.5}{4}\ \text{kN}(\downarrow)$

*[7-44] $\Delta_{Cy}=\dfrac{qb}{EI}\left(\dfrac{b^3}{8}+\dfrac{a^3}{3}\right)+\dfrac{qb^3a}{2GI_T}$

$=1.37\ \text{cm}(\downarrow)$

*[7-45] $\Delta_{By}=PR^3\left(\dfrac{\pi}{4EI}+\dfrac{3\pi-8}{4GI_T}\right)(\downarrow)$

[7-46] $\Delta_{Cy}=\dfrac{ql^4}{8EI}+\dfrac{ql^3H}{2EI}(\downarrow)$

[7-48] $\Delta_{by}=0.006\ \text{cm}(\downarrow)$

[7-51] $\varphi_A=P_A\Delta_{Ax}+M_A\theta_A+P_B\Delta_{Bx}+M_B\theta_B$

8 力　　法

8.1 超静定结构的概念和超静定次数的确定

在实际工程中，大多数结构是超静定的。超静定结构与静定结构相比主要有以下两个特点：① 在几何组成方面，静定结构是没有多余约束的几何不变体系；而超静定结构是具有多余约束的几何不变体系。所谓多余约束并不是说这些约束是多余无用的，而是相对于维持体系几何不变的必要约束而言。② 在静力特征方面，静定结构的内力和反力完全可以由静力平衡条件确定，而超静定结构由于未知力数多于平衡方程数，因此，仅靠平衡条件不能确定其全部反力和内力。总之，具有多余约束是超静定结构的基本特征。

和静定结构一样，超静定结构的基本形式也有下列四种：

(1) 梁　如图 8-1(a)、(b)、(c)所示为超静定单跨梁；图 8-1(d)所示的结构为超静定多跨梁。由于该梁跨越若干个跨度而不中断，因而称它为连续梁。

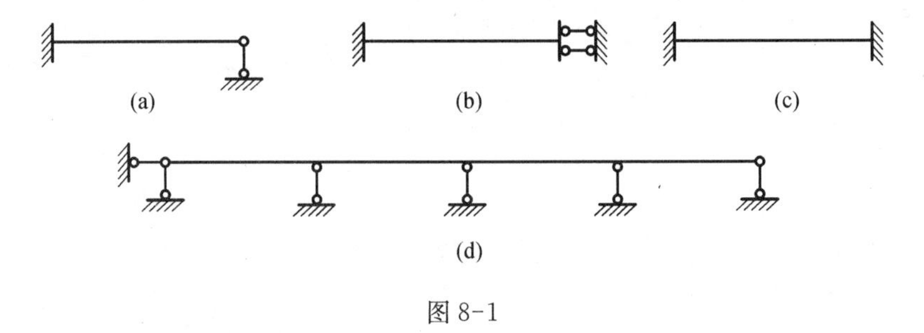

图 8-1

(2) 刚架　刚架的形式多种多样，有单跨或多跨的，有单层或多层的，如图 8-2 所示。

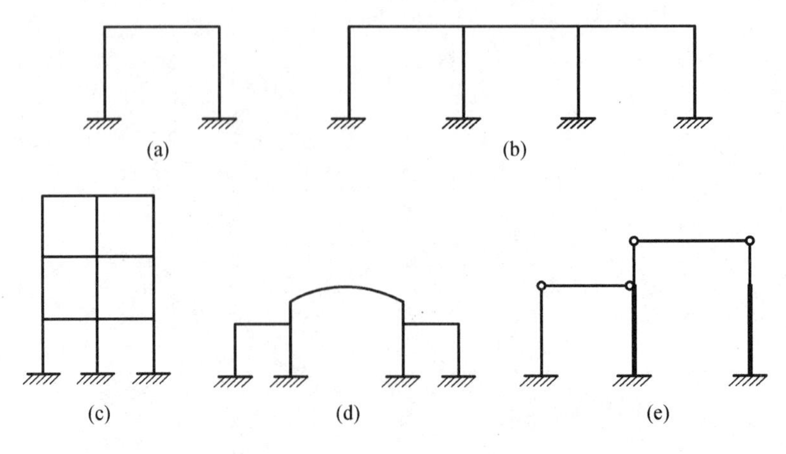

图 8-2

这类结构在工业和民用建筑中应用很广泛。图 8-2(e)所示的单层厂房结构称为排架。

(3) 拱 超静定拱,有无铰拱(图 8-3(a))和双铰拱(图 8-3(b))。有时根据工程需要设置拉杆,如图 8-3(c)所示。

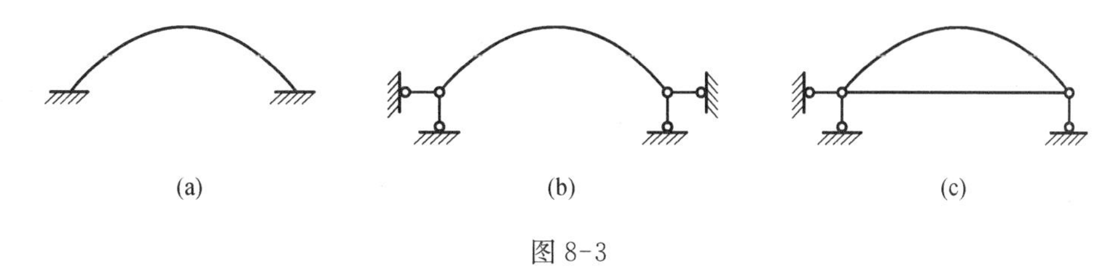

图 8-3

(4) 桁架 图 8-4(a)为内部具有多余约束的超静定桁架;图 8-4(b)为外部具有多余约束的桁架。

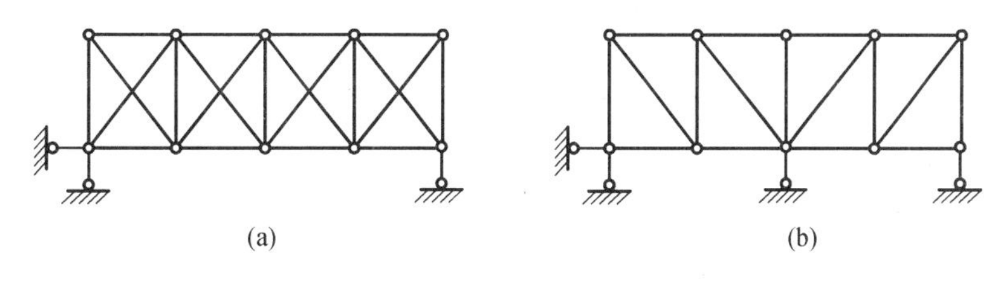

图 8-4

除了以上四种基本结构形式外,还有如图 8-5 所示由受弯杆件和轴力杆件构成的组合结构。

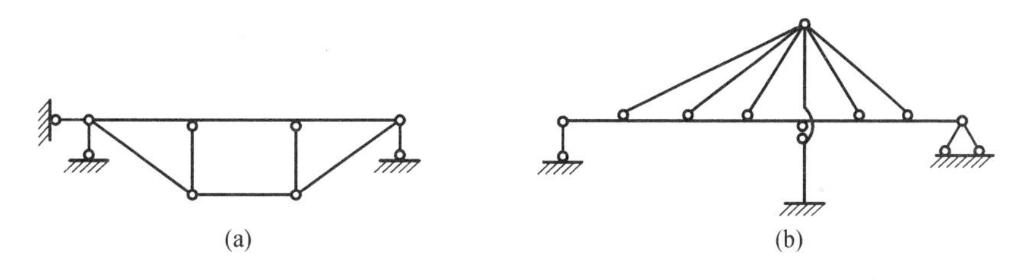

图 8-5

超静定结构中的多余约束数目称为超静定次数。一个结构的超静定次数的高低代表了它的计算工作的繁简程度。确定结构的超静定次数,可以用第 2 章中计算平面体系几何自由度的方法,但更直接地,可以采用去除约束法:若在超静定结构的若干部位上去除多余约束,使它成为静定结构,则多余约束总数即为其超静定次数。

去除多余约束的形式可归纳如下几种:

(1) 切断一根链杆(或支杆),并代以轴力 X_1,等于去除一个约束(图 8-6(a))。

(2) 拆开两杆间的一个单铰(或支座固定铰),并代以水平分力 X_1 和竖向分力 X_2,等于去除两个约束(图 8-6(b))。若拆开一个复铰,则被去除的约束数比去除一个单铰的约束数递增 2。

(3) 将一根两端刚接杆切断,并代以水平分力 X_1、竖向分力 X_2 和弯矩 X_3,等于去除三个约束(图 8-6(c));一个封闭框格(无铰)结构,已在第 2 章中分析过,具有 3 个多余约束。

(4) 将刚接杆的某截面改成一个单铰，并代以弯矩 X_1，等于去除一个约束(图 8-6(d))。

现在用去除约束法来确定下列结构的超静定次数 n。

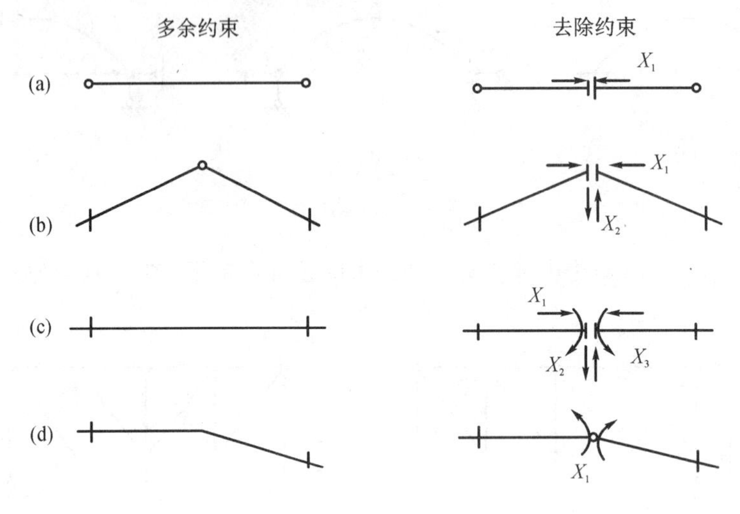

图 8-6

如图 8-7(a)所示的超静定桁架，去除一个支杆和中部节间内两个链杆，得图 8-7(b)所示的静定桁架，共去除 3 个约束，即超静定次数 $n=3$。

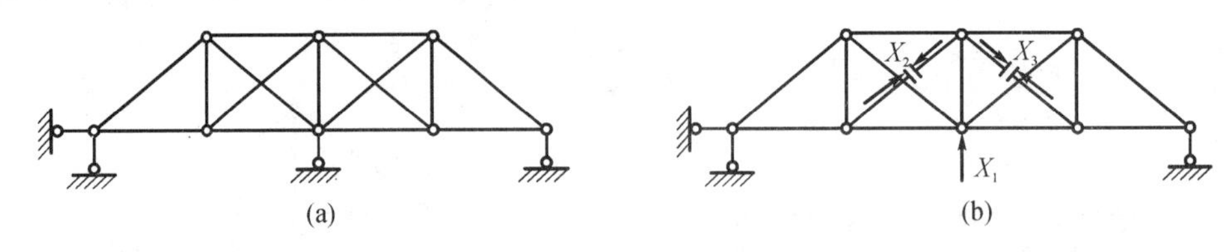

图 8-7

如图 8-8(a)所示超静定梁，可去除左部一个支杆、右部铰支截面和固端截面改成铰，并将中间铰改成一个竖向约束，得图 8-8(b)所示静定体系，共去除四个约束，即超静定次数 $n=4$。

图 8-8

如图 8-9(a)所示超静定框架支座有两固定铰，外框刚接，将复铰结点 A 拆开，刚结点 B 改为铰接和切断一个链杆，得图 8-9(b)所示静定结构，共去除 6 个约束，即 $n=6$。

对于框架，采用下式计算超静定次数是方便的：

$$n=3C-H \tag{8-1}$$

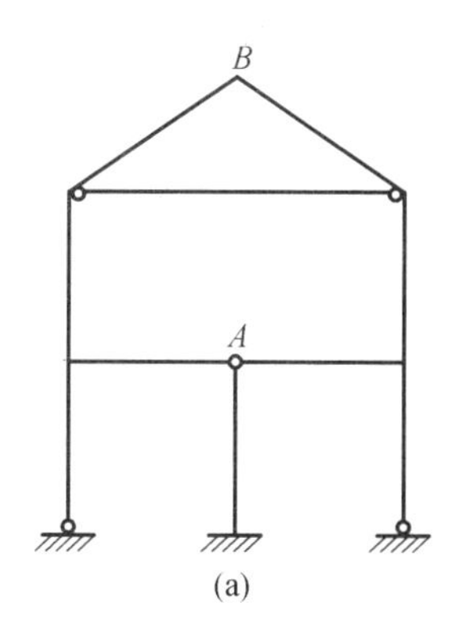

(a)

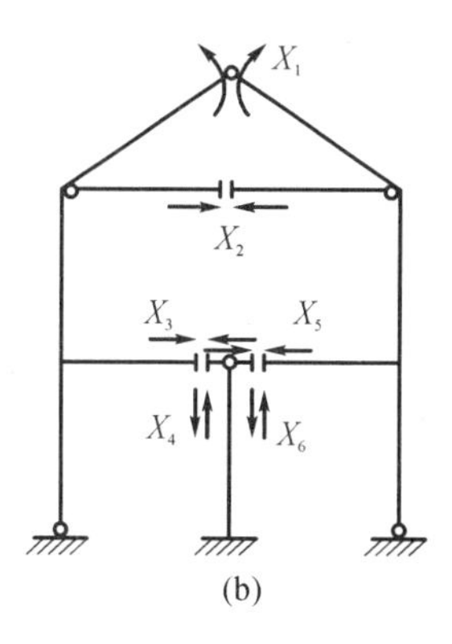

(b)

图 8-9

式中,C 为框格数,H 为单铰数,可选将结构中每个框格都看作是无铰的,每个单铰的存在就减少 1 次超静定。例如图 8-9(a)所示框架中,框格数 $C=4$,单铰数 $H=6$,由式(8-1)算得超静定次数 $n=3\times4-6=6$。

应当指出,把超静定结构的多余约束去除掉,使它变成静定结构的方案有多种,但不管采用何种方案,必须是几何不变的,且所得超静定次数必相同。

8.2 力法原理与力法典型方程

力法是分析超静定结构最基本的方法,它的应用范围很广泛,对于各种超静定结构,不论其杆件是直的还是曲的,是等截面的或是变截面的,力法都能有效地求解在外荷载或温度变化、支座移动等因素作用下所产生的内力分布。

力法是将超静定结构的多余约束力作为基本未知量的分析方法,当首先求出多余约束力后,其他各截面的内力计算就迎刃而解了。若将多余约束全部去除,使超静定结构转化成静定结构,称它为力法的基本结构;待求的多余约束力就作为基本结构上外力的一部分。对于静定的基本结构,其各处内力与位移的计算方法已在前面几章中讨论过。现在的问题是如何确定这些多余约束未知力。单凭平衡条件不足以求解超静定结构的全部内力和反力,因此需要在基本结构上比照原来超静定结构应有的变形连续条件(或称位移条件)来建立补充方程。这种根据原超静定结构的变形条件而建立的求解多余约束力的方程,称为力法方程,方程中各项的计算均在基本结构上进行。

例,如图 8-10(a)所示是一最简单的超静定结构,梁的两端共有 4 个约束反力,平衡方程只有 3 个,超静定 1 次。现可选取支座 B 的支杆为多余约束,解除并以反力 $R_B(X_1)$代替,即得力法基本体系(图 8-10(b))。X_1 的方向和大小须满足使基本体系中 B 处原支杆方向无位移的条件,即

$$\Delta_1=0$$

表达这个 Δ_1 可以分解为两部分:荷载单独引起基本结构(悬臂梁 AB)上在 X_1 方向的位移 Δ_{1P}(图 8-10(c)),和多余未知力 X_1 单独引起基本结构上自身方向的位移 $\Delta_{11}=\delta_{11}X_1$(图

8-10(d))。两部叠加就得

$$\Delta_1 = \delta_{11}X_1 + \Delta_{1P} = 0$$

这就是力法方程。其中位移 δ_{11}，Δ_{1P}都在静定的基本结构上进行计算，已经是熟悉的。由此可求解出基本未知力 $X_1 = R_B$，而其他未知反力和梁的内力就可由平衡条件顺利解决了。

为计算 δ_{11}和 Δ_{1P}，作出 $\overline{M}_1$ 图和 M_P 图(图 8-10(e)、(f))，运用图形相乘可得

$$\delta_{11} = \int_l \overline{M}_1^2 \frac{dx}{EI} = \frac{l^3}{3EI}$$

$$\Delta_{1P} = \int_L M_P\overline{M}_1 \frac{dx}{EI} = \frac{1}{EI}\left(\frac{1}{3}\times l\times\frac{ql^2}{2}\right)\left(-\frac{3l}{4}\right) = -\frac{ql^4}{8EI}$$

解得
$$X_1 = -\frac{\Delta_{1P}}{\delta_{11}} = \frac{3}{8}ql$$

得正号表示 R_B 方向与所设相同。最后，将 X_1 和原荷载一同作用于静定的基本结构上，即可得超静定梁的最终内力及最终弯矩图，如图 8-10(g)所示。

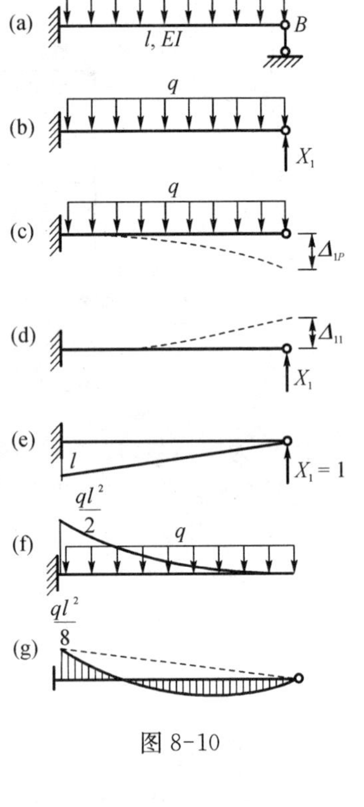

图 8-10

下面以多次超静定结构来说明力法的一般原理及力法典型方程的建立。

图 8-11(a)为 3 次超静定刚架，承受一般荷载作用，若将横梁的截面 C 切开，去除 3 个内部多余约束，并代以 3 对多余未知力 X_1、X_2 和 X_3，每一对未知力分别作用在截面 C 的切口两侧，图 8-11(b)所示即为基本体系(包括基本结构、荷载及多余未知力)。对此，需要表达的在未知力方向的位移，应该是基本结构的截面 C 两侧沿 3 对未知力方向的位移为相对水平位移 Δ_1、相对竖向位移 Δ_2 和相对转角 Δ_3，今要求基本结构在多余未知力 X_1、X_2、X_3 及已知荷载 P 共同作用下的位移形态应与原结构的完全相同，即应满足截面 C 两侧是连续的，不发生任何相对位移，于是有具体的位移条件为

$$\Delta_1 = 0,\quad \Delta_2 = 0,\quad \Delta_3 = 0$$

根据线性弹性体系的叠加原理，可知基本结构在多余未知力 X_1、X_2、X_3 及荷载 P 共同作用下产生的位移等于它们分别作用时所产生位移的总和，故可写出

$$\left.\begin{aligned}\Delta_1 &= \delta_{11}X_1 + \delta_{12}X_2 + \delta_{13}X_3 + \Delta_{1P} = 0\\ \Delta_2 &= \delta_{12}X_1 + \delta_{22}X_2 + \delta_{23}X_3 + \Delta_{2P} = 0\\ \Delta_3 &= \delta_{31}X_1 + \delta_{32}X_2 + \delta_{33}X_3 + \Delta_{3P} = 0\end{aligned}\right\} \tag{8-2}$$

系数 δ_{ij} 表示单位力作用时所产生的位移，例如单位未知力 $X_1 = 1$ 单独作用时，如图 8-11(c)所示基本结构发生的变形中，以 δ_{11} 表示 X_1 自身方向上的相对水平位移，δ_{21} 表示 $X_1 = 1$ 产生的沿 X_2 方向的相对竖向位移，δ_{31} 表示 $X_1 = 1$ 产生的沿 X_3 方向的相对转角位移。图8-11(d)、(e)中的各项相对位移之含义可以类推。Δ_{1P}、Δ_{2P}、Δ_{3P}为由荷载 P 单独作

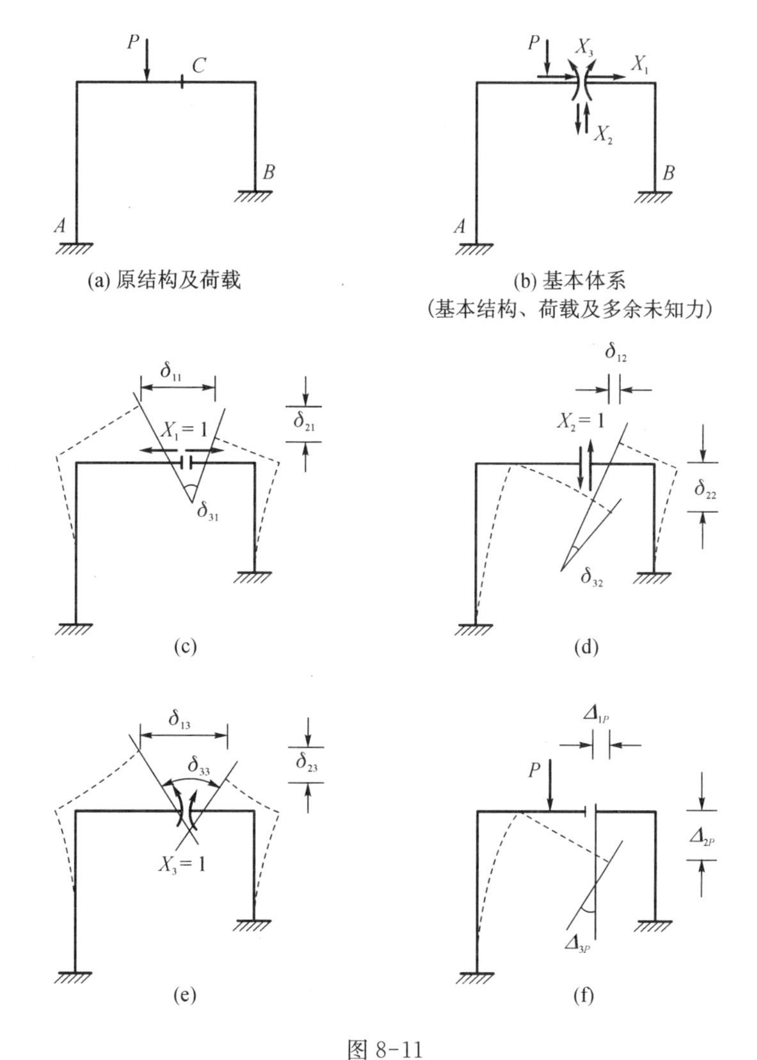

图 8-11

用时产生的 3 个未知力方向的位移,如图 8-11(f)所示。

式(8-2)通常称为力法典型方程,其每一式的物理意义是:在基本结构中,所有多余未知力和已知荷载共同作用下,沿着一个多余未知方向上产生的总位移应等于原超静定结构中相应方向的位移。方程式数与未知力数相等。故由式(8-2)可以联立求解该超静定结构中所选定的基本未知力(多余约束未知力)。

对于图 8-11(a)所示的刚架,基本体系的选用方案是多种多样的,在图 8-12 中给出了另外两种基本体系形式。按不同的基本体系写出的力法典型方程的形式仍相同,但方程的具体含义有所改变。例如,若选图 8-12(a)所示为基本体系,则典型方程式(8-2)第一式表示在此图的 3 个多余未知力和荷载共同作用下,基本体系支座截面 A 的转角位移总和为零;第二、第三式表示支座截面 B 的转角位移、水平位移分别为零。

对于一个超静定 n 次的结构来说,具有 n 个多余约束未知力 X_1, X_2, …, X_n,相应地具有 n 个位移条件,可建立 n 个力法方程。若 n 个约束方向位移均已知为零(凡仅有荷载作用情况),则力法典型方程可表达为

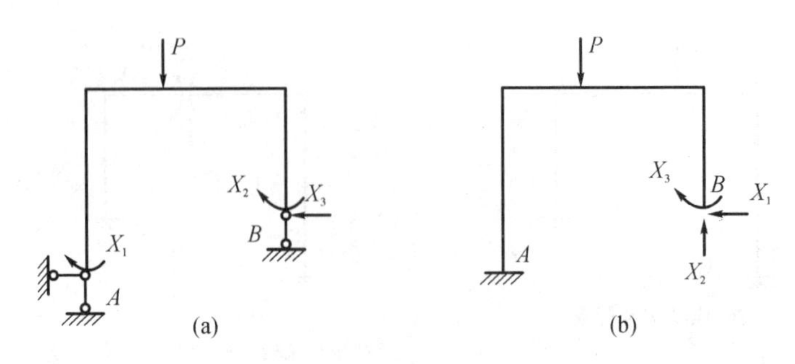

图 8-12

$$\sum_{i=1}^{n}\delta_{ij}X_j+\Delta_{iP}=0\quad(j=1,\ 2,\ \cdots,\ n)\tag{8-3}$$

在此方程组中，主斜线上未知力的系数 δ_{ii} 称为主系数，也称主位移，其方向总是与单位未知力 $X_i=1$ 所设方向一致，所以总是正的，且不等于零。在主斜线两侧的未知力前的系数 δ_{ij} 称为副系数，由位移互等定理可知 $\delta_{ij}=\delta_{ji}$。力法方程最后一项位移 Δ_{iP} 称为自由项(或荷载项)。副系数及自由项的具体数值可能为正号，或负号，或为零。

上述所有系数和自由项均可用第 7 章中计算位移的公式求得。若超静定结构含有受弯杆件及仅受轴力的链杆，而忽略受弯杆件的剪切变形和轴向变形，则有

$$\delta_{ii}=\sum\int\overline{M}_i^2\frac{ds}{EI}+\sum\int\overline{N}_i^2\frac{ds}{EA}$$

$$\delta_{ij}=\sum\int\overline{M}_i\overline{M}_j\frac{ds}{EI}+\sum\int\overline{N}_i\overline{N}_j\frac{ds}{EA}$$

$$\Delta_{iP}=\sum\int\overline{M}_iM_P\frac{ds}{EI}+\sum\int\overline{N}_iN_P\frac{ds}{EA}\tag{8-4}$$

式中，$\overline{M}_i$、$\overline{M}_j$、M_P 和 $\overline{N}_i$、$\overline{N}_j$、N_p 等分别代表由 $X_i=1$、$X_j=1$、荷载 P 单独作用时，产生于基本结构中两种杆件的任一截面的弯矩和轴向力。

计算各项系数和自由项并代入力法方程式(8-3)，求解联立线性方程组，可得多余约束力的唯一解 X_1, X_2, $\cdots$, X_n。基本结构在相应的多余约束力及荷载共同作用下，运用平衡条件可求出所有截面的内力，它就是原超静定结构应有的全部解答。此外，也可利用叠加原理，利用计算过程中已得的基本结构受各力单独作用下的内力分布($\overline{M}_i$, M_P 等)，求出原超静定结构任一截面的内力，例如任一截面的最终弯矩值为

$$M=\sum_{i=1}^{n}\overline{M}_iX_i+M_P\tag{8-5}$$

8.3 荷载作用下各类超静定结构的计算

本节举例说明用力法解算各种类型的超静定结构在外荷载作下产生的内力分布。

【例 8-1】 如图 8-13(a)所示连续梁各跨 EI 为常数,试绘制其最终弯矩图。

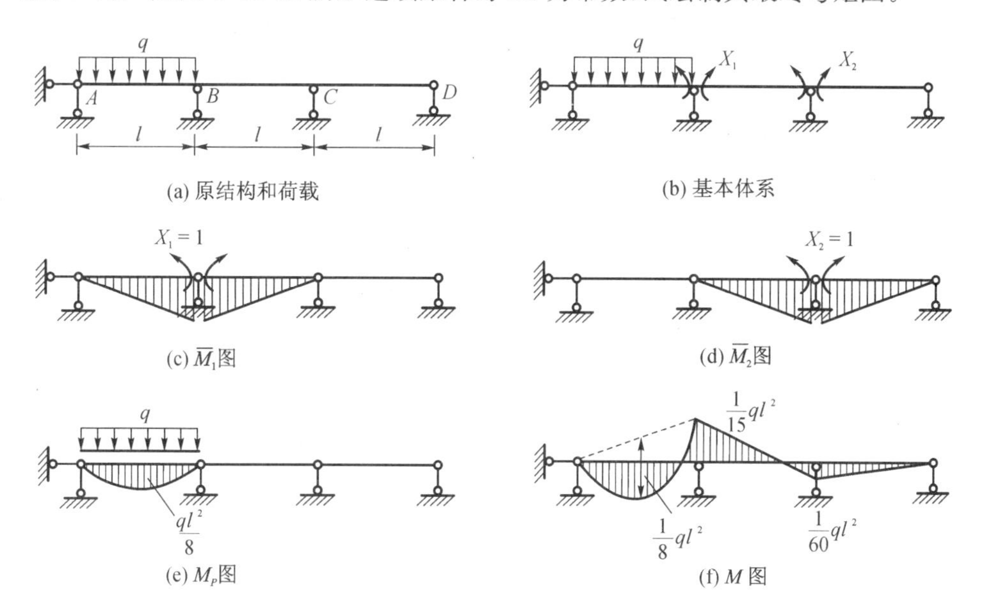

(a) 原结构和荷载　(b) 基本体系

(c) $\overline{M}_1$图　(d) $\overline{M}_2$图

(e) M_P图　(f) M 图

图 8-13

【解】 (1) 确定超静定次数,选取基本体系。

此梁是两次超静定的,在基本体系的诸多方案中,以图 8-13(b)所示简支梁式基本体系最便于计算,即去除支点 B、C 两截面的相对转动约束而成铰结点,X_1 和 X_2 分别表示截面 B 和 C 的未知弯矩。

(2) 根据原结构已知变形条件建立力法典形方程。

原连续梁受力变形后是连续的,结点 B、C 的左、右截面不会产生相对转角,故力法典型方程为

$$\delta_{11}X_1+\delta_{12}X_2+\Delta_{1P}=0$$
$$\delta_{21}X_1+\delta_{22}X_2+\Delta_{2P}=0$$

(3) 求系数和自由项。

通常在计算梁和刚架的位移时,只计弯曲变形的影响。今绘出基本结构上各单位未知力 $X_i=1$ 引起的单位弯矩图和荷载弯矩图,如图 8-13(c)、(d)、(e)所示。运用图乘法求得各系数及自由项为

$$\delta_{11}=\delta_{22}=2\times\frac{1}{EI}\left(\frac{1}{3}\times l\times 1\times 1\right)=\frac{2l}{3EI}$$

$$\delta_{12}=\delta_{21}=\frac{1}{EI}\left(\frac{1}{6}\times l\times 1\times 1\right)=\frac{l}{6EI}$$

$$\Delta_{1P}=\frac{1}{EI}\left(\frac{2}{3}l\times\frac{1}{8}ql^2\times\frac{1}{2}\right)=\frac{ql^3}{24EI}$$

$$\Delta_{2P}=0$$

由以上计算可见,取简支梁为基本结构可使 $\overline{M}_i$、M_P 图的分布范围限于局部,位移计算

就较简单。如果连续梁跨数更多时，这一优点更为明显，并将使不相邻的未知力之间的副系数都等于零，每个力法方程至多包含三个多余未知弯矩，早期称为“三弯矩方程”。

(4) 求出多余未知力。

将以上所得各位移值代入力法典型方程，即有

$$\begin{cases}\dfrac{2l}{3EI}X_1+\dfrac{l}{6EI}X_2+\dfrac{ql^3}{24EI}=0\\ \dfrac{l}{6EI}X_1+\dfrac{2l}{3EI}X_2=0\end{cases}$$

解得

$$X_1=-\frac{1}{15}ql^2,\ X_2=\frac{1}{60}ql^2$$

负号表示 X_1 的方向与所设相反，截面 B 应为上边缘受拉。此连续梁若将中间 BC 跨改为 $2EI$，则将解得 $X_1=-\dfrac{6}{70}ql^2$，$X_2=\dfrac{1}{70}ql^2$。

(5) 绘制最终弯矩图。

按式(8-5) $M=\overline{M}_1X_1+\overline{M}_2X_2+M_P$ 计算各杆端弯矩值(本例即为已得的 $X_1=M_B$，$X_2=M_C$)并在各杆段内用叠加法绘出弯矩图，如图 8-13(f)所示。

最后由读者根据梁上的荷载和已求得的杆端弯矩，用平衡条件求作梁段的剪力图并求出各支座反力。

【例 8-2】 求作图 8-14(a)所示两端固定等截面梁的弯矩图。

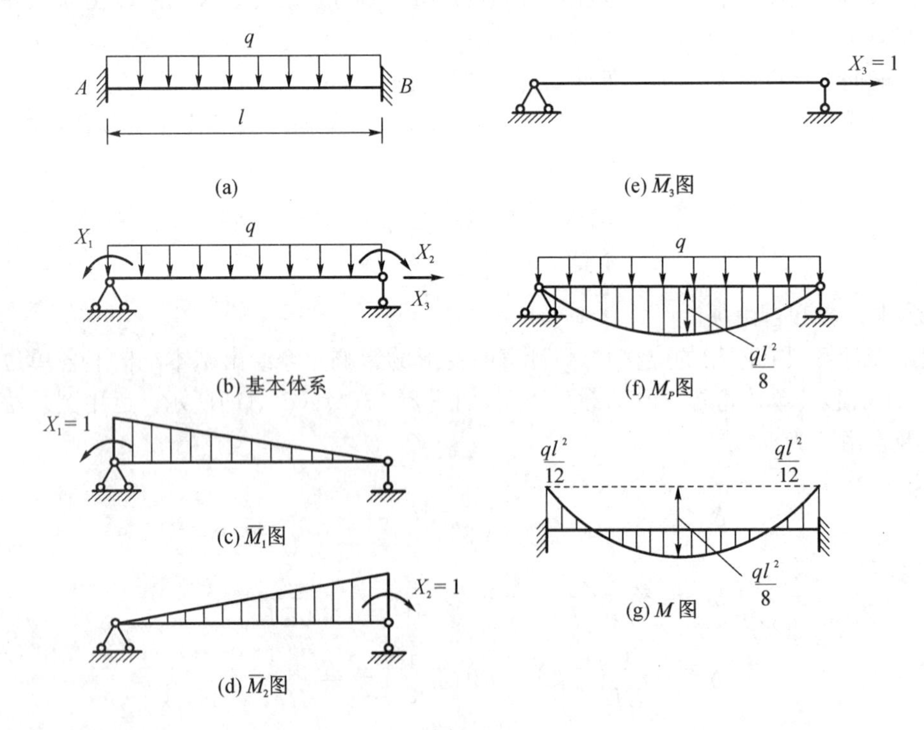

图 8-14

【解】 (1) 取基本体系如图 8-14(b)所示。其中 X_1、X_2 分别为 A、B 端的弯矩;X_3 为 B 端的轴向力。

(2) 建立力法典型方程。

根据原结构的已知位移条件,力法典型方程为

$$\left.\begin{aligned}\delta_{11}X_1+\delta_{12}X_2+\delta_{13}X_3+\Delta_{1P}=0\\ \delta_{21}X_1+\delta_{22}X_2+\delta_{23}X_3+\Delta_{2P}=0\\ \delta_{31}X_1+\delta_{32}X_2+\delta_{33}X_3+\Delta_{3P}=0\end{aligned}\right\}$$

基本结构的 $\overline{M}_1$、$\overline{M}_2$、$\overline{M}_3$、M_P 图分别如图 8-14(c)、(d)、(e)、(f)所示。由于 $\overline{M}_3=0$, $\overline{V}_3=0$, $\overline{N}_1=\overline{N}_2=N_P=0$,所以可知 $\delta_{13}=\delta_{31}=0$, $\delta_{23}=\delta_{32}=0$, $\Delta_{3P}=0$,于是力法典型方程中的第三式 $\delta_{33}X_3=0$。如果计算 δ_{33} 时考虑轴向变形的影响,则

$$\delta_{33}=\sum\int\frac{\overline{N}_3\overline{N}_3\,\mathrm{d}s}{EA}=\frac{l}{EA}$$

据此可得 $X_3=0$(即小挠度情况下的超静定梁在垂直于梁轴的横向荷载作用下,其轴向力等于零),因此力法典型方程简化为

$$\left.\begin{aligned}\delta_{11}X_1+\delta_{12}X_2+\Delta_{1P}=0\\ \delta_{21}X_1+\delta_{22}X_2+\Delta_{2P}=0\end{aligned}\right\}$$

(3) 求系数和自由项。

应用图乘法,可得

$$\delta_{11}=\delta_{22}=\frac{l}{3EI};\quad \delta_{12}=\delta_{21}=\frac{l}{6EI};\quad \Delta_{1P}=\Delta_{2P}=-\frac{ql^3}{24EI}$$

(4) 求多余未知力并作 M 图。

将系数和自由项代入力法典型方程,可求得

$$X_1=X_2=\frac{ql^2}{12}$$

由此作出的最后弯矩如图 8-14(g)所示。此种两端固定的直梁可按二次超静定处理。

【例 8-3】 绘制如图 8-15(a)所示刚架的弯矩图,各杆 EI=常数。

【解】 (1) 确定超静定次数、选取基本体系,建立力法方程。

将顶铰 C 拆开,可得两悬臂式刚架,故为超静定 2 次,基本体系如图 8-15(b)所示。一对水平未知力为 X_1,一对竖向未知力为 X_2,力法典型方程为

$$\begin{aligned}\delta_{11}X_1+\delta_{12}X_2+\Delta_{1P}=0\\ \delta_{21}X_1+\delta_{22}X_2+\Delta_{2P}=0\end{aligned}$$

(2) 绘出基本结构的单位弯矩图、荷载弯矩图(图 8-15(c)、(d)、(e)),用图乘法计算各系数和自由项:

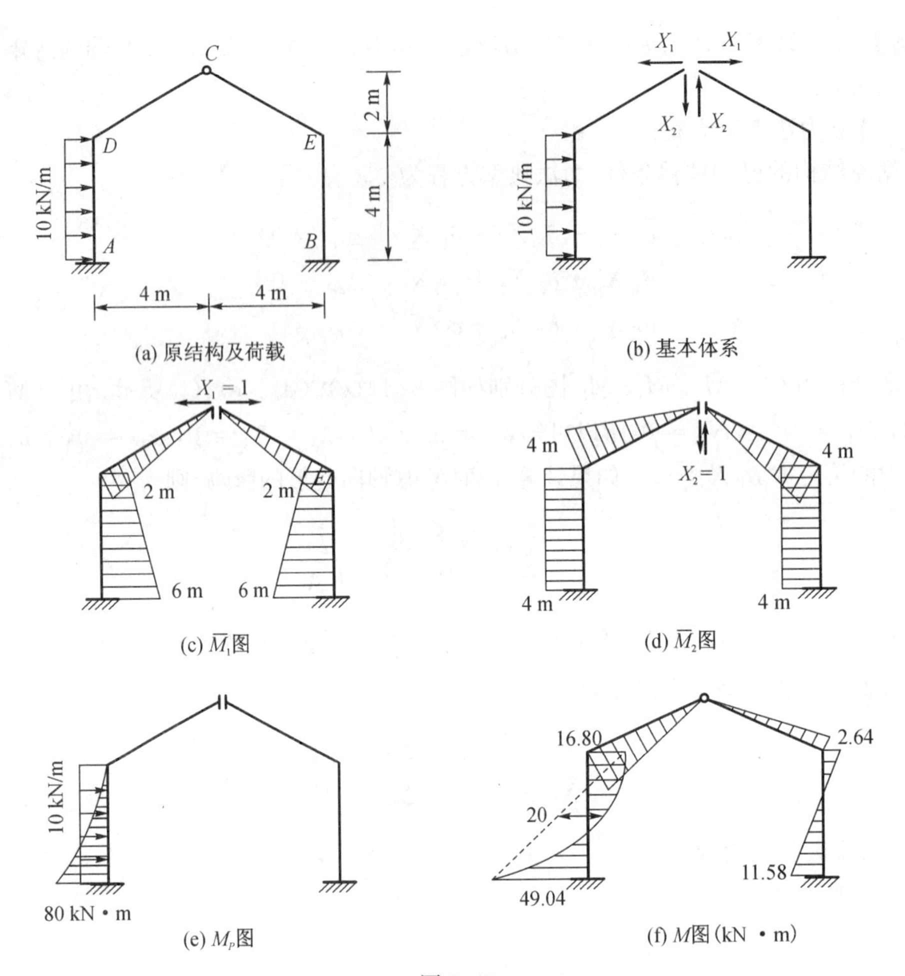

(a) 原结构及荷载

(b) 基本体系

(c) $\overline{M}_1$图

(d) $\overline{M}_2$图

(e) M_P图

(f) M图(kN · m)

图 8-15

$$EI\delta_{11}=2\left[\frac{1}{3}\times\sqrt{20}\times2\times2+\frac{4}{6}(2\times2\times2+2\times6\times6+2\times6\times2)\right]=150.6\ \mathrm{m}^3$$

$$EI\delta_{22}=2\left[\frac{1}{3}\times\sqrt{20}\times4\times4+4\times4\times4\right]=175.7\ \mathrm{m}^3$$

$$\delta_{12}=\delta_{21}=0$$

$$EI\Delta_{1P}=-\frac{1}{3}\times4\times80\times\left(2+\frac{3}{4}\times4\right)=-\frac{1\,600}{3}\ \mathrm{kN\cdot m^3}$$

$$EI\Delta_{2P}=\frac{1}{3}\times4\times80\times4=\frac{1280}{3}\ \mathrm{kN\cdot m^3}$$

(3) 解力法方程

将以上各项位移值代入力法典型方程中,解得多余未知力为

$$X_1=\frac{1\,600}{3\times150.6}=3.54\ \mathrm{kN}$$

$$X_2=-\frac{1\,280}{3\times175.7}=-2.43\ \mathrm{kN}$$

(4) 绘制最终弯矩图。

按 $M=\overline{M}_1X_1+\overline{M}_2X_2+M_P$ 求得各杆端弯矩为

$$M_{AD}=6\times3.54-4(-2.43)-80=-49.04(\text{kN}\cdot\text{m})\quad(\text{左侧受拉})$$
$$M_{DA}=2\times3.54-4(-2.43)+0=16.80(\text{kN}\cdot\text{m})\quad(\text{右侧受拉})$$
$$M_{BE}=6\times3.54+4(-2.43)=11.58(\text{kN}\cdot\text{m})\quad(\text{左侧受拉})$$
$$M_{EC}=2\times3.54+4(-2.43)=-2.64(\text{kN}\cdot\text{m})\quad(\text{上边受拉})$$

于是可绘出刚架最终弯矩图如图 8-15(f)所示。由此不难求出各截面的剪力和轴力值。

【例 8-4】 如图 8-16(a)所示桁架受一水平荷载作用,各杆 EA 相等,求各杆的轴力。

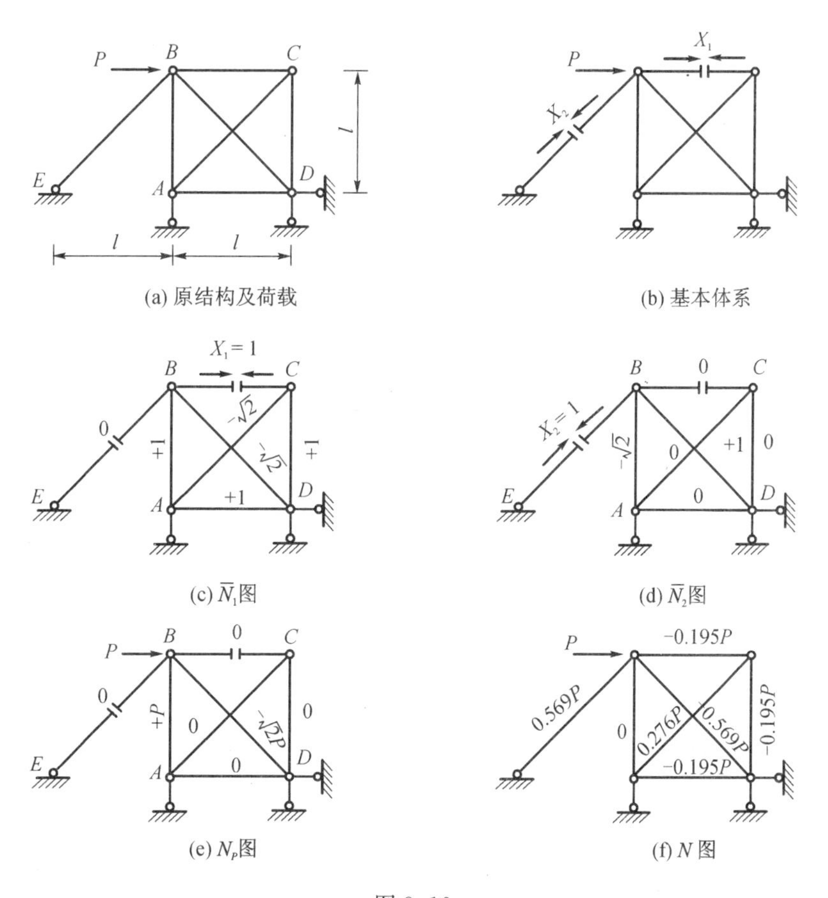

图 8-16

【解】 (1) 超静定次数、基本体系和力法方程。

该桁架超静定 2 次,设将杆 BC、BE 切断,成为如图 8-16(b)所示基本体系。根据原结构的杆 BC、BE 的变形连续性,则基本体系上在两杆切口处的相对轴向位移应等于零,即有方程

$$\begin{cases}\delta_{11}X_1+\delta_{12}X_2+\Delta_{1P}=0\\\delta_{21}X_1+\delta_{22}X_2+\Delta_{2P}=0\end{cases}$$

(2) 求出基本结构由单位未知力、荷载分别引起的各杆轴力分别如图 8-16(c)、(d)、(e)

所示，并求各系数、自由项。

因桁架杆件只有轴力，且每杆轴力为常数，故系数和自由项的计算式为

$$\delta_{ii}=\sum\frac{\overline{N}_i\overline{N}_il}{EA},\quad \delta_{ij}=\sum\frac{\overline{N}_i\overline{N}_j}{EA}l\ ,\quad \Delta_{iP}=\sum\frac{\overline{N}_i\overline{N}_p}{EA}l$$

对此可列表进行计算，如表 8-1 所示。

表 8-1　δ_{ii}，δ_{ij}，Δ_{iP} 及 N 的计算

杆件	杆长	$\overline{N}_1$	$\overline{N}_2$	$\overline{N}_1^2l$	$\overline{N}_2^2l$	$\overline{N}_1\overline{N}_2l$	$\overline{N}_1N_Pl$	$\overline{N}_2N_Pl$	N_P	$N=\sum\overline{N}_iX_i+N_P$
AB	l	1	$-\sqrt{2}$	l	$2l$	$-\sqrt{2}l$	Pl	$-\sqrt{2}Pl$	P	0
BC	l	1	0	l	0	0	0	0	0	$-0.195P$
CD	l	1	0	l	0	0	0	0	0	$-0.195P$
DA	l	1	0	l	0	0	0	0	0	$-0.195P$
AC	$\sqrt{2}l$	$-\sqrt{2}$	0	$2\sqrt{2}l$	0	0	0	0	0	$+0.276P$
BD	$\sqrt{2}l$	$-\sqrt{2}$	1	$2\sqrt{2}l$	$\sqrt{2}l$	$-2l$	$2\sqrt{2}Pl$	$-2Pl$	$-\sqrt{2}P$	$-0.569P$
BE	$\sqrt{2}l$	0	1	0	$\sqrt{2}l$	0	0	0	0	$+0.569P$
$\sum$				$(4+4\sqrt{2})l$	$(2+2\sqrt{2})l$	$-(2+\sqrt{2})l$	$(1+2\sqrt{2})Pl$	$-(2+\sqrt{2})Pl$		

由表 8-1 得

$$EA\delta_{11}=\sum\overline{N}_1^2l=(4+4\sqrt{2})l$$

$$EA\delta_{22}=\sum\overline{N}_2^2l=(2+2\sqrt{2})l$$

$$EA\delta_{12}=-(2+\sqrt{2})l$$

$$EA\Delta_{1P}=(1+2\sqrt{2})Pl$$

$$EA\Delta_{2P}=-(2+\sqrt{2})Pl$$

(3) 求解多余未知力。

将以上各项位移值代入力法方程中，解得

$$X_1=\frac{-(2-\sqrt{2})}{3}P=-0.195P$$

$$X_2=\frac{2+\sqrt{2}}{6}P=0.569P$$

(4) 求各杆最终轴力。

由 $N=\overline{N}_1X_1+\overline{N}_2X_2+N_P$ 可叠加得超静定桁架各杆应有轴力值，如表 8-1 所示的最后一列及图 8-16(f)所示。

【例 8-5】 绘制图 8-17(a)所示排架的弯矩图。

【解】 此单跨排架为超静定 1 次，将代表屋盖体系的刚性链杆 BC 切断，得图 8-17(b)所示基本体系，根据切口的变形连续条件，有力法方程

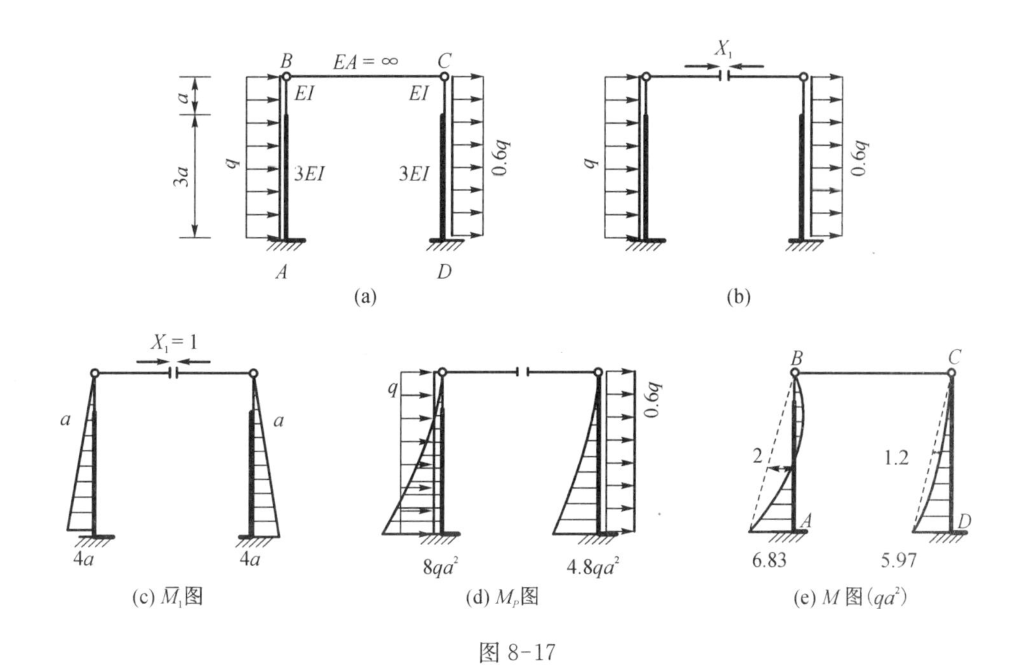

(c) $\overline{M}_1$图　　(d) M_P图　　(e) M图(qa^2)

图 8-17

$$\delta_{11}X_1 + \Delta_{1P} = 0$$

为计算系数与自由项，绘得 $\overline{M}_1$、M_P 图如图 8-17(c)、(d)所示。值得注意的是，对于阶形变截面柱 AB、DC 利用图乘法计算位移时，须分段进行，得到

$$\delta_{11} = \frac{22a^2}{3EI} \times 2$$

$$\Delta_{1P} = \frac{(1-0.6)}{3EI} \times \frac{129}{4}qa^4 = \frac{12.9}{3EI}qa^4$$

故
$$X_1 = \frac{-129}{440}qa = -0.293qa$$

于是求得

$$M_{AB} = 4a(-0.293qa) + 8qa^2 = 6.83qa^2\text{(左侧受拉)}$$

$$M_{DC} = 4a(-0.293qa) - 4.8qa^2 = -5.97qa^2\text{(左侧受拉)}$$

绘出最终弯矩图如图 8-17(e)所示。本题若两柱全高为等截面，将得 $X_1 = -0.30qa$。

【例 8-6】 如图 8-18(a)所示刚架的支座 A 处为弹簧铰，其柔度系数

$$f_M = \frac{l}{2EI}$$

支座 B 处线弹簧的柔度系数

$$f_N = \frac{2l^3}{EI}$$

各杆 EI=常数，试绘出刚架弯矩图。

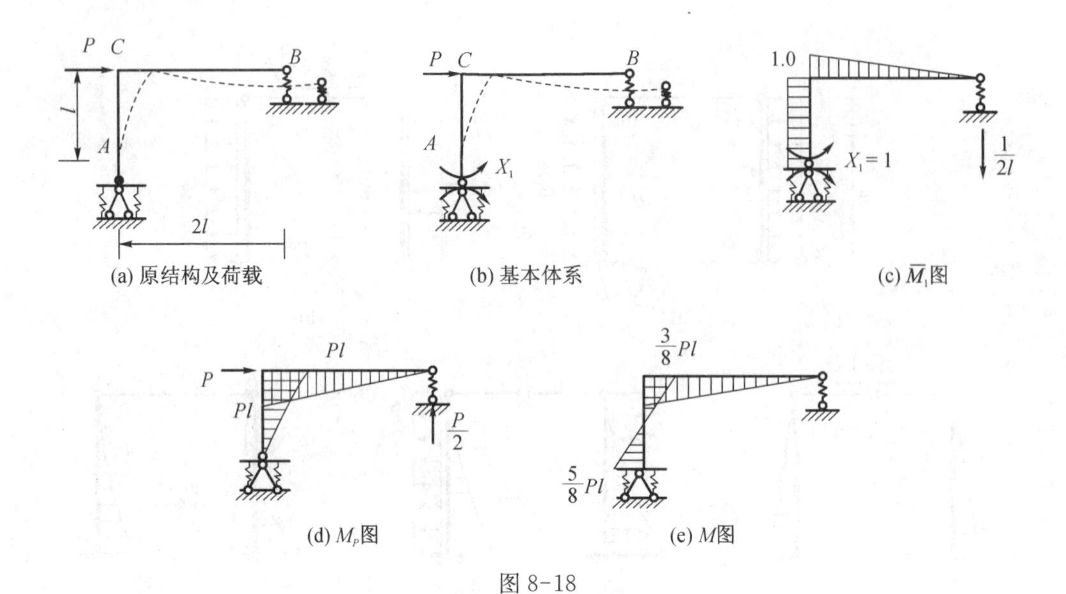

(a) 原结构及荷载　(b) 基本体系　(c) $\overline{M}_1$图

(d) M_P图　(e) M图

图 8-18

【解】 此刚架具有弹性约束，A 处约束力数目仍与固定端相同，B 处有 1 个约束，共有 4 个约束，刚架超静定 1 次。今去除支座 A 处的转动约束，以 $M_A = X_1$ 为基本未知力，基本体系(图 8-18(b))在荷载及多余未知力共同作用下，A 处截面相对转角应为零，即力法方程为

$$\delta_{11} X_1 + \Delta_{1P} = 0$$

绘出基本结构的 $\overline{M}_1$、M_P 图如图 8-18(c)、(d)所示。计算位移时，除杆件 AC、CB 的变形影响外，还应计算弹簧约束的弹性变形，即

$$\delta_{11} = \sum \int \frac{\overline{M}_1^2}{EI} \mathrm{d}x + \overline{M}_A \cdot \overline{M}_A \cdot f_M + \overline{N}_B \cdot \overline{N}_B \cdot f_N$$

$$= \frac{5l}{3EI} + 1 \times 1 \times \frac{l}{2EI} + \left(\frac{1}{2l}\right)^2 \times \frac{2l^3}{EI} = \frac{8l}{3EI}$$

$$\Delta_{1P} = \sum \int \frac{\overline{M}_1 M_P}{EI} \mathrm{d}x + \overline{M}_A \cdot M_{AP} \cdot f_M + \overline{N}_B \cdot N_{BP} \cdot f_N$$

$$= -\frac{7Pl^2}{6EI} + 0 - \frac{1}{2l} \times \frac{P}{2} \times \frac{2l^3}{EI} = -\frac{5Pl^2}{3EI}$$

将系数和自由项代入力法方程，解得

$$X_1 = \frac{5}{8} Pl$$

由此求得支座 B 处反力

$$R_B = \frac{P}{2} - \frac{1}{2l} \times \frac{5}{8} Pl = \frac{3}{16} P(\uparrow)$$

并可绘出刚架弯矩图如图 8-18(e)所示。本例若横梁为 $2EI$，将得 $X_1 = \frac{4}{7} Pl$，$M_{CB} =$

$\frac{3}{7}Pl$；若横梁为无限刚性，将得 $X_1=\frac{1}{2}Pl$，$M_{CB}=\frac{Pl}{2}$。

上述几个例题计算表明，超静定结构在荷载作用下的内力与各杆 EI、EA 的绝对值无关，但与各杆 EI、EA 的相对比值有关。

8.4 对称性的利用

在工程结构中，有些结构是具有对称形式的。对于这类超静定结构，恰当地选取基本结构，使力法方程组中的副系数尽可能多地等于零，从而简化计算工作。所谓对称的超静定结构，不仅在几何形状、尺寸方面，而且在各个位置的杆件的刚度性质（EI、EA）以及约束情况方面，都应是对称于中央一轴线的。下面以刚架为例来讨论在对称结构上的几种简化计算的途径，其原则同样适用于其他各种结构。

8.4.1 选取对称的基本结构或半结构

如图 8-19(a)所示为一单跨超静定对称刚架，它有 1 根竖向对称轴，若在横梁上沿对称轴的截面切开，便得到一个对称的基本体系（图 8-19(b)），3 个多余未知力中，显然 X_1（弯矩）和 X_2（水平的轴力）是正对称的，X_3（竖向的剪力）是反对称的。从而，相应于正对称未知力的单位弯矩图 $\overline{M}_1$ 和 $\overline{M}_2$ 是正对称的（图 8-19(c)、(d)），而相应于反对称未知力的 $\overline{M}_3$ 图是反对称的（图 8-19(e)）。在计算力法方程中的副系数时，由正对称弯矩图与反对称弯矩图相乘的结果必等于零，即

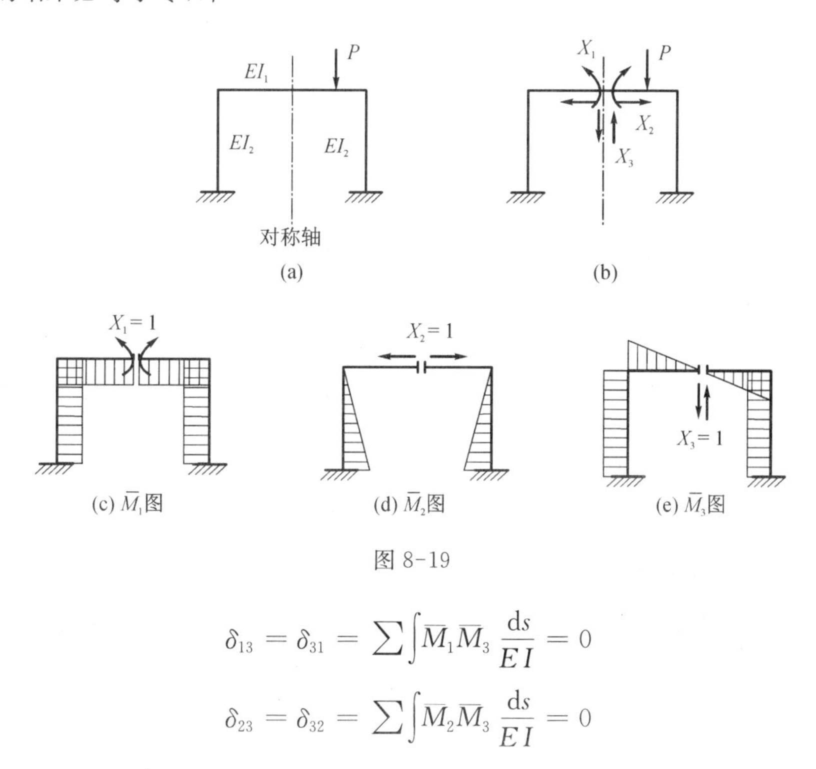

图 8-19

$$\delta_{13}=\delta_{31}=\sum\int\overline{M}_1\overline{M}_3\frac{ds}{EI}=0$$

$$\delta_{23}=\delta_{32}=\sum\int\overline{M}_2\overline{M}_3\frac{ds}{EI}=0$$

于是，力法典型方程就成为

$$\left.\begin{aligned}\delta_{11}X_1+\delta_{12}X_2+\Delta_{1P}=0\\\delta_{21}X_1+\delta_{22}X_2+\Delta_{2P}=0\\\delta_{33}X_3+\Delta_{3P}=0\end{aligned}\right\}\tag{a}$$

由此可见，选取对称的基本结构，可将力法方程分解为两组：一组只包含正对称未知力(X_1，X_2)，另一组只包含反对称未知力(X_3)，方程式降阶，使计算大为简化。

与此同时，还可将原结构上的外荷载分组。当对称结构上作用有任意荷载时，总可以将它分解成正对称荷载和反对称荷载两组，作为两个问题分别进行计算，然后将两者所得内力叠加，即得原结构的最终内力。例如图 8-20(a)所示对刚架上作用的集中荷载 P 可等效地分解成在对称轴两侧的对称位置上的两组荷载：图 8-20(b)为正对称组，图 8-10(c)为反对称组。在许多情况下，这样的荷载分解将有利于计算工作的进一步简化。

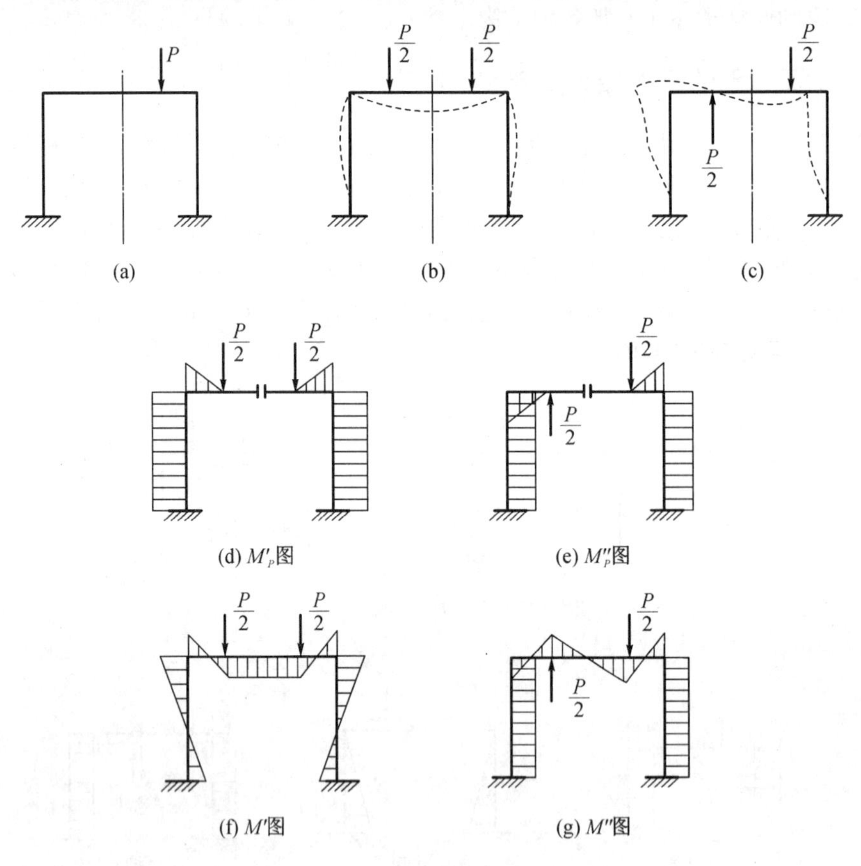

图 8-20

1. 对称结构在正对称荷载作用下

如图 8-20(b)所示情况，采用对称的力法基本结构(参照图 8-19)时，荷载单独作用下的 M_P' 图如图 8-20(d)所示，为正对称的，因此，力法方程(a)中第 3 式的自由项 $\Delta_{3P}=0$，从而得知反对称未知力 $X_3=0$。此时力法方程简化为

$$\begin{aligned} \delta_{11}X_1+\delta_{12}X_2+\Delta_{1P}=0 \\ \delta_{21}X_1+\delta_{22}X_2+\Delta_{2P}=0 \end{aligned}\Bigg\} \quad \text{(b)}$$

由此得到一般结论：对称结构受正对称荷载作用时，只存在正对称的多余未知力，而反对称未如力必为零，则结构的内力分布必呈正对称形式，如图 8-20(f)所示的 M' 图；相应的结构变形状态也必为正对称形式，如图 8-20(b)中虚线所示。

根据这个特点，为简化结构计算，也可截取半个结构来作分析，即为对称结构的半结构分析法。要求该半结构能等效代替原结构的半边的受力与变形状态，关键在于被截开处(沿对称轴)应按原结构上的位移条件及相应的静力条件设置相应合适的支承。

如图 8-21(a)所示为两跨(或偶数跨)对称连续梁受正对称荷载作用，在对称轴上的结点 A 不发生反对称的转动和任何线位移，截取半个结构分析时，切口应处理成固定端，如图 8-21(b)所示半结构。

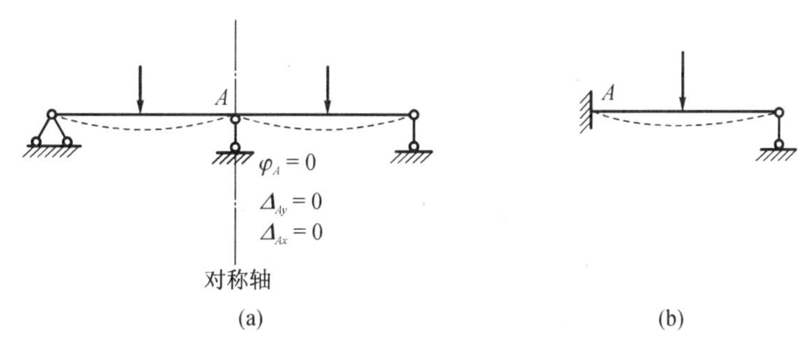

图 8-21

图 8-22(a)为两跨两层对称刚架受正对称荷载作用，不计梁柱的轴向变形时，在对称轴上的铰结点 B 左、右可发生相对转动，无竖向及反对称的水平位移；结点 A 则无任何位移；位于对称轴上的中央竖柱仅受轴向力而无任何变形(忽略轴向变形)。因此，截取半个结构分析时，结点 B 可处理成不动铰支承，结点 A 可处理成固定端，而略去中柱，如图 8-22(b)所示的半结构。

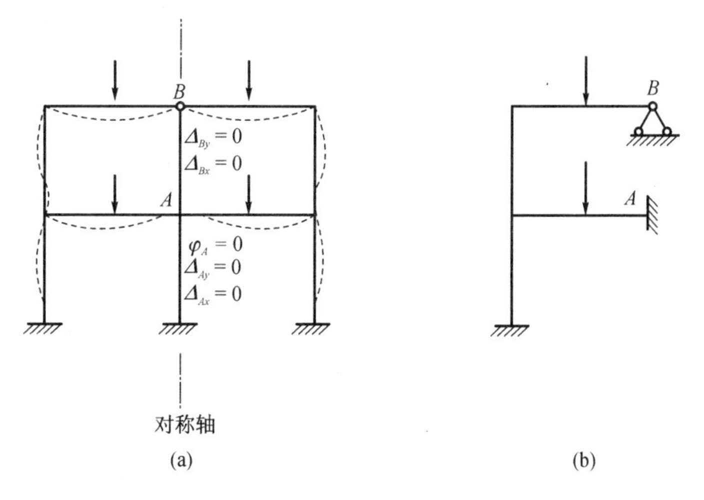

图 8-22

如图 8-23(a)所示,框架具有两根对称轴,在正对称荷载下处于平衡状态。对称轴上的结点 A 和 B 均无任何位移,故可截取其 1/4 结构(图 8-23(b))来进行计算。

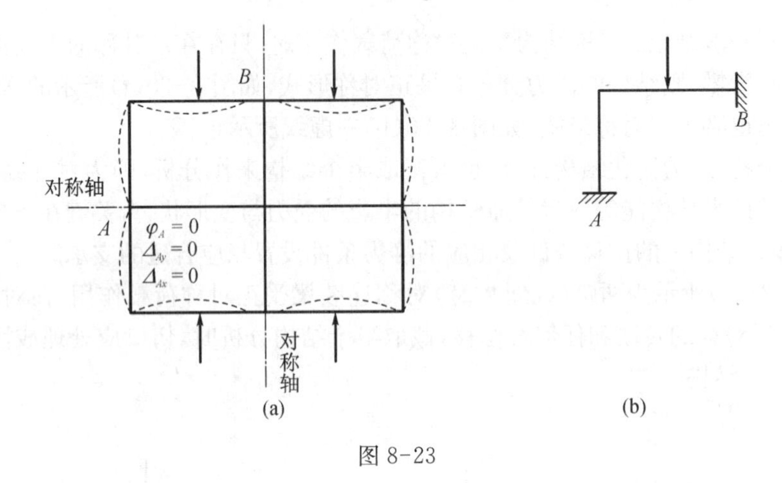

图 8-23

如图 8-24(a)所示为三跨(奇数跨)对称连续梁,受正对称荷载作用,在对称轴上的截面 A 无转角和水平线位移,但可发生竖向位移,故截取半结构时,切口 A 可处理成定向滑动支承,如图 8-24(b)所示。

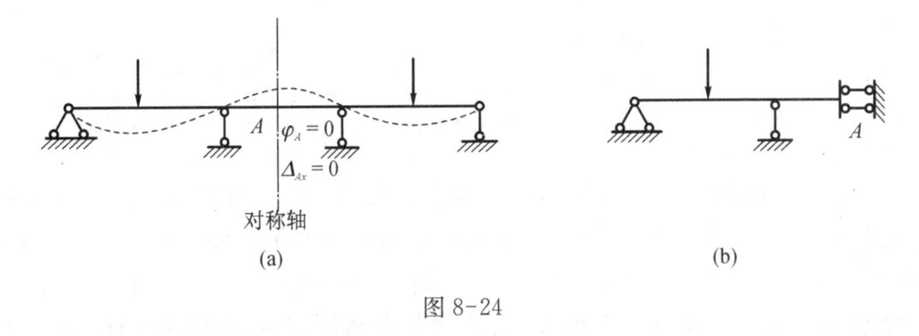

图 8-24

如图 8-25(a)所示对称刚架受正对称荷载作用,对称轴上的结点 C 和 B 均无转角和水平线位移,但可发生竖向线位移且两点协同相等,中央竖杆 BC 不发生挠曲而向下平移;铰结点 A 无水平位移而可竖向移动,铰两侧截面可相对转动。所以其半结构应保留竖杆 BC

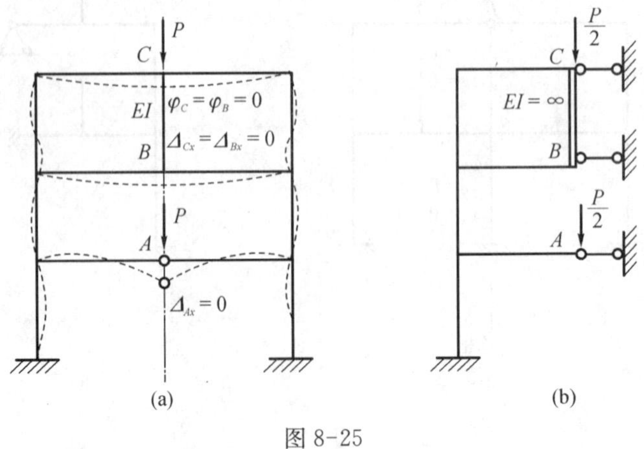

图 8-25

而作刚性杆处理，在 C、B 两处加以水平链杆支承如图 8-25(b)所示，在结点 A 处也是竖向可动的铰支承。原有中央荷载在半结构上作用其半。

2. 对称结构在反对称荷载作用下

如前图 8-20(c)所示情况，采用对称的力法基本结构时，荷载单独作用下的 M''_P图(图 8-20(e))是反对称的，因此，力法方程(a)中第一、二式的自由项 $\Delta_{1P}=\Delta_{2P}=0$，从而得知正对称未知力 $X_1=X_2=0$，于是，力法方程简化为

$$\delta_{33}X_3+\Delta_{3P}=0 \tag{c}$$

由此可得一般结论：对称结构受反对称荷载作用时，只存在反对称的多余未知力，而正对称未知力必为零，则结构的内力分布必呈反对称形式，如图 8-20(g)所示 M'' 图，相应的结构变形状态也必为反对称形式，如图 8-20(c)中虚线所示。

根据这一特点，也可截取半个结构作为等效代替，以简化计算。该半结构在切口处应设置的支承形式，则由反对称变形的位移条件及相应的静力条件决定。

如图 8-26(a)所示为两跨(偶数跨)对称连续梁受反对称荷载作用，在对称轴上的结点 A 无线位移，但可发生转动，且 $M_A=0$。故截取半结构分析时，结点 A 可处理成铰支承，如图 8-26(b)所示。

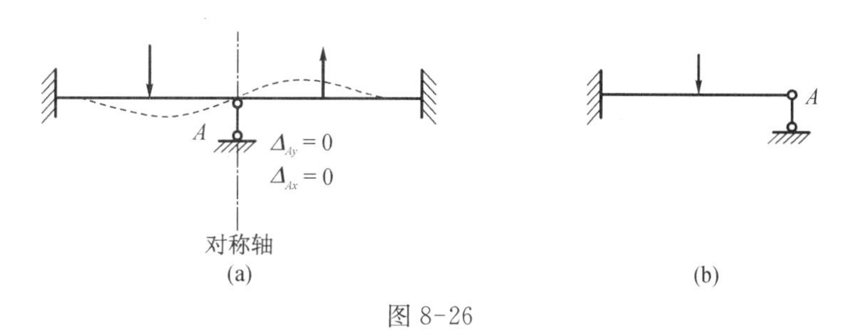

图 8-26

如图 8-27(a)所示为两跨对称刚架受反对称荷载作用，在对称轴上的结点 A 既有水平线位移，又有转角，沿对称轴的中央竖柱 AB 发生的侧移挠曲变形也属反对称变形。在截取半结构分析时，应沿中央竖柱的对称轴线将竖柱一剖为二，保留原柱的一半，其截面刚度为 $\dfrac{EI_2}{2}$，如图 8-27(b)所示。由此求得的柱 $A'B'$ 的弯矩、剪力值应乘以 2，才是原结构中央竖柱的弯矩、剪力值。

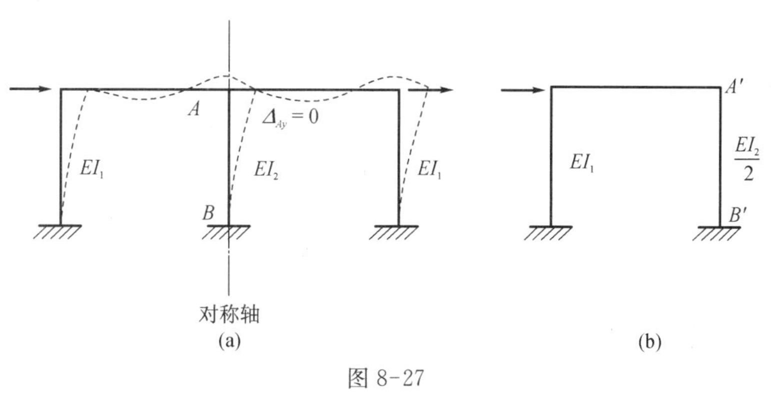

图 8-27

如图 8-28(a)所示为三跨(奇数跨)对称连续梁,在反对称荷载作用下,位于对称轴上的截面 A 将有转角,但不会沿对称轴发生竖向位移,且 $M_A=0$,故截取半结构时切口 A 可处理成铰支承,如图 8-28(b)所示。

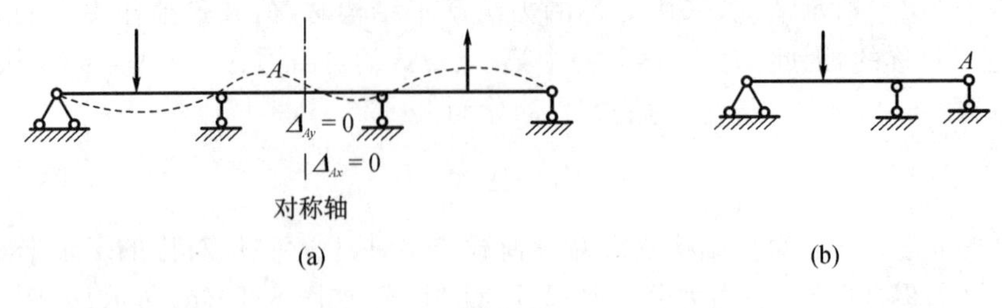

图 8-28

如图 8-29(a)所示为单跨两层刚架,对称轴上的结点 B、A 均将有反对称的转角和水平线位移,但无正对称的竖向位移,且两处均无弯矩和轴力,故截取半结构时,切口 B、A 均处理成水平可动铰支承,如图 8-29(b)所示。

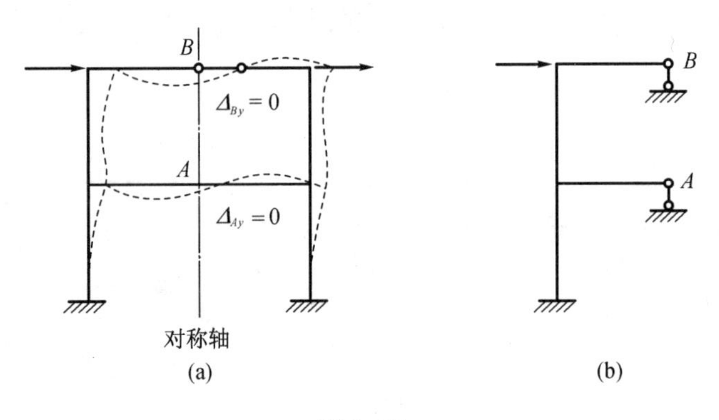

图 8-29

如图 8-30(a)所示刚架受反对称荷载作用,对称轴上的结点 A 和 B 均将有转角和侧移,但无竖向线位移,中央竖杆 AB 发生挠曲变形,在截取半结构计算时,除了取竖杆 AB 刚度之半($EI/2$)外,还应在 A 处加一竖向链杆支承,如图 8-30(b)所示,方能与原结构的半边等效。

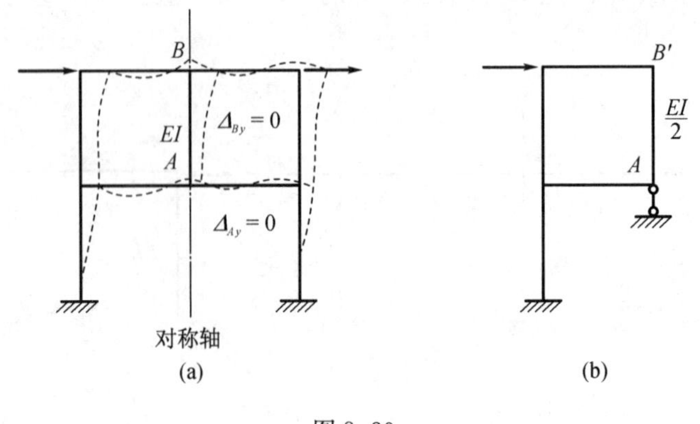

图 8-30

以上所述关于对称结构在一定荷载条件下截取半结构的方式，不仅在力法分析中使用，也在后述的位移法等其他方法中使用。

现在先看一个简单的一般荷载作用的分解与结果。如图 8-31(a)所示对称刚架具有横向链杆，为二次超静定，在顶结点 A 作用一水平荷载，方向与横梁 AB 轴向重合。分析时将荷载分解成两组：正对称组(图 8-31(b))是相向作用的 $P/2$，将产生杆 AB 的轴力而平衡，不计受弯杆轴向变形时，它不引起结构任何变形或其他内力，即 $M'=0$；反对称组(图 8-31(c))可在梁 AB 中央截面的弯矩 M_1 和水平链杆轴力 N_2 为两多余未知力，基本体系如图 8-31(d)所示，按照前述结论，这两个对称性内力是不存在的，故知 M''图是该三铰刚架的静定弯矩图 8-31(e)。最后，叠加两组的结果，最终弯矩图如图 8-31(e)所示。

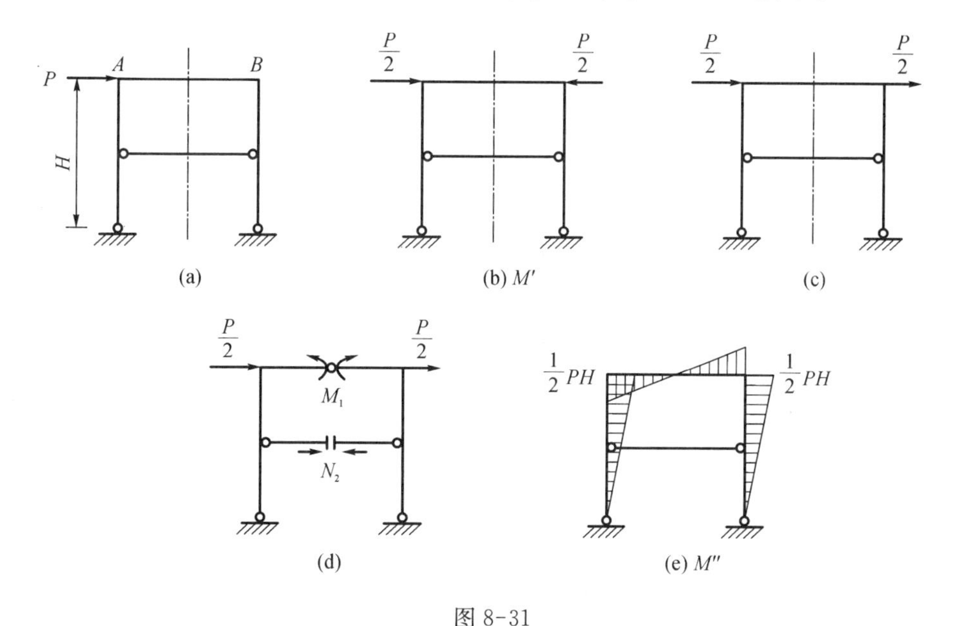

图 8-31

【例 8-7】 试作图 8-32(a)所示刚架的弯矩图，设各杆的 EI 为常数。

【解】 这是一个超静定 4 次的对称结构，受反对称荷载作用，除了对全结构选取对称的基本结构作分析外，更可取如图 8-32(b)所示半结构进行分析，该半结构为超静定 1 次，然后对其选取如图 8-32(c)所示为基本体系，力法方程为

$$\delta_{11}X_1+\Delta_{1P}=0$$

分别作出 $\overline{M}_1$ 图和 M_P 图(图 8-32(d)和(e))，并求得

$$EI\delta_{11}=\frac{1}{3}\times(3)^3\times2+3\times6\times3=72\ \mathrm{m}^3$$

$$EI\Delta_{1P}=\frac{1}{3}\times3\times3\times120+3\times6\times\frac{180}{2}=1\,980\ \mathrm{kN\cdot m}^3$$

将系数和自由项代入力法方程，即得多余未知力为

$$X_1=-\frac{\Delta_{1P}}{\delta_{11}}=-\frac{1\,980}{72}=-27.5\ \mathrm{kN}$$

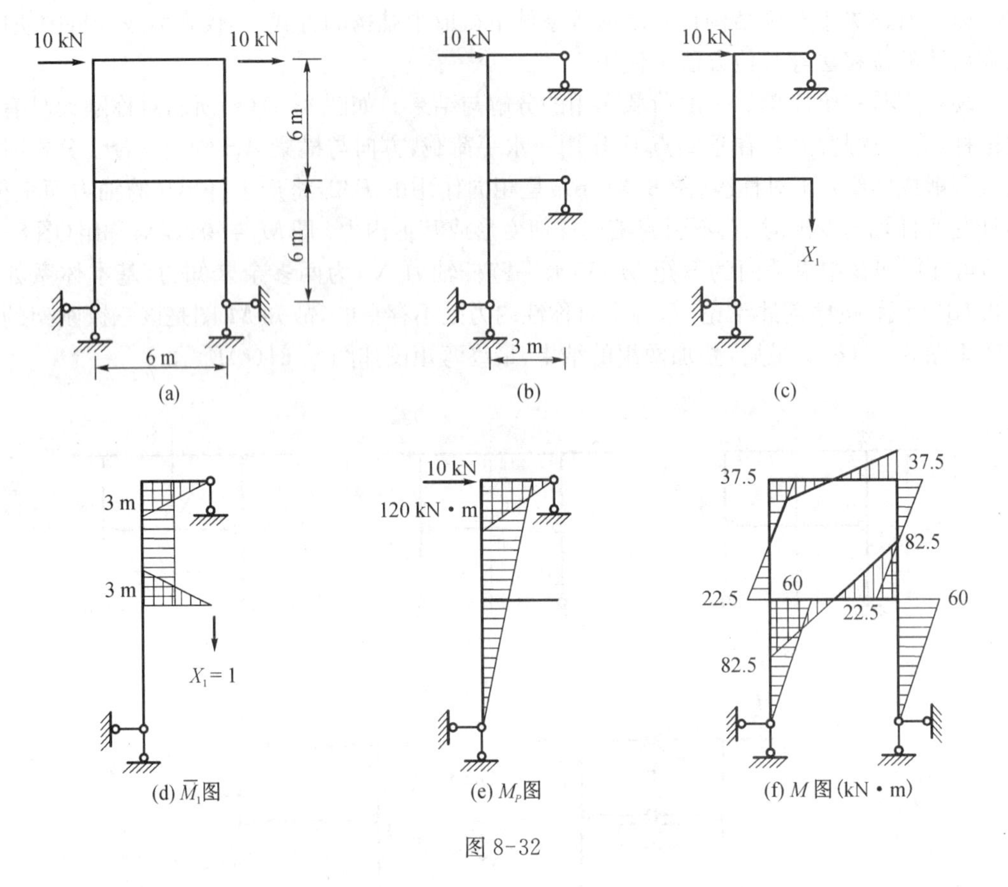

图 8-32

结构的最终弯矩图如图 8-32(f)所示，全结构的弯矩图成反对称形式。

【例 8-8】 图 8-33(a)所示为圆筒形竖向沉井结构中沿高度方向取出的一片圆环结构，半径为 R，截面 EI 为常数，表示地基土及水压力的径向分布荷载 $q_\alpha = q_1[1+(m-1)\sin\alpha]$，其中

$$m = \frac{q_2}{q_1}$$

试求任意截面(φ)的弯矩和轴力。

【解】 这个 3 次超静定结构及其荷载均为双向对称，可取其 1/4 结构进行计算，如图 8-33(b)所示$\frac{1}{4}$结构为超静定 1 次，今去除支座 A 处的转动约束并代以未知弯矩 X_1，根据截面 A 处的位移条件，列出力法方程为

$$\delta_{11} X_1 + \Delta_{1P} = 0$$

由于结构是曲杆，系数和自由项须用积分计算，并忽略杆件的轴向变形和剪切变形。设使杆件的内侧纤维受拉的弯矩为正，并以极坐标表示截面位置。

由图 8-33(c)，$X_1 = 1$ 在基本结构中引起的任一截面弯矩为

$$\overline{M} = 1$$

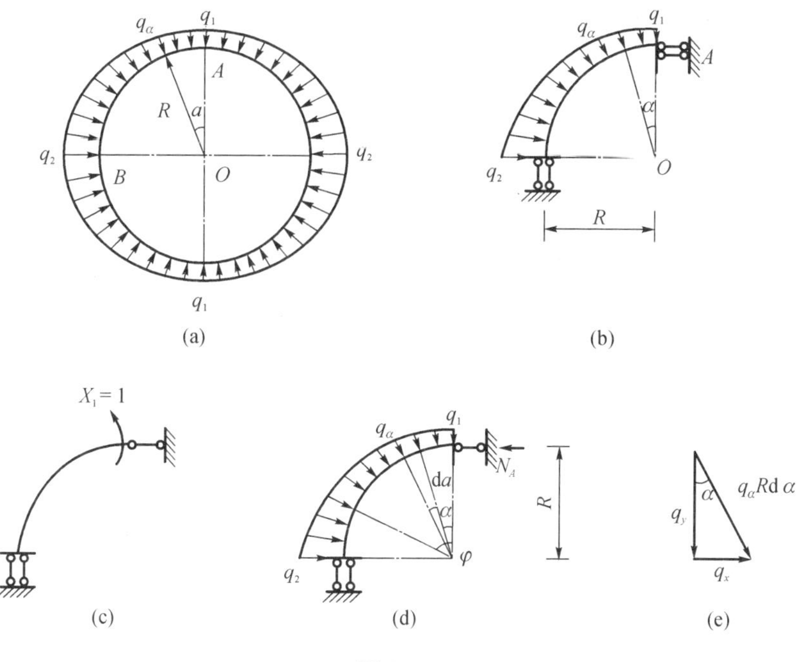

图 8-33

则
$$\delta_{11}=\int\overline{M}_1^2\frac{\mathrm{d}s}{EI}=\frac{1}{EI}\int_0^{\frac{\pi}{2}}1\times R\mathrm{d}\varphi=\frac{\pi R}{2EI}$$

由图 8-33(d)及(e),径向分布荷载在基本结构上产生的水平反力 N_A 可由平衡条件 $\sum X=0$ 直接求得:

$$\begin{aligned}N_A&=\int_0^{\frac{\pi}{2}}q_x=\int_0^{\frac{\pi}{2}}q_\alpha R\mathrm{d}\alpha\cdot\sin\alpha=\int_0^{\frac{\pi}{2}}q_1[1+(m-1)\sin\alpha]\cdot\sin\alpha R\mathrm{d}\alpha\\&=q_1R\left[1+\frac{\pi}{4}(m-1)\right]\end{aligned}$$

并取任一 φ 截面上方隔离体,可写出荷载产生在基本结构中的弯矩为

$$\begin{aligned}M_P&=N_A\cdot R(1-\cos\varphi)-\int_0^{\varphi}q_\alpha\cdot R\mathrm{d}\alpha\cdot R\sin(\varphi-\alpha)\\&=\frac{q_1R^2}{2}(m-1)\left[\varphi\cdot\cos\varphi-\sin\varphi-\frac{\pi}{2}\cos\varphi+\frac{\pi}{2}\right]\end{aligned}$$

则有

$$EI\Delta_{1P}=\int_0^{\frac{\pi}{2}}\overline{M}_1\cdot M_P\cdot R\mathrm{d}\varphi=\frac{q_1R^3}{2}(m-1)\left[\frac{\pi^2}{4}-2\right]$$

将系数和自由项代入力法方程,即得多余未知力

$$X_1=-\frac{\Delta_{1P}}{\delta_{11}}=-\left[\frac{\pi}{4}-\frac{2}{\pi}\right]q_1R^2(m-1)=-0.148\,8q_1R^2(m-1)$$

即当 $m=\dfrac{q_2}{q_1}>1$ 时，圆环中央截面 A 的弯矩使上(外)侧受拉。

于是，任意截面的弯矩为

$$M=\overline{M}_1\bar{X}_1+M_P$$
$$=0.6366q_1R^2(m-1)+q_1R^2(m-1)\left[\left(\frac{\varphi}{2}-\frac{\pi}{4}\right)\cos\varphi-\frac{1}{2}\sin\varphi\right]$$

例如，当 $\varphi=0$ 时，则

$$M_A=-0.1488q_1R^2(m-1)$$

当 $\varphi=\dfrac{\pi}{2}$ 时，则

$$M_B=0.1366q_1R^2(m-1)$$

若径向荷载为均匀分布，$m=q_2/q_1=1$，则得 $M\equiv 0$，表示圆环不产生弯矩。

任意截面的轴力(以受压为正)为

$$N=\overline{N}_1X_1+N_P=0+N_P=+\int_0^{\varphi}q_\alpha R\,\mathrm{d}\alpha\cdot\sin(\varphi-\alpha)+N_A\cos\varphi$$
$$=q_1R\left[1+\frac{1}{2}(m-1)\sin\varphi+(m-1)\left(\frac{\pi}{4}-\frac{\varphi}{2}\right)\cos\varphi\right]$$

例如，当 $\varphi=0$ 时，则

$$N_A=q_1R[1+0.7854(m-1)]$$

当 $\varphi=\pi/2$ 时，则

$$N_B=q_1R[1+0.5(m-1)]$$

若径向荷载均匀分布，$m=q_2/q_1$，则 $N\equiv q_1R$，表示圆环各处所受轴压力相等。

*【例 8-9】 如图 8-34(a)所示为一等截面圆弧曲杆，半径为 R，半弧角 $\varphi_0=\dfrac{\pi}{3}$，沿曲轴线均布荷载 q 垂直于曲轴平面作用，试用力法求解结构内力。已知等截面 $EI_x=1.2GI_T$ (I_T 为截面抗扭惯性矩)。

【解】 结构处于空间受力状态，结构及荷载均对称于 $x-y$ 平面，若沿对称轴 x 切开曲杆，得对称的基本体系如图 8-34(b)所示(俯视平面)。空间结构的杆件截面原有 6 个内力，今因仅有垂直于结构平面的荷载(符号⊗表示荷载指向图面)，故结构平面内的轴力 N、剪力 V_x、弯矩 M_y 均为零；又因对称截面上不存在反对称未知力，故切口截面的剪力 V_y、扭矩 T 亦为零。于是仅有一个多余未知力，即弯矩 M_x，现以双箭矢量 X_1 表示，图 8-34(b)中所示方向按右手螺旋规则表示的弯矩为下缘受拉。

利用对称性，可按左半边结构分析，力法方程为

$$\delta_{11}X_1+\Delta_{1P}=0$$

为计算系数和自由项，先求出 $X_1=1$ 及荷载分别作用下的曲杆各截面的内力：弯矩和

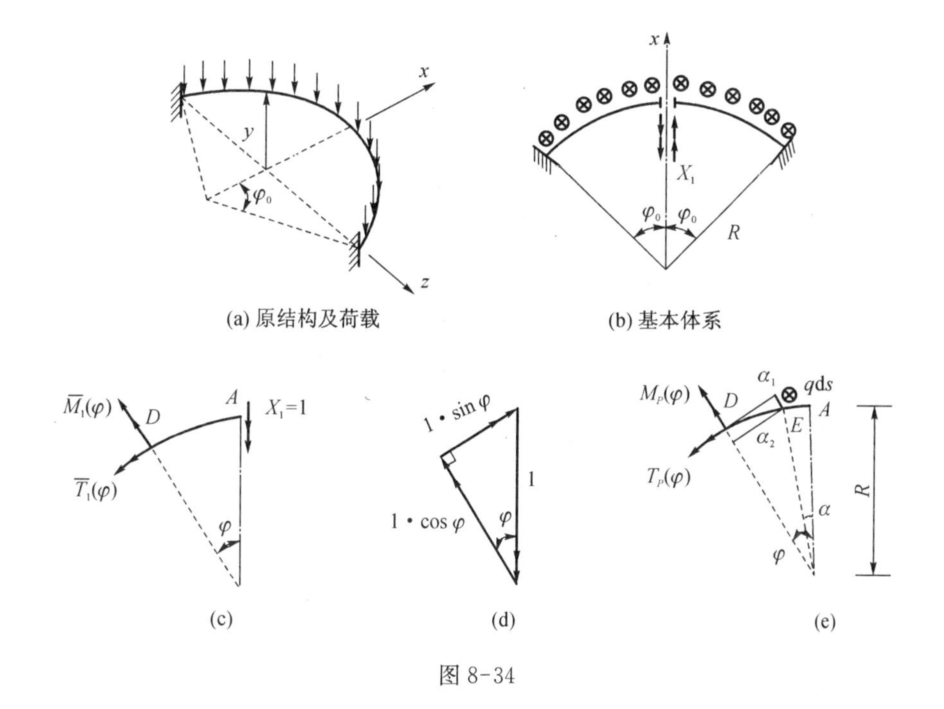

图 8-34

扭矩。

$X_1=1$ 单独作用下求任意截面 D 的内力，可取隔离体 AD（图 8-34(c)），弯矩 $\overline{M}_1(\varphi)$ 和扭矩 $\overline{T}_1(\varphi)$ 均以正方向表示，扭矩的双箭头离开截面为正；该隔离体上三矢量的平衡可用图解法表示（图 8-34(d)），得

$$\overline{M}_1(\varphi)=1\times\cos\varphi$$
$$\overline{T}_1(\varphi)=-1\times\sin\varphi$$

荷载单独作用时截面 D 的内力，如图 8-34(e)所示，先取 E 处微段荷载 $q\,\mathrm{d}s$ 计算对截面 D 产生的微扭矩、微弯矩然后积分。表达方式可参阅第 4 章中[例 4-3]的内容。
即有

$$M_P(\varphi)=-\int_0^{\varphi}qR^2\cdot\sin(\varphi-\alpha)\mathrm{d}\alpha=-qR^2(1-\cos\varphi)$$
$$T_P(\varphi)=\int_0^{\varphi}qR^2[1-\cos(\varphi-\alpha)]\mathrm{d}\alpha=qR^2(\varphi-\sin\varphi)$$

将已知条件

$$\varphi_0=\frac{\pi}{3},\quad \frac{EI_x}{GI_T}=1.2$$

代入下列位移计算式，可得

$$EI_x\delta_{11}=\int_0^{\varphi_0}\overline{M}_1^2(\varphi)R\mathrm{d}\varphi+1.2\int_0^{\varphi_0}\overline{T}_1^2(\varphi)R\mathrm{d}\varphi=1.109R$$
$$EI_x\Delta_{1P}=\int_0^{\varphi_0}\overline{M}_1(\varphi)\cdot M_P(\varphi)R\mathrm{d}\varphi+1.2\int_0^{\varphi_0}\overline{T}_1(\varphi)\cdot T_P(\varphi)R\mathrm{d}\varphi=-0.168\,3qR^3$$

于是求出多余未知力为

$$X_1 = M_A = -\frac{\Delta_{1P}}{\delta_{11}} = \frac{0.1683qR^2}{1.109} = 0.1518qR^2$$

最后可得任意截面的内力为

$$M(\varphi) = \overline{M}_1 X_1 + M_P = 0.1518qR^2\cos\varphi - qR^2(1-\cos\varphi)$$
$$= qR^2(1.1518\cos\varphi - 1)$$
$$T(\varphi) = \overline{T}_1 X_1 + T_P = -0.1518qR^2\sin\varphi + qR^2(\varphi - \sin\varphi)$$
$$= qR^2(\varphi - 1.1518\sin\varphi)$$

固端截面的弯矩为 $M(\varphi_0) = -0.4241qR^2$（上缘受拉），扭矩为 $T(\varphi_0) = +0.0497qR^2$。

8.4.2 选用成对未知力

当对称的超静定结构所具有的多余约束位于两处或两处以上时，可以在全结构的基础上去除对称位置上的同种多余约束而形成对称形式的基本结构，并为使力法方程中的副系数尽可能多地等于零，可将对称位置上的未知力加以组合成对，也能达到简化计算的目的。

如图 8-35(a)所示的刚架为超静定 2 次的简单情况，去除 A、C 两处支座约束而成如图 8-35(b)所示的基本体系。但按每个未知力单独作用的单位弯矩图将既不是正对称的、又不是反对称的，即副系数 δ_{12} 不为零。若将对称位置上的未知力 X_1 和 X_2 重新分解与组合，即

$$X_1 = Y_1 + Y_2, \quad X_2 = Y_1 - Y_2$$

这就形成了两个(两组)新的未知力，如图 8-35(c)所示，一个是成对的正对称未知力 Y_1，另一个是成对的反对称未知力 Y_2。显然，两组新的成对未知力与原来单独未知力之间有如下关系：

$$Y_1 = \frac{1}{2}(X_1 + X_2), \quad Y_2 = \frac{1}{2}(X_1 - X_2)$$

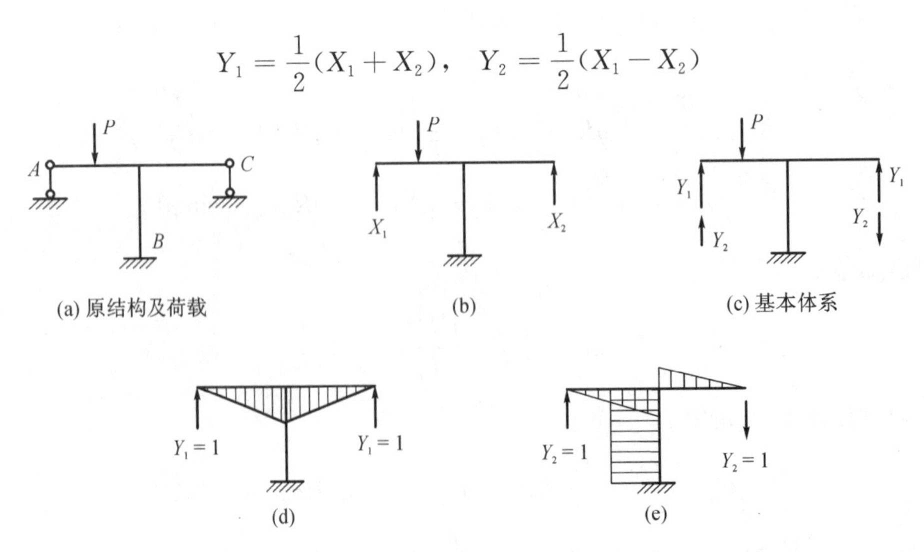

图 8-35

即 Y_1、Y_2 是 X_1、X_2 的线性组合。

力法方程所依据的原结构位移条件 $\Delta_1=0$，$\Delta_2=0$，现在的含义是在成对未知力 Y_1、Y_2 方向上的组合位移（A、C 两处的相应位移之合成）应为零。单位弯矩图 $\overline{M}_1$、$\overline{M}_2$ 是成对的单位未知力 $Y_1=1$，$Y_2=1$ 分别作用于 A、C 两处所产生的，如图 8-35(d)、(e)所示。由正对称的 $\overline{M}_1$ 图与反对称的 $\overline{M}_2$ 图求得的副系数 $\delta_{12}=0$，于是，力法方程就简化为

$$\delta_{11}Y_1+\Delta_{1P}=0 \tag{d}$$

$$\delta_{22}Y_2+\Delta_{2P}=0 \tag{e}$$

式(d)只包含正对称的成对未知力，式(e)只包含反对称的成对未知力。这种方式也适用于各类高次超静定结构，在那种情况下，式(d)和式(e)分别为方程组。若再考虑将一般荷载分解为两组，则正对称组荷载对应于正对称的成对未知力，反对称组荷载对应于反对称的成对未知力，于是两组方程中的系数和自由项均可按半结构计算。

【例 8-10】 用力法分析如图 8-36(a)所示的组合结构，绘出弯矩图。已知各受弯杆 EI =常数，各轴力杆 $EA=6\sqrt{2}EI/l^2$。

【解】 此组合结构超静定 2 次，切断轴力杆 AC、BC，得图 8-36(b)所示的基本体系，进一步将多余未知力 X_1、X_2 分解组合为正对称的成对未知力 Y_1 和反对称的成对未知力 Y_2，如图 8-36(c)所示。力法方程同式(d)、式(e)。基本结构在成对单位力作用下的弯矩图和荷载作用下的弯矩图分别如图 8-36(d)、(e)、(f)所示。计算系数和自由项如下：

$$\begin{aligned}
\delta_{11}&=\sum\int\frac{\overline{M}_1^2}{EI}\mathrm{d}x+\sum\frac{\overline{N}_1^2}{EA}l\\
&=\frac{4}{EI}\left(\frac{l}{3}\times\frac{\sqrt{2}}{2}l\times\frac{\sqrt{2}}{2}l\right)+\frac{2}{EA}(1\times\sqrt{2}l)=\frac{l^3}{EI}\\
\delta_{22}&=\frac{l^3}{EI}\\
\delta_{12}&=\delta_{21}=0\\
\Delta_{1P}&=\sum\int\overline{M}_1M_P\frac{\mathrm{d}x}{EI}+\sum\overline{N}_1N_P\frac{l}{EA}\\
&=0-\frac{1}{EI}\left(\frac{2}{3}\times l\times\frac{ql^2}{8}\times\frac{\sqrt{2}}{4}l\right)+0=-\frac{\sqrt{2}ql^4}{48EI}\\
\Delta_{2P}&=-\frac{4}{EI}\left(\frac{1}{3}\times l\times\frac{\sqrt{2}}{2}l\times\frac{ql^2}{4}\right)-\frac{\sqrt{2}ql^4}{48EI}=\frac{-9\sqrt{2}al^4}{48EI}
\end{aligned}$$

代入力法方程（式(d)、式(e)），解得

$$Y_1=\frac{\sqrt{2}}{48}ql,\quad Y_2=\frac{3\sqrt{2}}{16}ql$$

于是，两轴力杆最终内力分别为

$$N_{AC}=Y_1+Y_2=\frac{5\sqrt{2}}{24}ql(\text{拉})$$

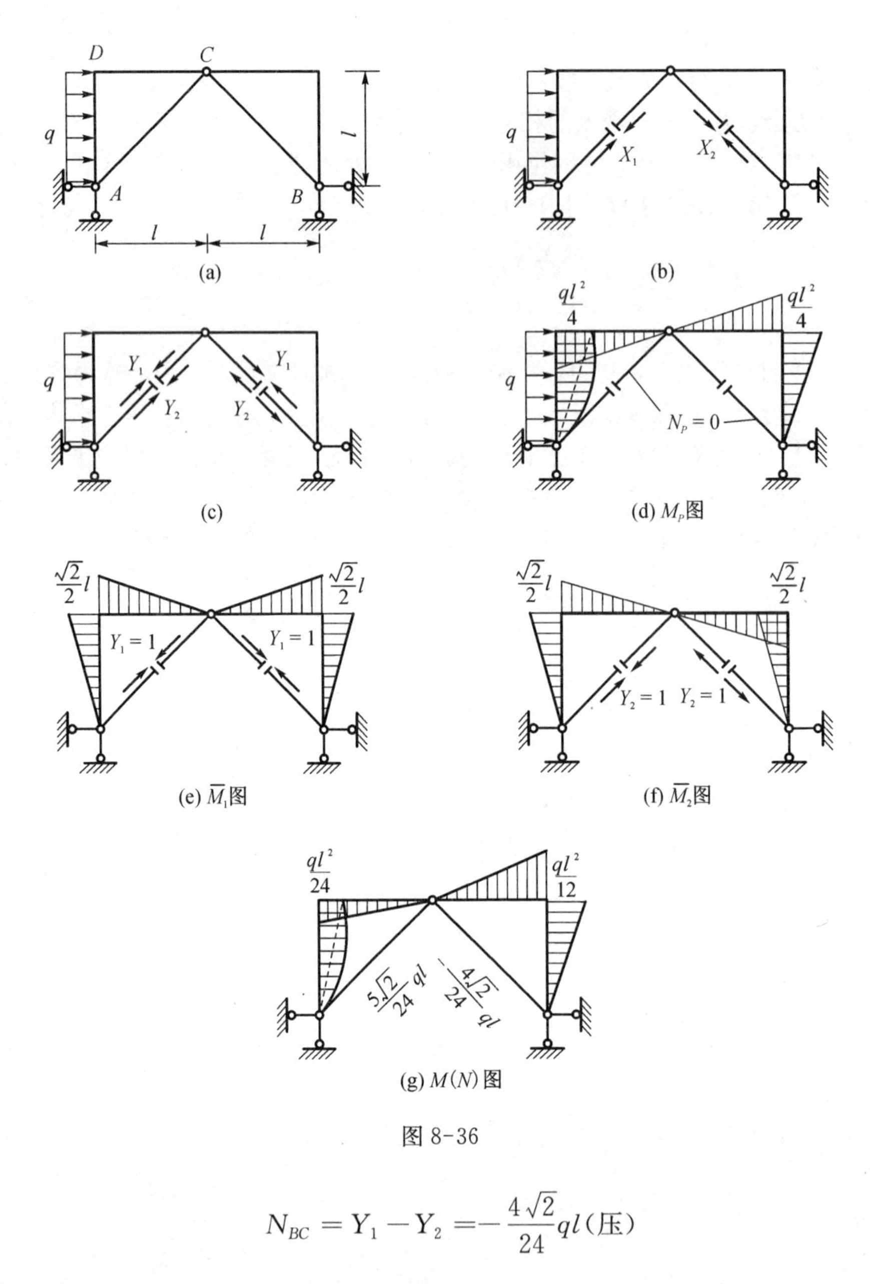

图 8-36

$$N_{BC}=Y_1-Y_2=-\frac{4\sqrt{2}}{24}ql\text{（压）}$$

受弯杆最终弯矩图(图 8-36(g))按下式叠加而得

$$M=\overline{M}_1Y_1+\overline{M}_2Y_2+M_P$$

8.5 温度改变、支座位移等因素作用下的超静定结构计算

超静定结构由于存在多余约束，当周围温度有改变或支座发生移动、转动时，结构均将

引起弹性变形，产生内力，这是超静定结构不同于静定结构的特征之一。

用力法分析这些非荷载因素作用下的超静定结构，其基本原理及步骤与在荷载作用下相同，差别只是力法典型方程中的自由项不再是由荷载所产生，而是由上述因素产生的、基本结构在多余未知力方向的位移。

8.5.1 温度改变

如图 8-37(a)所示超静定刚架，设其外侧温度(相对于原始温度)升高 t_1，内侧温度升高 t_2，且 $t_1 > t_2$。今若去除支座 B 的两根链杆，多余约束力为 X_1 和 X_2，基本体系即如图 8-37(b)所示。显然，在温度改变和多余约束力共同作用下，基本结构上支座 B 处沿 X_1 方向的位移 Δ_1 和沿 X_2 方向的位移 Δ_2 应与原结构的已知位移条件一致，即

$$\Delta_1 = 0, \quad \Delta_2 = 0。$$

用叠加原理来表达，按图 8-37(c)、(d)、(e)可写出

$$\left.\begin{aligned}\Delta_1 = \delta_{11}X_1 + \delta_{12}X_2 + \Delta_{1t} = 0\\ \Delta_2 = \delta_{21}X_1 + \delta_{22}X_2 + \Delta_{2t} = 0\end{aligned}\right\} \tag{8-6}$$

其中所有系数的计算完全和前面所述一样(对于同一基本结构而言，这些系数并不随外界作用因素而变，是结构本身的性质)且对于受弯杆件不计轴向变形；自由项 Δ_{1t} 和 Δ_{2t} 分别表示基本结构由于温度改变引起在 X_1 和 X_2 方向的位移(图 8-37(e))，它可按前章提供的式(7-22)计算：

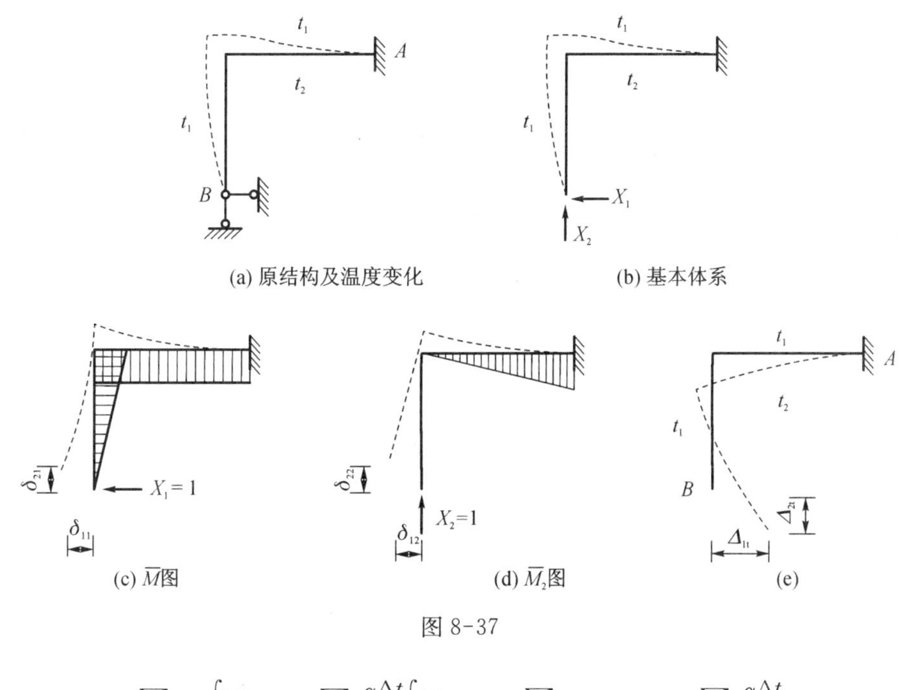

图 8-37

$$\Delta_{kt} = \sum \alpha t_0 \int \overline{N}_k \mathrm{d}s + \sum \frac{\alpha \Delta t}{h} \int \overline{M}_k \mathrm{d}s = \sum \alpha t_0 \cdot \omega_{\overline{N}_k} + \sum \frac{\alpha \Delta t}{h} \cdot \omega_{\overline{M}_k}$$

将求出的系数和自由项代入力法典型方程式(8-6)，即可解出多余未知力 X_1 和 X_2。

由图 8-37(e)容易看出,因为基本结构是静定的,在温度改变作用下并不引起内力,所以超静定结构的最终内力只与多余未知力有关。最终弯矩的算式为

$$M=\overline{M}_1X_1+\overline{M}_2X_2$$

对于 n 次超静定结构,可表为

$$M=\sum_{i=1}^{n}\overline{M}_iX_i \tag{8-7}$$

【例 8-11】 图 8-38(a)为两铰刚架,其内侧温度升高 25℃,外侧温度升高 15℃,材料的线膨胀系数为 α,各杆矩形等截面的高 $h=0.1l$,试用力法求解刚架最终弯矩图。

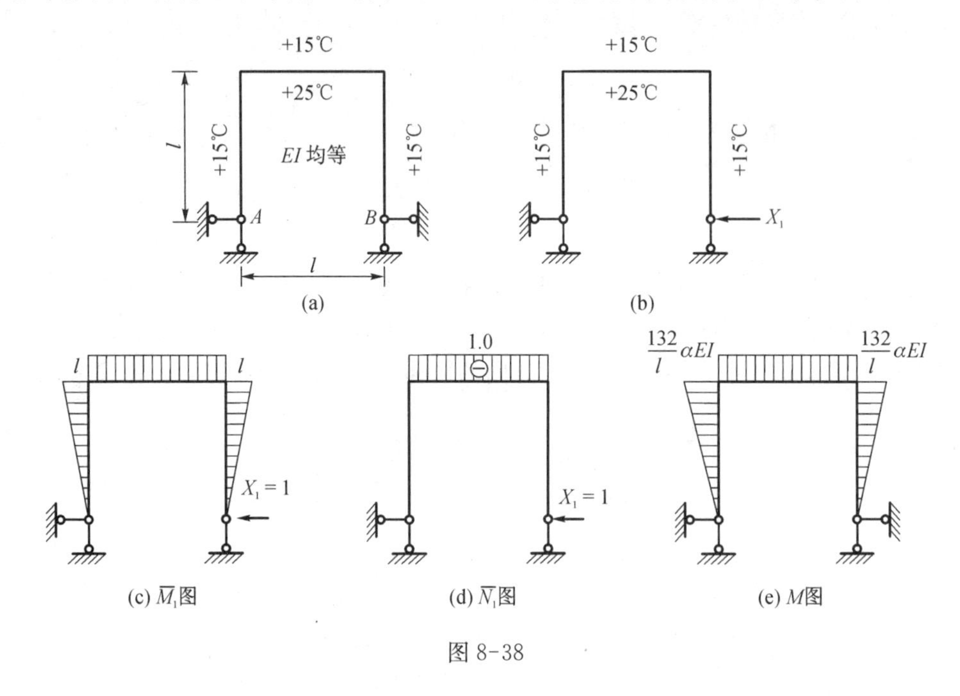

图 8-38

【解】 此刚架仅有一个多余约束,取图 8-38(b)为基本体系,力法方程为

$$\delta_{11}X_1+\Delta_{1t}=0$$

为求系数和自由项,作出单位弯矩图和轴力图分别如图 8-38(c)、(d)所示,位移计算如下:

$$\delta_{11}=\sum\int\overline{M}_1^2\frac{dx}{EI}=\frac{5l^3}{3EI}$$

$$\Delta_{1t}=\sum\alpha t_0\omega_{\overline{N}_1}+\sum\frac{\alpha\Delta t}{h}\omega_{\overline{M}_1}$$

$$=\left(\frac{25+15}{2}\right)\alpha(-1\times l)+(25-15)\frac{\alpha}{0.1l}\left(-\frac{l^2}{2}\times2-l^2\right)=-220\alpha l$$

由力法方程解得

$$X_1=220\alpha l\times\frac{3EI}{5l^3}=132\alpha EI/l^2$$

于是最终弯矩图可按 $M=\overline{M}_1X_1$ 绘出，如图 8-38(e)所示。

计算结果表明，在温度改变影响下，超静定结构的内力(及反力)与各杆弯曲刚度 EI 的绝对值有关，杆件刚度越大，温度改变引起的弯矩等内力就越大。另一个现象是超静定结构的杆件在温度低的一侧受拉，读者可用超静定梁和静定梁的比较来认识。

8.5.2　支座位移

如图 8-39(a)所示刚架，设其支座 A 由于某种原因(如地基土质不良，基础有沉陷、滑移及转动等)，发生了水平位移 a、竖向位移 b 和转角位移 φ。

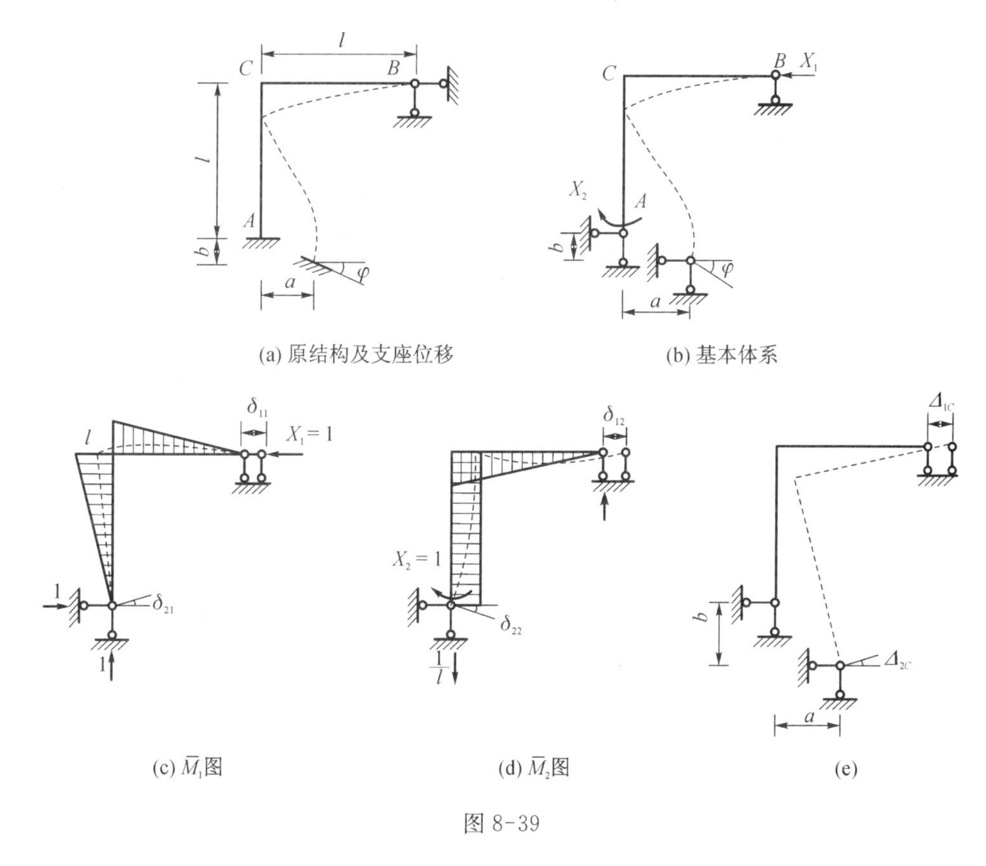

图 8-39

今若去除支座 B 的水平连杆约束和支座 A 的转动约束，并代以多余约束力 $X_1(R_{Bx})$ 和 $X_2(M_A)$，得基本结构如图 8-39(b)所示。根据原结构的已知位移条件：支座 B 处沿 X_1 方向的水平位移 $\Delta_1=0$，支座 A 处沿 X_2 方向的角位移 $\Delta_2=+\varphi$，可建立如下力法典型方程(参照图 8-39(c)、(d)、(e))：

$$\left.\begin{aligned}\Delta_1&=\delta_{11}X_1+\delta_{12}X_2+\Delta_{1C}=0\\\Delta_2&=\delta_{21}X_1+\delta_{22}X_2+\Delta_{2C}=\varphi\end{aligned}\right\}\tag{8-8}$$

上列第二个方程式的右端项不为零，这是与此前不同的，其正、负号应根据已知位移 φ 的方向与所设该未知力 X_2 的方向的同异而定。所有系数的计算与前述相同，自由项 Δ_{1C} 和 Δ_{2C} 分别表示支座移动因素在基本结构上引起的 X_1 方向和 X_2 方向的位移，可按前章提供的式(7-24)计算：

$$\Delta_{kC} = -\sum \bar{R} C$$

例如图 8-39(c)、(d)中表示了单位未知力在基本结构中产生的支座反力 $\bar{R}$，于是可求得

$$\Delta_{1C} = -[1\times a - 1\times b] = -a + b$$

$$\Delta_{2C} = -\left[\frac{1}{l}\times b\right] = -\frac{b}{l}$$

多余未知力 X_1 和 X_2 由力法方程式(8-8)解出。由图 8-39(e)容易看出，因基本结构是静定的，在支座位移因素作用下并不引起内力，故超静定结构的最终内力只与多余未知力有关。最终弯矩的算式为

$$M = \overline{M}_1 X_1 + \overline{M}_2 X_2$$

对于 n 次超静定结构，也可表为

$$M = \sum_{i=1}^{n} \overline{M}_i X_i$$

【例 8-12】 图 8-40(a)为 A 端固定、B 端铰支的等截面梁，已知支座 A 发生顺时针转动 φ 和下沉 a，求梁的弯矩图。

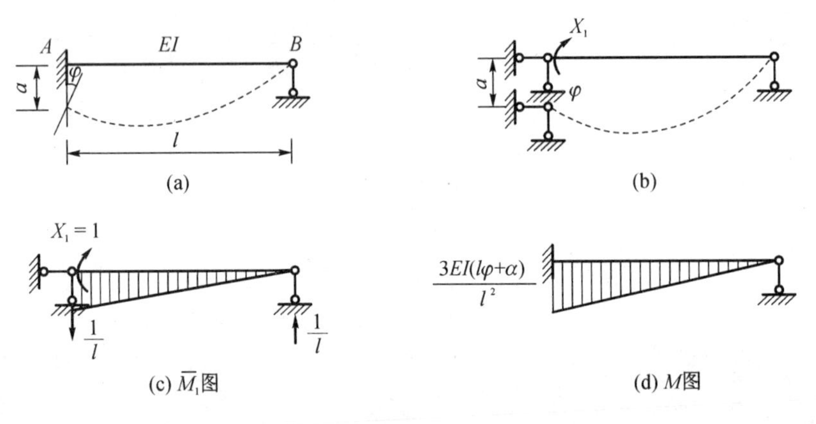

图 8-40

【解】 选取如图 8-40(b)所示基本体系，沿多余约束力 $X_1(M_A)$ 的假设方向的已知位移是 $+\varphi$，故力法方程为

$$\delta_{11} X_1 + \Delta_{1C} = \varphi$$

由单位未知力的作用情况(图 8-40(c))可算出

$$\delta_{11} = \int \overline{M}_1^2 \frac{dx}{EI} = \frac{l}{3EI}$$

$$\Delta_{1C} = -\sum \bar{R} C = -\left(\frac{1}{l}\times a\right) = -\frac{a}{l}$$

于是解得多余未知力为

$$X_1 = M_A = \frac{3EI}{l}\left(\varphi + \frac{a}{l}\right)$$

最终弯矩图按

$$M = \overline{M}_1 X_1$$

绘出，如图 8-40(d)所示。

本例若取其他形式的基本结构，力法方程面貌将有不同，尤应注意方程右端项是哪个已知位移及其正、负号，自由项则根据基本结构上所具支座位移、按公式计算即可。不同的基本结构不同的多余未知力，但所得最终各端反力和梁的弯矩图将是一致的。

如图 8-41(a)所示两端固定的等截面梁，3 个多余约束，可作为二次超静定问题。其左端 A 发生顺时针转动 φ_A 和垂直杆轴的横向移动 Δ_{AB}，今按图 8-41(b)所示基本结构写出的力法方程为

(a)

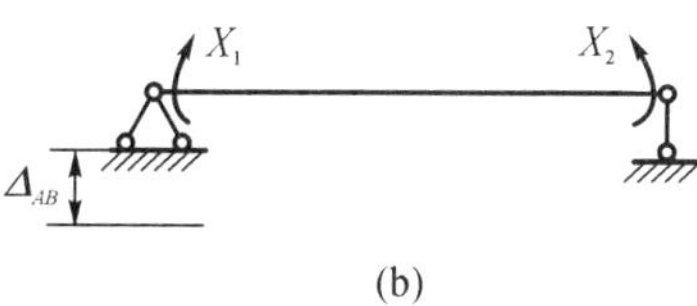

(b)

图 8-41

$$\begin{cases}\delta_{11}X_1 + \delta_{12}X_2 + \Delta_{1C} = \varphi_A \\ \delta_{21}X_1 + \delta_{22}X_2 + \Delta_{2C} = 0\end{cases}$$

支座移动 Δ_{AB} 反映在自由项中：

$$\Delta_{1C} = -\left(\frac{\Delta_{AB}}{l}\right),\ \Delta_{2C} = -\left(-\frac{\Delta_{AB}}{l}\right)。$$

最后解得

$$M_A = X_1 = \frac{EI}{l}\left(4\varphi_A + 6\frac{\Delta_{AB}}{l}\right);$$

$$M_B = X_2 = -\frac{EI}{l}\left(2\varphi_A + 6\frac{\Delta_{AB}}{l}\right) \quad （上方受拉）。$$

读者可进行验证，并分别就 φ_A 和 Δ_{AB} 两因素各画出 $M_{终}$ 图。

以上的计算结果表明，在支座位移影响下，超静定结构的内力及反力的大小也与各杆具有的弯曲刚度 EI 的绝对值成正比，这也是结构设计中不可忽视的一个方面。

在超静定结构中，杆件的制造误差也将引起约束反力和内力。用力法来分析时，同样地，根据原结构的已知位移条件，在基本结构上建立起力法方程，杆件制造误差 u_e 的影响就将反映在自由项中，即把 u_e 比拟为杆轴因温度改变的影响 $\alpha t_0 l$，按公式 $\Delta_{ie} = \sum \overline{N} \cdot u_e$ 计算。其他计算步骤与本节所述相同。

【例 8-13】 如图 8-42(a)所示结构，CD 是装有花篮螺丝的钢缆（截面刚度 E_1A）。现拧紧花篮螺丝，使钢缆缩短了 e 值，试用力法求解结构内力。

【解】 结构为超静定二次，先切开钢缆，以其拉力为多余未知力 X_1，暂保留超静定两铰刚架，基本体系如图 8-42(b)所示。超静定刚架结点 D 受斜向未知力 X_1 的作用（图 8-42(c)），其竖向分力 V_1 仅产生柱 DA 的轴力而无其他影响，水平分力 $H_1 = \frac{\sqrt{2}}{2}X_1$ 作用在梁的 D 端且与轴线重合，可按前述看作一组反对称水平荷载 $H_1/2$ 作用于结点 D 和 E，因此，刚

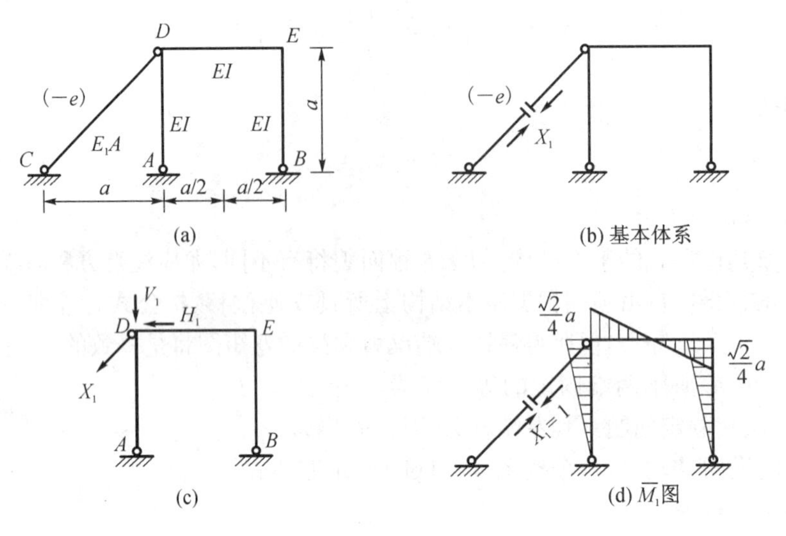

图 8-42

架弯矩图不难作出。故力法方程为

$$\delta_{11}X_1+\Delta_{1e}=0$$

由单位未知力的作用情况(图 8-42(d))可算出

$$\delta_{11}=\frac{1}{E_1A}\times1\times\sqrt{2}a+\frac{2}{EI}\left[\frac{1}{3}\times a\times\left(\frac{\sqrt{2}}{4}a\right)^2+\frac{1}{3}\times\frac{a}{2}\times\left(\frac{\sqrt{2}}{4}\right)^2\right]$$

$$=\frac{\sqrt{2}a}{E_1A}+\frac{a^3}{8EI}$$

$$\Delta_{1e}=1\times(-e)=-e$$

于是解得

$$X_1=\frac{e}{\dfrac{\sqrt{2}a}{E_1A}+\dfrac{a^3}{8EI}}$$

由此可按 $M=\overline{M}_1X_1$ 得到刚架的最终弯矩图。本例显示了利用调节钢缆上的花篮螺丝而产生的这项内力分布,它与调节长度 e 成正比,还与钢缆截面刚度有关,它可对结构在荷载等因素作用下的已有内力作适当调整。

8.6 超静定结构的位移计算

变形体的虚功原理及其相应的单位荷载法并不限定于求解静定结构的位移,同样也适用于求解超静定结构的位移,问题是如何使计算得到简化。

8.6.1 荷载作用下的位移计算

图 8-43(a)为一等截面超静定梁，若欲求梁跨中点的竖向位移 Δ_{cy}，则对此实际位移状态，解出荷载引起的最终弯矩图 M 如图 8-43(b)所示，另设虚拟状态并作 $\overline{M}_K$ 图，如图 8-43(c)所示。这两个弯矩图都是经超静定结构的力法计算所得。运用图乘法可求得(例如将图 8-43(c)按全长 l 分解为一矩形和一对称三角形，分别与图 8-43(b)相乘)

$$\begin{aligned}\Delta_{Cy} &= \int \overline{M}_K M \frac{\mathrm{d}x}{EI} \\ &= \frac{1}{EI}\left[\frac{ql^2}{12} \times l \times \frac{l}{8} - \frac{2}{3} \times l \times \frac{ql^2}{8} \times \frac{l}{8} - \frac{1}{2} \times l \times \frac{l}{4} \times \frac{ql^2}{12} + \frac{5ql^4}{384}\right] \\ &= \frac{ql^4}{384EI}(\downarrow)\end{aligned}$$

(a)

(d)

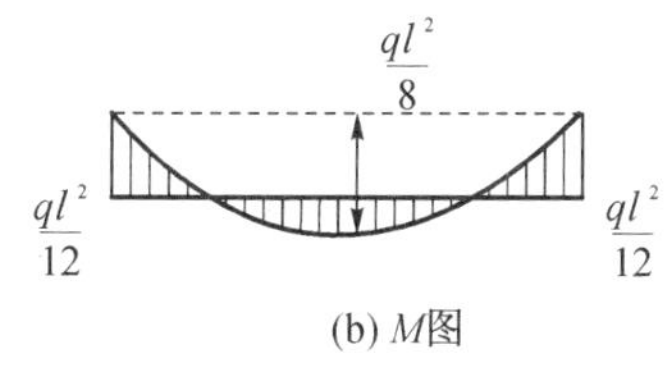

(b) M图

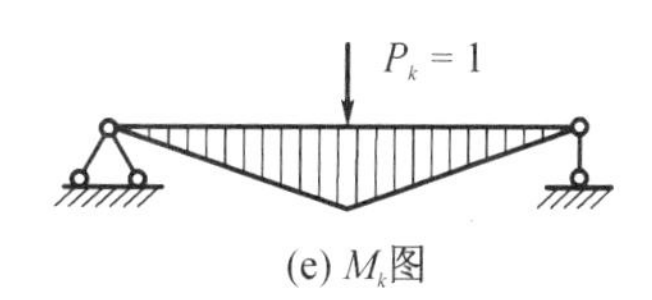

(e) M_k图

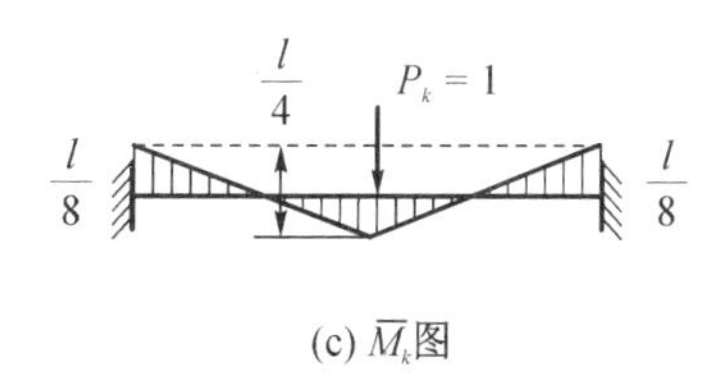

(c) $\overline{M}_k$图

图 8-43

如果将实际状态中由力法求得的多余约束力看作已知荷载，并作用在去除了多余约束的静定结构上，这是一个等效替换，例如以图 8-43(d)代替图 8-43(a)。现在计算图 8-43(d)中截面 C 的位移 Δ_{Cy}，应该就是原结构中的位移，而所用的虚拟力状态就可建立在相应的静定结构上，如图 8-43(e)所示。今按图 8-43(b)和(e)进行图乘计算，得

$$\begin{aligned}\Delta_{Cy} &= \int \overline{M}_K M \frac{\mathrm{d}x}{EI} \\ &= \frac{1}{EI}\left[-\frac{1}{2} \times l \times \frac{l}{4} \times \frac{ql^2}{12} + \frac{5ql^4}{384}\right] = \frac{ql^4}{384EI}(\downarrow)\end{aligned}$$

结果与前吻合，说明方法正确，即计算超静定结构的位移在实际状态 M 图用超静定解法求出后，可采用去除多余约束后的静定结构建立虚拟力状态求出 $\overline{M}_K$，这将使计算工作大为简化。

于是，一般的超静定杆系结构(包括刚架、拱、梁和桁架等)在荷载作用下的位移计算，通常略去剪切变形和受弯杆轴向变形的影响后，均可用下列公式计算

$$\Delta_{KP}=\sum\int\overline{M}_K M\frac{ds}{EI}+\sum\int\overline{N}_K N\frac{ds}{EA} \tag{8-9}$$

这与静定结构的位移计算公式在形式和使用方法上是相同的，但其中的 M、N 是超静定结构在荷载作用下实际状态的最终内力，按 $M=\sum\overline{M}_i X_i+M_P$ 及 $N=\sum\overline{N}_i X_i+N_P$ 算得，其中 X_i 需用超静定结构的分析方法求出；$\overline{M}_K$、$\overline{N}_K$ 可以用在原结构上去除多余约束后的任一静定结构由虚拟单位荷载产生的内力。

【例 8-14】 试求图 8-44(a)刚架中结点 D 的水平位移 Δ_{Dx}、竖向位移 Δ_{Dy} 和铰 D 左、右截面的相对转角 θ_{DD}。设各杆 EI 为常数，不计轴向变形影响。

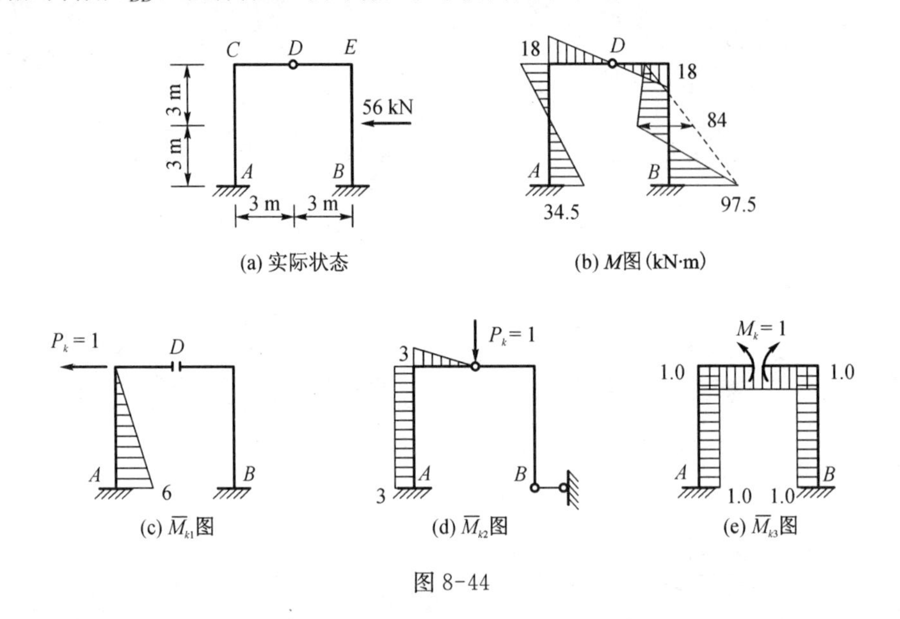

图 8-44

【解】 首先用力法求解超静定刚架(过程从略)，得最终弯矩图如图 8-44(b)所示。然后采用某种相应的静定结构建立虚拟力状态求各位移。

选用如图 8-44(c)所示两独立悬臂刚架，在柱顶施加水平单位力，可求横梁结点 D 的水平位移：

$$\Delta_{Dx}=\sum\int\overline{M}_1 M\frac{dx}{EI}=\frac{1}{EI}\times\frac{1}{2}\times 6\times 6\times\left(\frac{2}{3}\times 34.5-\frac{1}{3}\times 18\right)$$
$$=\frac{306}{EI}\text{ kN}\cdot\text{m}^3(\leftarrow)$$

选用如图 8-44(d)所示悬臂附属简支刚架，在结点 D 施加竖向单位力，求竖向位移

$$\Delta_{Dy}=\sum\int\overline{M}_2 M\frac{dx}{EI}=\frac{1}{EI}\left[\frac{1}{3}\times 3\times 3\times 18-3\times 6\times\frac{1}{2}\times(34.5-18)\right]$$
$$=-\frac{94.5}{EI}\text{ kN}\cdot\text{m}^3(\uparrow)$$

选用如图 8-44(e)所示两独立悬臂刚架，在 D 左、右截面施加一对反向单位力偶，求相对转角：

$$\theta_{DD}=\sum\int\overline{M}_3M\frac{\mathrm{d}x}{EI}$$

$$=\frac{1}{EI}\left[\frac{1}{2}\times6\times(34.5-18)-\frac{1}{2}\times6\times(97.5-18)+\frac{1}{2}\times6\times84\right]\times1$$

$$=\frac{63}{EI}\ \mathrm{kN\cdot m^2}(\circlearrowleft\circlearrowright)$$

8.6.2 温度改变、支座位移情况下超静定结构的位移计算

超静定结构在非荷载的因素即温度改变 t、支座移动 C 作用下，它的位移计算有两种方式：

(1) 对于实际的 t、C 状态取用原结构来建立虚拟单位力状态 k，用超静定解法求出 k 状态中内力 $\overline{M}_k$、$\overline{N}_k$ 和相关支座反力 $\overline{R}_k$，运用与第 7 章一样的公式，可合成为：

$$\Delta_{k(t,\ C)}=\sum\int\overline{M}_k\frac{\alpha\Delta t}{h}\mathrm{d}s+\sum\int\overline{N}_k\alpha t_0\mathrm{d}s-\sum\overline{R}_k\cdot C \tag{8-10}$$

如果问题只有一项因素 t 或 C，则公式中只出现一项。

(2) 先用超静定解法求 t、C 因素作用下的实际状态内力 M_t、链杆轴力 N_t 和 M_C、链杆轴力 N_C，它们都可表达为在多余约束力作用下的静定结构内力 $M=\sum\overline{M}_iX_i$、$N=\sum\overline{N}_iX_i$；然后取用相应的静定结构来建立虚拟单位力状态 k，以静定方法求出其内力 $\overline{M}_k$、所有杆件轴力 $\overline{N}_k$ 和相关支反力 $\overline{R}_k$，计算实际状态中的位移转化为计算该静定结构中的位移，公式分别写为：

$$\begin{aligned}\Delta_{kt}=&\sum\int\overline{M}_k\cdot M_t\frac{\mathrm{d}s}{EI}+\sum\int\overline{N}_k\cdot N_t\frac{\mathrm{d}s}{EA}\\&+\sum\int\overline{N}_k\alpha t_0\mathrm{d}s+\sum\int\overline{M}_k\frac{\alpha\Delta t}{h}\mathrm{d}s\end{aligned} \tag{8-11}$$

$$\Delta_{kC}=\sum\int\overline{M}_kM_C\frac{\mathrm{d}s}{EI}+\sum\int\overline{N}_kN_C\frac{\mathrm{d}s}{EA}-\sum\overline{R}_k\cdot C \tag{8-12}$$

以上两式中的前二项都是该静定结构由多余约束力引起的，后二项(或一项)是该静定结构由温度改变 t 或支座位移 C 引起的，都可分别计算。

可以在理论上证明两种方式是一致的。下面运用公式(8-10)计算前述两题中的位移。

例 8-11 的超静定刚架各杆内、外侧温度改变再示于图 8-45(a)中，各杆截面 EI、$h=0.1l$ 及 α 相同，为计算横梁中点 E 的竖向位移就在原结构上施加虚拟单位力 $P_k=1$，并解出了该超静定的最终弯矩图 $\overline{M}_k$，再由平衡条件求得各杆端轴力，有 $\overline{N}_k$ 如图 8-45(b)所示。按公式(8-10)计算：

$$\Delta_{Ey}=\Delta_{kt}=\frac{10\alpha}{h}\left[-\left(\frac{l}{2}\times\frac{3}{40}l\right)\times2-l\times\frac{3}{40}l+\frac{l}{2}\times\frac{l}{4}\right]-20\alpha\left[l\times\frac{1}{2}\times2+\frac{3}{40}\times l\right]$$

$$=\frac{10\alpha}{0.1l}\left[-\frac{l^2}{40}\right]-20\alpha\left[\frac{43l}{40}\right]=-24\alpha l\quad(\uparrow)$$

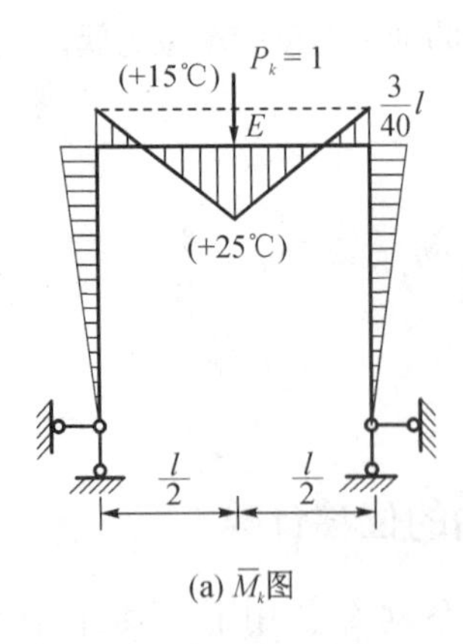

(a) $\overline{M}_k$图

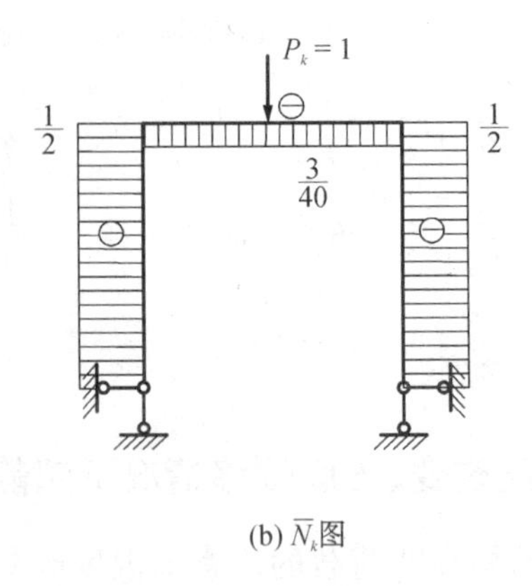

(b) $\overline{N}_k$图

图 8-45

虽然内侧升温高，但 E 点向上移动，反映了杆件轴向的温度伸长影响。

例 8-12 的超静定梁左固端发生顺时针转动 φ 及向下移动 a（图 8-46(a)），杆件 EI 为常数，为求梁右端 B 截面的转角位移就在原结构 B 端施加单位力矩 $M_k=1$，并解出该梁弯矩图及两端各支反力 R_k（图 8-46(b)）。

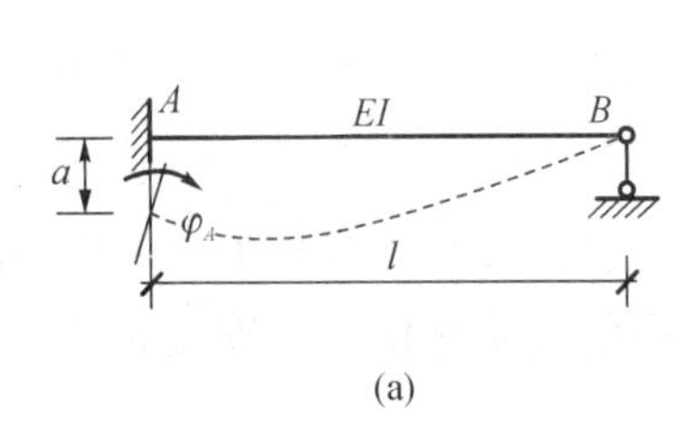

(a)

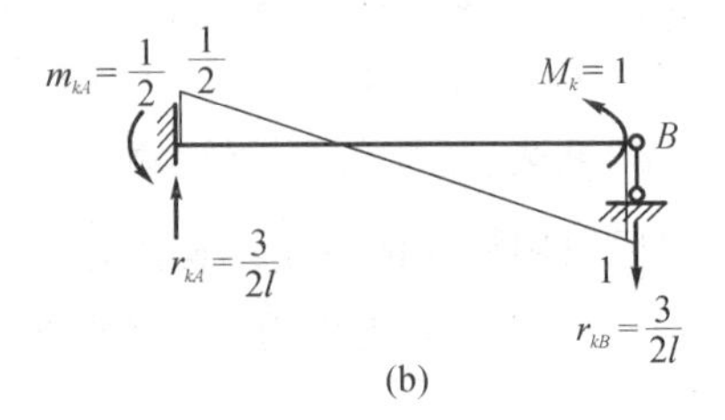

(b)

图 8-46

按公式(8-10)计算：

$$\varphi_B=\Delta_{kC}=-\sum R_k\cdot C=-\left[-\frac{1}{2}\times\varphi_A-\frac{3}{2l}\times a\right]=\frac{\varphi_A}{2}+\frac{3a}{2l}(\curvearrowleft)$$

读者可对此两例运用式(8-11)、式(8-12)计算验证。

8.7 子结构的应用

前述超静定结构的力法分析是去除多余约束，以多余约束力为基本未知量，通常取静定结构为基本结构，即去除全部多余约束。但为了减少基本未知量的数目，也可取一个比原结构超静定次数低的超静定结构（也称为广义基本结构或子结构）作为基本结构进行计算，只要预先将该低次超静定结构的内力求得。这就是说，将原来高次超静定问题转化为较低次超静定问题，减少力法方程中未知量的数目，使计算工作容易进行。下面通过具体算例说明。

【例 8-15】 试用力法绘制如图 8-47(a)所示框架-剪力墙结构的弯矩图。横梁 EF、

DE 为无限刚性；AD 为剪力墙，其水平截面高度(墙长) $H=l$，宽度 $B=\frac{l}{20}$；BE 和 CF 是刚架的方柱，截面 $h=b=\frac{l}{12}$；材料弹性模量 $\frac{E}{G}=2.5$。

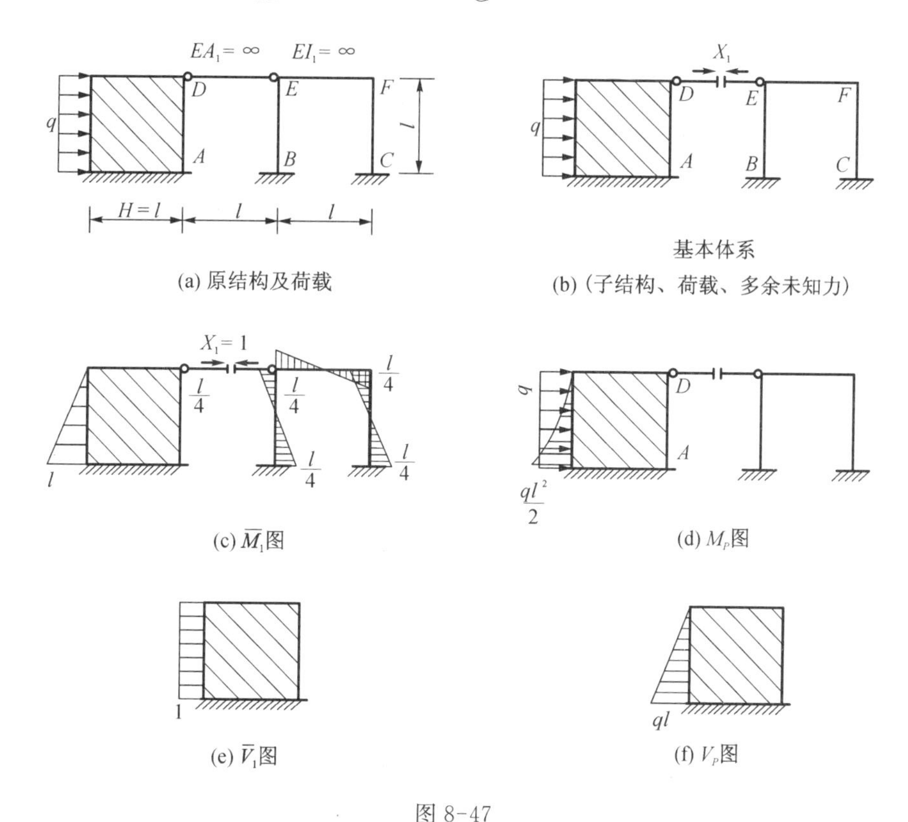

(a) 原结构及荷载

(b) (子结构、荷载、多余未知力)

(c) $\overline{M}_1$图

(d) M_P图

(e) $\overline{V}_1$图

(f) V_P图

图 8-47

【解】 结构超静定 4 次，现仅切断链杆 DE，取如图 8-47(b)所示的超静定基本体系(包括基本结构——子结构、荷载及多余未知力)计算，即只有一个多余未知力 X_1，力法方程为

$$\delta_{11}X_1+\Delta_{1p}=0$$

方程中系数和自由项均为包含超静定刚架 $BEFC$ 和剪力墙 AD 的沿 X_1 方向的位移，其中剪力墙已非细长杆件，应考虑其剪切变形(剪应力不均匀系数 $k=1.2$)，刚架部分不计其剪切变形和轴向变形。今利用了超静定刚架 $BEFC$ 的已有计算成果，如图 8-47(c)、(d)、(e)、(f)所示出基本结构(子结构)的 $\overline{M}_1$、M_P 图及剪力墙的剪力 $\overline{V}_1$、V_P 图。

由各矩形截面的惯矩

$$I_{AD}=\frac{BH^3}{12},\quad I_{BE}=\frac{h^4}{12}$$

及面积 $A_{AD}=BH$，按图乘法可得

$$\delta_{11}=\sum\int\overline{M}_1^2\frac{\mathrm{d}x}{EI}+\int k\overline{V}_1^2\frac{\mathrm{d}x}{GA}=\frac{l^3}{2Eh^4}+\frac{4l^3}{EBH^3}+\frac{3l}{EBH}$$

$$= (10\,368 + 80 + 60)\frac{1}{El} = \frac{10\,508}{El}$$

$$\Delta_{1P} = \sum\int \overline{M}_1 M_P \frac{dx}{EI} + \int k\overline{V}_1 V_P \frac{dx}{GA} = \frac{3ql^4}{2EBH^3} + \frac{3ql^2}{2EBH}$$

$$= (30 + 30)\frac{q}{E} = 60\frac{q}{E}$$

于是解得多余未知力为

$$X_1 = -\frac{60}{10\,508}ql = -0.005\,7ql$$

并按 $M = \overline{M}_1 X_1 + M_P$ 计算最终弯矩，绘出弯矩图如图 8-48 所示。

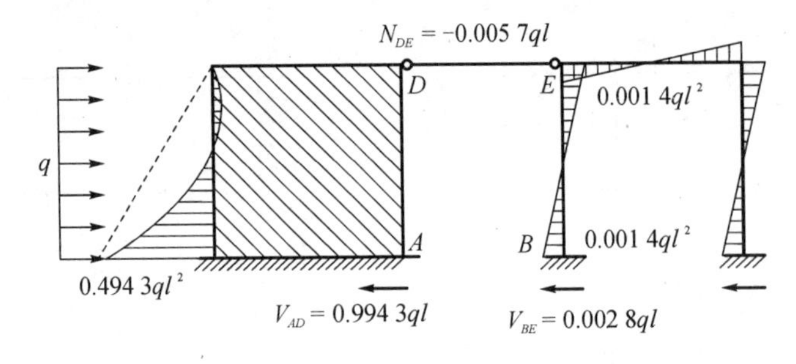

图 8-48

可见这一计算过程较之求解四元方程时缩减了许多，而预先求解刚架 $BEFC$ 的 $\overline{M}_1$ 图也较容易，如遇高次超静定的框架子结构，也可查阅有关的结构静力计算资料。

由本例又可见，由于剪力墙的刚度比一般柱的大许多，水平荷载主要由剪力墙承担，如图 8-48 中所示占 99.43%。这样就增强了刚架部分承担其他荷载的能力。

【例 8-16】 用子结构法求作图 8-49 所示刚架的弯矩图。

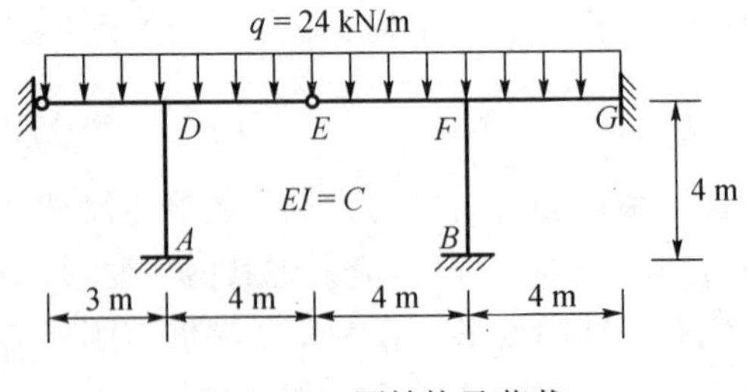

图 8-49　原结构及荷载

【解】 原结构是超静定 7 次的刚架。现采用如图 8-50(a)所示的基本体系，其中左、右两个刚架分别是超静定二次和三次的两个子结构，X_1 和 X_2 分别表示截面 E 的剪力和轴力。由于考虑的是弹性小变形问题，并忽略受弯杆件的轴向变形影响，而基本结构仅在 X_2 作用时是处于无弯矩状态，所以 X_2 可以不作为多余未知力，采用如图 8-50(a)所示由两个子结构组成的基本体系后，只有一个多余未知力 X_1，力法典型方程为

$$\delta_{11}X_1 + \Delta_{1P} = 0$$

基本结构(子结构)的 $\overline{M}_1$、M_P 图可以参照现有的超静定结构的计算成果绘出，分别如图 8-50(b)、(c)所示。

根据 $\overline{M}_1$ 和 M_P 图，应用图乘法，可求得系数 δ_{11} 和自由项 Δ_{1P} 为

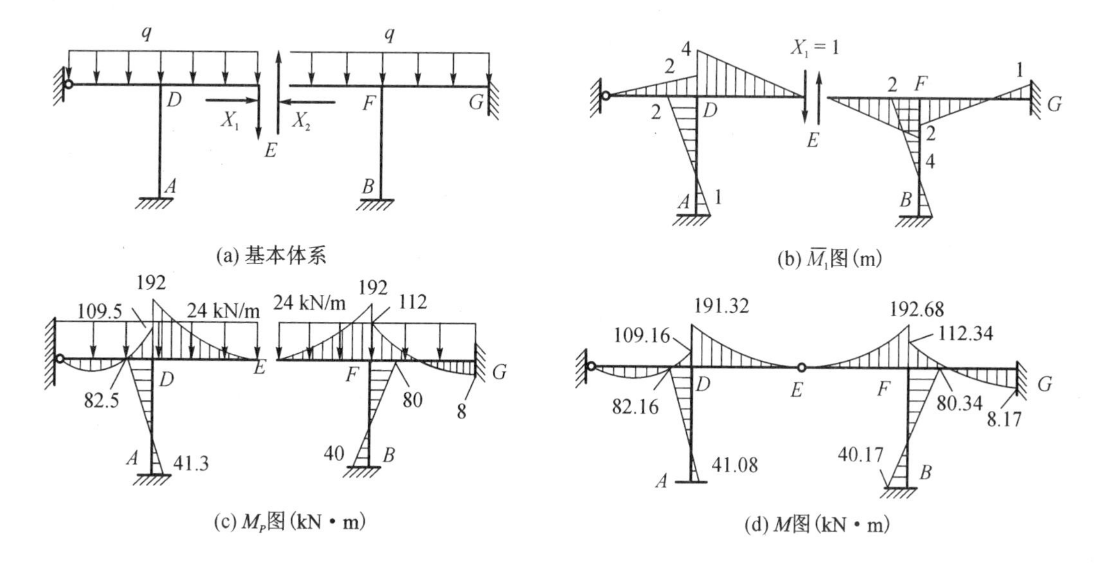

(a) 基本体系　(b) $\overline{M}_1$图(m)

(c) M_P图(kN・m)　(d) M图(kN・m)

图 8-50

$$\delta_{11}=\frac{176}{3EI};\quad \Delta_{1P}=\frac{10}{EI}$$

于是得

$$X_1=-\frac{\Delta_{1P}}{\delta_{11}}=-0.17\ \text{kN}$$

根据叠加方法 $M=\overline{M}_1X_1+M_P$ 可作出刚架的最后弯矩图如图 8-50(d)所示。

计算过程表明,应用子结构后,本例的计算工作量减少了很多。

8.8 超静定结构最终内力图的校核

为了保证计算结果的正确性,必须对超静定结构的最终内力图进行校核。校核工作可分两个方面。

8.8.1 平衡条件校核

超静定结构在荷载、温度改变、支座移动等因素作用下,整个结构始终处于平衡状态,若从结构中任意截取出一个部分,这个隔离体上的所有外力,包括切口处暴露的内力应满足静力平衡条件 $\sum X=0$、$\sum Y=0$、$\sum M=0$。通常可取刚架结点检查力矩(包括外力矩)的平衡条件,可取横贯各柱的截面以上部分检查水平投影平衡条件等,也可在桁架中用结点小隔离体或截面大隔离体作检查。若检查结果不满足某一平衡条件,说明内力计算存在错误。

但是,有时错误的多余未知力也能满足平衡条件,即超静定结构中满足平衡条件的解答可以是多种的，所以，平衡条件的校核是不充分的。

8.8.2 变形条件的校核

在超静定结构的符合平衡条件的各种解答中，唯一正确的解答必须满足原结构的变形条件。这是力法分析的出发点，现在检查一个解答的正确与否，也应校核原结构某几处的位移是否等于已知值，例如支座截面的线位移或角位移等于零或等于给定值，某结点两侧截面相对线位移应等于零，某刚接截面两侧相对角位移应等于零，等等。这就是运用式(8-9)、式(8-10)，或式(8-10)、式(8-11)进行超静定结构的位移计算。

对于已经解得的超静定结构最终内力 M、N，另外建立在某个待校核方向上虚拟单位力的状态，也可采用力法基本结构原某个多余未知力的单位力状态。取得内力 $\overline{M}_i$、$\overline{N}_i$ 后，于是可得该方向的位移校核条件：

$$\sum\int \overline{M}_i M\frac{\mathrm{d}s}{EI}+\sum\int \overline{N}_i N\frac{\mathrm{d}s}{EA}+\sum\int\frac{\alpha\Delta t}{h}\overline{M}_i\mathrm{d}s+\sum\int\alpha t_0\overline{N}_i\mathrm{d}s-\sum\bar{R}\cdot C=c_i(\text{或 }0) \tag{8-13}$$

对于超静定刚架受弯杆，不计其中含 N 的项，对于超静定桁架，不存在其中含 M 的项。

通过变形(位移)条件的校核，超静定结构内力解答的正确性才是充分的。

【例 8-17】 如图 8-51(a)所示超静定刚架的最终内力图已知如图 8-51(b)、(c)、(d)所示，试对这些内力图进行校核。

【解】 (1) 平衡条件校核。

取结点 F 和 E(图 8-51(e))检查力矩平衡条件

$$\left.\begin{aligned}\sum M_F&=434.58-376.20-58.39=0\\ \sum M_E&=570.84-285.42-285.42=0\end{aligned}\right\}\text{(满足)}$$

截取横梁 FEG(图 8-51(f))，检查投影平衡条件，先将 V 图、N 图中所示各有关杆端力按其正、负号方向标在隔离体上，于是有

$$\left.\begin{aligned}\sum X&=120+120-72.43-72.43-95.14=0\\ \sum Y&=9.73-9.73-120+120=0\end{aligned}\right\}\text{(满足)}$$

(2) 变形条件校核。

如欲检查该结构上横梁中点 D 的左、右截面相对竖向位移是否为零，取图 8-52(a)所示的静定结构建立虚拟力状态，利用它与图 8-51(b)的图乘计算，得

$$\begin{aligned}\Delta_{DD}&=\sum\int\overline{M}_1 M\frac{\mathrm{d}x}{EI}\\ &=\frac{2}{EI}\left[-\frac{1}{3}\times 6\times 58.38\times 6-58.38\times 6\times 6+\frac{6}{6}\times(2\times 376.2\times 6-285.42\times 6)\right]\\ &=\frac{2}{EI}[-2\,802.24+2\,801.88]\approx 0\end{aligned}$$

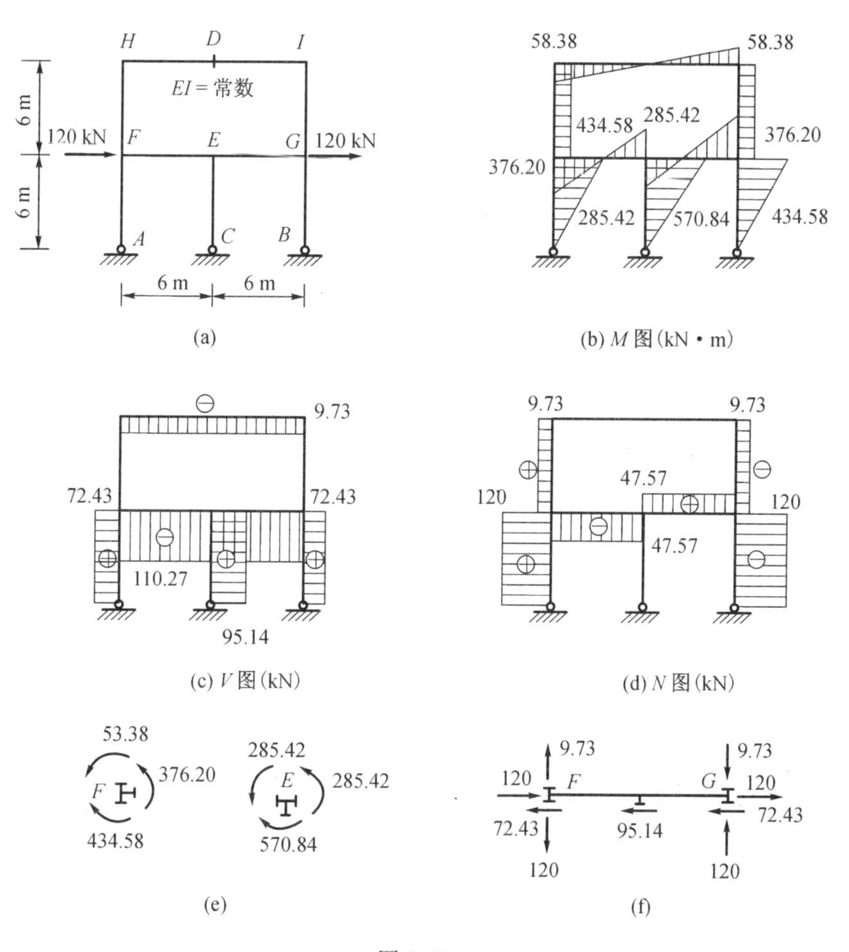

(a)

(b) M 图(kN·m)

(c) V 图(kN)

(d) N 图(kN)

(e)

(f)

图 8-51

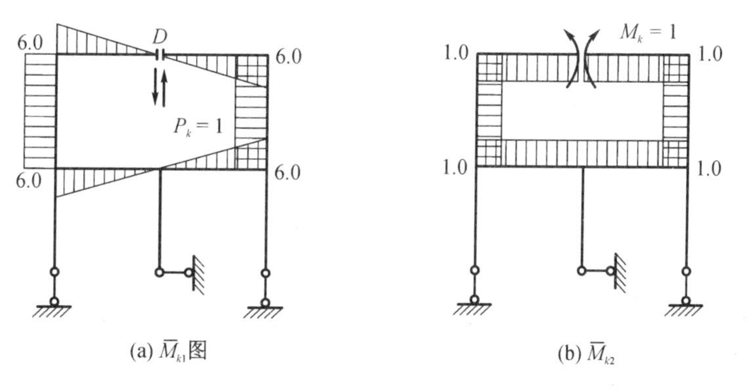

(a) $\overline{M}_{k1}$图

(b) $\overline{M}_{k2}$

图 8-52

其中误差是内力计算过程中的小数取值引起的舍入累计误差所致,其误差率为

$$\frac{2\,802.24 - 2\,801.88}{2\,801.88} \times 100\% = 0.013\%$$

表明满足变形条件。

对于具有封闭(无铰)的框格,可利用任一截面相对转角为零的条件来校核其弯矩图,并将得到一个简单的结论。例如,对于图 8-51(b)中上层框格 M 图的校核,取如图 8-52(b)所示虚拟力状态,此时,$\overline{M}_2$ 图仅分布于闭合框各杆,且各处值 $\overline{M}_2=1$,于是应有

$$\theta_{KK}=\sum\int\overline{M}_2 M\frac{ds}{EI}=\sum\int\frac{Mds}{EI}=0 \tag{8-14}$$

结论就是:在任一封闭框格上,弯矩图的各段面积除以相应刚度值的代数和应等于零。这一条件可应用于推算结点弯矩值,例如一等截面四杆组成的矩形框格,在对边两杆上受相等的均布荷载作用,其最终弯矩图形状是可判定的,关键纵标就是四个结点相等的 M 值,由式(8-14)即可确定。

*8.9 交叉梁系的计算

由轴线在同一平面内的两组梁互相垂直相交联结而成的网状结构,如图 8-53 所示,称为交叉梁系,它作为面板的支承体系,主要承受来自平面外的荷载。工程结构中的交叉梁系可见于:桥梁的桥面系中纵梁和横梁组成的梁格,工业厂房中的工作平台和民用建筑中进厅楼盖采用的井字梁等。两个方向的梁可与面板的周边正交(图 8-53(a))或斜交(图 8-53(b)),梁端在周边的支承形式由具体情况而定。

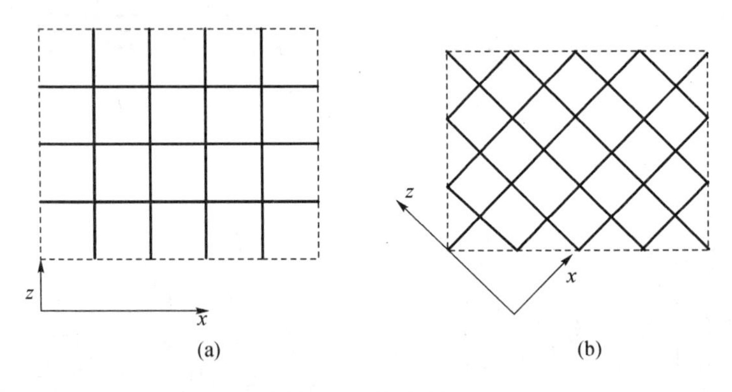

图 8-53　梁系平面

本节介绍的是,交叉梁系受到垂直于结构平面的荷载作用时,用便于手算的简化方法来解决各梁所产生的主要内力的分布。交叉梁系本属空间结构计算的范畴,两个方向的梁在交叉点通常是刚性连接的,在面外垂直荷载作用下,结点发生竖向位移时,两梁之间相互的竖向支承作用是主要的,而同时存在于结点两个方向的转角位移所涉及的一梁挠曲、一梁扭转之间的相互制约影响是比较次要的。因此,简化假定为:交叉梁系的计算简图在每一结点处仅有一根刚性竖向链杆连接两梁,结点仅传递竖向力,保持竖向位移的连续性。于是,各梁仅有竖向平面内的弯曲。

图 8-54(a)是一个 2×2 网格的最简单交叉梁系,梁端在周边为铰支座。在中央交叉结点受垂直结构平面的集中荷载 P 的作用(由面板的荷载转化而来),其计算简图如图 8-54(b)所示,上、下两层梁在中点处互为弹性支承。这是超静定 1 次的结构,用力法计算时,可

将连接链杆切断，基本体系如图 8-54(c)所示。根据两梁交叉结点竖向位移的连续条件，写出力法方程为

$$\delta_{11}X_1+\Delta_{1P}=0$$

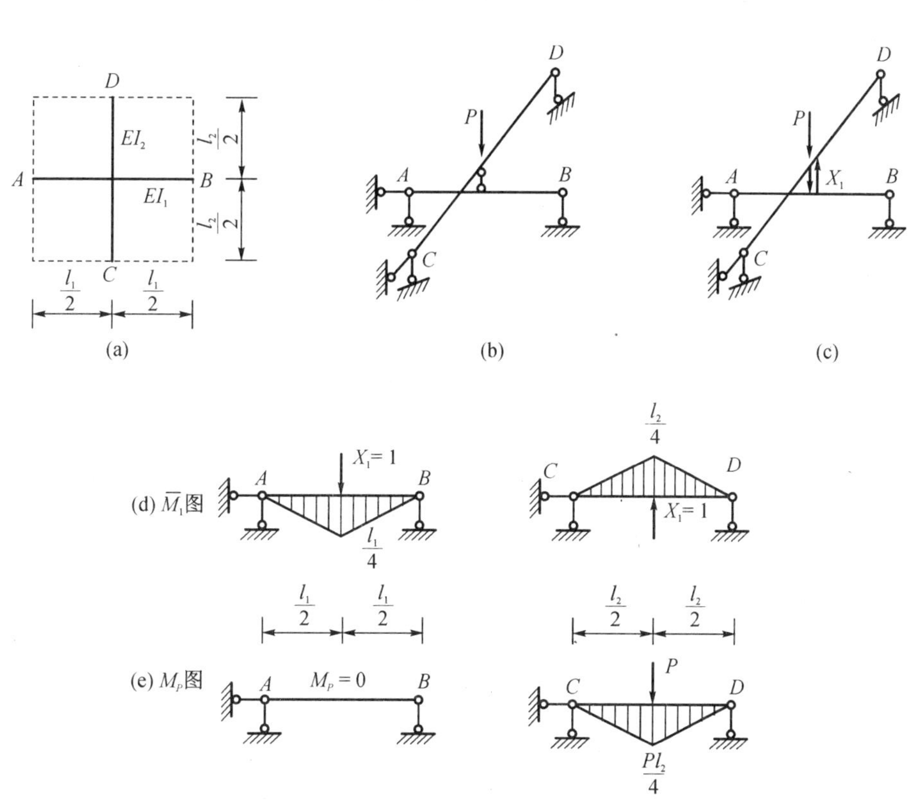

图 8-54

设梁 AB、CD 的弯曲刚度 $EI_1=EI_2=EI$，今绘出两梁的 $\overline{M}_1$、M_P 图(8-54(d)、(e))，即可计算系数和自由项：

$$\delta_{11}=\frac{l_1^3}{48EI_1}+\frac{l_2^3}{48EI_2}=\frac{l_1^3+l_2^3}{48EI}$$

$$\Delta_{1P}=\frac{Pl_2^3}{48EI}$$

于是解得多余未知力为

$$X_1=\frac{l_2^3}{l_1^3+l_2^3}\cdot P$$

按式 $M=\overline{M}_1X_1+M_P$ 计算，即可绘出梁 AB 和 CD 的最终弯矩图。

设两梁跨度之比为

$$\frac{l_{AB}}{l_{CD}}=\frac{l_1}{l_2}=n$$

现在将两梁受力的大小作一比较。图 8-54(c)表示相交叉的两梁共同承担结点荷载 P,若梁 AB 承担的荷载量为 $X_1 = P_1$,则梁 CD 所承担的为 $P_2 = P - P_1$,即分别为

$$\left.\begin{aligned} P_1 &= X_1 = \frac{1}{n^3+1}P \\ P_2 &= P - X_1 \end{aligned}\right\} \tag{a}$$

当交叉于中点的两梁截面刚度相等且跨度相等($n=1$)时,由式(a)可知

$$P_1 = P_2 = \frac{P}{2},$$

说明由于两梁在交叉点相互提供的支承刚度相同,结点荷载 P 由交叉两梁平均分担。这个结论可应用于多梁交叉的体系中。

若 $l_2 = 2l_1$, $EI_1 = EI_2$,由式(a)可得

$$P_1 = \frac{8}{9}P, \quad P_2 = \frac{1}{9}P$$

可见当 $l_2 \geqslant 2l_1$ 时,相同截面刚度的交叉梁中,长梁承担的荷载量很小,可以近似地认为短梁承担全部结点荷载。

荷载主要向短跨方向传递的规律在工程实践中多有应用,在平板结构中也存在。

【例 8-18】 图 8-55(a)交叉梁系的各梁与周边斜交 45°,梁端在周边为铰支,在结点 1、2、3、4、5 处各作用有垂直于结构平面的集中荷载 P。设各梁 EI 为常数。试用力法绘出各梁最终弯矩图。

【解】 图 8-55(a)中 x、z 两轴为此梁系的对称轴,今设位于两轴上的长梁在上层、短梁在下层,各结点上相互为竖向链杆连接。由荷载及结构的对称性可知,中央结点 5 处的 P 由两长梁平均分担,结点 1、2、3、4 处各长梁与短梁的相对位置均相同,则其中竖向链杆未知力均为 X_1。长梁和相关的两根短梁的计算简图如图 8-55(b)所示,力法方程为

$$\delta_{11}X_1 + \Delta_{1P} = 0$$

其意义为长梁 AB 与短梁 CD、EF 之间两连接结点处成组的竖向相对位移总和为零。作出其 M_P、$\overline{M}_1$ 图分别如图 8-55(c)、(d)所示。由此按一组三根梁计算得

$$EI\delta_{11} = 2\times\left(\frac{1}{3}\times l\times\frac{l}{2}\times\frac{l}{2}\times 2\right)+\left(\frac{1}{3}\times l^3\times 2 + 2l\times l^2\right) = 3l^3$$

$$\begin{aligned} EI\Delta_{1P} &= -\frac{1}{3}\times l\times\frac{5}{4}Pl\times l\times 2 - \frac{1}{2}\times l\times\left(\frac{5}{4}+\frac{3}{2}\right)Pl\times l\times 2 \\ &= -\frac{43}{12}Pl^3 \end{aligned}$$

$$X_1 = \frac{43}{36}P = 1.194P$$

这反映了长梁 AB 作为具有弹性支承的连续梁在支点 2、4 处由短梁所提供的支承刚度较大的状况。于是可按图 8-55(b)所示受力情况,作出长梁和短梁的最终弯矩图如图 8-55(e)

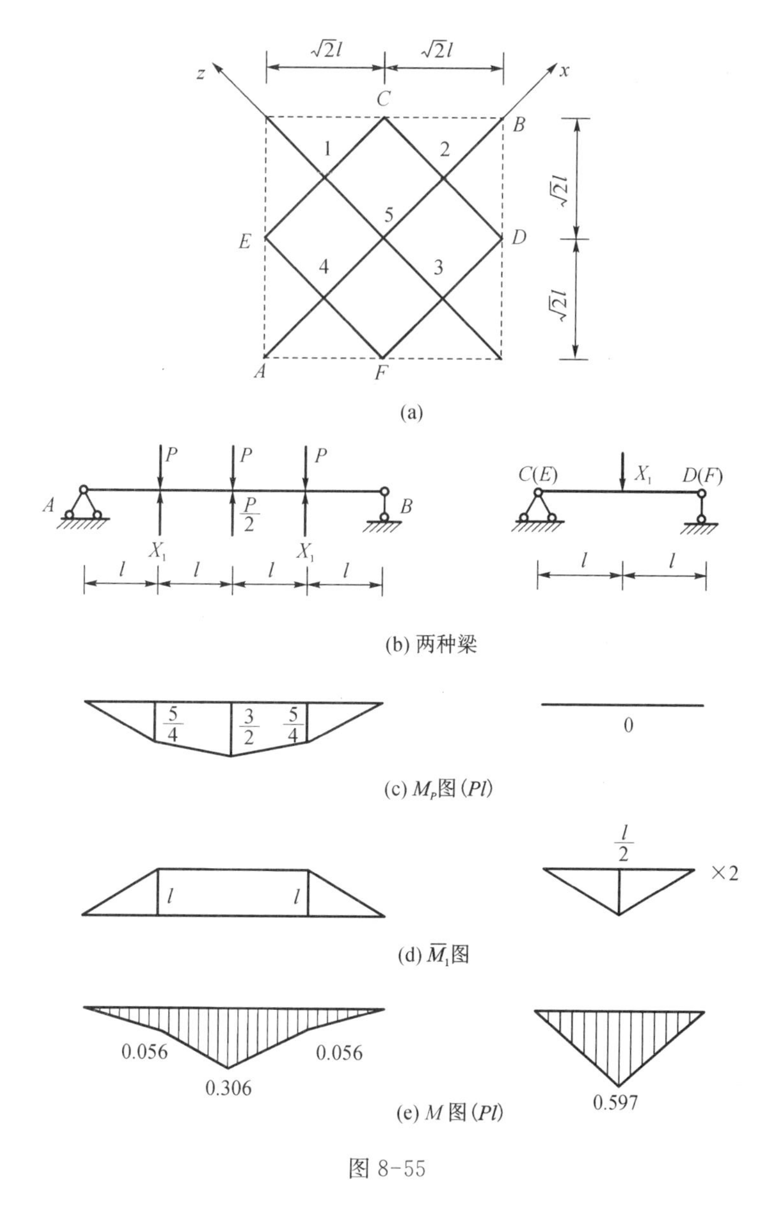

图 8-55

所示，它代表了该交叉梁系的内力分布。

8.10　超 静 定 拱

与静定的三铰拱相比，曲杆结构具有多余约束时就成超静定拱，通常可分为无铰拱和两铰拱。超静定拱在工程结构中应用很广，如桥梁中的拱桥，有单跨拱(图 8-56(a))和多跨连续拱；跨越河流或道路的拱形输液管道；水利工程和地下建筑中的隧洞衬砌拱圈；道路工程中的涵洞；房屋建筑中作为屋盖时常用带拉杆(系杆)的两铰拱(图 8-56(b))等。

拱的受力特性是即使在竖向荷载作用下也产生水平推力，推力将使拱轴各截面的弯矩

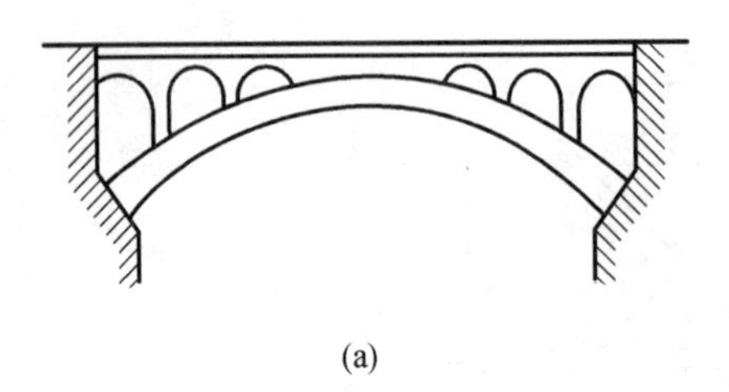

(a)

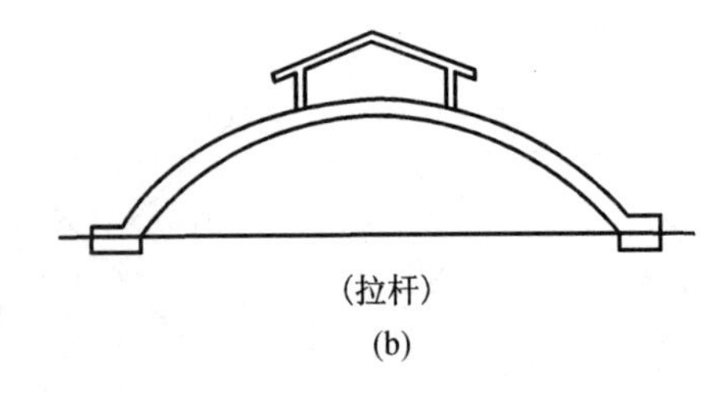

(b)

图 8-56

减小而加大轴向压力。在拉杆式两铰拱中,对支座的推力转而由拉杆承担。本节以实腹曲杆的单跨超静定拱为讨论对象,其力法分析的一般结论可用于超静定拱式桁架及多跨连续拱。下面分别讨论两铰拱和无铰拱的计算。

8.10.1 两铰拱的力法计算

两铰拱为超静定 1 次,如图 8-57(a)所示,设其受任意荷载作用,选取简支曲梁为基本结构(图 8-57(b)),以支座水平推力 X_1 作为多余未知力,可建立力法方程

$$\delta_{11}X_1+\Delta_{1P}=0$$

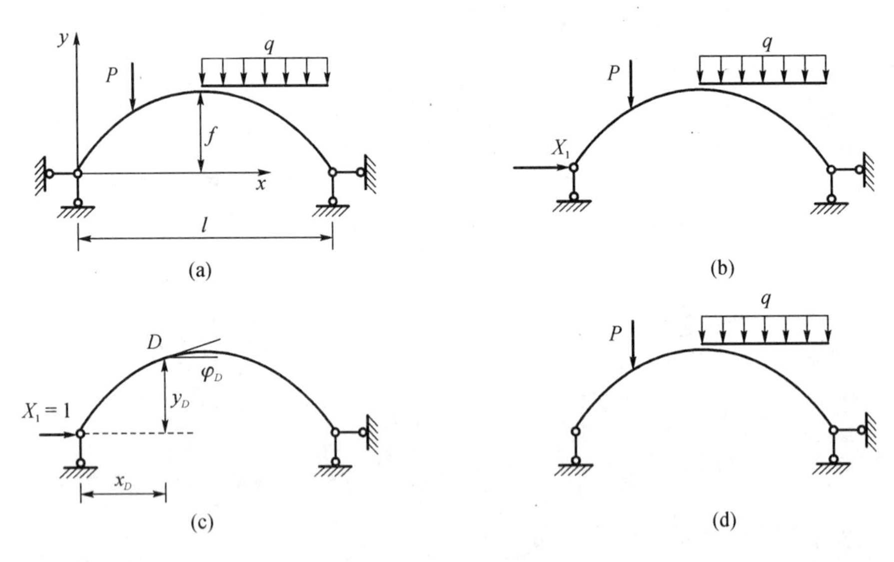

图 8-57

对于曲杆结构,应该用积分法计算其系数与自由项。为此,需分别列出单位未知力及荷载作用下的内力函数式。拱轴曲线的方程 $y(x)$是已知的。

当 $X_1=1$ 作用时(图 8-57(c)),拱轴上任一截面的内力可由平衡条件求出:

$$\left.\begin{aligned}\overline{M}_1&=-1\times y(\text{设上侧受拉为负})\\ \overline{V}_1&=-1\times\sin\varphi\\ \overline{N}_1&=1\times\cos\varphi(\text{设受压为正})\end{aligned}\right\}$$

这里,y 表示拱轴上任意截面位置的纵坐标;φ 表示任意截面拱轴切线与水平轴的夹角,由

图 8-57(a)中坐标系所示，y 向上为正，左半拱的 φ 为正，右半拱的 φ 为负。

荷载作用于基本结构(图 8-57(d))，拱轴上任一截面的内力函数式亦可由平衡条件求得为 M_P、V_P、N_P。

计算 δ_{11} 和 Δ_{1P} 时，杆件曲率的影响当曲率半径与截面平均高度之比 $\dfrac{R}{h}>5$ 时可不予考虑，即按直杆的位移计算公式

$$\Delta_{kj}=\int M_k M_j \frac{ds}{EI}+\int N_k N_j \frac{ds}{EA}+\int k V_k V_j \frac{ds}{GA}$$

考虑。经分析表明，对于自由项 Δ_{1P}，只计弯曲变形项已足够精确，对水平推力方向的主系数 δ_{11}，只在扁平拱 $\left(\dfrac{f}{l}<\dfrac{1}{5}\right)$ 中须计入轴向变形项的影响，通常可只计弯曲变形项。因此，计算公式可简化为

$$\delta_{11}=\int_s \overline{M}_1^2 \frac{ds}{EI}+\int_s \overline{N}_1^2 \frac{ds}{EA}=\int_s y^2 \frac{ds}{EI}+\int_s \cos^2\varphi \frac{ds}{EA} \tag{a}$$

$$\Delta_{1P}=\int_s \overline{M}_1 M_P \frac{ds}{EI}=\int_s (-y) M_P \frac{ds}{EI} \tag{b}$$

于是，两铰拱考虑了拱轴轴向弹性压缩影响的水平推力

$$H=X_1=-\frac{\Delta_{1P}}{\delta_{11}}=\frac{\displaystyle\int y M_P \frac{ds}{EI}}{\displaystyle\int y^2 \frac{ds}{EI}+\int \cos^2\varphi \frac{ds}{EA}} \tag{8-15}$$

按上式计算前，除须给定拱轴线方程 $y(x)$ 外，还须给出截面积 $A(x)$ 和惯性矩 $I(x)$ 的变化规律，方能进行积分。

将求得的多余未知力 X_1 和已知荷载一起作用在基本结构上，由静力平衡条件或按下式求得拱轴上任一截面的内力

$$\left.\begin{aligned} M&=M_P+\overline{M}_1 X_1=M_P-Hy \\ V&=V_P+\overline{V}_1 X_1=V_P-H\sin\varphi \\ N&=N_P+\overline{N}_1 X_1=N_P+H\cos\varphi \end{aligned}\right\} \tag{8-16}$$

若是仅有竖向荷载，并且拱脚位于同一水平线上，则可用同跨度、同荷载下的简支梁相应截面的内力 M^0、V^0、N^0 来表达上式中的荷载内力

$$M_P=M^0,\quad V_P=V^0\cos\varphi,\quad N_P=V^0\sin\varphi$$

将上式代入式(8-16)，就可见两铰拱的三项内力与静定三铰拱的内力表达式完全相同，只是两铰拱中的水平推力 H 须由变形条件来确定，而三铰拱的水平推力仅按静力平衡条件即可确定。

对于有拉杆的两铰拱(图 8-58(a))，其基本结构可由切断拉杆而得，以拉杆内力为多余未知力 $X_1(H)$，见图 8-58(b)。力法方程及其中荷载项 Δ_{1P} 的计算式与无拉杆时相同，而系

数项 δ_{11} 中，需要增加一项拉杆本身的轴向变形，故多余未知力为

$$X_1 = H = \frac{\int y M_P \frac{ds}{EI}}{\int y^2 \frac{ds}{EI} + \int \cos^2\varphi \frac{ds}{EA} + \frac{l}{E_1 A_1}} \tag{8-17}$$

式中，E_1A_1 为拉杆的截面(轴向)刚度，l 为其长度。

根据式(8-17)，可以看到两种极端情况：

(1) 若拉杆的截面刚度趋于无限大($E_1A_1 \to \infty$)，则 $\frac{l}{E_1A_1} \to 0$，这时，拉杆实质上成为刚性的水平支杆。

(2) 若拉杆的截面刚度趋于无限小($E_1A_1 \to 0$)，则 $\frac{l}{E_1A_1} \to \infty$，$X_1 = 0$，相当于不存在拉杆，两铰拱变成了一根简支曲梁。

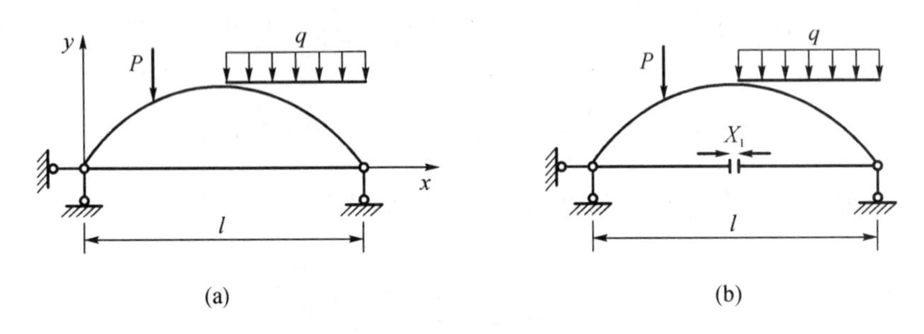

图 8-58

因此，设计有拉杆的两铰拱时，为改善拱的受力状态，可通过适当调节拉杆的截面积和 E_1A_1 来调节水平推力值(当然也可直接施加预拉力)而达到目的。拉杆设置的高低可按结构使用要求而定。

【例 8-19】 图 8-59(a)为等截面两铰拱，设左支点 A 为坐标原点，拱轴方程为 $y = \frac{4f}{l^2}x(l-x)$，矢高 $f = \frac{l}{6}$，暂不计轴向和剪切的变形影响。试求水平推力 H 及内力分布。

【解】 取基本结构如图 8-59(b)，因拱弧比较平坦，可近似地取

$$ds = dx, \quad \cos\varphi = 1,$$

则积分运算得到简化：

$$EI\delta_{11} = \int \overline{M}_1^2 ds = \int_0^l y^2 dx = \left(\frac{4f}{l^2}\right)^2 \int_0^l [x(l-x)]^2 dx = \frac{8}{15} f^2 l$$

基本结构受荷载作用下的弯矩方程(参阅图 8-59(c))为

左半跨 $$M_P = M^0 = \frac{3}{8}qlx - \frac{1}{2}qx^2 \quad \left(0 \leqslant x \leqslant \frac{l}{2}\right)$$

右半跨 $$M_P = M^0 = \frac{ql}{8}(l-x) \quad \left(\frac{l}{2} \leqslant x \leqslant l\right)$$

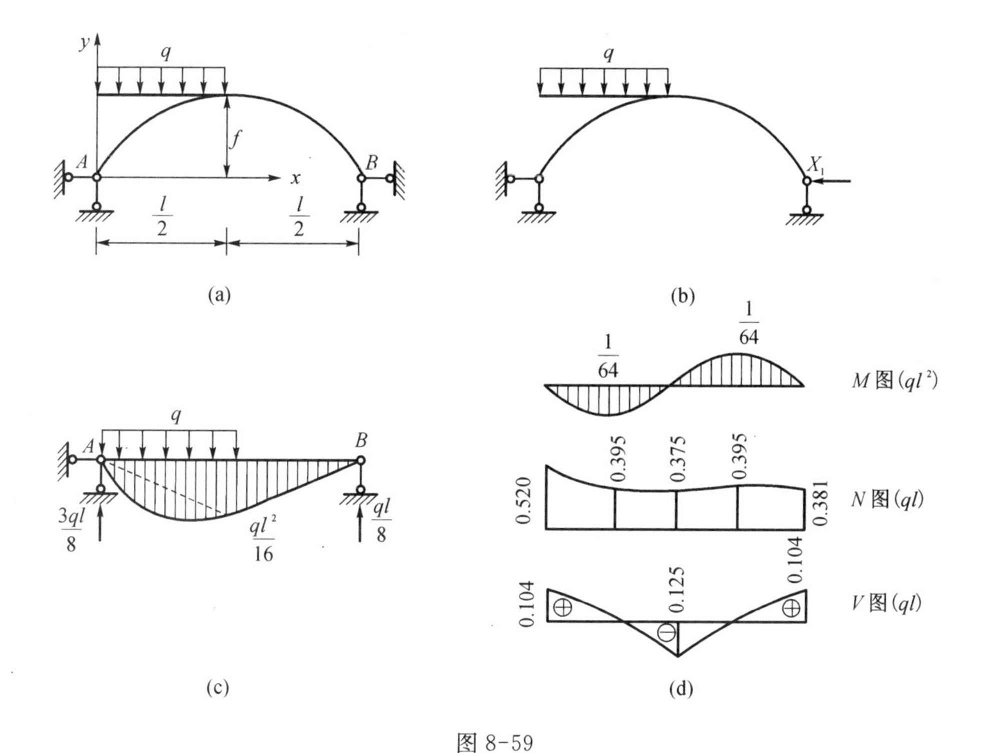

图 8-59

由此算得

$$EI\Delta_{1P}=-\int_0^{\frac{l}{2}}y\times\frac{q}{8}(3lx-4x^2)\mathrm{d}x-\int_{\frac{l}{2}}^{l}y\times\frac{ql}{8}(l-x)\mathrm{d}x=-\frac{1}{30}qfl^3$$

于是得到多余未知力(水平推力)为

$$H=X_1=-\frac{\Delta_{1P}}{\delta_{11}}=\frac{ql^2}{16f}$$

由此可按式(8-16)计算两铰拱任一截面内力,例如,取四等分点和跨中截面:

$$y_{\frac{l}{4}}=\frac{3}{4}f,\quad y_{\frac{l}{2}}=f$$

然后可由 $M=M^0-Hy$ 叠加得各分点处最终弯矩,绘出 M 图(沿水平基线)如图 8-59(d)中所示,对于跨中恰成反对称分布;计算各截面轴力和剪力时,先求出各处对应的 V^0 值,并由

$$y'=\tan\varphi=\frac{4f}{l^2}(l-2x)$$

求出 $\tan\varphi$ 值

$$\tan\varphi_0=\frac{2}{3},\quad \tan\varphi_{\frac{l}{4}}=\frac{1}{3},\quad \tan\varphi_{\frac{l}{2}}=0$$

及相应的 $\cos\varphi$、$\sin\varphi$ 值,即可叠加得各分点处

$$V = V^0 \cos\varphi - H\sin\varphi; \quad N = V^0 \sin\varphi + H\cos\varphi,$$

其分布图沿水平基线表示于图 8-59(d)中。

值得注意：上例二次抛物线轴两铰拱的弯矩分布图恰与相同轴线、荷载下的三铰拱相同；若设有一竖向荷载作用在左(或右)半跨的四分点处，则情况与此相似：无荷载的半跨受负弯矩，四分点截面弯矩反应最大。另外，按位移计算的方法，将可看到此种情况下四分点处竖向位移较显著，并伴有向无荷载一侧的水平位移。这是拱结构中的一个突出现象。

若拱轴曲线形式和截面变化情况使积分难以进行，则直接用有限单元法计算。

8.10.2 无铰拱在荷载作用下的力法计算

无铰拱用力法分析的简化方法是传统手算中的特色，本书此版仍保留这部分内容，是因为其中所含的结构受力概念和特点仍将有助于对结构工程的理解。

1. 力法方程的简化、弹性中心

如图 8-60(a)所示对称无铰拱，力法的基本结构可取为对称的两悬臂曲梁，拱顶截面 C 的水平轴力 X_1、竖向剪力 X_2 和弯矩 X_3 为多余未知力，其中，X_1、X_3 是正对称未知力，X_2 是反对称未知力，因此，力法方程中副系数 $\delta_{12} = \delta_{21} = 0$，$\delta_{23} = \delta_{32} = 0$，方程分成两组

$$\left.\begin{array}{l}\delta_{11} X_1 + \delta_{13} X_3 + \Delta_{1P} = 0 \\ \delta_{31} X_1 + \delta_{33} X_3 + \Delta_{3P} = 0 \\ \delta_{22} X_2 + \Delta_{2P} = 0\end{array}\right\}$$

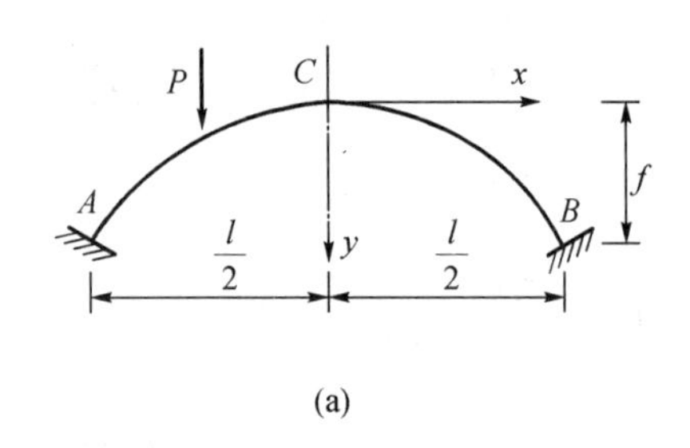

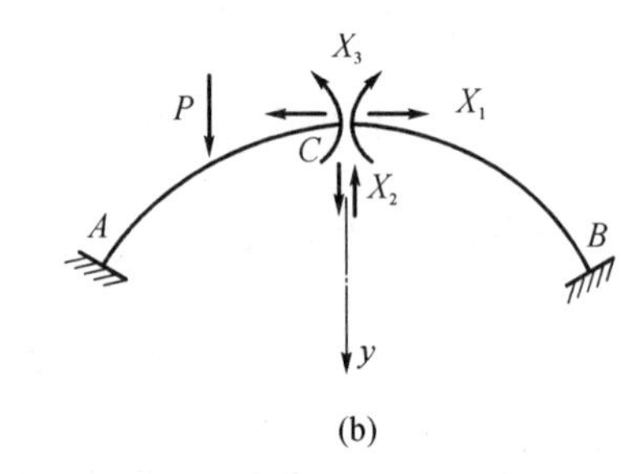

图 8-60

若能使上式中正对称未知力之间的副系数 $\delta_{13} = \delta_{31} = 0$，则力法方程将进一步简化为三个独立的方程式。欲使 $\delta_{13} = \sum\int \overline{M}_1 \cdot \overline{M}_3 \dfrac{ds}{EI}$ 中两个对称分布的内力相乘积分有正、负相抵的可能，就只有改变水平未知力 X_1 的作用位置。为此，将无铰拱在拱顶 C 处沿对称轴 y 切开后，设想装上两根长度待定的、在下端 O 处相连的刚臂(绝对刚性杆段)，如图 8-61(a)所示。由于刚臂本身不变形，左、右两刚臂间包括切口如同原来截面 C 一样不会发生任何相对位移，所以刚臂的装置对原结构的变形和受力没有任何改变。

再将刚臂下端 O 处切开，得对称的两个带刚臂的悬臂曲梁为基本结构，如图 8-61(b)所示，O 处左、右截面的三对多余未知力仍是对称的水平力 X_1、弯矩 X_3 和反对称的剪力 X_2，截面 O 左、右的变形连续条件可代替拱顶截面 C 的变形连续条件，故上述力法方程式仍然适用。

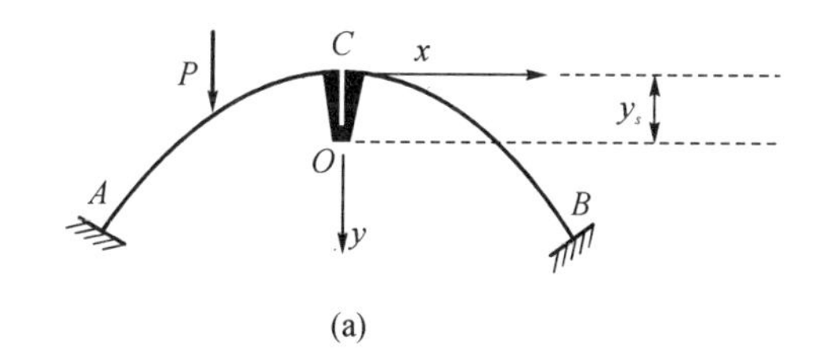

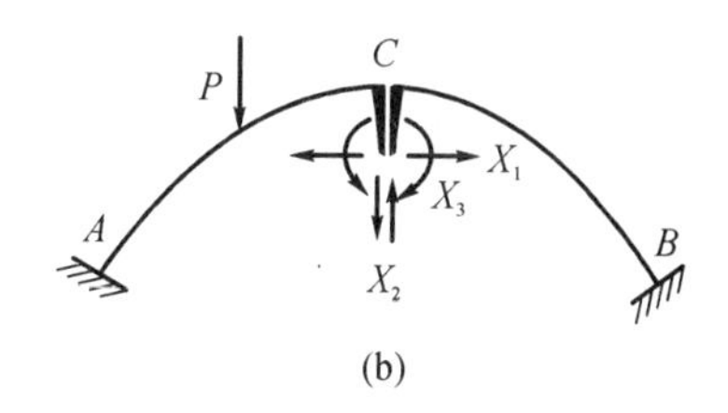

图 8-61

现在看如何确定刚臂长度 y_s。今仍以拱顶 C 为坐标原点，对称竖轴 y 向下为正；并规定各截面弯矩以使拱的内侧受拉为正，于是在 O 点处各单位未知力单独作用时，弯矩分布如图 8-62 所示，可写出

$$\overline{M}_1 = y - y_s, \quad \overline{M}_3 = 1$$

因此

$$\delta_{13} = \int_s \overline{M}_1 \overline{M}_3 \frac{\mathrm{d}s}{EI} = \int_s (y - y_s) \times 1 \times \frac{\mathrm{d}s}{EI}$$
$$= \int_s y \frac{\mathrm{d}s}{EI} - y_s \int_s \frac{\mathrm{d}s}{EI}$$

令 $\delta_{13} = 0$，即得

$$y_s = \frac{\int_s y \frac{\mathrm{d}s}{EI}}{\int_s \frac{\mathrm{d}s}{EI}} \qquad (8\text{-}18)$$

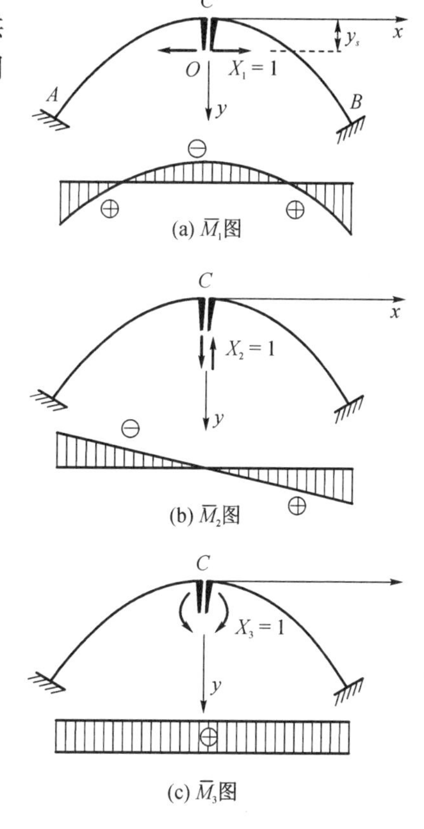

图 8-62

当已知拱轴线方程 $y(x)$ 和截面变化规律 $I(x)$ 时，刚臂端点 O 的位置就可按上式确定；作用在该处切口左、右的三对未知力之间的副系数将全为零，即表示每一对未知力单独作用时不会引起其他两对未知力方向的位移。

刚性伸臂端点 O 称为无铰拱的弹性中心，是结构本身的几何因素与物理因素所决定的一个特征点。由于 EI 代表杆件截面抗弯的弹性素质，冠以拱轴微段长 $\mathrm{d}s$ 后，可将 $\frac{\mathrm{d}s}{EI}$ 看作沿拱轴线的一块“弹性面积”，则按合力矩定理可知式(8-18)的 y_s 是表示全拱弹性面积之形心至 x 轴(过拱顶)的距离，故 O 点有弹性中心之称。

在无铰拱弹性中心处的三个多余未知力是相互独立的。这一特点在其他无铰封闭的单室结构中也存在。

2. 荷载作用下的无铰拱计算

一般对称无铰拱的基本结构在弹性中心处的三个多余未知力(水平力 X_1、竖向力 X_2、弯矩 X_3)及荷载的共同作用下，力法方程为

$$\left.\begin{aligned}\delta_{11}X_1+\Delta_{1P}=0\\ \delta_{22}X_2+\Delta_{2P}=0\\ \delta_{33}X_3+\Delta_{3P}=0\end{aligned}\right\}\tag{8-19}$$

在一般的精度要求下，主系数和自由项的计算中可只计弯曲变形项，但当拱轴线接近于合理拱轴时，或矢跨比较小$\left(\frac{f}{l}<\frac{1}{5}\right)$且拱截面较厚$\left(\frac{h_C}{l}>\frac{1}{30}\right)$时，对于主系数 δ_{11}（有时也对 Δ_{1P}）还须计及轴向变形的影响，即考虑拱轴的弹性压缩。在如前述以拱顶 C 为原点的坐标系下，有

$$\left.\begin{aligned}&\delta_{11}=\int\overline{M}_1^2\frac{\mathrm{d}s}{EI}+\int\overline{N}_1^2\frac{\mathrm{d}s}{EA}=\int(y-y_s)^2\frac{\mathrm{d}s}{EI}+\int\cos^2\varphi\frac{\mathrm{d}s}{EA}\\ &\delta_{22}(\delta_{33})=\int\overline{M}_{2(3)}^2\frac{\mathrm{d}s}{EI}\\ &\Delta_{1P}=\int\overline{M}_1M_P\frac{\mathrm{d}s}{EI}\left(+\int\overline{N}_1\overline{N}_P\frac{\mathrm{d}s}{EA}\right)\\ &\Delta_{2P}(\Delta_{3P})=\int\overline{M}_{2(3)}M_P\frac{\mathrm{d}s}{EI}\end{aligned}\right\}\tag{8-20}$$

求得弹性中心处的三个未知力后，欲求任意截面 D 的内力，可取连同拱顶的隔离体 CD，由平衡条件可得

$$\left.\begin{aligned}M_D&=X_1(y_D-y_s)+X_2x_D+X_3+M_P\\ V_D&=X_1\sin\varphi_D+X_2\cos\varphi_D+V_P\\ N_D&=X_1\cos\varphi_D-X_2\sin\varphi_D+N_P\end{aligned}\right\}\tag{8-21}$$

其中，弯矩以内侧受拉为正，轴力以受压为正。

上述无铰拱计算的弹性中心法也适用于其他具有单个封闭形的三次超静定结构，如圆管、单箱框架等。

【例 8-20】 变截面无铰拱如图 8-63(a)所示，已知拱轴为二次抛物线 $y=\frac{4f}{l^2}x^2$（坐标原点在拱顶），跨度 $l=50\ \mathrm{m}$，矢高 $f=10\ \mathrm{m}$，截面为等宽度的矩形，拱顶厚 $h_C=1\ \mathrm{m}$，$I_x=I_C/\cos\varphi_x$。试求在半跨均布荷载作用下弹性中心处三未知力，并绘出内力图形。

【解】 取基本结构如图 8-63(b)所示。

(1) 求弹性中心　按公式(8-18)，注意到 $\mathrm{d}s=\frac{\mathrm{d}x}{\cos\varphi}$ 及题给 $I_x=\frac{I_C}{\cos\varphi}$，即有$\frac{\mathrm{d}s}{EI_x}=\frac{\mathrm{d}x}{EI_C}$（此情况如同等截面的坦拱），由积分式可得

$$y_s=\frac{\int_s y\frac{\mathrm{d}s}{EI}}{\int_s\frac{\mathrm{d}s}{EI}}=\frac{2\int_0^{\frac{l}{2}}\frac{4f}{l^2}x^2\frac{\mathrm{d}x}{EI_C}}{2\int_0^{\frac{l}{2}}\frac{\mathrm{d}x}{EI_C}}=\frac{f}{3}$$

(2) 求多余未知力　力法方程为式(8-19)，由于

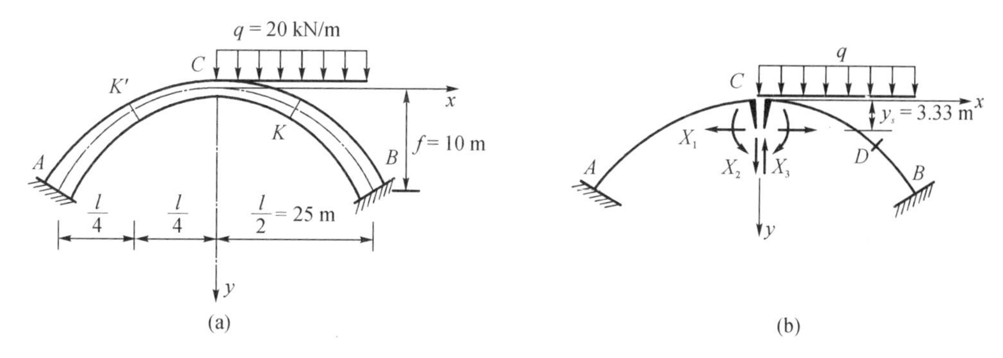

图 8-63

$$\frac{f}{l}=\frac{1}{5},$$

且
$$\frac{h_C}{l}=\frac{1}{50},$$

计算 δ_{11} 时,可略去轴向变形项。各单位未知力作用于弹性中心时,右半拱悬臂曲梁上 x 处截面的弯矩分别为

$$\overline{M}_1=\frac{4f}{l^2}x-\frac{f}{3},\quad \overline{M}_2=x,\quad \overline{M}_3=1$$

在荷载 q 作用下,右半拱悬臂曲梁的内力为

$$M_P=-\frac{qx^2}{2},\quad N_P=qx\sin\varphi,\quad V_P=-qx\cos\varphi$$

左半拱上 $M_P=N_P=V_P=0$。本例可用积分计算各项主系数和自由项。

由独立的力法方程式(8-19)即解得弹性中心处三个多余未知力为

$$\left.\begin{aligned}X_1&=-\frac{\Delta_{1P}}{\delta_{11}}=\frac{qfl^3}{180EI_C}\div\frac{4f^2l}{45EI_C}=\frac{ql^2}{16f}=\frac{5ql}{16}=312.5\text{ kN}\\X_2&=-\frac{\Delta_{2P}}{\delta_{22}}=\frac{ql^4}{128EI_C}\div\frac{l^3}{12EI_C}=\frac{3ql}{32}=93.75\text{ kN}\\X_3&=-\frac{\Delta_{3P}}{\delta_{33}}=-\frac{ql^3}{48EI_C}\div\frac{l}{EI_C}=\frac{ql^2}{48}=1\,041.67\text{ kN}\cdot\text{m}\end{aligned}\right\}\tag{c}$$

(3) 其他截面内力

由基本结构(图 8-63(b))中的平衡条件可得拱顶 C 截面的 3 个内力:

$$N_C=X_1=\frac{5}{16}ql(\text{压});$$

$$M_C=X_3-X_1\cdot y_s=\frac{ql^2}{48}-\frac{5}{16}ql\times\frac{l}{15}=0;$$

$$V_C=X_2=\frac{3}{32}ql。$$

也可得两拱趾的水平反力和竖向反力：

$$H_A = H_B = X_1 = \frac{5}{16}ql;$$

$$R_{Ay} = X_2 = \frac{3}{32}ql;$$

$$R_{By} = \frac{1}{2}ql - X_2 = \frac{13}{32}ql。$$

为绘制全拱内力图须按式(8-18)的叠加内容计算若干等分点截面的各项内力值，则须先由

$$f = \frac{l}{5};\quad \tan\varphi = y'_{(x)} = \frac{8}{5l}x$$

算好各指定截面的 y、$\sin\varphi$、$\cos\varphi$ 等几何数据，例如对拱趾、四分点、拱顶五个截面如表8-1所示。

表 8-1　　几何数据

截面	x	$y=\frac{4f}{l^2}x^2$	$\tan\varphi=\frac{8}{5l}x$	$\sin\varphi$	$\cos\varphi$
A	$-\frac{l}{2}$	$f=\frac{l}{5}$	$-\frac{4}{5}$	$-\frac{4}{\sqrt{41}}=-0.6248$	$\frac{5}{\sqrt{41}}=0.7808$
K'	$-\frac{l}{4}$	$\frac{f}{4}=\frac{l}{20}$	$-\frac{2}{5}$	$-\frac{2}{\sqrt{29}}=-0.3714$	$\frac{5}{\sqrt{29}}=0.9285$
C	0	0	0	0	1.000
⋮					

各截面内力的计算也可按式(8-21)分别列表进行，例如弯矩计算如表8-2所示。图8-64为根据求得的五截面各项内力值绘出的内力分布图。

表 8-2　　弯矩计算

截面	x	$y-y_s=y-\frac{1}{15}$	$(y-y_s)X_1=\left(y-\frac{l}{15}\right)\times\frac{5ql}{16}$	$X_2x=\frac{3qlx}{32}$	X_3	$M_P=-\frac{qx^2}{2}$	最终弯矩 M_x	
(单位)			(ql^2)	(ql^2)	(ql^2)	(ql^2)	(ql^2)	kN·m
A	$\frac{l}{2}$	$\frac{2l}{15}$	$\frac{1}{24}$	$-\frac{3}{64}$	$\frac{1}{48}$	0	$+\frac{1}{64}$	+781.25
K'	$\frac{l}{4}$	$-\frac{l}{60}$	$-\frac{1}{192}$	$-\frac{3}{128}$	$\frac{1}{48}$	0	$-\frac{1}{128}$	−390.62
C	0	$-\frac{l}{15}$	$-\frac{1}{48}$	0	$\frac{1}{48}$	0	0	0
⋮								

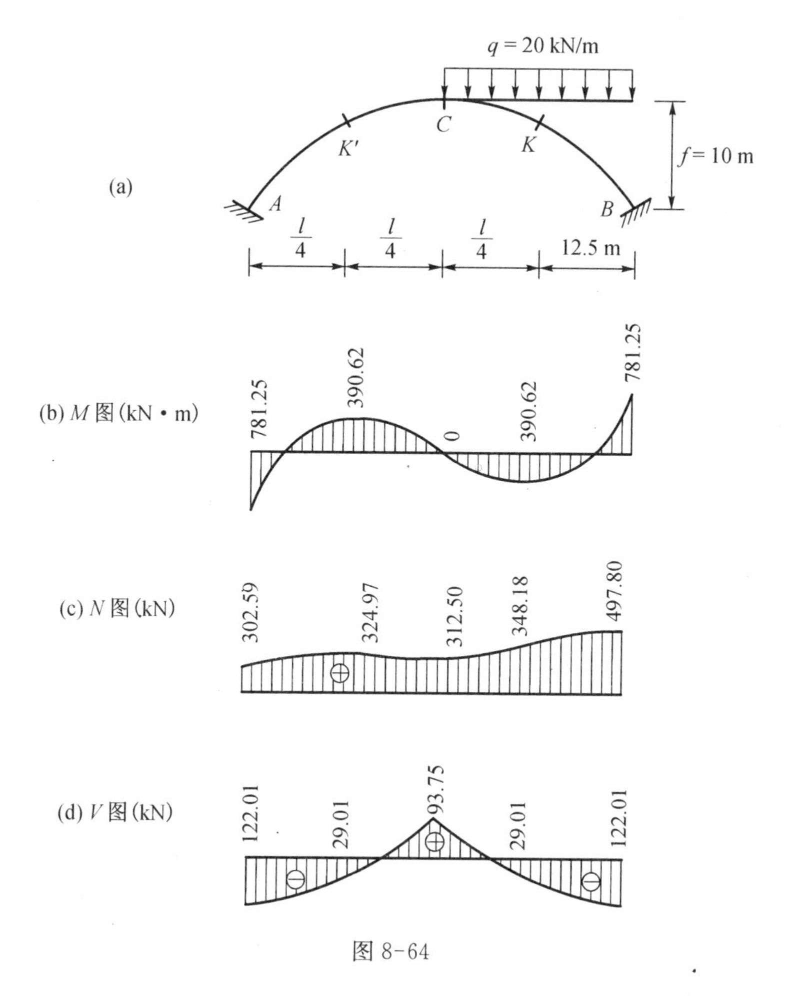

图 8-64

本例二次抛物线轴无铰拱因采用变截面和不计轴向变形，在半跨均布荷载作用下产生的水平推力恰与前例 8-19 等截面两铰拱及三铰拱的水平推力相等$\left(\dfrac{ql^2}{16f}=312.5\ \text{kN}\right)$。若本例拱上全跨满布均布荷载，就等于将左半跨受载与右半跨受载的情况相叠加，而左半跨受载时的内力图是等于将本题的结果(图 8-64)按对称轴左、右换位且剪力反号。由于图 8-64 中显示了弯矩分布、剪力分布实际上均为反对称，于是，叠加结果得所有截面的弯矩 $M_x=0$、剪力 $V_x=0$，而轴力几乎是倍增。这表明该变截面无铰拱在满跨均布荷载下的合理拱轴是二次抛物线(不计轴向变形)，此时，拱的推力为

$$H=X_1=\frac{ql^2}{8f}=\frac{M_C^0}{f}$$

3. 关于无铰拱的弹性压缩

在无铰拱结构的工程分析中，常不可忽略拱的轴向弹性压缩。设变截面的规律取

$$I_x=\frac{I_C}{\cos\varphi_x},\quad A_x=\frac{A_C}{\cos\varphi_x}$$

或是等截面的扁平拱可取 $\cos\varphi\approx 1$，均使力法方程的计算方便采用积分进行，在主系数 δ_{11} 中计入轴向变形项后，弹性中心处的水平未知力成为

$$\left.\begin{aligned} X_1 &= \frac{-\int \overline{M}_1 M_P \dfrac{dx}{EI_C}}{\int \overline{M}_1^2 \dfrac{dx}{EI_C} + \int \overline{N}_1^2 \dfrac{dx}{EA_C}} = \frac{\int (y-y_s) M_P dx}{(1+\mu)\int (y-y_s)^2 dx} \\ \mu &= \frac{I_C \int \cos^2\varphi dx}{A_C \int (y-y_s)^2 dx} \end{aligned}\right\} \tag{8-22}$$

式中

这与不计轴向变形影响 ($\mu=0$) 的相比，X_1 值减小了，或者说，考虑了拱肋的轴向弹性压缩后，弹性中心处的水平未知力(等于拱趾水平推力)产生了一个负值增量，因此，使各截面的轴力将减小一些，并将使拱顶区段增加正弯矩、拱趾附近增加负弯矩。这是值得重视的一个特征。

下面用两个实例简单剖析这一影响。

(1) 变截面抛物线轴无铰拱桥，如图 8-63(例 8-20)，跨度 l，矢高 f，横截面矩形 $b\times h$，拱顶处 $A_C=bh_C$，$I_C=\dfrac{bh_C^3}{12}$，则有 $\dfrac{I_C}{A_C}=\dfrac{h_C^2}{12}$。

由拱轴线 $y=\dfrac{4f}{l^2}x^2$，知各处斜率 $\tan\varphi=y'=\dfrac{8f}{l^2}x$，利用积分公式，可得

$$\int_l \cos^2\varphi dx = \int_l \frac{dx}{1+\tan^2\varphi} = 2\int_0^{\frac{l}{2}} \frac{dx}{1+\dfrac{64f^2}{l^4}x^2} = 2\int_0^{\frac{l}{2}} \frac{l^4}{l^4+64f^2x^2}dx$$

$$= \frac{2l^4}{8fl^2}\times\arctan\left(\frac{8f}{l^2}x\Big|_0^{\frac{l}{2}}\right) = \frac{l^2}{4f}\times\arctan\left(\frac{4f}{l}\right)$$

$$\int_l (y-y_s)^2 dx = 2\int_0^{\frac{l}{2}}\left(\frac{4f}{l^2}x^2-\frac{f}{3}\right)^2 dx = \frac{4}{45}f^2 l$$

按式(8-22)，则有

$$\mu = \frac{I_C\int\cos^2\varphi dx}{A_C\int (y-y_s)^2 dx} = \frac{15}{64}\times\left(\frac{h_C}{l}\right)^2 \frac{1}{\left(\dfrac{f}{l}\right)^3}\arctan\left(\frac{4f}{l}\right) \tag{d}$$

可见轴向弹性压缩的影响系数 μ 值与厚跨比 $\left(\dfrac{h_C}{l}\right)$ 的平方成正比，又几乎与矢跨比 $\left(\dfrac{f}{l}\right)$ 的三次方成反比。

今按两组几何数据代表的拱 a 和拱 b 来显示例 8-20 这种变截面无铰拱在半跨均布荷载 $q=20$ kN/m 作用下的水平未知力 X_1^0，在考虑弹性压缩后写作 X_1，及产生于拱顶 C、拱趾 A 截面的弯矩增量如下表(单位分别取 m, kN, kN·m)：

拱	l	f	h_C	$\frac{h_C}{l}$	$\frac{f}{l}$	μ	$X_1^0=\frac{ql^2}{16f}$	$X_1=\frac{X_1^0}{1+\mu}$	ΔX_1	ΔM_C	ΔM_A
a	50	10	1	$\frac{1}{50}$	$\frac{1}{5}$	0.007 9	312.50	310.05	−2.45	+8.17	−16.34
b	60	7.5	1.4	$\frac{1}{42.8}$	$\frac{1}{8}$	0.030 3	600.00	582.35	−17.65	+44.12	−88.24

其中 $\arctan\left(\frac{4}{5}\right)=0.674\ 87$，$\arctan\left(\frac{4}{8}\right)=0.463\ 68$。

(2) 拱形水坝，在水平方向用两平行截面可切出水平拱圈，设如图 8-65(a)所示等截面圆弧拱，圆弧中心角 $2\varphi_0$，跨度 $l=2R\sin\varphi_0$，矢高 $f=R(1-\cos\varphi_0)$，承受径向均布水压力 p 作用。它的特点是，若不计拱轴弹性压缩，用力法求解，应得全拱无弯矩、无剪力而仅有轴力 pR；其弹性压缩的影响系数 μ 由于圆弧轴线的积分形式的特点得

$$\mu=\frac{I}{AR^2}\left(\frac{\varphi_0+\frac{\sin 2\varphi_0}{2}}{\varphi_0+\frac{\sin 2\varphi_0}{2}-\frac{2\sin^2\varphi_0}{\varphi_0}}\right) \tag{e}$$

式中，括号外是对应于 $\frac{h}{l}$，括号内是对应于 $\frac{f}{l}$。圆弧拱的弹性中心位置距拱顶为

$$y_s=R\left(1-\frac{\sin\varphi_0}{\varphi_0}\right) \tag{8-23}$$

图 8-65(b)中表示了径向荷载在基本结构(两悬臂曲杆)上任意 φ 截面产生的弯矩和轴力可计为

$$M_P=-pd\times\frac{d}{2}=-2pR^2\sin^2\frac{\varphi}{2};$$

$$N_P=pd\cdot\sin\frac{\varphi}{2}=2pR\sin^2\frac{\varphi}{2}$$

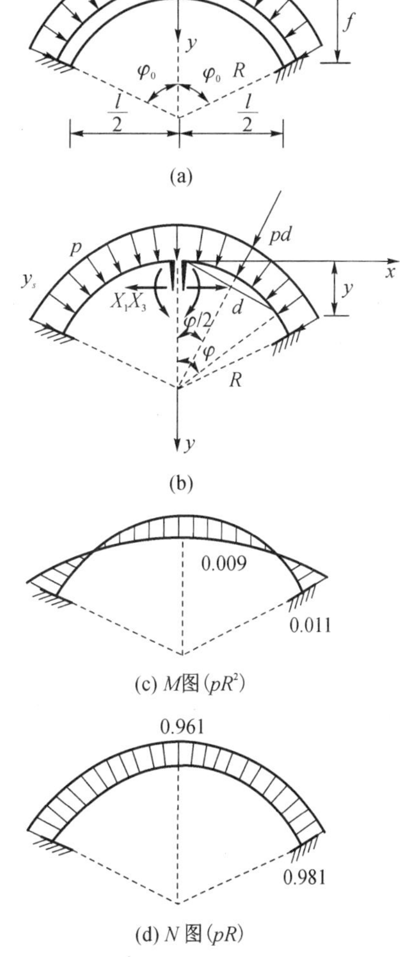

(a)

(b)

(c) M图(pR^2)

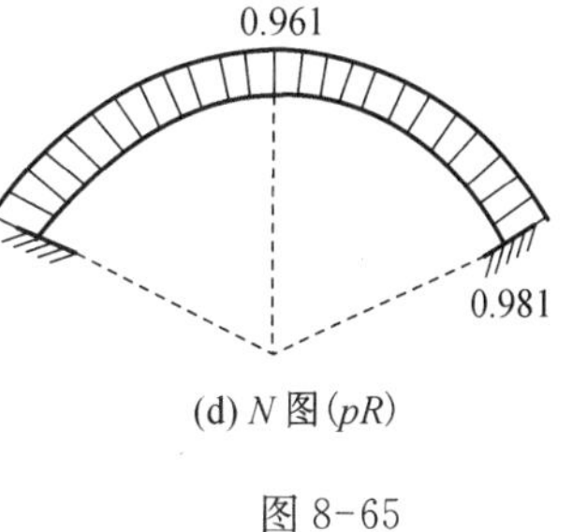

(d) N 图(pR)

图 8-65

今设 $R=20$ m，矩形等截面的高 $h=1.8$ m，中心角的 $\varphi_0=60°=1.047$ rad，弹性中心位置 $y_s=R(1-0.827)=0.173R$。可由式(e)计算得 $\mu=0.0182$。在计算弹性中心处水平未知力 X_1 时，δ_{11} 和 Δ_{1P} 中均计及轴向变形。求得

$$X_1=0.961pR,\quad X_3=0.175pR^2$$

最后所得全拱弯矩图如图 8-65(c)所示，数值较小，但拱顶弯矩中由于弹性压缩而产生的约占 $\frac{1}{3}$；轴力图如图 8-65(d)所示，几乎全拱的轴力接近于 pR。

4. 温度改变时无铰拱的计算

无铰拱与其他超静定结构一样，在温度变化时，将会产生内力，而且不可忽视。图 8-66(a)所示对称无铰拱，设拱的外侧温度升高 t_1℃，内侧升温 t_2℃。拱轴线上升温为 t_0，采用弹性中心的力法基本结构见图 8-66(b)。由于温度变化情况是对称于 y 轴的，因此，$X_2=0$，则力法方程为

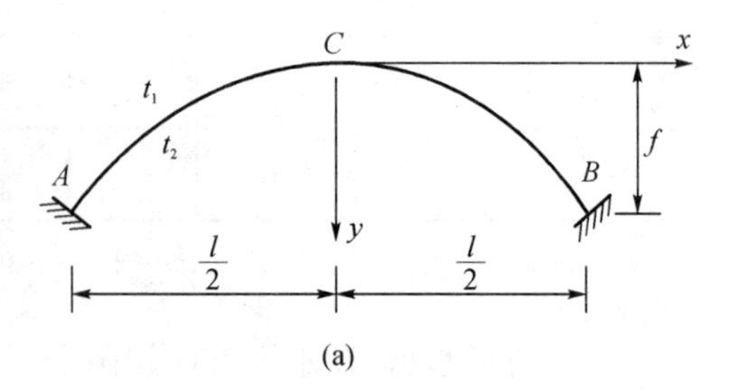

(a)

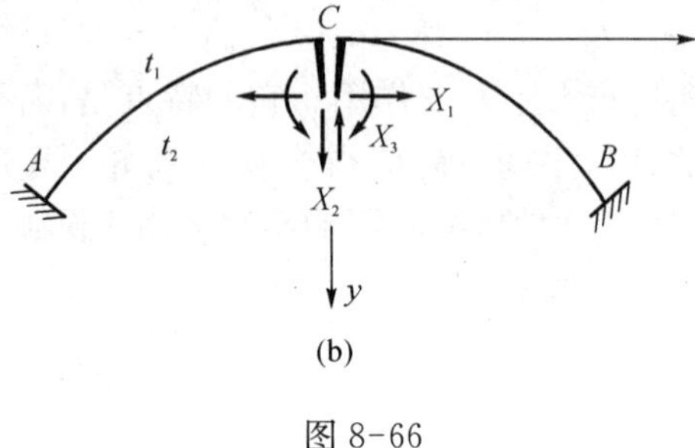

(b)

图 8-66

$$\left.\begin{aligned}\delta_{11}X_1+\Delta_{1t}=0\\ \delta_{33}X_3+\Delta_{3t}=0\end{aligned}\right\}\tag{8-24}$$

主系数计算式同前述式(8-20)中所列，自由项为

$$\begin{aligned}\Delta_{1t}&=\int\overline{M}_1\frac{\alpha\Delta t}{h}\mathrm{d}s+\int\overline{N}_1\alpha t_0\mathrm{d}s\\&=\alpha\Delta t\int\frac{(y-y_s)}{h}\mathrm{d}s-\alpha t_0 l\end{aligned}$$

$$\Delta_{3t}=\alpha\Delta t\int\frac{\mathrm{d}s}{h}$$

于是即可解得弹性中心处的多余未知力为

$$\left.\begin{aligned}X_1&=-\frac{\left(\alpha\Delta t\int(y-y_s)\frac{\mathrm{d}s}{h}-\alpha t_0 l\right)}{\int(y-y_s)^2\frac{\mathrm{d}s}{EI}+\int\cos^2\varphi\frac{\mathrm{d}s}{EA}}\\ X_3&=-\frac{\alpha\Delta t\int\frac{\mathrm{d}s}{h}}{\int\frac{\mathrm{d}s}{EI}}\end{aligned}\right\}\tag{8-25}$$

若 $t_1=t_2$，即内、外侧温度变化相同，$\Delta t=0$；又若变截面的规律取为

$$I=\frac{I_C}{\cos\varphi},\quad A=\frac{A_C}{\cos\varphi}$$

则得

$$\left.\begin{aligned}X_1&=\frac{\alpha t_0 l}{(1+\mu)\int(y-y_s)^2\frac{\mathrm{d}x}{EI_C}}\\ X_3&=0\end{aligned}\right\}\tag{8-25a}$$

这表明当全拱温度均匀改变时，在弹性中心处只产生水平未知力 X_1，升温时为压力，降温时为拉力。以例 8-20 中的二次抛物线形变截面无铰拱为例，可得

$$X_1=\frac{45\alpha t_0}{(1+\mu)4f^2}EI_C\tag{f}$$

可见由于温度改变引起的拱中内力、反力与截面刚度 EI、EA 的绝对值相关。

拱肋的施工若在野外,昼夜的、季节的温差的影响应予考虑。

混凝土的收缩对超静定结构的影响,与温度均匀下降的情况相似,故可采用上述温度均匀变化的计算方式来处理。一般混凝土的线向收缩率为 $\delta = 0.025\%$,而混凝土的线膨胀系数为 $\alpha = 1 \times 10^{-5}$,故混凝土的收缩相当于温度均匀下降 $t = 25℃$(即 $\delta = \alpha t$)。若拱圈不是一次做成,可另作考虑。

5. 支座移动时无铰拱的计算

两端支座不均匀的移动将使无铰拱产生较显著的反应。例如图 8-67(a)所示对称无铰拱,设支座 B 发生水平移动 a,利用弹性中心的力法基本结构如图 8-67(b)所示,其力法方程为

$$\left.\begin{aligned}\delta_{11}X_1 + \Delta_{1C} = 0\\ \delta_{22}X_2 + \Delta_{2C} = 0\\ \delta_{33}X_3 + \Delta_{3C} = 0\end{aligned}\right\} \tag{8-26}$$

(a)

(b)

图 8-67

其中主系数的计算式仍如前式(8-20)中所列,自由项按 $\Delta_{iC} = -\sum \bar{R} \cdot C$ 计算,$\bar{R}_i$ 为 $X_i = 1$ 单独作用时在基本结构上引起的支座反力,C 是相应的支座移动(转动)值。

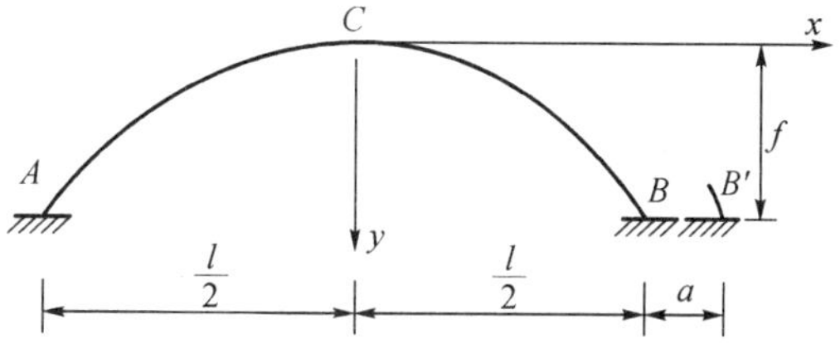

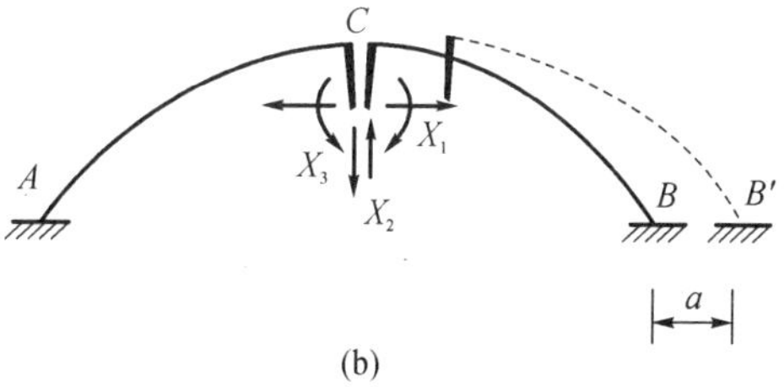

就图 8-67(b)的情况

$$\Delta_{1C} = -(-1 \times \alpha) = a, \quad \Delta_{2C} = 0, \quad \Delta_{3C} = 0$$

于是,弹性中心处的多余未知力为

$$\left.\begin{aligned}X_1 &= -\frac{\Delta_{1C}}{\delta_{11}} = -\frac{a}{(1+\mu)\int (y-y_s)^2 \dfrac{dx}{EI_C}}(\text{拉力})\\ X_2 &= X_3 = 0\end{aligned}\right\} \tag{8-27}$$

这时,全拱将有对称的内力分布。以例 8-20 中的二次抛物线变截面无铰拱为例($l = 50\ \text{m}$, $f = 10\ \text{m}$, $h_C = 1\ \text{m}$),设钢筋混凝土材料的 $E = 3 \times 10^7\ \text{kN/m}^2$,若不计轴向变形的影响,则可求得

$$X_1 = -\frac{45EI_C}{4f^2 l}a = -5\,625a\ \text{kN/m} \tag{g}$$

可见无铰拱的截面刚度 EI、EA 值愈大,则由支座移动所产生的内力、反力就愈大。当右支座 B 向外移动 $a = 0.01\ \text{m}$ 时,就会在弹性中心处产生水平拉力

$$x_1 = H = -56.25\ \text{kN}$$

这相当于满跨均布荷载 $q = 20\ \text{kN/m}$ 所产生的水平推力 625 kN 的 9%,甚为可观。

*8.11 余能原理与力法

余能原理在结构分析中是极为有用的，利用该原理，不仅可以导出计算结构位移的公式，还可以直接推导出力法方程。

8.11.1 结构的余能

结构的余能 Π^* 定义为

$$\Pi^* = U^* - \sum_{i=1}^{n} R_i c_i \tag{8-28}$$

式中，U^* 是结构的应变余能（图 8-68(a)），可写作 $\iint \varepsilon\sigma(\varepsilon)\,\mathrm{d}A\mathrm{d}s$，而结构的应变能 U，可写作 $\iint \frac{\sigma\varepsilon(\sigma)}{2}\mathrm{d}A\mathrm{d}s$；

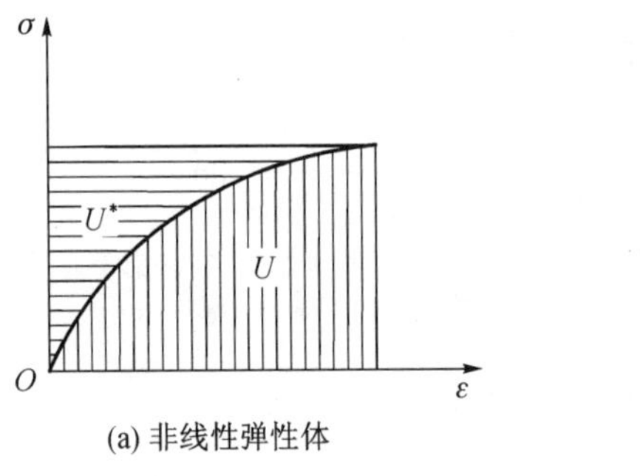

(a) 非线性弹性体

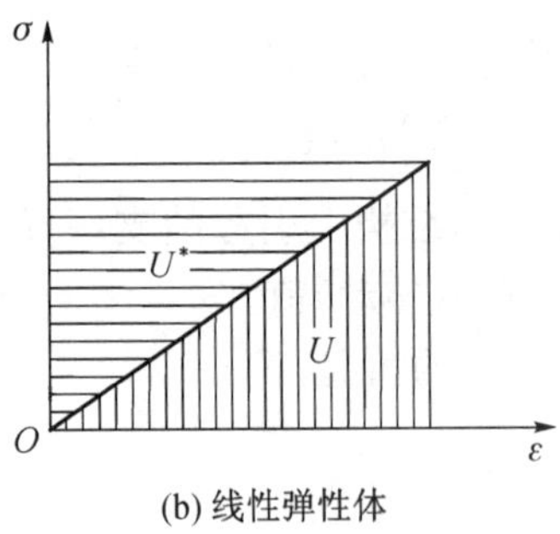

(b) 线性弹性体

图 8-68

$-\sum_{i=1}^{n} R_i c_i$ 为体系边界支承处已知位移的余能，其中 c_i 是边界支承处的已知位移，R_i 是与 c_i 相应的边界约束力。

若支承边界处的位移 c_i 均为零，则结构余能等于结构的应变余能，即

$$\Pi^* = U^* \tag{8-29}$$

对于线性弹性体如图 8-68(b)所示。

$$U^* = U \tag{8-29a}$$

8.11.2 余能原理

如图 8-69(a)所示为受力处于平衡的线性或非线性弹性体，设为实际位移状态 i。

如图 8-69(b)所示为全部荷载中某个荷载 P_i 有增量 $\mathrm{d}P_i$，同时，体系内力和支座反力由此产生相应的增量 $\mathrm{d}M$、$\mathrm{d}R_1$，$\mathrm{d}R_2$，$\mathrm{d}R_3$，$\mathrm{d}R_4$，$\mathrm{d}R_5$，$\mathrm{d}R_6$，设为虚力状态 j。

若只考虑弯曲应变余能，则在荷载增量 $\mathrm{d}P_i$ 作用下，体系的应变余能增量为

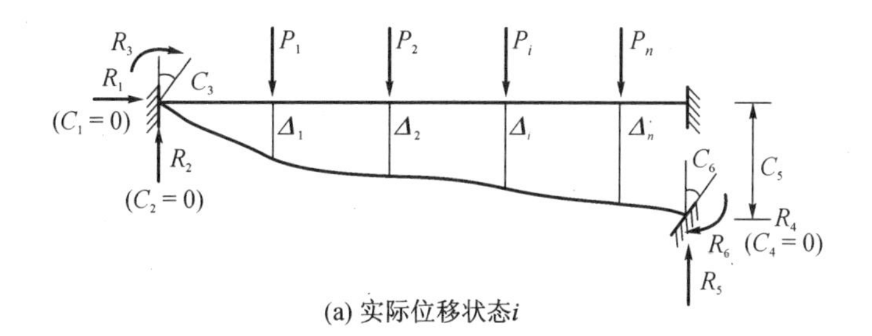

(a) 实际位移状态i

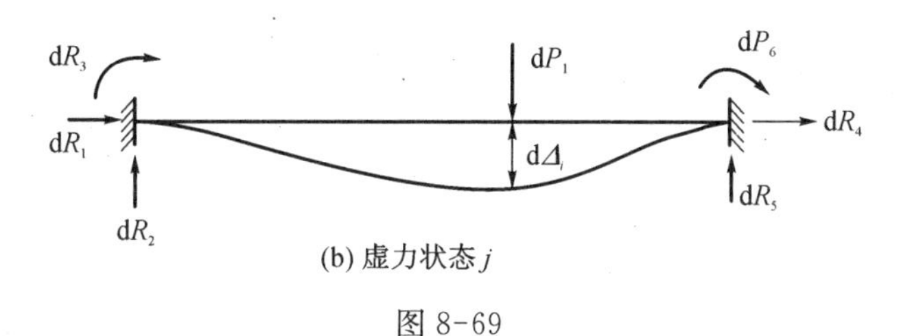

(b) 虚力状态j

图 8-69

$$dU^* = \sum d\left(\iint \varepsilon\sigma(\varepsilon)dAds\right) = \sum\int_s (KdM)ds$$

式中，K 为曲率。余能增量为

$$d\Pi^* = \frac{\partial\Pi^*}{\partial P_i}dP_i = \sum\int_s (KdM)ds - \sum_{i=1}^{n} c_i dR_i \tag{a}$$

另由变形体虚功原理，外力虚功等于虚变形功，即

$$T_{ji} = W_{ji}$$

得

$$\Delta_i dP_i + \sum_{i=1}^{n} c_i dR_i = \sum\int (KdM)ds \tag{b}$$

将式(b)代入式(a)，得

$$\frac{\partial\Pi^*}{\partial P_i} = \Delta_i \quad (i = 1,\ 2,\ \cdots,\ n) \tag{8-30}$$

上式为余能偏导数公式，它适用于线性和非线性弹性体系。该式表明：若将结构余能 Π^* 表达为荷载的函数，则余能 Π^* 对任一荷载 P_i 的偏导数就等于与该荷载作用点上相应的位移 Δ_i。

若结构各支承处的位移均为零，则 $\Pi^* = U^*$，因此

$$\Delta_i = \frac{\partial\Pi^*}{\partial P_i} = \frac{\partial U^*}{\partial P_i} \tag{8-30a}$$

上式为克罗第-恩格塞定理，它适用于线性和非线性弹性体系，该式表明：结构在没有支座位移情况下，若将结构的应变余能表达为荷载的函数，则应变余能 U^* 对任一荷载的偏导数等于与荷载作用点上相应的位移 Δ_i。

若体系为线性弹性，且无支座位移，则 $\Pi^* = U^* = U$，即应变余能 U^* 等于应变能 U，于是有

$$\Delta_i = \frac{\partial U^*}{\partial P_i} = \frac{\partial U}{\partial P_i} \tag{8-31}$$

上式称为卡斯第阿诺第二定理,它只适用于线性弹性体系。该式表明:若结构为线性弹性体系,且无支座位移,如果将结构的应变能表达为荷载的函数,则应变能 U 对任一荷载的偏导数就等于与该荷载作用点上相应的位移 Δ_i。

8.11.3 余能原理与力法

应用余能原理求解超静定结构的步骤和方法为:

(1) 去除 n 个多余约束,代以相应的多余未知力 X_1, X_2, …, X_n,得静定基本结构。

(2) 求出基本结构在荷载及多余未知力共同作用下的内力,并写出相应的应变余能 U^*(对于线性弹性体系,$U^*=U$)和结构的余能 Π^*。

(3) 建立变形协调方程

当选取的力法基本结构中各多余未知力 X_1, X_2, …, X_n 方向上的位移为已知值 Δ_1, Δ_2, …, Δ_n 时,则由余能偏导数公式(8-30)得变形协调方程为

$$\left.\begin{aligned} \frac{\partial \Pi^*}{\partial X_1} &= \Delta_1 \\ \frac{\partial \Pi^*}{\partial X_2} &= \Delta_2 \\ \vdots \quad & \quad \vdots \\ \frac{\partial \Pi^*}{\partial X_n} &= \Delta_n \end{aligned}\right\} \tag{8-32}$$

或简写为

$$\frac{\partial \Pi^*}{\partial X_i} = \Delta_i \quad (i = 1, 2, \cdots, n) \tag{8-32a}$$

此方程的左边包含诸多余未知力,故即为力法方程组。若 Δ_1, Δ_2, …, Δ_n,均为零,则

$$\frac{\partial \Pi^*}{\partial X_i} = 0 \quad (i = 1, 2, \cdots, n) \tag{8-33}$$

式(8-33)为余能驻值原理,它表示:计算超静定弹性结构时,如果选取的多余未知力方向的相应位移为零,则多余未知力的真实解使结构的余能为驻值。可进一步指出,若结构处于稳定平衡,则余能的驻值实际是极小值。式(8-33)表示最小余能原理。

若无支座位移,则 $\Pi^* = U^*$,于是,式(8-33)成为

$$\frac{\partial U^*}{\partial X_i} = 0 \quad (i = 1, 2, \cdots, n) \tag{8-33a}$$

若为线性弹性结构,且无支座位移,则 $\Pi^* = U^* = U$,于是,式(8-33)成为

$$\frac{\partial U}{\partial X_i} = 0 \quad (i = 1, 2, \cdots, n) \tag{8-33b}$$

(4) 求解变形协调方程，求出多余未知力，进而求出结构全部内力的确定值。

【例 8-21】 试用余能原理求作图 8-70(a)所示线性弹性结构的内力分布，已知

$$EA - \frac{EI}{2l^2}。$$

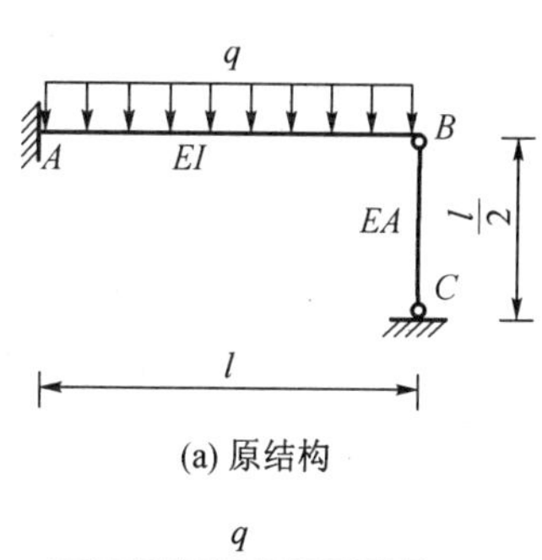

(a) 原结构

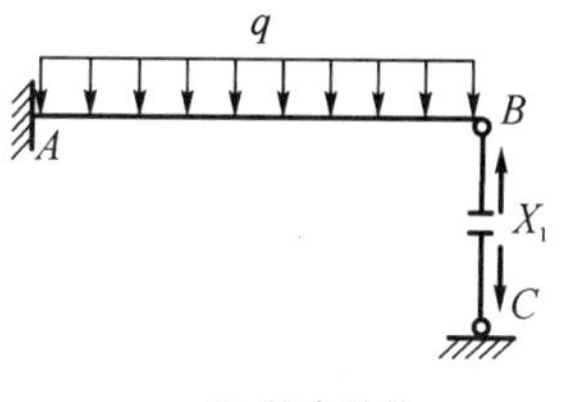

(b) 基本结构

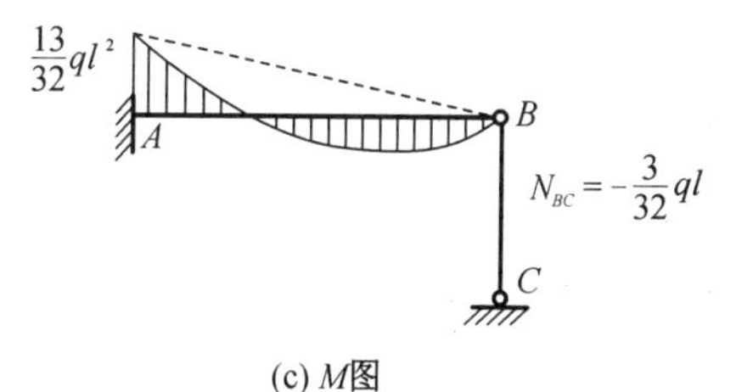

(c) M图

图 8-70

【解】 因结构为线弹性，结构的余能 Π^* = 应变余能 U^* = 应变能 U。若取图 8-70(b)为基本结构，则

$$M_x = X_1 x - \frac{qx^2}{2}, \quad N_{BC} = -X_1$$

于是，应变能为

$$\begin{aligned} U &= \frac{1}{2}N_{BC} \times \frac{N_{BC} \times \frac{l}{2}}{EA} + \int_0^l \frac{M_x^2 \mathrm{d}x}{2EI} \\ &= \frac{X_1^2 l^3}{2EI} + \frac{1}{2EI}\int_0^l \left(X_1 x - \frac{qx^2}{2}\right)^2 \mathrm{d}x \\ &= \frac{1}{2EI}\left(\frac{4l^3}{3}X_1^2 - \frac{ql^4}{4}X_1 + \frac{q^2 l^5}{20}\right) \end{aligned}$$

按式(8-33b)，令

$$\frac{\partial U}{\partial X_1} = 0,$$

得力法方程：

$$\frac{1}{2EI}\left(\frac{8l^3}{3}X_1 - \frac{ql^4}{4}\right) = 0$$

故

$$X_1 = \frac{3}{32}ql$$

由此可知

$$N_{BC} = -\frac{3}{32}ql,$$

梁 AB 的弯矩分布由荷载 q 和 X_1 共同产生，如图 8-70(c)所示。

【例 8-22】 试用余能原理求图 8-71(a)所示线弹性结构因两处支座移动引起的内力分布，各杆 EI 相同。

【解】 取基本结构如图 8-71(b)所示，按图中坐标系可写出各杆弯矩函数式为

杆 AD $\qquad M_x = X_1 x$

杆 CD $\qquad M_x = X_2 x$

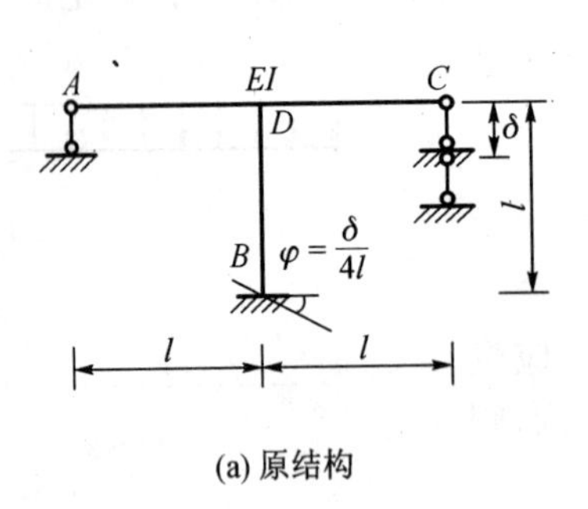

(a) 原结构

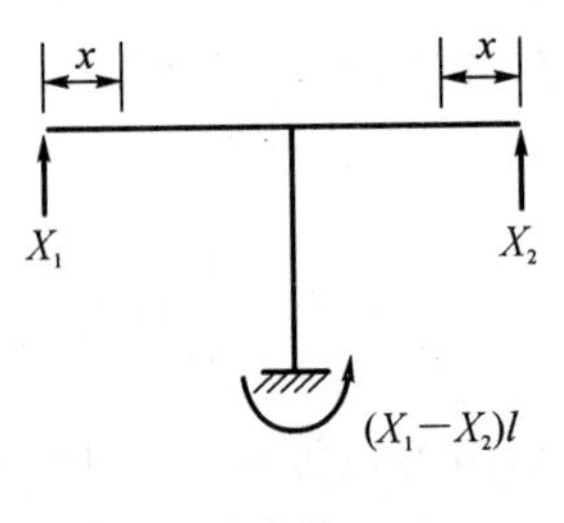

(b) 基本结构

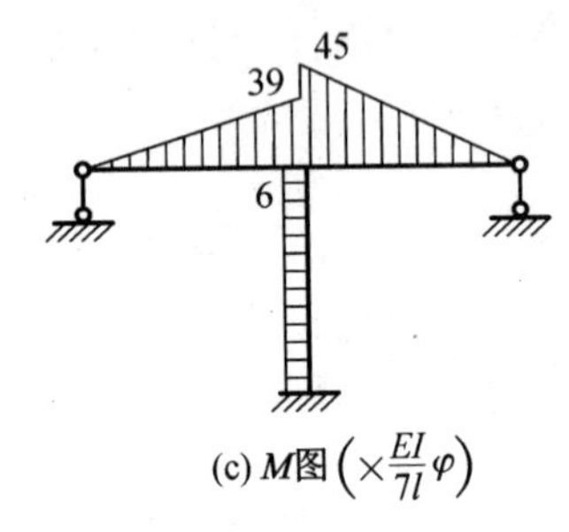

(c) M图$\left(\times\frac{EI}{7l}\varphi\right)$

图 8-71

杆 BD
$$M_x=(X_1-X_2)l$$

则结构应变能为

$$U=\int_0^l\frac{(X_1x)^2}{2EI}\mathrm{d}x+\int_0^l\frac{(X_2x)^2}{2EI}\mathrm{d}x+\int_0^l\frac{(X_1-X_2)^2l^2}{2EI}\mathrm{d}x$$

由式(8-28)、式(8-29a)可得基本结构余能：

$$\begin{aligned}\Pi^*&=U^*-\sum R_c=U-\sum R_c\\&=\frac{1}{2EI}\left[\frac{X_1^2l^3}{3}+\frac{X_2^2l^3}{3}+(X_1^2-2X_1X_2+X_2^2)l^3\right]-[-(X_1-X_2)l\varphi]\end{aligned}$$

据变形协调方程式(8-32)，得

$$\frac{\partial\Pi^*}{\partial X_i}=\Delta_i\quad(i=1,\ 2)$$

有

$$\left.\begin{aligned}\frac{\partial\Pi^*}{\partial X_1}&=\frac{1}{2EI}\left[\frac{2X_1l^3}{3}+(2X_1-2X_2)l^3\right]+l\varphi=0\\\frac{\partial\Pi^*}{\partial X_2}&=\frac{1}{2EI}\left[\frac{2X_2l^3}{3}+(-2X_1+2X_2)l^3\right]-l\varphi=-\delta\end{aligned}\right\}$$

因题中 $\delta=4l\varphi$，经整理后，得力法方程组

$$\left.\begin{aligned}\frac{4l^3}{3}X_1 - l^3X_2 + EIl\varphi = 0\\ -l^3X_1 + \frac{4l^3}{3}X_2 - EIl\varphi = -4EIl\varphi\end{aligned}\right\}$$

于是,求解得多余约束未知力

$$X_1 = \frac{-39\varphi}{7l^2}EI; \quad X_2 = \frac{-45\varphi}{7l^2}EI$$

据此可绘出最终弯矩分布图如图 8-71(c)所示。

8.12 超静定结构的特性

通过力法的学习,可以总结归纳出超静定结构具有如下一些主要特性。

(1) 满足超静定结构平衡条件和变形条件的内力解答是唯一真实的解。

由于超静定结构存在多余约束,仅用静力平衡条件不能确定其全部反力和内力,而必须综合应用超静定结构的平衡条件和数量与多余约束力数相等的变形条件后才能求得唯一的内力解答。力法典型方程实际上就是超静定结构的变形条件(变形几何条件及力与变形的对应物理条件)和平衡条件的综合体现。

(2) 超静定结构在荷载作用下的内力仅与各杆的相对刚度比有关,而与各杆刚度的绝对值无关。

由于超静定结构的内力必须综合应用平衡条件和变形条件后才能确定,而结构的变形与各杆刚度(弯曲刚度 EI、轴向刚度 EA 等)有关,因此,如果按同一比例增加或减小各杆刚度的绝对值,则力法典型方程中各系数和自由项的比值将保持不变,内力不受刚度绝对值的影响。反之,如果不按同一比例增加或减小各杆刚度的绝对值,则力法典型方程中的各系数和自由项的比值将发生改变,内力的数值也因各杆的相对刚度比发生改变而变化。

根据这个特性,在设计超静定结构时,必须预先选定结构的材料并根据经验或参照同类型结构的现有资料假定各杆的截面尺寸,定出各杆刚度及其比值,才能进行内力计算,待内力求出后,再复核截面尺寸,若截面尺寸不合理,还要重复计算、调整截面尺寸(但对有经验者而言,往往不需要反复运算)。另外,根据这个特性,可以通过改变各杆刚度比值的办法以达到调整结构内力分布的目的。

(3) 超静定结构在非荷载因素(温度变化、杆件制造误差、支座位移等)作用下会产生内力(这种内力状态有时称为自内力状态),且这种内力与各杆刚度的绝对值有关,各杆刚度的绝对值增大,内力一般也随着增大。因此,为了提高结构对温度变化、支座位移等因素的抵抗能力,仅增加构件截面尺寸并不是理想的措施,为了减小自内力对结构的不利影响,有时可以采用设置温度缝、沉降缝等构造措施。

(4) 超静定结构由于存在多余约束,故它与相应的静定结构相比,超静定结构的内力分布和变形比较均匀,刚度和稳定性都有所提高。而且如果超静定结构的部分或全部多余约束被破坏后仍为几何不变体系,还有一定的承载能力,所以,超静定结构比静定结构具有较强的防灾能力。

习　题

[**8-1**] 用去除多余约束法确定如图 8-72 所示结构的超静定次数。(须保持几何不变)

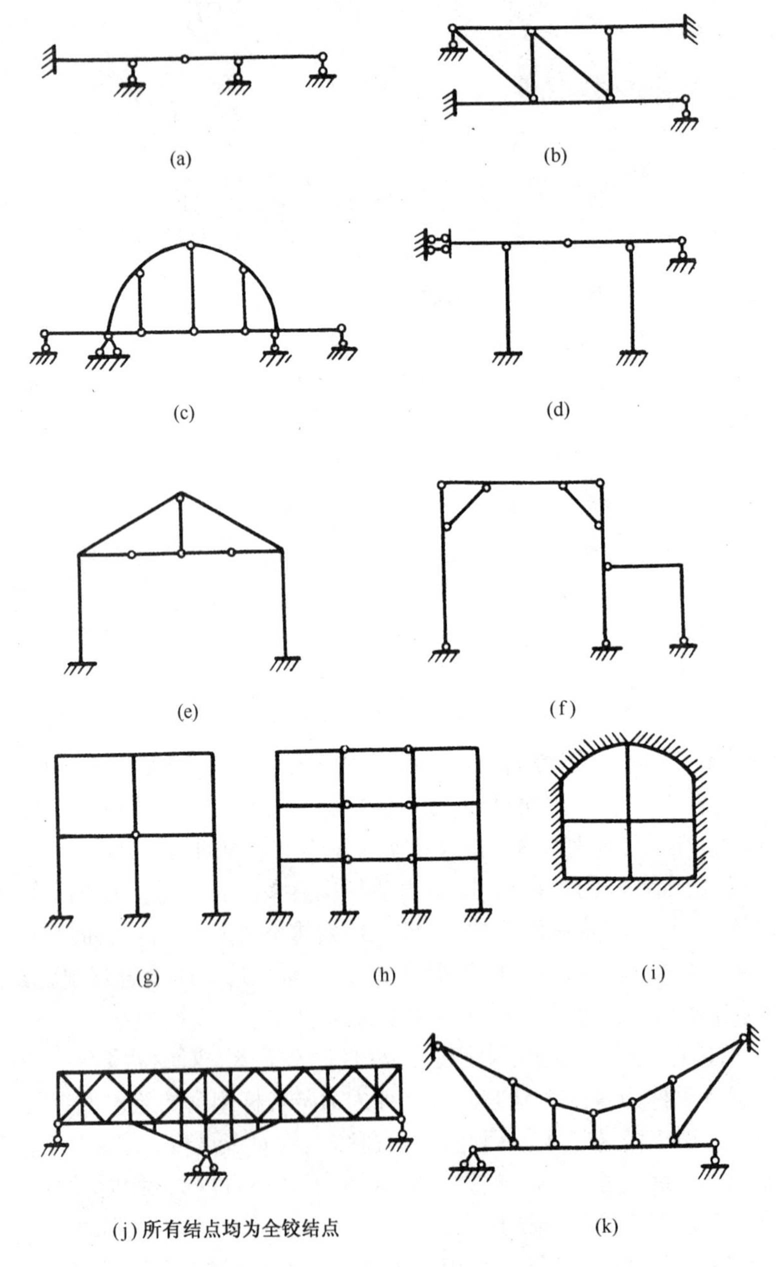

图 8-72

[**8-2**] 用力法求解如图 8-73 所示的支座反力,哪个 M_A 更大些?

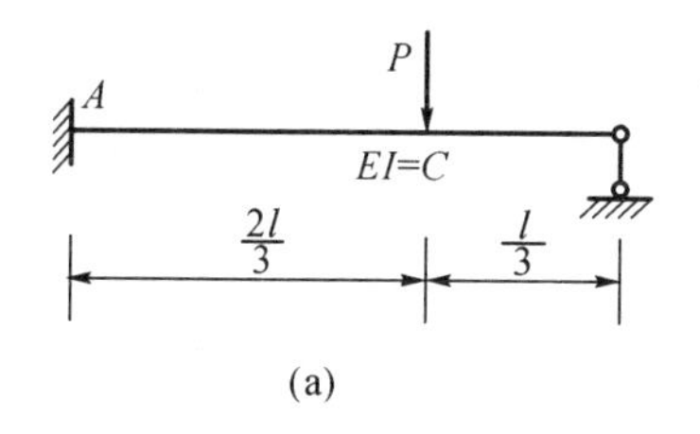

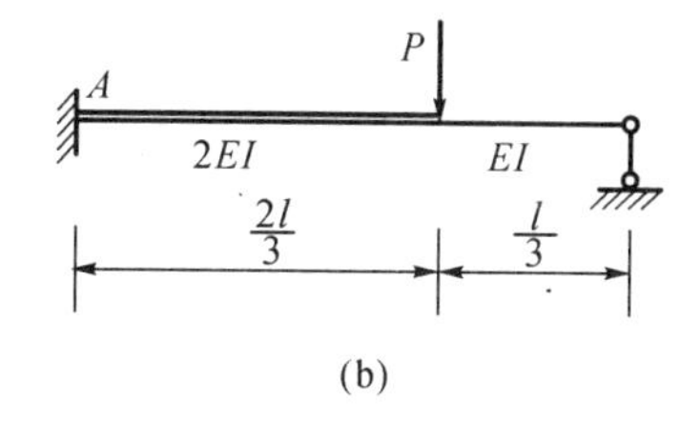

图 8-73

[8-3] 用力法求作如图 8-74 所示各梁的 M 图、V 图,并求中间一支座反力。各梁 $EI=C$。

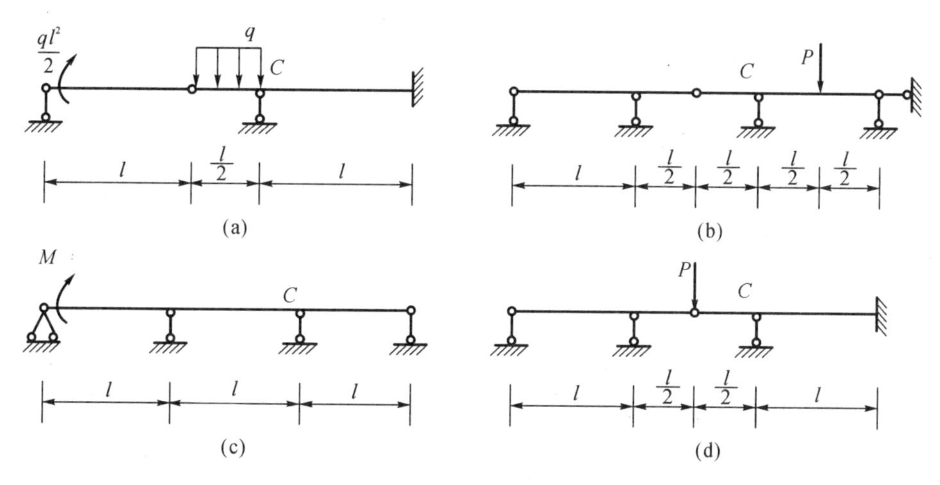

图 8-74

[8-4] 用力法求作如图 8-75 所示各超静定刚架的 M, V, N 图。

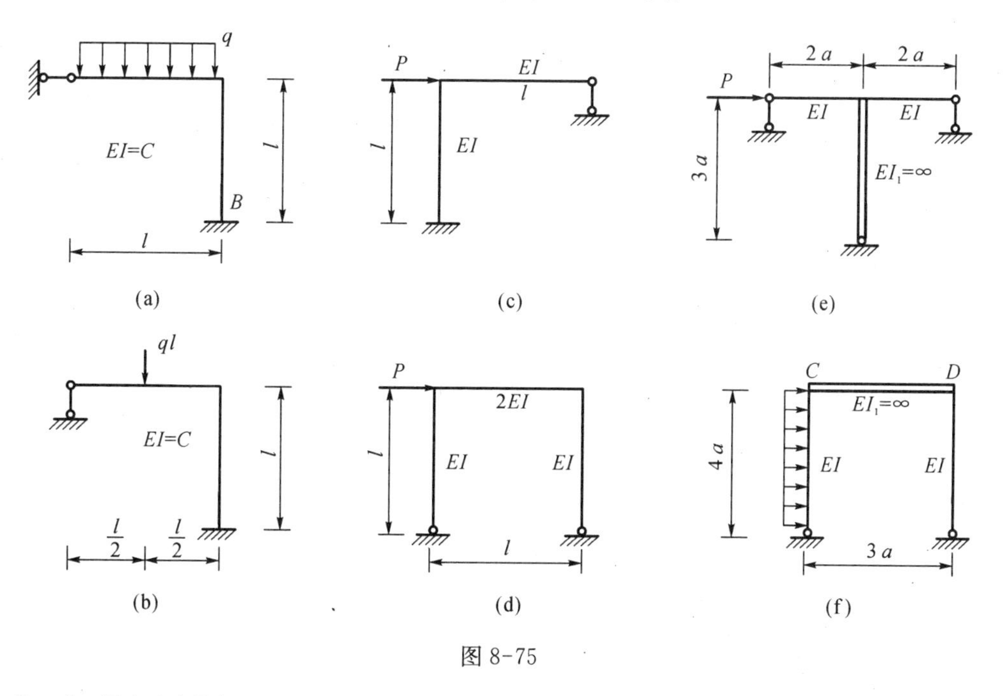

图 8-75

[8-5] 用力法求作如图 8-76 所示刚架 M 图、V 图。

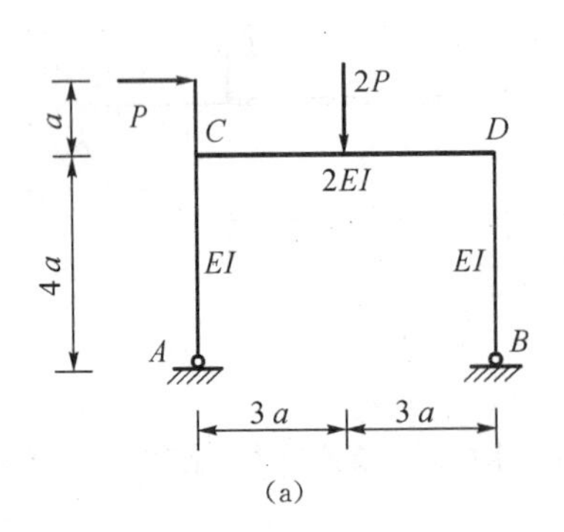

(a)

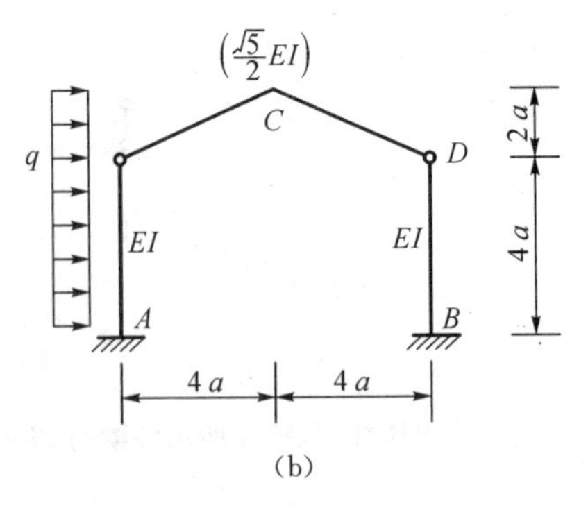

(b)

图 8-76

[8-6] 用力法求解如图 8-77 所示二次超静定刚架的 M 图。

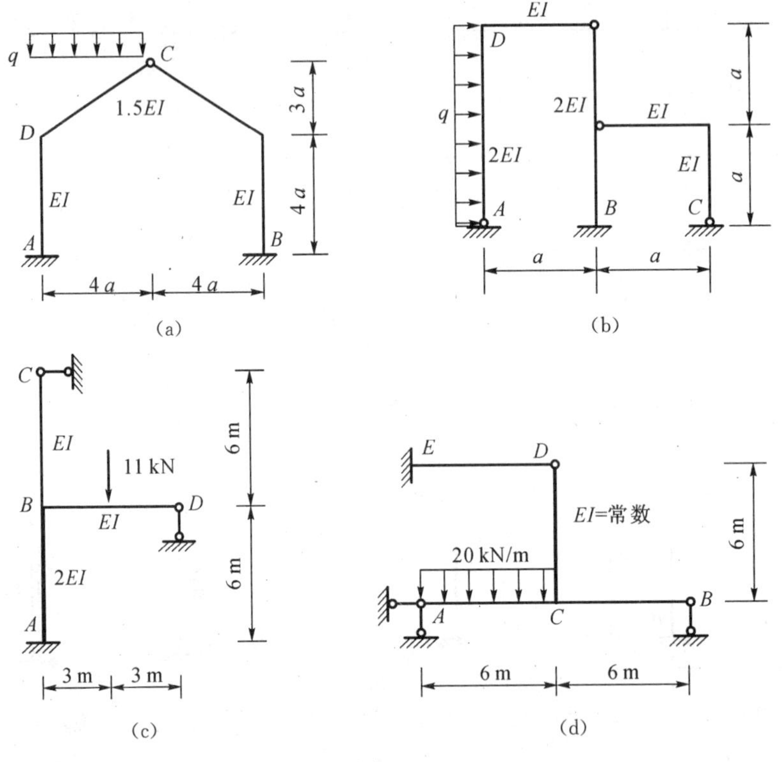

图 8-77

[8-7] 概念填空

(a) 力法方程是反映原结构在某处的________，所以它的实质是________方程，用来求解________。方程式数等于________数。求解超静定结构全部反力和内力还需要________。

(b) 力法方程中左端各项表示基本结构上________和________作用的效果，右端项是否为零决定于________。

(c) 方程组中系数 δ_{ij} 是第______个多余约束未知力________单独作用在基本结构上时，引起在________方向上的位移，若未知力是一对内力，则位移是________。自由项 Δ_{iP} (Δ_{it}、Δ_{ic}) 是________。

(d) 在多次超静定结构的力法计算中，使力法方程简化的最基本的途径是________，________。

[8-8] 用力法计算如图 8-78 所示的排架，作出 M 图。

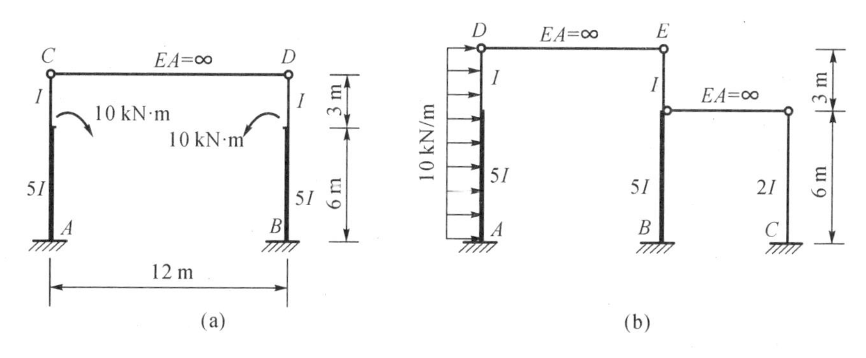

图 8-78

[**8-9**] 用力法求解如图 8-79 所示的刚架弯矩图。EI=常数。

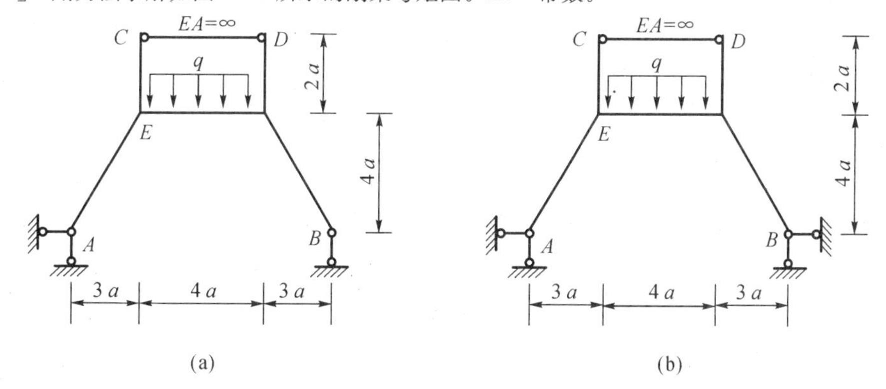

图 8-79

[**8-10**] 用力法求解如图 8-80 所示的具有弹性支承的结构。

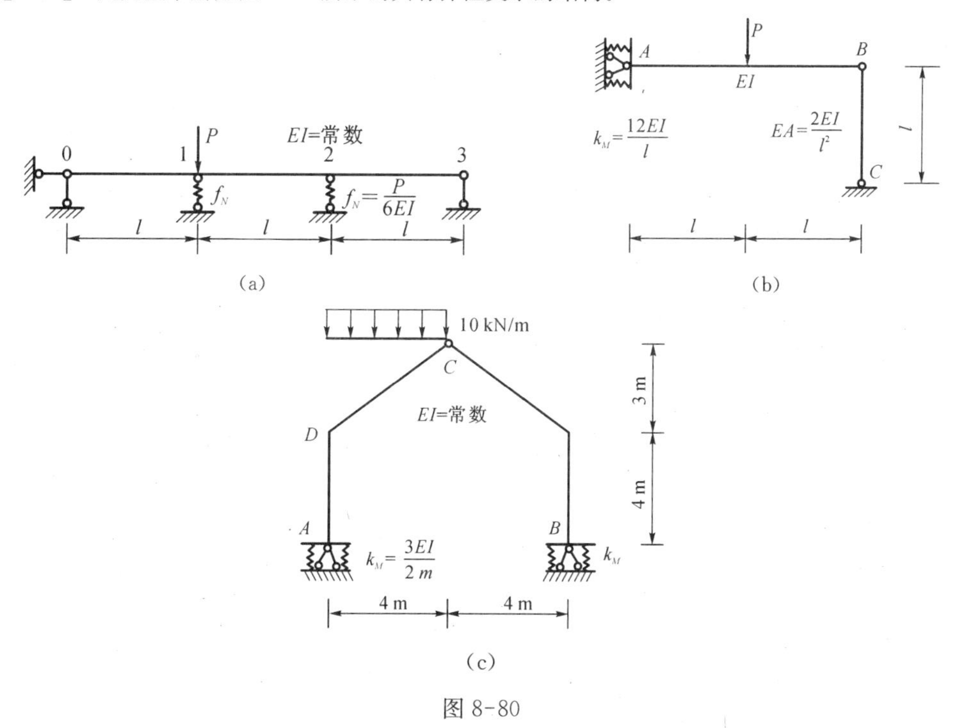

图 8-80

［8-11］ 求超静定桁架中如图 8-81 所示的杆 1、2 的内力。(各杆 EA=常数。)

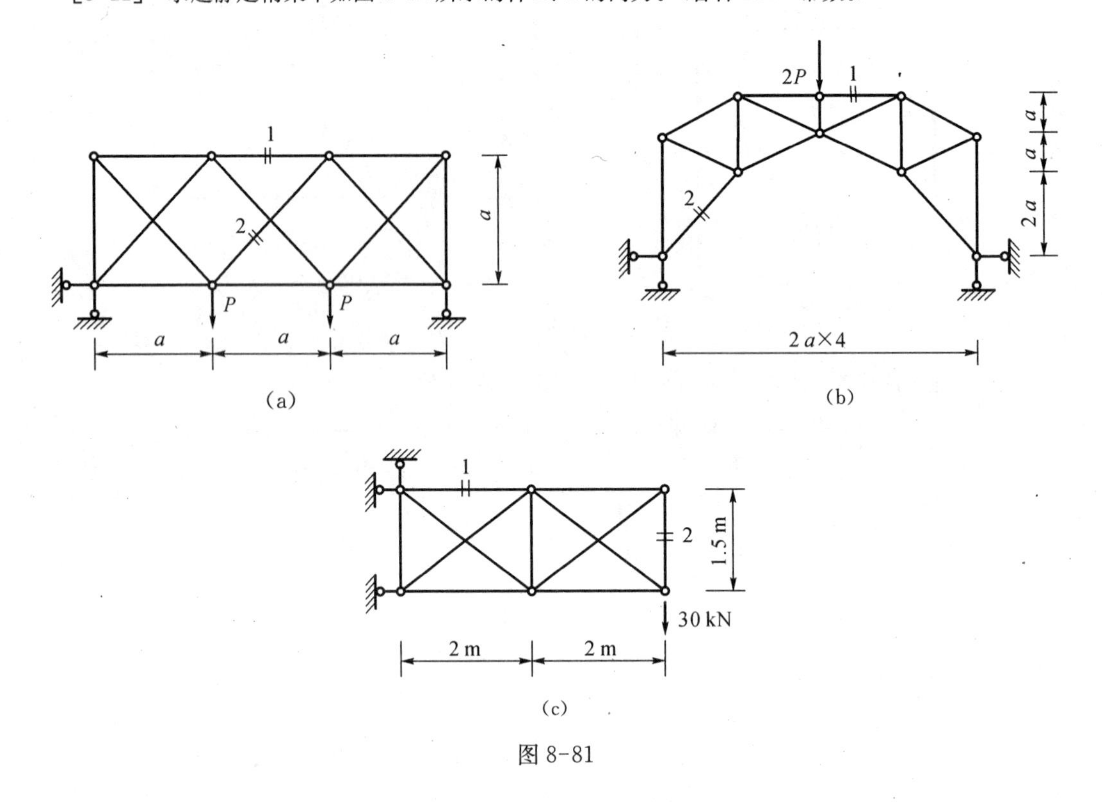

图 8-81

［8-12］ 利用对称性求作如图 8-82 所示的对称结构的弯矩图。

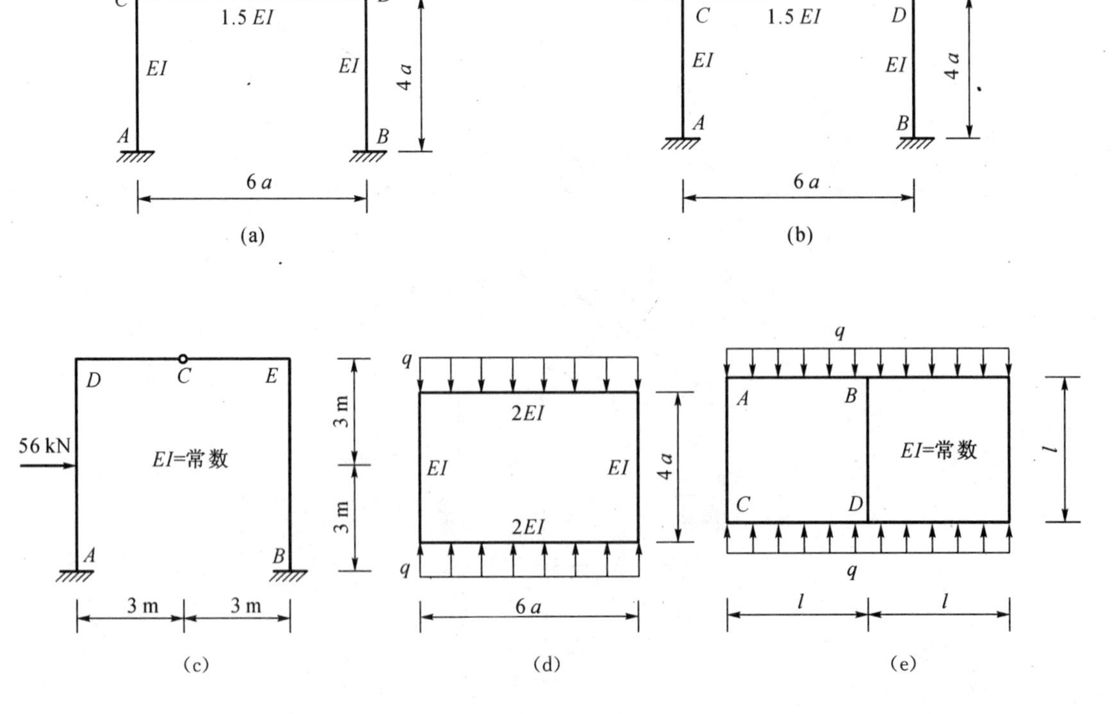

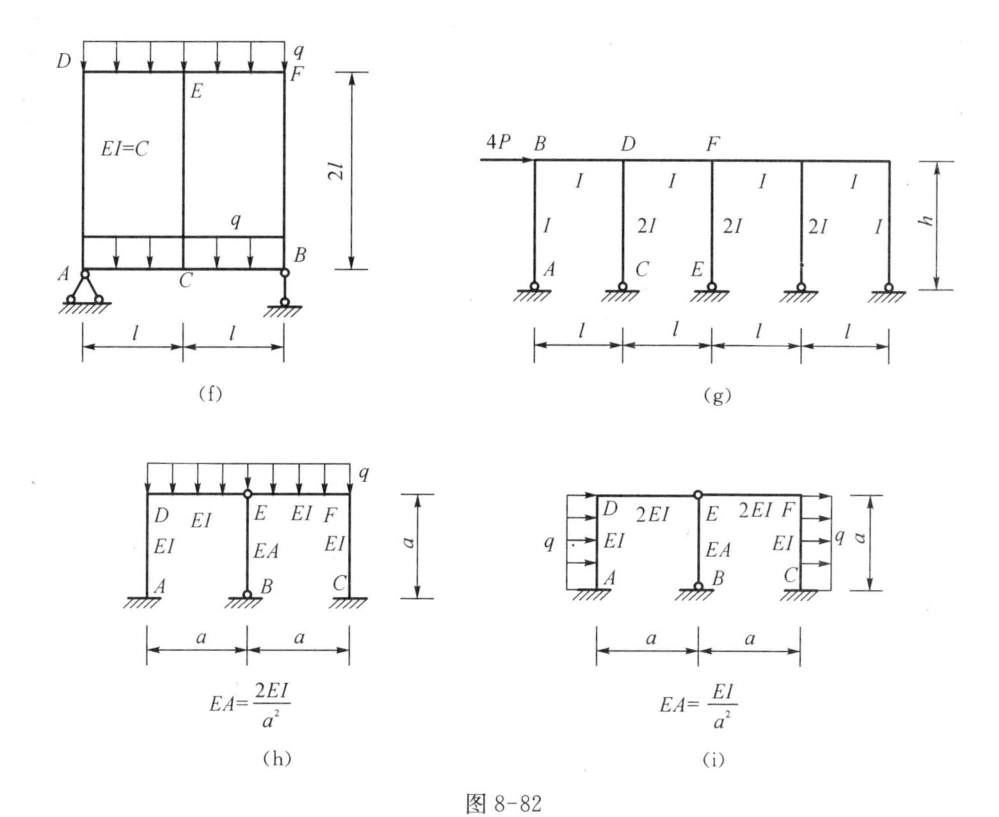

图 8-82

［**8-13**］ 如图 8-83 所示确定力法分析的简化计算图式，选取多余约束。

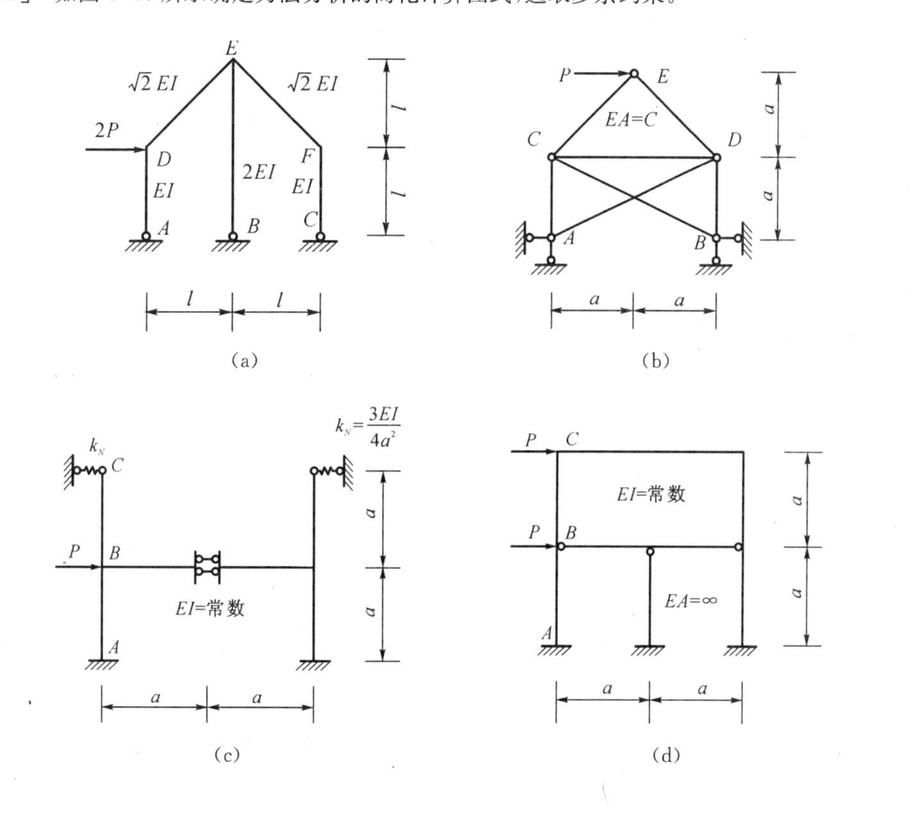

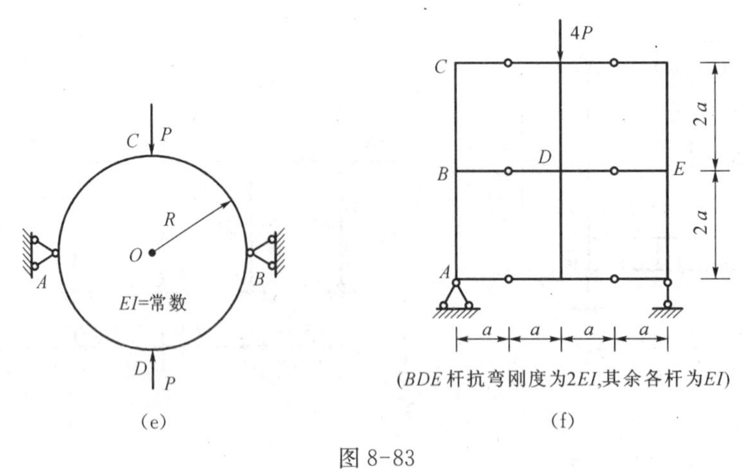

(e)　　　　　　　　　　(f)

图 8-83

［8-14］ 试分析如图 8-84 所示各结构的受力特点。(EI＝常数。)

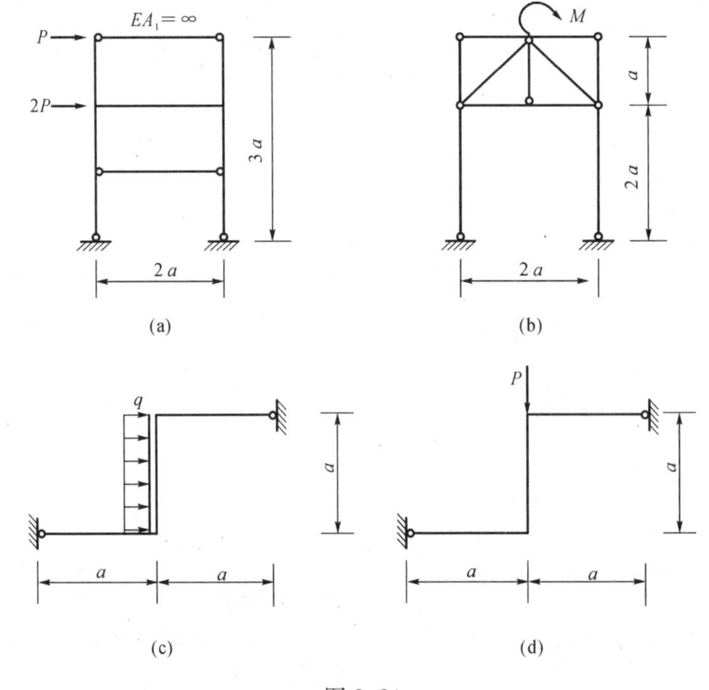

图 8-84

［8-15］ 应用成对未知力求解如图 8-85 所示的结构内力。(EI、EA 各为常数。)

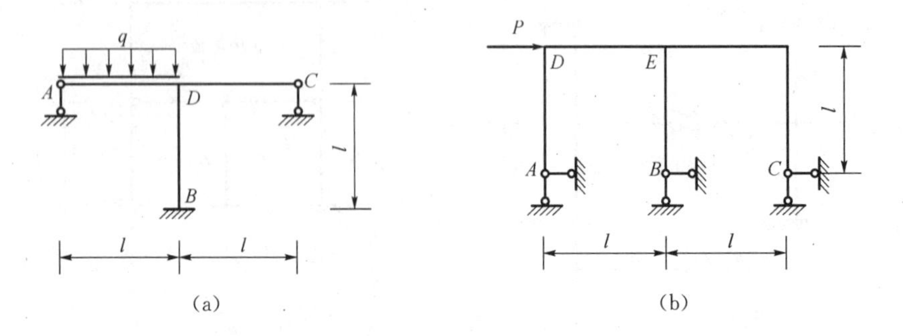

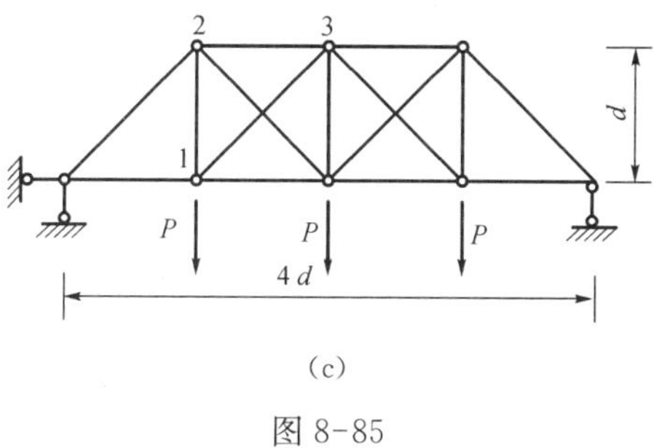

(c)

图 8-85

[8-16] 如图 8-86 所示链杆加劲梁中，链杆 EA 相等且 $EA=\frac{EI}{l^2}$，计算竖杆 CD 内力；并讨论 EA 缩小 10 倍、EA 缩小 20 倍时的情况。

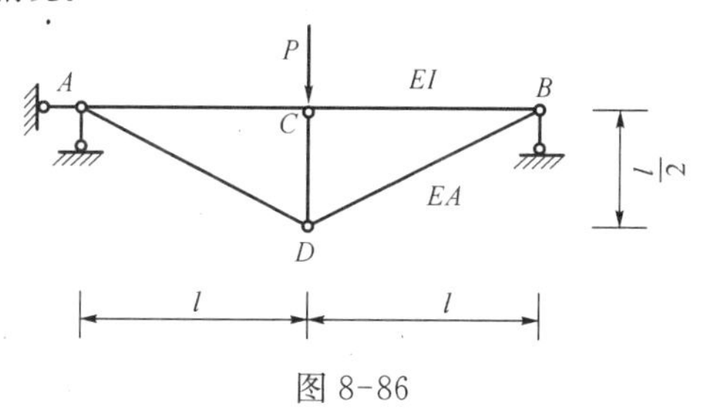

图 8-86

[8-17] 用力法分析如图 8-87 所示的组合结构时未知力、荷载单独作用的情况。

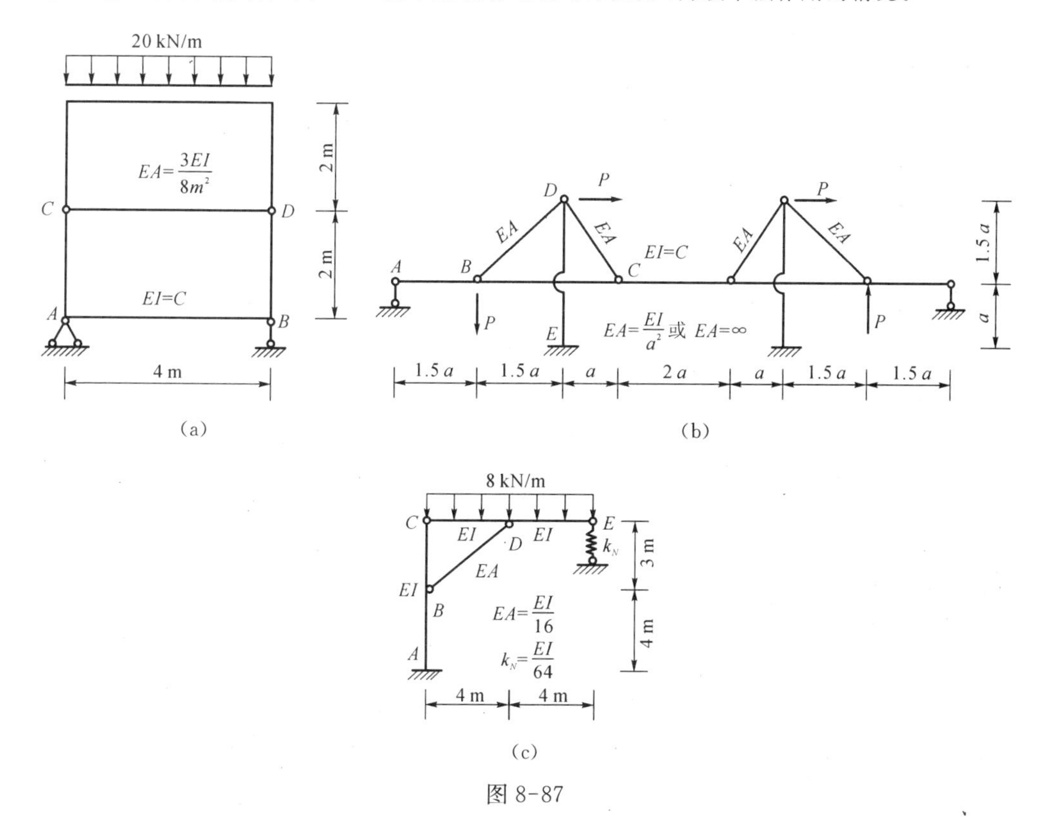

(a)

(b)

(c)

图 8-87

*[8-18] 刚架各杆正交于结点，荷载垂直于结构平面，各杆圆形截面相同，$G=0.4E$，试作如图8-88

所示弯矩图和扭矩图。

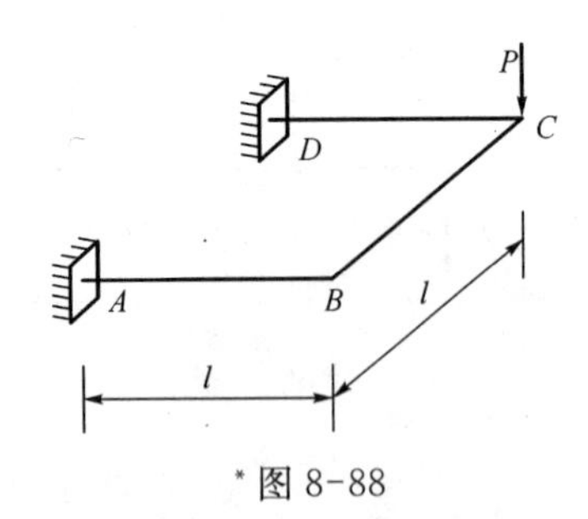

* 图 8-88

[8-19] 求作如图 8-89 所示刚架因温度改变产生的弯矩图。各杆截面为矩形，$h=\frac{l}{10}$，材料线膨胀系数为 α。

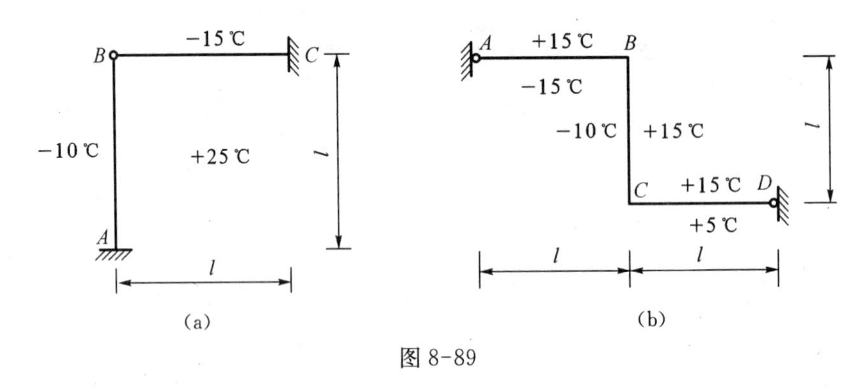

图 8-89

[8-20] 温度变化如图 8-90 所示，各杆的 E、I、A 为常数，材料的线膨胀系数为 α，矩形截面的高度 $h=\frac{1}{15}l$，求作弯矩图。

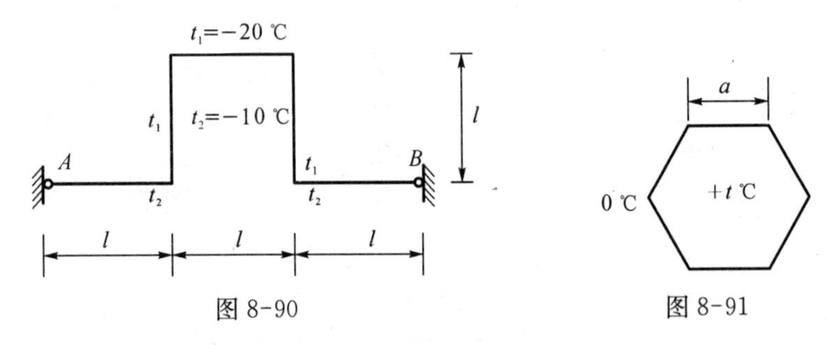

图 8-90　　　　图 8-91

[8-21] 边长为 a 的正六边形烟囱(横截面)，EI 为常数，矩形截面高为 h，温度变化如图 8-91 所示，材料的线膨胀系数为 α，求作弯矩图。

[8-22] 如图 8-92 所示，试作带有刚性段的梁因支座 A 发生转动而产生的 M 图。

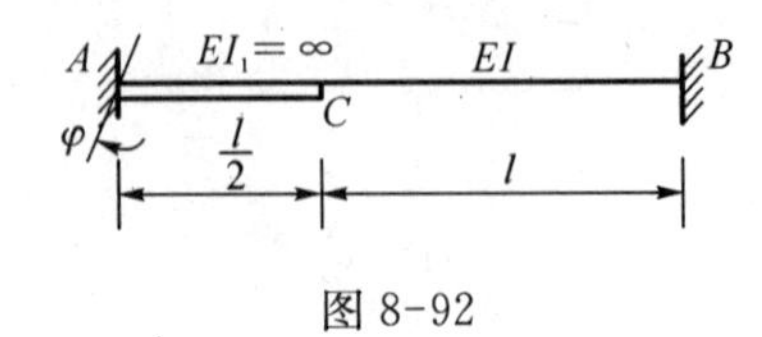

图 8-92

［**8-23**］ 分别用两种基本结构建立力法方程；选其一求作结构因支座移动产生的弯矩图，各杆 $EI=$ 常数(图 8-93)。

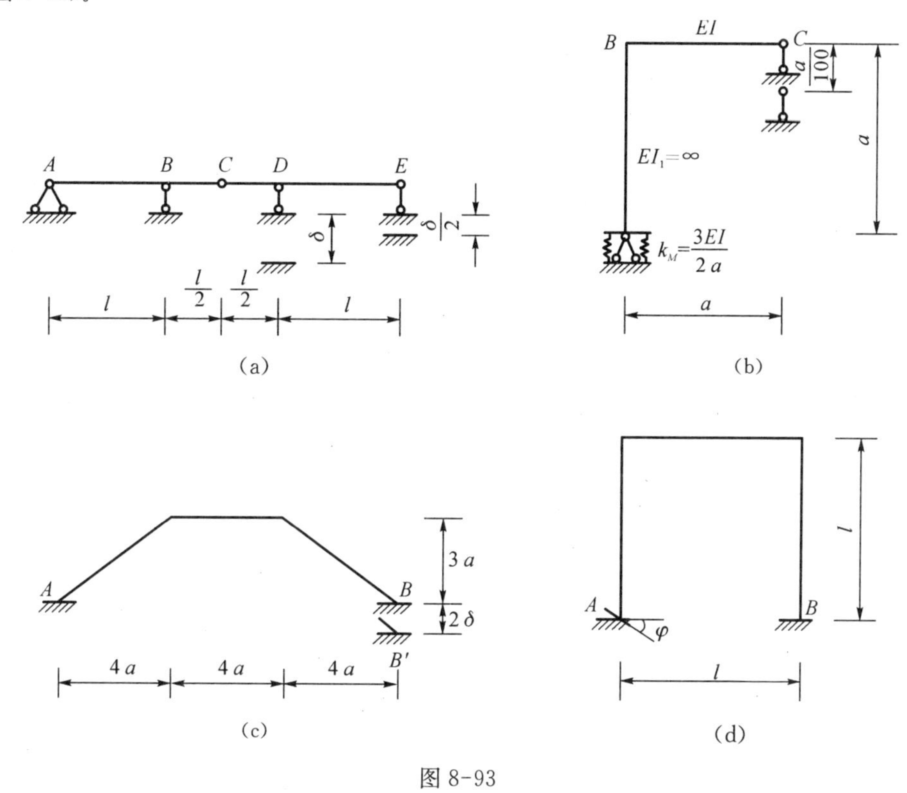

图 8-93

［**8-24**］ 如图 8-94 所示平面链杆系各杆 l 及 EA 均相同，杆 AB 的制作长度短了 δ，现将其拉伸(在线弹性范围内)拼装就位，试求该杆轴力和长度。

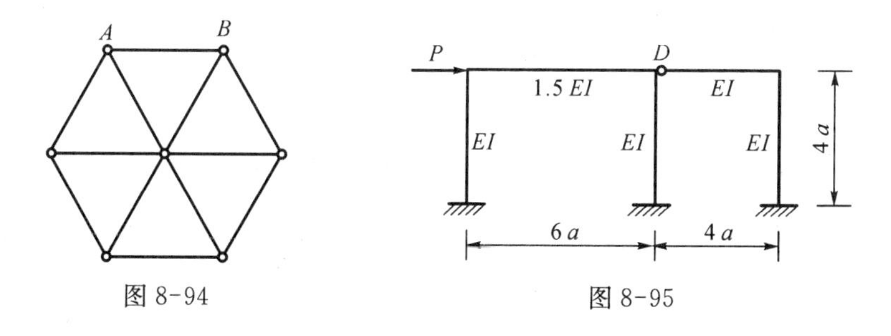

图 8-94　　　　图 8-95

［**8-25**］ 求如图 8-77(a)所示和图 8-80(c)所示结点 C 的水平位移 Δ_{Cx}、结点转角 θ_D。

［**8-26**］ 求如图 8-89(a)所示的铰 B 两截面相对转角。

［**8-27**］ 求如图 8-93(a)所示的 Δ_{Cy}、θ_D。

［**8-28**］ 试利用已有成果采用超静定的基本结构(子结构)计算如图 8-74(d)、图8-95所示。

［**8-29**］ 试说明判断如图 8-96 所示的超静定结构弯矩图形是否合理或有错的理由。

［**8-30**］ 如图 8-97 所示交叉梁系在周边简支，各杆 EI 相同，中间各结点作用有垂直于结构平面的集中荷载 P，试确定基本未知力的最少数目，求出未知力或力法方程中的系数、自由项。

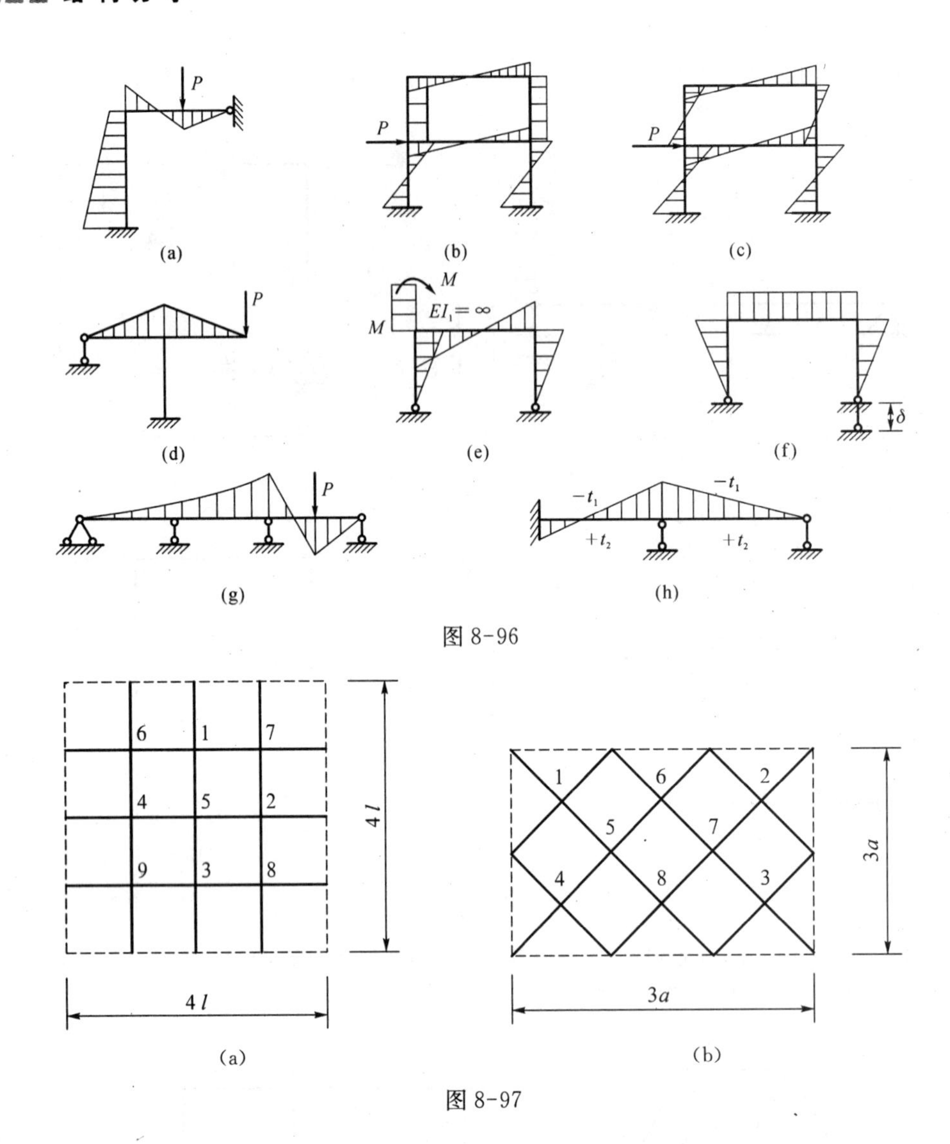

图 8-96

图 8-97

[8-31] 变截面抛物线两铰拱的轴线 $y=\frac{4f}{l^2}\cdot x(l-x)$，$I_x=\frac{I_C}{\cos\varphi}$，$EI_C=5\,000\ \text{kN}\cdot\text{m}^2$，系杆 $E_1A_1=2\times10^5$ kN，试求如图 8-98 所示系杆轴力和截面 K 的内力。不计拱中轴向及剪切变形影响。

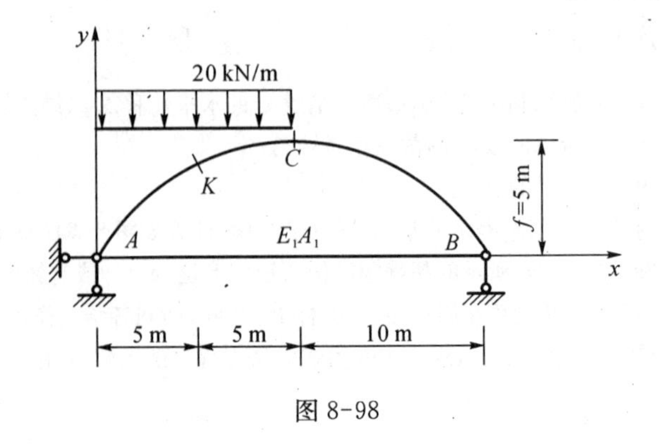

图 8-98

［**8-32**］ 试求如图 8-99 所示等截面圆弧无铰拱中截面 A、D、C 的弯矩及支座 B 的反力。不计轴向及剪切变形影响。

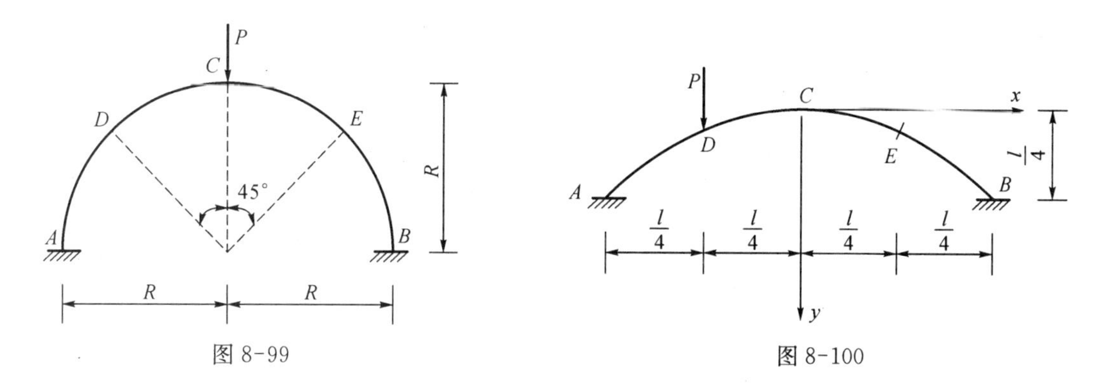

图 8-99　　　　图 8-100

［**8-33**］ 试求如图 8-100 所示变截面抛物线无铰拱 $\left(y=\dfrac{4f}{l^2}x^2,\ I_x=\dfrac{I_C}{\cos\varphi}\right)$ 截面 A、D、C 的弯矩及支座 B 的反力。

［**8-34**］ 等截面圆环(抗弯刚度为 EI)，在如图 8-101 所示均布水平荷载对称作用下，求弯矩分布，不计轴向变形影响，试用弹性中心法和半结构法计算核对。

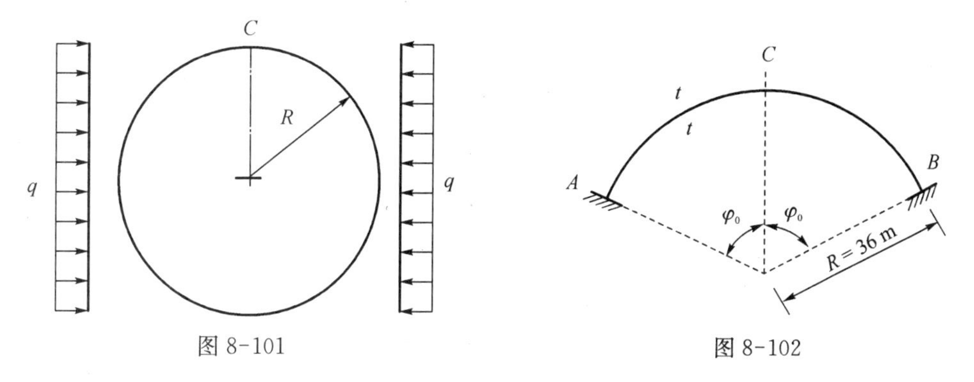

图 8-101　　　　图 8-102

［**8-35**］ 等截面(矩形 $b\times h$)圆弧无铰拱沿全长均匀降温 $t=-20℃$，$\varphi_0=60°$，$h=2\ \text{m}$，$E=3\times10^7\ \text{kN/m}^2$，$\alpha=1\times10^{-5}$，试求拱的水平推力及拱顶、拱脚截面的弯矩。主系数中不计轴向变形影响。

［**8-36**］ 无铰拱如图 8-100 所示，当其左支座 A 单独发生顺时针向转动 $\theta=0.01\ \text{rad}$ 时，求其水平推力及拱脚反力。

［**8-37**］ 用余能原理求解如图 8-77(c)所示。

［**8-38**］ 用余能原理求解如图 8-87(c)所示。

部分习题参考答案

［**8-2**］ (b) $R_{By}=\dfrac{P}{2}(\uparrow)$

(c) $M_C=\dfrac{1}{15}M$(下拉)

［**8-3**］ (b) $R_C=\dfrac{11}{16}P$

［**8-4**］ (a) $M_B=\dfrac{1}{2}ql^2$(左)

(b) $M_C=3qa^2$(内)

[8-5] (a) $R_{Bx}=\frac{13}{17}P$

$M_{CA}=\frac{16}{17}Pa$(右)

(b) $V_{DB}=\frac{61}{40}qa$

$M_{CD}=\frac{41}{20}qa^2$(上)

[8-6] (a) $M_A=1.24qa^2$(右),$M_D=1.88qa^2$(左)

(b) $M_D=\frac{38}{91}qa^2$, $R_{Cx}=\frac{36}{91}qa$

(c) $\Delta_{Dx}=\frac{9}{4}\frac{kN\cdot m^3}{EI}$, $M_{AB}=0$,

$M_{BA}=4.5\ kN\cdot m$(左)

(d) $M_{CD}=30\ kN\cdot m$(左拉)

[8-8] (a) $N_{CD}=-1.29\ kN$

[8-8] (b) $N_{DE}=17.39\ kN$

[8-9] (a) $N_{CD}=2.75qa$(压)

(b) $N_{CD}=0.385qa$(压)

$R_{Bx}=1.577qa$

$M_{EA}=0.31qa^2$(外)

[8-10] (a) $M_{10}=\frac{5}{24}Pl$(下拉)

$M_{21}=\frac{1}{24}Pl$(上拉)

(b) $M_A=\frac{3}{7}Pl$(上拉)

(c) $M_D=20.35\ kN\cdot m$(左拉)

$M_A=9.37\ kN\cdot m$(右拉)

[8-11] (a) $N_1=-1.387P$, $N_2=0.613P$

(b) $N_1=-0.785P$, $N_2=-1.516P$

(c) $N_1=58.35\ kN$

[8-12] (a) $M_{CA}=2qa^2$(左拉);

(b) $M_{CA}=\frac{6}{7}Pa$(右)

(c) $M_A=97.5\ kN\cdot m$(左拉)

(d) 各结点相等 $M=\frac{9}{7}qa^2$(外)

(e) $M_{AC}=\frac{ql^2}{36}$(左拉)

(f) $M_{DE}=\frac{ql^2}{4}$(上拉)

$M_{ED}=\frac{ql^2}{4}$(下拉)

(g) $M_{BA}=\frac{Ph}{2}$(右拉)

(h) $M_{DE}=\frac{13}{38}qa^2$(上拉)

$N_{BE}=-\frac{6}{19}qa$(压力)

(i) $M_{AD}=\frac{5}{14}qa^2$(右拉)

$M_{DE}=\frac{1}{7}qa^2$(下拉)

[8-13] (a) $M_{EB}=\frac{3}{4}Pl$(右拉)

$M_{DA}=\frac{13}{16}Pl$(右拉)

(b) $N_{AC}=\frac{3}{4}P$(拉力)

$N_{CB}=-\frac{\sqrt{2}}{4}P$(压力)

(c) $M_{AB}=\frac{7}{24}Pa$(左拉)

(d) $M_{CB}=\frac{15}{28}Pa$(右拉)

(e) $M_C=0.30PR$(下拉)

$R_{Ax}=0.14P(\rightarrow)$

(f) $M_{BC}=\frac{Pa}{2}$(右拉)

[8-15] (a) $M_{DA}=\frac{ql^2}{14}$(上拉)

(b) $M_{DE}=\frac{7}{24}Pl$(下拉)

$M_{ED}=\frac{5}{24}Pl$(上拉)

(c) $N_{13}=0.1213P$,

$N_{23}=-1.914P$

*[8-18] $M_{AB}=0.270Pl$

$M_{tAB}=-0.084Pl$

[8-19] (a) $M_{AB}=\frac{510EI\alpha}{l}$(左)

(b) $M_{BA}=\frac{77.5EI\alpha}{l}$(下)

[8-20] $R_{Bx}=153\frac{\alpha EI}{l^2}$

[8-21] 各杆所受的弯矩相同,其值为 $\frac{EI\alpha t}{h}$(外拉)

[8-22] 由截面 C 的位移决定 M_{CB}、V_{CB}

[8-23] (a) $M_{DC}=\frac{2.5\delta}{l^2}EI$(下拉)

(b) $M_{BC}=\frac{EI}{100a}$(上拉)

(c) $M_B=\frac{9\delta}{134a^2}EI$

(d) $M_A=\left(\frac{5}{3}+\frac{3}{7}\right)\frac{\varphi}{l}EI$

[**8-24**] $l_{AB}=l-\frac{11}{12}\delta$

[**8-25**] (a) $\Delta_{cx}=\frac{1.76qa^4}{EI}$

$\theta_D=\frac{1.28qa^3}{EI}$

(c) $\Delta_{cx}=\frac{29.08}{EI}$ kN·m³

$\theta_D=\frac{15.67}{EI}$ kN·m³

[**8-26**] $\theta_{B-B}=206.25\alpha$(↶ ↷)

[**8-27**] $\theta_D=\frac{\delta}{3l}$(↻)

[**8-28**] 取铰内一约束力为 X_1，$H_D=0.29P$，

$M_A=0.811Pa$

[**8-30**] (a) 一个未知力；交叉点 1、2、3、4 处中梁承担$\frac{43}{64}P$，边梁承担$\frac{21}{64}P$。

(b) 中部四结点上长梁均对等；

$X_1=-\frac{4}{41}P$。

[**8-31**] $N_{AB}=99.8$ kN

[**8-32**] $H=0.459P$，$M_A=-0.11PR$

[**8-33**] $X_1=\frac{135}{256}P$，$M_C=-0.0127Pl$

$V_B=0.1563P$

[**8-34**] $M_C=-\frac{qR^2}{4}$

[**8-35**] $H=-96.9$ kN

[**8-36**] $H=\frac{30EI_C}{l^2}\theta$，$V_B=\frac{6EI_C}{l^2}\theta$

主要参考文献

[1] 金宝桢,杨式德,朱宝华.结构力学[M].北京:人民教育出版社出版,1964.
[2] 金宝桢,杨式德,朱宝华,等.结构力学[M].北京:高等教育出版社,1986.
[3] 钱令希.超静定结构学[M].北京:中国科技图书仪器公司,1951.
[4] 龙驭球,包世华.结构力学[M].北京:高等教育出版社,1994.
[5] 李廉锟.结构力学[M].北京:高等教育出版社,1996.
[6] 杨茀康,李家宝,湖南大学结构力学教研室.结构力学[M].北京:高等教育出版社,1983.
[7] 王焕定,章梓茂,景瑞.结构力学[M].北京:高等教育出版社,2000.
[8] 杨天祥.结构力学[M].北京:高等教育出版社,1986.
[9] 潘亦培,朱伯钦.结构力学[M].北京:高等教育出版社,1987.